Die Versuchsanstalt

Reihe Forschungsbeiträge und Materialien der Stiftung Brandenburgische Gedenkstätten, Band 29

Jens Ebert · Tanja Kinzel · Meggi Pieschel · Kristin Witte

Die Versuchsanstalt

Landwirtschaftliche Forschung und Praxis der SS in Konzentrationslagern und eroberten Gebieten

Herausgegeben von der Mahn- und Gedenkstätte Ravensbrück

M | METROPOL

Umschlagabbildung:
Weibliche Häftlinge des KZ Ravensbrück bei Bauarbeiten auf dem DVA-Versuchsgut Ravensbrück (neues Gut) (Foto aus dem sog. SS-Album), ca. 1940/41.
Fotograf:in unbekannt. MGR/SBG, Foto Nr. 1701.

ISBN: 978-3-86331-597-9
ISBN (E-Book): 978-3-86331-598-6

Ansbacher Str. 70, 10777 Berlin
www.metropol-verlag.de

Druck: AALEXX Druck Produktion, Großburgwedel

Inhalt

1. Einleitung

„Natürliche Landbauweise" oder „naturgemäßer Landbau" – das klingt nach einer ökologischen, nachhaltigen und ressourcenschonenden Landwirtschaft, nach gesunder Ernährung und einem grün-alternativen Lebensstil. Es klingt nach aktuellen Fragestellungen. Tatsächlich sind es Begriffe, die ab 1939 von der SS-eigenen „Deutschen Versuchsanstalt für Ernährung und Verpflegung GmbH" (DVA) verwendet wurden, um die Verbindungen der eigenen landwirtschaftlichen Forschungen mit dem Konzept der biologisch-dynamischen Wirtschaftsweise zu verschleiern. Dass es Überschneidungen zwischen nationalsozialistischer Ideologie und diversen, vor 1933 entstandenen Alternativ- und Reformbewegungen gab, wozu auch die Anthroposophie und die damit verbundene biodynamische Methode gehörten, und dass „Naturschutz" auch von „Heimatschutz" kommt, haben bereits einige Forschungsarbeiten gezeigt. Seit einigen Jahren wird zudem öffentlich diskutiert, welcher Umgang mit neovölkischen und rechtsesoterischen Siedlungen sowie dem Interesse der extremen Rechten an Ökologie, Tier- und Naturschutz gefunden werden kann. In dem Kontext sehen sich auch die Fachverbände der ökologischen und biologisch-dynamischen Landwirtschaft genötigt, sich zu positionieren und mit einer Aufarbeitung der eigenen Geschichte zu beginnen.[1]

1 Einen aktuellen Überblick bietet der Sammelband: Bernhard Forchtner (Hrsg.), The Far Right and the Environment. Politics, Discourse and Communication, Milton Park/New York 2020. Siehe auch Stefanie Freitag, Anschlussfähigkeit des Ökolandbaus für rechte Siedlungen gestern und heute. Erkenntnisse zur Sensibilisierung von Ökolandbau-Studierenden, Bachelorarbeit, Hochschule für nachhaltige Entwicklung Eberswalde, Fachbereich 2, 2019, www.nf-farn.de/system/files/documents/ba_freitag_final_0.pdf [25. 7. 2020]; Anna Rosga, Anastasia-Bewegung – ein (un-)politisches Siedlungskonzept? Qualitative Feldforschung zu den Hintergründen und gesellschaftspolitischen Einstellungen innerhalb der Anastasia-Bewegung, Bachelorarbeit, Universität Kassel, Fachbereich 11, 2018, www.nf-farn.de/system/files/documents/rosga_anastasia-bewegung.pdf [25. 7. 2020]; Gudrun Heinrich/Klaus-Dieter Kaiser/Norbert Wiersbinski (Hrsg.), Naturschutz und Rechtsradikalismus. Gegenwärtige Entwicklungen, Probleme, Abgrenzungen und Steuerungsmöglichkeiten, Bonn 2015. Einen eher essayistischen Einstieg ins Thema bieten: Andrea Röpke/Andreas Speit, Völkische Landnahme. Alte Sippen, junge Siedler, rechte Ökos, Berlin 2019. Insbesondere zu beachten ist das Programm der interdisziplinären Konferenz „Political Ecologies of the Far Right", die vom 15. bis 17. 11. 2019 an der Universität Lund in Schweden stattfand. Siehe www.pefr.event.lu.se/ [25. 7. 2020].

Viele der genannten Bewegungen vereinte die Deutsche Versuchsanstalt für Ernährung und Verpflegung in sich. Als Gemeinschaftsprojekt von Heinrich Himmler, Reichsführer-SS und Chef der deutschen Polizei, und Oswald Pohl, Leiter des SS-Wirtschafts-Verwaltungshauptamtes (WVHA), gegründet, sollten mit den mehr als 20 Versuchsbetrieben der DVA nicht nur Autarkie- und Siedlungsbestrebungen der SS unterstützt werden. Hier fanden auch diverse landwirtschaftliche Versuche zur Bodenverbesserung, zur Tier- und Pflanzenzucht statt; darüber hinaus sollten die Betriebe Ausgangspunkte von Ernährungsreformen werden. Angesichts der kurzen Zeit ihres Bestehens war die DVA mit einigen ihrer Vorhaben ausgesprochen erfolgreich. Dies war aufgrund der Inbesitznahme von enteigneten oder erworbenen Landwirtschaftsbetrieben sowie der schonungslosen Ausbeutung der Arbeitskraft von KZ-Häftlingen und Zwangsarbeiter:innen möglich, die die Grundlage für die Tätigkeit der DVA bildeten.

„The German Experimental station for Nutrition and Food did not have the task, and was not established for that purpose to employ inmates, and though the work of concentration-camp inmates was employed, that is where the position or the situation of the enterprise permitted such a use, however, the tasks were entirely different ones."[2] Dies ist der Anfang einer der wenigen Aussagen, die Oswald Pohl 1947 im Nürnberger WVHA-Prozess zur DVA machte. Anders als in den DVA-Gründungsdokumenten angegeben, stritt Pohl in seiner Aussage ab, dass die DVA zum Zweck der Beschäftigung von KZ-Häftlingen gegründet worden sei. Im Weiteren zählte er verschiedene Versuchsreihen von einzelnen Standorten auf, die ihm zufolge alle auf „Himmler's reformatory ideas" beruhten. Vonseiten des Gerichts erfolgten keine Nachfragen, auch wurde das Thema nicht noch einmal ausführlicher aufgegriffen. Es scheint, als ob der Hinweis auf den landwirtschaftlichen Versuchscharakter der DVA eine entlastende, wenn nicht sogar verharmlosende Wirkung entfaltete. Zeug:innenaussagen, die ein anderes Bild gezeichnet hätten, kamen in den Prozessverhandlungen nicht zur Sprache, und auch der ehemalige DVA-Geschäftsführer Heinrich Vogel gehörte nicht zu den Angeklagten, obwohl es sicher möglich gewesen wäre, ihn in der britischen Besatzungszone ausfindig zu machen.

Das geringe Interesse an den landwirtschaftlichen Versuchen der SS im Rahmen der Gerichtsprozesse lässt sich damit erklären, dass es für die Strafverfolgung der Nachkriegszeit drängendere Fragen gab. Auch die historische

2 Harvard Law School Library Nuremberg Trials Project (Hrsg.), Transcript for NMT 4. Pohl Case. HLSL Seq. No. 1573–1574, 21. 5. 1947, nuremberg.law.harvard.edu/transcripts/5-transcript-for-nmt-4-pohl-case?seq=1573&q=pohl+trial+1552 [28. 6. 2020].

Forschung hat bis heute keine umfassende und ausführliche Untersuchung der Forschungsfelder, der Entwicklung und der verbrecherischen Tätigkeit der DVA vorgelegt. Die nach 1945 entstandene und seither selten hinterfragte Vorstellung von der Landwirtschaft als einem für Häftlinge vergleichsweise erträglichem Arbeitsbereich innerhalb des SS- und KZ-Imperiums geht fehl, was nicht zuletzt die Berichte ehemaliger Häftlinge im vorliegenden Band dokumentieren. Auch die land- und teichwirtschaftlichen, gärtnerischen oder forstlichen Betriebe der DVA waren voll und ganz Teil des rassistischen und menschenverachtenden Systems, das die SS nach 1933 in ganz Deutschland und ab 1938 in allen besetzten Gebieten errichtete.

Der vorliegende Band fasst die Ergebnisse eines zweijährigen Forschungsprojektes an der Mahn- und Gedenkstätte Ravensbrück zusammen. Im Vergleich zur bisherigen Forschung werden erstmals das Wirken der DVA sowie ihre Ziele und Widersprüche innerhalb des fachlichen und ideologischen Umfeldes der NS-Agrarpolitik dargestellt. In einem ersten Schritt geht es um die Geschichte der DVA einschließlich ihrer Strukturen und Betriebe, ihre wirtschaftliche Entwicklung, ihre Akteur:innen sowie deren Beziehungsstrukturen im polykratischen Herrschaftsgefüge des nationalsozialistischen Staates. Zweitens werden das Versuchskonzept der DVA und ihre Praxis am Beispiel von drei ausgewählten großen Versuchsbetrieben bei den Konzentrationslagern Dachau, Ravensbrück und Auschwitz sowie zahlreicher u. a. im Rahmen der „Ostexpansion“ angeeigneter DVA-Güter in den annektierten westpolnischen Gebieten, im sogenannten Generalgouvernement, in Böhmen und Mähren und in der besetzten Sowjetunion in den Blick genommen.

Schon seit Jahren bestanden der Wunsch und die Notwendigkeit, die Geschichte der ehemaligen DVA-Versuchsgüter im Umfeld der Gedenkstätte Ravensbrück, ihre Verflechtung mit dem KZ Ravensbrück sowie die zahlreichen Erinnerungen ehemaliger Häftlinge aufzuarbeiten.[3] Damit sollten eine Leerstelle gefüllt und ein Anfang gemacht werden für die Erforschung des Einflusses des KZ Ravensbrück auf das Umland und die lokale Landwirtschaft.

Gefördert wurde das Forschungsprojekt und die Arbeit des vierköpfigen Teams vom Bundesministerium für Ernährung und Landwirtschaft (BMEL). Dem Projekt kam der Umstand zugute, dass das BMEL im Juli 2016 als eines der letzten Bundesministerien eine Historiker:innenkommission zur Erforschung

3 Vgl. Insa Eschebach, Zur Einleitung. Kontexte und Entwicklungen der Ravensbrück-Forschung, in: Insa Eschebach (Hrsg.), Das Frauen-Konzentrationslager Ravensbrück. Neue Beiträge zur Geschichte und Nachgeschichte, Berlin 2014, S. 7–27, hier S. 22.

seiner eigenen Geschichte im 20. Jahrhundert eingesetzt hatte.[4] Das Forschungsprojekt zur DVA konnte in den Jahren 2018 und 2019 bereits laufende Forschungsarbeiten der Kommission ergänzen. Unterstützt wurde es von den Kommissionsmitgliedern Prof. Dr. Daniela Münkel und Prof. Dr. Andreas Dornheim. Aufgrund des interdisziplinär zusammengesetzten Teams konnten verschiedene Blickwinkel und Fragestellungen für die Analyse produktiv gemacht werden.

Die Verbindungslinien zwischen DVA und anderen agrarpolitisch relevanten Institutionen haben sich als sporadischer erwiesen, als zunächst angenommen. Es hat sich herausgestellt, dass die DVA bewusst nur wenige Überschneidungen mit dem Reichsministerium für Ernährung und Landwirtschaft sowie dem Reichsnährstand hatte. Einzelne, regional begrenzte Konfliktpunkte konnten vor allem in der Fallstudie zu den Ravensbrücker Versuchsgütern herausgearbeitet werden, die sich allerdings kaum verallgemeinern lassen. Vielmehr wurde deutlich, wie sehr die SS mithilfe der DVA bemüht war, einen eigenen *landwirtschaftlichen Komplex* aufzubauen, der abseits von Partei- und Ministeriumsinteressen stand und teils sogar konträre Interessen verfolgte. Dies schließt nicht aus, dass die DVA sich an den zeitgenössischen Forschungsschwerpunkten orientierte. Sie konzentrierte sich dabei jedoch auf unterschiedliche landwirtschaftliche Alternativkonzepte, vor allem auf die biologisch-dynamische Wirtschaftsweise, und versuchte diese in ihrem Sinne zu vereinnahmen. Zudem stand sie in engem Austausch mit anderen Organisationen und Wirtschaftsunternehmungen der SS, allen voran der „Forschungsgemeinschaft Deutsches Ahnenerbe" (*Ahnenerbe*).

Bei der Versuchsanstalt handelt es sich um eine vergleichsweise kleine Organisation im Rahmen der SS-Wirtschaftsbetriebe. Obwohl das Thema Agrarwirtschaft im Nationalsozialismus in den Geschichtswissenschaften lange Zeit kaum Beachtung fand, wurden einzelne Aspekte der DVA bereits in früheren Untersuchungen erwähnt. Der Grund ist, dass ihr Tätigkeitsspektrum in zahlreichen Forschungsfeldern eine Rolle spielt, wie etwa der Medizingeschichte, in historischen Untersuchungen zum Heilkräuteranbau, zur Ernährungs- und Ersatzstoffforschung oder Umwelttechnik sowie in Forschungen zur SS oder den nationalsozialistischen Konzentrationslagern. Wenig Beachtung fanden bisher dagegen Themen wie die Rolle der DVA bei den Planungen zur Eroberung und „Germanisierung der Ostgebiete". Darüber hinaus bezieht das Projekt Regional- und Privatarchive aus dem In- und Ausland sowie Quellen- und Materialsammlungen

4 Horst Möller/Joachim Bitterlich/Gustavo Corni/Friedrich Kießling/Daniela Münkel/Ulrich Schlie (Hrsg.), Agrarpolitik im 20. Jahrhundert. Das Bundesministerium für Ernährung und Landwirtschaft und seine Vorgänger, Berlin/Boston 2020.

ein. Auch wurden zahlreiche Berichte ehemaliger KZ-Häftlinge erstmals aus dem Polnischen und dem Niederländischen übersetzt[5] und ausgewertet. Eine wichtige Ergänzung der Recherchen waren die Interviews mit Zeitzeug:innen, v. a. Kindern von Protagonist:innen der DVA.

Neben einigen Aufsätzen zu spezifischen Aspekten und Personen der DVA taucht die Versuchsanstalt in der bisherigen Forschung v. a. im Zusammenhang mit der Tätigkeit des SS-Wirtschafts- und Verwaltungshauptamtes und den damit verbundenen Wirtschaftsstrukturen der SS auf. Als einer der Ersten beschäftigte sich Enno Georg 1963 auf Basis der Akten der Nürnberger Prozesse mit der DVA. Sein Hauptaugenmerk galt allgemein den ökonomischen Strukturen und Aktivitäten der SS im Rahmen des WVHA. Die Frage nach Zielsetzungen und Hintergründen blieb bei ihm allerdings weitgehend unberücksichtigt. Essayistisch beschrieb Peter-Ferdinand Koch in seiner Publikation *Himmlers graue Eminenz* (1988) die bedeutende Rolle von Oswald Pohl im Rahmen der SS und des WVHA sowie der DVA. Er trug eine Vielzahl von Quellen zusammen, die er allerdings nur bruchstückhaft nachwies. Walter Naasner kommentierte in seiner Quellenedition *SS-Wirtschaft und SS-Verwaltung* (1998) die Rolle der DVA insbesondere anhand des „Mindener Berichts“, der von drei WVHA-Funktionären 1946 in britischer Kriegsgefangenschaft verfasst wurde und deshalb mit Vorsicht betrachtet werden muss. Die mit dieser Innensicht verbundene Erweiterung der Erkenntnisse über die Expansion der SS und ihren Standpunkt über das Verhältnis von Wirtschaft und Staat legt die Rechtfertigungsstrategien sowie die Differenzen der Akteure der SS-Wirtschaft und der SS-Verwaltung offen.

Auch Jan Erik Schulte behandelte die DVA in seiner Dissertation *Das Wirtschaftsimperium der SS* (2001) nur im Rahmen seiner Untersuchungen zur wirtschaftlichen und politischen Rolle der SS im Nationalsozialismus. Ähnlich wie Georg, allerdings deutlich umfassender, analysierte Hermann Kaienburg in *Die Wirtschaft der SS* (2003) die ökonomischen Parameter der DVA als Teil des WVHA. Inhaltliche und ideologische Aspekte der Ausrichtung der DVA spielten in all diesen Untersuchungen nur am Rande eine Rolle.

Einen anderen Schwerpunkt setzte die Untersuchung *Between Occultism and Nazism* (2014) von Peter Staudenmaier, in deren Mittelpunkt die Frage nach Konvergenzen und Divergenzen anthroposophischer und faschistischer Rassenlehre am Beispiel Deutschland und Italien steht. Er beschäftigte sich in Zusammenhang mit der biologisch-dynamischen Landwirtschaft und ihrem Verhältnis zur NS-Ideologie auch mit den Aktivitäten der DVA.

5 Die Übersetzungen aus dem Niederländischen wurden von Sebastian Fuchs und aus dem Polnischen von Steffen Hänschen angefertigt (vgl. Kapitel Ravensbrück und Auschwitz).

Eine Monografie, die sich explizit und grundlegend mit der Geschichte und Rolle der DVA auseinandersetzte, ist *Die biologisch-dynamische Wirtschaftsweise im KZ* (1999) von Wolfgang Jacobeit und Christoph Kopke. Die Autoren untersuchten die Tätigkeit der DVA im Umfeld der Konzentrationslager Ravensbrück und Dachau im gesamten Zeitraum ihrer Existenz von 1939 bis 1945 sowie die Verbindungen mit der biologisch-dynamischen Wirtschaftsweise. Auf Auschwitz gingen sie allerdings nur am Rande ein. Sie dokumentierten ausführlich den verworrenen politischen Prozess zwischen Förderung und Verbot der biodynamischen Wirtschaftsweise durch den NS-Staat. Das gesamte Spektrum der Versuchstätigkeit der DVA bleibt jedoch weitgehend unberücksichtigt. Gleichzeitig erlagen sie, genauso wie Hermann Kaienburg in seiner Betrachtung der SS-Wirtschaft, dem Fehlschluss, die DVA v. a. als unternehmerische Totalkatastrophe zu analysieren, die sich zudem mit Privatinteressen der SS-Elite vermischte.

In die vorliegende Publikation werden auch Veröffentlichungen einbezogen, die sich nicht direkt mit der DVA befassen, jedoch mit dem „Generalplan Ost“ und der NS-Besatzungspolitik, die den Rahmen für die spezifischen Bemühungen der DVA im Rahmen der Ostexpansion absteckten. In all diesen Arbeiten gab es Aspekte, die für die Entwicklung einer Gesamtdarstellung der DVA im Rahmen des Forschungsprojektes wesentlich waren: Czesław Madajczyk widmete sich in *Vom Generalplan Ost zum Generalsiedlungsplan* (1994) ebenso wie Mechthild Rössler und Sabine Schleiermacher in *Der Generalplan Ost* (1993) den Planungen und den partiellen Realisierungen verschiedener deutscher Konzepte für die besetzten Ostgebiete, wobei Fragen von Landwirtschaft, Verpflegung und Ernährung ebenso wie raumplanerische und bevölkerungspolitische Aspekte eine zentrale Rolle spielten. Der von Susanne Heim herausgegebene Sammelband *Autarkie und Ostexpansion* befasste sich mit Aspekten der für das Projekt wichtigen Themen Agrarforschung und Pflanzenzucht. Bruno Wasser behandelte in *Himmlers Raumplanung im Osten* (1993) vor allem die Auswirkungen des „Generalplans Ost“ auf Polen.

Anfänge, Struktur, die chaotischen Finanzverhältnisse und die Ideologie der DVA sind Schwerpunkte des zweiten Kapitels. Um einen differenzierten Einblick in das Tätigkeitsspektrum dieser Organisation zu erhalten, schließt die Studie neben der Führungsspitze der DVA, Heinrich Himmler und Owald Pohl, auch die Mitarbeiter:innen und die zahlreichen männlichen und weiblichen KZ-Häftlinge ein, die den Großteil der Arbeit verrichteten. Anhand des umfassenden Quellenmaterials – vor allem Häftlingsberichte aus deutschen, polnischen, niederländischen und ukrainischen Archiven und Gedenkstätten, aber auch überlieferte Dokumente einzelner Mitarbeiter:innen – werden nicht nur das vielfältige

Versuchsspektrum der DVA, sondern auch die Bedingungen der Arbeit auf den verschiedenen DVA-Gütern dargestellt.

Heinrich Himmler hatte sich mit der DVA ein Experimentierfeld geschaffen, in dem er seine seit dem Studium der Agrarwirtschaften entwickelten Überlegungen erproben lassen konnte. Im Rahmen der DVA förderte er diverse Expert:innen und Forscher:innen, die seinen Ideen zweckdienlich erschienen. Neben Landwirten zählten dazu auch Ärzte und Apotheker:innen, Heilkräuterexperten, ein Tuchmacher und auch anthroposophische Forscher:innen und Landwirte. Einige dieser Expert:innen waren über die DVA in einem informellen ökologischen Netzwerk assoziiert.

Einbezogen wird auch der Diplomlandwirt Heinrich Vogel. Dem Geschäftsführer der DVA wurde bislang weder in der zeitgenössischen Strafverfolgung noch in der historischen Forschung viel Aufmerksamkeit geschenkt, obwohl er als Mittelsmann zwischen Himmler und Pohl über den gesamten Zeitraum ihres Bestehens die Geschicke der DVA leitete, sich für ihre Interessen einsetzte und durchaus eigene Ideen und vor allem Kontakte einbrachte. Eine ausführliche biografische Skizze über SS-Oberführer Joachim Caesar, den Leiter der landwirtschaftlichen Betriebe in Auschwitz, steht zudem stellvertretend als Beispiel für einen hochrangigen NS-Täter, der wie so viele unter dem Verdikt, „davon nichts gewusst" und „alles für die Häftlinge getan zu haben", ohne gerichtliche Strafverfolgung geblieben ist.

Die Einordnung der Forschungs- und Versuchstätigkeit der DVA in die NS-Agrarforschung und -politik ist Schwerpunkt des dritten Kapitels. Mithilfe dieser Perspektive lässt sich deren Entwicklung in drei Phasen beschreiben: In Vorbereitung des geplanten Eroberungskrieges waren alle Vorhaben der Versuchsanstalt bereits 1939 konzipiert. In der zweiten Phase (September 1939–1942) konnten manche dieser Ideen, von denen viele auf Himmler zurückgingen, trotz chaotischer Planung und teils divergierender Interessen umgesetzt werden. Da die Grundvoraussetzungen „Raumgewinn und Versklavung" der Bevölkerung in der letzten Phase (Mitte 1943 bis April 1945) nicht mehr gegeben waren, wurden die Pläne der DVA obsolet. Dies versuchten die Verantwortlichen jedoch bis Kriegsende zu ignorieren, indem sie trotz Verlusten von Gütern und Versuchsfeldern – zunehmend realitätsfern – an Projektzielen festhielten.[6]

Das außergewöhnlich breite Spektrum an Forschungsfeldern der DVA war ebenso wie die Arbeit anderer Forschungseinrichtungen an den zentralen Zielen des Vierjahresplans, den nationalsozialistischen Autarkiebestrebungen und Kriegsvorbereitungen bzw. der NS-Kriegswirtschaft orientiert. Infolge seiner

6 Anders bei Hermann Kaienburg, Die Wirtschaft der SS, Berlin 2003, S. 771.

ausgeprägten Opposition gegenüber der Großindustrie und der Agrikulturchemie ordnete Himmler in der DVA jedoch explizit die Erforschung von alternativen Landwirtschaftskonzepten an.

Ein weiterer Schwerpunkt der DVA sollte sich auf die geplante Besiedlung des „Ostens" beziehen. Hier war sie angehalten, künftige Siedler:innen mit spezifischen Züchtungen von Pflanzen und Nutztieren auszustatten, die an die Bedingungen der eroberten Gebiete angepasst werden sollten. In diesem Zusammenhang wurde auch die Betriebsform der DVA selbst zum Bestandteil der Forschung. Ziel war es, ein Netzwerk bäuerlicher Großbetriebe aufzubauen, die jeweils die landwirtschaftliche Forschung, Produktion und Verwertung garantieren sollten. Neben den landwirtschaftlichen Versuchen sollte sich die DVA auch an der Ernährungsforschung beteiligen. So wurde etwa die Wirkung von natürlichem Vitamin C aus Gladiolen, das im KZ Dachau entwickelt und von KZ-Häftlingen hergestellt wurde, an der Front von der Waffen-SS erprobt.

Am Beispiel der drei größten DVA-Versuchsbetriebe bei den Konzentrationslagern Dachau, Ravensbrück und Auschwitz werden im vierten Kapitel die jeweilige Entwicklung, Arbeitsteiligkeit und inhaltliche Verflechtung ihrer unterschiedlichen Betriebe dargestellt.

Einen zentralen Einfluss auf die Entstehung und anfängliche Entwicklung der DVA auf der Dachauer *Plantage* hatten die drei Heilkräuterexperten Ernst Günther Schenck, Rudolf Lucaß und Georg Gustav Wegener. Als Vordenker der nationalsozialistischen Gesundheitspolitik initiierte Schenck gemeinsam mit Gartenmeister Lucaß und dem Verbindungsmann zur SS-Bürokratie Wegener auf der *Plantage* erstmalig die Erforschung und den Großanbau von Heil- und Gewürzkräutern. Alle drei waren der Überzeugung, dass dieser nur mit dem Einsatz billiger Häftlingsarbeit zu bewerkstelligen sei.

Bei dem bis zu 1600 Häftlinge zählenden täglichen Einsatz auf der *Plantage* verloren in der Anfangsphase mehr Gefangene ihr Leben als bei allen anderen Dachauer Kommandos. Eine große Anzahl an Erinnerungsberichten von Häftlingen dokumentiert die menschenverachtenden Verhältnisse, aber auch die völlig unterschiedlichen Lebens- und Arbeitsbedingungen in diesem Großbetrieb mit seinen, an den DVA-Zielen gemessen mustergültigen und erfolgreichen, Abteilungen Produktion, Forschung, Verarbeitung und Vertrieb. Darüber hinaus verfügte die *Plantage* über ein eigenes Forschungsinstitut mit Abteilungen zur Erforschung des Großanbaus von Heilkräutern, der Herstellung von natürlichem Vitamin C und der biologisch-dynamischen Wirtschaftsweise. Im deutlichen Kontrast zu den Häftlingsberichten bezeugen die überlieferten Nachkriegserinnerungen von Schenck, Lucaß und Wegener einen scheinbar unbeirrbaren Stolz auf ihre Leistungen und Erfolge auf der *Plantage*.

Ravensbrück, Comthurey, Brückentin und das Gut Seeblick bei Rutenberg dienten der DVA nahe des Konzentrationslagers Ravensbrück als landwirtschaftliche Versuchsgüter. Anhand kleinteiliger Archivquellen und vor allem des Vergleichs von Erinnerungsberichten ehemaliger männlicher und weiblicher Häftlinge wird gezeigt, dass die Standorte von der DVA nicht nur gewählt wurden, um hier landwirtschaftliche Versuchsarbeiten durchzuführen. Eng angebunden an die Administration des KZ Ravensbrück wurden Betriebe nach dem Vorbild aus Dachau sowie ein Verbund von repräsentativen „SS-Mustergütern" geplant. Die Projekte umfassten Versuche in der Nutztierhaltung, der Bodenverbesserung sowie im Gartenbau und der Obstbaumzucht.

Modellcharakter für die Eroberung und Bewirtschaftung weiterer Gebiete im Osten sollten die landwirtschaftlichen Betriebe in ausgesiedelten polnischen Dörfern im sogenannten Interessengebiet des KZ Auschwitz haben. Sie wurden nicht nur formell von der DVA betreut, sondern waren auch durch Forschungsschwerpunkte und den Austausch von Menschen und Material mit deren Arbeit aufs Engste verknüpft. Grundlage der vorliegenden Untersuchung waren neben den Akten der DVA und der SS-Bauleitung vor Ort erstmals übersetzte Berichte ehemaliger Häftlinge. Auf dieser Grundlage konnten die Schwerpunkte der dortigen Tätigkeit rekonstruiert werden, zu denen der Anbau der kautschukhaltigen Kok-Saghys-Pflanze für Versuche zur Kautschukgewinnung, Versuche mit verschiedenen Getreidesorten und die Steigerung der Agrarproduktion, des Gemüse- und Obstanbaus sowie der Geflügel-, Vieh- und Fischzucht zur Versorgung von Militär und Bevölkerung gehörten. Zugleich ermöglichen die Berichte Einblicke in die unterschiedlichen Zwangsarbeits- und Lebensbedingungen der weiblichen und männlichen Häftlinge auf den einzelnen Wirtschaftshöfen und geben Aufschluss über das Verhalten und die Handlungsspielräume des aufsichtführenden Personals.

Nicht nur die Landwirtschaft im Interessengebiet Auschwitz war Teil des sogenannten Lebensraum-Konzeptes der SS, sondern auch landwirtschaftliche Güter in den deutschen Ostgebieten und jene Güter, welche von der DVA nach der Annexion von Tschechien (als sog. Protektorat Böhmen und Mähren) und nach dem Überfall auf Polen übernommen wurden. Einige der Güter lagen am Rande geplanter Siedlungsgebiete und waren als Stützpunkte für spätere Wehrbauernhöfe vorgesehen, andere gelangten durch Zufälle und Kooperationen in die Hände der DVA oder wurden, v. a. im Generalgouvernement, von dieser verwaltet. Die Bewirtschaftung fiel sehr unterschiedlich aus, teils wurden Heilkräuter angebaut, teils Versuche zur Tiergesundheit durchgeführt oder auch nur die landwirtschaftlichen Erträge gesichert oder gesteigert. All diesen Gütern ist gemeinsam, dass ihre Übernahme durch die DVA bereits im Zeichen des „deutschen

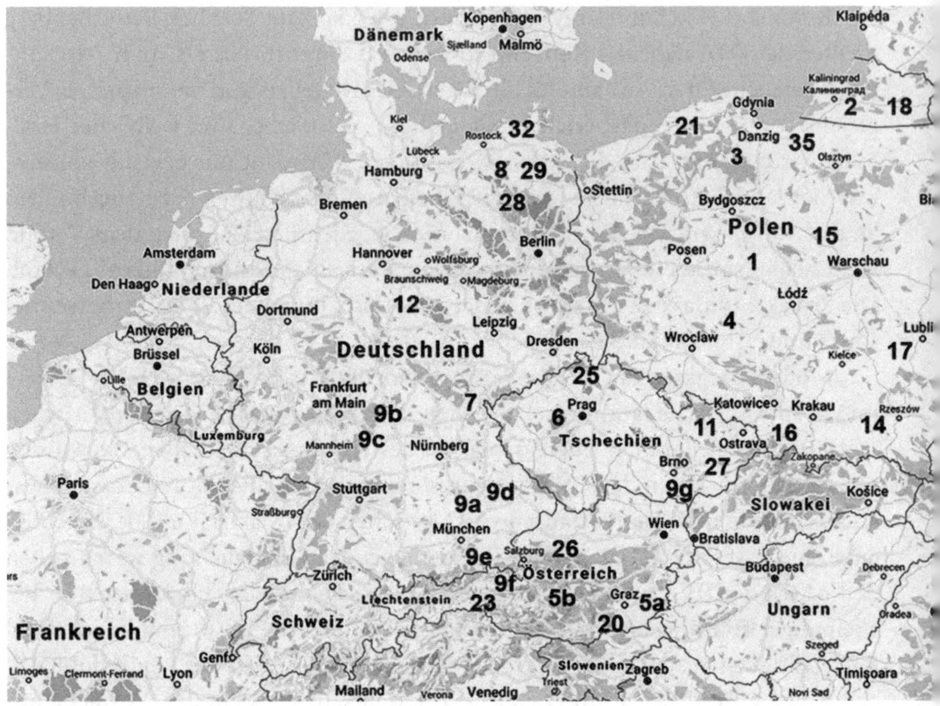

Lage der DVA-Versorgungs- und Versuchsgüter

1 Adeleichen (Dęby Szlacheckie, Polen)
2 Allenberg (Ostpreußen, Snamensk, Wehlau, Russland)
3 Altbuchen (DVA-Einkaufslager, Warthegau, Polen)
4 Alteneichen (Warthegau, Warthbrücken, Polen)
5 Autal (a) und Bretsteintal (b) (Steiermark, Österreich)
6 Beneschau/Benešov (bei Truppenübungsplatz, Tschechien)
7 Bug (Rittergut, Fichtelgebirge bei Weißdorf)
8 Comthurey mit Brückentin (Mecklenburg)
9 Dachauer Plantage (a) mit Heppenheim (b), Laudenbach (c), Liebhof und Pollnhof (d), Hof Hintereckart (e), Hof Erlhofplatte (f), Paprika-Mühle Göding (g) (Hodonín, Tschechien)
10 Droste (Gut und SS-Gärtnerei, Weißrussland)
11 Freudenthal/Bruntál mit Altstadt und Langendorf (Ostsudetenland, Tschechien)
12 Gilde (Braunschweig)
13 Grzenda (nahe Lwiw, ehemals Lemberg, Ukraine)
14 Heidelager/Dębica (bei Truppenübungsplatz, Generalgouvernement, Polen)
15 Heimstätt und Smoszewo (Ciechanów, Polen)
16 Interessengebiet Auschwitz, Wirtschaftshöfe/Nebenlager Harmense, Rajsko, Budy, Babitz, Birkenau, Plawy (Polen)
17 Jastko (vermutl. Jastków, Polen)

Grundlage Google-maps, Ergänzungen Meggi Pieschel.
Kartendaten © 2020 Google, GeoBasis-DE/BKG (© 2009) [26. 2. 2020].

18 Klein-Mixeln (Ostpreußen, Russland)
19 Klezk (Forstwirtschaft, Weißrussland)
20 Lannach (Institut für Pflanzengenetik des SS-Ahnenerbe, DVA-Beteiligung, Steiermark, Österreich)
21 Lauenburg (ehem. Heilanstalt, Lębork, Polen)
22 Maly Trostinez (SS-Gut, Weißrussland)
23 Mittersill (Institut des SS-Ahnenerbe unter Mitwirkung der DVA, Salzburger Land, Österreich)
24 Nawinki (SS-Gut, Weißrussland)
25 Oberliebich (Horní Libchava), Ramschen (Ramš) und Straußnitz (Stružnice) (Sudetenland, Tschechien)
26 Pabenschwandt (Salzburger Land, Österreich)
27 Partschendorf (Schloßgut mit 3 Höfen, Ostsudetenland, Bartošovice, Tschechien)
28 Ravensbrück (Brandenburg)
29 Rutenberg (Brandenburg)
30 Shilitschi (Versorgungslager der SS-Gutsverwaltung, Bezirk Bobruisk, Weißrussland)
31 Stern (SS-Gut durch WVHA bewirtschaftet, Bezirk Bobruisk, Weißrussland)
32 Stralsund (ehem. Heilanstalt, Mecklenburg-Vorpommern)
33 Sucha Betriebsgruppe, Sucha, Chelm (Chełm) Chestonief (vermutl. Częstoniew) (Generalgouvernement, Polen)
34 Tscherkassy (Ernährungsbetrieb der Waffen-SS, Ukraine)
35 Werderhof (bei KZ Stutthof, Polen)
36 Wertingen (Hegewald, Ukraine)

Griffs nach Osten“ stand. Sie alle dienten der Sicherung von Einflusssphären und dem Machtausbau der SS.

Nach dem Überfall auf die UdSSR war die DVA vollständig in die Besetzung und Ausbeutung sowjetischer Regionen einbezogen. Sie forcierte nun die Planungen zur deutschen Besiedlung insbesondere ukrainischer Gebiete und eignete sich landwirtschaftliche Güter und Betriebe mit insgesamt mehr als 300 000 ha an. Die meisten SS-Güter in Russland, der Ukraine und Weißrussland wurden unter der Treuhandschaft der DVA konventionell betrieben und dienten unmittelbar der Versorgung der Waffen-SS und der im Aufbau befindlichen SS- und Polizeistrukturen in den besetzten Gebieten. Einzig das Gut Wertingen bei Shitomir in der Ukraine, unweit von Himmlers vorgeschobenem Hauptquartier „Hegewald“, kam den ursprünglichen Aufgaben der DVA als Versuchsanstalt nahe. Unter absoluter Geheimhaltung wurde hier weiterhin biologisch-dynamische Landwirtschaft betrieben, obwohl der *Reichsverband für Biologisch-Dynamische Wirtschaftsweise* 1941 zerschlagen worden war.

2. Die deutsche Versuchsanstalt für Ernährung und Verpflegung GmbH (DVA)

2.1 Organisation

2.1.1 Anfänge

Die Deutsche Versuchsanstalt für Ernährung und Verpflegung GmbH wurde am 23. Januar 1939 auf Anweisung von SS-Obergruppenführer Oswald Pohl gegründet, der in Personalunion auch das SS-Wirtschafts- und Verwaltungshauptamt und mehrere seiner Vorgängerorganisationen[1] sowie einige dem WVHA untergeordnete Betriebe leitete. Bereits seit 1937 hatte es im KZ Dachau Anfänge einer landwirtschaftlichen Versuchsbetätigung innerhalb der SS-Strukturen gegeben, denen nun eine organisatorische Form gegeben werden sollte. Deutschland war, was Kräuter, Tee und Arzneipflanzen betraf, weitgehend auf Importe angewiesen. Anders als etwa Frankreich oder Italien stand Deutschland bei der Erforschung, Erprobung und Kultivierung heimischer Pflanzen am Anfang. Hier setzte der Dachauer *Kräutergarten* (*Plantage*) an, wo heimische Kräuter erstmals in einem Großversuch angebaut wurden. Trotz des Versuchscharakters der Einrichtung gab es schon rasch eine erfolgreiche Produktion mit effektiver Verwaltung. Als vielversprechend sollte sich das Konzept der DVA erweisen, ihren Platz in landwirtschaftlichen Nischen zu suchen.

Gesellschafter der DVA waren die Deutsche Erd- und Steinwerke, denen Oswald Pohl ebenfalls vorstand und die das Gründungskapital von 35 000 RM einbrachten, sowie Dr. Walter Salpeter vom SS-Verwaltungsamt. Geschäftsführer wurde ab Ende März 1939 der Diplom-Landwirt und SS-Hauptsturmführer Ludwig Wilhelm Heinrich Vogel.[2] „Die Wirtschaftsbetriebe der SS haben zur Hauptaufgabe, Probleme zu lösen, die der Staat selbst nicht lösen konnte."[3] So der Tenor einer rückblickenden Analyse des WVHA durch Leo Narziß Volk, dem persönlichen Referenten von Oswald Pohl im Mai 1944.

1 Das „SS-Hauptamt Verwaltung und Wirtschaft" und das „Hauptamt Haushalt und Bauten" des Reichsinnenministeriums.

2 BArch, NS 3/722, Bl. 4.

3 BArch, NS 3/718, Bl. 3.

Im Gegensatz zu den traditionellen und schon länger bestehenden Versuchsanstalten im Deutschen Reich war bereits die Gründung der DVA unter dem Dach des ebenfalls 1939 geschaffenen SS-Hauptamtes Verwaltung und Wirtschaft nicht nur fachlich, sondern von Anfang an auch politisch motiviert und ideologisch ausgerichtet. Für Himmler im Besonderen, aber auch die SS im Allgemeinen war die bäuerlich-landwirtschaftliche Welt über ihre Bedeutung für Versorgung und wirtschaftliche Fragen hinaus stets weltanschaulich konnotiert.

Die Gründung der DVA fiel, sicher bereits in Erwartung des Kriegsbeginns, in die Zeit einer allgemeinen und generellen Um- und Neustrukturierung bzw. Zusammenlegung verschiedener SS-Ämter und -Dienststellen. So entstand am 1. Juni 1939 das „Hauptamt SS-Gericht" und am 1. Oktober das Reichssicherheitshauptamt, das alle polizeilichen und geheimdienstlichen Repressionsorgane des NS-Staates vereinigte. Neben dem „SS-Personalhauptamt" wurde auch das „SS-Hauptamt Verwaltung und Wirtschaft" geschaffen, aus dem 1941 durch Zusammenlegung mit dem „Hauptamt Haushalt und Bauten" des Reichsinnenministeriums das „SS-Wirtschafts-Verwaltungshauptamt" entstand. Fortan war die DVA Bestandteil der Amtsgruppe W des WVHA und „im Wesentlichen mit dem Amt W 5 [W V] identisch."[4] Für die Neuordnung der SS-Ämter war die Zusammenlegung von staatlichen und NSDAP- bzw. SS-Strukturen und der damit verbundenen Entscheidungskompetenzen typisch.

Bei der Gründung der DVA wurde als „Zweck der Unternehmung" Folgendes festgelegt:

> „Der Gegenstand des Unternehmens ist:
> a) Planmässige Erforschung und Anbau der in Deutschland wachsenden Heilkräuter im Interesse der deutschen Volkswirtschaft,
> b) die Versorgung des deutschen und ausländischen Marktes mit deutschen Drogen[5],
> c) Herstellung neuer Drogen und Mischungen auf Grund wissenschaftlicher Untersuchungen,
> d) Unterhaltung von Laboratorien,
> e) Erwerb von Grundstücken,

4 Kaienburg, Wirtschaft, S. 772.

5 Der Begriff Droge wird hier in seiner historischen Bedeutung verwendet: „als Gewürz oder Arzneimittel getrockneter pflanzlicher oder tierischer Stoff, um 1600 aus frz. drogue ‚Gewürz, Chemikalie, pharmazeutisches Mittel' ins Dt. entlehnt." Vgl. O. A., „Droge", bereitgestellt durch das Digitale Wörterbuch der deutschen Sprache, www.dwds.de/wb/Droge [25. 3. 2020].

f) der Betrieb aller kaufmännischen und landwirtschaftlichen, mit dem Unternehmen in Verbindung zu bringenden Geschäfte, z. B. Geflügel- und Kleintierfarmen, Mästereien usw."[6]

1944 wurde in dieser Auflistung der Punkt b) wegen des Krieges gestrichen.[7]

2.1.2. Struktur

Unmittelbar bei der Gründung waren die Tätigkeitsbereiche der DVA noch übersichtlich und bezogen sich vor allem auf den erfolgreichen Betrieb und Ausbau des „Kräutergartens" im KZ Dachau und den Aufbau ähnlicher Forschungseinrichtungen beim KZ Ravensbrück. „Auch andere Einzelheiten weisen darauf hin, dass als Aufgabe der DVA auch Anfang 1939 noch vor allem die Anlage von Gartenbaubetrieben bei Konzentrationslagern im Blickfeld stand."[8]

Gegenstand der DVA waren nicht nur landwirtschaftliche Versuche, auch der Aufbau eigener Strukturen hatte Versuchscharakter: Die DVA wollte sich von Anfang an von den herkömmlichen Forschungseinrichtungen unterscheiden und experimentierte daher auch mit dem Personal- und Organisationsaufbau. So wurden die Positionen von Oberleitern der einzelnen Güter wieder abgeschafft, da sie sich nicht bewährt hatten und weil unter Kriegsbedingungen das Personal verringert werden musste. Ziel war es, landwirtschaftliche Großstrukturen zu schaffen, die dennoch einen bäuerlichen Charakter behalten sollten. Gelungen ist dies vor allem auf der *Plantage* Dachau und ab 1941 in den landwirtschaftlichen Betrieben in Auschwitz. Damit korrespondierten die Planungen Himmlers, keine industriellen, sondern handwerkliche Großbetriebe zu schaffen, was allerdings nur in Ansätzen etwa in Dachau realisiert wurde. Es ist fraglich, ob sich diese Ideen Himmlers im Deutschen Reich wirklich hätten durchsetzen lassen.

Der Organisationsaufbau der DVA wurde im Laufe der Zeit mehrfach verändert, was aufgrund des autokratischen Leitungsstils Oswald Pohls im WVHA und Heinrich Himmlers in der SS leicht zu bewerkstelligen war. Kaienburg weist darauf hin, „dass die Landwirtschaft im Kompetenzbereich Pohls nicht stringent einer Zielsetzung entsprechend aufgebaut wurde, sondern in aufeinanderfolgenden Perioden mit verschiedenartigen Beweggründen, die ihre eigenen Prägungen hinterließen, nach und nach entstand".[9] Eine Grundidee war, dass bei der DVA,

6 BArch, NS 3/129, Bl. 197.
7 Ebenda.
8 Kaienburg, Wirtschaft, S. 774.
9 Ebenda, S. 771.

anders als bei vergleichbaren Einrichtungen im Deutschen Reich, Forschung, Anwendung, Produktion bzw. Anbau und Verwertung quasi in einer Hand liegen sollten.

Nach Kriegsbeginn 1939 und vor allem nach dem Überfall auf die Sowjetunion 1941 erweiterten sich die Aufgaben der DVA. Ihre Aktivität war nun nicht mehr auf Deutschland begrenzt, sie vergrößerte ihren Besitz erheblich und erwarb Liegenschaften in Gebieten mit unterschiedlichen klimatischen, geografischen und Bodenbedingungen. Neben Forschungs- und Versuchsaufgaben spielten Versorgungsaufgaben auf der Grundlage traditioneller Landwirtschaft eine zunehmende Rolle. Trotzdem blieb die DVA personalmäßig eine überschaubare Organisation. In den verschiedenen Stärkemeldungen wurde die Anzahl der Mitarbeiter:innen des mit der DVA quasi identischen Amtes W V des WVHA mit zwischen 47 und 63 angegeben. Hinzu kamen im Zuge der Besatzung eroberter Gebiete zwischen ca. 200 bis ca. 600 Mitarbeiter:innen in Außenstellen.[10]

Veränderungen durch den Kriegsbeginn

Der prominente Bezug auf Erforschung und Anbau von Heilkräutern im Gründungsdokument der DVA verweist auf die Priorisierung von Autarkieplanungen des NS-Systems, die sich aus der Erinnerung an die britische Seeblockade während des Ersten Weltkrieges und an die daraus resultierenden Versorgungsprobleme ergaben. Nachdem das Dritte Reich 1934 den deutsch-amerikanischen Handelsvertrag gekündigt hatte, eskalierten die ökonomischen Konflikte mit den USA. Allerdings spielten die Autarkiebestrebungen nach der Gründung der DVA 1939 eine immer geringere Rolle, da jetzt große Teile Europas, besonders im Osten, erobert und besetzt wurden, welche die Abhängigkeit von landwirtschaftlichen Importen verringerten. Die Eroberungsplanungen betrafen nicht nur polnische Gebiete, sondern besonders auch die Ukraine, von der legendär fruchtbaren Schwarzerde-Zone bis zu den mediterranen Küstenregionen am Schwarzen Meer und der submediterranen russischen Halbinsel Krim.

Die DVA verwaltete und bewirtschaftete seit ihrer Gründung eine wachsende Anzahl von Gutsbetrieben und andere landwirtschaftliche Einrichtungen sowie Lebensmittelbetriebe. Die Besitzverhältnisse und Zuständigkeiten bei den einzelnen Einrichtungen änderten sich im Laufe der Zeit mehrfach. Die ersten

10 Dies entspricht auch den Zahlenangaben, die in der Sekundärliteratur zu den Arbeitskräften in den besetzten Ostgebieten angegeben werden. Vgl. Kaienburg, Wirtschaft; Walter Naasner, SS-Wirtschaft und SS-Verwaltung. „Das SS-Wirtschafts-Verwaltungshauptamt und die unter seiner Dienstaufsicht stehenden wirtschaftlichen Unternehmungen" und weitere Dokumente, Düsseldorf 1998.

landwirtschaftlichen Besitzungen der DVA konzentrierten sich um einzelne Konzentrationslager wie Ravensbrück, Dachau oder Auschwitz. Hier nutzte die SS bestehende Infrastruktur, erwarb Liegenschaften und gründete landwirtschaftliche Betriebe neu. Die Besitzungen wurden oft planmäßig, häufiger aber nach dem Zufallsprinzip ausgebaut.

Angesichts des bevorstehenden Krieges rückten rasch neue Tätigkeitsfelder in den Fokus: Dazu gehörten vorbereitende, im weitesten Sinne landwirtschaftliche Planungen für die Ausbeutung und Besiedelung des europäischen Ostens. Die Aufgaben der DVA wurden erweitert und verändert, ohne dass dies immer formal in Dokumenten festgeschrieben wurde. Darauf wies Geschäftsführer Vogel bereits im Januar 1941 in einem Schreiben an Pohl hin: „Das Aufgabengebiet der Deutschen Versuchsanstalt hat sich gemäß den Anordnungen des Reichsführers-SS und des Hauptamtchefs laufend vergrößert."[11] Erneute Veränderungen und Ausweitungen der Tätigkeiten der DVA ergaben sich nach dem Überfall auf die Sowjetunion im Juni 1941.

Im September 1944 erteilte Oswald Pohl den Auftrag, die Jahresabschlüsse der DVA von 1939 bis 1943 zu überprüfen. In dem Bericht dazu heißt es kritisch:

> „Die Arbeitsgebiete der DVA wurden in ihrem zweiten Geschäftsjahr durch den sogenannten ‚Zehnjahresplan' vom 22. 7. 1940 festgelegt; er geht über die satzungsgemäß festgelegten Aufgaben hinaus. […] Der Reichsführer-SS umriss dann einige Monate später (4. 10. 1940) die Aufgaben der DVA wie folgt:
> 1. Ausbildung der künftigen Bauern (Ostlandschulen, HJ-Landlager);
> 2. Arbeit inmitten der landwirtschaftlichen Praxis, um Beispiele für hervorragende landwirtschaftliche Leistungen zu geben;
> 3. Versorgung der SS-Siedler mit lebendem Inventar;
> 4. Durchsetzung solcher Maßnahmen, die zurzeit unmodern sind oder bekämpft werden, soweit sie Bedeutung für den deutschen Landbau haben;
> 5. Förderung der natürlichen Landbauweise einschliesslich Vogelschutzmaßnahmen;
> 6. auf allen Betrieben Kräuteranbau im Rahmen der geordneten Fruchtfolge und Baumschulen."[12]

Vieles wurde von den SS-Führern untereinander vereinbart, wie bei der Abstimmung zwischen der Forschungsgemeinschaft Deutsches Ahnenerbe und der DVA beim Betrieb von Gut, Institut und Schloss Lannach. Vieles wurde direkt

11 BArch, NS 3/1429, Bl. 115.

12 Vgl. BArch, NS 3/1175, BI. 75 f.

von Himmler angewiesen. Im Bundesarchiv sind diesbezüglich oftmals nur die Anschreiben bei Übersendungen von Materialen, Denkschriften und dergleichen überliefert, nicht aber die Dokumente selbst.

Nach der Eroberung Polens verwaltete die DVA zahlreiche Liegenschaften im Generalgouvernement, sie erwarb und pachtete aber auch Güter in den dem Altreich zugeschlagenen ehemaligen polnischen und tschechischen Gebieten. War der Charakter der DVA als Versuchsanstalt, oftmals in Verbindung mit der Prüfung alternativer Wirtschaftsweisen, bei ihren Einrichtungen im Reich deutlich, wenn auch in unterschiedlichem Maße, so erlangte im Generalgouvernement und bei den requirierten Gütern in den eroberten Gebieten der Sowjetunion zusätzlich eine eher konventionelle Landwirtschaft zur Versorgung u. a. der Waffen-SS an Bedeutung.

Im Generalgouvernement wurde das WVHA zur stärksten ökonomischen Kraft und somit mächtiger als die Zivilverwaltung. Die politischen Zuständigkeiten aber lagen unbestritten und allein bei Generalgouverneur Hans Frank.[13] Dies war für die SS-Führung durchaus unbefriedigend, zielten doch die von ihr geschaffenen Organisationen, wie das Rasse- und Siedlungshauptamt oder das Hauptamt SS-Gericht, auch auf die Schaffung einer eigenen Infrastruktur und die Aneignung von politischen, gesellschaftlichen und sozialen Kompetenzen, also letztendlich staatlich zu verantwortenden Bereichen. In den besetzten Territorien der Sowjetunion wurden die Zuständigkeiten innerhalb der SS-Strukturen im Kriegsverlauf mehrfach und oftmals ohne schlüssige Begründungen verschoben und verändert, sodass sie heute im Einzelnen oft nicht mehr rekonstruierbar sind.[14] Hier gab es, wie überall im NS-Staat, Divergenzen durch gewisse Eifersüchteleien, persönliche Interessen und Animositäten bis hin zu starken Konkurrenzkämpfen in Bezug auf die Requirierung und Ausbeutung von Ländereien und Betrieben zwischen SS, Wehrmacht, dem Ministerium für die besetzten Ostgebiete und dem Generalkommissariat Ukraine. Jede dieser Einrichtungen bemühte sich ständig um eine, meist ungeordnete, Ausweitung ihrer Befugnisse und die Erweiterung ihrer Verfügungsgewalt über ökonomische Ressourcen in Industrie, Handwerk, Landwirtschaft und bei der Ausbeutung von Bodenschätzen. Dies war möglich, da die Schaffung administrativer Strukturen mit der raschen Eroberung und Besetzung großer Räume in der Sowjetunion nicht Schritt hielt.

13 Vgl. Bruno Wasser, Himmlers Raumplanung im Osten. Der Generalplan Ost in Polen 1940–1944, Basel 1993. S. 24.

14 BArch, Vopersal, N 756–9, unpag.

Planungen und Chaos

Im völligen Gegensatz zu den nach 1933 weitestgehend gleichgeschalteten deutschen Institutionen, Organisationen und gesellschaftlichen Strukturen herrschte im Geflecht von NSDAP und NS-Organisationen sowie insbesondere in der SS ein Organisationswirrwarr. Hans Mommsen erkannte diesbezüglich bereits 1967: „Bei äußerlicher Gleichschaltung umschloß der NS-Staat von Anfang an eine Fülle unausgetragener institutioneller und politischer Antagonismen, die infolge der notorischen Unentschlossenheit Hitlers ungelöst blieben und den Nährboden für das institutionelle Gestrüpp von sich parasitär bildenden, staatliche Funktionen usurpierenden NS-Dienststellen abgaben. Die Zersplitterung der Verantwortlichkeiten machte vor der SS nicht halt."[15]

So lässt sich erklären, warum bei heutiger Betrachtung das Vorgehen der DVA zuweilen wenig systematisch, oft sogar widersprüchlich erscheint. Nie gab es eine detaillierte und präzise Aufgabenplanung. Diese vage Verfasstheit charakterisierte die SS-Strukturen allerdings grundsätzlich und von Anfang an und war wohl auch von Himmler so gewollt. Es war dadurch einfacher, die Aktivitäten der DVA immer wieder an sich verändernde Erfordernisse und Bedürfnisse oder sich neu ergebene Chancen bzw. Realitätszwänge anzupassen. Die DVA sicherte Ressourcen und Objekte, sobald dies machbar und möglich war und sie sich in das – nie konkretisierte – Selbstverständnis eingliedern ließen.

Viele Entwicklungen und Aktivitäten entsprachen nicht einer Programmatik, sondern wurden durch die Angebote und Interessen einzelner Personen bestimmt. In der Schafzucht und der damit verbundenen Woll- und Stoffproduktion bemühte sich Otto Stritzel beispielsweise intensiv und erfolgreich um eine ideelle, aber vor allem materielle Unterstützung der DVA. Ähnliches gelang Dr. Karl Rühmer im Fischereiwesen. Die DVA erwarb im Umfeld des KZ Ravensbrück wie in den besetzten Gebieten z. T. zielgerichtet, manchmal auch zufällig Liegenschaften. Immer wieder überschnitten und kreuzten sich Positionen der Ostexpansion mit Bemühungen für eine biologisch-dynamische Wirtschaftsweise oder Bestrebungen um Autarkie.

Zahlreiche Aktivitäten ergaben sich erst im Kriegsverlauf. Die Expeditionen zu sowjetischen Forschungseinrichtungen der Landwirtschaft, die unter dem international hochangesehenen, in der UdSSR jedoch 1940 in Ungnade gefallenen, russischen Botaniker und Genetiker Nikolai Iwanowitsch Wawilow[16]

15 Hans Mommsen, Entteufelung des Dritten Reiches?, in: Der Spiegel (1967) 11, S. 71–75, hier S. 71.

16 Wissenschaftliche Transliteration Nikolaj Ivanovič Vavilov (1887–1943).

bedeutende Leistungen und Erfolge verzeichnet hatten, regten die SS zu eigenen Forschungen und Unternehmungen an (siehe Kapitel Ostexpansion).

Viele höhere NS- und SS-Führungspersönlichkeiten neigten zur Ämter- und Kompetenzhäufung. So kam es zur Verquickung von Interessen. Die zahlreichen, zumeist völlig willkürlich ernannten Sonderbeauftragten machten das gesamte System noch unübersichtlicher. SS-Führer wie Himmler, Pohl und andere zogen auf verschiedenen Kompetenz- und Entscheidungsebenen der Hierarchie immer wieder neue Ämter an sich. So war Pohl nicht nur Chef des WVHA, sondern auch Verantwortlicher für dessen Unterabteilung Amt W V und Geschäftsführer mehrerer untergeordneter Betriebe. Und Reichsführer-SS Himmler informierte im Jahr 1943 alle Ämter und Einrichtungen nicht ohne Stolz: „Der Führer hat mir für die Produktion und Ernte von Rohkautschuk aus Kok-Saghys die Verantwortung übertragen. Der Reichsmarschall hat mich zum Sonderbeauftragten für alle Fragen des Pflanzenkautschuks gemacht."[17] Die neue Aufgabe wurde fortan auf Schreiben Himmlers im Briefkopf erwähnt.

Kooperationen und Konkurrenzen

Im engen Einflussbereich Heinrich Himmlers waren Kooperationen der DVA in erster Linie von seinen machtstrategischen Motiven und den sich entsprechend ständig wandelnden Möglichkeiten gekennzeichnet. Einer der wenigen konstanten und wichtigen Partner der DVA blieb bis Kriegsende die „Forschungsgemeinschaft Deutsches Ahnenerbe". Bei den Aktivitäten der DVA und den Aufgaben, die ihr nach Kriegsbeginn sukzessive übertragen wurden, gab es zunehmend Überschneidungen mit dem *Ahnenerbe*. Es ergaben sich jedoch auch Konkurrenzen mit anderen SS-Organisationen, wie dem „Rasse- und Siedlungshauptamt" und der „Volksdeutschen Mittelstelle".

Als Konkurrenz außerhalb des SS-Wirtschaftsimperiums wurde die DVA bereits in ihrer Aufbauphase wahrgenommen, als der Dachauer Kräutergarten gerade in Betrieb gegangen und der für die SS äußerst günstige Erwerb des Gutes Ravensbrück abgeschlossen war. Heinrich Vogel musste die DVA gegen Klagen beim Reichswirtschaftsministerium wegen „Bedrohung des Marktes" und der „Gefährdung der Marktregelung" von gartenbaulichen und baumzüchterischen Berufsorganisationen und dem Reichsnährstand verteidigen. Trotz der abschließenden Auflage des Ministeriums, die DVA-Anbauflächen zukünftig nicht mehr zu vergrößern, beharrte Vogel auf der Überlegenheit des

17 BArch, NS 19/1802, Bl. 71.

DVA-Konzepts gegenüber den Kräutersammelaktionen des Reichsnährstandes, deren Erfolg er infrage stellte.[18]

Das Misstrauen gegenüber „etablierten Forschungseinrichtungen" war für die DVA programmatisch, und umgekehrt nahmen diese den „Neuling" kaum ernst. Dennoch entstanden u. a. im Rahmen der kriegswichtigen Kautschuk-Forschung in Auschwitz Kooperationen mit der Kaiser-Wilhelm-Gesellschaft (siehe Kapitel Auschwitz).

In Dachau betrieb die DVA u. a. die Erforschung und Produktion von natürlichem Vitamin C, das ausschließlich in der Waffen-SS Verwendung fand. Nachdem das Reichsministerium des Inneren, das seit Beginn der 1940er-Jahre intensiv auf der Suche nach verfügbaren Quellen für Vitamin C war, eher zufällig auf die Forschungen der DVA in Dachau gestoßen war, wurde eine Zusammenarbeit vereinbart, die allerdings vermutlich nie realisiert wurde (siehe Kapitel Dachau).

Eine besondere Rolle hinsichtlich der Beziehungen zu anderen Institutionen spielte die biologisch-dynamische Wirtschaftsweise. Von vornherein fest in ihr Forschungskonzept eingebunden, geriet die DVA in dem verwirrenden Kampf um das Für und Wider, der sich im großen Aktenumfang etlicher Ministerien und Institutionen eindrücklich dokumentiert, am Ende auch in das Schussfeld der Gegner und Sieger dieses Kampfes.

2.1.3 Finanzen

Bei den Finanzen zeigte sich besonders deutlich, dass die Tätigkeit des WVHA im Allgemeinen und der DVA im Besonderen nur bedingt durch wirtschaftliche Parameter determiniert wurde. Auch die Buchhaltung entsprach nicht den Normen jener Zeit. Zwar war Oswald Pohl unter anderem wegen seines organisatorischen Talents und seiner Kompetenzen als Finanzverwalter bei der Kaiserlichen Marine mit der Leitung des WVHA betraut worden. Doch mit der Leitung eines in kurzer Zeit schnell expandierenden Wirtschaftsunternehmens war Pohl überfordert. Zudem hatte er viele Untergebene, die nur wenig Voraussetzungen auf dem Gebiet der Wirtschaftsfinanzen und der Rechnungsführung mitbrachten. In einem Prüfbericht zur DVA heißt es: „Unsere Darlegung der wirtschaftlichen Verhältnisse der DVA musste sich auf ein Rechnungswesen stützen, das in seiner Gesamtheit den anerkannten Grundsätzen ordnungsgemässer Buchführung nicht entspricht. Umstände, die auf Verschleierungs- oder gar Fälschungsabsicht schliessen lassen, sind uns jedoch nicht bekannt. Wir vermuten sie auch nicht. Nach unserem Eindruck ist die Ursache für die Unordnung im Rechnungswesen

18 BArch, NS 3/1175, Bl. 10 ff.

in der Unfähigkeit bzw. Nachlässigkeit des SS-Ostuf. (F) Bernhard zu suchen, der innerhalb der Geschäftsführung den kaufmännischen Sektor [...] betreut hat."[19]

Bei diesen wirtschaftlichen Überprüfungen der DVA zeigt sich ein wichtiger Wesensaspekt des nationalsozialistischen Staates, den Ernst Fraenkel in seinen Analysen als „Doppelstaat" definiert.[20] Er unterscheidet in Bezug auf das politische System des NS-Regimes zwischen zwei Formen von Herrschaft, dem „Normenstaat", in dem an bestehenden Rechtsvorschriften festgehalten wurde, vor allem um das privat-kapitalistische Wirtschaftssystem zu stützen, und dem „Maßnahmenstaat", der gesetzliche Regeln missachtete und nach politischer Opportunität entschied, um die Herrschaft des Regimes und spezifische Ziele durchzusetzen. Dies erklärt die Diskrepanz zwischen dem ungeordneten Wirtschaften in der DVA und den Parametern, welche die Wirtschaftsprüfer vergeblich daran anlegten. Letztere stammten noch aus der Weimarer Republik, denn das NS-Regime hatte wesentliche Teile der Bürokratie übernommen.

Eine nötige Anschubfinanzierung in Form eines Kredites in der Höhe von 8 Millionen RM erhielt die DVA vom Deutschen Roten Kreuz (DRK). Das DRK hatte mit dem SS-Wirtschaftsunternehmen an sich nichts zu tun und auch keinerlei wirtschaftliche Interessen an dessen Entwicklung. Doch wie so oft im NS-System waren es persönliche Beziehungen von Führungspersönlichkeiten, die zur Verquickung von Organisationsstrukturen führten. Im Fall der DVA waren es familiäre Verbindungen: Der Chef des DRK-Verwaltungsamtes, DRK-Generalführer Wilhelm Classen, war Pohls Schwager. Pohl war zudem seit 1937 Mitglied des Präsidialrates des DRK und ab 1938 Generalbevollmächtigter für alle vermögensrechtlichen Angelegenheiten des DRK.

1936 wurde SS-Oberführer Ernst-Robert Grawitz zum stellvertretenden Präsidenten des Deutschen Roten Kreuzes ernannt. Er baute das DRK ohne jede rechtliche Grundlage im Sinne des propagierten „Führerprinzips" um. Parallel zur Umorganisation des DRK durchsetzte Grawitz die DRK-Führungsspitze mit SS-Männern. So ernannte er Pohl zum Schatzmeister und später zum Verwaltungschef des DRK. Mit Billigung von Grawitz verschaffte Pohl der SS Millionenkredite aus den Kassen des DRK, die er in geheimen Transaktionen als „Generalbevollmächtigter für alle vermögensrechtlichen Angelegenheiten des DRK" u. a. über die SS-Spargemeinschaft e. V. an die SS-Wirtschaftsbetriebe weiterleitete. Nicht zuletzt deshalb konzentrierte Pohl das bisher von den einzelnen DRK-Stiftungen und -Organisationen verwaltete Geld auf gemeinsame Konten, zu denen nur er, Grawitz und ihre engsten Mitarbeiter Zugang hatten.

19 BArch, NS 3/722, Bl. 51.

20 Ernst Fraenkel, Doppelstaat. Recht und Justiz im „Dritten Reich", Frankfurt a. M. 1974.

Im Laufe der Jahre nahm die DVA Kredite bei verschiedenen Finanzinstituten auf, z. B. bei der *Deutsche Landvolkbank.* Sie bekam zudem Zuschüsse von landwirtschaftlichen u. a. Vereinigungen. Es gab auch aus heutiger Sicht dubiose Quellen, z. B. 200 000 Reichsmark „aus einem Sonderkonto des SS-Oberabschnittes Donau in Wien (SS-Standartenführer Spacil)".[21] Die im Bundesarchiv vorliegenden verschiedenen Berichte zur Finanzlage der DVA lassen keine solide mittel- oder langfristige Finanzplanung wahrscheinlich erscheinen.

Letztendlich finanzierten sich NSDAP und SS aus dem Haushalt des Deutschen Reiches und aus Sonderzuweisungen der deutschen Wirtschaft, die als Spenden zu bezeichnen ab 1933 wohl eher ein Euphemismus war. Ersten Zugriff auf die staatlichen Gelder hatte allein die NSDAP, da die SS offiziell eine ihrer Untergliederungen darstellte.

Neben den offiziellen Zuwendungen der Partei finanzierte sich die SS mittels zahlreicher von ihr gegründeter Unternehmen, Verbände und Organisationen sowie auch direkt durch staatliche Einrichtungen wie die Deutsche Forschungsgemeinschaft und dem Reichsnährstand. Um die Personalausgaben im WHVA – und damit auch der DVA – gering zu halten, wurden viele Mitarbeiter mit Angestelltenverhältnissen in staatlichen Verwaltungen, Einrichtungen und Ministerien versorgt. Dies war umso einfacher, als 1939 staatliche Institutionen und solche von NSDAP und SS zusammengelegt worden waren. Eine weitere Möglichkeit war, SS-Mitglieder in der vom Reich voll finanzierten Waffen-SS anzustellen, so beispielsweise den Fischzüchter Dr. Karl Rühmer.[22]

Aus den Beständen des Bundesarchives geht hervor, dass die DVA-Geschäftsführung mit finanziellen Mitteln recht sorglos umging. Dies zeigen u. a. mehrere Buchprüfungen, die mit vielen Beanstandungen endeten oder gar abgebrochen werden mussten. Die SS-Führung gab zudem mitunter Anweisungen, etwa beim Ankauf von Gütern u. a., ohne sich mit der Finanzierbarkeit eingehender zu befassen. Es gab dubiose „Schenkungen" von NS- und SS-Größen an die DVA.

Ein Prüfbericht zur Tätigkeit und zum Jahresbericht der DVA kommt für das Jahr 1943 zu folgendem Ergebnis:

> „Der vorliegende Abschluss vermittelt kein zutreffendes Bild über die tatsächlichen Ertragsverhältnisse und ist daher nur unter erheblichen Vorbehalten zu betrachten, und zwar aus folgenden Gründen:

21 BArch, NS 3/1429, Bl. 112. Der Bericht ist von 1941. Spacil war nur bis 1939 im SS-Oberabschnitt Donau tätig.

22 BArch, NS 3/1429, Bl. 81.

1. Das unzuverlässige Rechnungswesen [...] bedeutet ganz allgemein einen erheblichen Unsicherheitsfaktor. In einigen Fällen stellten wir sogar fest, daß Zahlungen von Steuern, Zinsen u. ä. entgegen bestehenden vertraglichen Abmachungen zu eigenen Konten geleistet wurden.
2. Wie bereits aus dem vorhergehenden Abschnitt IV hervorging, bestehen bei einer Anzahl von Höfen (Stutthof, Heimstätt, Comthurey, Alteneichen, Ravensbrück) ungeklärte Rechtsverhältnisse, die sich auch in beträchtlichem Umfange auf die Erfolgsrechnung auswirken können. [...]
3. Durch die niedrigen Häftlingslöhne wird [...] in dem vorliegenden Abschluß eine Ertragslage vorgetäuscht, die sich ganz erheblich – nämlich um etwa RM 1 Million – verschlechtert, wenn der betriebswirtschaftlich gerechte Arbeitsaufwand verrechnet werden würde."[23]

Heinrich Vogel war lt. Arbeitsvertrag verpflichtet, „die Geschäfte der Versuchsanstalt mit der Sorgfalt eines ordentlichen kaufmännischen Unternehmers zu führen".[24] Unzweifelhaft hat er sich darum bemüht. Gelungen ist es ihm nie, da die DVA nicht selten mit wesensfremden Aufgaben überfrachtet wurde bzw. höhere SS-Führer sich in den Geschäftsablauf einmischten. Besonders Himmler sah die DVA als beinahe persönliche Einrichtung zur praktischen Erprobung seiner Ideen an. Die DVA finanzierte und betreute auch Güter, die Himmler (Brückentin) und Pohl (Comthurey) in Teilen privat nutzten. Da die DVA als kriegswichtig eingestuft wurde, benutzte sie die SS-Führung zudem zum Betrieb nicht kriegswichtiger Einrichtungen und Liegenschaften. So kaufte die DVA im steiermärkischen Autal ein Jagdgebiet, das auf Wunsch Himmlers zur Erholung und Freizeitgestaltung von verdienten SS-Männern genutzt wurde und in dem er sich selbst die Entscheidung über die Anzahl der abzuschießenden Murmeltiere vorbehielt.

Die wirtschaftlichen Überprüfungen, denen sich die DVA trotz energischer Bemühungen nicht entziehen konnte, zeigen zwei Aspekte sehr deutlich: zum einen, dass die Tatsache, dass die DVA entsprechend ihrer Gründungsdokumente eine *Versuchs*anstalt darstellte, bei finanziellen und wirtschaftlichen Prüfungen oder Bewertungen nie wirklich mitgedacht worden war. Eine Versuchsanstalt ist nicht primär zur Erwirtschaftung von Überschüssen gedacht und kann nicht wie ein normaler auf Gewinn orientierter Wirtschaftsbetrieb behandelt werden.

23 BArch, NS 3/722, Bl. 30.

24 Wolfgang Jacobeit/Christoph Kopke, Die biologisch-dynamische Wirtschaftsweise im KZ. Die Güter der „Deutschen Versuchsanstalt für Ernährung und Verpflegung" der SS von 1939 bis 1949, Berlin 1999, S. 32.

Eindringlich hatte Vogel im Januar 1941 in einem Schreiben an Pohl darauf aufmerksam gemacht:

> „An dieser Stelle muss darauf hingewiesen werden, dass alle Versuche, gleich welcher Art und welchen Umfanges, ohne Rücksicht auf die spätere Verwendbarkeit ihrer Ergebnisse Unkosten verursachen, aber keine Einnahmen bringen.
> Die Deutsche Versuchsanstalt ist eine in Deutschland nicht zum zweiten Mal vorkommende Einrichtung. Als Teil der Schutzstaffel kann sie vom ersten Augenblick der Erzeugung bis zum letzten der Verwertung alle Vorgänge und Besonderheiten jeglichen Versuchs in einer Hand überprüfen. Die aus dieser Tatsache resultierende Verpflichtung, wichtige Versuche durchzuführen, gesellt sich zu den der Deutschen Versuchsanstalt vom Reichsführer gestellten Aufgaben und fordert eine wirtschaftliche Sicherstellung. Dies ist in den vorhandenen landwirtschaftlichen, forstlichen und Verwertungsbetrieben bisher nicht gegeben.
> Es ergibt sich daraus die Notwendigkeit, auf längere Sicht der Versuchsanstalt finanzielle Zuschüsse geben zu müssen."[25]

Zum anderen ist in vielen Dokumenten feststellbar, dass mit finanziellen Mitteln recht sorglos und oft planlos umgegangen wurde, da die SS und das WVHA letztlich leicht auf die Ressourcen des Dritten Reiches zurückgreifen konnten.

Zwangsarbeit

Einer der wirtschaftlichen Grundpfeiler des WVHA im Allgemeinen und der DVA im Besonderen war die Ausbeutung kostenloser bzw. billigster Arbeitskräfte. In Deutschland waren dies seit 1933 männliche und weibliche KZ-Häftlinge. Daher gab es die ersten DVA-Güter auch im Umfeld größerer Konzentrationslager, sie wurden als KZ-Außen- oder Nebenlager betrieben. Die Ausbeutung von Häftlingen wurde nach Kriegsausbruch ein immer wichtigerer Wirtschaftsfaktor und vom WVHA nach den Anweisungen Oswald Pohls systematisch ausgebaut. Nach der Reorganisation der Zuständigkeiten in der KZ-Verwaltung wurde ihm die Verwaltung der Konzentrationslager direkt unterstellt. In diesem Zusammenhang schrieb er an Himmler, die Effektivitätssteigerung „mache die ‚Mobilisierung aller Häftlingsarbeitskräfte' notwendig und erfordere ‚Maßnahmen, welche

25 BArch, NS 3/1429, Bl. 116.

eine allmähliche Überführung der Konzentrationslager aus ihrer früheren einseitigen politischen Form in eine den wirtschaftlichen Aufgaben entsprechende Organisation [...]'" ermöglichen.[26] Welche enorme wirtschaftliche Bedeutung der Häftlingseinsatz für die DVA hatte, wird in einem Prüfbericht präzise benannt. Die ohnehin geringen Sätze, die die SS für Häftlinge in der Rüstungsindustrie in den Bilanzen berechnete, wurden bei den landwirtschaftlichen Arbeiten der DVA noch unterschritten: „Legt man im Falle Dachau für 1943 einen Durchschnittssatz von RM 5 und einen durchschnittlichen Häftlingseinsatz von 900 Arbeitskräften zugrunde, so würde sich bei nur 300 Arbeitstagen im Jahr bereits ein Mehraufwand an Löhnen von rd. RM 1 Million ergeben. Der Gewinn des Werkes Dachau würde sich sogar in einen Verlust verwandeln, und der Verlust der ganzen DVA würde von anstelle der ausgewiesenen rd. RM 800 000.– auf etwa RM 1,8 Millionen belaufen. Hieraus ist zu schließen, daß das Reich die DVA praktisch in erheblichem Umfange subventioniert."[27]

In der zeitgenössischen Wahrnehmung und besonders in der Analyse der NS-Diktatur nach 1945 wurde die Arbeit von weiblichen und männlichen KZ-Häftlingen in der Landwirtschaft oftmals als weniger anstrengend und gesundheitsgefährlich als in der Rüstungsindustrie angesehen. Doch dies ist so nicht haltbar. Besonders in der Anfangsphase, als im KZ Dachau Moorflächen für den „Kräutergarten" melioriert wurden, war die Letalitätsrate unter den Häftlingen ausgesprochen hoch. Auch in den folgenden Jahren war die Arbeit in den landwirtschaftlichen Kommandos häufig nicht nur kräftezehrend und strapaziös, sondern auch tödlich.

Nach 1939 wurden zahllose polnische Häftlinge und Zwangsarbeiter:innen rekrutiert und zu besonders niederen und beschwerlichen Arbeiten vor allem in der Landwirtschaft eingesetzt. Nach der Besetzung sowjetischer Gebiete ab 1941 erhöhten sich die Zahlen der Zwangs- und sog. Fremdarbeiter:innen, im NS-Jargon oft Ostarbeiter:innen genannt, deutlich. In den landwirtschaftlichen Kommandos der DVA wurden Häftlinge, Zwangs- und Fremdarbeiter:innen aus allen besetzten Ländern Europas eingesetzt. Hierbei war die Ausbeutung von jüdischen Arbeitskräften sowie Arbeitskräften im und aus dem Generalgouvernement bzw. den besetzten sowjetischen Gebieten besonders brutal, da diese in der rassistischen Hierarchie der NS-Ideologie am tiefsten standen.

26 Heinz Höhne, Der Orden unter dem Totenkopf. Die Geschichte der SS, Augsburg 1995, S. 357.

27 BArch, NS 3/722, Bl. 15.

2.2 Weltanschauung

Grundlage für die Forschungsvorhaben der DVA war der Züchtungsgedanke, der die Optimierung von Pflanzenarten und Tierrassen zum Ziel hat. Diese Prämisse geht auf die Darwin'sche Evolutionstheorie zurück, wonach nur die widerstandsfähigsten Arten sich durchsetzen und überleben. Einer der zentralen Ansätze in der DVA für die Lösung anstehender Probleme und Vorhaben bei der Verpflegung und Ernährung waren Züchtungen auf der Basis alter Pflanzensorten und Tierrassen. Die Züchtung neuer robuster Nutztiere für zu besiedelnde Ostgebiete mithilfe alter Rassen aus Osteuropa und Asien war ein zentrales Anliegen der DVA.

Obwohl die DVA selbst nie an Experimenten mit Menschen beteiligt war, steht sie doch für genau jenen spezifischen Punkt der NS-Ideologie und -Realität, wo der Züchtungsgedanke – und damit die Praxis von Selektion und Vernichtung im Rahmen des KZ-Systems und des Vernichtungskriegs im Osten – vom Pflanzen- und Tierreich in die menschliche Gesellschaft übertragen wurde. So war die DVA an ersten Überlegungen und Planungen beteiligt, die ursprünglich in Südamerika beheimatete Schweigrohrpflanze (Caladium seguinum) als Mittel zur massenhaften Sterilisation von KZ-Häftlingen zu nutzen. Offenbar wurden diese Planungen nicht ausgeführt. Es ist jedoch anzunehmen, dass für die DVA Züchtung, Anbau und Verwertung dieser Pflanze keinen großen Unterschied zum Kräuteranbau oder der Vitaminforschung und -produktion mit Gladiolen bedeutet hätte.

Züchtungsplanungen waren keineswegs originär nationalsozialistische Ideen. Die Übertragung auf die Entwicklung der Menschen stellte die Basis für die rassistischen Ideologien des 19. Jahrhunderts dar, die allerdings im Dritten Reich verbrecherisch radikalisiert wurden. Zahlreiche Sammlungs- und Forschungsreisen der SS im Vor- und Umfeld der DVA standen mit diesem Weltbild in Zusammenhang. Bei der bereits 1938 durchgeführten Tibet-Expedition der SS wurden nicht nur Proben für die Entwicklung neuer bzw. für die Rückkreuzung alter Pflanzen- und Tiersorten gesammelt, sondern auch Menschen betreffende „Rasseforschung" betrieben. Nach 1941 sammelten SS-Expeditionen die Ergebnisse sowjetischer Forschungen des herausragenden russischen Gelehrten Nikolai Iwanowitsch Wawilow in verschiedenen Einrichtungen in der Sowjetunion ein.

Eine wichtige Rolle in Forschung und Praxis der DVA spielte die biologisch-dynamische Wirtschaftsweise. Sie beruht auf den anthroposophischen, landwirtschaftlichen und philosophischen Ideen Rudolf Steiners und wurde von Himmler und Pohl nicht nur protegiert, sondern in Versuchsgütern bei den Konzentrationslagern praktisch betrieben und erprobt. Auch wenn es immer wieder zu Konflikten über den ideologischen Hintergrund der anthroposophischen Bewegung kam, hatte diese Wirtschaftsweise in höchsten NS-Kreisen viele prominente Fürsprecher:innen und Anhänger:innen, darunter Rudolf Heß, Walther Darré, Alfred Rosenberg, Wilhelm Frick und Robert Ley. Unter diesen Rahmenbedingungen konnte in einer Zeit des Verbots und der versuchten allgemeinen Gleichschaltung von Organisationen und Vereinen im Sommer 1933 der *Reichsverband für Biologisch-Dynamische Wirtschaftsweise* in Landwirtschaft und Gartenbau sogar neu gegründet werden. Ehefrauen von Parteigrößen, die der NS-Ideologie zufolge für „Heim und Herd" verantwortlich waren, erhielten von Landwirten kostenlose Sendungen mit biologisch-dynamisch angebautem Obst und Gemüse bester Qualität und bestärkten daher ihre Ehemänner bei der Förderung dieser Art des Anbaus.[28]

Jacobeit und Kopke weisen anhand der Tätigkeit von Erhard Bartsch überzeugend nach, dass es zwischen Anthroposoph:innen und Nationalsozialist:innen nach 1933 nicht nur eine Zusammenarbeit bei praktischen Themen gab, sondern durchaus auch Überschneidungen in weltanschaulicher Hinsicht[29] (siehe Kapitel über die biologisch-dynamische Wirtschaftsweise).

Die spätere Zerschlagung des *Reichsverbandes für Biologisch-Dynamische Wirtschaftsweise* erfolgte 1941 dann auch nicht primär aus ideologischen Differenzen, obwohl diese unbestreitbar vorhanden waren. Es war der Flug von Rudolf Heß nach Großbritannien, der zur Entmachtung seines Umfeldes sowie zum Verbot aller Strukturen und Organisationen führte, mit denen Heß prominent verbunden gewesen war. Somit richtete sich die im Juni 1941 begonnene „Aktion gegen Geheimlehren und sogenannte Geheimwissenschaften" auch gegen Anthroposoph:innen. Einzelne Mitglieder des Reichsverbands wurden 1941 zeitweise von der Gestapo inhaftiert. Himmler und weitere SS-Führer, die an der Erfahrung und am Wissen dieser Fachleute interessiert waren, verpflichteten einige Vertreter:innen, darunter Carl Grund und Benno von Heynitz, unter Wahrung des Stillschweigens zur Zusammenarbeit. Fortan gab es weiterhin durchaus intensive Kontakte von Vertretern:innen der biologisch-dynamischen Wirtschaftsweise mit der SS, namentlich Himmler und Vogel, wenn auch eher im Verborgenen.

In einem Bericht über den Besuch von Oswald Pohl im Jahr 1943 bei der mittlerweile ins Mecklenburgische Feldberg verlegten Zentrale der DVA heißt es:

28 Peter Staudenmaier, Der Deutsche Geist am Scheideweg. Anthroposophen in Auseinandersetzung mit völkischer Bewegung und Nationalsozialismus, in: Uwe Puschner/Clemens Vollnhals (Hrsg.), Die völkisch-religiöse Bewegung im Nationalsozialismus. Eine Beziehungs- und Konfliktgeschichte, Göttingen 2012, S. 473–490, hier S. 488 ff.

29 Jacobeit/Kopke, Wirtschaftsweise, S. 42 ff.

„Die von der DVA. selbst, d. h. auf eigene Rechnung bewirtschafteten Güter, sind in 2 Gruppen geordnet:

a) Solche Güter, die nach der biologisch-dynamischen Wirtschaftsweise bewirtschaftet werden (14 Güter),
b) Solche Güter, die unter Anwendung neuzeitlicher Bewirtschaftungsmethoden, d. h. unter Gebrauch von Kunstdünger bewirtschaftet werden (4 Güter)."[30]

Noch in einem Prüfbericht zu den Jahresabschlüssen der DVA aus dem Jahr 1944 finden sich Hinweise, dass die Beschäftigung mit der biologisch-dynamischen Wirtschaftsweise – nunmehr „natürliche Landbauweise" genannt – auch nach 1941 weitergeführt wurde, während infolge der Kriegsereignisse viele Versuchsarbeiten eingeschränkt worden waren. Es sei „auf die Erprobung der biologisch-dynamischen (natürlichen) Landbauweise nach wie vor größter Wert gelegt worden. Nach der uns erteilten Auskunft des 1. Geschäftsführers der DVA ist auch noch in jüngster Zeit vom Hauptamtschef des WVHA die Forderung erhoben worden, die natürlich Landbauweise weiter zu erproben."[31]

Die praktische Übernahme von Konzepten der biologisch-dynamischen Wirtschaftsweise ließ sich jedoch nicht gänzlich von deren geistig-philosophischen Wurzeln trennen, obwohl dies von der SS so beabsichtigt war. Bereits 1937 schrieb Alwin Seifert an Rudolf Heß: „Es ist erstaunlich viel Geistesgut aus der anthroposophischen Bewegung übernommen worden, ohne die Urheber zu nennen."[32]

Kriegsbedingt war die DVA nur wenige Jahre aktiv. Viele ihrer Vorhaben und Projekte konnte sie daher nicht oder nur teilweise bzw. nur in ersten Ansätzen verwirklichen. Eingebettet in das menschenverachtende System des Nationalsozialismus realisierte die DVA aber dennoch erfolgreich einige profunde Entwicklungen in der Züchtung und Kreuzung von Pflanzen oder in der Ersatzstoffforschung, beispielsweise bei Vitamin C oder bei der Kautschukgewinnung aus Kok-Saghys (Russischer Löwenzahn).

Wie nur wenige andere SS-Organisationen war die DVA engstens mit den Ideen, Vorstellungen und Planungen Heinrich Himmlers verbunden. Die Erprobung verschiedener landwirtschaftlicher Konzepte bezweckte schlussendlich die „Germanisierung des europäischen Ostens". Die neuen Siedler:innen sollten nicht nur mit zielführenden Agrarkonzepten und bäuerlichem Wissen versorgt

30 BArch, NS 3/751, Bl. 6 f.

31 BArch, NS 3/722, Bl. 8.

32 Zit. n. Jacobeit/Kopke, Wirtschaftsweise, S. 53.

werden, sondern auch mit Pflanzen und Tieren, die für die verschiedenen Klima- und Vegetationszonen geeignet waren. Himmlers weltanschauliche Ideen standen im Gegensatz zu denen anderer Strömungen und Protagonisten des NS-Systems. Der NS-Chefideologe und Reichsminister für die besetzten Ostgebiete, Alfred Rosenberg, favorisierte einen Kolonialstatus für die sowjetischen Gebiete. Der Agrarspezialist und Reichsminister für Ernährung und Landwirtschaft, Walther Darré, lehnte eine grundsätzliche Abhängigkeit der deutschen Bevölkerung von Importen aus besetzten Gebieten ab.

Allgemein bemühte sich Himmler mithilfe zahlreicher SS-Organisationen um die Schaffung von SS-eigener Infrastruktur und die Aneignung von politischen, wirtschaftlichen und sozialen Kompetenzen. Zielgerichtet, wenn auch nicht immer allzu öffentlich, verfolgte er seine sozialutopische Idee von einem wie auch immer gearteten SS-Ordensstaat, der sich anscheinend am leichtesten im Osten realisieren ließ. Daher ist es kaum verwunderlich, dass die DVA außer im Deutschen Reich fast ausschließlich in den besetzten polnischen und sowjetischen Gebieten aktiv wurde. Versuche, im besetzten Westeuropa ebenfalls Versuchsgüter zu erwerben und zu betreiben oder dortige Einrichtungen zu nutzen, gab es nur sehr vereinzelt.

Polykratie und Führerprinzip

Ziel der NS-Diktatur war es, das gesamte politische und gesellschaftliche Leben in Deutschland „gleichzuschalten". Alles sollte der Kontrolle durch die NSDAP und ihren Gewaltapparat unterstehen. Gemeinhin wurde und wird der NS-Staat als „Führerstaat" gesehen, als ein System, in dem „Führer" und „Gefolgschaft" hierarchisch voneinander abgegrenzt waren. Dies trifft auf die Spitze, also Adolf Hitler, sicher zu. Unter und zum Teil auch neben ihm war der NS-Staat jedoch ein polykratisches System, das durch das Nebeneinanderbestehen von konkurrierenden Herrschaftsinstitutionen mit gleichen oder ähnlichen Zuständigkeiten gekennzeichnet war, an deren Spitze eine Führungspersönlichkeit stand. Dieses System reproduzierte sich auf allen Ebenen der gesellschaftlichen Hierarchie. Nun ist anzunehmen, dass ein System konkurrierender Personen und Institutionen die effektive und ressourcensparende Verwaltung und Organisation eines Gemeinwesens behindert. Dies war in weiten Teilen wohl auch der Fall. Nur wurde es durch die Expansion des Dritten Reichs 1938/39 („Anschluss" Österreichs, Einverleibung des Sudentengebietes usw.) und durch den offenen Kriegszustand ab September 1939 überdeckt. Die vielen innerhalb des NS-Systems an bestimmte Personen gebundenen Kompetenzen hatten zweifellos auch Vorteile. Administrationen kamen dadurch z. T. ohne schwerfällige Verwaltungsapparate aus, zumal es viele inoffizielle Kommunikationskanäle gab.[33] Die jeweiligen Führungskräfte konnten oft schneller auf sich rasch wandelnde oder verändernde Zielstellungen, Wünsche, Ideen und Bedingungen reagieren. Dieser Umstand bewirkte zudem eine stärkere Neigung zu experimentellen und unkonventionellen Lösungsversuchen. So sehen viele Analytiker:innen der Verwaltungsstruktur des NS-Staates in seiner polykratischen Verfasstheit einen Grund für den „rasanten wirtschaftlichen Aufschwung" in kürzester Zeit und für die Tatsache, dass das Land „schließlich fast sechs Jahre lang einen Weltkrieg gegen mindestens ökonomisch weit überlegene Gegner führen konnte".[34] Diese seit einigen Jahren in der Forschung wieder stärker betonten und diskutierten Aspekte des NS-Systems gehen bereits auf ältere, zeitgenössische Untersuchungen zurück.[35] Allerdings wird bei den aktuellen Analysen, wie etwa bei Rüdiger Hachtmann, Sven Reichardt oder Wolfgang Seibel, grundsätzlich ausgeblendet, dass die Politik der NS-Führung notwendig in den wirtschaftlichen Ruin führte, sich unter Bruch aller bislang geltenden zivilisatorischen Konventionen und internationalen Vereinbarungen vollzog und eben nur unter Kriegsbedingungen denkbar war.

Die „Effektivität" der NS-Staatsstrukturen rührte wesentlich aus der enormen Ressourcenvergeudung. Eine der am meisten missbrauchten „Ressourcen" war dabei die menschliche Arbeitskraft. Keines der Projekte der SS wäre ohne Zwangsarbeit möglich gewesen. Ganz besonders traf dies auf die DVA zu. Finanzielle Überprüfungen einzelner SS-Einrichtungen, darunter der DVA, ergaben fast immer Unregelmäßigkeiten, das heißt eine inkorrekte Verwendung – besser: Verschwendung – von Geldern. Solche Ineffektivität konnte nur unter Kriegsbedingungen dem Kollaps entgehen. Ihr liegt vielmehr die Vorstellung eines permanenten Krieges zugrunde.

Das Organisationswirrwarr im Nationalsozialismus ist auch ein Reflex auf die eklektische Ideologie, bei der Vieles, teilweise sogar Gegensätzliches nebeneinander her lief. Letztlich aber war es Hitler, der sich hütete, die „Kompetenzen seiner Paladine irgendwie abzugrenzen".[36] Es stärkte seine Machtposition, wenn sich Himmler, Göring, Bormann und viele andere immer wieder gegeneinander behaupten mussten. Die Konkurrenzen zwischen den Ministern, Bevollmächtigten, Reichsführern und dergleichen verstärkten sich nach Kriegsbeginn, besonders

33 Rüdiger Hachtmann, Elastisch, dynamisch und von katastrophaler Effizienz – zur Struktur der Neuen Staatlichkeit des Nationalsozialismus, in: Sven Reichardt/Wolfgang Seibel (Hrsg.), Der prekäre Staat, Frankfurt a. M./New York 2011, S. 29–74, hier S. 58.

34 Ebenda, S. 56.

35 Franz Leopold Neumann, Behemoth. Struktur und Praxis des Nationalsozialismus, Frankfurt a. M. 1977.

36 Michael H. Kater, Das „Ahnenerbe" der SS 1935–1945, München 1997, S. 150.

aber nach dem Überfall auf die Sowjetunion: Jeder versuchte, Zugriff auf möglichst viele Ressourcen zu bekommen, um sich eine bessere Ausgangsposition für die Neuordnung nach dem „Endsieg" zu sichern. Dies gilt auch für die von der DVA bzw. der SS in den besetzten Gebieten getätigten „Erwerbungen".

Die Kompetenzen der DVA wurden immer wieder auch für andere land-, forst- und gartenbauwirtschaftliche SS-Projekte und -Bereiche in den eroberten Gebieten genutzt. Sobald etwas mit Land- oder – seltener – mit Forstwirtschaft zu tun hatte, wurde im Bedarfsfall die DVA herangezogen, auch wenn es eigentlich um andere Aspekte, Aufgaben, Entscheidungen und um eher abseitige Aktivitäten ging, wie etwa bei den Gütern Comthurey und Brückentin oder dem Jagdgebiet Autal in der Steiermark. Andererseits verzichtete die DVA auch auf den Ankauf von geeigneten Gütern, wenn dem andere – durchaus sachfremde – Gründe entgegenstanden. Im September 1942 beispielsweise beabsichtigte DVA-Geschäftsführer Vogel das „arisierte" Gut Wallenburg in Bayern zu erwerben. Interesse daran zeigte ebenfalls Prof. Henseler vom „Kolonialwissenschaftlichen Seminar" der Technischen Universität München. Himmler hatte hier studiert und hielt über Pohl weiterhin Kontakt zu seiner ehemaligen Alma Mater. Er verfügte großzügig, dass das Gut zu Forschungszwecken von der TU erworben werden könne.[37]

Bereits von Anfang an diente die Bezeichnung „Deutsche Versuchsanstalt für Ernährung und Verpflegung" dazu, bei wirtschaftlichen Kontakten und in der Öffentlichkeit zu verschleiern, dass es sich um eine SS-Einrichtung handelte.[38] Generell war die DVA bemüht, nicht allzu sehr öffentlich präsent zu sein. Dies galt besonders nach Kriegsbeginn, als die SS nicht nur, aber auch mithilfe der DVA versuchte, Betriebe und Güter in den eroberten Gebieten in ihren Besitz bzw. unter ihre Verwaltung zu bringen. Hier gab es später häufig Konflikte mit staatlichen Strukturen des deutschen Besatzungsregimes, etwa der Verwaltung des Generalgouvernements und dem Ministerium für die besetzten Ostgebiete.

2.3 Protagonist:innen

Reichsführer-SS Heinrich Himmler und Oswald Pohl, Chef des WVHA und seiner Vorgängerorganisationen, bildeten die Führungsspitze der DVA. In der Forschungsliteratur zur SS-Wirtschaft wird beiden aufgrund ihres jeweiligen persönlichen Interesses an landwirtschaftlichen Themen die maßgebliche inhaltliche Prägung der DVA zugeschrieben. Dokumente u. a. im Bundesarchiv stützen

37 Vgl. BArch, NS 19/2920.
38 Kaienburg, Wirtschaft, S. 772.

diese Sicht. Daran anknüpfend geht diese Untersuchung jedoch über alle bisherigen Darstellungen hinaus, indem ein größerer Personenkreis in die Analyse einbezogen wird, der im Umfeld der DVA aktiv war und die Forschungs- und Versuchsarbeiten angeregt oder umgesetzt hat. Um ein deutliches Bild von dem komplexen Tätigkeitsspektrum der Versuchsanstalt zu erhalten, wird auch die bisher kaum erforschte und sehr heterogene Gruppe der angestellten und außenstehenden Mitarbeiter:innen und vor allem die Gruppe derer, die den größten Anteil der Arbeiten verrichten mussten, die weiblichen und männlichen KZ-Häftlinge, einbezogen.

2.3.1. Die KZ-Häftlinge

Nicht auf allen DVA-Gütern wurden KZ-Häftlinge eingesetzt, sondern nur in den Großbetrieben bei den vier Konzentrationslagern Dachau, Ravensbrück, Auschwitz und Stutthof – einschließlich einiger Außenlager – sowie auf mehreren kleineren Berghöfen in Österreich und im *Institut für Pflanzengenetik Lannach*. Die Anzahl der von der DVA eingesetzten Häftlinge in ihren eigenen und den von ihr verwalteten landwirtschaftlichen Betrieben in Auschwitz gibt Kaienburg mit insgesamt 6045 Personen an,[39] wobei die Zahl aufgrund der saisonbedingten Schwankungen in der Landwirtschaft nie konstant war.

Hauptthemen der in der vorliegenden Studie berücksichtigten Berichte dieser Häftlinge sind in der Regel die extremen Lebensbedingungen in den Lagern, aber auch die Arbeit, die einen zentralen Stellenwert im Alltag der Gefangenen einnahm. Die Analyse dieser Berichte macht zunächst eines deutlich: Weibliche und männliche Häftlinge wurden von der DVA für fast alle anfallenden Arbeiten eingesetzt. Die Beschreibungen reichen von schwerster körperlicher Arbeit, beispielsweise der Urbarmachung von Böden ohne den Einsatz von Maschinen oder Zugtieren, bis hin zu teils eigenverantwortlichen Forschungstätigkeiten. Darüber hinaus vermitteln sie Vorstellungen über die verschiedenen heterogenen Häftlingsgesellschaften der untersuchten Lager sowie über deren jeweils spezifische Hierarchien hinsichtlich Geschlecht und nationaler, kultureller sowie sozialer Herkunft. So wurden etwa in den beiden Betrieben Dachau und Auschwitz auch eine größere Anzahl an Akademiker:innen, Wissenschaftler:innen oder männlichen Geistlichen eingesetzt. Gefangene in diesen „privilegierten" Positionen hatten in der Regel bessere Lebensbedingungen und vor allem häufig die

39 Vgl. Kaienburg, Wirtschaft, Summe der KZ-Gefangenen mit Stand vom 31. Dezember 1943 von 1807 Personen, S. 781, zuzüglich der Summe an KZ-Gefangenen der SS-Landwirtschaft in Auschwitz von 4238 Personen, S. 853.

Gelegenheit, ihre Erinnerungen schon während der Haftzeit zu dokumentieren, weil sie z. B. Zugang zu Schreibmaterial oder Fotoapparaten hatten und teilweise sogar Verbindungen zu Menschen außerhalb des Lagers herstellen konnten.

Die Häftlingsberichte enthalten detaillierte Beschreibungen über einzelne Aspekte der Forschungstätigkeit der DVA, Aussagen über das zivile und das SS-Personal und über andere Häftlinge. Für einige Arbeitsbereiche und -orte stellen sie damit die einzigen Quellen dar, die über die Tätigkeit der DVA Auskunft geben.[40] Zugleich dokumentieren diese Erinnerungsberichte auch die verschiedenen Umgangsweisen der Häftlinge mit ihren „privilegierten" Positionen im Forschungsbereich. Einige Häftlinge schienen sich mit ihren Forschungsfeldern restlos zu identifizieren, andere betrieben heimlich Sabotage, um potenzielle Forschungserfolge möglichst zu verzögern. Vereinzelt finden sich kritische oder ironische, die Wissenschaftlichkeit der ihnen aufgetragenen Arbeiten infrage stellende Anmerkungen. (Die Auswertungen der Berichte sind in den jeweiligen Kapiteln Dachau, Ravensbrück und Auschwitz zu finden.)

2.3.2. Die angestellten und freien Mitarbeiter:innen

Die DVA beschäftigte in ihren eigenen Betrieben pro Jahr maximal 63 Personen. In den von ihr kurzfristig verwalteten Großbetrieben in den besetzten Gebieten beschäftigte sie bis zu 600 Personen. Zur Gruppe der Angestellten ließen sich anhand verschiedener Akten 70 Personen namentlich und hinsichtlich ihrer Funktion ermitteln, was eine Übersicht über die heterogenen Tätigkeitsfelder der DVA erlaubt. Allerdings sind nur in sehr wenigen Ausnahmefällen Personalakten überliefert, die Mehrzahl dieser vermutlich am DVA-Standort Feldberg (Meckl.) aufbewahrten Unterlagen sind nach Kriegsende verloren gegangen bzw. bis heute nicht wieder aufgetaucht.

Dennoch lässt sich anhand der vorhandenen Quellen ein Eindruck über die personelle Struktur der DVA vermitteln. So waren nach unserem Kenntnisstand zehn Frauen in der DVA tätig: Traute Friedrich, Martha Künzel und zwei Laborantinnen arbeiteten in unterschiedlichen Abteilungen des Forschungsinstituts Dachau (siehe Kapitel Dachau). In der Geflügelzucht des Versuchsgutes Ravensbrück waren Herta Damköhler, „Frl." Thiede und „Frl." Blendermann tätig (siehe

40 Die Berichte müssen vor dem Hintergrund des jeweiligen Entstehungskontextes betrachtet werden. Die Bedeutung einer Aussage ändert sich, je nachdem, ob es sich um selbstverfasste Berichte, Publikationen, eidesstattliche Erklärungen im Rahmen von Spruchkammerverfahren des SS-Personals oder um Protokolle von Zeug:innenaussagen handelt und wo und in welchem Zusammenhang ggf. die Fragen gestellt wurden.

Kapitel Ravensbrück), während in der DVA-Zentrale drei Sekretärinnen Anstellung fanden, von denen eine ab 1944 vom Amt W V zur „Versuchs- und Forschungsanstalt für Wollversorgung“ bei dem Tuchmacher Otto Stritzel versetzt wurde.[41]

Neben dem Landwirtschaftsrat und SS-Hauptsturmführer Heinrich Vogel, der zugleich Chef des mit der DVA nahezu identischen Amtes W V war, gab es zeitweise zwei weitere DVA-Geschäftsführer, SS-Obersturmführer Herbert Bernhard und SS-Sturmbannführer Ludwig Schmidt. Letzterer war stellvertretender Chef des Amtes W V und Leiter der Hauptabteilung Forstwirtschaft. SS-Untersturmführer Emil Vogt war Leiter des Werkes Dachau und hatte dafür Prokura. In der Zentrale der DVA waren darüber hinaus die beiden Oberleiter SS-Obersturmführer Herbert Beichl und SS-Untersturmführer Lißner tätig, die beide zeitweise auch als Gutsverwalter eingesetzt waren. SS-Obersturmführer Reinhart war Leiter der Personalabteilung und allgemeinen Verwaltung. Ihm unterstanden SS-Untersturmführer Stübler und die oben erwähnten Sekretärinnen. Außerhalb der speziellen Arbeitsgebiete der DVA war SS-Obersturmführer Schlesinger als Leiter der Abteilung für Angorakaninchen-, Seidenraupen- und Versuchstierzucht tätig. Unterscharführer Steinke unterstand diesem als Sachbearbeiter der Angorakaninchenzucht, die an insgesamt über 30 Standorten überwiegend in den Konzentrationslagern stattfand. Der Ingenieur und SS-Sturmbannführer Dr. Karl Rühmer wurde Ende 1941 als Fischereizüchter angestellt und übernahm die Leitung der Hauptabteilung III Fischereiwesen.

Die größte Gruppe mit über 20 Angestellten gehörten dem Werk Dachau an, darunter waren acht Gärtner bzw. Gartenmeister, ein Mühlenmeister sowie mehrere Fahrer. Unter den elf Angestellten der DVA-Versuchsgüter Ravensbrück sind die oben erwähnten Expertinnen für Geflügelzucht sowie drei Gärtner, zwei Förster und die Verwalter der drei Güter Ravensbrück, Comthurey und Brückentin.

Von sämtlichen DVA-Versuchsgütern konnten insgesamt 19 Gutsverwalter namentlich ermittelt werden, jedoch ließen sich kaum weitere nennenswerte Informationen finden.[42]

41 Vgl. BArch, NS 3/1427, Bl. 64.

42 SS-Obersturmführer Herbert Beichl (Oberliebich), Diethard (Bretstein), SS-Sturmführer Dreber (Stralsund), SS-Unterscharführer Dürkop (Oberliebich), SS-Sonderführer Carl Grund (Gut Wertingen, Comthurey), Gürtler (Ramschen), Heinrich Heyden oder Heiden (Comthurey), SS-Untersturmführer Lißner (Zentrale und Oberleiter), Murr (Bretstein), Paulik (Liebhof), SS-Unterscharführer Riediger (Oberliebich), SS-Oberscharführer Schleuß oder Schleuss (Comthurey), Schulz, Alois Stockamp (Wertingen), Major a. D. Schwietzke (Partschendorf, Comthurey), Tyken (Gilde), Immanuel Vögele (Adeleichen und eventuell Comthurey), Weiß (Ravensbrück), SS-Unterscharführer Wietstruck (Oberliebich).

Von elf angestellten oder freischaffenden Forscher:innen der DVA waren sieben dem Dachauer Forschungsinstitut zugeordnet: der Arzt und Apotheker SS-Obersturmführer Karl Otto Bäcker; der Arzt und Forscher Dr. Karl Fahrenkamp, der ab 1943 seine Forschungen auf Gut Pabenschwandt bei Salzburg fortsetzte; die bereits erwähnten Forscherinnen Traute Friedrich und Martha Künzel; K. Koch, der über die Herstellung von Tee aus deutschen Kräutern forschte; der Anthroposoph Franz Lippert, der die Forschungsabteilung für biologisch-dynamische Wirtschaftsweise leitete; Theodor Reinhardt, der über die Herstellung von Gewürzen aus deutschen Kräutern forschte, und Georg Gustav Wegener mit Forschungen zum Thema Pflanzennachbarschaften (siehe Kapitel Dachau). Ferner erhielt der oben erwähnte Karl Rühmer Forschungsgelder für die Fischzucht. Joachim Caesar war Leiter der landwirtschaftlichen Betriebe in Auschwitz und leitete die dortige Forschungsstation Rajsko. Der Weberei- und Schafzuchtbetrieb von Otto Stritzel in Oberfranken wurde zeitweise als „Versuchs- und Forschungsanstalt für Wollversorgung“ der DVA geführt. Caesar und Stritzel gehörten wiederum zum Bekanntenkreis von Heinrich Vogel.

Neben den erwähnten Forscher:innen Martha Künzel und Franz Lippert wurden nach dem Verbot des *Reichsverbands für Biologisch-Dynamische Wirtschaftsweise* 1941 noch drei weitere Anthroposophen bei der DVA angestellt. Herbert Beichl und Carl Grund stellten sich nach ihrer Verhaftung durch die Gestapo als Fachkräfte für die Versuchsbetriebe der DVA zur Verfügung.[43] Grund wurde als Leiter des biologisch-dynamisch bewirtschafteten Gutes Wertingen in der Ukraine eingesetzt (siehe Kapitel Ostexpansion). Immanuel Vögele verwaltete das DVA-Gut Adeleichen[44] (siehe Kapitel über die biologisch-dynamische Bewegung im Nationalsozialismus).

Die männlichen Anthroposophen und Forscher wurden als sogenannte SS-Sonderführer – ab 1942 SS-Fachführer (F) in der Waffen-SS – in die Schutzstaffel aufgenommen. Mit dieser Bezeichnung wurde z. B. die technische, medizinische oder juristische Führerlaufbahn von SS-Angehörigen charakterisiert.[45]

43 Vgl. Uwe Werner, Anthroposophen in der Zeit des Nationalsozialismus (1933–1945), München 1999, S. 329.

44 Vgl. BArch, NS 3/1430, Bl. 114.

45 Vgl. Christian Rohrer, Landesbauernführer. Bd. 1. Landesbauernführer im nationalsozialistischen Ostpreußen. Studien zu Erich Spickschen und zur Landesbauernschaft Ostpreußen, Göttingen 2017, S. 127.

Ökologisches Netzwerk

Anhand bisher unerschlossener Quellen teils aus Privatnachlässen und teils durch Zeitzeug:innengespräche ist es gelungen, Informationen zu einzelnen Personen zu ermitteln, die neue Einblicke in die Arbeit der DVA ermöglichen. Dies waren im Einzelnen Bestände des Anthroposophischen Archivs Goetheanum in der Schweiz und die Entdeckung des Familienarchivs Pixis in München-Laim mit einer umfangreichen Sammlung an Fotoalben und Briefen, des Nachlasses von Carl Grund im Besitz seiner Tochter sowie der Spruchkammerakte von Otto Stritzel im Bayerischen Staatsarchiv Coburg. In der Summe enthalten diese neben biografischen Hinweisen vor allem eine Vielzahl an fachlichen Details und verweisen zudem auf ein informelles Netzwerk aus unterschiedlich assoziierten Persönlichkeiten, die einen intensiven fachlichen Austausch über damalige ökologische und umwelttechnische Fragen führten. Eine zentrale Rolle spielten darin einzelne Mitglieder des *Reichsverbandes* bzw. des *Versuchsrings für Biologisch-Dynamische Wirtschaftsweise* und der in der Forschungsliteratur bereits häufig genannte Landschaftsarchitekt und „Reichslandschaftsanwalt“ Alwin Seifert. Spätestens nach dem Verbot der Organisationsstrukturen der biologisch-dynamischen Wirtschaftsweise erhielten einzelne Mitarbeiter der DVA Zugang zu diesem Netzwerk, der „Arbeitsgemeinschaft der Landschaftsanwälte“, und seinem Fachwissen. Dabei ging es nicht allein um Fragen der alternativen Düngung in der Landwirtschaft, sondern z. B. auch um neue Konzepte der Abfallbeseitigung oder Abwasserreinigung. Dieses Wissen war für die DVA von großem Interesse mit Blick auf ihre landwirtschaftlichen Betriebe, den Umgang mit der Abfall- und Abwasserentsorgung in den Konzentrationslagern und insbesondere auf die Besiedlungspläne im Rahmen der Ostexpansion.

Alwin Seifert (1890–1972) hat von diesem Netzwerk nicht nur während der NS-Zeit, sondern auch bei seiner Nachkriegskarriere als Professor an der TH München profitiert. Das vermehrte Forschungsinteresse an Seifert galt ab Ende der 1990er-Jahre der mittlerweile bestätigten Annahme, er habe entscheidende Unterlagen im Rahmen seines Spruchkammerverfahrens Anfang der 1950er-Jahre unterschlagen und damit seine Einstufung als „unbelastet“ erreicht.[46] Einer Professur stand damit nichts mehr im Wege.

46 Vgl. Christoph Kopke, Kompost und Konzentrationslager. Alwin Seifert und die „Plantage“ im KZ Dachau, in: Annett Schulze/Thorsten Schäfer (Hrsg.), Zur Re-Biologisierung der Gesellschaft. Menschenfeindliche Konstruktionen im Ökologischen und Sozialen, Aschaffenburg 2012, S. 185–207; Thomas Zeller, „Ganz Deutschland sein Garten“. Alwin Seifert und die Landschaft des Nationalsozialismus, in: Joachim Radkau/Frank Uekötter (Hrsg.), Naturschutz und Nationalsozialismus, Frankfurt a. M. 2003, S. 273–307;

Aus den genannten Quellen geht hervor, dass zu diesem Netzwerk auch Otto Stritzel und seine Frau Gretl geb. Pixis gehörten, die mit finanzieller Unterstützung durch die DVA im oberfränkischen Fichtelgebirge das Rittergut Bug zu einem „Vorzeigebetrieb der SS“[47] mit handwerklicher Großweberei und einer eigens rückgezüchteten Schafrasse ausbauen ließen. Stritzel stand über Fragen zu seiner Schafzucht in engem Austausch mit einem der Pioniere und Mitglieder des *Reichsverbandes für Biologisch-Dynamische Wirtschaftsweise*, Franz Dreidax. Auch für Seifert war Dreidax einer der wichtigsten Ansprechpartner in ökologischen und umwelttechnischen Fragen. Das „Vorzeigegut“ Bug zog viele Besucher aus den Reihen der SS an. Heinrich Vogel brachte dort 1943 seine Familie aus Berlin vor Bombenangriffen in Sicherheit, und auch Eleonore und Oswald Pohl kamen zu Besuch.[48]

Joachim Caesar (1901–1974)

Die Biografie von Joachim Caesar, Leiter der landwirtschaftlichen Betriebe in Auschwitz, soll hier angesichts der umfassenden Aktenlage stellvertretend und beispielhaft für einen hochrangigen, nach 1945 nicht verurteilten Nazitäter in der Landwirtschaft skizziert werden. Caesar kam mit der Behauptung davon, „von allem nichts gewusst“ und nach bestem Wissen agiert zu haben. Sein Lebensweg nach 1945 steht beispielhaft für die ausbleibende Verfolgung von Verantwortlichen für die landwirtschaftliche Zwangs- und Häftlingsarbeit, die trotz ihrer tödlichen Folgen als weniger „schlimm“ galt als die Arbeit in der Rüstungs- oder Montanindustrie. Zudem wird deutlich, dass die in vielen Nachkriegsprozessen auftretende Fokussierung auf die Gaskammern oder direkte Tötungsdelikte auf problematische Weise dazu beitrug, die Herstellung lebensbedrohlicher Bedingungen bei der Zwangsarbeit in der Landwirtschaft

Charlotte Reitsam, Das Konzept der bodenständigen Gartenkunst. Alwin Seiferts fachliche Hintergründe und Rezeption bis in die Nachkriegszeit, Frankfurt a. M. 2001; Sibylle Steinbacher, „Musterstadt“ Auschwitz. Germanisierungspolitik und Judenmord in Oberschlesien, München 2000, S. 247, Anm. 230; Sabine Klotz, „Ich selbst hatte mich nie mit den parteipolitischen Tendenzen befasst“. Fallstudien zu Entnazifizierung und Spruchkammerverfahren von Architekten in Bayern, in: Winfried Nerdinger/Inez Florschütz (Hrsg.), Architektur der Wunderkinder. Aufbruch und Verdrängung in Bayern 1945–1960, München 2005, S. 32–43.

47 Vgl. Norbert Goßler, Rittergut Bug bei Weißdorf, in: Miscellanea curiensia. Beiträge zur Geschichte und Kultur Nordoberfrankens und angrenzender Regionen (2005) 5, S. 67–102, hier S. 101.

48 Vgl. FA Pixis, unpag., O. Stritzel an G. Pixis vom 14. 8. 1943, S. 6; PA Weger, Pohl o. D., unpag., S. 136 f.; MGR/SBG, D20/2.

nicht zu ahnden, und das, obwohl die durch Mangelernährung verursachte körperliche Erschöpfung, fehlende Schutzkleidung und medizinische Versorgung sowie brutale Misshandlungen zum Teil zum Tode führten (siehe Kapitel Auschwitz).

Caesar, geboren 1901, stammte aus einer bürgerlichen Arzt-Familie, absolvierte eine landwirtschaftliche Ausbildung und schloss sein Studium im Jahr 1927 mit einer Promotion zum Doktor der Naturwissenschaften ab.[49] Bereits seit 1931 Mitglied der NSDAP und SA, wechselte er im Mai 1933 in die SS, in der er bis zum Oberführer aufstieg (das entsprach einer militärischen Stellung zwischen Oberst und Generalmajor). Er gehörte dem Lebensborn an und war, wie sein Sohn schreibt, „überzeugter Nationalsozialist der frühen Jahre, fühlte sich später als Offizier an den Fahneneid gebunden und erlebte das Ende des Zweiten Weltkrieges als ausweglose Situation."[50] Bis 1933 hatte er eine leitende Position als landwirtschaftlicher Versuchsringleiter inne, dann war er als Bürgermeister in Bramfeld bei Hamburg und ab 1934 als sog. Rassereferent im SS-Oberabschnitt Nord als hauptamtlicher SS-Führer tätig. 1937 stieg er zum Chef des SS-Schulungsamtes im Rasse- und Siedlungshauptamt (RuSHA) in Berlin auf.

Im Februar 1942 wurde Caesar auf Empfehlung von Vogel, den er aus der gemeinsamen landwirtschaftlichen Tätigkeit kannte und in seinen Memoiren einen „Freund" nannte, als Führer in den Stab des WVHA übernommen.[51] Himmler, der ihn für allzu theoretisch befunden hatte, ernannte Caesar zum Leiter der landwirtschaftlichen Betriebe des KZ Auschwitz und beförderte ihn im Juli 1942 zu einem Fachführer der Waffen-SS im Dienstgrad eines SS-Sturmbannführers.[52] Er stattete Caesar mit weitreichenden Kompetenzen aus, um Konkurrenzen zwischen dem KZ-Kommandanten Rudolf Höß und Caesar vorzubeugen. Neben groß angelegten Plänen zum Aufbau eines landwirtschaftlichen Musterbetriebes gehörte die Ersatzstoffforschung mit Schwerpunkt auf

49 Vgl. BArch, B 162/15164, Bl. 10528 f.

50 Heino Caesar, Straße zum Himmel. Ein Bericht, Norderstedt 2009, S. 1. Vgl. Susanne Heim, Kalorien. Kautschuk. Karrieren. Pflanzenzüchtung und landwirtschaftliche Forschung in den Kaiser-Wilhelm-Instituten 1933–1945, Göttingen 2003, S. 177 f.

51 Vgl. BArch, NS R 9361-III-519963, unpag., Schreiben 6. 4., 6. und 28. 5. 1942; APMAB, Opr. Caesar 346, Vati's (Joachim Caesar's) Memoiren, Bl. 1.

52 BArch, NS R 9361-III-519963, unpag., Schreiben vom 5. 1., 9. 5., 14. 7. 1942, Personalakte Caesar, Schreiben vom 2. 1. 1942. Dieser Dienstgrad war laut Schreiben aus dem WVHA vom Mai 1942 aufgrund seiner Stellung als Disziplinarvorgesetzter notwendig; im Januar 1944 wurde er zum Obersturmbannführer ernannt. Siehe auch APMAB, Opr. Caesar 346, Vati's (Joachim Caesar's) Memoiren, Bl. 1; Hans-Christian Harten, Himmlers Lehrer. Die Weltanschauliche Schulung in der SS 1933–1945, Paderborn 2014, S. 74; Kaienburg, Wirtschaft, S. 841.

Anbau und Erforschung des Russischen Löwenzahns (Taraxacum kok-saghyz) zur Kautschuk-Gewinnung für die Gummi-Produktion zu seinen Aufgaben.[53]

Infolge einer im Sommer 1942 im Lager Birkenau grassierenden Typhusepidemie starb Caesars zweite Frau im Oktober 1942 an Typhus, und Caesar selbst erkrankte schwer: „Von August 42 bis Weihnachten 42 war ich so gut wie keinen Tag in Auschwitz. Meine Frau war gestorben, ich selbst hatte Paratyphus, ich habe schwere Gallengeschichten bekommen, kam nach Karlsbad", sagte er am 5. März 1964 im 1. Frankfurter Auschwitz-Prozess auf die Frage nach seinem Verhalten in Bezug auf die Massentötungen von Jüdinnen und Juden durch Gas aus. Angesichts des Befragungszusammenhanges kann es sich allerdings auch um eine Schutzbehauptung handeln.

Fortan führten Caesars Mutter, eine Kinderpflegerin und zwei Zeuginnen Jehovas den Haushalt und sorgten für die drei Kinder – ein Grund für Caesar, in Auschwitz zu bleiben und „alles andere über sich ergehen zu lassen", wie er schrieb. Anfang April 1943 kam die damals 25-jährige Ruth Weimann nach Auschwitz, eine Diplom-Chemikerin von der Berliner Universität, die mithilfe der ehemaligen Gefangenen Berta Falk in Rajsko ihre Doktorarbeit über den Latexgehalt der Kok-Saghys-Wurzeln schrieb und das dortige Pflanzenzucht-Laboratorium leitete.[54] Im Dezember 1943 heiratete sie Joachim Caesar, 1944 bekam sie ein Kind, das Ehepaar blieb bis Januar 1945 in Auschwitz.[55]

Im April 1945 geriet Caesar in Bayern in amerikanische Kriegsgefangenschaft. 1947 wurde er in das Gefängnis für Kriegsverbrecher in Nürnberg überstellt. Dort wurde er mehrmals für den I.G.-Farben Prozess vernommen. Etwa ein Jahr später prüfte man in Dachau eine Auslieferung nach Polen, die jedoch nicht erfolgte. Er kam nochmals nach Nürnberg und im Herbst 1948 in das Internierungslager Langwasser. In einem dort im Januar 1949 durchgeführten Spruchkammer-Verfahren wurde er erst in die Gruppe zwei (Belastete) und dann in die Gruppe drei (Minderbelastete) eingestuft und am 30. Januar 1949

53 Siehe Kapitel Auschwitz. In seinen Memoiren beschrieb Caesar seine erste Fahrt nach Auschwitz mit Höß über die verschneiten Felder, die Besichtigung des Geländes und seine Zusage gegenüber Vogel. Vgl. APMAB, Opr. Caesar 346, Vati's (Joachim Caesar's) Memoiren, Bl. 1. Sein Sohn Heino Caesar schrieb über seine Jugend im besetzten Polen, Erziehung und Freizeit in der NS-Jugendbewegung (Jungvolk), Auseinandersetzungen mit polnischen Jungen, seinen Reitunterricht u. a., ohne Auschwitz zu erwähnen oder darauf zu verweisen. Bei ihm heißt es lediglich, dass der Vater ins „besetzte Polen jenseits der oberschlesischen Grenze versetzt" worden sei, „wo riesige landwirtschaftliche Betriebe kriegswichtige Güter anbauten". Vgl. Caesar, Straße, S. 12.

54 Vgl. Heim, Kalorien, S. 188; BArch, B 162/2679.

55 Vgl. APMAB, Opr. Caesar 346, Vati's (Joachim Caesar's) Memoiren, Bl. 6 f.

entlassen. Wegen seines hohen Rangs in der SS und seiner NSDAP-Zugehörigkeit wurde er jedoch nicht am Max-Planck-Institut angestellt. Er arbeitete als Schädlingsbekämpfer auf Obstplantagen, als Fahrer für eine Getränkefirma, in einem Kurheim mit Agrarbetrieb als Verwalter und betrieb ab 1951 eine Wäscherei.[56]

Als Zeuge sagte Caesar 1961 bei Vorermittlungen in Ludwigsburg zum Nebenlager Rajsko und 1964 vor Gericht im 1. Auschwitz-Prozess in Frankfurt aus. Dort gab er an, aufgrund seiner Zugehörigkeit zum WVHA „mit dem eigentlichen Lager nichts zu tun" gehabt zu haben, weshalb er weder Angaben über Selektionen noch über die Tötung der Häftlinge durch Gas machen könne. Während er 1961 immerhin einräumte, vom Hörensagen davon gewusst zu haben, „weil sich das im Lager herumgesprochen habe", wollte er 1964 in seiner Aussage vor Gericht nichts davon mitbekommen haben.[57] Er widersprach einem SS-Hauptscharführer, der aussagte den Massenmord in einer Gaskammer selbst mitangesehen und Caesar davon „mit allen Zeichen des Entsetzens" berichtet zu haben.[58] Sein erstes Anliegen sei es gewesen „die Häftlinge aus dem Lager herauszuziehen und unmittelbar an ihren Arbeitsstellen unterzubringen", bekundete Caesar 1961. Sein Beweggrund dafür war jedoch keineswegs Mitmenschlichkeit, wie er selbst im Januar 1944 in einem Bericht über die Kautschukgewinnung vermerkte. Darin schrieb er, die Unterbringung der Häftlinge in einem Sonderlager ermögliche es, schnellen Zugriff zu haben und eine Verminderung des Infektionsrisikos zu erreichen, das im Stammlager drohte. Zudem ging es ihm darum, „eine Handhabe der disziplinären Erziehung des Kommandos zu besitzen, die darin besteht, daß jederzeit bei mangelnder Disziplin eine Rückversetzung unter die weitaus schwierigeren Lebensbedingungen des Stammlagers möglich ist".[59] Nicht nur seinen eigenen Rang und Einfluss, auch die Zahl der Häftlinge in seinem Verantwortungsbereich korrigierte er nach unten. In Ludwigsburg gab er an, er habe 500 bis 600 Häftlinge unter seinem Kommando gehabt. Die mobilen Kommandos eingerechnet, dürfte die Anzahl mindestens viermal so hoch gewesen sein.[60] Entgegen seiner Aussage, keinen Kontakt zur Kommandantur gehabt zu haben, offenbart eine Fotografie, die im Januar 1945 nach einer Niederjagd

56 Vgl. BArch, B 162/15164, Bl. 10529; Caesar, Straße, S. 33.

57 BArch, B 162/15164, Bl. 10532.

58 Fritz Bauer Institut (Hrsg.), Tonbandmitschnitt 1. Frankfurter Auschwitz-Prozess, „Strafsache gegen Mulka u. a.", 4 Ks 2/63, Landgericht Frankfurt a. M., 23. Verhandlungstag, 5. 3. 1964, Vernehmung des Zeugen Joachim Caesar, www.auschwitz-prozess.de/zeugenaussagen/Caesar-Joachim/ [21. 3. 2021].

59 BArch, NS 19/3919, Bl. 60.

60 Vgl. BArch, B 162/15164, Bl. 10530 f.

im SS-Casino entstand, seine Involviertheit in das Machtgefüge der SS: Caesar sitzt an der Stirnseite eines Tisches zwischen SS-Sturmbannführer Franz Xaver Kraus, dem letzten Kommandanten von Birkenau (Auschwitz II) und Leiter der Verbindungsstelle Auschwitz, und Richard Baer, dem Standortältesten und letzten Kommandanten von Auschwitz.[61]

Die Einschätzungen ehemaliger Häftlinge der Pflanzenzuchtabteilung in Rajsko, welche die einzigen waren, die mit Caesar unmittelbar zu tun hatten, gingen auseinander: Józefa Zofia Kiwała sagte am 1. Juli 1971 in Krakau aus: „Die weiblichen Häftlinge behandelte er menschlich und korrekt, so dass ich nichts Böses über ihn sagen kann."[62] Ähnlich äußerten sich Antonina Maria Kopcińska und Wanda Tarasiewicz über Caesar und seinen Vertreter Schattenberg, v. a. weil sie die weiblichen Häftlingen nicht schlugen oder schikanierten.[63] Maria Ossowski betrachtete Caesar gar als „Schutzengel" und „Retter".[64] Dagegen sagte Stanisława Słowakiewicz über Caesar und Schattenberg, sie hätten „die weiblichen Häftlinge […] nur als Arbeitsgerät angesehen, wir waren für sie keine Menschen."[65] Helena Michaele Hoffmann berichtete, dass Caesar die weiblichen Häftlinge zwar tadellos, die männlichen Häftlinge aber schlecht behandelt habe: „Er soll sie geschlagen und ihnen alle Sachen weggenommen haben, die er bei ihnen fand."[66] Viele waren davon überzeugt, Caesar handele im Eigeninteresse zur Absicherung seiner Position, um dem Kriegseinsatz zu entgehen; so verweigerten ihm beispielsweise Claudette Kennedy, Eva Tichauer, Anna Urbanova u. a. ehemalige Häftlinge nach dem Krieg die Ausstellung eines Leumundszeugnisses („Persilschein"). Kennedy begründete dies damit, dass Caesar die Zustände im Lager an verantwortlicher Stelle mitgetragen habe, während Tichauer deutlich aussprach, dass von humanem Verhalten angesichts der Härte der Strafen – etwa für Diebstahl: einen Tag in einem Zwiebelfeld stehen und dann Strafversetzung nach Birkenau – keine Rede sein könne.[67]

61 Vgl. Christophe Busch/Stefan Hördler/Robert Jan van Pelt (Hrsg.), Das Höcker Album. Auschwitz durch die Linse der SS, Darmstadt 2016, S. 119, 315; United States Holocaust Memorial Museum, Photo Archive # 34781.

62 BArch, B 162/15165, Bl. 219.

63 Vgl. BArch, B 162/15165, Bl. 233; B 162/15165, Bl. 242.

64 Heim, Kalorien, S. 190.

65 BArch, B 162/15165, Bl. 228.

66 BArch, B 162/15165, Bl. 239.

67 Vgl. Heim, Kalorien, S. 190 f.; Susanne Heim, Naturkautschuk im Zweiten Weltkrieg. Boom und Scheitern eines Forschungsprojektes, in: Theresienstädter Studien (2004) 11, S. 261–305, hier S. 288 f.; Eva Tichauer, I was No. 20832 at Auschwitz, London 2000.

2.3.3. Das SS-Führungspersonal

Oswald Pohl (1892–1951)

Als Chef des WVHA unterstand Oswald Pohl die DVA unmittelbar, er hielt sich gerne und oft in der Dachauer *Plantage* auf und sah sich als deren Schöpfer (siehe Kapitel Dachau). Als begeisterter Lebensreformer war er an Alternativen zur herkömmlichen Landwirtschaft interessiert und hatte bereits ab Mitte der 1930er-Jahre die biologisch-dynamische Wirtschaftsweise kennen gelernt und biologisch-dynamische Tagungen und Betriebe besucht.[68] Was allerdings die DVA anbelangt, musste er Himmler das Feld überlassen, der für die Versuchsanstalt eigene Pläne hatte. Umso passionierter engagierte er sich auf dem nahe des KZ Ravensbrück gelegenen DVA-Versuchsgut Comthurey, das seine Familie bewohnte und das er zeitweise sogar selbst verwalten wollte. Hier traf er – auch gegen den sachkundigen Rat des DVA-Geschäftsführers – eigenwillig Entscheidungen beim Auf- und Ausbau des alten Gutshofes zum Versuchsbetrieb (siehe Kapitel Ravensbrück).

Bei den Nürnberger Kriegsverbrecherprozessen war Pohl zunächst als Zeuge geladen und musste Auskunft zu besonders aufsehenerregenden Verbrechen geben, vor allem zur Ausbeutung und „Vernichtung durch Arbeit" von KZ-Häftlingen in der Rüstungsindustrie und zur Nutzung des Zahngoldes ermordeter Juden. Die zumeist ebenfalls unmenschliche Zwangsarbeit von Häftlingen in der Landwirtschaft spielte dabei keine Rolle, auch nicht im IV. Nürnberger Nachfolgeprozess gegen das Wirtschafts-Verwaltungshauptamt der SS, in dem Oswald Pohl Hauptangeklagter war.[69] Statt die Landwirtschaft als Ort von Verbrechen hervortreten zu lassen, sammelte Pohls Verteidigung Zeugenaussagen über die Verhältnisse u. a. auf der DVA-Gütern Comthurey und Brückentin, um ihren Mandanten zu entlasten.

Katharina Katzmayr, eine langjährige, seit April 1944 auf dem DVA-Versuchsgut Comthurey lebende Freundin von Pohls Ehefrau Eleonore, gab in ihrer eidesstattlichen Erklärung zu Protokoll: „Von einer Ueberanstrengung oder gar

68 Vgl. Gunter Vogt, Entstehung und Entwicklung des ökologischen Landbaus im deutschsprachigen Raum, Bad Dürkheim 2000, S. 144.

69 Einen guten Überblick zum WVHA-Prozess bietet Jan Erik Schulte, Im Zentrum der Verbrechen. Das Verfahren gegen Oswald Pohl und weitere Angehörige des SS-Wirtschafts-Verwaltungshauptamtes, in: Kim C. Priemel/Alexa Stiller (Hrsg.), NMT. Die Nürnberger Militärtribunale zwischen Geschichte, Gerechtigkeit und Rechtschöpfung, Hamburg 2013, S. 67–99.

einer Misshandlung der Haeftlinge habe ich nie etwas gesehen oder gehoert. Der Kommandoführer war ein ruhiger gesetzter Mann."[70]

Ein weiterer Freund der Familie, Heinrich Höpker, beschrieb die Arbeit der KZ-Häftlinge in Comthurey wie folgt: „Ich sah hinter dem Vorhang meines Gastzimmers durchs Fenster eine groessere Anzahl von Haeftlingen bei der Neuanlage eines Gartenstuecks. Diese Haeftlinge [...] arbeiteten nicht nur sehr gemaechlich, ohne dass der Aufseher irgend etwa waehrend der halben Stunde, die ich zuschaute, eingriff, sondern sie unterhielten sich auch waehrend dieser Zeit mit den Stiefkindern des Herrn Pohl. Die Art, in der die Unterhaltung, deren Wortlaut ich allerdings nicht hoeren konnte, gefuehrt wurde, schien mir zu zeigen, dass hier nicht nur eine Ausnahme vorlag, sondern dass diese Art des Arbeitens und diese Art der Unterhaltung ein taegliches Ereignis war."[71]

Der Zahnarzt Karl Seefeldt, der Oswald Pohl seit 1914 kannte, ging über diese Erzählungen, die beinahe idyllische Verhältnisse auf Comthurey beschreiben, noch hinaus. Er erinnerte sich einer Äußerung Pohls, dass dessen besonderes Augenmerk im Lager Dachau „einer menschenwuerdigen Unterkunft und Behandlung der Insassen" gegolten habe.[72] In der Verhandlung fanden diese Aussagen keinerlei Beachtung. Am Ende des Prozesses wurde Pohl wegen der Mitgliedschaft in einer kriminellen Vereinigung, Verbrechen gegen die Menschlichkeit und Verschwörung zur Begehung von Kriegsverbrechen zum Tode verurteilt; seine Hinrichtung erfolgte im Juni 1951.

Eleonore Pohl geb. Holtz, verw. von Brüning (1904–1968)

Als zweite Ehefrau von Oswald Pohl lebte Eleonore Pohl mit ihren Kindern seit dem Frühjahr 1943 auf dem DVA-Versuchsgut Comthurey und führte, wie viele ihrer Zeitgenossinnen, infolge der häufigen Abwesenheit ihres Mannes und stets wechselnder Verwalter die Regie auf dem Gutshof.

Sie hatte als junge Schreibkraft beim Verlag Walter de Gruyter in Berlin ihr Talent als Illustratorin entdeckt und dort nach ihrem Studium eine Reklamewerkstatt aufgebaut. Gelegentlich arbeitete sie auch auf Gut Comthurey als

70 ZfA, IV VDB (d) 2–3 P5, Bl. 29.

71 ZfA, IV VDB (d) 1 P2, Bl. 67. In Ihren Aussagen führen Katzmayr und Höpker als entlastende Faktoren auch die Beschäftigung von Zeuginnen Jehovas in Pohls Haushalt an. Auch Pohl selbst nutzte dieses Argument, siehe Leon Goldensohn, Oswald Pohl, in: ders., Die Nürnberger Interviews. Gespräche mit Angeklagten und Zeugen, hrsg. v. Robert Gellately, Düsseldorf/Zürich 2005, S. 396–418, hier S. 417.

72 ZfA, IV VDB (d) 2–3 P5, Bl. 26.

Illustratorin. Ihr „idyllisierender Stil" habe sich problemlos in die NS-Kunst eingefügt – so die Biografin Dorothee Schmitz-Köster.[73]

Aus erster Ehe mit Ernst Rütger von Brüning hatte sie zwei Kinder. Nach dessen Tod 1936 ging sie eine Liebesbeziehung mit einem verheirateten Mann ein und brachte die gemeinsame Tochter (Heilwig Weger geb. Holtz) in dem Heim des SS-Lebensborn in Steinhöring zur Welt. Hier lernte sie Heinrich Himmler kennen, mit dem sie in der Folgezeit in privatem Briefkontakt blieb. Himmler half ihr nicht nur aus ihrer finanziellen Notlage, sondern brachte sie auch mit Oswald Pohl zusammen. Die beiden lernten sich im Mai 1942 kennen und heirateten bereits sieben Monate später in Hegewald, wobei Himmler als Trauzeuge auftrat. Die gemeinsame Tochter wurde Anfang 1944 in Comthurey geboren.

Nach ihrer Flucht aus Comthurey kehrte Eleonore Pohl nach Bayern zurück, lebte später in München und arbeitete ab 1948, nachdem sie sich der Entnazifizierung und einem Spruchkammerverfahren hatte entziehen können, wieder als Illustratorin. Als Oswald Pohl im Mai 1946 von den Alliierten verhaftet wurde, unterstützte sie ihn während seines Prozesses in Nürnberg und setzte sich öffentlich für seine Begnadigung ein. Eleonore Pohl nahm sich im Mai 1968 das Leben. Obwohl sie sich mitunter politisch ambivalent verhielt, hatte sie dem Nationalsozialismus nahegestanden. Seit Mai 1937 war sie Mitglied der NSDAP und galt als „politisch in jeder Hinsicht einwandfrei". Aufgrund ihrer persönlichen Beziehungen zu Himmler und Pohl war sie Teil der SS-Elite. Von beiden Männern hat sie sich zeitlebens nicht distanziert.[74]

Heinrich Himmler (1900–1945)

Über Heinrich Himmler wurde vermutlich bereits alles geschrieben – über den „Erzieher", den „Anständigen", den Psychopathen, der dem Machtrausch vollständig erlag. Seine Phobien, Vorurteile, Marotten, Liebhabereien, Leidenschaften und sein machtstrategisches Kalkül seien gleichermaßen in die Organisation und Zielsetzung der SS eingegangen, so Peter Longerich in seiner umfangreichen Biografie.[75] Für Himmlers Wirken in der DVA traf all dies ebenfalls zu, mit dem Thema Landwirtschaft war Himmler allerdings auf besondere Weise verbunden.

73 Vgl. Dorothee Schmitz-Köster, Kind L 364. Eine Lebensborn-Familiengeschichte, Berlin 2007, S. 43.

74 Vgl. Schmitz-Köster, Kind, S. 34–45, 52, 57, 72, 77 f. 82, 87, 138, 155, 169, 174, 178, 192, 239; BArch, R 9361-V/99016, Bl. 1404; PA Weger, Pohl o. D., unpag., S. 4–13, 248–252.

75 Vgl. Peter Longerich, Heinrich Himmler. Biographie, München 2008, S. 261.

Anfang der 1920er-Jahre war der junge Agrarstudent Heinrich Himmler noch unschlüssig über seinen zukünftigen Lebensweg. Er spielte mit Auswanderungsgedanken, hatte romantische Vorstellungen von einem künftigen Leben als Landwirt und Kulturbringer in Weltgegenden, die ihm als unterentwickelt galten.[76] Seine Suche dauerte, bis er Ende 1921 eine Art „Erweckungserlebnis“ hatte. In dieser Zeit tourte der ehemalige Freikorps-Führer und General Rüdiger Graf von der Goltz, der sich mit deutschen Truppen noch 1919 in den baltischen Staaten aufgehalten hatte, mit Lesungen aus seinem autobiografischen Manifest *Meine Sendung in Finnland und im Baltikum* durch Deutschland. Von der Goltz bemühte sich um eine deutsche Besiedelung besonders des lettischen Kurlandes und versuchte, seine Freikorpsangehörigen dafür zu gewinnen.[77] Die Planungen gingen, wie beim historischen Vorbild, dem Deutschen Orden, von einer gewaltsamen Landnahme aus: „Erst Kämpfen, dann Frieden und dann erst Siedeln.“[78] Doch schon damals fehlte eine ausreichend große Zahl von potenziellen Siedler:innen, die dort als Bauern und Soldaten leben wollten. Für Himmler waren diese realitätsfernen Ideen trotzdem fortan richtungweisend. Nach dem Besuch einer Veranstaltung mit von der Goltz in München schrieb er in sein Tagebuch: „Wenn im Osten wieder ein Feldzug ist, so gehe ich mit. Der Osten ist das Wichtigste für uns. Der Westen stirbt leicht. Im Osten müssen wir kämpfen und siedeln.“[79] Wie wichtig ihm dies war, kommt darin zum Ausdruck, dass er sogar begann, Russisch zu lernen.

Die persönlichen Zukunftsvorstellungen einer natürlichen Lebensweise auf dem Land teilte Himmler sowohl mit seiner Ehefrau Margarete als auch mit seiner späteren Geliebten Hedwig Potthast. Gemeinsam mit Margarete Himmler, die sich auch für Homöopathie und pflanzliche Heilmethoden interessierte, erwarb er 1928 einen kleinen Bauernhof bei München, um Hühner zu züchten, faktisch ließ er sie jedoch damit allein.[80] Seine Privatsekretärin Hedwig Potthast, die spätestens von 1938 an auch seine Geliebte war, brachte er mithilfe der DVA auf dem mecklenburgischen Versuchsgut Brückentin unter. Ende 1941 teilte Potthast ihrer Schwester mit, wie er sich ihre weitere Zukunft vorstellte: „Er will uns, sobald der Krieg vorbei ist, ein Landhaus auf einem Stück Boden kaufen […]. Er hat die Idee, auf dem Boden entweder eine kleine Baumschule

76 Vgl. ebenda, S. 60.

77 Vgl. General Graf Rüdiger von der Goltz, Meine Sendung in Finnland und im Baltikum, Leipzig 1920, S. 218.

78 Ebenda, S. 220.

79 Josef Ackermann, Heinrich Himmler als Ideologe, Göttingen/Zürich/Frankfurt a. M. 1970, S. 198.

80 Vgl. Kaienburg, Wirtschaft, S. 53 f.

oder Kleintier-Zucht zu betreiben oder Beerenobst anzubauen, um ihn rentabel zu machen.“[81]

Nach seinem Studienabschluss als Diplomlandwirt und eher enttäuschenden Erfahrungen als Angestellter in der Düngemittelindustrie erlebte Himmler seine ersten größeren politischen Erfolge als Funktionär und Bauernagitator der NSDAP Mitte der 1920er-Jahre.[82] Vor jenem ländlichem Publikum, das extrem unter der Strukturkrise der Landwirtschaft litt, trat er mit eigenen Konzepten und Vorstellungen einer „völkischen Bauernpolitik“ auf, die sich aus einer Mischung aus antisemitischer Propaganda, Kampfansagen gegen die Agrarchemie und Vorstellungen zur planmäßigen Besiedlung des Ostens Deutschlands zusammensetzten. Gleichzeitig knüpfte er an Vorstellungen der Artamanenbewegung an, in der er seit 1928 nachweislich aktiv war. Er teilte deren Grundsätze - eine einfache Lebensart, harte Arbeit, Abstinenz von Nikotin, Alkohol und Sex - und griff diese Ideen in unzähligen Anweisungen zur Ernährung immer wieder auf.[83] So sollte Himmlers Wünschen gemäß „der SS-Mann und seine Familie“ in nationalsozialistischen Einrichtungen an eine fleischarme natürliche Kost – bestehend aus Kernobst, Nüssen, Mineralwasser, Fruchtsäften, Haferflocken und Speiseöl – gewöhnt werden „so dass der Junge später etwas anderes gar nicht isst.“[84] Für Häftlinge schlug er die Einführung einer möglichst effektiven und billigen Ernährung vor, die der „römischen Soldatenverpflegung oder der Verpflegung der ägyptischen Sklaven“ gleichen sollte.[85]

Mit der Gründung der DVA erschuf er schließlich die Organisation, in der er seine agrarpolitischen, ernährungsreformerischen und siedlungsplanerischen Vorstellungen weiterentwickeln und schrittweise praktisch erproben konnte.

Geschäftsführer Heinrich Vogel (1901–1958)

Trotz seiner Doppelfunktion als Geschäftsführer der DVA und Chef der Amtsgruppe 5 des WVHA hatte Heinrich Vogel gegenüber seinen ambitionierten und mächtigen Vorgesetzten Heinrich Himmler und Oswald Pohl kaum die Möglichkeit, auf die Gestaltung des Unternehmens Einfluss zu nehmen. Er war studierter

81 Markus Moors/Moritz Pfeiffer (Hrsg.), Heinrich Himmlers Taschenkalender 1940, Paderborn 2013, S. 50.

82 Vgl. Longerich, Himmler, S. 104.

83 Vgl. Kaienburg, Wirtschaft, S. 775.

84 Longerich, Himmler, S. 347.

85 Zit. n. Ulrich Herbert (Hrsg.), Europa und der „Reichseinsatz“. Ausländische Zivilarbeiter, Kriegsgefangene und KZ-Häftlinge in Deutschland 1938–1945, Essen 1991, S. 411. Siehe auch: BArch, R 9361-III/565868, Bl. 1019.

Diplomlandwirt, hatte jedoch vermutlich bis zu seinem Amtsantritt in der DVA keine oder nur wenige Berührungspunkte zur biologisch-dynamischen Wirtschaftsweise.

Vogel war seit 1929 verheiratet, hatte drei Söhne und eine Tochter und war als verbeamteter Tierzuchtamtsleiter in Pommern beruflich und finanziell abgesichert. Trotzdem entschied er sich Anfang 1939, diese Position und letztlich auch seinen Beamtenstatus aufzugeben, und wechselte „auf Veranlassung des Reichsführers-SS" zur gerade gegründeten DVA.[86] In der Position des Geschäftsführers blieb Vogel, obwohl er in alle Vorhaben der DVA involviert war, unscheinbar. Von Pohl als „selbstständiger, gewandter und begabter SS-Führer" und „unentbehrlicher Helfer und Berater" beschrieben, schien seine informelle Hauptaufgabe eher darin zu bestehen, den anhaltend chaotischen Zustand der DVA zu verwalten und zwischen ständig neuen Ideen und Wünschen Himmlers und den faktischen Möglichkeiten des kleinen Unternehmens zu vermitteln.

Jedoch sorgte er nach der „Aktion gegen Geheimlehren" und dem Verbot des *Reichsverbandes für Biologisch-Dynamische Wirtschaftsweise* dafür, dass führende Vertreter:innen der biologisch-dynamischen Wirtschaftsweise nach ihrer Haftentlassung Anstellung bei der DVA fanden.[87] Durch seine Kontakte etwa mit Erhard Bartsch, Franz Dreidax, Joachim Caesar oder Otto Stritzel nahm Heinrich Vogel für die DVA eine Art Vermittlerposition ein, in der er u. a. Kontakte zu Vertretern der biologisch-dynamischen Landwirtschaft herstellte.[88] Hierin könnte ebenso die Erklärung dafür liegen, warum Vogel 1939 zur DVA wechselte.

Dabei war das Verhältnis zwischen Pohl und Vogel mitunter spannungsreich. In dem Moment, als Vogel sein Fachwissen einbrachte und etwa den von Pohl initiierten Bau des Schweinestalls in Comthurey als unzweckmäßig kritisierte, untersagte Pohl ihm, das Gut nochmals zu betreten.[89] Vogels Vorschlag, Bormann oder sogar Hitler von Zeit zu Zeit über die Arbeit der DVA zu informieren und damit letztlich die Geheimniskrämerei um die als „natürliche Landbauweise"

86 Vgl. BArch, R 9361-III/561326, Bl. 310.

87 Davon berichtet Otto Kellermann, der im März 1949 eine eidesstattliche Erklärung für Heinrich Vogel verfasste. Die Aussage ist kritisch zu betrachten, da das Schreiben zu allererst der Entlastung Vogels dienen sollte.

88 Auch Bartsch und Dreidax verfassten 1949 eidesstattliche Erklärungen für Vogel. Caesar gibt an, mit Vogel befreundet gewesen zu sein. Mit Stritzel war Vogel ebenfalls näher bekannt. Die Familie von Vogel lebte nach der Evakuierung aus Berlin zeitweise in Bug, nahe Stritzels Hof. Vgl. PA R. & V. Vogel, unpag.; MGR/SBG, D20/2; APMAB, Opr./Caesar/346, nr inw. 175979, Bl. 1.

89 Vgl. BArch, NS 3/722, Bl. 21, 54.

getarnte biodynamische Wirtschaftsweise zu beenden, lehnte Himmler kategorisch ab.[90]

Ob Vogel seine gesicherte Beamtenstellung in Pommern aus Überzeugung oder aus anderen Gründen zugunsten der SS aufgab, lässt sich anhand der Quellen nur ansatzweise rekonstruieren. Fest steht, dass er keineswegs unpolitisch war. Er nahm bereits in der Weimarer Republik an Lehrgängen der illegalen „Schwarzen Reichswehr“ teil und war seit 1933 bzw. 1937 Mitglied der SS und NSDAP.[91] Er wusste von den Planungen der DVA und hatte Kenntnis davon, dass das ganze Unternehmen nur durch die Ausbeutung der Arbeitskraft von KZ-Häftlingen und Zwangsarbeiter:innen funktionierte. Vogel selbst hatte in Feldberg eine Haushaltshilfe, die als Zeugin Jehovas im KZ Ravensbrück inhaftiert war. Obwohl er vielleicht zweifelte – 1942 soll Vogel nach Angaben seines Fahrers Karl Hagen bei Pohl um die Entlassung aus der SS gebeten haben –, blieb er bis zuletzt als DVA-Geschäftsführer in Feldberg.[92]

Zu Kriegsende gelang es Heinrich Vogel, sich in die britische Besatzungszone abzusetzen. Er kehrte ein Jahr später, nach kurzer britischer Kriegsgefangenschaft, zu seiner Familie nach Ostfriesland zurück, wo er bereits 1926/27 als Leistungsinspektor in der Rinderzucht gearbeitet hatte. Bis 1955 arbeitete er wieder in der Landwirtschaft, zuletzt als Gutsverwalter. Aufgrund einer Krebserkrankung war Heinrich Vogel schon seit 1947 nur noch eingeschränkt arbeitsfähig und verstarb nach einem Umzug Anfang Februar 1958 in Stuttgart.[93]

Für seine Tätigkeit als Geschäftsführer der DVA wurde er nie juristisch belangt. Weder ließen sich Unterlagen eines Entnazifizierungsverfahrens ermitteln, noch wurde er im vierten Nürnberger Nachfolgeprozess angeklagt.[94] In den Ermittlungen gegen das WVHA waren die DVA bzw. die landwirtschaftlichen Unternehmungen der SS kaum von Interesse. Dennoch bemühte sich Vogels Ehefrau im Frühjahr 1949 bei (ehemaligen) Weggefährten um eidesstattliche

90 Vgl. BArch, NS 19/3122, Bl. 38 ff.

91 Vgl. Naasner, SS-Wirtschaft, S. 354 ff.; MGR/SBG, D20/1.

92 Vgl. MGR/SBG, D20/1; D20/2. Bemerkenswert ist zudem, dass Vogel wohl trotz seiner SS-Mitgliedschaft nicht aus der evangelischen Kirche ausgetreten ist.

93 BArch, R 16/19362; NLA AU, Dep. 201 acc. 2010/036, Nr. 2069; Naasner, SS-Wirtschaft, S. 354 ff.; MGR/SBG, D20/1.

94 In den entsprechenden Beständen NLA AU, Rep. 250 und NLA AU, Rep. 250/1 des Niedersächsischen Landesarchivs, Standort Aurich, wurden keine Unterlagen zu einem Entnazifizierungs- oder Spruchkammerverfahren gegen Heinrich Vogel gefunden, vgl. Auskunft NLA per E-Mail vom 15. 1. 2019. Die Angabe, dass sich Vogel kurzzeitig in britischer Kriegsgefangenschaft befand, stammt von V. Vogel. Vgl. Auskunft V. Vogel per E-Mail vom 17. 11. 2019.

Erklärungen. Es ist möglich, dass ihm diese bei der Suche nach einer Anstellung als Diplomlandwirt helfen sollten. Ebenso ist es denkbar, dass Vogel mit einer Strafverfolgung rechnete und sich vorsorglich entlastende Aussagen organisierte.[95] Ermittlungen, die die *Zentrale Stelle der Landesjustizverwaltungen Ludwigsburg* in den 1960er-Jahren aufnahm, wurden schnell wieder eingestellt, da Heinrich Vogel nicht mehr am Leben war.[96]

95 Vier eidesstattliche Erklärungen liegen vor von Dr. Erwin Scharf (Schriesheim), Otto Kellermann (Bühl am Alpsee), Franz Dreidax (Bad Saarow) und Dr. Erhard Bartsch (Berlin). Vgl. PA R. & V. Vogel, unpag.

96 Vgl. BArch, B 162/26410, Bl. 72–85.

3. Das Forschungs- und Versuchskonzept

Die Erfindung „des Lebensstoffes“, ein „winterhartes Mongolenpferd, so wie es die Reiter Tschingis Chans hatten“, die „Fruchtbarmachung ärmster Sandböden“, die Bekämpfung der Maul- und Klauenseuche, die Erzeugung von „deutschem Pfeffer“, „Vitamin-C-Gewinnung aus Gladiolen“, „Feststellen des qualitativen Unterschiedes zwischen Sommer- und Winterwolle“, vergleichende Versuche chemischer und biologisch-dynamischer Düngung[1] – über diese Themen forschte die DVA in ihrer insgesamt knapp sechsjährigen Laufzeit in 22 Versuchsbetrieben, die sich über Deutschland hinaus in die eroberten Gebiete im Osten bis in die Ukraine erstreckten.[2] Außerdem befasste sie sich mit der Zucht von „Karakulschafen in Ungarn“, der „Einführung des Gewürzpaprika-Anbaus in Deutschland“, Versuchen zur Gewinnung der „Nessel als Faserpflanze“, der Kautschukgewinnung aus Löwenzahn und heimischen Wolfsmilch-Arten, Versuchen zur Abfall- und Klärschlammverwertung für die Düngung, der „Züchtung von kälte- und dürreresistenten Kulturpflanzen für den Ostraum“ und Anbauversuchen mit mehrjährigem Roggen.[3]

Für eine neu gegründete Versuchsanstalt ist die Anzahl und Vielfalt der Themen bemerkenswert groß und lässt zumindest auf den ersten Blick keine klare Linie erkennen – laut Kaienburg war die Zielsetzung der DVA „nicht aus einem Guss“.[4] Das breite Spektrum erinnert vielmehr an die sprunghafte Herangehensweise dilettantischer Anfänger. Einige Ansätze gehen nachweislich auf Vorschläge von Heinrich Himmler zurück, manche erinnern an seinen Hang zu absurden Theorien, mit denen er allerdings keineswegs alleine stand. So stellte der

1 DaA, 5812, Nachlass Fahrenkamp, Schriftverkehr, unpag., Fahrenkamp an Pohl, 26. 2. 1943, S. 3; BArch, NS 21/335, unpag., RFSS an das SS-Führungshauptamt, 19. 7. 1943; NS 3/1430, Bl. 102. Vgl. IfZ, NO/542, unpag., S. 19; DaA, 6160, unpag., S. 114; BArch, NS 3/1431, Bl. 21 ff.; NS 3/1430, Bl. 104; NS 19/3122, Bl. 83.

2 Insgesamt verfügte die DVA über weitaus mehr Betriebe, von denen jedoch unseres Kenntnisstandes nach 22 für Versuchszwecke, die übrigen zur Versorgung oder andere Zwecke genutzt wurden.

3 Vgl. BArch, NS 3/1430, Bl. 103; NS 19/705, Bl. 1 ff.; Helmut Heiber, Reichsführer! Briefe an und von Himmler, München 1970, S. 104 f.; Sybille Steinbacher, „Musterstadt“, S. 247; BArch, NS 21/43a, unpag.; NS 19/156, Bl. 3.

4 Kaienburg, Wirtschaft, S. 771.

Historiker Willi Oberkrome fest: „Die Wissenschaftsgeschichte des frühen ‚Dritten Reiches' verzeichnet einen Boom irrationaler Forschungsvorhaben und aberwitziger kulturpolitischer Initiativen."[5] Oberkrome zufolge war die Neigung zum Skurrilen nicht nur in der Agrarforschung, sondern in der gesamten, sich erst etablierenden NS-Wissenschaft verbreitet und könne als eine Art „Befreiungsschlag" gegen die vermeintlich jüdisch geprägte Übermacht in der Forschung der vergangenen Jahrzehnte gedeutet werden.[6]

In der Summe betrachtet, orientierten sich die Themen der DVA jedoch an der gleichgeschalteten, auf Autarkie und Expansion eingeschworenen NS-Forschungslandschaft. Umso mehr stellt sich die Frage, ob und worin sie sich von den Versuchsthemen anderer staatlicher oder universitärer Versuchsanstalten unterschieden und welche strategischen, fachlichen oder ideologischen Aspekte dabei ausschlaggebend waren.

3.1 Agrarpolitische Ausgangslage

Konzepte der Selbstversorgung oder Autarkie griffen Politiker und Agrarökonomen nach den Erfahrungen des „Hungerwinters" 1916/17 bereits während des Ersten Weltkrieges auf. Gleichermaßen nahmen auch Ansätze der Ersatzstoffforschung und -produktion, die bereits in der Vorkriegszeit mit Produkten wie Margarine oder Heizöl in die Wege geleitet worden waren, unter dem Druck des kriegsbedingten Rohstoffmangels signifikant zu. Nach Kriegsende herrschte schließlich chronische Unterernährung – die Versorgungslage hatte sich noch erheblich verschärft. Um die Probleme auch auf wissenschaftlicher Ebene in Angriff zu nehmen, wurde zur Koordination der rasch zunehmenden Forschungstätigkeit und der Verteilung der Fördermittel im Jahr 1920 die *Notgemeinschaft der Deutschen Wissenschaft* gegründet, die spätere *Deutsche Forschungsgemeinschaft* (DFG). In ihr schlossen sich alle bedeutenden wissenschaftlichen Forschungseinrichtungen Deutschlands zusammen.

Die Herausforderungen des Agrarsektors bestanden in der Kompensation der drei zentralen „Erzeugungslücken" in Bezug auf Eiweiß-, Fett- und Faserstoffe. In der Landwirtschaft fehlten in erster Linie Kraftfutter, Düngemittel und vor allem Arbeitskräfte. Das Leitbild der Autarkie steigerte im Rahmen der Forschungstätigkeiten insbesondere die Suche nach Surrogaten, wie etwa der Gewinnung

5 Willi Oberkrome, Ordnung und Autarkie. Die Geschichte der deutschen Landbauforschung, Agrarökonomie und ländlichen Sozialwissenschaft im Spiegel von Forschungsdienst und DFG (1920–1970), Stuttgart 2009, S. 104.

6 Vgl. ebenda.

neuer Kraftfuttermittel aus Holz oder Kohle, und löste eine spezifisch deutsche „Ersatzstoffkultur" aus.[7] Doch konnten weder die wissenschaftlichen noch die politischen Bemühungen der Weimarer Zeit grundsätzliche Verbesserungen des Agrarsektors erreichen.

Die regierende NSDAP erhob von 1933 an das Ziel der Autarkie zu einem der Kernpunkte nationalsozialistischer Wirtschaftspolitik. Bezog sich das Autarkie-Ziel anfangs auf die Grenzen des Deutschen Reiches, sollte es im Laufe des Krieges das gesamte eroberte Kontinentaleuropa mit einschließen. Der zum *Reichsbauernführer* ernannte Walther Darré – seit 1930 Mitglied der NSDAP und der SS – übernahm 1933 nicht nur die Führung des *Reichsministeriums für Ernährung und Landwirtschaft*, sondern auch den zur Gleichschaltung der Landwirtschaft geschaffenen sogenannten *Reichsnährstand*. In dieses „riesige, bürokratisch aufgeblasene, krakenartige Gebilde"[8] wurden der gesamte Agrarsektor, die Landwirtschaft mit sämtlichen Verbänden und Vereinen einschließlich der Lebensmittelverarbeitung und des -handels eingegliedert – oder sie wurden aufgelöst. Während die Aufgabe des *Reichslandwirtschaftsministeriums* darin bestand, Verordnungen zu entwickeln, sollte der *Reichsnährstand* diese mit seinen verzweigten Strukturen bis ins kleinste Dorf durchsetzen und kontrollieren.

Bereits seit Beginn der 1930er-Jahre propagierte Darré mit der Formel „Blut und Boden" die vermeintliche Einheit eines rassisch definierten „Volkskörpers" mit seinem Land und Siedlungsgebiet. Als Vertreter des zivilisationskritischen, industrie- und technikfeindlichen Flügels innerhalb der NSDAP hatte sich Darré das Ziel gesetzt, das deutsche Bauerntum vor den Fängen „agrarkapitalistischer Gier" zu schützen. Im Gegensatz zu dieser primär auf die Utopie einer Reagrarisierung hin ausgerichteten Landwirtschaft galt sein Staatssekretär und späterer Nachfolger als Reichsminister, SS-Obergruppenführer Herbert Backe – seit 1922 Mitglied der SA und seit 1925 Mitglied der NSDAP –, als Verfechter der Maximierung von Effizienz und Produktion im Zusammenhang mit einer aggressiven Expansionspolitik. Die einschlägige Forschungsliteratur der letzten 20 Jahre zur NS-Agrarpolitik sah zwischen den konträren Positionen Darrés und Backes

7 Vgl. Uwe Fraunholz, „Verwertung des Wertlosen". Biotechnologische Surrogate aus unkonventionellen Eiweißquellen im Nationalsozialismus, in: Dresdener Beiträge zur Geschichte der Technikwissenschaften (2008) 38, S. 95–116.

8 Andreas Dornheim, Rasse, Raum und Autarkie. Sachverständigengutachten zur Rolle des Reichsministeriums für Ernährung und Landwirtschaft in der NS-Zeit. Erarbeitet für das Bundesministerium für Ernährung, Landwirtschaft und Verbraucherschutz, 2011, S. 83, www.bmel.de/SharedDocs/Downloads/DE/_Ministerium/Geschichte/sachverstaendigen rat-zur-rolle-ns-zeit.pdf?__blob=publicationFile&v=3 [7. 10. 2020].

keinen Gegensatz, sondern „eine langfristige und eine kurzfristige Zielperspektive des Regimes".[9]

Gemeinsam verkündeten Darré und Backe auf dem Reichsbauerntag 1934 in Goslar das Programm der sogenannten Erzeugungsschlacht, wobei der propagandistische Werbefeldzug sich an dem Vorbild von Mussolinis „Weizenschlacht" in Italien aus dem Jahr 1925 orientierte. In Form von Geboten und Leitsätzen wie „Nutze deinen Boden intensiv: Das raumarme Deutschland kann sich Extensivität nicht leisten" oder „Halte Schafe! Auch du läßt wirtschaftseigenes Futter auf feldreinen Wegen und auf der Stoppel für dich und Deutschland verkommen"[10] sollten die deutschen Bauern auf die Ziele der Autarkie eingeschworen werden.

„Wir sind übervölkert und können uns auf der eigenen Grundlage nicht ernähren", so Adolf Hitler im August 1936 in einer Denkschrift zum Vierjahresplan: „Die endgültige Lösung liegt in einer Erweiterung des Lebensraumes bzw. der Rohstoff- und Ernährungsbasis unseres Volkes."[11] Im Verlauf der kommenden vier Jahre sollte demnach die Kriegsfähigkeit von Armee und Wirtschaft sichergestellt werden. Mithilfe maximaler Kontrollen und Reglementierungen seitens des Staates sollte die nationale Autarkie optimiert werden. Ab Ende 1936 richtete Hermann Göring die Vierjahresplan-Behörde ein, um den Umstellungsprozess in Gang zu setzen und zu koordinieren. Dies betraf zwar in erster Linie die Rüstungswirtschaft, da jedoch die Einfuhr von Landwirtschaftsprodukten aufgrund der andauernden Agrarkrise nach wie vor hoch war, wurde auch der Agrarsektor in den Vierjahresplan einbezogen.

Nach dessen Erweiterung im Rahmen der Mobilmachung sollte unter der Regie von Herbert Backe 1941 ein Plan ausgearbeitet werden, der als sogenannter Hunger- oder Backe-Plan in die Geschichtsschreibung eingegangen ist.[12] Er sah vor, in der Sowjetunion den Tod von bis zu dreißig Millionen Menschen herbeizuführen, indem sämtliche Lebensmittel aus den von der Wehrmacht besetzten sowjetischen Gebieten abgezogen und ausschließlich dem Deutschen Reich und der Truppe zugeführt würden.

Die Eroberung von Siedlungsräumen und Ressourcen im Osten Europas war keine originäre Idee des Nationalsozialismus. Solche Vorstellungen waren in rechten und nationalistischen Milieus der deutschen Gesellschaft bereits seit

9 Gustavo Corni/Horst Gies, Brot, Butter, Kanonen. Die Ernährungswirtschaft in Deutschland unter der Diktatur Hitlers, Berlin 1997, S. 591.

10 Ebenda, S. 321 f.

11 Wilhelm Treue, Hitlers Denkschrift zum Vierjahresplan, in: Vierteljahrshefte für Zeitgeschichte 3 (1955) 2, S. 184–210, hier S. 206.

12 Vgl. u. a. Alexander Dallin, Deutsche Herrschaft in Rußland 1941–1945. Eine Studie über Besatzungspolitik, Düsseldorf 1958.

Ende des 18. Jahrhunderts virulent, die ihrerseits historisch auf die deutschen Eroberungen und Besiedlungen der Gebiete östlich der Elbe ab dem 11. Jahrhundert zurückgriffen. Himmler leitete seine weltanschaulich-historischen Ideen gar von Heinrich I. (um 876–936), dem König des Ostfrankenreiches her.

Es war vor allem der *Alldeutsche Bund*, 1891 als *Allgemeiner Deutscher Verband* gegründet, der Anfang des 20. Jahrhunderts die Erweiterung des deutsch dominierten Gebietes in Europa, vor allem im Osten, proklamierte. Die Schaffung eines „Großdeutschlands" wie in der NS-Ideologie findet sich in seiner Programmatik bereits genauso wie die Begründung einer Rassentheorie und des Antisemitismus. 1894 verkündete der *Alldeutsche Bund* programmatisch: „Der alte Drang nach Osten soll wieder lebendig werden. Nach Osten und Südosten hin müssen wir Ellbogenraum gewinnen, um der germanischen Rasse diejenigen Lebensbedingungen zu sichern, deren sie zur vollen Entfaltung ihrer Kräfte bedarf, selbst wenn darüber solch minderwertige Völklein wie Tschechen, Slowenen und Slowaken, die das Nationalitätsprinzip anrufen, ihr für die Zivilisation nutzloses Dasein einbüßen sollten."[13]

Große Resonanz fanden die Vorstellungen des *Alldeutschen Verbandes* vor allem während des Ersten Weltkrieges. Die vom November 1915 bis Juli 1918 unter Paul von Hindenburg und seinem Stabschef Erich Ludendorff tätige Militärverwaltung Ober Ost kann als Vorläufer der Planungen für den späteren nationalsozialistischen „Generalplan Ost" angesehen werden. Dabei gab es deutliche Unterschiede in den Planungen für die Zeit nach dem Sieg auf den verschiedenen Kriegsschauplätzen. Anders als im Westen, wo man Erz und Fabriken erobern wollte, glaubte man, im Osten eine historische Mission fortzusetzen: „[...] deutsche Heere wissen, oft selbst hart bedrängt, von höheren Aufgaben, müssen und wollen letzten Endes Pioniere der Kultur sein."[14] Im westlichen Russland, d. h. im Baltikum, Weißrussland, Polen und in der Ukraine, sollte durch den Krieg großflächig neuer Lebensraum zur Ernährung des „deutschen Volkes" gewonnen werden, wobei man die slawische Bevölkerung schon damals ausbeuten und unterjochen wollte.

Agrarforschung

Konrad Meyer – seit 1932 Mitglied der NSDAP und als SS-Oberführer ab 1941 hauptverantwortlich für den „Generalplan Ost" – wurde 1934 Professor für Ackerbau und Landbaupolitik in Berlin und sollte im Auftrag von Backe und

13 Rainer Hering, Konstruierte Nation. Der Alldeutsche Verband 1890 bis 1939, Hamburg 2003, S. 121.

14 Paul Humburg, „Friedensarbeit im Kriege". Über die Arbeit in Soldatenheimen im Osten 1915–1918, hrsg. v. Jens Ebert/Martin Humburg, Bonn 2014, S. 144.

Göring als Verbindungsglied universitärer und außeruniversitärer Forschung die Behörden des Vierjahresplans, das Landwirtschafts- und Wissenschaftsministerium und die Forschung des Agrarsektors koordinieren und lenken. Gemeinsam mit dem *Reichsministerium für Erziehung und Wissenschaft* initiierte er 1935 den landbaulichen *Forschungsdienst*, der sämtliche Sparten der landwirtschaftlichen Forschung zusammenschloss. Er arbeitete eng mit der DFG zusammen und wurde von dieser auch gefördert, fand jedoch in Wirtschaft und Industrie weitaus finanzkräftigere Unterstützer.[15] Zudem wurde Meyer 1936 zum Vizepräsidenten der DFG berufen und konnte in dieser Funktion maßgebend Einfluss auf die Inhalte des agrarwissenschaftlichen Studiums nehmen. Durch Meyer protegiert, war die finanzielle Förderung der Agrarwissenschaften in der NS-Zeit höher als für alle übrigen naturwissenschaftlichen und technischen Fachsparten zusammen.[16] In dem 1937 zur Koordinierung der Grundlagenforschung eingerichteten *Reichsforschungsrat* wurde Meyer Leiter der Fachsparte Landbau und allgemeine Biologie.

Darrés Vorgaben für die Forschungsrichtungen im Agrarsektor, die eng mit seinen Vorstellungen einer bäuerlichen Reagrarisierung verbunden waren, stießen bei der Mehrheit der Wissenschaftler:innen im *Forschungsdienst* auf heftige Kritik: In der Agrarforschung wurden die Widersprüche zwischen „Blut und Boden"-Ideologen auf der einen Seite und Befürwortern einer industrialisierten Landwirtschaft auf der anderen Seite offensichtlich.[17] Umstritten war vor allem die Dünger- und Humusforschung, einer der Schwerpunkte des *Forschungsdienstes*. Neben chemischem und wirtschaftseigenem Dünger wurden auch Alternativen mit organischen Abfallstoffen der Städte und Industrie erforscht, z. B. Klärschlamm, Müll, Lignin, Braunkohle, Hochofenschlacke oder Fischreste.[18]

Die Frage nach der „richtigen" Düngungsweise spaltete alle Beteiligten in den Ministerien, Behörden bis in die Bevölkerung hinein in zwei Lager – so auch die SS. Hatte der Großeinsatz von Kunstdünger für die einen längst bewiesen, dass damit in der Landwirtschaftsgeschichte einzigartige Ertragssteigerungen möglich waren, so warnte eine heterogene Gruppe von Fachleuten, Bodenexpert:innen, Zivilisationskritiker:innen, Agrarromantiker:innen und völkischen Ideolog:innen

15 Vgl. Oberkrome, Ordnung, S. 115 f.

16 Vgl. Frank Uekötter, Die Wahrheit ist auf dem Feld. Eine Wissensgeschichte der deutschen Landwirtschaft, Göttingen 2010, S. 267.

17 Vgl. Oberkrome, Ordnung, S. 105 f.

18 Vgl. Fritz Scheffer, Methodik der Humusforschung, in: Der Forschungsdienst (Hrsg.), Forschung für Volk und Nahrungsfreiheit. Arbeitsbericht 1934 und 1937 des Forschungsdienstes und Überblick über die im Reichsforschungsrat auf dem Gebiet der Landwirtschaft geleistete Arbeit, Neudamm 1938, S. 108–111.

vor den schwerwiegenden Folgen ausgelaugter Böden. Im Kreis der NS-Agrarpolitiker war es u. a. Konrad Meyer, der gegen die Mineraldüngerskeptiker und das vermeintliche „Gespenst der Bodenmüdigkeit" nachdrücklich polemisierte. Damit setzte er sich – stets mit dem Argument, dass eine ausreichende Versorgung der Bevölkerung nur mit Mineraldünger zu erreichen sei – letztendlich erfolgreich gegen rechts-alternative Gegner des Kunstdüngers durch. Obwohl sich die Verfechter des Kunstdüngereinsatzes gemeinsam mit der Agrarchemie im *Forschungsdienst* behaupteten, stand ihnen ein gravierendes Problem im Wege: Der Kunstdünger war auf Importe angewiesen. Vor diesem Hintergrund nahmen die Themen Dünger und Humus in der Forschung einen vergleichsweise großen Raum ein.[19]

In dieser sehr konträren und emotionsgeladenen Debatte spielte die anthroposophisch inspirierte biologisch-dynamische Wirtschaftsweise eine besondere Rolle. Sie war in den 1930er-Jahren die bekannteste und in der Praxis auch auf größeren Gütern erprobte Alternative zum Kunstdünger. Den ambitionierten Pionier:innen des *Reichsverbands für Biologisch-Dynamische Wirtschaftsweise* war es damit innerhalb kurzer Zeit gelungen, die Aufmerksamkeit sämtlicher Kontrahenten der NS-Agrarpolitik und -forschung auf sich zu ziehen (siehe Kapitel über die biologisch-dynamische Wirtschaftsweise).

Das autarkiewirtschaftlich orientierte Programm des *Forschungsdienstes* wurde unter dem Titel *Forschung für Volk und Nahrungsfreiheit* publiziert.[20] Schwerpunkte bei der Pflanzenzucht waren etwa Flachs- und Ölfruchtanbau, im Bereich Tierzucht wurde u. a. die Schafhaltung erforscht. Diese hatte in Deutschland seit Jahrzehnten keine Rolle mehr gespielt, nunmehr verlange die Autarkiepolitik die „einheimische Wolleistung vom Schaf entsprechend unseren nationalen Notwendigkeiten zu steigern".[21] Die Publikation „Kurze Anleitung zur Durchführung gemeinschaftlicher oder Kleinschafhaltungen" des Direktors der Versuchs- und Forschungsanstalt „Kraftborn" bei Breslau, Prof. Wilhelm Zorn, die bis in die Kriegsjahre in mehreren Auflagen erschien, hob die Vorteile des Schafes hervor: Es begnüge sich mit einfachem Futter, liefere hervorragenden Dünger, und die Wollpreise seien durch den Reichsnährstand gesichert.[22]

19 Vgl. Uekötter, Wahrheit, S. 265.

20 Vgl. Der Forschungsdienst (Hrsg.), Forschung für Volk und Nahrungsfreiheit. Arbeitsbericht 1934 und 1937 des Forschungsdienstes und Überblick über die im Reichsforschungsrat auf dem Gebiet der Landwirtschaft geleistete Arbeit, Neudamm 1938.

21 Wilhelm Zorn, Der kleine Schafhalter. Kurze Anleitung zur Durchführung gemeinschaftlicher oder Kleinschafhaltungen und zur Züchtung, Ernährung und Haltung der Schafe für Schafzüchter, Schäfer, Bauern und Siedler, Berlin 1936, Vorwort.

22 Vgl. ebenda.

Zur Steigerung der Eiweißproduktion, die bereits seit den 1930er-Jahren mit dem Sojaanbau kompensiert werden sollte, wurde nun auch die Geflügel- und Fischzucht gefördert. Die Forschung konzentrierte sich dabei insbesondere auf das Futterproblem, die Erweiterung heimischer Futtergrundlagen und die Prüfung von Ersatzstoffen. So beantragte Prof. Wunder vom *Teichwirtschaftlichen Forschungs- und Beratungsring Schlesien* 1936 bei der *Kaiser-Wilhelm-Gesellschaft*[23] Gelder für die Untersuchung von „Ersatzfuttermitteln für den Karpfen", die er in kleinen Teichen und Aquarien erproben wollte, bevor er sie für größere Teiche empfehlen könne.[24] Im Bereich der Eierwirtschaft hatte sich Dr. Bernhard Grzimek verdient gemacht. Grzimek war 1937 der NSDAP beigetreten und hatte als Regierungsrat im Reichslandwirtschaftsministerium und als „Reichseierbevollmächtigter" die Voraussetzungen für die Kühlhauslagerung deutscher Eier geschaffen.[25]

3.2 Landwirtschaftliche Versuchsanstalten und Vorläufer

Die Einrichtung von landwirtschaftlichen Versuchsstationen nahm Mitte des 19. Jahrhundert ihren Anfang. Trotz neuer wissenschaftlicher Forschungsansätze stellten selbst Pioniere der Agrarwissenschaften wie Albrecht Daniel Thaer, Johann von Schwerz oder Kurt von Rümker das „Primat der Praxis" nie infrage: „Die Verbindung von ‚Wissenschaft und Praxis' war eine stehende Formulierung in agrarwissenschaftlichen Publikationen [...]",[26] landwirtschaftliche Vereine beeinflussten die Hochschulpolitik, und auch die 1885 gegründete *Deutsche Landwirtschafts-Gesellschaft* legte trotz „aller Zusammenarbeit mit Akademikern in ihren Gremien Wert auf ein Überwiegen der Landwirte."[27]

23 Die Kaiser-Wilhelm-Gesellschaft zur Förderung der Wissenschaften wurde im Januar 1911 als außeruniversitäre Forschungseinrichtung gegründet und betrieb bis Ende des Zweiten Weltkriegs Grundlagenforschung in bis zu 50 Instituten und Forschungsstellen. Nach 1945 wurde sie von der Max-Planck-Gesellschaft übernommen.

24 Vgl. BArch, R 73/15885, unpag., Prof. Wunder an Kaiser Wilhelm Gesellschaft vom 4. November 1936.

25 Vgl. Willi Oberkrome, Agrarische Forschung im Kriegseinsatz. Strukturen, Programme, Praktiken 1915–1955. Vortrag bei der 13. Europäischen Sommer-Universität Ravensbrück „Hunger, Zwangsarbeit und Ernährungsforschung. Nationalsozialistische Agrarpolitik und das KZ-System", Fürstenberg/Havel, 2. 9. 2018; Claudia Sewig, Der Mann, der die Tiere liebte. Bernhard Grzimek. Biografie, Bergisch Gladbach 2009. Grzimek war zuvor als Sachverständiger im Preußischen Ministerium für Landwirtschaft tätig gewesen. In den 1950er-Jahren machte sich Grzimek als Direktor des Frankfurter Zoos und mit seiner vom Hessischen Rundfunk ausgestrahlten Fernsehsendung „Ein Platz für Tiere" einen Namen.

26 Vgl. Uekötter, Wahrheit, S. 46 f.

27 Ebenda.

Die erste landwirtschaftliche Versuchsanstalt Deutschlands wurde 1851 in der Nähe von Leipzig gegründet und ging auf die Initiative des Agrikulturchemikers der Landwirtschaftsakademie Tharand, Julius Adolph Stöckhardt, zurück. Hier konnten sich Landwirte unentgeltlich über Boden-, Dünge- und Futtermittelprobleme beraten lassen. Als überzeugter Anhänger der Erkenntnisse Justus von Liebigs[28] initiierte Stöckhardt mit seinen „chemischen Feldpredigten"[29] in der zweiten Hälfte des 19. Jahrhunderts deutschlandweit knapp 60 weitere Versuchsstationen. Diese schlossen sich 1888 in Weimar zum *Verband landwirtschaftlicher Versuchsstationen im Deutschen Reiche* zusammen. Die Stationen bearbeiteten entsprechend ihren Standorten unterschiedliche Schwerpunkte, so die Anwendung naturwissenschaftlicher Grundlagenforschung, die Untersuchung landwirtschaftlicher Betriebsmittel wie Saatgut, Düngemittel, Futtermittel und Böden oder die Beratung der Praxis über neue Erkenntnisse des Versuchswesens. Hierbei spielten die Möglichkeiten der neuen Agrikulturchemie nach Liebig eine entscheidende Rolle.

Trotz der meist prekären Finanzierung dieser Versuchsstationen – in der Regel setzte sie sich zu ca. 50 Prozent aus Staatsgeldern, zu 20 Prozent aus Zuschüssen landwirtschaftlicher Vereine und zu 30 Prozent aus eigener Versuchstätigkeit zusammen – erfuhren sie einen raschen Aufstieg. Anfangs profitierten sie davon, dass die Landwirte keine anderen Möglichkeiten hatten, an akademischen Expertisen teilzuhaben, was sich erst mit der allmählichen Etablierung der Landwirtschaft als Universitätsfach änderte. Jedoch auch danach bildeten Versuchsanstalten aufgrund ihrer spezifischen regionalen Bedingungen und der Kontaktmöglichkeiten mit Landwirten vor Ort einen wesentlichen Bestandteil landwirtschaftlicher Forschung und Entwicklung.[30]

Auch für die DVA sollten diese Aspekte beim Aufbau ihres Netzwerkes mit Versuchsgütern in den eroberten Gebieten eine Rolle spielen.

Als sich der Markt für mineralischen Dünger weiterentwickelte, bekamen Versuchsanstalten mit der Prüfung der Düngemittel und Ermittlung des Düngebedarfs neue Aufgaben. Schwerpunkte waren Bodenproben, hinzu kamen die Analyse von Milch, Wasser und Nahrungsmitteln und insbesondere die Überwachung von Tierfutter. Für Letzteres gab es zunächst keinerlei gesetzliche Regelungen, sodass viele gefälschte Produkte im Umlauf waren. Hierzu führte der

28 Justus von Liebig (1803–1873), Chemieprofessor in Gießen und München, begründete 1840 mit seinem Werk „Die organische Chemie in ihrer Anwendung auf Agricultur und Physiologie" die Agrarchemie.

29 Vgl. Julius Adolph Stöckhardt, Chemische Feldpredigten für deutsche Landwirthe, Leipzig 1851.

30 Vgl. Uekötter, Wahrheit, S. 65.

Reichsnährstand unter Einbeziehung der meisten Versuchsanstalten groß angelegte Untersuchungsreihen durch, die im Rahmen der sogenannten Erzeugungsschlacht die landwirtschaftliche Produktion kurzfristig steigern sollten.

Mit den „Versuchsringen" entwickelte der Ordinarius für Pflanzenbau und Pflanzenzüchtung in Halle/Saale, Theodor Roemer, ab 1921 eine Alternative zum Modell der Versuchsanstalten. Dabei handelte es sich um Zusammenschlüsse mehrerer landwirtschaftlicher Großbetriebe und Gutshöfe, die akademisch geschulte Landwirt:innen mit der Durchführung spezifischer Feldversuche beauftragten. Die Ergebnisse wurden vor Ort im Kreis der Mitglieder ausgewertet. Bereits ab 1923 richtete die *Deutsche Landwirtschafts-Gesellschaft* eine Arbeitsgemeinschaft für Versuchsringwesen als Forum für den Erfahrungsaustausch ein.

Auch Landwirt:innen und Gutsbesitzer:innen des *Reichsverbands für Biologisch-Dynamische Wirtschaftsweise* wählten unmittelbar nach der Einführung des „Landwirtschaftlichen Kurses" von Rudolf Steiner im Jahr 1924 für ihre Versuche die institutionelle Form des Versuchsrings (siehe Kapitel über die biologisch-dynamische Wirtschaftsweise).

3.3 Arbeits- und Forschungsschwerpunkte der DVA

Trotz vieler thematischer Überschneidungen unterschied sich die DVA grundsätzlich von den anderen Versuchsanstalten. Als Teil der SS war sie an deren politische Strategien und Weisungen gebunden und wurde über diese durch die NSDAP finanziert. Während alle anderen Agrarforschungseinrichtungen durch den *Forschungsdienst* und der gesamte Agrarsektor durch den *Reichsnährstand* gleichgeschaltet und kontrolliert wurden, bildete die DVA mit ihren verstreuten, teils an Konzentrationslager angeschlossenen Versuchsgütern im Windschatten der SS und unter der besonderen Protektion Heinrich Himmlers eine Nische.

Himmler hatte sich damit ein eigenes Experimentierfeld geschaffen, auf dem er seine umfassenden agrarpolitischen und praktischen Überlegungen zur Landwirtschaft erproben konnte, die er als Diplomlandwirt, als Mitglied der Artamanen-Bewegung und als bayerischer Agrarpolitiker der NSDAP bereits vor 1933 entwickelt hatte. Vorstellungen über alternative Betriebsformen und die Besiedlung und „Germanisierung" des „Ostraumes" spielten dabei ebenso eine Rolle wie etwa seine negative Einstellung gegenüber der Agrarchemie und dem Kunstdünger.

Außerdem erhoffte sich Himmler, mit der DVA eines seiner obsessiven Steckenpferde – die Idee einer generellen Ernährungsreform und die Kontrolle über die Verpflegung der SS – auf den Weg zu bringen. Für „Versuche auf dem Gebiet der Volksernährung und Massenverpflegung"[31] wurden, wie es in der DVA-Satzung heißt, erste Voraussetzungen mit dem *Forschungsinstitut für Ernährung und Heilpflanzenkunde* geschaffen, das seit seiner Gründung 1939 zusammen mit der *Plantage* Dachau Bestandteil der DVA war.

Anders als bei herkömmlichen Versuchsanstalten vermischten sich in der DVA also fachliche und machtstrategische Ziele mit grundsätzlichen gesellschaftspolitischen Fragen und ideologischen Positionen.

3.3.1 Die Betriebsform

Die Vorbemerkungen des Geschäftsberichtes von 1939 enthalten anschauliche Hinweise zum Selbstverständnis der DVA: „Soldatisch aufgezogen, hat es [das Unternehmen]– streng genommen – keinen eigenen Willen, da es Weisungen vom Chef des Hauptamtes Verwaltung und Wirtschaft des Reichsführers SS entgegenzunehmen hat."[32] Das galt auch für alle anderen SS-Wirtschafts-Betriebe, dennoch nahm die DVA in mehrfacher Hinsicht eine Sonderstellung ein. Im Gegensatz zu anderen, vorwiegend ökonomisch ausgerichteten SS-Unternehmen waren Himmlers Erwartungen an die DVA mit weitreichenden Reformplänen verknüpft, zu denen auch die experimentelle Betriebsform der DVA gehörte. Er hatte die Versuchsanstalt selbst initiiert, und während er Oswald Pohl in der Führung der anderen SS-Wirtschaftsbetriebe weitgehend freie Hand ließ, legte er die Grundsätze der DVA und viele Inhalte selbst fest. Im Unterschied zu den anderen SS- Betrieben, die Pohl in der Regel am innovativen Stand der Technik orientierte, war die DVA generell wissenschafts- und technikkritisch ausgerichtet und auf alternative oder traditionelle Methoden fokussiert. Pohl, der seinerseits an alternativen Landbauweisen durchaus interessiert war, überließ Himmler in Bezug auf die DVA das Feld und beschränkte sich in der Regel darauf, die Befehle des RFSS an den Geschäftsführer Heinrich Vogel weiterzuleiten.

Einen zentralen Grundsatz der DVA unterbreitete Himmler gegenüber Pohl und Vogel mit einer in der Wissenschaft vermutlich einmaligen Strategie, die darin bestehen sollte, sich „mit Themen zu befassen, die von ‚der Wissenschaft' abgelehnt worden sind", oder solchen, die „unmodern sind oder bekämpft werden."[33] Damit machte er seinen Untergebenen deutlich, dass sich die Versuchstätigkeit der DVA entgegen der seines Erachtens fehlgeleiteten deutschen Landwirtschaftsforschung auf unkonventionelle Methoden zu konzentrieren

31 BArch, NS 3/129, Bl. 196.

32 IfZ, NO/1044, unpag., S. 2.

33 BArch, NS 3/1427, Bl. 19, BArch, NS 3/722, Bl. 8.

habe. Konkret bezog er sich damit vermutlich auf die biologisch-dynamische Wirtschaftsweise und die Forschungen von Karl Fahrenkamp – beide in NSDAP-Kreisen und der Fachwelt gleichermaßen umstritten. Diese gehörten zu den ersten Projekten der DVA, die kontinuierlich bis Kriegsende fortgeführt wurden.

Motiviert waren sie durch Himmlers früh ausgeprägte Opposition zur der Düngemittelindustrie. Dieser blieb er treu. Ab Juni 1941 ordnete er für sämtliche DVA-Betriebe vergleichende Versuche mit Düngemitteln von drei verschiedenen Wirtschaftsweisen an – mit chemisch-mineralischen, traditionell-natürlichen sowie denen der biologisch-dynamischen Wirtschaftsweise.[34] In diesem Rahmen sollten in DVA-Betrieben, die KZ angeschlossen waren, darüber hinaus „Fäkalienveredelungssysteme" zu Düngezwecken erforscht werden.[35] In einem Schreiben an Pohl vom Mai 1940 warnte Henrich Vogel jedoch vor den gesundheitlichen Gefahren dieses Vorhabens, indem er sich auf Erfahrungen und Studien des *Reichsverbandes für Biologisch-Dynamische Wirtschaftsweise* bezog.[36]

Weitere Grundsätze des Versuchswesens der DVA fasste Heinrich Vogel im „10-Jahresplan des Amtes III D",[37] einer Art DVA-Forschungsplan, zusammen. Sie waren von Himmlers Misstrauen gegenüber „der Wissenschaft" inspiriert – Versuche sollten demnach nicht von der Forschung vorgegeben werden, sondern von der Praxis.

Eine entscheidende Idee bestand im Unterschied zu herkömmlichen Versuchsanstalten darin, eine grundlegend neue Betriebsform zu entwickeln, in der mehrere Betriebskomplexe aus jeweils einem bäuerlichen Großbetrieb mit landwirtschaftlicher Urproduktion, einem Forschungsbereich und mehreren Verarbeitungsbetrieben in einer Hand zusammengefasst werden. Aus einer unbestimmten Anzahl solcher Komplexe sollte ein Netzwerk einzelner DVA-Versuchsstationen in den eroberten Gebieten entstehen.

Vorgesehen war, dass die Erzeugnisse der Landwirtschaft in den jeweiligen Verwertungsbetrieben direkt weiter verarbeitet und danach „ihre Brauchbarkeit für die menschliche Ernährung in den bewaffneten Einheiten der Schutzstaffel erprobt werden".[38] Langfristig sollte deren gesamte Produktpalette nach genauen

34 Vgl. BArch, NS 19/3122, Bl. 78.

35 Vgl. BArch, NS 3/1430, Bl. 106.

36 Vgl. BArch, NS 3/1175, Bl. 3 ff. Die wissenschaftliche Auseinandersetzung des Reichsverbands über die Fäkaliendüngung lancierte Alwin Seifert, vgl. Vogt, Entstehung, S. 146.

37 Das Amt III D, Hauptamt Verwaltung und Wirtschaft war die Amtsstelle der DVA, bevor sie als Amtsgruppe W V dem WVHA unterstellt war.

38 BArch, NS 3/1175, Bl. 75.

Anordnungen Himmlers ausgerichtet werden und der „angestrebten Lebensreform des deutschen Volkes" dienen.[39] Die Finanzierung von Forschung und Versuchen sollte sich – so Vogel – selbst tragen, indem die einzelnen Großgüter „nach kurzer Anlaufzeit und Umstellung auf die beste Wirtschaftsweise Überschüsse erbringen".[40]

Auch die ungewöhnliche Verwaltungsstruktur der DVA war eine Idee Himmlers und Bestandteil des Versuchskonzepts. Um „die Männer der Praxis" nicht mit Schreibarbeiten zu überlasten, oblag die Buchführung allein der zentralen Verwaltung. Dieses Prinzip war in der praktischen Umsetzung allerdings auch eine der vielen Ursachen für das Chaos in der DVA-Finanzverwaltung. Denn angesichts der wachsenden Anzahl der manchmal über 1000 km voneinander entfernt liegenden Betriebe und des geringen Personalstands mussten Buchhaltung, Planung und Kontrolle dieser Betriebe die DVA-Geschäftsführung völlig überfordern. Den zwischenzeitlichen Einsatz eines hierarchisch abgestuften Systems von Gutsverwaltern, Ober- und örtlichen Betriebsleitern musste die DVA aufgrund des kriegsbedingten Arbeitskräftemangels infolge der Einberufungen zur Wehrmacht wieder aufgeben. Im Jahr 1944 machte Heinrich Vogel in einer Stellungnahme über die Weiterentwicklung des Aufgabenbereiches des Amtes W V gegenüber Oswald Pohl den Vorschlag zur Änderung des DVA-Versuchswesens: Um die vielfältigen und verstreuten Versuchsgebiete besser koordinieren zu können, solle ein „Haupthof" nahe der Zentrale im mecklenburgischen Feldberg angeschafft werden, auf dem sämtliche Versuche vorgeprüft würden, bevor sie „in den Großversuch einzelner Höfe gehen". Nur so könnten die Mitarbeiter eine Prüfung der Versuche gewährleisten.[41]

Wie für sämtliche SS-Wirtschaftsbetriebe stand auch für die DVA die Ausbeutung der Arbeitskraft von KZ-Häftlingen im Vordergrund. In ihrem Aufgabenplan von 1939 hatte die SS den Arbeitseinsatz der Häftlinge zynisch als „Revolution im Strafvollzug" propagiert.[42] Die Einnahmen der Betriebe sollten in erster Linie den schnell anwachsenden Machtapparat der Schutzstaffel finanzieren. Die Ausbeutung von KZ-Häftlingen gehörte somit auch zu jenen Modell- und Menschenversuchen der SS, an denen die DVA beteiligt war. Seit ihrer Gründung 1939 zählte es zu ihren Aufgaben, den „wirtschaftlichen Wert von Häftlingsarbeit" zu ermitteln[43] (siehe Kapitel Dachau).

39 Ebenda, Bl. 76.

40 Ebenda, Bl. 77.

41 Vgl. NS 3/1427, Bl. 20.

42 Vgl. IfZ, NO/542, unpag., S.3.

43 Vgl. IfZ, NO/1044, unpag., S. 1; BArch, NS 3/1433, Bl. 133.

In diesem Zusammenhang hatte Himmler angeordnet, vorzugsweise verwahrloste Landwirtschaftsbetriebe zu übernehmen, um sie „durch Einsatz umfangreicher Arbeitskräfte wieder auf einen normalen Leistungsstand" zu bringen: „Die Anlage von Wegen, Meliorationsarbeiten, Planungen und ähnliches erfordern Masseneinsatz solcher Häftlingskräfte, die an anderer Stelle nicht nutzbringend verwendet werden können, aber hier bei leichten Bodenbewegungen in der Masse etwas leisten."[44]

Zusammenfassend lässt sich festhalten, dass viele Vorstellungen Himmlers durch seine frühe ideologische Prägung und Opposition gegen Großindustrie, Bürokratie und Wissenschaft inspiriert waren. Eigenen Aussagen zufolge lehnte er jegliche Bodenspekulation ab, auch im Rahmen der SS. In einem Schreiben an Pohl aus dem Jahr 1942, in dem es um die Frage ging, ob er für die Waffen-SS zukünftig eine ganz eigene Ernährungsbasis anstrebe, verneinte Himmler dies eindeutig – „zumindest für die Garnisonen des Altreiches". Sein Argument: „Eine übermäßige Anhäufung von Grundbesitz in toter Hand, so wie es die Kirche im Mittelalter tat, innerhalb der Reichsgrenzen muß unbedingt vermieden werden."[45]

Güter und Organisationsstruktur

Während die drei landwirtschaftlichen Großbetriebe in Dachau, Auschwitz und Ravensbrück mit ihrem Heer an billigen Arbeitskräften, ihren Forschungseinrichtungen und Versorgungsfunktionen für die SS der von Himmler angestrebten Betriebsform durchaus sehr nahe kamen, waren alle anderen DVA-Güter eher heterogen. Neben den 22 Versuchsbetrieben, von denen acht auf ehemaligem Reichsgebiet und vierzehn in den besetzten Gebieten Polens, Tschechiens, der Sowjetunion und dem ans Dritte Reich angeschlossenen Österreich lagen, verwaltete die DVA auch landwirtschaftliche Versorgungsbetriebe oder -lager, deren Anzahl und Lage sich kriegsbedingt änderte (siehe Karte in der Einleitung).

Die Standortwahl für die vier Betriebskomplexe bei den Konzentrationslagern Auschwitz, Dachau, Ravensbrück und Stutthof orientierte sich ausdrücklich an der Verfügbarkeit der Arbeitskraft von KZ-Häftlingen. Andere Betriebe wurden aus fachlichen Gründen – besonderen klimatischen oder topografischen Bedingungen – erworben. Dazu zählten etwa die meisten in Österreich gelegenen Güter im Gebirge, die KZ-Außenlager von Dachau in milden Klimaregionen Deutschlands sowie eine Paprika-Mühle im Protektorat Böhmen und Mähren

44 Vgl. IfZ, NO/405, unpag., S. 3.
45 Kaienburg, Wirtschaft, S. 1023.

(heute Tschechien). Die meisten Höfe und Güterkomplexe in den besetzten Gebieten in Polen, Tschechien und der Sowjetunion wurden gleichermaßen aus strategischen und versorgungstechnischen Gründen übernommen. Bei der Brau- und Spiritusfabrik Freudenthal etwa stand Himmlers Idee einer Versorgung der SS mit Fruchtsäften im Vordergrund. Im Verhältnis zur Summe aller Beschäftigten auf DVA-Gütern – 90 SS-Angehörige, 662 zivile Beschäftigte, 1807 KZ-Gefangene und 130 Kriegsgefangene – ist im Vergleich zu anderen SS-Betrieben die Anzahl der zivilen Beschäftigten besonders hoch.[46]

Auf die Frage, wie die Übernahme von Gütern durch die DVA zustande kam, erhielt der Leiter der Amtsgruppe Wirtschaftsunternehmungen, SS-Oberführer Hans Baier, von dem stellvertretenden Amtschef W V, SS-Sturmbannführer Schmidt, die Auskunft, dass sich die DVA nicht „von sich aus um das Ausfindigmachen von neuen Gutsbetrieben"[47] bemühe, vielmehr läge meist ein besonderer Anlass zugrunde, wie etwa der Wunsch oder Befehl des RFSS, eine Schenkung oder Versuchszwecke.[48]

In Anlehnung an die Organisationsstruktur des Hauptamtes W V leitete anfangs SS-Obersturmbannführer Vogel die vier Geschäftsbereiche Landwirtschaft, Forsten, das Jagd- und das Fischereiwesen.[49] Mit Zunahme der Güter und Aufgaben seit Kriegsbeginn wurden Verantwortung und Zuständigkeit aufgeteilt, im Jahr 1943 gab es insgesamt sechs Hauptabteilungen.[50] Aufgrund der dünner werdenden Personaldecke und dem zunehmenden Verlust an Gütern wurde die Organisation ab 1944 auf zwei Abteilungen reduziert.[51]

46 Vgl. Kaienburg, Wirtschaft, S. 781. Die Anzahl der Beschäftigten der Betriebe des KZ Auschwitz sind hier allerdings nicht berücksichtigt.

47 BArch, NS 3/751, Bl. 16.

48 Ebenda, Bl. 17.

49 Vgl. BArch, NS 3/722, Bl. 6.

50 Hauptabteilung I Landwirtschaft unter SS-Obersturmbannführer Vogel, Hauptabteilung II Forstwirtschaft SS-Sturmbannführer Schmidt, Hauptabteilung III Fischereiwesen unter SS-Sturmbannführer Rühmer, Hauptabteilung IV Rechnungswesen und Kaufmännisches unter SS-Obersturmbannführer Bernhard, Hauptabteilung V Personalabteilung und allgemeine Verwaltung unter SS-Obersturmführer Reinhart. Außerhalb der speziellen Arbeitsgebiete der DVA: Hauptabteilung VI Angorakaninchen-, Seidenraupen- und Versuchstierzucht unter SS-Obersturmbannführer Schlesinger. Vgl. BArch, NS 3/751, Bl. 5.

51 Geschäftsbereich I Landwirtschaft unter Heinrich Vogel, Forsten, Jagd- und Fischereiwesen unter SS-Sturmbannführer Forstrentmeister a. D. Schmidt), Geschäftsbereich II (selbstständig abrechnende Werke Dachau und Heidelberg, Raffinerie Gut Partschendorf, kaufmännische Verwaltung der DVA unter SS-Hauptsturmführer Dr. Horn). Vgl. BArch, NS 3/722, Bl. 6.

Die Betriebsprüfungen

Die DVA galt innerhalb der SS-Wirtschaftsbetriebe als größtes finanzielles „Sorgenkind" und musste sich deshalb zwei umfangreichen Betriebsprüfungen unterziehen. Die Ergebnisse beider Prüfungsberichte – der erste wurde im Dezember 1943 von dem Leiter der Amtsgruppe Wirtschaftsunternehmungen SS-Oberführer Hans Baier[52] und der zweite im Januar 1945[53] von zwei SS-Wirtschaftsprüfern verfasst – waren gleichermaßen niederschmetternd. Sie dokumentieren jedoch nicht nur viele aufschlussreiche Details über die Arbeit der DVA, sondern machen vor allem die Kluft zwischen den unterschiedlichen Erwartungen der SS-Wirtschaftsprüfer und denen Himmlers deutlich. Was die Berichterstatter, Vertreter des „Normenstaates"[54] (siehe Kapitel Finanzen), als Mangel an Berechenbarkeit, Nachvollziehbarkeit und Einhaltung der Rechtsvorschriften privatkapitalistischer Wirtschaftsordnung an der DVA kritisierten, interessierte Himmler nicht. Er fällte seine Entscheidungen situativ „nach Lage der Sache" und setzte sie in der DVA durch. Die Berichterstatter bemängelten das Rechnungswesen der DVA, das „in seiner Gesamtheit den anerkannten Grundsätzen ordnungsgemäßer Buchführung" nicht entspräche. Darüber hinaus kritisierten sie, dass die Ziele der DVA zwar „in der Absicht" noch weit über ihre Satzung hinausgingen, diese jedoch genauso wenig erfüllt würden, wie ihre „grundlegenden Aufgaben".

So fehlten etwa Hinweise auf das kriegsbedingt obligatorische „Ablieferungs-Soll", ebenso das für landwirtschaftliche Betriebe übliche Planungs- und Vorschlagwesen. Ohne Rentabilitäts- und Bewirtschaftungspläne seien jedoch Einschätzungen der betrieblichen Verhältnisse grundsätzlich nicht möglich. Der Erfolg der Bewirtschaftungsversuche nach der „natürlichen Landbauweise" etwa könne nur durch Vergleiche von Hektarerträgen festgestellt werden, die jedoch nicht vorlagen. Bei fünf Höfen bestünden zudem ungeklärte Rechtsverhältnisse.

Aufgrund der niedrigen Häftlingslöhne würde eine Ertragslage vorgetäuscht, die sich bei betriebswirtschaftlich gerechtem Arbeitsaufwand um etwa eine Million Reichsmark verschlechtern würde. Der Versuch, im Jahr 1940 die Finanzen zu überprüfen, musste – so die Prüfer – aufgrund der völlig undurchsichtigen Verhältnisse abgebrochen werden. Die Auflistung mangelhafter Buchführung und Bilanzierung war endlos.[55]

52 Vgl. BArch, NS 3/751, Bl. 1–27.
53 Vgl. BArch, NS 3/722, Bl. 1–54.
54 Vgl. Fraenkel, Doppelstaat.
55 Vgl. BArch, NS 3/722, Bl. 35.

Zusammenfassend merkten die Prüfer an, dass die Unordnung im Rechnungswesen auf „Unfähigkeit und Nachlässigkeit" der Geschäftsführung zurückzuführen sei. Indem Heinrich Vogel „nicht die Sorgfalt eines ordentlichen Kaufmanns angewendet" habe, seien sowohl Geschäftsanweisungen des SS-WVHA als auch des GmbH-Gesetzes verletzt worden.[56] Den Einwand Vogels, dass er an der Überwachung der kostspieligen Bautätigkeit auf Gut Comthurey durch Oswald Pohl gehindert worden war, ließen die Prüfer nicht gelten. Die gesellschaftsrechtliche Haftung Vogels bliebe bestehen, da er letztendlich durch Stillschweigen sein Einverständnis mit den von Pohl angeordneten Maßnahmen gegeben habe.[57]

Die Prüfer stellten darüber hinaus das gesamte Versuchswesen der DVA infrage. Zum einen würden hier lediglich Grundversuche wiederholt, die bereits von anerkannten Stellen wie der *Biologischen Reichsanstalt*, dem *Kaiser-Wilhelm-Institut* oder dem *Reichsnährstand* durchgeführt worden waren.[58] Zum anderen hätten Teile der beschriebenen Versuchsprojekte[59] „nicht den Charakter von Versuchen", sondern würden im Rahmen der üblichen Bewirtschaftung von jedem Landwirt berücksichtigt.[60] Während der Kräuteranbau in Dachau als „bahnbrechend" gelobt wurde,[61] könne der ab 1939 durchgeführte „G-Versuch" auf dem Gut Ravensbrück weder rechnerisch noch fachlich geprüft werden, „weil die als ‚geheim' geführten Unterlagen bis auf unwesentliche Belege verweigert wurden".[62] Dabei handelte es sich um den Versuch mit einem Vorbeugungs- und Heilmittel gegen Maul- und Klauenseuche, das sich als unwirksam erwiesen hatte. Mit der Geheimhaltung über die genauen Umstände des gescheiterten Versuches sollte vermutlich Oswald Pohl in Schutz genommen werden. Die Wirtschaftsprüfer machten indes Heinrich Vogel für den dadurch entstandenen Gesamtverlust von 27 300 Reichsmark verantwortlich, den er nur „mit intensivster Arbeit und Ausschöpfung aller Möglichkeiten" in den folgenden zwei Jahren wieder einbringen könne[63] (siehe Kapitel Ravensbrück).

56 Ebenda, Bl. 53.

57 Ebenda, Bl. 54.

58 Vgl. BArch, NS 3/722, Bl. 13.

59 Vgl. BArch, NS 3/1430, Bl. 102–106.

60 Vgl. BArch, NS 3/722, Bl. 13. Als Beispiele nennt er die Zucht der Haflinger in Autal-Bretstein, die Kreuzungszucht mit Schweinen zur Überwindung schlechter Stallverhältnisse, die Erhöhung der natürlichen Bodenfruchtbarkeit durch Grabenziehung und Oberflächenentwässerung, die Prüfung von Landobstsorten auf ihre Schädlingsresistenz, den Einfluss naturgemäßer Haltung und Pflege auf die Viehbestände.

61 Vgl. ebenda, Bl. 11.

62 Ebenda, Bl. 12.

63 Vgl. IfZ, NO/542, unpag., S. 19 f.

3.3.2 Autarkie

Ebenso wie die anderen agrarwissenschaftlichen Einrichtungen orientierte die DVA ihre Versuchs- und Forschungsaufgaben an den Zielen des Vierjahresplans, der Autarkie und wirtschaftlichen Ausrüstung zur Kriegsfähigkeit. Die Idee der Autarkie diente von der Antike bis in die Gegenwart als politisches Ideal und als Theorie oder Modell für die Autonomie von Staaten, Regionen oder auch einzelnen Haushalten. In der nationalsozialistischen Autarkiepolitik lagen Anspruch und Wirklichkeit häufig weit auseinander, trotz großer Anstrengungen sank z. B. die Auslandsabhängigkeit von Kautschuk oder Eisenerz bis Kriegsbeginn nicht unter 50 Prozent, die Selbstversorgung mit den wichtigsten Nahrungsmitteln, die bereits 1933/34 bei ca. 80 Prozent lag, konnte nicht wesentlich gesteigert werden, problematisch blieb vor allem die Fettversorgung.[64]

Gemäß Himmlers Vorgaben konzentrierte sich die DVA im Gegensatz zu anderen Forschungsstellen auch hierbei auf alternative Methoden. Während sich die ersten Projekte mit dem Kräuteranbau, bei dem es um Zuchtversuche zur Einführung nichtheimischer Pflanzen ging, auf Autarkievorstellungen vor Kriegsbeginn bezogen, traten mit Kriegsverlauf andere Ziele in den Vordergrund.

Düngung und Bodenverbesserung

Bei der Düngung und Bodenverbesserung untersuchte die DVA in einer Art stiller Opposition zum der Industrie zugewandten Flügel der Agrarwissenschaft verschiedene naturnahe Praktiken „ohne Chemie". Himmler begründete seine Entscheidung gegenüber Pohl wie folgt: „Die Berichte der IG-Farben kann ich mir sehr gut vorstellen, denn ähnlich frisierte Berichte wurden von mir vor nunmehr 19 Jahren als junger Assistent im Stickstoffkonzern verlangt, in denen ich beweisen sollte, dass eine bestimmte große Anwendung von Kalkstickstoff das Beste für die Landwirtschaft wäre, was ich selbstverständlich nicht tat."[65] Verbündete fand die DVA im *Reichsverband für Biologisch-Dynamische Wirtschaftsweise*, oder zumindest teilte sie mit ihm ihr Feindbild: die Düngemittelindustrie. Die Vertreter der Agrarchemie wiederum paktierten zunehmend mit den zentralen Behörden der NS-Agrarwissenschaft und -politik.

64 Hans-Ulrich Thamer, Wirtschaft und Gesellschaft unterm Hakenkreuz, in: Bundeszentrale für politische Bildung (Hrsg.), Dossier Nationalsozialismus und Zweiter Weltkrieg, 6. 4. 2005, www.bpb.de/geschichte/nationalsozialismus/dossier-nationalsozialismus/39551/wirtschaft-und-gesellschaft?p=all [17. 11. 2019].

65 Zit. n. Heiber, Reichsführer, S. 110.

Ab 1933 machte die NSDAP ihren Standpunkt zur Düngerfrage in mehreren Pressemitteilungen deutlich: „Landwirte bleibt bei eurer bisherigen Düngung! [...] Die biologisch-dynamische Düngung ist eine Ausgeburt der international eingestellten Weltanschauung der Anthroposophie [die] den Zweck verfolgt, die Ernährung des deutschen Volkes auf der eigenen Scholle ins Wanken zu bringen."[66] Im Gegensatz dazu hob der Vorstand des *Reichsverbands* Erhard Bartsch hervor, dass gerade mit der biologisch-dynamischen Wirtschaftsweise die vom Nationalsozialismus propagierte Lebensmittelautarkie für ganz Deutschland erreicht werden könne, da der in sich geschlossene Betriebsorganismus der biodynamischen Höfe per se unabhängig von internationalen Importen sei.[67]

Gegenüber dem vom *Reichsverband* praktizierten Konzept der Betriebsautarkie bestand das Ziel der NS-Führung jedoch in einer nationalen Autarkie, die sich nach Kriegsbeginn sukzessive auf das gesamte eroberte Kontinentaleuropa ausweiteten sollte. Entgegen der Ratschläge des *Reichsverbands*[68] begann die DVA in den landwirtschaftlichen Betrieben in Auschwitz gegen Kriegsende unter der Leitung von Joachim Caesar mit alternativen Versuchen zur Abfall- und Klärschlammverwertung für die Düngung.[69] Darüber hinaus beteiligte sie sich im Rahmen der angestrebten Autarkie auch an Projekten zur Landgewinnung. So wurden unter Einsatz von Häftlingen u. a. in Dachau, Auschwitz, Ravensbrück und Freudenthal Meliorationsarbeiten auf moorigen Böden durchgeführt, um diese in landwirtschaftlich nutzbare Flächen umzuwandeln.

Ersatzstoffforschung

In der Ersatzstoffforschung war es Himmler gelungen, als „Sonderbeauftragter" für Pflanzenkautschuk einen der wichtigsten Forschungsbereiche der Kriegswirtschaft der SS zu unterstellen. Bei dem Buna-Werk der I.G. Farben, das in Auschwitz-Monowitz an der synthetischen Herstellung von Kautschuk arbeitete, ließ er durch die DVA auf der Pflanzenzuchtstation Rajsko Versuche zur Kautschukgewinnung aus dem Russischen Löwenzahn durchführen (siehe Kapitel Auschwitz).

Darüber hinaus war die DVA – teilweise mit Wehrmachtsauftragsnummern des Reichsforschungsrates – in Dachau, Auschwitz und Lannach um die

66 Zit. n. Werner, Anthroposophen, S. 84.

67 Vgl. Erhard Bartsch, Zurück zum Agrarstaat, in: Demeter. Monatsschrift für Biologisch-Dynamische Wirtschaftsweise 8 (1933) 9, S. 163 f.

68 Vgl. BArch, NS 3/1175, Bl. 3 ff.

69 Vgl. Steinbacher, „Musterstadt", S. 247.

Erforschung verschiedener Alternativen von Pflanzen zur Ölgewinnung bemüht, die im europäischen Raum angebaut werden und aufgrund ihrer Widerstandsfähigkeit gegen Kälte auch als Waffen- oder Motoröl infrage kommen sollten (Rosen-Pelargonium[70], Perilla ocymoides, Rizinus-Stämme und „Lafi"-Ölpflanze[71]).

Von der *Hauptabteilung Ernährung und Landwirtschaft im Generalgouvernement* erhielt Himmler im Januar 1940 die Anfrage, „eine Pflanzenzüchtungsstation für die autarken Pflanzen (Öl, Eiweiß und Faser)" einzurichten oder „zumindest die ‚Öl- und Süßlupine'-Züchtung" von Erwin Baur im *Kaiser-Wilhelm-Institut* aus den 1920er-Jahren zu übernehmen und fortzuführen, „um die Schaffung einer sicheren Ölpflanze für die leichten Böden des deutschen Ostens" zu realisieren. Der Verfasser der Anfrage bezog sich dabei explizit auf die „Möglichkeiten" der SS, KZ-Häftlinge einzusetzen, und wies darauf hin, dass dieses Vorhaben sowohl mit dem Bereich der Arznei- und Gewürzpflanzen als auch mit den Züchtungsvorhaben des Expeditionsmaterials des Tibetforschers SS-Sturmbannführer Dr. Ernst Schäfer von der „Forschungsgemeinschaft Deutsches Ahnenerbe" gekoppelt werden könne: „Diese Station hätte im Rahmen der Siedlungsaufgaben, die Ihnen [Himmler] übertragen wurden, die grössten Aufgaben und Entwicklungsmöglichkeiten."[72]

Himmler ließ im November 1942 Vogel sein Interesse an der weiteren Forschung „in dieser Richtung" mitteilen. Er erhoffe sich – so Himmler – bei der Durchführung „im nächsten Frühjahr" noch bessere Resultate bei der Züchtung dieser Ölpflanzen, wenn die DVA dabei zusätzlich ein Spezialpräparat des Forschers Dr. Fahrenkamp, das sogenannte *Functional*, zum Einsatz brächte. Himmler hoffte, mithilfe des *Functional* „eine frühere Reife" und „einen grösseren Ölgehalt" zu erzielen.[73] Ob solche Versuche durchgeführt wurden, ist nicht belegt. Experimente mit dem angeblichen „Lebensstoff Functional" sollten, wie im Folgenden gezeigt wird, im Forschungsspektrum der DVA eine wichtige Rolle spielen.

Im Rahmen der Erforschung von Eiweißsubstituten wurden bereits seit dem Ersten Weltkrieg verschiedene Verfahren zur Hefezüchtung untersucht. Im Jahr 1943 war die DVA, vertreten durch Ernst Günther Schenck, im Begriff, zusammen mit der Firma *Dr. Oetker* und den *Phrix-Werken*, einem Zellwollproduzenten, die *Hunsa Forschungsgesellschaft* zu gründen. Deren Ziel war es, aus Neben-

70 Vgl. BArch, NS 19/1018, Bl. 2 ff.

71 Vgl. BArch, NS 21/43a, unpag.

72 BArch, NS 19/1404, Bl. 4.

73 Vgl. ebenda, Bl. 17.

und Restprodukten der Zellstoff-Industrie, dem Eiweiß von Sulfitablaugen, Nahrungsmittel herzustellen – die sogenannte „Phrix-Hefe". In den Jahren 1944/45 wurden im KZ Neuengamme damit Ernährungsversuche an KZ-Häftlingen durchgeführt.[74]

Zur Steigerung der Eiweißversorgung der SS unterhielt die DVA in Ravensbrück und Auschwitz Geflügelfarmen und Fischteiche[75] (siehe Kapitel Auschwitz und Ravensbrück).

Die Erfindung „des Lebensstoffes" – Die Forschungen von Dr. Karl Fahrenkamp

Bezeichnend für die NS-spezifischen Richtungskämpfe, vor allem für die Machtfülle Einzelner im „Maßnahmenstaat"[76] und für die damit verbundene Günstlingswirtschaft, ist die Geschichte von Dr. Fahrenkamp. Von den Anfängen der DVA bis Kriegsende wurde er von Himmler protegiert, der den Rat vieler Wissenschaftler der SS ausschlug, die sich skeptisch über Fahrenkamps Forschungen äußerten – und dabei wiederholt Fahrenkamps fehlenden „Ariernachweis" beanstandeten.

Im Rahmen der NS-Autarkieforschung wurde der Haltbarmachung und Vorratspflege von Lebensmitteln besondere Aufmerksamkeit zuteil. Die Vierjahresplan-Behörde hatte mit ihrem Programm „Kampf dem Verderb" eine der größten Konsum-Kampagnen in der deutschen Geschichte in Gang gesetzt, mit der die Bevölkerung zur Sparsamkeit angehalten werden sollte. Auch die DVA leistete Beiträge zu diesem Thema, u. a. mit der „Erforschung schonendster Verfahren zur Herstellung von Trockengemüse"[77] in dem Dachauer Außenlager Heppenheim.

Der Arzt Dr. Karl Fahrenkamp, dessen Versuche seit 1939 von der DVA finanziert wurden,[78] war überzeugt, den „Lebensstoff" schlechthin entdeckt zu haben, mit dem er nicht nur alle Lebensmittel konservieren, sondern auch das Wachstum von Pflanzen und Tieren steigern und Krankheiten bekämpfen könne. Anlässlich des Erscheinens des dritten Teils seiner Publikationsreihe „Vom Ausbau und

74 Vgl. BArch NS 3/1439, Bl. 4 ff.; Fraunholz, Verwertung, S. 110; Kaienburg, Wirtschaft, S. 855 f.

75 Vgl. BArch, NS 3/1174, Bl. 1 ff.; NS 3/764, Bl. 253 ff.; Anna Zięba, Die „Geflügelfarm Harmense". Die Errichtung der Farm, in: Hefte von Auschwitz (1970) 11, S. 39–72.

76 Vgl. Fraenkel, Doppelstaat.

77 BArch, NS 3/1430, Bl. 103.

78 Vgl. IfZ, NO/542, unpag., S. 20. Das Dokument wurde von Enno Georg als SS-interner Bericht vom Juli 1939 datiert. Vgl. Enno Georg, Die wirtschaftlichen Unternehmen der SS, Stuttgart 1963, S. 70, Anm. 238.

Abbau des Lebendigen“[79] schrieb er im Februar 1943 überschwänglich an den befreundeten Oswald Pohl, dass „durch eine Berufung und Gnade ein Funken der Wahrheit in mir aufleuchten konnte und wir wirklich und wahrhaftig hier Lebensstoffe[n] oder sogar einem Lebensprinzip der Natur auf die Spur kommen, das das Rätsel der Gesundheit ein Stückchen löst. [...] Die Natur gibt mir die Antwort, was volle Entfaltung der Gesundheit ist und wie weit wir von einem natürlichen Tod und natürlichen Alter uns entfernt haben.“[80]

Als anerkannter Herzspezialist und Chefarzt der Herzabteilung eines Stuttgarter Krankenhauses forschte Fahrenkamp bereits ab Anfang der 1930er-Jahre parallel an seiner Idee. Diese bestand darin, dass Nahrungsmittel oder Heilpflanzen Wirkstoffe anderer Heilpflanzen, z. B. der *Digitalis purpurea* (Fingerhut), aufnehmen könnten und dass die positive Wirkung ihrer Inhaltsstoffe, insbesondere glycoside Gifte, nicht nur auf das menschliche Herz, sondern auch auf Pflanzen übertragbar sei. Aufbauend auf dieser Vorstellung hatte er 1936 zwei Mittel konzipiert und in mehreren europäischen Ländern als Warenzeichen patentieren lassen. *Viviflor* sollte demnach das Pflanzenwachstum fördern und zugleich der Frischerhaltung von pflanzlichen Produkten dienen, während *Functional* als Arzneimittel für medizinische und hygienische Zwecke eingetragen war, die jedoch nicht näher definiert waren.[81] Beide Patente hatte er der DVA 1939 kostenlos überlassen,[82] ehe er seine Forschungen zunächst in Dachau und von 1943 an auf dem ihm von der SS zur Verfügung gestellten Versuchsgut *Pabenschwandt* fortsetzte. Bereits im August 1942 hatte Himmler angeordnet, dass auf der Hälfte der Anbaufläche sämtlicher SS-Güter das Saatgut mit Fahrenkamps Präparaten gebeizt werden müsse. Wiederholte Nachfragen nach Ergebnissen der Versuche durch Himmler blieben unbeantwortet.[83]

Himmler schätzte und förderte Fahrenkamps Forschungsansatz, beide standen der Schulmedizin ablehnend gegenüber.[84] Nachdem Fahrenkamp die

79 Karl Fahrenkamp, Vom Aufbau und Abbau des Lebendigen. Teil 3. Pflanzliche Herzgifte in ihrer Bedeutung für Mensch, Tier, Pflanze, Stuttgart 1943. Bereits erschienen waren Teil I, Eine biologische Feststellung über die Bedeutung herzwirksamer Arzneistoffe für Mensch und Pflanzen (1937) und Teil II, Freilandbeobachtungen (1938).

80 DaA, 5812, Nachlass Gertrud Fahrenkamp, Schriftverkehr, unpag., Fahrenkamp an Pohl, 26. 2. 1943, S. 3.

81 Vgl. BArch, NS 3/1144, Bl. 26 ff.

82 Vgl. ebenda.

83 Vgl. Eva-Maria Ulmer, Karl Fahrenkamp. Eine erste Annäherung, in: Mathias Schmidt/Dominik Gross/Jens Westemeier (Hrsg.), Die Ärzte der Nazi-Führer. Karrieren und Netzwerke, Berlin 2018, S. 129–148, hier S. 141.

84 Vgl. ebenda, S. 138.

Dr. Karl Fahrenkamp in München/Dachau, 1942
Fotograf:in unbekannt. DaA, 5812, Nachlass Gertrud Fahrenkamp, Fotosammlung.

finanzielle Förderung durch das NSDAP-Gau Württemberg-Hohenzollern entzogen worden war – er konnte die geforderten Beweise für seine Theorie nicht erbringen – habe Himmler ihn zur Arbeit in einem Forschungsinstitut „verpflichtet“: „1939 wurde mir dann eine riesengroße Plantage von mindestens 10 Hektar in der Nähe des Konzentrationslagers Dachau für wissenschaftliche Zwecke zur Verfügung gestellt.“[85] Er zog nach München und wurde u. a. Hausarzt von Himmlers Mutter und Tochter.[86] Ferner erhielt er in der SS mehrere Funktionen. Er betätigte sich als Stabsarzt des SS-Standortlazaretts in Dachau und als Leiter der Gesundheits- und Verwendungsprüfstelle. Himmler schickte ihm gelegentlich SS-Führer zur Begutachtung und ordnete an, ihn konsiliarisch bei den Höhenversuchen von Sigmund Rascher[87] hinzuzuziehen.[88] Auf der Dachauer *Plantage* betrieb Fahrenkamp zudem von 1942 bis 1944 eine Kosmetikproduktion, mit der

85 BArch, B 162/30414, fol. 1, Bl. 312.

86 Vgl. Ulmer, Fahrenkamp, S. 136.

87 Der Arzt und SS-Hauptsturmführer Sigmund Rascher war für die SS an mehreren medizinischen Versuchen an KZ-Häftlingen beteiligt, die beim Nürnberger Ärzteprozess vom 9. 12. 1946 bis 20. 8. 1947 verhandelt wurden. Die Höhen- und Unterkühlungsversuche führten 1942 im KZ Dachau die Luftmediziner Dr. Wolfgang Romberg und Dr. Siegfried Ruff am Institut für wehrwissenschaftliche Zweckforschung durch. Sie simulierten in einer Unterdruckkammer Fallschirmabsprünge aus Höhen bis zu 21 km, bei denen mindestens 70 Häftlinge ums Leben kamen. Vgl. Julien Reitzenstein, Himmlers Forscher. Wehrwissenschaft und Medizinverbrechen im „Ahnenerbe“ der SS, Paderborn 2014, S. 171 ff.

88 Vgl. Ulmer, Fahrenkamp, S. 138.

Versuchsgut Pabenschwandt, Leporello mit 18 Fotos und Versen von Dr. Karl Fahrenkamp (Seiten 7, 15 u. 18), 1943. Fotograf:in unbekannt. DaA, 5812, 42171, Nachlass Gertrud Fahrenkamp.

ausschließlich höhere SS-Ränge und deren Familien bedient wurden.[89] Auf eine Beschwerde Himmlers über die Dickflüssigkeit des Fahrenkampschen Haut-Öls antwortete dieser, dass es sich um reinstes Olivenöl handle, das sich kaum verdünnen ließe: „Wie die Franzosen das machen, wissen wir nicht. Wir probieren weiter und sobald es klappt, schicke ich eine Probe."[90]

Überdies war Fahrenkamp laut eines Briefes an Himmler vom Oktober 1941 mit Klaus Bahlsen im Gespräch. Sie planten, die vitaminreichen Fruchtschnitten,

89 Vgl. BArch, NS 3/1136; NS 3/1140; NS 3/1142.

90 BArch, NS 19/1352, Bl. 2.

15.

Hier sieht man nun des Forschers Hand
Sehr wirksam schon in Pabenschwandt.

Die Männer tragen Spinde, Betten
Auf dass sie was zum schlafen hätten.

Treppauf, treppab wird schwer geschuftet
Auf dass der alte Geist verduftet.

Der Forscher geht durch diesen Gang
Ein wenig wird das Herz ihm bang.

Denn Wasser, Licht und Cloanlage
Wie hier sind dennoch eine Plage.

Doch die Natur ringsum ist gut
Und das macht unserem Forscher Mut.

Er nimmt fünf Tropfen Funktional
Vorbei ist alle Anfangsqual.

Das Zaubermittel "Fingerhut"
Schafft hier bestimmt ein Mustergut.

Und wie den Kühen drauss die Weide
Wird auch der stillste Ort zur Freude.

die Bahlsen an die Luftwaffe lieferte, mit *Functional* anzureichern, um zu bewirken „dass der Soldat bei erhöhter körperlicher Anstrengung diese Aufbaustoffe stillschweigend mitisst".[91] Eine Realisierung dieser Pläne ist nicht belegt.

Wegen Meinungsverschiedenheiten mit Vogel musste Fahrenkamp seine Versuche auf der *Plantage* bereits nach sechs Monaten abbrechen,[92] erhielt jedoch als Ersatz ein Treibhaus im Lazarett Dachau. Kurz darauf wurde ihm „aus kriegswichtigen Gründen für ernährungswissenschaftliche Forschungen" ein eigenes Versuchsgut – *Pabenschwandt* bei Salzburg – zur Verfügung gestellt, das ihm mit einem monatlichen Honorar von 6300 Reichsmark vertraglich bis 1948 zugesichert wurde.[93] Als Außenlager von Dachau war das Versuchsgut mit zehn inhaftierten Zeuginnen Jehovas als Zwangsarbeiterinnen und einigen herzkranken SS-Männern „ausgestattet".[94] Die Zeugin Jehovas Martha Hagen, die als Häftling aus dem KZ Ravensbrück nach Pabenschwandt deportiert worden war, berichtete, dass sie auf dem Hof gut versorgt waren. Ein „Labsal" sei der von der SS hergestellte Honig gewesen. Allerdings waren sie und ihre Glaubensschwestern von der Außenwelt völlig abgeschnitten und das Gut sehr gut abgesichert gewesen.[95]

Am 9. Dezember 1943 schrieb Fahrenkamp an Himmler begeistert über den Fortgang seiner Forschungen zur Haltbarmachung von Milchprodukten: „Ich komme immer mehr zu der Überzeugung, dass die Zusätze der ‚Funktionine' der Milch [...] neue Eigenschaften verleihen, die wir bisher nicht kannten."[96] In einem weiteren Schreiben vom September 1944 reagierte er allerdings irritiert über eine wissenschaftliche Tagung des *Ahnenerbes* auf Gut *Pabenschwandt*, „die bei meiner Frau und mir den Eindruck hinterließ, als hätte SS-Standartenführer Sievers [Wolfram Sievers, Geschäftsführer der „Forschungsgemeinschaft Deutsches Ahnenerbe"] den Auftrag, den Wahrheitsgehalt meiner Forschung zu überprüfen. Wir hatten den Eindruck, dass diese Tagung durchaus mißglückt sei."[97] Tatsächlich hatten im August des Jahres 1944 dreizehn namhafte Wissenschaftler der SS Fahrenkamps Forschung im Rahmen einer Tagung auf dem Versuchsgut einhellig infrage gestellt.[98] Fahrenkamp gab jedoch nicht auf, sondern schrieb an Himmler, er „habe das Verbrechen begangen, durch eine praktische Beweis-

91 BArch, NS 3/1136, Bl. 41 ff.
92 Vgl. Kaienburg, Wirtschaft, S. 817.
93 Vgl. BArch, B 162/30423, Bl. 3119 f.
94 Vgl. Ulmer, Fahrenkamp, S. 142 f.
95 Vgl. Claus Harmsen, Vergiss Jehova! Als Sträfling auf Gut Pabenschwandt/Salzburg, Ranshoven 2016.
96 BArch, NS 19/3166, Bl. 7.
97 BArch, NS 19/585, Bl. 2.
98 Vgl. BArch, NS 21/799-4, unpag., Luetzelburg an Sievers vom 25. August 1944.

führung die wissenschaftliche Beweisführung zu überholen“,[99] und reklamierte weitere medizinische Erfolge für sich. Dazu zählte seine alternative Behandlungsform schwer heilender Wunden: „Sie scheint nach wie vor der modernen Sulfonamidbehandlung gleichwertig oder überlegen zu sein.“[100]

Seinem Schreiben an Himmler fügte er mehrere Gutachten von Fleischereien, einem chemischen Labor in Baden-Baden und der Freudenthaler Getränke GmbH bei, die die positive Wirkung seiner Präparate bestätigten: „3200 kg Schweinefleisch [...] befand sich ebenfalls im ersten Stadium der stinkenden sauren Gärung [...]. Nach der Behandlung mit den Fahrenkampschen Präparaten ist das Fleisch nahezu auf den Normalzustand zurückgeführt worden. Der üble Geruch ist verschwunden, das Fleisch sieht gut und frisch aus.“[101]

Nach Kriegsende gab Fahrenkamp am 14. August 1945 gegenüber der Polizeidirektion Salzburg zu Protokoll, dass er „bei der SS als Schwindler angesehen [war], auf den Himmler hereingefallen wäre“. Seine Großmutter sei Jüdin und Mitglied einer Loge gewesen. Bezüglich seiner Forschungsarbeiten zeigte er sich zuversichtlich, er stehe in Verbindung mit „verschiedenen amerikanischen hohen Offizieren, die sich für meine Erfindungen interessieren“.[102] Am 21. September 1945 bestätigte das Landeskrankenhaus Salzburg, dass Fahrenkamp an den Folgen eines Suizidversuches verstorben sei.[103]

Im Jahr 1951 veröffentlichte Gertrud Hagel in der Zeitschrift für theoretische und angewandte Genetik *Der Züchter* einen Auszug ihrer Dissertation, in der sie die Methode Fahrenkamps überprüft hatte. Demnach ergebe sich, dass „keinerlei Aussicht besteht, auf dem von Fahrenkamp vorgeschlagenen Weg einer Glykosidbehandlung eine Erntesteigerung zu erzielen“.[104]

Am Beispiel Dr. Fahrenkamp wird deutlich, welch leichtes Spiel er als Himmlers Günstling in den NS-Machtstrukturen hatte. Eine rationale Prüfung seiner Behauptungen setzte Himmler selbstherrlich weitgehend außer Kraft, dessen Hoffnung auf Wunder mit dem herannahenden Zusammenbruch zu wachsen schien. Dabei spielte sicherlich auch der „revolutionäre“ Anteil in Himmlers Denken eine Rolle, etwas ganz Neues hervorbringen zu wollen.

99 Vgl. BArch, NS 19/585, Bl. 2.

100 Ebenda, Bl. 3.

101 Ebenda, Bl. 7.

102 BArch, B 162/30413, Bl. 3122.

103 Vgl. Ulmer, Fahrenkamp, S. 145.

104 Gertrud Hagel, Kritische Untersuchungen über die von Fahrenkamp angegebene Methode einer Wachstumsbeschleunigung und Ernteerhöhung durch Digitalis und verwandte Glycoside, in: Der Züchter (1951) 21, S. 138–142, link.springer.com/article/10.1007/BF00709569 [20. 1. 2020].

Deutscher Tweed aus SS-eigener Schafzucht: Die Forschungen von Otto Stritzel

Auch Otto Stritzel zählte zu Himmlers Günstlingen innerhalb der DVA und profitierte von der finanziellen Unterstützung der SS. Aber im Gegensatz zu Fahrenkamps Forschungen enthält Stritzels Konzept zur Schafzucht und Wollverarbeitung aus heutiger Sicht nachvollziehbare Ansätze.

Abgesehen von Untersuchungen an Instituten der Industrie über Viskose- (Zellwolle) und vollsynthetische Fasern führte der Mangel an devisenintensiven Textilrohstoffen wie Jute und Baumwolle in der Vierjahresplan-Forschung zur Konzentration auf ertragreiche heimische Flachs- und Hanfkulturen. So forschte u. a. die 1942 gegründete Niederlassung des *Kaiser-Wilhelm-Instituts* in Mährisch Schönberg (Šumperk) im damaligen Sudetengau in aufeinander abgestimmten Forschungsprogrammen über fasergebende Pflanzen, aus denen spezifische Produkte für die Wehrmacht gewonnen werden sollten. Hinsichtlich der Materialanforderungen wurden dabei jeweils der geringstmögliche Rohstoff- und Fertigungsaufwand angestrebt.[105]

Auch Himmler wollte sich in den Bereich Faserstoffforschung einbringen. 1942 beauftragte er Vogel mit einem „kleinen Anbauversuch" von Nesseln „als Faserpflanze", einer Alternative zu Flachs und Hanf. Pohl versprach zunächst, dass „auf den Ländereien im Osten" Versuchsstücke von mehreren Hundert Morgen eingerichtet würden. Im Mai 1944 teilte er jedoch seinem Auftraggeber mit, dass die Anbauflächen in Auschwitz vor allem durch Kok-Saghys in Anspruch genommen würden, und vertröstete ihn auf später: „Sobald wir wieder östliche Ländereien haben, wird die Angelegenheit wieder aufgegriffen werden."[106] Daran zeigt sich auch die in der NS-Führung verbreitete Realitätsverweigerung, denn eine Rückeroberung der Ostgebiete war zu diesem Zeitpunkt ausgeschlossen. Ohne die osteuropäischen Ländereien wurden die Aufgaben der DVA jedoch gegenstandslos.

Eine Alternative in der Faserstoffforschung fand die DVA in dem Wollprojekt des 1905 geborenen Tuchmachers und Schafzüchters Otto Stritzel. Carl Grund, Anthroposoph und Pionier der biologisch-dynamischen Wirtschaftsweise, hatte Stritzel 1941 der SS empfohlen. Mit seinem Vortrag über „Gedanken zur Schafzucht und Wollverarbeitung" im Rahmen der DVA-Jahrestagung

105 Vgl. Günther Luxbacher, Roh- und Werkstoffe für die Autarkie. Textilforschung in der Kaiser-Wilhelm-Gesellschaft, in: Carola Sachse (Hrsg.), Ergebnisse. Vorabdrucke aus dem Forschungsprogramm „Geschichte der Kaiser-Wilhelm-Gesellschaft im Nationalsozialismus", 2004, www.mpiwg-berlin.mpg.de/KWG/Ergebnisse/Ergebnisse18.pdf [18. 2. 2020].

106 BArch, NS 19/705, Bl. 1 ff.

in Dachau Anfang 1942[107] hatte Stritzel die SS-Führung sofort überzeugt, denn sein Konzept korrespondierte mit Himmlers Vorstellungen. Stritzel war Praktiker, forschte bereits seit 1934 zur Schafzucht und Wollstoffherstellung, und sein Betriebsansatz „von der Schafhaltung bis zum fertigen Stoff" basierte auf der Idee eines geschlossenen Betriebsorganismus in einem handwerklichen Großbetrieb: „Die lebensgesetzliche Gestaltung eines Betriebes", so Stritzel, „entspricht den naturgegebenen Wechselbeziehungen von Boden, Pflanze und Tier."[108]

Ganz im Sinne der nationalsozialistischen Autarkieziele strebte Stritzel nach schottischem Vorbild die Herstellung hochqualitativer Tweed-Stoffe mit der Wolle deutscher Schafe an. Im Rahmen seines Vortrags machte er seinen Standort zwischen traditionellen und modernen Verarbeitungstechniken deutlich. Er war nicht prinzipiell gegen die Massenerzeugung von Textilien, sondern der Meinung, dass die Textilindustrie und Handweberei ihre jeweiligen Grenzen und Aufgaben noch nicht erkannt hätten. Handwerker müssten wirkliche Güte erzeugen, die Textilindustrie dagegen „menschenwürdige" Stoffe, die tragfähig und schön seien. An seiner eigenen Technik hob Stritzel hervor, dass sie auf der „Lebendigkeit der Wollfaser" aufbaue, die „wie alles Lebende Zeit und Ruhe brauche", um sich zu entwickeln.[109]

Stritzel, der bereits seit 1935 als Sportfechter Mitglied der allgemeinen SS war, trat 1941 – nunmehr als Erforscher der Wollverarbeitung für die DVA – in die Waffen-SS ein und wurde 1943 SS-Obersturmführer (Fach).[110] Aus den Erbhof-Akten der Kreisbauernschaft Hof geht hervor, dass er ab 1934 im oberfränkischen Hof einen Handwebereibetrieb führte, in dem er aus der Wolle umliegender Schäfereien mit ansässigen Hauswebern Stoffe produzieren ließ. Für seinen Betrieb erhielt Stritzel von der Deutschen Arbeitsfront (DAF) als Parteimitglied und „SS-Mann" dank seiner „sozialen Einstellung" als Betriebsführer 1938 die Auszeichnung „Gaudiplom", u. a. mit der Begründung, dass er den Betrieb innerhalb weniger Jahre auf eine „Gefolgschaftsstärke von 52 Mann" vergrößert habe.[111]

Da die Wollqualität der in Deutschland gehaltenen Schafrassen jedoch nicht zu den gewünschten Ergebnissen führte, begann Stritzel mit der Rückzüchtung einer vom Aussterben bedrohten „schlicht-wolligen" deutschen Landschafrasse,

107 BArch, NS 3/1429, Bl. 69.

108 StABa, Spruchkammer Münchberg, Nr. 2767, unpag., Otto Stritzel, Gedanken zur Schafzucht und Wollverarbeitung, Januar 1941.

109 Vgl. ebenda.

110 Vgl. StABa, Spruchkammer Münchberg Nr. 2767, unpag., Meldebogen auf Grund des Gesetzes zur Befreiung von Nationalsozialismus und Militarismus, Nr. 2641.

111 Vgl. StABa, Kreisbauernschaft Hof, Bestand M 36, unpag., S. 42.

Handwebereibetrieb Otto Stritzel in Hof, Mitarbeiter am Webstuhl und Mitarbeiterin am Spinnrad, ca. 1934–1938. Fotograf:in unbekannt. FA Pixis, Fotoalben.

den „Coburger Füchsen".[112] Hierfür pachtete er das ca. 20 km südlich von Hof gelegene Rittergut Bug im Fichtelgebirge, das mit seinen armen Böden und rauem Klima als Schafregion Tradition hatte. Er ließ sich durch den Anthroposophen und Vertreter der biologisch-dynamischen Wirtschaftsweise Franz Dreidax und einen Schafzüchter des Landesbauerverbandes beraten und begab sich auf die Suche nach „Fuchsblut": „Reine Füchse gibt es nicht mehr. Wir züchten zurück [...]. Das richtige Tier auf der richtigen Scholle."[113]

Ein Anschreiben der Deutschen Kleiderwerke A.G. aus dem Jahr 1937 bestätigt, dass Stritzels Bemühungen offensichtlich erfolgreich waren: „Wir bitten Sie, uns baldmöglichst mitzuteilen, wann wir mit der Vorlage Ihrer neuen Kollektion rechnen können, da die von Ihnen hergestellte hochwertige Ware für uns einen vollwertigen Ersatz für die bisher aus England bezogenen Tweeds darstellt."[114]

112 Vgl. Verena Täuber, Die Geschichte einer bodenständigen Landschafrasse. Das Coburger Fuchsschaf, www.agfuchsschaf.de/das-fuchsschaf-1/historie/ [29. 4. 2020].

113 FA Pixis, unpag., Korrespondenz Otto und Gretl Pixis, 14. 8. 1943.

114 StABa, Spruchkammer Münchberg, Nr. 2767, unpag., Deutsche Kleiderwerke A.G. an Stritzel vom 3. 8. 1937 (beglaubigte Abschrift).

Rittergut Bug im Fichtelgebirge, Hofanlage, 1943.
Fotograf:in unbekannt. FA Pixis, Fotoalben.

Mithilfe einer großzügigen finanziellen Förderung durch die SS[115] entwickelte sich Stritzels Unternehmen zu einem der DVA-Vorzeigebetriebe mit bis zu 300 Beschäftigten, auf dem sich schon bald „Politiker und Funktionäre, Vertreter von Ministerien und Verbänden" trafen.[116] 1943 schrieb Stritzel an seine Frau Gretl: „Für die zukünftigen SS-Zuschüsse wurde von Vogel ein sehr vernünftiger Vorschlag gemacht. [...] Mit diesen Zuschüssen kann ich machen, was ich will, und wir sind zu nichts anderem verpflichtet als zu unserer Arbeit. Es ist von Vogel sehr anständig und beweist ein grenzenloses Vertrauen in mich."[117] Auch Stritzels Betrieb war ein Beispiel für die damals übliche Günstlingswirtschaft.

Die umfangreichen Um- und Ausbauarbeiten beschränkten sich nicht nur auf neue Werkshallen und Ställe, sondern schlossen landschaftspflegerische

115 Vermutlich erhielt Stritzel einmalig 97 000 RM für Umbaumaßnahmen und ab 1944 einen jährlichen Zuschuss von 3000 RM. Vgl. BArch, NS 3/1427, Bl. 85.

116 Goßler, Rittergut, S. 101.

117 FA Pixis, unpag., Korrespondenz Otto und Gretl Pixis, 14. 8. 1943.

Gretl und Otto Pixis in München-Laim, 1943.
Fotograf:in unbekannt. FA Pixis, Fotoalben.

Maßnahmen des gesamten Betriebsgeländes ein. Die Anpflanzung von Hecken sollte nicht nur aus ökologischen Gründen erfolgen, sondern auch den praktischen Nutzen haben, das Gelände vor Winderosion zu schützen, um die Schafe künftig auf Koppeln halten zu können.

Großen Einfluss auf die Entwicklung des Unternehmens hatte Gretl Pixis, die Stritzel im Jahr 1943 heiratete. Pixis stammte aus dem Münchener Großbürgertum. Die weit vernetzte Familie bot für Stritzels Unternehmen ein neues, professionelles Umfeld. Das Familienanwesen in München Laim – einen Katzensprung entfernt von Alwin Seiferts in der Forschung viel beachtetem biologisch-dynamischen „Prachtgarten" – sollte auch zum Treffpunkt von Stritzel mit Kollegen aus der DVA werden: „Heute kommt Franz Lippert und wir fahren dann zusammen nach Laim, um dort den Sonntag zu verbringen", schrieb er im Juli 1943.[118] Gretl Pixis arbeitete von 1940 an als Ärztin im Lebensborn-Heim Steinhöring und von 1942 an im Kurheim Zabel in Berchtesgaden.[119] Um sie

118 Ebenda, 11. 7. 1943.
119 Vgl. ITS, 4.1.0/82455237–82455250.

Heinrich Vogel (l.) und Otto Stritzel (m.) in München-Laim, 1943.
Fotograf:in unbekannt. FA Pixis, Fotoalben.

von dort „freizubekommen", schaltete Stritzel Oswald Pohl ein.[120] In Bug angekommen, widmete sich Pixis dem Entwurf von Tweedstoffen und arbeitete sich ein in „biologisch-dynamisches Wirtschaften und den Anbau von Heil- und Färbepflanzen."[121]

Laut Forschungsprogramm der DVA sollte Stritzel für seine handwerkliche Produktion die materialschonendste und effizienteste Arbeitsweise herausfinden, die zugleich so eng wie möglich an die industrielle Fertigung herankommen sollte, „als die Natur der Wolle es verträgt, und als der Mensch noch in der Lage ist, die Maschine individuell zu bedienen."[122] Er ging davon aus, dass Maschinen so weit vervollkommnet werden könnten, dass eine Synthese zwischen Handspinnen und

120 Pohl kam Stritzels Wunsch nach, u. a. schrieb er: „Wie auf jedem Bauernhof, ist auch auf dem Hof Bug der wichtigste Faktor auf allen Teilgebieten die Hausfrau." FA Pixis, unpag., Pohl an Zabel vom 21. 9. 1943.

121 O. A., Kurzbiografie Gretl Stritzel, www.stroemungsmassage.de/gretl-stritzel/ [29. 4. 2020].

122 StABa, Spruchkammer Münchberg, Nr. 2767, unpag., Otto Stritzel, Gedanken zur Schafzucht und Wollverarbeitung, Januar 1941, VI.

moderner Selfaktor-Spinnerei[123] gefunden würde, und betonte, dass es ihm nicht um technischen Rückschritt, sondern um naturverbundenes technisches Arbeiten mit der lebendigen Wollfaser ginge.[124] Dieses weitgehend rationale Konzept kam dem Versprechen der NS-Gesellschaft nach, Tradition und Moderne vereinen zu können.

Ferner sollte Stritzel für „die Truppe" forschen und versprach die „Herstellung eines lederartigen Gewebes, das als Soldatentuch verwendet werden kann und vergleichsmäßige Feststellung mit unseren heutigen Uniformen und denen früherer Zeiten."[125] Seine Idee bestand darin, hierfür Hirsch- und Rehhaare mit Schafswolle zu mischen.[126] Um einem speziellen Auftrag von Himmler zur Erforschung alter Tuchmuster und Webtechniken nachzukommen, bereiste er auf Kosten der SS verschiedene Volkskunstmuseen im In- und Ausland und lobte in seinem Bericht an Himmler alte flämische Tuchmuster, die er 1942 im Rathaus von Reval (Tallinn) besichtigt hatte. Sie zeichneten sich aus durch „ein unerhörtes Können in Bezug auf die Handgespinste", die „absolute Regelmäßigkeit des handgesponnenen Fadens" und dessen hohe Elastizität. Dies sei auch sein Vorbild, teilte er dem Reichsführer mit.[127]

Stritzels wichtigster Auftrag der DVA bestand in der „Erarbeitung einer wirtschaftsmäßigen bäuerlichen und handwerklichen Wollverarbeitung" mit dem Ziel, „den Bauern, Siedlern im Osten zu helfen."[128] Die Vorstellung von „bodenständigen" und genügsamen Schafen, die selbst auf den kargen Böden des Fichtelgebirges noch satt wurden, und der Handweberei, welche in Oberfranken mit seiner armen Bevölkerung bereits in der Vergangenheit eine wichtige Rolle gespielt hatte, inspirierten Himmlers Zukunftsvisionen für die Ukraine. Er beauftragte Stritzel, in der Ukraine die Handweberei einzuführen und veranlasste, dass 1943 in Frankreich Handwebstühle konfisziert und nach Transnistrien überführt wurden[129] (siehe Kapitel Ostexpansion).

Im August 1942 bat Himmler darum, ihm „auch für dieses Jahr eine Anzahl von Stoffen aus den Werkstätten von Stritzel zur rechten Zeit für Weihnachtsgeschenke" zur Verfügung zu stellen. Er wolle aber damit auf keinen Fall „etwas

123 Als Selfaktor werden Spinnmaschinen bezeichnet, die voll automatisch arbeiten. Bei ihrem Vorgängermodell, der „Spinning Mule", erfolgte die Steuerung der Maschine von Hand.

124 Vgl. StABa, Spruchkammer Münchberg, Nr. 2767, unpag., Otto Stritzel, Gedanken zur Schafzucht und Wollverarbeitung, Januar 1941.

125 BArch, NS 3/1430, Bl. 104.

126 Vgl. BArch, NS 21/2463, unpag.

127 BArch, NS 19/2900, Bl. 8.

128 Ebenda.

129 Vgl. BArch, NS 19/2369, Bl. 14, 18.

Ungesetzliches" tun, was durch die „Bekleidungsbewirtschaftung" nicht gedeckt sei. Am Ende des Anschreibens rechtfertigte Himmler sein Vorgehen jedoch selbst, „da die Wolle für diese Stoffe ja durch meine und unsere Initiative (durch Schaffung neuer Schafherden) gewonnen ist".[130]

Im KZ Ravensbrück unterhielt das Bekleidungswerk der Waffen-SS *Texled*[131] neben weiteren Textilbetrieben eine Weberei, in der hauptsächlich Drillich[132] hergestellt werden sollte. Auf Himmlers persönlichen Wunsch sollten auch hier Handwebstühle eingesetzt werden, 1943 waren es 96 Hand- und 44 mechanische Stühle.[133] Anders als Lotte Zumpe in ihren Forschungsarbeiten über die Textilbetriebe der SS in Ravensbrück annahm, ging es dabei jedoch nicht um Sparmaßnahmen, sondern vielmehr um Stritzels Forschungsarbeiten.[134] Die KZ-Gefangene Alfredine Nenninger, als kaufmännische Kraft in der Verwaltung des Betriebs eingesetzt, schrieb dazu in ihren Erinnerungen: „Wie unsinnig diese Idee war, billigste Serienware auf Handstühlen herzustellen, liess sich auf Schritt und Tritt im Betrieb und Verwaltung feststellen. Große finanzielle Einbussen waren die Folge."[135] Auch in der *Texled*-Geschäftsführung wurde der Sinn dieser Handwebstühle immer wieder infrage gestellt. Stritzels Versuchsprogramm lag der GmbH vor, der Texled-Geschäftsbericht von 1943 lobte sein Verfahren für Wollstoffe als völlig richtig, betonte jedoch, dass dies mit der Produktion in Ravensbrück nichts zu tun habe, sondern dass hier ein Missverständnis vorläge: „Gegenstand der Stritzel'schen Untersuchungen bilden Wollgarne und Wollstoffe, während wir in Ravensbrück aus Mischgarngespinsten […] und aus Zellwollgarnen nur ganz einfache und billige Futter- und Drillichstoffe für Häftlingsbekleidung herstellen."[136] Das Ziel der GmbH, den „enormen Bedarf" an solchen Stoffen zu decken, ließe sich nur mit dem mechanischen Webstuhl und der geplanten rationellen Fertigungsweise erreichen. Die Handwebstühle waren eine Katastrophe, erinnerte sich auch Nenninger: „Einmal sind die Stühle zu schwach für solche schwere Ware, zum anderen zahlt man nicht Liebhaberpreise beispielsweise für Schlosserhemdenstoff."[137]

130 Vgl. BArch, NS 19/2486, Bl. 1.

131 Textil- und Lederverwertung GmbH.

132 Drillich bezeichnet eine strapazierfähige Gewebekonstruktion, die für Arbeits- und Häftlingsbekleidung sowie im Militär Verwendung fand.

133 Vgl. Georg, Unternehmungen, S. 68.

134 Vgl. Bärbel Schmidt, Geschichte und Symbolik der gestreiften KZ-Häftlingskleidung. Dissertation zur Erlangung des Grades eines Doktors der Geschichte an der Universität Oldenburg, 2000, S. 117, oops.uni-oldenburg.de/407/ [15. 4. 2020].

135 MGR/SBG, SlgBu 26/391, Bl. 3.

136 Schmidt, Häftlingskleidung, S. 117.

137 MGR/SBG, SlgBu 26/391, Bl. 7.

Weibliche Häftlinge des KZ Ravensbrück am Handwebstuhl in der Weberei der Texled GmbH (Foto aus dem sog. SS-Album), ca. 1940/41. Fotograf:in unbekannt. MGR/SBG, Foto Nr. 1687.

Nach Kriegsende war Stritzel ab 4. Juni 1945 in US-amerikanischer Internierungshaft im Lager Moosburg, 1947 wurde er als „Mitläufer“ entlassen. Entsprechend der Einteilung in verschiedene Belastungsgruppen hätte Stritzel in seinem Spruchkammerverfahren angesichts der hohen Zuwendungen durch die SS zumindest als Nutznießer eingestuft werden müssen.[138] Der milde Umgang entsprach allerdings einer gängigen Praxis, denn insgesamt wurden in den drei westlichen Besatzungszonen letztlich weniger als ein Prozent der Betroffenen in die beiden obersten Kategorien der Hauptschuldigen und Belasteten eingruppiert, während mehr als die Hälfte der Spruchkammerverfahren mit der Einstufung als Mitläufer oder Entlasteter endete. Bei allen anderen wurde das Verfahren eingestellt.[139]

138 Laut Kontrollratsdirektive vom Oktober 1946 sollten die Betroffenen wie folgt aufgeteilt werden: 1. Hauptschuldige (Kriegsverbrecher), 2. Belastete (Aktivisten, Militaristen und Nutznießer), 3. Minderbelastete (Bewährungsgruppe), 4. Mitläufer und 5. Entlastete.

139 Vgl. Autor:in nicht bekannt, Aufgliederung der Entnazifizierungseinstufungen in den westlichen Besatzungszonen (1949–1950), in: Volker Berghahn/Uta Poiger (Hrsg.), Die Besatzungszeit und die Entstehung zweier Staaten 1945–1961. Deutsche Geschichte in

Gretel Pixis mit Coburger Fuchsschafherde, Rittergut Bug, undatiert.
Fotograf:in unbekannt. FA Pixis, Fotoalben.

Der Spruchkammerentscheid greift Stritzels Verteidigungsstrategie auf, wonach er „Anhänger des Reichsverbandes der biologisch-dynamischen Wirtschaftsweise war. […] Schon der Zusammenhang der biologisch-dynamischen Wirtschaftsweise mit der Lehre des Juden Steiner beweist, dass die genannte Wirtschaftsweise im Gegensatz zum Nationalsozialismus stehen musste."[140] Somit stützte sich seine Entlastung ausgerechnet auf die nationalsozialistische Propaganda, dass Rudolf Steiner Jude gewesen sei, ein Argument, mit dem Steiners Gegner immer wieder ihre Ablehnung und das Verbot der Anthroposophie untermauerten, obwohl seine jüdische Herkunft mehrfach widerlegt worden war.

Bereits in der Haft widmete Stritzel seiner Frau ein handschriftliches Werk über seine Arbeit in der Schafzucht und die Landschaftspflege in Bug.[141] Eine

Dokumenten und Bildern. Bd. 8, germanhistorydocs.ghi-dc.org/sub_document.cfm?document_id=2304&language=german [31. 5. 2019].

140 StABa, Spruchkammer Münchberg, Nr. 2767, unpag., Spruchkammer des Arbeits- und Internierungslagers Moosburg, Spruch vom 6. 5. 1947.

141 Vgl. FA Pixis unpag., Otto Stritzel, „Das Wesen des Schafes, Die Schäferin und Das Gesetz der Bescheidenheit", Weihnachten 1946, handschriftl., gewidmet seiner Frau Gretl Stritzel.

überarbeitete Fassung wurde Ende der 1950er-Jahre unter dem Titel „Schafe und Hecken“ von der naturwissenschaftlichen Gesellschaft Bayreuth als Sonderdruck herausgegeben. Stritzel hält darin an der NS-Terminologie der „Heimatscholle“ fest, doch bleibt die Zusammenarbeit mit der SS unerwähnt. „Bei der Rückzüchtung zur reinen Rasse [...] vertrauten wir auch auf den großen Einfluss, den die Heimatscholle auf die Erhaltung und Zucht der heimatlichen Rasse ausübt. [...] Auf fremde Schollen versetzt, verlieren die Tiere schnell ihre besten Rassemerkmale.“[142] Als Berater für die Anlage der insgesamt 7 km langen Heckenanlage, die heute – zu Bäumen herangewachsen – den Eindruck einer englischen Parklandschaft vermittelt, hatte er Werner Bauch – ab 1952 Professor für Landschaftsarchitektur in Dresden – engagiert. Bauch habe „durch seine landschaftsgestalterische Arbeit beim Bau der Autobahnen“ die Standortverhältnisse gekannt und „die richtige Gehölzartenwahl getroffen.“[143] Zusammengebracht hatte sie Alwin Seifert, der Bauch zuvor bereits als Berater für landschaftsplanerische Aufgaben nach Auschwitz vermittelt hatte.

Im Jahr 1972 musste Stritzel seinen Betrieb in Bug aus wirtschaftlichen Gründen schließen. Er zog dann „nach Baden-Baden, wo er verstarb.“[144]

Zucht von Angorakaninchen, Seidenraupen und Versuchstieren (weiße Mäuse, Ratten, Kaninchen, Meerschweinchen)

Für die besonderen Anforderungen an die Eigenschaften von Faserstoffen, die fliegende Einheiten der Luftwaffe an ihre Bekleidung stellten – extremer Kälteschutz und leichtes Gewicht –, kam in Deutschland nur Angorawolle infrage. Um deren Produktion im Rahmen der Autarkieziele zu steigern, forderte auch die SS-Verwaltung seit dem Frühjahr 1940 dazu auf, alle Möglichkeiten zum Ausbau von Angorakaninchen-Zuchtstationen zu nutzen. Wegen der zeitintensiven Haltung der Kaninchen – zur Gewinnung der Wolle musste jedes einzelne Tier regelmäßig sorgsam gekämmt werden – schlug Pohl die Konzentrationslager mit ihrer großen Zahl ausbeutbarer Arbeitskräfte vor. Die dortigen Küchenabfälle – so Pohl – sollten für die Nahrung der Tiere genutzt werden. Von insgesamt 32 Zuchtstationen im Jahr 1943 waren zehn Konzentrationslagern angegliedert; dies waren: Auschwitz, Buchenwald, Dachau, Flossenbürg, Mauthausen,

142 Otto Stritzel, Von Schafen und Hecken. Bug im Fichtelgebirge. Sonderdruck aus dem Bericht der naturwissenschaftlichen Gesellschaft, Bayreuth 1958/60, S. 7 f., www.schaefereigeschichte.de/daten/SchafeundHecken.pdf [20. 2. 2020].

143 Ebenda, S. 8.

144 Goßler, Rittergut, S. 101.

Natzweiler, Neuengamme, Ravensbrück, Sachsenhausen und Stutthof.[145] Größere Bedeutung hatten laut des zuständigen Sachbearbeiters Unterscharführer Steinke nur die drei Stationen in Thorn (Lehr- und Zuchtstation), bei Stettin (Station Greifenhagen) und im KZ Dachau.[146]

Während die Zucht auf Rechnung des Reiches durchgeführt wurde, wechselten die Zuständigkeiten von Aufsicht und Betreuung zunächst in diversen SS-Ämtern, Abteilungen und teils auch den jeweiligen KZ-Verwaltungen. Ab Januar 1941 wurde im Amt W V die Hauptabteilung VI „Angorakaninchen, Seidenraupen und Versuchstierzucht" mit Amtssitz Feldberg unter Leitung von Obersturmführer Schlesinger eingerichtet. Wegen ihrer Zugehörigkeit zum Reich lag die Hauptabteilung VI jedoch „außerhalb der speziellen Arbeitsgebiete der [D]VA".[147]

Das Zuchtunternehmen gestaltete sich insgesamt schwierig. Es fehlten Fachkräfte, die Kaninchen hatten „eine seuchenartige Krankheit, die auch bei sorgfältigster Pflege immer wieder auftritt",[148] der enorme Einsatz von Arbeitskräften, Sachbearbeiter:innen und Transport machte sich nicht bezahlt. Der Leiter der Amtsgruppe Wirtschaftsunternehmungen Baier schlug deshalb vor, „diese kostspielige Zucht seitens W 5 [W V]" einzustellen und die Stationen stattdessen der Luftwaffe zu überlassen, „umsomehr als die Schutzstaffel selbst die Angorawolle nicht unbedingt benötigt und nach den uns gemachten Angaben auch gar nicht erhält".[149]

Formal verblieb die Zucht im Amt W V, der vermutlich letzte „Bericht über den Stand der Angorakaninchenzucht"[150] vom 17. Februar 1945 wurde von Heinrich Vogel gegengezeichnet. Demnach galten zu diesem Zeitpunkt bereits fünf Stationen mit über 9000 Tieren als verloren, die Tiere seien „in allen Fällen der Truppenverpflegung zur Verfügung gestellt"[151] worden.

Das Festhalten am Glauben an den „Endsieg" wird auch in den Bemühungen um Seidenraupen und Versuchstiere deutlich. Für die Seidenraupenzucht wurden im Jahr 1943 in Buchenwald auf 800 qm Maulbeersträucher angepflanzt,

145 Vgl. Kaienburg, Wirtschaft, S. 837.
146 Vgl. BArch, NS 3/751, Bl. 22.
147 Ebenda, Bl. 5.
148 Ebenda, Bl. 22.
149 Ebenda, Bl. 23.
150 BArch, NS 3/1427.
151 BArch, NS 3/1427, Bl. 4. In den übrigen 20 Stationen verblieben noch 17 982 Tiere, davon 12 629 in den Konzentrationslagern, dem Jugendschutzlager Ravensbrück und dem Wachbataillon Theresienstadt. Anzahl der Angorakaninchen im Februar 1945: Flossenbürg (521), Dachau (4517), Neuengamme (2109), Mauthausen (1463), Sachsenhausen (1344), Buchenwald (1885), Jugendschutzlager Ravensbrück (710), Wachbataillon Theresienstadt (80). Vgl. BArch, NS 3/1427, Bl. 4 f.

wenngleich sie erst nach drei Jahren als Futter einsetzbar gewesen wären. Weitere Anpflanzungen in anderen KZ waren geplant. Die Zucht von Versuchstieren wurde 1943 in Dachau „in Angriff genommen".[152] Darüber hinaus wurden in den KZ Buchenwald und Auschwitz weiße Mäuse, Ratten, Kaninchen und Meerschweinchen aufgezogen.[153] Laut einem Lageplan des unmittelbar neben dem KZ Ravensbrück gelegenen *Jugendschutzlagers Uckermark*, der 1955 vom Kollektiv Buchenwald in Anlehnung an einen SS-Plan von 1943 und anhand von Informationen Überlebender erstellt wurde, war in dem *Jugendschutzlager* auch eine Mäusefarm untergebracht oder geplant.[154]

3.3.3 „Ostexpansion"

Neue Aufgaben mit Kriegsbeginn

Mit Kriegsbeginn und der Eroberung weiter Territorien im Osten Europas erwuchsen der DVA neue Ziele und Aufgabenstellungen. Nach der Eroberung Polens wurde Himmler, nunmehr von Hitler zum Reichskommissar für die Festigung deutschen Volkstums (RKF) ernannt, mit der Leitung der Siedlungspolitik in den besetzten Gebieten beauftragt. Die zu diesem Zeitpunkt eben erst gegründete DVA wurde nun auch mit diesbezüglichen Aufgaben betraut. Anfang 1940 verfügte Himmler, alle von der SS requirierten land- und forstwirtschaftlichen Ländereien sowie alle Gartenbaubetriebe der DVA zu unterstellen.

In großem Maßstab wurden ab 1940 Umsiedlungs- und Eindeutschungspläne in den annektierten westpolnischen Gebieten umgesetzt. Dem unterlag die Umsiedlung von Deutschen aus dem sowjetisch besetzten Polen und aus dem Baltikum in das Deutsche Reich, die im geheimen Zusatzprotokoll des Deutsch-Sowjetischen Nichtangriffspaktes von 1939 vereinbart worden war. Zehntausende von Umsiedlern kamen aus Polen und den baltischen Staaten in das Reichsgebiet.

DVA-Forschungen im „Ostraum"

Himmler hatte als Reichskommissar für die Festigung deutschen Volkstums die bevölkerungs- und strukturpolitische Konzeption für die Neuordnung des Ostens an Konrad Meyer übertragen, der bis Juni 1942 vier Ausarbeitungen des

152 BArch, NS 3/751, Bl. 22.

153 Vgl. Kaienburg, Wirtschaft, S. 839.

154 Vgl. Reinhard Plewe/Jan-Thomas Köhler, Baugeschichte Frauen-Konzentrationslager Ravensbrück, Berlin 2001, S. 133.

„Generalplan Ost" vorlegte. Sie entsprachen dem Kriegsziel, Osteuropa auch, aber nicht nur, als deutsches Siedlungsgebiet in Besitz zu nehmen. Die Einbeziehung der DVA-Güter in die SS-Siedlungsplanungen begann daher bereits unmittelbar nach der Besetzung des Sudentengebietes sowie später von Böhmen und Mähren und von Polen. Der Generalplan Ost war kein einheitliches Planungsdokument, sondern stellte den Oberbegriff für verschiedene Pläne, Berechnungen und Ideenskizzen dar, die mehrfach umgearbeitet und angepasst wurden. Einige Leitideen aber blieben unverändert: Der Osten Europas sollte nach einem Sieg deutsch besiedelt werden. Die dort ansässige jüdische Bevölkerung sollte umgehend ermordet, Teile der slawischen Bevölkerung, sofern nicht als Zwangsarbeiter:innen benötigt, vertrieben oder ebenfalls beseitigt werden. Die geplante Dezimierung von großen Teilen der eingesessenen Bevölkerung sollte eine Dimension von insgesamt 30 Millionen Menschen erfassen.[155]

Auch wenn Himmlers Führungsrolle in der Siedlungspolitik der „Ostgebiete" durch seine Ernennung zum Reichskommissar für die Festigung deutschen Volkstums bestätigt wurde, ging die Mehrzahl der beschlagnahmten Landwirtschaftsbetriebe an die Ostdeutsche Landwirtschaftsgesellschaft *Ostland* und damit in die Hand des Reichslandwirtschaftsministeriums und den Einflussbereich Darrés und Backes.

Himmlers Einbindung der DVA in seine Siedlungspolitik musste sich daher zunächst auf eigene oder gepachtete DVA-Betriebe konzentrieren. Insgesamt verfügte die DVA im Generalgouvernement über 39 landwirtschaftliche Betriebe und eine unbeständige Anzahl an Versorgungsbetrieben im besetzten Russland.[156]

Seine agrarischen Vorstellungen für die Siedlungspolitik in den eingegliederten Ostgebieten, nach denen künftige Siedler auf den beschlagnahmten Gütern des Ostens geschult und befähigt werden sollten,[157] präsentierte Himmler am 24. Oktober 1939 vor SS-Führern in Posen. Doch konnte Himmler sich gegenüber seinen Konkurrenten nicht durchsetzen.[158] Kurz darauf übertrug er diese Aufgabe der DVA, wie aus dem „Zehnjahresplan des Amtes III D" hervorgeht. In Siedlerschulen auf den DVA-Gütern sollten „Neubauern" auf ihre zukünftige Arbeit vorbereitet werden. Ferner käme diesen Gütern die wichtige Aufgabe zu,

155 Vgl. Hans Ulrich Rudolf/Vladimir Oswalt (Hrsg.), Haack TaschenAtlas Weltgeschichte, Gotha 2002, S. 186.

156 Vgl. BArch, NS 3/751, Bl. 5 f.

157 Mit lebendem Inventar, Saatgetreide, Gartensamen, Obstbäumen und Viehzeug (Pferde, Schweine, Rinder, Hühner). Vgl. Kaienburg, Wirtschaft, S. 795 f.

158 Ebenda.

die „Errungenschaften und Neuerscheinungen" in der Landwirtschaft für die bäuerliche Praxis im Osten zu prüfen.[159]

Forschungsschwerpunkt der DVA-Güter in den besetzten Gebieten und im Generalgouvernement sollten die Prüfungen von Alternativen bei der Düngung und Bodenverbesserung sein. Verschiedene Versuche, die Koordination und Überwachung der Forschungen in den weit auseinanderliegenden Betrieben zu verbessern, kamen nur in Ansätzen zur Ausführung und wurden aufgrund von Personalmangel bald wieder aufgegeben oder mit der kriegsbedingt abnehmenden Anzahl von Betrieben hinfällig.[160] Über weitere Forschungsarbeiten auf den DVA-Gütern im Osten sind nur wenige Quellen überliefert.

Besonderes Potenzial zur Realisierung seiner Vorstellungen landwirtschaftlicher Großbetriebe mit Ausbildungszentren für Siedler sah Himmler in dem sogenannten „Interessengebiet Auschwitz". Bei der Errichtung des Konzentrationslagers hatte die SS ab Frühjahr 1941 einen etwa 4 km breiten „Sicherheitsgürtel" um das Lager angeordnet und die Einwohnerschaft vertrieben. Der angeeignete Raum schuf nicht nur die Voraussetzung für Himmlers Visionen ausgedehnter landwirtschaftlicher Versuchs- und Versorgungsflächen, hier waren auch den städtebaulichen Germanisierungsfantasien des RKF-Stabshauptamtes keine Grenzen gesetzt. Der Sonderbeauftragte für den landschaftsgestalterischen Aufbau der eingegliederten Ostgebiete Heinrich Wiepking-Jürgensmann ließ Entwürfe für eine Industriestadt entwickeln, die „zur Festigung und Mehrung eines blutig hochstehenden deutschen Volkstums" beitragen sollte.[161]

Die DVA war bei den Versuchsstationen in Auschwitz im Vergleich zu ihren früheren Großbetrieben in Dachau oder Ravensbrück anders organisiert. Hier oblag ihr die fachmännische Betreuung und dafür sollte sie pro Hektar vergütet werden.[162] Vogel konnte dabei bereits auf das Netzwerk an Fachleuten und Landschaftsplanern zurückgreifen und beispielsweise den Forschungsleiter Joachim Caesar oder den „Landschaftsanwalt" Werner Bauch vermitteln, der umwelttechnische Versuche im Bereich der Abfall- und Klärschlammverwertung durchführen sollte. Hier sollte die kriegswichtige Ersatzstoffforschung über Kok-Saghys und die Erforschung der für den Osten geeigneten Getreidesorten, Tierrassen oder Wirtschaftsformen stattfinden (siehe Kapitel Auschwitz).

An der Erforschung spezieller Pflanzen für den Osten war die DVA auch über das Institut für Pflanzengenetik Lannach beteiligt. Für „die Züchtung

159 Vgl. BArch, NS 3/1175, Bl. 75 f.
160 Vgl. BArch, NS 3/751, Bl. 6 f.; NS 3/722, Bl. 7 ff.
161 Zit. n. Steinbacher, „Musterstadt", S. 246 f.
162 Vgl. BArch, NS 3/751, Bl. 6.

kälte- und dürreresistenter Kulturpflanzen für den Ostraum" wurden in Lannach u. a. Getreidesorten aus dem asiatischen Raum, die die SS-Organisation *Ahnenerbe* auf seiner Tibet-Exkursion 1938/39 gesammelte hatte, mit in Russland sichergestellten Getreidesorten gekreuzt. Die Mehltauanfälligkeit des ansonsten kälte- und dürreresistenten Getreides aus Tibet, das sich insbesondere durch seine kurze Vegetationszeit auszeichnete, sollte mit dem resistenten Kreuzungspartner aus Russland vereint werden, der darüber hinaus große Standfestigkeit mitbrachte.[163] Auch bei dem Zuchtprojekt für ein winterhartes, genügsames Pferd für Siedler und Soldaten im Osten kooperierte die DVA mit dem *Ahnenerbe*.[164]

Als Himmler im Mai 1944 von einer 3000-köpfigen Herde Karakulschafe erfuhr – das Karakul zählt zu den weltweit ältesten Haustierrassen –, die unter züchterischer Leitung der Militärverwaltung Russland-Süd zum Reichslandwirtschaftsministerium gehörte und sich samt Betreuungspersonal auf dem Rückzug befand, meldete er sofort großes Interesse an der Herde an.[165] Backe versprach ihm die Herde, was vom persönlichen Stab des RFSS als Geste einer Annäherung zwischen Ministerium und SS gewertet wurde.[166] Himmlers Vorschlag, die Herde für züchterische Zwecke in die Ukraine zu bringen, lehnte dann allerdings Oswald Pohl ab. Damit ist einer der wenigen Fälle belegt, in denen Pohl der bäuerlich ausgerichteten landwirtschaftlichen Konzeption Himmlers für den „Ostraum" und explizit der Ukraine widersprach und sich auf die Seite der Befürworter der industriellen Landwirtschaft um Herbert Backe schlug. Pohl argumentierte, dass deutsche Schafzüchter in der Ukraine aus Gründen der industriellen Verarbeitung die Zucht von Merinoschafen bevorzugten, und er stellte fest: „[D]ie deutschen Schafzüchter haben ja auch anderen Ländern aus Gründen der industriellen Verarbeitung Merinoschafe aufgezwungen."[167]

Tatsächlich beauftragte Pohl Heinrich Vogel, die Herde gemeinsam mit dem Pferdegestüt des *Ahnenerbes* auf ein Gut in Ungarn zu bringen.[168] Damit war jedoch eine weitere Schwierigkeit verbunden: Zur Betreuung der Karakulschafe waren 26 russische Schäfer und Tierärzte als Betreuungspersonal „unentbehrlich", die jedoch – als „Ostvölker" eingestuft – laut Führer-Erlass im Protektorat

163 Vgl. BArch, NS 21/43a, unpag., Aus dem Arbeitsbericht des Instituts für Pflanzengenetik, S. 1.

164 Vgl. BArch, NS 21/799–4, Bl. 171.

165 Vgl. BArch, NS 19/2596, Bl. 1.

166 Ebenda, Bl. 3.

167 Ebenda, Bl. 2.

168 Ebenda, Bl. 9 ff.

kein Aufenthaltsrecht hatten.[169] Himmler erklärte sich am 7. Oktober 1944 damit einverstanden, dass die russischen Hirten und Ärzte in Beneschau bleiben sollten.[170]

3.3.4 Versorgung

Von Anfang an verfolgte Heinrich Himmler mit dem Aufbau der SS-Wirtschaftsbetriebe im 1933 eingerichteten Konzentrationslager Dachau das Ziel, unter Ausbeutung der Arbeitskraft von Häftlingen die SS ökonomisch unabhängig zu machen. Die DVA-Güter brachten zwar ökonomisch gesehen hauptsächlich Verluste ein, die meisten dieser Betriebe trugen jedoch zur Verpflegung der SS und teilweise auch der Wehrmacht bei. So ging der größte Teil der Dachauer Produktion – Gewürze und Vitamin C – an die SS. Ebenso waren die Mehrzahl der landwirtschaftlichen Betriebe in Auschwitz Versorgungsbetriebe für die SS-Wachmannschaften und Wehrmachtseinheiten, und das Versuchsgut Ravensbrück versorgte das SS-Lazarett Hohenlychen mit Gemüse und Blumen. Während bei diesen Betrieben jedoch landwirtschaftliche Versuche und Prüfungen eine wichtige Rolle spielten sollten, verschaffte sich die DVA mit der Verwaltung weiterer Versorgungsbetriebe in den besetzten Gebieten darüber hinaus Zugang zu regionalen Netzwerken und Einflussmöglichkeiten.

Der Versorgungsaspekt der DVA-Güter spielte zudem für Himmlers Zukunftsvisionen einer „idealen Ernährung“ eine Rolle, mit der er die „deutsche Volksgesundheit“ zu verbessern beabsichtigte. Wie eingangs erwähnt, plante er, seine Ernährungsvorstellungen mit Produkten der DVA-Güter an den Einheiten der Waffen-SS zu erproben. Mit wie viel Ernst und Beharrlichkeit er diese Ideen verfolgte und Details zu deren Umsetzung ausarbeitete, ist in der Forschungsliteratur vielfach belegt.[171]

So hatte Himmler die Vorstellung, dass die Erziehung „seiner Männer“ zu Antialkoholikern, Nichtrauchern und Vegetariern etappenweise erfolgen müsse. Es ging ihm um „ein ebenmäßiges Hineinwachsen in eine bessere Zukunft aus jahrhundertealten Verirrungen und Irrwegen. […] Wir wissen es ja selbst, dass nur gutes billiges Mineralwasser und ausgezeichnete Fruchtsäfte sowie gute billige Milch den Alkohol verdrängen können“, schrieb er im August 1942 an Pohl.[172] Wurden seine Regeln von SS-Männern missachtet, drohte er ihnen mit

169 Ebenda, Bl. 15.

170 Ebenda, Bl. 16.

171 Vgl. u. a. Longerich, Himmler, S. 333 ff.; Kaienburg, Wirtschaft, S. 755 f., 1023 f.

172 Zit. n. Longerich, Himmler, S. 347 f.

Jagdverbot.[173] Für SS-Führer, die ihre Pflicht vernachlässigten, für eine gute Verpflegung ihrer Truppe zu sorgen, sah er eine besondere Strafe vor: „Ich werde diese Führer deshalb in das Haus der schlechten Verpflegung kommandieren, das ich errichtet habe. Dort sollen sie in einer genügend langen Zeit am eigenen Leibe verspüren, wie schlimm es für einen Untergebenen ist, das von seinem Vorgesetzten ihm gegebene schlechte Essen verspeisen zu müssen." Der eigenhändig von Himmler entwickelte Plan für „das Haus der schlechten Verpflegung" sollte bei der Lehrküche der Waffen-SS in Oranienburg angesiedelt werden. Dort sollten die Kommandeure je nach Vergehen etwa drei bis vier Wochen mit „totgekochter" Konservenkost bestraft werden.[174]

Oswald Pohl griff Himmlers Fokussierung auf das Thema Ernährung auf, wollte aber noch einen Schritt weitergehen. Im Januar 1943 unterbreitete er dem Reichsführer SS den Vorschlag, den Einfluss der SS auf die Ernährungspolitik auszuweiten, indem sie die Rolle eines „Generalwirtschafters für die Ernährung des Deutschen Volkes und des europäischen Raumes" einnehmen solle. Er begründete seine Pläne u. a. damit, dass die SS die Handelskreise in den besetzten Gebieten kontrollieren müsse, um die „Vordringlichkeit des deutschen Bedarfs" zu gewährleisten. Pohl betonte, dass die Höhere SS- und Polizeiführung diese Rolle bei der Sicherstellung der Ernten im russischen Raum ohnehin bereits eingenommen habe. Himmler würdigte den Vorschlag zwar als „sehr verlockend", verwies jedoch darauf, dass das Potenzial dessen, was die Gesamt-SS und Polizei leisten könne „schon reichlich erfüllt sei" und sich von ihrer Grundlinie nicht „zu sehr auf letzten Endes doch Seitenpfade entfernen" solle.[175]

3.3.5 Züchtung der Schweigrohrpflanze zur Massensterilisation – Planungen und erste Schritte

Spätestens im Herbst 1941 erfuhr die SS von Tierversuchen zur Sterilisierung mit dem Saft der *Schweigrohrpflanze* (Caladium seguinum), die das *Biologische Institut Dr. Madaus & Co.* durchgeführt hatte. Auf Befehl von Himmler sollte neben anderen auch diese Sterilisationsmöglichkeit an KZ-Häftlingen getestet werden, um anschließend „rassisch minderwertige" Menschen massenhaft zu sterilisieren. Der Versuch sollte über das *Ahnenerbe* finanziert werden.[176] Oswald Pohl

173 Ebenda, S. 355.

174 Ebenda, S. 356.

175 Vgl. BArch, NS 19/2820, Bl. 1–16.

176 Vgl. MGR/SBG, SlgBu 30/557–564; Harvard Law School Library Nuremberg Trials Project (Hrsg.), Memorandum concerning Himmler's plans for chemical sterilization. Aktenvermerk 22. 6. 1942, nuremberg.law.harvard.edu/documents/550-memorandum-

und sein Mitarbeiter SS-Sturmbannführer Lolling standen mit Madaus in Kontakt, die ein Gewächshaus zur Zucht der benötigten Pflanzen auf dem firmeneigenen Gelände in Radebeul bauen sollte.[177]

Die Akten über die Zucht der Pflanze und über möglicherweise durchgeführte Menschenversuche enthalten widersprüchliche Aussagen. In seiner eidesstattlichen Erklärung beim Nürnberger Ärzteprozess bestätigte der vormalige persönliche Referent Himmlers Rudolf Brandt, dass Versuche stattgefunden hätten und die Züchtung der Schweigrohrpflanze teilweise gelungen sei.[178] Dem widersprach jedoch Ernst Koch, der seinerzeit die Tierversuche für Madaus durchgeführt hatte. Im Nürnberger Ärzteprozess sagte er als Zeuge der Verteidigung für den Dermatologen Adolf Pokorny aus, der Himmler im Herbst 1941 über die Sterilisationsmöglichkeiten mit Schweigrohr informiert hatte: „If the doctor reflected on the fact that it was necessary to treat animals from 70 to 120 days and that they were still uncertain elements then from this fact alone you can readily see that the doctor would not then feel that he could carry out experiments on human beings. […] The drugs had to be taken in amounts from 40 to 60 kilograms for every human person in order to have the same results or corresponding results to the results from the animal experiments. That is a very large amount. […] There are also other indication [sic] in the paper to the effect that this work was at a stage that permitted no discussion so far as to its applicability to human beings. In the paper on page 69 I specifically mentioned that, precisely in order to prevent some imaginative doctors hitting on the crazy notion of pursuing the matter in that direction.“[179]

concerning-himmlers-plans?q=no-44#p.1 [21. 6. 2020]. Siehe auch: Helmut Grosch, Der Kieler Gynäkologe Carl Clauberg und die Bevölkerungspolitik des Nationalsozialismus, in: Eckhard Heesch (Hrsg.), Heilkunst in unheilvoller Zeit. Beiträge zur Geschichte der Medizin im Nationalsozialismus, Frankfurt a. M. 1993, S. 85–118, hier S. 100 f.

177 Vgl. Harvard Law School Library Nuremberg Trials Project (Hrsg.), Transcript for NMT 4. Pohl Case. HLSL Seq. No. 1507–1508, 20. 5. 1947, nuremberg.law.harvard.edu/transcripts/5-transcript-for-nmt-4-pohl-case?seq=1507&q=pohl+trial+1486 [28. 6. 2020]. Laut anderen Akten gab es ab Sommer 1943 im KZ Ravensbrück ein Gewächshaus zur Zucht der Schweigrohrpflanze. Es ist möglich, dass die Ortsnamen Radebeul und Ravensbrück verwechselt wurden. Vgl. MGR/SBG, SlgBu 30/552.

178 Vgl. Harvard Law School Library Nuremberg Trials Project (Hrsg.), Affidavit concerning the sterilization experiments. Eidesstattliche Erklärung 19. 10. 1946, nuremberg.law.harvard.edu/documents/1743-affidavit-concerning-the-sterilization?q=no-440#p.1 [21. 6. 2020].

179 Harvard Law School Library Nuremberg Trials Project (Hrsg.), Transcript for NMT 1. Medical Case. HLSL Seq. No. 10269–10293, 26. 6. 1947, nuremberg.law.harvard.edu/transcripts/1-transcript-for-nmt-1-medical-case?seq=10269&q=medical+case+10120 (S. 10129) [28. 6. 2020]. Die Vermutung Kochs bestätigt eine eidesstattliche Erklärung

Trotz aller Unsicherheiten ist denkbar, dass unter Mitarbeit von *Ahnenerbe* und DVA medizinische Experimente mit Schweigrohr geplant waren. Allerdings lässt sich weder belegen, dass in Radebeul ein Gewächshaus errichtet wurde, noch, dass tatsächlich Menschenversuche mit der Pflanze stattfanden. Auf der Suche nach medikamentösen Methoden zur Massensterilisation griff die SS auf andere Verfahren zurück und ließ dafür Menschenversuche an Hunderten weiblichen und männlichen KZ-Häftlingen durchführen.[180]

3.4 Die biologisch-dynamische Wirtschaftsweise

Stand der Forschung und Fragestellung

Der 1924 verfasste *Landwirtschaftliche Kurs* von Rudolf Steiner, Grundlage der biologisch-dynamischen Wirtschaftsweise, zirkulierte ab Januar 1941 in sämtlichen „Dienststellen des Staates und der NSDAP".[181] Bereits zwischen 1934 und 1944 hatte die DFG dazu mehrere Versuchsreihen gefördert,[182] und 1936 gewannen die biologisch-dynamisch gepflegten Rasenflächen des „Reichssportfeldes" während der Olympiade aufgrund ihrer schnellen Regenerierbarkeit allgemeine Bewunderung.[183] Die DVA war demnach keineswegs die einzige NS-Organisation, die sich

von Oswald Pohl am 14. 2. 1947 im Rahmen des Nürnberger Ärzteprozesses (allerdings sind beide Aussagen kritisch zu hinterfragen, da sie zur eigenen Entlastung vorgebracht wurden): „Aus meinem Schreiben vom 7. 9. 1942 – NO-041 – ergibt sich, dass ich den SS-Obersturmbannführer Lolling in Sachen Caladium eingeschaltet hatte. Ich habe nun von Lolling nie mehr etwas über Versuche mit Caladium gehört. Wenn tatsächlich Versuche mit Caladium angestellt worden wären, dann hätte mir Lolling darüber berichtet. Da dies nicht der Fall ist, können auch keine Versuche angestellt worden sein." ZfA, I VDB (d) 1-2 Q3, Bl. 62. Ernst Koch sagte ferner aus, dass er von der SS zwar zur Ausweitung der Schweigrohr-Experimente beauftragt wurde, diese jedoch verzögert und unwissenschaftlich ausgeführt habe, da das Madaus-Institut den Absichten der SS misstraut habe. Vgl. Harvard Law School Library Nuremberg Trials Project (Hrsg.), NMT 1.

180 Weitere Versuche betrafen die Unfruchtbarmachung mithilfe von Röntgenstrahlen und die Methode des Kieler Gynäkologen Carl Clauberg, bei der eine injizierte formalinhaltige Lösung zur Entzündung und Verwachsung der weiblichen Eileiter führte. Ab Dezember 1942 nahm Clauberg seine Experimente in den Konzentrationslagern Auschwitz und Ravensbrück an Hunderten Frauen vor, die als Jüdinnen, Sinti und Roma inhaftiert waren, vgl. Grosch, Clauberg, S. 101–109; Bernhard Strebel, Das KZ Ravensbrück. Geschichte eines Lagerkomplexes, Paderborn 2003, S. 258 ff.; MGR/SBG, SlgBu 30/559.

181 Vgl. BArch, NS 25/1440, Bl. 2 ff.

182 Vgl. BArch, R 73/13891–14454 (Filmrolle).

183 Vgl. GOE, B.14.002.004, unpag., biologisch-dynamische Wirtschaftsweise auf dem Reichssportfeld, 25. 9. 1936 (Abschrift).

für die anthroposophische Landwirtschaftsmethode interessierte und mit ihren Vertreter:innen kooperierte. 1938 führte das *Reichslandwirtschaftsministerium* gemeinsam mit dem *Reichsnährstand* eine umfangreiche Vergleichsprüfung von 70 biologisch-dynamischen Betrieben durch.[184]

Bis heute ruft das Verhältnis zwischen der als besonders gesund und umweltschonend geltenden biologisch-dynamischen Wirtschaftsweise und dem NS-System immer wieder Erstaunen hervor: Ließen sich die anthroposophischen Landwirt:innen vom Nationalsozialismus vereinnahmen, wie viele andere Gruppierungen auch? Haben sie mit dem System kooperiert, um sich selbst zu schützen oder ihre Ideen durchzusetzen? Oder war ihre Weltanschauung mit der NS-Ideologie schlicht kompatibel? Sollte dies zutreffen, stellt sich die Frage, inwieweit sich auch gegenwärtig eine Kongruenz zwischen der biodynamischen und rechten Weltanschauungen beobachten lässt: Stehen sich der biodynamische Demeter-Verband und rechte Bio-Bauern in der Gegenwart ideologisch nahe? Letzterem widerspricht die aktuelle Satzung des Demeter e. V.: „Der Verein tritt rassistischen, verfassungs- und fremdenfeindlichen Bestrebungen und anderen diskriminierenden oder menschenverachtenden Verhaltensweisen entschieden entgegen."[185] Beweist nicht die Tatsache – so die Vertreter:innen der biodynamischen Bewegung – dass die *Anthroposophische Gesellschaft* aufgrund ihres „staatsfeindlichen Charakters" bereits im Jahr 1935 verboten und der *Reichsverband für Biologisch-Dynamische Wirtschaftsweise* auf Anordnung Hitlers Mitte 1941 zerschlagen wurden, dass hier keine einvernehmliche Kollaboration stattgefunden haben konnte?

Mit diesen Fragen beschäftigt sich die Forschung spätestens seit Mitte der 1980er-Jahre. Die Darré-Biografie von Anna Bramwell[186] mit ihrer viel kritisierten These, dass Bauernführer Walther Darré Anhänger Rudolf Steiners gewesen sei und dass er damit das „grüne Denken" der Gegenwart geprägt habe,[187] steht am Anfang eines Diskurses über das Verhältnis von „Grün und Braun", der bis heute in unterschiedlichen Debatten aufgegriffen wird. Er spielt eine Rolle in politischen Auseinandersetzungen um den vieldeutigen

184 Vgl. GOE, D.02. Seifert 002, unpag., Seifert an Reichsnährstand vom 8. 2. 1938; Werner, Anthroposophen, S. 90.

185 Demeter e. V., Satzung vom 17. 4. 2019. § 2.3, www.demeter.de/sites/default/files/public/pdf/demeter_verband_satzung_biodynamisch.pdf [30. 8. 2020].

186 Anna Bramwell, Blood and Soil. Richard Walther Darré and Hitler's Green Party, Abbotsbrook 1985.

187 Vgl. Frank Uekötter, Anna Bramwells Provokation. Gab es „Hitler's Green Party"?, in: Joachim Radkau/Frank Uekötter (hrsg.), Naturschutz und Nationalsozialismus, Frankfurt a. M. 2003, S. 459–461.

Begriff „Ökofaschismus"[188] und in der wissenschaftlichen Diskussion über den Umgang mit der NS-Vergangenheit des Natur- und Umweltschutzes.[189]

Außer Frage steht, dass die zeitgenössischen Vorstellungen des Naturschutzes in mehrfacher Hinsicht anschlussfähig zu Ideologemen des Nationalsozialismus waren. Als verbindendes Element gehörte dazu u. a. der für den Naturschutz konstituierende Leitbegriff „Heimat", der in dem antimodernistischen und zivilisationskritischen Umfeld ab Mitte des 19. Jahrhunderts entstanden war. Auf dem ersten Fachkongress zum Thema „Naturschutz und Nationalsozialismus" in Deutschland im Jahr 2002[190] kam der damalige Bundesminister für Umwelt, Naturschutz und Reaktorsicherheit Jürgen Trittin zu dem Schluss, dass der Beitrag der Natur- und Landschaftsschützer zum Nationalsozialismus weder marginal noch ein „Betriebsunfall der Naturschutzgeschichte" gewesen sei. „Umgekehrt ist aber auch klar: Naturschutz als politischer Auftrag wird nicht deshalb entwertet und für die Zukunft unwichtig, weil Naturschützer und Nazis sich auf die Natur beziehen."[191]

Aus agrarwissenschaftlicher Perspektive hat Gunter Vogt im Jahr 2000 erstmals eine umfassende systematische Darstellung über die Entwicklung des ökologischen Landbaus im deutschsprachigen Raum veröffentlicht. Darin stellt er die grundsätzlich zu unterscheidenden Entwicklungslinien der biologisch-dynamischen Wirtschaftsweise und anderer alternativer Landbausysteme gegenüber. Zu Letzteren zählten der *Natürliche*, der *Biologische* und der *Ökologische Landbau*. Vogt skizziert deren Unterschiede hinsichtlich ihrer gesellschaftlichen Visionen und ihrer Positionen zur Bodenfruchtbarkeit und Ernährung.[192]

Dem unmittelbaren Verhältnis zwischen Anthroposophie und Nationalsozialismus näherte sich Uwe Werner 1999[193] anhand umfangreicher Quellen-

188 Vgl. u. a. Janet Biehl/Peter Staudenmaier, Ecofascism. Lessons from the German experience, Edinburgh/San Francisco 1995.

189 Stefan Körner/Annemarie Nagel/Ulrich Eisel, Naturschutzbegründungen, hrsg. v. Bundesamt für Naturschutz, Bonn 2003; Franz-Josef Brüggemeier/Mark Cioc/Thomas Zeller (Hrsg.), How Green Were the Nazis? Nature, Environment, and Nation in the Third Reich, Athens (OH) 2006; Frank Uekötter, The Green and the Brown. A History of Conservation in Nazi Germany, Cambridge 2006; Hans W. Frohn/Friedemann Schmoll, Natur und Staat. Staatlicher Naturschutz in Deutschland 1906–2006, Münster 2006; Frank Uekötter, Deutschland in Grün. Eine zwiespältige Erfolgsgeschichte, Bonn 2015; Nils Franke, Unerwünschte Umarmung, in: Ökologie & Landbau 14 (2019) 2, S. 46 ff.

190 Radkau/Uekötter, Naturschutz.

191 Jürgen Trittin, Naturschutz und Nationalsozialismus. Erblast für den Naturschutz im demokratischen Rechtsstaat?, in: Radkau/Uekötter, Naturschutz, S. 33–39, hier S. 34.

192 Vogt, Entstehung.

193 Werner, Anthroposophen.

forschungen auch in anthroposophischen Privatarchiven. Er konzentrierte sich im Wesentlichen auf die Verfolgungsgeschichte einzelner Protagonist:innen und Praxisfelder der Anthroposophie, wie der Waldorfpädagogik und der Landwirtschaft. Das Thema Kollaboration griff Werner nur am Rande auf, Fragen zur ideologischen Nähe ließ er weitgehend unberücksichtigt. Ebenfalls im Jahr 1999 erschien *Die biologisch-dynamische Wirtschaftsweise im KZ* von Wolfgang Jacobeit und Christoph Kopke, die ausführlich den widersprüchlichen Prozess zwischen Förderung der anthroposophischen Landwirtschaft, vorübergehenden regionalen Verboten, Absprachen über eine Zusammenarbeit, Ablehnung und Zerschlagung des *Reichsverbandes* im Jahr 1941 dokumentieren. Am umfangreichen Schriftverkehr der involvierten NS-Eliten machen sie die konträren Positionen zur anthroposophischen Landwirtschaft deutlich.

Einen weiten Einblick in die Anthroposophie zwischen 1884 und 1945, der ihre Praxisfelder, ihr „hochdifferenziertes Milieu", ihre kulturelle Einbettung sowie eine kritische Auseinandersetzung mit ihrem Gedankengebäude umfasst, publizierte 2007 der Religionshistoriker Helmut Zander.[194] Sieben Jahre später erschien Peter Staudenmaiers Dissertation *Between Occultism and Nazism*,[195] in deren Mittelpunkt die Frage nach Konvergenzen und Divergenzen anthroposophischer und faschistischer Rassenlehre am Beispiel Deutschland und Italien steht. Auch wenn sich bei den Anthroposophen Italiens eine größere Radikalität und Nähe zum faschistischen Regime beobachten lasse, attestiert Staudenmaier der Anthroposophie in Deutschland gleichfalls eine Tendenz zu rechten und völkischen Auffassungen. Er betont jedoch, dass dies nicht bedeute, dass Anthroposoph:innen vor 1945 generell rechtsextrem gewesen seien. Deren politischer Standpunkt entspreche weder dem rechten noch dem linken Spektrum, es handle sich vielmehr ein für die damalige Zeit nicht ungewöhnliches „ambivalent left-right crossover".[196] Zentral ist für Staudenmaier der Unterschied zwischen dem spiritualistischen anthroposophischen und dem im Kern biologistischen Rassebegriff des Nationalsozialismus, wenngleich Letzterer keineswegs frei von eigenen spiritualistischen Elementen war.[197] In seinem Fazit bemängelt Staudenmaier, dass diese wichtige Differenzierung in der Forschung häufig vernachlässigt wurde.

Mit der Untersuchung der Forschungsschwerpunkte der DVA nehmen wir die biologisch-dynamische Praxis der NS-Zeit in den Blick. In welchem Umfang

194 Helmut Zander, Anthroposophie in Deutschland. Theosophische Weltanschauung und gesellschaftliche Praxis 1884–1945. 2 Bde., Göttingen 2007.

195 Peter Staudenmaier, Between Occultism and Nazism. Anthroposophy and the Politics of Race in the Fascist Era, Leiden/Boston 2014.

196 Ebenda, S. 324.

197 Ebenda, S. 501 ff.

und mit welchen Ergebnissen ist sie von der DVA erforscht und in ihren Betrieben angewandt worden? Bezüglich des weltanschaulichen Verhältnisses zwischen Anthroposophie und Nationalsozialismus ist danach zu fragen, wie sich dies in der praktischen Zusammenarbeit niederschlug: Wie haben sich die Protagonist:innen – DVA-Angestellte, SS-Mitglieder, Anthroposoph:innen und die eingesetzten Zwangsarbeiter:innen – über das Vorgehen mit der spirituell motivierten Methode verständigt, welche Rolle spielte dabei der anthroposophische Hintergrund und der von Steiner beschriebene Zugang zur „übersinnlichen Dimension von Natur"?[198] Fand ein ideologischer Austausch oder eine gegenseitige Beeinflussung statt?

Zu vermuten war, dass die DVA eine Art „entmystifizierte" Variante der biologisch-dynamischen Wirtschaftsweise praktizierte. Denn für die biodynamisch wirtschaftenden Betriebe war das „Bekenntnis zur Anthroposophie" keine zwingende Voraussetzung.[199] Die Zeitschrift *Demeter* verkündete bereits 1930, dass die biologisch-dynamische Wirtschaftsweise „eine rein fachmännische Angelegenheit" sei.[200] Unklar blieb, ob damit eine Abkehr von Steiners Philosophie verbunden war oder ob diese – im Gegenteil – hinter dem „fachmännischen" Auftreten verborgen werden sollte, um sie allgemein akzeptanzfähiger zu machen. Und wo genau verorteten die Praktiker:innen dieser Wirtschaftsweise die Grenze zwischen den „spirituellen" und den „fachlichen" Elementen des Biologisch-Dynamischen?

Die Entwicklung der biodynamischen Bewegung unter dem Nationalsozialismus lässt sich von 1933 bis 1945 in drei Phasen beschreiben. Bis zum Erlass des Stellvertreters des Führers Rudolf Heß über den „Schutz vor polemischen Angriffen" Ende Januar 1934[201] war das erste Jahr nach der Machtübertragung für den *Reichsverband für Biologisch-Dynamische Wirtschaftsweise* eine Zeit der Unsicherheit. Zum einen war er mit Anfeindungen und kurzfristigen Verboten des „Erörterns und Anpreisens" seiner Methode konfrontiert.[202] Gleichzeitig bekannten sich führende Mitglieder der Anthroposophischen Gesellschaft zum Nationalsozialismus.

Auch in der zweiten Phase konnte sich der *Reichsverband* trotz seines nunmehr hochrangigen Beschützers Rudolf Heß zu keinem Zeitpunkt in Sicherheit

198 U. a. verkündete Steiner, dass die Wirkung seiner Methode „von den Gedanken und Gefühlen, der Seelenverfassung des Arbeitenden abhängig" sei. Vgl. Hellmut Bartsch, Betrachtungen zu Rudolf Steiners Landwirtschaftlichem Impuls, Berlin 1982, S. 14.

199 Vgl. Herbert Koepf/Bodo von Plato, Die biologisch-dynamische Wirtschaftsweise im 20. Jahrhundert, Dornach 2001, S. 110.

200 Vgl. Jacobeit/Kopke, Wirtschaftsweise, S. 38.

201 Vgl. Werner, Anthroposophen, S. 89 ff.

202 Vgl. ebenda, S. 46 ff.

wähnen, zumal er mit der 1935 verbotenen Anthroposophie eng assoziiert war. Vielmehr geriet die biodynamische Bewegung, die sich bereits die Agrar-Chemie zum Feind gemacht hatte, nun zwischen die Fronten der NS-Eliten. In diesem Spannungsfeld wurde sie als Hoffnungsträgerin der alten „Blut- und Boden-Ideologen" um Himmler und Darré auf der einen und als Staatsfeindin des auf industrielle Landwirtschaft ausgerichteten Flügels um Backe und Meyer auf der anderen Seite politisiert. Die Mitglieder des *Reichsverbandes*, vornehmlich dessen Vorstand Dr. Erhard Bartsch, sahen darin eine Chance und ergriffen diese auch.

Zum Vermittler und Drahtzieher zwischen NS-Funktionären und dem *Reichsverband* avancierte der Landschaftsarchitekt Alwin Seifert,[203] der zum selbsternannten Lobbyisten der biodynamischen Wirtschaftsweise wurde. Für diese Rolle war Seifert prädestiniert, da er kein Anthroposoph war. Bereits früh völkisch und antisemitisch orientiert, traf er im *Widarbund*[204] auf spätere führende Nationalsozialisten. 1934 wurde er zum Berater für Fragen der landschaftlichen Eingliederung beim Autobahnbau unter dem Generalinspektor für das deutsche Straßenwesen Fritz Todt und gleichzeitig Mitglied der Gesellschaft zur Förderung der biologisch-dynamischen Wirtschaftsweise.[205] Die Korrespondenz von Seifert[206] mit führenden Köpfen des *Reichsverbands* wie Erhard Bartsch und Franz Dreidax dokumentieren die euphorische Aufbruchsstimmung dieser Phase, einen unermüdlichen Kampf um Anerkennung und Einflussnahme, aber auch das Ersinnen stets neuer Verteidigungsstrategien gegen mächtige Gegner. Im Nachhinein erinnerten Landwirte des *Reichsverbandes* diese Phase als die generell „fruchtbarste Arbeits- und Entwicklungsphase der biologisch-dynamischen Bewegung, was Europa betrifft".[207]

Umso unvermittelter begann im Sommer 1941 nach dem Englandflug von Rudolf Heß die dritte Phase mit der Auflösung des *Reichsverbands* und dem Verbot sämtlicher mit ihm assoziierten Organisationen sowie der Verhaftung von Bartsch und zwei seiner Mitstreiter. Zwar wurde die Praxis der biodynamischen Wirtschaftsweise nicht ausdrücklich verboten, Landwirte und Gärtner konnten sie weiterhin anwenden. Weitere Forschungs- und Entwicklungsarbeiten wurden jedoch mit der Zerschlagung der Arbeitsgemeinschaften – wie dem Bund

203 Vgl. Vogt, Entstehung; Kopke, Seifert; Zeller, Seifert.

204 Der Wiederfund war eine von völkischem, erbbiologischem und lebensreformerischem Gedankengut geprägte Vereinigung, die aus dem Bogenclub München hervorgegangen war. Vgl. Werner Doeleke, Alfred Plötz (1860–1960). Sozialdarwinist und Gesellschaftsbiologe, Frankfurt a. M. 1975, S. 46.

205 Vgl. GOE, D.02. Seifert 002, unpag., von Heynitz an Seifert, 25. 7. 1934.

206 Vgl. GOE, D.02. Seifert 002, unpag.

207 Jacobeit/Kopke, Wirtschaftsweise, S. 49, Anm. 102.

der Auskunftsstellen, dem Demeter-Wirtschaftsbund oder der Monatsschrift *Demeter* – verhindert.[208]

Auch für die DVA war damit zunächst ein Rückschlag verbunden, denn nunmehr fehlten für Himmlers Großvorhaben, die biodynamische Wirtschaftsweise zu prüfen, die entsprechende Infrastruktur und Fachkräfte. Dennoch kam das Vorhaben nicht zum Erliegen. Die DVA engagierte fünf biodynamische Forscher:innen – Martha Künzel, Franz Lippert, Immanuel Vögele, Carl Grund und Herbert Beichl.[209] Grund und Beichl waren im Zusammenhang mit dem Verbot inhaftiert worden und entschieden sich vermutlich aufgrund von Angeboten Heinrich Vogels zur Zusammenarbeit.

Die Anfänge

Die von Agrarchemie und -politik gleichermaßen propagierte Alternativlosigkeit zum Kunstdünger und das Versprechen auf einen raschen Ersatz des fehlenden natürlichen Düngers schuf neue Probleme, die von Skeptikern längst prognostiziert worden waren: Ein Drittel der untersuchten Böden war laut Statistiken von 1926–1931 versauert.[210] Selbst in den Reihen der Agrarwissenschaft wurden skeptische Stimmen hinsichtlich der Überlegenheit des Kunstdüngers laut: „Kaum jemand weiß bei der üblichen Kunstdüngerwirtschaft, ob wirklich die Ernährung der grünen Feldgewächse das wichtigste ist, oder ob nicht vielmehr zunächst in Betracht kommt, dass die kleinen Lebewesen des Ackers einen geeigneten Nährboden haben“, heißt es etwa bei Erich Helmuth Reinau von der Versuchsanstalt für Bodenfräskultur der Siemens-Schuckertwerke GmbH.[211]

In diesem Spannungsfeld entstanden mehrere landwirtschaftliche Alternativkonzepte, von denen die biodynamische Wirtschaftsweise zwar nicht zur ersten, jedoch sehr schnell zu der am weitesten verbreiteten Methode zählte. Als einer der Pioniere des *Natürlichen Landbaus* galt Ewald Könemann, der das Konzept bereits zu Beginn der 1920er-Jahre in der Obstbaukolonie Eden bei Oranienburg maßgeblich geprägt hatte.[212] Den Aufbruch der biodynamischen Wirtschaftsweise bezeichnete Frank Uekötter im Rahmen dieser verschiedenen Alternativkonzepte treffend als „erratischen Block“, da sie „von Anfang an ein

208 Vgl. ebenda, S. 72 f.

209 Vgl. Vogt, Entstehung, S. 145; GOE, D.02. Seifert 002, unpag., Seifert an Haußig vom 25. 11. 1940.

210 Vgl. Uekötter, Wahrheit, S. 212.

211 Vgl. ebenda, S. 209.

212 Vgl. Vogt, Entstehung, S. 85 ff.

Hybrid aus anthroposophischer Weltanschauung und ackerbaulicher Praxis" war.[213]

Rudolf Steiner hatte sie mit mehreren Mitarbeitern entwickelt und 1924 – ein Jahr vor seinem Tod – in einer Vortragsreihe, der „Geisteswissenschaftlichen Grundlagen zum Gedeihen der Landwirtschaft", auf Gut Koberwitz bei Breslau eingeführt. Mehrere anthroposophisch orientierte Gutsbesitzer:innen und -verwalter, die sich um die landwirtschaftliche Entwicklung ihrer durch Dünger ausgelaugten Böden sorgten, hatten Steiner zu Hilfe gerufen. Völlig konträr zur zeitgenössischen Auffassung innerhalb des Agrarsektors plädierte Steiner für eine Landwirtschaft als einen in sich geschlossenen und lebendigen Organismus, der die Menschen einschließe und die Vieh- und Agrarwirtschaft mit dem Prinzip der Mehrfelderwirtschaft verknüpfe. Chemische Düngung lehnte er prinzipiell ab.[214]

Als Voraussetzung zur Teilnahme an seinem „Landwirtschaftlichen Kurs" setzte Steiner nicht nur landwirtschaftliche, sondern auch Kenntnisse der Anthroposophie und des anthroposophischen Naturbildes voraus. Die Teilnehmer:innen des Kurses sollten mit den Inhalten seiner Schriften über die „Theosophie" und die „Geheimwissenschaft im Umriß" vertraut sein.[215]

3.4.1 Geistesgeschichte und Gedankengebäude der Anthroposophie

Die Anthroposophie ist eine spirituelle, durch Rudolf Steiner begründete Weltanschauung. Er verstand darunter eine alles umfassende Erkenntnistheorie zur Menschheitsgeschichte und zugleich den Prozess ihrer Bewusstwerdung. Ihre Grundlage hatte er als einen in kosmische Zyklen eingebundenen evolutionären Prozess einer geistigen Höherentwicklung konzipiert.

1902 wurde der Journalist und Philosoph Steiner, der zuvor im Goethe-und-Schiller-Archiv in Weimar gearbeitet hatte, zum Generalsekretär der Berliner Sektion der *Theosophischen Gesellschaft*. Als es 1913 zum Bruch mit der Gesellschaft kam, gründete er die *Anthroposophische Gesellschaft*.

In seinen Schriften verknüpfte er – aus diesem Grund immer wieder als eklektizistisch kritisiert –Elemente theosophischer Theorien mit christlicher Mystik, Versatzstücken zeitgenössischer naturwissenschaftlicher Erkenntnisse der von Ernst Haeckel geprägten Evolutionstheorie, westlicher Individualphilosophie, und er verband hinduistische sowie buddhistische Glaubenselemente mit astrologisch-kosmologischen Deutungsmustern.

213 Vgl. Uekötter, Wahrheit, S. 232.

214 Vgl. Vogt, Entstehung, S. 98 ff.

215 Vgl. ebenda, S. 99.

Um seine Weltanschauung begreifen zu lernen, empfahl Steiner seinen Anhängern Meditation und Versenkung ins eigene Innere, angeleitet durch einen hingebungsvoll verehrten Eingeweihten. Steiners Menschenbild leite sich „aus den okkulten Mutmaßungen über die Evolution der Weltzeitalter" her, „ein Denken, das Geist und Materie, Sinnliches und Übersinnliches als die zwei Seiten einer Medaille begreift".[216]

Steiner hinterließ ein umfangreiches Werk, auf das sich heute weltweit ca. 10 000 anthroposophische Einrichtungen in über 100 Ländern in unterschiedlichen Praxisfeldern wie der biodynamischen Landwirtschaft (*Demeter*), der Naturkosmetik (*Weleda, Dr. Hauschka, Alnatura*), der *Ethikbank GLS*, der *Software-AG*, der anthroposophischen Medizin, der *Freien Christengemeinschaft* sowie der Waldorf-Pädagogik beziehen.

Dabei griff Steiner auch auf die Theorie sogenannter Wurzelrassen zurück. Das von Helena Blavatsky 1888 veröffentlichte Konzept der „Wurzelrassen"[217] geht von einer kosmischen Evolution aus, in deren Entwicklung auf verschiedenen Kontinenten in hierarchischer Abfolge mehrere Menschenrassen entstanden seien. Es basiert auf einer teleologisch ausgerichteten Geschichtsauffassung, die sich in mehreren Stufen entwickelt habe, wobei die jeweiligen „Rassen" verschiedene Grade der spirituellen Entwicklung verkörperten.[218] Blavatsky postulierte in ihrem Konzept eine „uralte" Verbindung der indischen und europäischen „Rasse", die in einem neuen arischen Reich vereint würde, und nahm somit eine esoterische Variante des arischen Mythos des Nationalsozialismus vorweg.[219]

Steiner übernahm Blavatskys Konzept, betonte jedoch den Unterschied zur dynamisch aufgefassten, anthroposophischen Sichtweise seines Rassebegriffs: „Daher ist es so dringend notwendig, zu verstehen, daß unsere anthroposophische Bewegung eine geistige ist [...] und gerade das, was aus physischen Unterschieden herrührt, durch die Kraft der geistigen Bewegung überwindet."[220]

216 Iris Radisch, Der letzte Prophet. Rudolf Steiner ist der einzige deutsche Idealist, der den Praxistest überlebt hat, in: Die Zeit (2011) 8, www.zeit.de/2011/08/C-Waldorfschule-Steiner [7. 11. 2019].

217 Vgl. Helena P. Blavatsky, The Secret Doctrine. The Synthesis of Science, Religion and Philosophy, London 1888.

218 Vgl. Staudenmaier, Occultism, S. 14.

219 Vgl. ebenda, S. 15.

220 Rudolf Steiner, Die tieferen Geheimnisse des Menschheitswerdens im Lichte der Evangelien. Zwölf Vorträge, gehalten in Berlin, Stuttgart, Zürich und München vom 11. Oktober bis 26. Dezember 1909, Dornach 1986, Gesamtausgabe (GA) 117, S. 152, fvn-archiv.net/PDF/GA/GA117.pdf [18. 10. 2019].

Mehrfach finden sich in den Schriften Steiners widersprüchliche Positionen zum Thema „Rassen".[221] Sie sind Teil seiner Fortschrittstheorie, daher werden sie nicht als „überhistorische Größen" verstanden – im Lauf der gesellschaftlich-kulturellen Entwicklung würden sie in weiter Zukunft keine Rolle mehr spielen.

Seit den 1980er-Jahren weisen Kritiker:innen immer wieder auf herabwürdigende rassistische Kommentare zu Indigenen, Schwarzen und Asiaten hin, während Steiner der „weißen Rasse" die Rolle einer „Geistesführerschaft" zuspreche.[222] Zusätzlich ist sein Werk von antisemitischen Aussagen durchzogen. So äußerte er in einer seiner frühen Reden, dass es ein „Fehler der Weltgeschichte" sei, wenn „die jüdische Denkweise" sich weiter erhalte.[223]

Die Anthroposophische Bewegung hat sich wiederholt mit den Vorwürfen über diskriminierende und rassistische Passagen in Steiners Texten auseinandergesetzt. So publizierte die Kommission der niederländischen anthroposophischen Gesellschaft im Jahr 1998 die Ergebnisse einer entsprechenden Untersuchung des Gesamtwerks Steiners.[224] In Deutschland drohte die Bundesprüfstelle für jugendgefährdende Medien 2007, aus Gründen der Rassendiskriminierung zwei Bücher Steiners auf den Index jugendgefährdeter Schriften zu setzen.[225] Der

221 Vgl. Helmut Zander, Anthroposophische Rassentheorie, in: Stephanie von Schnurbein/Justus H. Ulbricht (Hrsg.), Völkische Religion und Krisen der Moderne, Würzburg 2001, S. 292–341, hier S. 325.

222 Vgl. Zander, Rassentheorie; Helmut Zander, Anthroposophie und Nationalsozialismus, in: Neue Zürcher Zeitung, 22. 7. 1999, S. 52, www.akdh.ch/ps/ps_46Zahnder.html [10. 11. 2019].

223 Vgl. Ramon Brüll/Jens Heisterkamp, Frankfurter Memorandum. Rudolf Steiner und das Thema Rassismus, 2008, info3-verlag.de/wp-content/uploads/2018/08/Frankfurter_Memorandum_Deutsch.pdf [5. 3. 2020]. Die Kommission „Anthroposophie und die Frage der Rassen" hat dieses Zitat (Zitat 192) in die Kategorie 1 (Zitate mit diskriminierender Wirkung) eingeordnet. Vgl. Ted A. van Baarda (Hrsg.), Anthroposophie und die Rassismusvorwürfe. Der Bericht der niederländischen Untersuchungskommission „Anthroposophie und die Frage der Rassen", Frankfurt a. M. 1998.

224 Vgl. Baarda, Anthroposophie.

225 Nach Auffassung des Gremiums (Entscheidung Nr. 5505 vom 6. 9. 2007, Pr. 782/06) finden sich im Vierten Vortrag vom 10. 6. 1910 (S. 68–85) sowie im Sechsten Vortrag vom 12. 6. 1910 (S. 104–119) Textpassagen, die aus heutiger Sicht als „rassendiskriminierend" einzustufen sind, weil der Autor darin Menschen diverser ethnischer Herkunft aufgrund körperlicher Merkmale in unterschiedliche Wertungsstufen einteilt. „Diejenigen Jugendlichen, die an Waldorfschulen unterrichtet werden, können aber sehr wohl ein Interesse an den Werken des Begründers und Namensgebers ihrer Schule entwickeln. Das Gremium sieht daher durchaus die Gefahr, dass gerade diese Jugendlichen die in den Texten enthaltenen negativen Bewertungen der nicht-europäischen Ethnien nicht kritisch hinterfragen […]." Zit. n. Ansgar Martins, Steiners „Volksseelenzyklus" in kommentierter Neuauflage erschienen, 21. 3. 2017, waldorfblog.wordpress.com/2017/03/21/ga121/ [7. 11. 2019].

Rudolf-Steiner-Verlag wendete diese Indizierung ab, indem er zusagte, die entsprechenden Stellen nur noch kommentiert herauszugeben.

Vertreter:innen der Anthroposophie in Deutschland traten 2008 mit dem Frankfurter Memorandum *Rudolf Steiner und das Thema Rassismus* an die Öffentlichkeit.[226] U.a. mit dem Argument, dass in Steiners Gesamtwerk die Vorstellung eines „Kampfes der Rassen" fehle, wiesen die Autoren die Vorwürfe im Wesentlichen zurück. Sie räumten jedoch diskriminierende Aussagen gegen andere Ethnien und rassistische Äußerungen ein.[227]

Von 1933 an bemühte sich eine kleinere Gruppe aus dem Führungskreis der Anthroposophischen Gesellschaft, NS-Eliten mit Denkschriften davon zu überzeugen, dass Anthroposophen einen eigenen Beitrag zur „nationalen Erneuerung Deutschlands" leisten könnten. Jüdische Funktionsträger:innen gaben ihre Posten auf oder wurden zu diesem Schritt genötigt.[228]

Teile der NS-Führung standen der Anthroposophischen Theorie von Beginn an ablehnend gegenüber. 1935 wurde die Anthroposophische Gesellschaft in Deutschland durch ein Dekret des Leiters der Geheimen Staatspolizei, Reinhard Heydrich, wegen ihres „staatsfeindlichen" und „staatsgefährdenden" Charakters aufgelöst.[229] In Eingaben und Denkschriften versuchten führende Vertreter:innen der Anthroposophie vergeblich, ihre Staatstreue unter Beweis zu stellen.[230] Die 1941 groß angelegte „Aktion gegen Geheimlehren und sogenannte Geheimwissenschaften" verschärfte den Druck auf sämtliche anthroposophischen Einrichtungen, es kam zu Festnahmen und weiteren Verboten.

3.4.2 Grundzüge der biologisch-dynamischen Wirtschaftsweise

Seinen „Landwirtschaftlichen Kurs" betrachtete Steiner selbst nicht als fertiges Konzept, sondern als „Impuls", den die Landwirt:innen im ständigen „Mit-Erleben und Mit-Denken der Naturprozesse" weiterentwickeln sollten.[231] Im Zentrum der biologisch-dynamischen Wirtschaftsweise steht das anthroposophische Verständnis zweier Sphären, der „sinnlich wahrnehmbaren Welt von Dingen bzw. Ereignissen" auf der einen und „einer übersinnlichen, geistigen Welt zeitunabhängiger Ideen"

226 Vgl. Brüll/Heisterkamp, Frankfurter Memorandum.

227 Ebenda, S. 11.

228 Vgl. Hans Büchenbacher, Erinnerungen 1933–1949. Zugleich eine Studie zur Geschichte der Anthroposophie im Nationalsozialismus, hrsg. v. Ansgar Martins, Frankfurt a. M. 2014.

229 Walter Kugler, Feindbild Steiner, Stuttgart 2001, S. 11 f.

230 Vgl. Helmut Zander, Nationalsozialismus.

231 Ebenda, S. 113.

auf der anderen Seite.[232] Ein im anthroposophischen Sinne erfahrbarer Erkenntnisprozess bestünde für biodynamische Landwirt:innen etwa darin, zunächst die Welt übersinnlicher Vorstellungen intuitiv zu erleben und die daraus gewonnenen Einsichten in einem nächsten Schritt mit der sinnlich wahrnehmbaren Welt der Dinge zu vermitteln. Dieser Erkenntnisprozess schließe ein naturwissenschaftliches Verständnis nicht aus, sondern erweitere es vielmehr um die Dimension des Übersinnlichen. Beispielhaft galt hierbei die Naturanschauung Goethes.

Grundsätzlich wird ein geschlossener Betriebskreislauf angestrebt, um weitgehend unabhängig von der Zufuhr von Stoffen außerhalb zu sein. Für die Bewahrung der Bodenfruchtbarkeit spielt die Haltung von Rindvieh eine große Rolle. Ferner sollten Steiner zufolge auch alte bäuerliche Weisheiten in die Methoden der biodynamischen Wirtschaftsweise einfließen. Eine Gemeinsamkeit mit den Vorstellungen Himmlers stellte der Verzicht auf chemischen Dünger und vor allem die Suche nach und Prüfung von tradierten bäuerlichen Methoden dar.

Die richtige Methode der Düngung war für Steiner ebenso zentral wie für die zeitgenössische Landwirtschaftsforschung. Im Gegensatz zur Agrarchemie war er jedoch überzeugt, dass „das Düngen in einer Verlebendigung der Erde bestehen müsse." Um dies zu erreichen, müsse in erster Linie „das Wirkungspotential ätherischer und astraler Kräfte" im Boden aktiviert werden.[233] Neben organischem Dünger kommen hierfür bis heute u. a. die beiden biologisch-dynamischen Spritzpräparate *Hornmist* und *Hornkiesel* zum Einsatz. Entscheidend bei deren Herstellung sei, so Steiner, dass die beiden Grundsubstanzen – zum einen Kuhmist, zum anderen ein zu Pulver vermahlener Bergkristall – durch die Kräfte der Planeten „dynamisiert" würden. Erreicht würde dies, indem die jeweilige Grundsubstanz in Kuhhörner gefüllt und für eine bestimmte Zeit im Boden vergraben wird. Wieder ausgegraben, werden die Substanzen einer zweiten dynamisierenden Prozedur unterzogen, einem konstanten einstündigen Verrühren in großen Gefäßen mit Wasser, bevor sie auf dem Acker versprüht werden. Das auf diese Weise gewonnene Präparatwasser solle seine Wirkung, ähnlich wie homöopathische Arzneimittel, nicht stofflich, sondern energetisch entfalten, weshalb nur kleine Mengen nötig seien. Während *Hornmist* zur Förderung der Pflanzenentwicklung dienen soll, sei *Hornkiesel* zur Verbesserung des Aromas und zur Steigerung der Haltbarkeit von Gemüse zu verwenden. Darüber hinaus kommen beim Pflanzenbau Kompostpräparate zur Anwendung, die aus sechs spezifischen Heilpflanzen[234] ebenfalls in

232 Vgl. Vogt, Entstehung, S. 106.

233 Ebenda, S. 102.

234 Gebräuchlich sind Schafgarbe, Kamille, Brennnessel, Eichenrinde, Löwenzahn und Baldrian. Vgl. u. a. Hellmut Bartsch, Betrachtungen.

einem dynamisierenden Prozess hergestellt werden.[235] Steiners Vorträge in Koberwitz enthielten darüber hinaus Vorschläge zur Schädlingsbekämpfung. Er empfahl „die Veraschung von Samen oder auch von unerwünschten Insekten und die Anwendung geringer Mengen der so erhaltenen Aschesubstanz auf den Boden" zum Zeitpunkt einer einer jeweils bestimmten Gestirnkonstellation.[236]

Ein weiterer Einsatz „kosmischer Kräfte" sollte darin bestehen, die landwirtschaftlichen Arbeitsschritte an Gestirnkonstellationen und an der auf- und absteigenden Mondbahn auszurichten.

Ebenfalls durch Steiner angeregt, haben sich anthroposophische Landwirt:innen bereits vor dem Koberwitzer Kurs mit Pflanzenzucht beschäftigt.[237] Daran waren u. a. die anthroposophischen Forscher:innen Martha Künzel und Immanuel Vögele beteiligt, die beide nach der Auflösung des Reichsverbands 1941 für die DVA tätig wurden. Schwerpunkt der frühen biodynamischen Pflanzenzucht sollte die Veredlung von Wildgräsern als zukünftige Nahrungspflanzen sein, um „den Zerfall der Saatgut- und Ernährungsqualität aufzuhalten". Methodisch war dabei der Verzicht von Kreuzungszüchtungen zugunsten scharfer Auslese ausschlaggebend.[238]

Publiziert wurde der „Landwirtschaftliche Kurs" erstmals 1963, eine frühere Abschrift von 1925 sollte nur anthroposophischen Kreisen zugänglich sein. Bei weiteren, etwa von NSDAP-Mitgliedern erstellten Abschriften handelte es sich jeweils um eine „unvollständige und fehlerhafte Zusammenfassung des Originaltextes".[239]

Die Bezeichnung „biologisch-dynamische Wirtschaftsweise" wurde erst um 1930 von den Pionieren der Bewegung, Erhard Bartsch und Ernst Stegemann, geprägt, um die beiden zentralen Charakteristika der Wirtschaftsweise, die biologische Ausrichtung der Düngung und die Bedeutung der „Dynamisierung", zum Ausdruck zu bringen.[240]

235 Vgl. Die Präparatekiste, Präparate, praeparatekiste.de/collections/praparate [5. 5. 2020]; Schweizerischer Demeter-Verband, Biodynamische Präparate. Kernstück des biodynamischen Landbaus, demeter.ch/praeparate/ [5. 5. 2020]; Koepf/Plato, Wirtschaftsweise; Eugen und Lili Kolisko, Die Landwirtschaft der Zukunft, Bern 1957; Zander, Anthroposophie Bd. 2, S. 1579–1607.

236 Koepf/Plato, Wirtschaftsweise, S. 48 f.

237 Vgl. Zander, Anthroposophie, Bd. 2, S. 1581 f.

238 Vgl. Jörgen Beckmann, Pflanzenzüchtung in der biologisch-dynamischen Wirtschaftsweise. Entwicklungen im 20. Jahrhundert, Barsinghausen 2013, S. 28 ff.

239 Vgl. Vogt, Entstehung, S. 105.

240 Werner, Anthroposophen, S. 82.

3.4.3 Die biologisch-dynamische Bewegung im Nationalsozialismus

„Ja, das Biologische muss jeder vernünftige Mensch anerkennen, aber das Mystische ist doch für einen normalen Menschen nicht verständlich."[241] Diese für die Befürworter der biodynamischen Landwirtschaft in NS-Kreisen charakteristische Auffassung hatte der eigens dafür eingesetzte Sachbearbeiter des *Reichsnährstandes* Dipl. Landwirt Lindecke im Sommer 1934 anlässlich eines ersten Besuches der Reichsnährstandskommission auf dem biodynamischen Musterhof Marienhöhe bei Bad Saarow zu Protokoll gegeben. Auch das Interesse von Himmler oder Darré galt der biologischen Ausrichtung der Düngung, während sie der „dynamischen" Seite und der ihr zugrundeliegende Weltanschauung eher skeptisch gegenüberstanden und sie für den Düngungserfolg auch als überflüssig erachteten: „Mich interessiert die landwirtschaftliche Seite der ganzen Frage, nicht ihre weltanschauliche Voraussetzung", so Darré.[242] Himmler war „dagegen, daß die Menschen aus einer verbesserten Landbauweise eine sektenartige Religion machen, die gepredigt werden muss."[243]

Umso mehr stellt sich die Frage, warum Himmler und seine Mitstreiter sich in dieser Frage ausgerechnet auf die anthroposophische Landwirtschaft kaprizierten? Zumal Steiner schon den frühen NS-Ideologen als Feind galt – so bezichtigte Adolf Hitler ihn im *Völkischen Beobachter* vom 15. März 1921 der „Zerstörung der normalen Geistesverfassung der Völker".[244] Unmittelbar nach dem Januar 1933 wurde die Anthroposophische Gesellschaft mit diversen Pressekampagnen konfrontiert, in denen Steiner eine Mitschuld an der deutschen Niederlage im Ersten Weltkrieg vorgeworfen wurde. Als Teil einer „jüdisch-freimaurerischen Weltverschwörung" – und um die „Weltherrschaft Judas herbeizuführen" – habe er den ihm persönlich bekannten Generalfeldmarschall Helmuth von Moltke okkult beeinflusst und damit erreicht, „selbst die wichtigsten militärischen Operationen im Weltkriege zu beeinflussen und mit dem Verlust der Marneschlacht den Untergang des Alten Reiches" herbeigeführt zu haben.[245] Weshalb also entschied sich Himmler für sein Forschungsvorhaben in der DVA für die biodynamische Wirtschaftsweise und nicht für andere zeitgenössische Alternativkonzepte zur herkömmlichen Landwirtschaft?

241 GOE, B.14.002.009, unpag., Reichsverband an Mitglieder und Freunde vom 25. 6. 1934.

242 BArch, NS 19/3122, Bl. 47.

243 Zit. n. Heiber, Reichsführer, S. 111.

244 Zit. n. Werner, Anthroposophen, S. 7.

245 Zit. ebenda, S. 23 ff.

Vom „Landwirtschaftlichen Kurs" zum *Reichsverband für Biologisch-Dynamische Wirtschaftsweise*

Steiner hatte seine Landwirtschaftsmethode, wie bereits erwähnt, im Rahmen einer einwöchigen anthroposophischen Pfingsttagung vor großem Publikum auf dem Schlossgut Koberwitz in Schlesien aus der Taufe gehoben, zu der insgesamt ca. hundert Anthroposoph:innen und Landwirte angereist waren. Während der gesamten Tagungswoche musste der Gastgeber und Gutsherr Graf von Keyserlingk aus Sorge vor Angriffen durch „rechte" Gruppierungen – zuvor war eine Vortragsveranstaltung Steiners in München durch Ludendorff-Anhänger gestört worden – Steiner zu seinen Vorträgen mit der „Hand in der Hosentasche auf der Pistole" geleiten, so Helmut Zander.[246] Die Tagung verlief jedoch reibungslos, und noch während der Vortragsreihe wurde von den anwesenden Landwirt:innen der *Landwirtschaftliche Versuchsring der Anthroposophischen Gesellschaft* gegründet. Mit Zustimmung Steiners sollten die Inhalte ausschließlich von diesem Kreis einer Erprobungsphase unterzogen werden, bevor „die Sachen veröffentlicht werden können."[247]

Hierfür wurde eine begrenzte und nummerierte Anzahl von Abschriften der Vorträge mit dem Vermerk „Nur für den persönlichen Gebrauch" leihweise herausgegeben. So bestätigte z. B. Martha Künzel am 3. Dezember 1931 der *Naturwissenschaftlichen Sektion* am Goetheanum mit ihrer Unterschrift den Empfang des Exemplars Nr. 511 und verpflichtete sich damit, dass „alle aus dem vorgenannten Nachdruck gemachten Auszüge und Aufzeichnungen nach ihrem Gebrauch verbrannt werden".[248] Über die Inhalte herrschte bis in die 1930er-Jahre strikte Schweigepflicht.

Der Versuchsring organisierte unterdessen die Auswertung der durch Steiner angeregten Prüfungen seiner Methode bei unterschiedlichen Boden- und Klimaverhältnissen und begann mit der Einrichtung diverser lokaler Auskunftsstellen. Zeitgleich initiierten die Landwirte die Absatzorganisation und den Vertrieb ihrer Produkte mit der 1927 gegründeten Verwertungsgesellschaft *Demeter.* Im Jahr 1932 wurde der Name für biologisch-dynamische Produkte patentiert.

Im Jahr 1929 erfolgte eine erste Namensänderung in *Versuchsring anthroposophischer Landwirte.* 1933 sollte auch das „anthroposophische" wohlweislich aus dem Namen verschwinden, als Interessenvertretung gegenüber der sich

246 Zit. n. Zander, Anthroposophie, Bd. 2, S. 1579 f.

247 Zit. n. Vogt, Entstehung, S. 103.

248 GOE, B.14.002.009, unpag., unterzeichnetes Formular zur Empfangsbestätigung des Exemplars Nr. 511 vom 31. 12. 1931.

formierenden NS-Agrarbürokratie gründeten die Mitglieder den *Reichsverband für Biologisch-Dynamische Wirtschaftsweise in Landwirtschaft und Gartenbau e. V.* und integrierten darin sämtliche assoziierte Vereinigungen. Die Anzahl der in den 1920er-Jahren etwa 100 angeschlossenen Betriebe sollte sich bis Ende der 1930er-Jahre verzehnfachen.[249]

Die meisten biodynamischen Versuchsgüter befanden sich in der Zwischenkriegszeit in den östlichen Teilen Deutschlands. Eine größere Bedeutung für die Forschung und Entwicklung kamen dem von Ernst Stegemann geführten Klostergut Marienstein bei Göttingen, dem Gut von Benno von Heynitz bei Meißen, dem Birkenhof in Worpswede von Max Karl Schwarz und dem von Immanuel Vögele verwalteten Gutshof Pilgramshain in Schlesien zu.[250] Seit 1926 existierte ein internes Mitteilungsblatt, das 1930 von der gedruckten Monatsschrift *Demeter* abgelöst wurde. Herausgegeben wurde sie von dem promovierten Landwirt und ehemaligen Verwalter von Koberwitz Erhard Bartsch auf seinem Hof Marienhöhe bei Bad Saarow.[251]

Marienhöhe sollte bei der Verbreitung der biodynamischen Methode in NS-Kreisen eine wichtige Rolle spielen. Es lag nur knapp 80 km südöstlich von Berlin und wurde von Bartsch seit 1928 unter schwierigen landwirtschaftlichen Bedingungen – kargem Sandboden auf kiesigem Untergrund und geringen jährlichen Niederschlagsmengen – zum biodynamischen Musterbetrieb aufgebaut. Prominente Besucher wie Reichsleiter Alfred Rosenberg, der Chef des Rasse- und Siedlungshauptamtes Günter Pancke, Reichsminister Wilhelm Frick, Darré und Pohl zeigten sich insbesondere deshalb beeindruckt, weil es Bartsch gelungen war, die Potenziale dieser Wirtschaftsweise sogar in einer landwirtschaftlichen Ungunstlage unter Beweis zu stellen. So vermeldete die *Nationalsozialistische Landpost* im besonders regenarmen Sommer 1940, dass „die Fruchtbarkeit der Felder von Marienhöhe offensichtlich die der Nachbargrundstücke übertrifft".[252] Der ca. 100 ha große Hof war Bartsch durch den ehemaligen Reichskanzlers Georg Michaelis vermittelt worden, der seinerseits von der biodynamischen Wirtschaftsweise angetan war.[253]

Die Größe und das Ansehen erfolgreicher Höfe wie Marienstein oder Marienhöhe, die soziale Herkunft der biodynamischen Landwirte und ihr überwiegend akademischer Hintergrund, die rasche Entwicklung des Versuchsrings und der

249 Vgl. Vogt, Entstehung, S. 127.

250 Vgl. ebenda, S. 105.

251 Vgl. ebenda, S. 103 ff.

252 GOE, D.02. Seifert 002, unpag., Dr. Wolfgang Clauß, Lebensgesetzliche Landbauweise, in: Nationalsozialistische Landpost vom 26. 7. 1940, Nr. 30.

253 Vgl. Uekötter, Wahrheit, S. 232.

Verwertungsgesellschaft Demeter sowie die engagierte Öffentlichkeitsarbeit und gute Vernetzung über die Kanäle der Anthroposophischen Gesellschaft – all dies hat vermutlich dazu beigetragen, dass die biodynamische Bewegung die allgemeine Aufmerksamkeit der Öffentlichkeit erregen konnte. Weder der NS-Führung noch den Vertretern der Agrarchemie entging die Entschlossenheit der biodynamischen Landwirte. Die Erfolgsmeldungen über ihre mysteriösen Präparate bargen das Versprechen, es mit dem Kunstdünger aufnehmen zu können.

Dissens und Konsens

Die biodynamische Wirtschaftsweise berge „eine große Gefahr in sich; man braucht den Städtern nur zu sagen, die Erzeugnisse sind ohne Kunstdünger gewachsen, da kaufen sie, auch wenn es teuer sein sollte, darin liegt die Gefahr, Preissteigerung auf der einen Seite."[254] Mit diesem Argument wandte sich der Lehrer und NSDAP-Ortsgruppenleiter W. Bley aus Wormstedt am 1. Januar 1935 an seinen Kreisleiter Hofmann aus Weimar, um diesen vor den „unverantwortlichen" Folgen der geplanten Aufhebung des Propagandaverbotes der biologisch-dynamischen Wirtschaftsweise in Thüringen zu warnen: „Die Sache um die b.-d. W. [biodynamische Wirtschaftsweise] ist so wichtig, dass sich die höchsten Landes- und Reichsstellen damit befassen müssen." Bley erläuterte, dass Landwirte aufgrund der Aussicht auf höhere Preise zum „Mitmachen" bewogen würden, damit jedoch die Volksernährung aufs Spiel setzten und letztendlich „Deutschlands Untergang" herbeiführten.

Ziel von Bleys fünfseitigem Anschreiben war es vermutlich auch, den Ortspfarrer aus Wormstedt als Initiator und Schuldigen für die vergleichsweise große Anhängerschaft der biodynamischen Wirtschaftsweise unter den Landwirten der Umgebung zu denunzieren und sich dabei selbst zu entlasten. Denn wie Bley einräumt, habe er diese Wirtschaftsweise anfangs befürwortet und sogar an einer Sitzung zum Thema teilgenommen, „in der der frühere Reichskanzler Michaelis den Vorsitz führte."[255]

Die Bedrohung durch die biodynamische Wirtschaftsweise untermauerte er mit weiteren Argumenten. So würden die beteiligten Landwirte zur Unehrlichkeit angestiftet, indem sie nach drastischen Ernterückgängen „nachts mit Stickstoffdünger" nachhalfen. Der Streit um das Thema habe Wormstedt in zwei Lager gespalten. Auch äußerte er sich über den Zusammenhang zwischen der

254 GOE, D.02. Seifert 002, unpag., Ortsgruppenleiter W. Bley an Kreisleiter Hofmann vom 1. 1. 1935 (Abschrift), S. 4.

255 Ebenda, S. 2.

„religiösen Seite" der Anthroposophie und ihrer Landwirtschaft. Laut der Zeitschrift *Demeter* sei die Wirtschaftsweise ohne anthroposophische Überzeugung wirkungslos: „Wenn man beim Verrühren des Baldrians oder Quarzes nicht daran glaubt, dass Kräfte entstehen, ist das Rühren zwecklos; wenn man Dienstleute, die der Sache nicht nahestehen, rühren läßt, dann lasse man sie singen, am besten einen Choral."[256]

Mit Nachdruck verwies Bley auf die Ursache seines eigenen Bruchs mit der Methode: In dem Buch von Gregor Schwartz-Bostunitzsch *Rudolf Steiner – ein Schwindler wie keiner*[257] habe der Autor Anwürfe gegen Steiner erhoben „die in ihrer Schwere kaum zu glauben sind". Sein Schreiben schloss er mit dem Vorwurf gegenüber der Kreisleitung, dass sich der Ortspfarrer noch immer im Amt befinde.[258]

Nicht nur in Thüringen löste die Frage um Verbot oder Anerkennung der biodynamischen Landwirtschaft heftige Debatten aus. So war der NSDAP Gauwirtschaftsberater Dr. Gessner im Gau *Südhannover-Braunschweig* bereits im Oktober 1933 bemüht, diesen Debatten ein Ende zu setzen, indem er eine Vortragsankündigung der *Freunde der biologisch-dynamischen Wirtschaftsweise Hannover* mit der Begründung untersagte: „Da sich diese Wirtschaftsweise auf unbewiesene Theorien unberufener und verantwortungsloser Sektierer stützt, von berufener, fachmännischer Seite aber durchaus abgelehnt wird", würde eine entsprechende Propaganda nur Unruhe erzeugen, die unerwünscht sei.[259]

Selbst ihre Verfechter wie Himmler und Darré bezweifelten die Überlegenheit der biodynamischen Düngung hinsichtlich der Ertragshöhe gegenüber dem Kunstdünger: „Solange wir beengten Raum hatten und solange wir Krieg haben, mußten und müssen wir alle Mittel anwenden, um auf unserem Boden möglichst unser Volk ernähren zu können, und Nahrungsfreiheit zu bekommen" – so Himmler unmittelbar nach dem Verbot des *Reichsverbands* 1941 gegenüber dem Verantwortlichen des Generalplans Ost und scharfen Kritiker der biologisch-dynamischen Wirtschaftsweise, Konrad Meyer. Himmler verlieh jedoch auch

256 Ebenda.

257 Ebenda. Vgl. Gregor Schwartz-Bostunitsch, „Doktor Steiner – ein Schwindler wie keiner". Ein Kapitel über Anthroposophie und die geistige Verwirrungsarbeit der „Falschen Propheten", München 1930. Die Veröffentlichungen von Schwartz-Bostunitsch hatten laut Uwe Werner im Jahr 1934 Überwachungen von anthroposophischen Gruppen in Baden durch die Gestapo Karlsruhe zur Folge. Vgl. Werner, Anthroposophen, S. 41 ff.

258 GOE, D.02. Seifert 002, unpag., Ortsgruppenleiter W. Bley an Kreisleiter Hofmann vom 1. 1. 1935, S. 5.

259 Ebenda, NSDAP Gauwirtschaftsberater Dr. Gessner an die Freunde der biologisch-dynamischen Wirtschaftsweise Hannover vom 27. 10. 1933.

seiner Skepsis Ausdruck: „In dem Augenblick, in dem wir Europa beherrschen und Nahrungssorgen nicht mehr haben werden, müssen wir schleunigst untersuchen, ob die bisherige sehr starke künstliche Düngung [...] auf Dauer gesehen im heutigen Umfang schließlich [schädlich] für die Gesundheit (Qualität) der Nahrungsmittel und des Bodens ist. Persönlich habe ich oft die Befürchtung, dass im Erleben [durchgestrichen und ‚Verlauf' handschriftlich ergänzt] von einigen Menschenaltern unser Boden absolut steril werden könnte."[260]

Mit seinem Programm der „Erzeugungsschlacht" förderte der Staatssekretär im Landwirtschaftsministerium Herbert Backe den Kunstdünger, indem er ihn ab 1934 von der Umsatzsteuer befreite und den Preis im Folgenden durch weitere staatliche Maßnahmen senkte, sodass sich der Verbrauch an Kunstdünger bis 1938 verdoppelte.[261] Dass „die Kunstdüngerindustrie versucht [habe], eine Preisherabsetzung für Stickstoff und Kali von einem Verbot der Demeter-Bewegung abhängig zu machen", äußerte Alwin Seifert gegenüber Rudolf Heß.[262]

Gegen Vorbehalte und Angriffe durch die NSDAP und die Presse setzte sich der *Reichsverband für Biologisch-Dynamische Wirtschaftsweise* mit einer Strategie zur Wehr, die auch Teile der Anthroposophischen Gesellschaft verfolgten. In diversen Denkschriften, Presseartikeln oder Schreiben an NS-Führer priesen namentlich Erhard Bartsch und Alwin Seifert nicht nur die Vorzüge und Potenziale der Wirtschaftsweise an, sondern waren ganz offensichtlich bemüht zu beweisen, dass Ziele des Nationalsozialismus wie die Ernährungsautarkie oder die Verbundenheit des Bauern mit „Blut und Boden" gerade „in den Arbeitsgemeinschaften für biol.dyn. [biologisch-dynamische] Wirtschaftsweise in einer Weise verwirklicht ist, die man nicht anders als im besten Sinne nationalsozialistisch bezeichnen kann".[263]

Insbesondere gegen den zentralen Vorwurf, die biodynamische Wirtschaftsweise gefährde die Ernährungsautarkie in Deutschland, erhob der *Reichsverband* immer wieder heftig Einspruch und beteuerte das Gegenteil: „Der echte Bauer entdeckt in der bäuerlich-unabhängigen Landbauweise die Wiedergeburt echten deutschen Bauerntums [...]. Nicht Büchereiwissen, sondern eigenes Beobachten und Einfühlen bringt ihn vorwärts."[264] Seifert widersprach in einem Schreiben an Bormann der gängigen Meinung über den Rückgang von Ernteerträgen beim Übergang zur biologisch-dynamischen Wirtschaftsweise und verwies auf zeit-

260 BArch, NS 19/3122, Bl. 50 f.

261 Vgl. Uekötter, Wahrheit, S. 266 f.

262 Vgl. Jacobeit/Kopke, Wirtschaftsweise, S. 47, Anm. 95.

263 GOE, D.02. Seifert 002, unpag., Seifert an Bormann vom 22. 1. 1935.

264 GOE, D.02. Seifert 002, unpag., Denkschrift über die bäuerlich-unabhängige Landbauweise, handschriftlich datiert auf den 14. 12. 1940.

genössische Rekordernten etwa auf den großen biodynamischen Gütern von Benno von Heynitz und Graf Lerchenfeld, „wie sie in den letzten 50 Jahren mit den bisherigen landwirtschaftlichen Methoden nicht erreicht worden" seien.[265]

Sogar den Vorwurf der unkriegerischen Attitüde der Anthroposophen rückte Seifert gegenüber Bormann zurecht: „Ich weise hier nur auf die eine Tatsache hin, daß die in Dornach [...] geschulten Anhänger Steiners alle trotzdem große Kriegsleute gewesen sind; die älteren haben alle das E.K.I, Dr. Bartsch dazu den Hohenzollernorden, [...] Max K. Schwarz in Worpswede ist Annabergstürmer[266] und einer der ganz wenigen, die beide Oberschlesien-Adler besitzen."[267]

In einer Denkschrift über die biodynamische Wirtschaftsweise von 1933,[268] die zu dem Schluss kommt, dass sie „Ernst macht mit der Gesundung von Blut und Boden", nahm der *Reichsverband* u. a. ausführlich Stellung zu den persönlichen Anschuldigungen gegenüber Steiner und betonte seine Nähe zum Nationalsozialismus. So habe Steiner „in seinen Werken immer wieder darauf hingewiesen, dass aus den Kräften des deutschen Volkstums die Erneuerung der Kulturwelt erfolgen müsse". Zur Bestätigung seiner „rein arischen" Abstammung habe man einen Antrag beim Rasseamt des Reichsministeriums des Inneren eingereicht. Hervorgehoben wurden darin auch Steiners frühe Studien über „Bauernweistümer" und seine „umfassende Geistesarbeit im Sinne des deutschen Idealismus" im Rahmen von Studien über „Goethes naturwissenschaftliche Gedankengänge".

Steiners Theoriegebäude über den Einfluss der Gestirne auf das Pflanzenwachstum reduzierte diese Denkschrift auf das Moment eines „urgermanischen Kulturbesitzes", welcher „aber im Zeitalter des Materialismus aus der Landwirtschaft weggeschwätzt wurde." Auch hinsichtlich der Effektivität des Einsatzes der Arbeitskräfte verwies der *Reichsverband* auf die Kompatibilität zum Nationalsozialismus. Der große Anteil an Handarbeit bringe im Rahmen der biologisch-dynamischen Wirtschaftsweise „sogar eine nutzbringende Beschäftigung

265 GOE, D.02. Seifert 002, unpag., Seifert an Bormann vom 22. 1. 1935.

266 Der „Sturm auf den Annaberg" bezeichnet Kämpfe deutscher Freikorps-Formationen im Juni 1921 gegen dessen Besetzung im Rahmen des dritten polnischen Aufstandes nach der Volksabstimmung über die nationale Zugehörigkeit Oberschlesiens. Zunächst als Symbol für das „Unrecht von Versailles" mythisiert, wurde die deutschen Kämpfer von 1933 an in etlichen Erzählungen und Romanen über die Oberschlesienkämpfe als „letzte Soldaten des Weltkrieges" und als „Vorkämpfer des Dritten Reiches" heroisiert. Vgl. Matthias Sprenger, Landsknechte auf dem Weg ins Dritte Reich? Zu Genese und Wandel des Freikorpsmythos, Paderborn 2008.

267 GOE, D.02. Seifert 002, unpag., Seifert an Bormann vom 22. 1. 1935.

268 Vgl. GOE, D.02. Seifert 002, unpag., Denkschrift über biologisch-dynamische Wirtschaftsweise in Landwirtschaft und Gartenbau, in Ergänzung des mündlichen Berichts vom 18. 8. 1933, 22 Seiten und neun Anhänge.

von solchen Arbeitskräften mit sich, die in einer technisierten Landwirtschaft als unbrauchbar gelten, wie ältere Leute und Jugendliche." Mit dem Verweis auf seine weit reichenden Erfahrungen im Bereich des Siedelns und einer spezifischen „Siedlungsmethode der biologisch-dynamischen Wirtschaftsweise" betonte der *Reichsverband* seine Bereitschaft, die Eroberungspolitik und Siedlungspläne der NS-Führung zu unterstützen: „Sie dürfte namentlich für die Sandböden und Trockengegenden des deutschen Ostens von Bedeutung werden, weil sich unter solchen extremen Verhältnissen die biologisch-dynamische Wirtschaftsweise besonders bewährt."[269]

Die Planungsbehörden hatten jedoch andere Vorstellungen über den künftigen Umgang mit größeren Sandboden-Arealen. Sie sollten aufgeforstet werden, wie Heinrich Wiepking-Jürgensmann in der Zeitschrift *Gartenkunst* im Jahr 1940 erläuterte.[270] Dreidax klärte Seifert auf, dass dieser Vorschlag ursprünglich von der Kunstdüngerindustrie ausging, die den Standpunkt vertrete, dass eine Aufforstung solcher Areale die einzige Nutzungsmöglichkeit darstelle. Denn einerseits würde sich Mineraldünger auf Sandböden aufgrund der schnellen Auswaschung der Nährstoffe nicht lohnen, zum anderen „hatte man schon damals die Patente für Holzverwertung in der Schieblade [Schublade]". Dreidax hatte sich nach der Lektüre von Wiepkings Artikel entsetzt an Seifert gewandt: „Sollte Prof. W.-J. Verbindung zu solchen Kreisen [zur Kunstdüngerindustrie] haben? Oder wird er unwissend missbraucht? Merkwürdig ist auch, dass er es stark betont, dass die Germanen in der jüngeren Steinzeit nur auf Lehm gesiedelt haben: Das mag ja richtig sein, denn warum sollten die ersten Besiedler sich Mühe mit geringeren Böden geben."[271] Obwohl Dreidax an dem Umstand, dass der deutsche Raum gerade „durch einige Landstriche im ehemals polnischen Gebiet noch weiter vermehrt worden" sei, offensichtlich keinen Anstoß nahm, brachte er gegenüber Seifert sein Befremden über Wiepkings Haltung zum Ausdruck: „Der Gedanke, den Germanen nur die besten Böden zu reservieren, passt wie ein Ei zum anderen zu jenen Ausstreuungen in bestimmten Kreisen, welche jetzt den Deutschen zum ‚Herrenmenschen' stempeln wollen – ein Gesichtspunkt, der sowohl unsere inneren sozialen Verhältnisse wie auch die Beziehungen zu den Nachbarvölkern aufs Schwerste zu erschüttern droht." Dreidax beendete sein Schreiben mit der Frage, ob Seifert Gelegenheit habe, „den abwegigen Gesichtspunkten entgegenzutreten", grüßte jedoch mit „Heil Hitler".[272]

269 Ebenda, S. 3, 5, 14, 16.

270 Vgl. GOE, D.02. Seifert 002, unpag., Dreidax an Seifert vom 31. 7. 1940.

271 Ebenda.

272 Ebenda.

Unter dem Schutz des Stellvertreters des Führers

„Glücklich bin ich auch darüber, inzwischen erfahren zu haben, da H. [Heß] bereits eine Fügung [sic] erlassen hat, wonach die gehässigen Angriffe auf uns wenigstens für die nächste Zeit unterbunden sind," freute sich der Leiter der Gartenbau- und Siedlerschule in Worpswede Max Schwarz am 6. Februar 1934.[273] Ende Januar hatte Heß alle Gauleiter zur Raison gerufen: „Agitation von irgendeiner Seite her" dürfe nicht mehr vorkommen. Die biodynamische Wirtschaftsweise könne sowohl volksgesundheitlich als auch agrarpolitisch „möglicherweise von Bedeutung werden", und darüber müssten zunächst wissenschaftliche Beobachtungen und Erkenntnisse gesammelt werden.[274]

Für den *Reichsverband* sollte diese Protektion weitreichende Folgen haben. Bereits im Februar 1934 griff das Gesundheitsamt die Forderungen von Heß auf und entsandte Delegationen auf die biodynamischen Vorzeigebetriebe. Damit war ein Ziel des *Reichsverbands* erreicht. Im Sommer konnte er die drohende Gleichschaltung mit dem *Reichsnährstand* abwenden, mit dem der *Reichsverband* bis dahin ausschließlich schlechte Erfahrungen gemacht hatte. Stattdessen wurde er mit anderen zersplitterten Verbänden der „Lebensreformbewegung" dem *Hauptamt für Volksgesundheit* angegliedert und hatte im NS-Apparat nunmehr einen zweiten Schutzherrn. Angesichts von wiederholten Angriffen des *Reichsnährstands* war das hilfreich.[275]

Seifert erkannte die Gunst der Stunde und übernahm die Organisation des *Reichsverbands*. Am 26. Februar 1934 wandte er sich mit konkreten Instruktionen an Bartsch: „Bitte veranlassen Sie nun folgendes: Hess legt grossen Wert darauf, dass in dem Schrifttum über biologisch-dynamische Wirtschaftsweise nachweisbare Versuchsergebnisse, praktische Erfahrungen und Ertragszahlen zu finden sind." Weiterhin empfahl er, welche Publikationen auf den Weg zu bringen seien, mit welchen Zahlen sie zu unterlegen und vor allem auf welche Weise die biodynamische Wirtschaftsweise zu vermitteln sei: „Kurse für Anfänger und allgemein zugängliches Schrifttum muss so gehalten sein, dass es Leuten mit den bisherigen Weltanschauungen verständlich und zugänglich ist. Alles Übrige, was ins Philosophische hinübergeht, darf ausschließlich nur für die da sein, die selbst danach suchen. Nachdem jetzt alles ins politische hinüberspielt, muss diese Linie ganz straff eingehalten werden."[276] Um gerade Bartsch gegenüber, der allgemein

273 GOE, D.02. Seifert 002, unpag., Schwarz an Seifert vom 6. 2. 1934.

274 Vgl. Werner, Anthroposophen, S. 90.

275 Vgl. Staudenmaier, Occultism, S. 123 ff.

276 GOE, D.02. Seifert 002, unpag., Seifert an Bartsch vom 26. 2. 1934.

als anthroposophischer „Hardliner" galt, diese vom „Phantastischklingenden" bereinigte Form der Vermittlung Nachdruck zu verleihen, ergänzte Seifert: „Er [Hess] erwähnte, daß das, was man im persönlichen Gespräch über biologisch-dynamische Wirtschaftsweise erfährt, viel überzeugender ist, als alles, was man darüber liest."[277] Da es vornehmlich Seifert selbst war, der in dieser Zeit persönliche Gespräche mit Heß führte, machte er Bartsch unmissverständlich klar, dass er selbst „viel überzeugender" sei: „Ich habe diese Ansicht von allem Anfang an vertreten und Recht behalten."[278]

Im Februar 1935 wünschte Frau von Ribbentrop die Versorgung ihres Haushalts mit *Demeter*-Produkten, woraufhin sich Seifert an Bartsch wandte: „Herr von Ribbentrop gilt beim Führer sehr viel. Also Pflicht erfüllen!"[279]

Als Seifert im Auftrag von Heß 1940 eine Denkschrift für den „Führer" ausarbeitete, ließ er sich von Generalbaurat Giesler beraten, „der sehr viel mit dem Führer allein oder im engsten Kreise zusammen ist".[280] Dessen Hinweise teilte er im Dezember 1940 Bartsch mit: Er solle die genauen Schilderungen der Präparate 500 und 501 aus der Denkschrift herausnehmen und stattdessen nur „die Wirkung kleinster Mengen von natürlichen Heilstoffen auf nicht durch Reizstoffe aufgepeitschte Organismen" erwähnen.[281] Besondere Aufmerksamkeit widmet Seifert in der Denkschrift der „Gestaltung des deutschen Ostens", die – wie er Bartsch mitteilte – auf Grundlage einer Zusammenschau des *Reichsverbands* entstanden sei.

Mit Stolz vermeldete Seifert gegenüber dem *Reichsverband* seine Verhandlungserfolge mit den Planungsbehörden hinsichtlich der Durchsetzung biodynamischer Prinzipien: „Wegen der Heckenlandschaften müsste jetzt sofort ohne Verzug und scharf zugeschlagen werden. Mag ihnen meine Arbeit noch so unvollkommen erscheinen, entscheidend ist doch, daß sie so gut wie alle Verantwortlichen mitgerissen hat und daß der ganze Osten auf jeden Fall in eine Heckenlandschaft umgebaut wird. Todt, vor drei Jahren noch ein Feind der Hecke, macht den Anfang. Himmler hat zugestimmt; auch der Führer wird die Arbeit noch bekommen und dann ist alles gewonnen."[282]

Auch jenseits der politischen Verhandlungen bewies Seifert ein ausgeprägtes strategisches Gespür für wichtige Ansprechpartner:innen, um seine Werbefeldzüge für die biodynamische Sache zu befördern. Seifert begriff offenbar schnell,

277 Ebenda.
278 Ebenda.
279 GOE, D.02. Seifert 002, unpag., Seifert an Bartsch vom 13. 2. 1934.
280 GOE, D.02. Seifert 002, unpag., Seifert an Bartsch vom 7. 12. 1940.
281 Ebenda.
282 GOE, D.02. Seifert 002, unpag., Seifert an Dreidax vom 19. 2. 1940.

dass die Gattinnen der NS-Führer der Schlüssel zum Erfolg waren. Häufig waren sie es nämlich, die von der biodynamischen Idee angetan waren. Die Frau des Reichsinnenministers Wilhelm Frick war nach ihrem gemeinsamen Besuch auf Marienhöhe im April 1934 eine der ersten, die ihren Haushalt mit Gemüse von *Demeter* beliefern ließ.[283] Auch Ilse Heß, die den gemeinsamen Gesprächen zwischen ihrem Mann und Seifert am heimischen Mittagstisch stets beiwohnte, wurde eine begeisterte Verfechterin biodynamischer Landwirtschaft und wichtige Ansprechpartnerin für Seifert. Über sie vermittelte er weitere Besuche nach Marienhöhe, etwa von Albertine Darré[284] und der Schwester Hitlers.[285]

Seifert nutzte auch sein fachliches Umfeld für Werbezwecke und ließ *Demeter*-Brot aus Marienhöhe an Kollegen schicken, womit er Erfolg hatte.[286] Ein wichtiges Werbemittel war Seiferts biodynamisch betriebener Garten in München-Laim. So schrieb er im Juli 1941 an Dreidax: „Von der geradezu mythischen Üppigkeit meines Gartens war der Reichsbauernführer [Darré] stark beeindruckt."[287] Der Korrespondenz mit Dreidax, Lippert und Bartsch zufolge traf er hier etliche Politiker und Wissenschaftler, um Möglichkeiten zur Realisierung von biodynamischen Versuchen zu besprechen. So beeindruckte er im Jahr 1941 Prof. Kupper, den Kustos des Botanischen Gartens München, mit der außerordentlichen Blühfähigkeit seiner Orchideen. Damit überzeugte er Kupper sogar, vergleichenden Kompostversuchen mit biodynamischen Präparaten im Botanischen Garten durchführen zu lassen, und schlug vor, den biodynamischen Forscher Franz Lippert dafür einzustellen.[288]

Der Vorsitzende des Reichsverbands für Biologisch-Dynamische Wirtschaftsweise Erhard Bartsch

In ihrem Fazit halten Jacobeit und Kopke über Erhard Bartsch fest, er habe „[e]ine gewisse Affinität zum nazistisch-ideologischen Gedankengut" gehabt, die gleichermaßen als Rückendeckung gegenüber wiederholten Angriffen zu werten sein dürfe.[289] Uwe Werner fasste zusammen: „Bartsch wollte für diese Wirtschaftsweise den Nazistaat instrumentalisieren. Das Umgekehrte ist geschehen."[290]

283 Vgl. Werner, Anthroposophen, S. 58, Anm. 127.
284 Vgl. GOE, D.02. Seifert 002, unpag., Seifert an Lippert vom 26. 2. 1934.
285 Vgl. ebenda.
286 Vgl. GOE, D.02. Seifert 002, unpag., Schmalhorst an Seifert vom 10. 12. 1934.
287 GOE, D.02. Seifert 002, unpag., Seifert an Dreidax vom 7. 7. 1941.
288 Vgl. GOE, D.02. Seifert 002, unpag., Seifert an Bartsch vom 13. 2. 1935.
289 Vgl. Jacobeit/Kopke, Wirtschaftsweise, S. 46.
290 Auskunft Uwe Werner per E-Mail vom 15. 2. 2019.

Erhard Bartsch (1895–1960), einer der Pioniere der biodynamischen Wirtschaftsweise, ist im anthroposophischen Milieu groß geworden. Sein Vater Moritz war seit den 1890er-Jahren Mitglied der Theosophischen Gesellschaft und an deren Aufbau in Breslau aktiv beteiligt. Sein Bruder Hellmut war Berater für verschiedene Auskunftsstellen der biodynamischen Wirtschaftsweise.

Erhard Bartsch war nicht nur Vorstand und Sprecher des *Reichsverbandes,* er gab auch die Zeitschrift *Demeter* heraus und publizierte regelmäßig von ihm selbst verfasste Artikel. Er veranstaltete auf Marienhöhe unzählige Führungen mit NS-Führern, erarbeitete eine Reihe von Denkschriften zur biodynamischen Wirtschaftsweise und pflegte mit mancher NS- und staatlichen Behörde einen umfangreichen Schriftverkehr, etwa mit dem „Amt Rosenberg" oder dem Reichslandwirtschaftsministerium.

Bartsch versuchte wiederholt, die NS-Machthaber von den Vorteilen der biodynamischen Wirtschaftsweise und ihrer Vereinbarkeit mit der NS-Ideologie zu überzeugen. Dabei kam er auch einer Aufforderung der Zweigstelle Kurmark des Reichspropagandaamtes vom 13. Dezember 1938 nach, antisemitische Artikel einzureichen. In seinem Schreiben an den zuständigen Hanns Georg Müller teilt Bartsch mit, dass die biologisch-dynamische Wirtschaftsweise einen Kampf gegen „die Agrikultur-Chemie" führe, die ebenso wie die Erfindung des künstlichen Stickstoffs dem Juden Haber zu verdanken sei.[291]

Bartsch stellte vergeblich Anträge zur Aufnahme in die NSDAP und die SS.[292] Im Mai-Heft der Zeitschrift *Demeter* von 1939 gratulierte er mit Adolf Hitlers Konterfei auf dem Titelblatt zum 50. Geburtstag des „Führers". Im Septemberheft des gleichen Jahres rief er die biodynamischen Landwirte zum „Einsatz" auf: „Die Stunde der Bewährung ist angebrochen! Der Führer hat die Verteidigung der Ehre und der Lebensrechte des deutschen Volkes übernommen. Der Entscheidungskampf gegen Ungeist und Unrecht von Versailles hat eingesetzt. [...] Im Schutz der Ordnung, die der Führer schuf, konnte eine verantwortungsvolle und gesegnete Aufbauarbeit zu Ende geführt werden. Ein urdeutscher Impuls in der Landwirtschaft ist ausgestaltet worden – die Betriebsautarkie. Was heute der Brite der deutschen Landwirtschaft an Produktionsmitteln durch die Blockade verweigern will, das haben die Betriebe der biologisch-dynamischen Wirtschaftsweise seit vielen Jahren von sich aus als überflüssig beiseite gestellt."[293]

Neben seiner umfassenden Denkschrift über die „Biologisch-dynamische Wirtschaftsweise in Landwirtschaft und Gartenbau" (August 1933) erarbeitete er

291 Vgl. BArch, R 9349/III, unpag., Bartsch an Müller vom Dezember 1938.

292 Vgl. Staudenmaier, Occultism, S. 117, Anm. 60.

293 Zit. n. Werner, Anthroposophen, S. 280 ff.

u. a. Vorschläge zur „Überwindung der Landflucht“ (Januar 1939), zur „Sicherung der deutschen Ernährung und Gesundheit“ (o. D.), zum „Bäuerlichen Erziehungsweg des deutschen Volkes“ (September 1940) und zur „Förderung der Gesundheit des Bergarbeiters durch den Aufbau von Siedlungsorganismen und organische Landschaftsgestaltung“ (November 1940).[294]

Gemeinsam mit dem *Versuchsring für Biologisch-Dynamische Wirtschaftsweise* gründete er im August 1940 in Bad Saarow die „Goethe-Hochschule für Forschung und Bildung aus Bäuerlicher Lebensordnung“. Hier sollten nicht nur die „Quellen der bäuerlichen Schöpferleistung“ und „die Bildung des deutschen Menschen zur Erfassung dieser Quellen“ erforscht werden, sondern – über das übliche Spektrum landwirtschaftliche Hochschulen hinaus – auch Kurse über Sternkunde, Musik und das „Liebhaberwesen“ stattfinden. Bei Letzterem sollten „städtische Menschen“ die Gelegenheit bekommen, Gartenliebhaberei, Tierliebhaberei und verwandte Sehnsüchte nach bäuerlicher Betätigung auszuleben.[295]

So eindeutig sich Bartschs affirmative Haltung gegenüber dem NS-System anhand vieler Quellen darstellt, blieb seine Rolle dennoch widersprüchlich. Insbesondere von NS-Führern, die sich für die Anthroposophie einsetzten, wie etwa SS-Gruppenführer Otto Ohlendorf vom Sicherheitsdienst des Reichsführers SS, wurde Bartschs Einstellung kritisiert: „Dr. Bartsch war in seinen Verhandlungen mit mir ein solch sturer, unnachgiebiger Anthroposoph, daß er im Laufe der Jahre durch seine Haltung mehrfach meine Arbeit gefährdete. Ja, ich konnte ihm damals den Vorwurf nicht ersparen, daß er [...] mit an der Katastrophe von 1941 [dem Verbot des Reichsverbands] mitschuldig wurde.“[296] Bartsch habe in der gesamten Zeit, in der er mit ihm zu tun hatte, nicht nachgelassen, das geschlossene System der Steiner'schen Lehre und der Anthroposophie voranzutragen und habe damit „den geistigen Lebenskern des Nationalsozialismus überwinden“ wollen.[297]

Nach dem Verbot von 1941 und der Verhaftung von drei Mitgliedern des *Reichsverbands* war es somit nicht überraschend, dass Bartsch länger in Gestapo-Haft verblieb als sein Mitstreiter Carl Grund,[298] obwohl er prominente Fürsprecher hatte wie etwa Alfred Baeumler oder Birgitta Wolf, eine Nichte von Hermann Göring.[299]

Charakteristisch für Bartschs Einstellung ist auch sein Verhalten nach Kriegsende: Mit dem „hohen Ziel einer [...] wahrhaft sozialistischen Aufbau-

294 Vgl GOE, D.02. Seifert 002, unpag.
295 Vgl. Werner, Anthroposophen, S. 405 ff.
296 Ebenda, S. 280.
297 Vgl. ebenda.
298 Vgl. Staudenmaier, Occultism, S. 234 ff.
299 Vgl. Werner, Anthroposophen, S. 328.

arbeit auf heimatlicher Scholle" entwarf er an „Johanni 1945" auf Marienhöhe mit scheinbar ungebrochenem Engagement den „Umsiedlungsplan auf weite Sicht" für die „aus dem Osten und in absehbarer Zeit auch aus den Städten [...] auf das Land flutenden Menschen".[300] Die veränderten politischen Bedingungen spielten für Bartschs „Idee vom geschlossenen bäuerlichen oder gärtnerischen Hoforganismus" offensichtlich keine Rolle; in dem Nachkriegskonzept hatte er gegenüber seiner Denkschrift von 1939 nur wenige Begriffe ausgetauscht. Während es in Letzterer um Siedlungen im Rahmen der Ostexpansion ging, standen sie nun „im Zeichen der Binnenkolonisation".[301] Politisch war Bartsch demnach Opportunist, und seine Treue galt in erster Linie der biologisch-dynamischen Wirtschaftsweise.

Marienhöhe und Deutschland verließ er im Jahr 1950. Er lebte anschließend auf dem Hof seiner Frau in Österreich, wo er Ausbildungskurse für biodynamische Landwirtschaft und Heilpädagogik anbot. Er starb am 5. September 1960 in Klagenfurt.

Forschungsarbeiten zur biodynamischen Wirtschaftsweise

Neben internen Untersuchungen auf den Gütern des *Versuchsrings für Biologisch-Dynamische Wirtschaftsweise* fanden erste Forschungsarbeiten zum Vergleich der biodynamischen mit der herkömmlichen Wirtschaftsweise zwischen 1930 und 1935 in Berlin und Brandenburg in Kooperation mit der Landwirtschaftskammer statt. Dabei schnitten die Ernteerträge der mit Mineraldünger und Stallmist gedüngten Versuchsfelder zunächst besser ab, während die biodynamisch bewirtschafteten Felder in den letzten Versuchsjahren bessere Ergebnisse erzielten.[302]

Die Deutsche Forschungsgemeinschaft förderte ab 1934 zwei umfangreiche Versuchsreihen zur Prüfung der biologisch-dynamischen Wirtschaftsweise. Der Lehr- und Versuchsanstalt für Gartenbau Großbeeren (ab 1939 Pillnitz), die Dr. Reinhold unterstand, wurde nach mehrjährigen Vergleichsversuchen mit verschiedenen organischen Düngemitteln u. a. in den Jahren 1938 und 1939 auch eine „Prüfung der kosmischen Beziehungen im Pflanzenwachstum" mit insgesamt 900 Reichsmark gewährt.[303] Darüber hinaus erhielt Dr. Schmidt von der Landwirtschaftlichen Versuchsstation Darmstadt in den Jahren 1941–1944 eine

300 Vgl. GOE, D.02. Seifert 002, unpag., Ein Umsiedlungsplan auf weite Sicht von Dr. Erhard Bartsch, Marienhöhe Johanni 1945 (Johannistag, 24. 6. 1945).

301 Ebenda.

302 Vgl. Vogt, Entstehung, S. 121 ff.

303 Vgl. BArch, R 73/13890, unpag., u. a. Versuchsplan 1934 (Abschrift) vom 10. 12. 1943; R 73/13891, unpag., Forschungsdienst an Prof. Dr. Reinhold vom 7. 6. 1938.

Summe von insgesamt ca. 60 000 Reichsmark zur Untersuchung der Wirkstoffe der biologisch-dynamischen Wirtschaftsweise.

Während beide Versuchsreihen im Wesentlichen die von den Wissenschaftlern erwartete Wirkungslosigkeit der biodynamischen Präparate bestätigte, wiesen Teilversuche der Versuchsstation Darmstadt eine „gewisse Wirkung“ der biodynamischen Präparate nach. In seinem Zwischenbericht von 1942 kam Dr. Schmidt zu dem Ergebnis, dass die biologisch-dynamischen Düngepräparate Wirkstoffe enthielten, die Hefe zu starkem Teilungswachstum anrege und somit die Möglichkeit bestehe, „dass diese Teilungsstoffe auch auf höhere Pflanzen im gleichen Sinne einwirken und gewisse Wachstumssteigerungen auszulösen vermögen.“[304] Mit dieser Begründung beantragte Schmidt die Fortsetzung der Versuchsreihen, um „mit Hilfe exakter wissenschaftlicher Methoden diese Fragen zu klären und aus der Fülle des Mystischen und Geheimnisvollen den wahren Kern der Sache herauszuschälen“.[305]

Die von Rudolf Heß initiierten wissenschaftlichen Beobachtungen wurden 1934 unter Federführung des *Reichsgesundheitsamtes* in Absprache mit Vertretern des *Reichsverbands* und dem *Reichsnährstand* in die Wege geleitet. Das Projekt verzögerte sich jedoch, da sich die Parteien bezüglich der Versuchsanordnungen nicht einigen konnten.[306] Als schließlich die mit der Durchführung des Vergleichs beauftragte *Landwirtschaftliche Betriebsprüfungs-GmbH* im Oktober 1938 zu einem negativen Urteil in Bezug auf die Mengenerträge kam, erhob der *Reichsverband* Einspruch und wies auf methodische Fehler der Untersuchung hin. Der Stellvertreter des Führers ließ sich davon überzeugen und teilte Darré mit, dass die Untersuchung kein eindeutiges Ergebnis gebracht habe und deshalb im nächsten Jahr wiederholt werden solle.[307] Daraufhin wandte sich Darré persönlich an Seifert, um die Modalitäten eines weiteren Prüfungsverfahrens mit entsprechenden Vergleichsbetrieben abzustimmen.[308] Im Juni 1938 meldete Seifert an Heß, dass die Prüfung von 70 Vergleichsbetrieben auf den Weg gebracht worden sei.[309] Auch der Bevollmächtigte für den Vierjahresplan Göring war nach einem Bericht Seiferts im März 1938 bereit, das Thema auf einer Sitzung

304 BArch, R 73/14422, unpag., Antrag Landw. Untersuchungsamt und Versuchsanstalt Darmstadt, Sachbearbeiter Dr. B. Hasper, o. D.

305 Ebenda.

306 Vgl. GOE, D.02. Seifert 002, unpag., Schriftwechsel von Dreidax mit Alfred Mitscherlich von April bis Mai 1943.

307 Vgl. Werner, Anthroposophen, S. 69 ff.

308 Vgl. GOE, D.02. Seifert 002, unpag., Darré an Seifert vom 23. 2. 1938.

309 Vgl. GOE, D.02. Seifert 002, unpag., Seifert an Heß vom 21. 6. 1938.

mit sämtlichen zuständigen Ämtern und Ministerien zu erörtern.[310] Dazu kam es jedoch nicht, wahrscheinlich ließ Göring aufgrund des negativ ausgefallenen Untersuchungsberichts davon ab.

Nachdem die *Anthroposophische Gesellschaft* im November 1935 verboten worden war, ließ auch Alfred Rosenberg in seiner Funktion als *Beauftragter des Führers für die Überwachung der gesamten geistigen und weltanschaulichen Erziehung der NSDAP* ein Gutachten über die Anthroposophie erstellen. Alfred Baeumler, Leiter des Referates Wissenschaft im „Amt Rosenberg", kam darin 1938 zu dem Schluss, dass er zwar die philosophischen Abhandlungen Steiners gelten lassen könne, einen zentralen Gegensatz zur Anthroposophie sah er allerdings in der deren Auffassung der Medizin, die der nationalsozialistischen Vererbungslehre entgegenstehe. „Da die geisteswissenschaftliche Medizin von der Vererbungslehre wegführt, ist sie nicht geeignet, im heutigen Umbruch des medizinischen Denkens eine segensreiche Rolle zu spielen."[311]

Bartsch schöpfte aus Baeumlers Ausführungen dennoch Hoffnung für ein positives Votum gegenüber der biodynamischen Wirtschaftsweise und lud diesen nach Bad Saarow ein. Tatsächlich verbrachte Baeumler Anfang Dezember 1940 vier Wochen auf Marienhöhe und lobte in seinem Entwurf „Über biologisch-dynamische Wirtschaftsweise in weltanschaulicher Hinsicht" durchaus die alte bäuerliche Praxis Steiners: „[D]urch die ständigen Beobachtungen der Kräfte der Natur, durch die Berücksichtigung von Sonne und Mond, wird die bäuerliche Arbeit interessant und spannend wie ein Roman." Allerdings kritisierte er Bartschs Begriff des Bauerntums als zu „unpolitisch und unkriegerisch" und kam zu dem Schluss, dass die „germanische Weltanschauung und Wissenschaft" nicht durch die anthroposophische Geistesforschung ersetzt werden dürfe.[312]

Als Reaktion auf Darrés Mitteilung an den *Deutschen Reichsbauernrat* im Juni 1940, er werde die biologisch-dynamischen Wirtschaftsweise zukünftig unterstützen,[313] sah sich die landwirtschaftliche Abteilung der IG-Farben genötigt, ihrerseits ein Gutachten in Auftrag zu geben. Die „Stellungnahme zur Frage: Biologisch-dynamische Wirtschaftsweise, bearbeitet von Dr. Alfred Steven, Ludwigshafen",[314] wurde im Februar 1941 allen maßgeblichen landwirtschaftlichen Behörden zugesandt. Schlussfolgerung der 173 Seiten umfassenden Studie war: „Was an der biologisch-dynamischen Wirtschaftsweise gut und mit allen

310 Vgl. BArch, R 9349/II, unpag., Heynitz an von Köckritz vom 10. 3. 1938.

311 Zit. n. Werner, Anthroposophen, S. 402. (Gutachten Alfred Baeumlers vom 22. 10. 1938)

312 Vgl. ebenda, S. 279. Baeumlers Gutachten über die biologisch-dynamische Wirtschaftsweise ist nur als Entwurf erhalten und wurde vermutlich nicht zu Ende gebracht.

313 Vgl. Jacobeit/Kopke, Wirtschaftsweise, S. 52.

314 Vgl. BArch, R 2/18292, Bl. 14–23; R 3602/2609, unpag., S. 1–173.

Mitteln nachahmenswert ist, das ist die gute Humuswirtschaft. Daß sie aber erst in Verbindung mit einer mineralischen Volldüngung und ohne das mystische Beiwerk der Anthroposophie hohe Ernten von bestem biologischem Wert erzeugt, das dürfte wohl diese Arbeit ebenfalls bewiesen haben. Die Gefahr, die uns sonst droht, liegt darin, dass Mängel aller Art zu einer Verarmung des deutschen Bodens und zu einer Gefährdung unserer Volksernährung führen."[315] Die Studie widmete sich ausgiebig der anthroposophischen Weltanschauung und lieferte damit die Grundlage für das Verbot des *Reichsverbands* und das vom Reichssicherheitshauptamt im Oktober 1941 herausgegebene Dokument „Die Anthroposophie und ihre Zweckverbände. Bericht unter Verwendung von Ergebnissen der Aktion gegen Geheimlehren und sogenannte Geheimwissenschaften", die nunmehr die „Anthroposophie in jeder Erscheinungsform" untersagte.[316]

Heinrich Himmler entlarvte die Ergebnisse des Berichts der IG-Farben in einem Schreiben an Oswald Pohl vom 29. November 1941 allerdings als gefälscht und erinnerte an seine persönlichen Erfahrungen als junger Assistent in einem Stickstoffkonzern nahe München, wo man ihn zu falschen Beweisen habe zwingen wollen.[317]

Himmler und Darré waren nicht die einzigen, die in NS-Kreisen eine von der Anthroposophie „befreite" Form der biodynamischen Wirtschaftsweise anstrebten. Auch Günter Pancke, Chef des Rasse- und Siedlungshauptamtes, war zu der Überzeugung gekommen, dass „bei dieser Wirtschaftsweise nach der erfolgten Reinigung von übernatürlichen und magischen Zutaten außerordentlich wertvolle Erkenntnisse und Vorzüge sich ergeben haben".[318]

Die Möglichkeit einer solchen „Reinigung" nahmen jedoch nicht nur NS-Führer für sich in Anspruch, sondern auch biodynamische Landwirte selbst. So schrieb Max Schwarz 1934 an Seifert: „Mir ist das jetzt erst in der letzten Zeit sehr stark aufgegangen, namentlich auch in der Bodenseegegend. Die Menschen verwirklichen nur das aus der biologisch-dynamischen Wirtschaftsweise, was ihnen zunächst als bequem erscheint. So ist wohl in biologischer Hinsicht manches schöne erreicht worden, aber in dynamischer Hinsicht ist doch vieles noch eine furchtbare Stümperei."[319] Seifert hatte diese Form der „Reinigung" auch dem „sturen Anthroposophen" Erhard Bartsch als Strategie empfohlen. Die „geistige

315 BArch, R 3602/2609, S. 126.

316 Vgl. Werner, Anthroposophen, S. 441. (Die Anthroposophie und ihre Zweckverbände. Bericht unter Verwendung von Ergebnissen der Aktion gegen Geheimlehren und sogenannte Geheimwissenschaften)

317 Vgl. Heiber, Reichsführer, S. 110.

318 Zit. n. Werner, Anthroposophen, S. 284.

319 GOE, D.02. Seifert 002, unpag., Schwarz an Seifert vom 6. 2. 1934, S. 2.

Ebene" – so Seifert an Bartsch – würde noch folgen: „Wir haben es zunächst mit Tatsachenmenschen zu tun, die allem Unklaren und allem Phantastischklingenden abhold sind. Auch diese aber haben besinnliche Stunden, in denen sie geneigt sind, den Ursachen und geistigen Hintergründen nachzugehen. Aber das alles kommt erst später und muss scharf von den Tatsachen getrennt werden, die jederzeit unter Beweis gestellt werden können."[320] Allerdings hatte Seifert von Dreidax bereits im April 1940 eine entsprechende Order bekommen: „Was alle weltanschaulichen Fragen anbelangt, so sollten Sie herausbleiben, denn es ist immer nur das Interesse des Gegners gewesen, mit Wortstreitereien diese Dinge aufzurühren."[321]

„Die Wirtschaftsweise" – Verbot und Fortführung

„Bei meiner nächsten Anwesenheit in Berlin [...] werde ich mich zur Ermöglichung einer Aussprache mit Ihnen in Verbindung setzten", schrieb Seifert am 5. September 1941 an Oswald Pohl. Nach dem Verbot des *Reichsverbands* und der Verhaftung Bartschs im Sommer 1941 wandte sich Seifert hinsichtlich der Weiterentwicklung der biodynamischen Wirtschaftsweise an seine neuen Ansprechpartner, die DVA. Vogel habe ihm bereits mitgeteilt, dass die SA beauftragt sei, „in ihren Wohnbereichen jene Männer anzugeben, die biologisch-dynamisch arbeiten". Das „vernichtende" Ergebnis der Vergleichsprüfungen in den biodynamischen Betrieben solle durch die Gestapo nachgeprüft werden, „ehe man darauf nun irgendwelche Verfahren aufbaut".[322]

Himmler hatte sich bereits nach dem Verbot der Anthroposophischen Gesellschaft 1935 auf eine Bitte von Heß dazu bereit erklärt, die politischen Polizeikommandeure der Länder anzuweisen, nicht gegen den *Reichsverband* vorzugehen. Er ordnete dennoch die Überwachung des Verbands an und ließ sich die entsprechenden Berichte bzw. beschlagnahmtes Material zukommen.[323] Nach der Gründung der DVA, spätestens nach dem Beschluss im Jahr 1940, den DVA-Betrieb in Dachau biologisch-dynamisch zu bewirtschaften,[324] bemühte er sich um biodynamische Fachkräfte. Nach dem Verbot des *Reichsverbands* entschlossen sich die beiden ebenfalls inhaftierten biodynamischen Landwirte Carl Grund und Herbert Beichl sowie Franz Lippert, Immanuel Vögele und Martha Künzel

320 GOE, D.02. Seifert 002, unpag., Seifert an Bartsch vom 26. 2. 1934.

321 GOE, D.02. Seifert 002, unpag., Dreidax an Seifert 11. 4. 1940.

322 GOE, D.02. Seifert 002, unpag., Seifert an Pohl vom 5. 9. 1941.

323 Vgl. Werner, Anthroposophen, S. 279.

324 Vgl. Daniella Seidl, Zwischen Himmel und Hölle. Das Kommando Plantage des Konzentrationslagers Dachau, München 2008, S. 82.

zur Mitarbeit in der SS bzw. der DVA. Als Begründung für diesen Entschluss gab Franz Lippert in seinem Spruchkammerverfahren im Februar 1948 an, er habe „die Bedeutung dieser Arbeiten bei einer sog. Prüfung kennen und selbst auswerten" wollen.[325] In Absprache mit Bartsch hätten er und Carl Grund beschlossen, dass die biologisch-dynamischen Versuche der SS möglichst von qualifizierten Mitarbeitern der biodynamischen Bewegung verantwortet werden sollten.

Den Namen „biologisch-dynamische Wirtschaftsweise" befand Darré bereits im Sommer 1940, nachdem er sich offen für deren Unterstützung ausgesprochen hatte, als „Schwammwort". Zukünftig solle die Methode „lebensgesetzliche Landbauweise" genannt werden.[326] Aus dem Schriftverkehr mehrerer NS-Behörden geht jedoch hervor, dass meistens der ursprüngliche Name weitergenutzt wurde. In Anlehnung daran bezeichnete das Reichsministerium die mit Mineraldünger arbeitende Wirtschaftsweise sogar zeitweise als „statisch".[327] Lediglich der *Reichsverband* und insbesondere Bartsch verwendeten den neuen Namen „lebensgesetzliche Landbauweise", sei es in vorauseilendem Gehorsam, aus Selbstschutz oder aus Überzeugung.

Auch die DVA verwendete in ihren schriftlichen Dokumenten bis zum Verbot des *Reichsverbands* den ursprünglichen Namen. Danach war Himmler bemüht, möglichst zu verhindern, dass die Fortsetzung der biodynamischen Praxis in den DVA-Betrieben in die Öffentlichkeit drang. In den Quellen der DVA ab Sommer 1941 finden sich neben dem ursprünglichen Begriff unterschiedliche verschleiernde Namensvarianten wie „naturgemäßer Landbau",[328] „natürlicher Landbau", „lebensgesetzliche Landbauweise", „bäuerlich-unabhängige Landbauweise", „die Methode" oder meistens einfach nur „die Wirtschaftsweise".

Diese Begriffsvielfalt erschwert die Auswertung der Quellen, da in einigen Fällen unklar ist, welche Wirtschaftsweise gemeint ist. So geht beispielsweise aus dem Nachlass von Franz Lippert hervor, dass er in Dachau nicht nur Versuche mit der biologisch-dynamischen Wirtschaftsweise, sondern auch Vergleichsversuche mit der Methode des *Natürlichen Landbaus* durchgeführt hat.[329] In vielen anderen Dokumenten wird der *Natürlichen Landbau* jedoch synonym mit der biologisch-dynamischen Wirtschaftsweise verwendet.

325 GOE, D.02. Franz Lippert, unpag., Lippert an den öffentlichen Kläger bei der Spruchkammer Rosenheim vom 7. 2. 1948.

326 Vgl. Jacobeit/Kopke, Wirtschaftsweise, S. 51 f.

327 Vgl. Vogt, Entstehung, S. 122.

328 BArch, NS 19/3122, Bl. 29. Hier heißt es in der Betreffzeile: „Prüfung des naturgemäßen Landbaues" (früher biologisch-dynamisch).

329 Vgl. GOE, D.02. Franz Lippert, unpag., Auflistung der Versuchsarbeiten für die DVA 1940–1945, K. Lippert an Werner vom 22. 11. 1996.

Die biologisch-dynamische Wirtschaftsweise der DVA

„Besonders interessiert an unserer Arbeit ist auch die Deutsche Versuchsanstalt für Ernährung und Verpflegung in der Reichsführung SS",[330] heißt es im Geschäftsbericht des *Reichsverbands* vom Dezember 1940, in dem auch angedeutet wird, dass eine Zusammenarbeit inzwischen in die Wege geleitet war.

Während jedoch die von Himmler 1940 angeordnete Umstellung der Kräuterkulturen in Dachau auf biodynamische Düngung anfänglich eher den Charakter eines ersten Experimentierens hatten, beauftragte er Oswald Pohl am 18. Juni 1941, in der DVA einen systematischen Großversuch dazu in die Wege zu leiten.[331] Zu diesem Zeitpunkt war Himmler bereits bekannt, dass der *Reichsverband* und der *Versuchsring* verboten und die anberaumte Vergleichsprüfungen mit biodynamischen Höfen nicht mehr stattfinden würden.

Obwohl sich Himmler eindeutig für diese Alternative entschieden hatte, war er angesichts des Verbotes dennoch vorsichtig. Er wies Pohl am 14. Februar 1942 darauf hin, dass ihm unvorsichtige Äußerungen einer seiner Mitarbeiter gegenüber dem Reichsleiter der NSDAP Dr. Ley zugetragen worden seien und warnte vor den Anthroposophen in der DVA, die „das Mauscheln und Agitieren nicht sein lassen" könnten.[332] Am 27. Februar meldete der DVA-Geschäftsführer Vogel – wegen dieses Vorfalls vermutlich von Pohl gerügt – dass er seine Mitarbeiter instruiert habe, sich ganz auf ihre eigene Arbeit zu konzentrieren. Eine anberaumte Arbeitstagung zum Thema sei abgesagt und stattdessen auf „örtliche Belehrungen der Fachkräfte" reduziert worden.[333] Im März wurde Vogel vom persönlichen Stab des RFSS nochmals ermahnt, dass die zuständigen Leute in seinem Amt über die „naturgemässe Landbauweise" nicht „so viel herumreden" sollten. Vogel sollte deren Dienstsitz Berlin auf eines der DVA-Güter im Osten verlegen.[334]

Die Anzahl der Betriebe, die von der DVA bis Kriegsende biodynamisch bewirtschaftet wurden, lässt sich nicht exakt ermitteln, da in den diversen Dokumenten unterschiedliche Angaben zu finden sind. Aus den beiden SS-Wirtschaftsprüfungsberichten der DVA von 1943 und 1945 geht hervor, dass sich deren Einschätzung hinsichtlich der biodynamischen Wirtschaftsweise verändert hatte. Während sie im ersten Bericht noch kritisch hinterfragt wurde, räumte

330 Zit. n. Werner, Anthroposophen, S. 410.

331 Vgl. BArch, NS 19/3122, Bl. 83.

332 Ebenda, Bl. 41.

333 Vgl. ebenda, Bl. 39.

334 Vgl. ebenda, Bl. 38.

der Bericht von 1945 ein, dass die „natürliche Landbauweise" (gemeint war die biologisch-dynamische) sinnvoll sei: „Die jüngste Entwicklung zwingt die Landwirtschaft nach Angaben der Geschäftsführung ohnehin zu einer beträchtlichen Einschränkung der Verwendung künstlichen Düngers und damit zur natürlichen Landbauweise, da die Düngemittelindustrie nur noch etwa 15 % der Vorkriegslieferungen zuteilt."[335] Im Anschluss heißt es, dass die Geschäftsführung der DVA der Meinung sei, dass die Einführung der „natürlichen Landbauweise nunmehr, wenn auch langsam, sich vorteilhaft auszuwirken beginnt."[336]

Konkretere Angaben über die Praxis der „Wirtschaftsweise", ob und wie sie auf den DVA-Gütern realisiert wurde, lassen sich in den DVA-Quellen nur sehr vereinzelt finden. Hinweise stammen im Wesentlichen von Häftlingsberichten der Konzentrationslager Dachau, Ravensbrück und Auschwitz (siehe die Kapitel Dachau, Ravensbrück, Auschwitz). Aus diesen geht hervor, dass auf den DVA-Gütern in Dachau und Ravensbrück durchaus unterschiedliche Versuche mit der „Wirtschaftsweise" vorgenommen wurden, teils im Vergleich mit anderen, tradierten Landwirtschaftsmethoden.

Zur Durchführung der Versuche waren nach bisherigem Kenntnisstand fünf Biodynamiker:innen für die DVA bzw. die SS tätig. Immanuel Vögele, einer der Pioniere der biodynamischen Bewegung und Leiter des Gutsbetriebes Pilgramshain in Schlesien, der seit 1928 auch eine heilpädagogische Einrichtung beherbergte,[337] betreute den DVA-Heilkräuterbetrieb Adeleichen.[338] Herbert Beichl war Oberleiter der biologisch-dynamischen Gütergruppe der DVA und verwaltete das Gut Oberliebich.[339] Martha Künzel und Franz Lippert leiteten ab 1941 die biologisch-dynamische Forschungsabteilung in Dachau, deren Forschungsergebnisse teilweise von Franz Lippert aufgezeichnet wurden. Künzel wechselte Ende des Jahres 1943 im Dienst der SS auf das Gut Malta, das der Gütergruppe Oberliebich angeschlossen war, und widmete sich dort „speziellen pflanzenzüchterischen Versuchsaufgaben".[340] Carl Grund, Mitglied des

335 BArch, NS 3/722, Bl. 6.

336 Ebenda, Bl. 8 f.

337 Vgl. Werner, Anthroposophen, S. 350 f.

338 Vgl. BArch, NS 3/1430, Bl. 114.

339 Vgl. ebenda. Herbert Beichl war der Sohn des Verwaltungsinspektors des biodynamisch geführten Gutes Heynitz bei Meißen und wurde dort von Carl Grund als biodynamischer Berater angelernt. Vgl. Benno von Heynitz, Meine Erinnerungen als Landwirt (1912–1962), Hannover 1978, S. 31 ff.

340 Vgl. Heide Inhetveen, Biologisch-dynamische Pflanzenforschung im Dienste des Nationalsozialismus? Leben und Werk der Ökopionierin Martha Emma Künzel (1900–1957), in: Ira Spieker/Heide Inhetveen (Hrsg.), BodenKulturen. Interdisziplinäre Perspektiven, Leipzig 2021, S. 127–187.

Reichsverbands und Berater des *Versuchsrings*, wurde nach seiner Haftentlassung 1941 mit „Sonderauftrag des Reichsführers SS zur Prüfung der biodynamischen Wirtschaftsweise" auf dem Staatsgut Wertingen in der Ukraine eingesetzt.[341] Von den biodynamischen Forscher:innen ist Franz Lippert der einzige, von dem Aufzeichnungen seiner Arbeiten für die DVA erhalten sind.

Der biodynamische Forscher für Heil- und Gewürzkräuter Franz Lippert

„Obergartenmeister Franz Lippert ist landwirtschaftlicher Berater der Plantage, ein ziviler Herr, ein ganz prächtiger Mann, er wandelt anthroposophische Pfade, was ihn aber nicht hindert, Christus zu verehren und die hl. Sakramente zu schätzen, wenn auch in seiner Art. Er hat vielen von uns Priestern viel Gutes getan."[342] So äußerte sich der katholische Priester Albert Riesterer in seinen publizierten Erinnerungen über seine Haft in Dachau.

Lippert (1901–1949) gehörte zu den Wegbereitern der biodynamischen Wirtschaftsweise. 1920 lernte er den anthroposophischen Kreis um Rudolf Steiner kennen, wurde 1922 Mitglied der *Anthroposophischen Gesellschaft* und war Teilnehmer des „landwirtschaftlichen Kurses" in Koberwitz im Jahr 1924. In seiner 16-jährigen Tätigkeit bei dem anthroposophischen Arzneimittel- und Kosmetik-Hersteller *Weleda* in Schwäbisch Gmünd entwickelte er sich ab 1925 zu einem der wenigen Arzneipflanzenexperten dieser Zeit. Parallel leitete er die Auskunftsstelle für biologisch-dynamische Wirtschaftsweise in Landwirtschaft und Gartenbau, hielt Vorträge beim Reichsverband und arbeitete an der Zeitschrift *Demeter* mit. 1940 verließ er *Weleda* und nahm eine Gärtnerstelle im Wigo-Aromen-Werk Trittau an. Dort war es Lipperts Aufgabe, auf biodynamischer Grundlage Gewürz- und Teepflanzen anzubauen.[343] Außerdem war er als Referent in der geplanten biodynamischen Goethe-Hochschule in Bad Saarow vorgesehen.

Am 1. September 1941 wurde er von der DVA als Spezialist für den Heil- und Gewürzpflanzenbau im Kräutergarten Dachau zur Durchführung von Versuchsarbeiten zur biologisch-dynamischen Wirtschaftsweise eingestellt. Das Datum seines Eintritts in die SS ist ungewiss.[344]

In seinem Spruchkammerverfahren von 1948 gab er an, den Entschluss für diese Anstellung mit der Leitung des *Reichsverbandes* vereinbart zu haben, um

341 Vgl. BArch, NS 19/3122, Bl. 7 ff.

342 Albert Riesterer, Auf der Waage Gottes. Bericht des Priesters Albert Riesterer über seine Erlebnisse in der Gefangenschaft 1941 bis 1945, Dachau 1945, S. 33.

343 Vgl. GOE, D.02. Franz Lippert, unpag., Lippert an Schürer vom 21. 2. 1940.

344 Vgl. Staudenmaier, Occultism, S. 249.

die von der SS geplanten Versuche zur biodynamischen Wirtschaftsweise nicht – wie bereits einige Jahre zuvor – von „unsachkundigen" Prüfern ausführen zu lassen, sondern von biodynamischen Experten. Lipperts damalige Bedingungen gegenüber der DVA – zivile Kleidung und keine militärische Ausbildung – seien vor Aufnahme seiner Tätigkeit von der DVA akzeptiert und bis zum Schluss nicht infragegestellt worden. Als die US-Truppen heranrückten, habe er sich nicht an der Verteidigung von Dachau beteiligt.[345]

Im Archiv des Goetheanums ist eine detaillierte Auflistung von 25 Versuchsanordnungen hinterlegt,[346] die für die DVA in Dachau in den Jahren 1940–1945 durchgeführt wurden. Frühere Versuchsreihen übernahm Franz Lippert am 1. August 1941 vermutlich von seiner Vorgängerin Martha Künzel. Mit einigen der beschriebenen Versuchsanordnungen wurden die Unterschiede zwischen der biodynamischen Wirtschaftsweise und dem natürlichen Landbau untersucht.

Datiert auf den 24. Februar 1945 – die Befreiung Dachaus fand am 29. April 1945 statt –, verfasste Lippert seinen Bericht über den „Versuch Nr. 460", bei dem biologisch behandelte und unbehandelte Stallmiste, Fäkalienkomposte und Heilkräuterkomposte verglichen wurden. Der Bericht enthielt elf Bildtafeln und fünf grafische Darstellungen. Völlig unerwähnt ließ Lippert die Arbeit der KZ-Häftlinge. Der überwiegende Teil dieser Versuchsarbeiten, der Aufzeichnungen und Fotografien wurde von männlichen Häftlingen der *Plantage* durchgeführt.

345 Vgl. GOE, D.02. Franz Lippert, unpag., K. Lippert an Werner vom 22. 11. 1996.

346 Lippert führt folgende 25 Versuchsanordnungen an: Bericht über die Ergebnisse mit Mischkulturen; Studien aus dem Bereich der Pflanzensoziologie; die angestellten Versuche 1942; Versuch mit Spezialkomposten; sieben Grubenkompostversuche 1943 und 1944; Mikroskopische Untersuchungen biolog. behandelter Erden; Viviflor-Versuche 1944; Viviflor–Saatbadversuche; Makro- und mikroskopische Untersuchungen von Infusen biologisch behandelter und unbehandelter Stallmiste, Fäkalienkomposte und Heilkräuterkomposte; Entwicklung der Microorganismen vom Kompost bis zum Infus; zur Erforschung der biologischen Düngemittel; Bewurzelungs-Versuche (1 und 2 zur Erforschung der biologischen Düngemittel); Wirkung der biologischen Düngehilfsmittel auf Kartoffel 1943/1944; Wirkung der Düngemittel auf Kopfsalat; Kompostdosierungsversuch mit Fäkalienkompost; Regenwurm-Zahlversuche zur Prüfung der biologischen Düngehilfsmittel; Bericht über Hornmistversuche und über Anhäufelungen und Umsetzen der Pflanzen; Jahresbericht 1944 der Versuchsabteilung Lippert, allgemein Bemerkenswertes, Übersicht über 1944; Tomatenversuch mit dem biologischen Düngehilfsmittel Hornkiesel 01 in Dämmekultur und mit Tomatenkompost; Versuche mit 58 Spezialkomposten im Gewächshaus; Bericht über die Keimversuche mit Beizmitteln; Bericht über die Versuche mit Rostpilzvorbeugungsmitteln zur Bekämpfung des Malvenrostes; Freilandversuch mit 10 Spezialkomposten; Frostbehandlungsversuch im Freiland, Versuch Nr. 4/43 Kümmel; Versuchsbericht über die Forst-, Hornmist und Anhäufelungsversuche des Jahres 1943. Vgl. GOE, D.002. Franz Lippert, unpag.

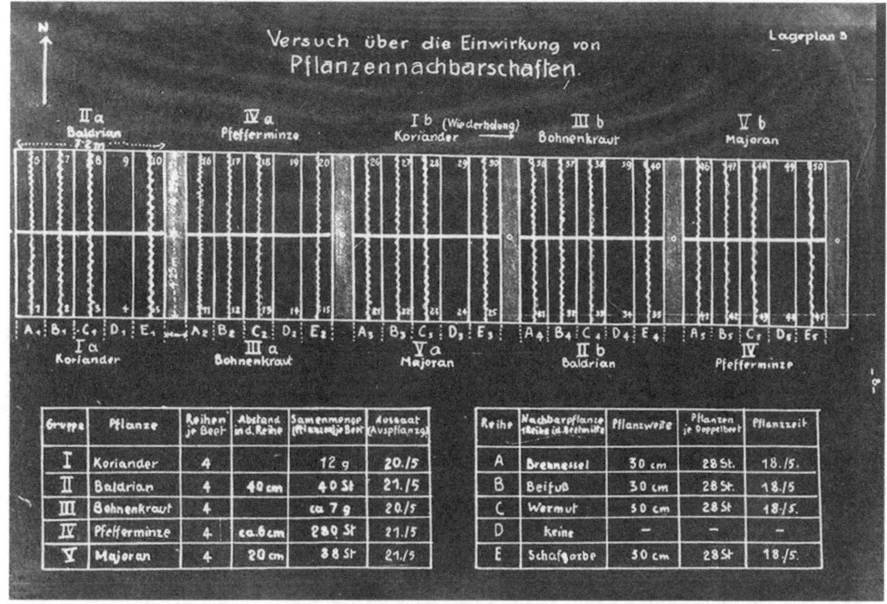

Gruppe	Pflanze	Reihen je Beet	Abstand in d. Reihe	Samenmenge (Pflanzen) je Beet	Aussaat (Auspflanzg.)
I	Koriander	4		12 g	20./5
II	Baldrian	4	40 cm	40 St	21./5
III	Bohnenkraut	4		ca 7 g	20./5
IV	Pfefferminze	4	ca. 6 cm	280 St	21./5
V	Majoran	4	20 cm	88 St	21./5

Reihe	Nachbarpflanze (Reihe i.d. Beetmitte)	Pflanzweite	Pflanzen je Doppelbeet	Pflanzzeit
A	Brennessel	30 cm	28 St.	18./5.
B	Beifuß	30 cm	28 St.	18./5
C	Wermut	50 cm	28 St	18./5.
D	keine	–	–	–
E	Schafgarbe	50 cm	28 St	18./5.

Versuch über die Einwirkung von Pflanzennachbarschaften, Lageplan 3, Bericht der Versuchsabteilung Lippert (Seite 8), 12. 4. 1944. DaA, Nachlass Franz Lippert, nicht-verzeichneter Bestand.

Aus dem Nachlass Lipperts gehen keine Hinweise auf eine Internierungs- oder Haftzeit nach Kriegsende hervor. Ein Spruchkammerbescheid vom 17. September 1948 ordnet ihn in die Kategorie „überhaupt nicht belastet" ein. In der Begründung heißt es, er sei nicht aus freien Stücken in die Waffen-SS eingetreten, sondern unter dem Zwang der Verhältnisse. Als Anthroposoph sei er Mitglied einer verfolgten Gruppe gewesen. Aus zahlreichen eidesstattlichen Erklärungen ehemaliger Häftlinge gehe hervor, dass sie ihn, als er vor die Wahl gestellt wurde, an die Front oder in die Waffen-SS einzutreten, gebeten hätten, zu bleiben, da sich ohne seine Hilfe ihre Lage in der *Plantage* verschlechtern würde. So bestätigte ihm u. a. Ferdinand Schönwälder, katholischer Priester aus der Erzdiözese Warschau, dass Lippert sich gegenüber den Häftlingen freundlich verhalten habe; Lippert sei „nur zum Schein" in der SS gewesen, um die biodynamischen Arbeiten zu Ende führen zu können.[347]

Allerdings berichtete sein ehemaliger Arbeitgeber bei Weleda, Fritz Götte, in seinen Erinnerungen von 1973, dass Lippert bei seiner Kündigung ihm gegenüber

347 Vgl. GOE, D.02. Franz Lippert, unpag., Schönwälder an Lippert vom 12. 7. 1946.

„die neuen Machthaber" verteidigt und Götte als ein zu den „Fußkranken" gehörenden bezeichnete habe, „die in dem großen Aufbruch nicht mitkommen."[348]

Aus Aufzeichnungen von Lippert aus dem Jahr 1948 geht gleichermaßen hervor, dass er „von Seiten der Weleda [...] eine ablehnende Haltung gegenüber meiner Person bezw. Tätigkeit in den vergangen Jahren feststellen" musste. Demnach habe Fritz Götte ihn nach Kriegsende aufgrund seiner Haltung und Tätigkeit für die SS verurteilt. Selten finden sich unter Anthroposophen in den ohnehin raren Nachkriegsaufzeichnungen, die bislang publiziert wurden, Bewertungen dieser Art. Paradoxerweise war es einer der ehemaligen Häftlinge der *Plantage*, Pater Augustin Hessing, der sich bei der Firma Weleda für Lippert einsetzte.[349]

Resümee

Zusammenfassend lässt sich festhalten, dass in der anthroposophisch motivierten biodynamischen Bewegung im NS-Staat – insbesondere in der Zeit des Aufbruchs zwischen 1934 und 1941 – auch ein Vereinnahmungsprozess stattfand. Teile des NS-Systems, u. a. die DVA, waren bemüht, sich das Know-how der biologisch-dynamischen Wirtschaftsweise anzueignen und Zugang zu ihren fachlichen Netzwerken zu bekommen. Während die von Rudolf Steiner entwickelte Anthroposophie als „Gefahr für Volk und Staat" abgelehnt und 1935 verboten wurde, förderten Teile der NS-Elite den *Reichsverband für Biologisch-Dynamische Wirtschaftsweise*. Allerdings lehnten sie einen wesentlichen Bestandteil dieser Methode, das „dynamische" Element, ab und bemühten sich, ihren anthroposophischen Ursprung zu leugnen.

Die im Zusammenhang mit der DVA betrachteten Personen aus dem biodynamischen Milieu haben sich dem kaum widersetzt, sondern waren zur Kooperation bereit. Nach dem Verbot des *Reichsverbandes* im Jahr 1941 waren mehrere biodynamische Forscher:innen für die DVA tätig. Insbesondere Erhard Bartsch ging noch einen Schritt weiter. Er verfasste mehrere Denkschriften, um die biodynamische Wirtschaftsweise in den Dienst des NS-Staats zu stellen. Allerdings war er ein politischer Opportunist, denn er reichte, nunmehr im Sinne des „wahren Sozialismus", nahezu identische Vorschläge – mit wenigen vertauschten Begriffen – für Besiedlungspläne im Ostteil Nachkriegsdeutschlands ein.

348 Werner, Anthroposophen, S. 285.

349 Vgl. GOE, D.02. Franz Lippert, unpag., Aufzeichnungen vom März/April 1948.

4. Die Versuchsgüter der Konzentrationslager

4.1 Die Dachauer *Plantage*

4.1.1 Einführung

Die Dachauer *Plantage*[1] war eine der erfolgreichsten Unternehmungen der DVA. Ihre Anfänge gehen auf die Initiative mehrerer Vertreter der „Neuen Deutschen Heilkunde" zu Beginn des Jahres 1937 zurück. Bereits 1938 beauftragte Oswald Pohl – zu diesem Zeitpunkt noch Gruppenführer und Verwaltungschef der SS – die *Reichsarbeitsgemeinschaft für Heilpflanzenkunde und Heilpflanzenbeschaffung* mit der Planung eines komplexen Forschungs- und Großanbaubetriebes für Heil- und Gewürzkräuter im *Dachauer Moor*, einem Gelände, das unmittelbar an das KZ-Dachau angrenzte. Die Realisierung des Projekts oblag schließlich der dafür Anfang 1939 eigens gegründeten DVA, die den Komplex innerhalb kurzer Zeit zu dem europaweit größten Heil- und Gewürzkräuterbetrieb ausbauen sollte.

Für den raschen Aufschwung und Erfolg der *Plantage* waren verschiedene Voraussetzungen ausschlaggebend: Zunächst versprach das ambitionierte Projekt, die Autarkiebestrebungen des Vierjahresplanes hinsichtlich seiner wirtschaftlichen und wehrpolitischen Ziele zu befriedigen. Es galt, Devisen einzusparen – immerhin musste Deutschland im Jahr 1937 ca. 70 Prozent der Heilkräuter einführen.[2] Deshalb sah die Planung vor, das deutsche Volk und im Kriegsfall auch die „Truppe" mit deutschen Heilkräutern zu versorgen. Eine weitere Rolle spielte der seit Beginn der 1920er-Jahre konstatierte Vertrauensverlust der Bevölkerung in die Schulmedizin. Die sogenannte „Krise der Medizin"[3] hatte ein wachsendes Interesse an Volks-, Natur- und Pflanzenheilkunde ausgelöst.

1 In den historischen Quellen tauchen die unterschiedlichen Betriebsnamen „Kräutergarten", „Werk Dachau" oder „Plantage" auf. Um die Verharmlosung, die dem durch die SS propagierten Begriff „Kräutergarten" innewohnt, nicht zu reproduzieren, wird im Folgenden die Bezeichnung des Dachauer Arbeitskommandos Plantage verwendet.

2 Vgl. O. A., Die Eigenversorgung des deutschen Volkes mit heimischen Heilpflanzen in Deutschland. Auszug aus einer Denkschrift, in: Die deutsche Heilpflanze 3 (1937) 12, S. 157.

3 Vgl. Doris und Hans-Michael Kratz, Die Heilkunde in der Zeit der Weimarer Republik, Berlin 2004, S. 7; Johanna Bleker/Norbert Jachertz, Medizin im Dritten Reich, Köln 1989,

Diese Ausgangslage machten sich Vordenker der nationalsozialistischen Gesundheitspolitik ab 1933 für ihre Reformpläne zunutze.[4] Mit der ideologischen Aufwertung „deutscher" Heilpflanzen auf „deutschem" Boden und der Propaganda einer vermeintlichen Heilkraft der heimatlichen „Scholle" für den „schollenverwandten" Menschen, hatten sie den Nerv der Zeit getroffen. Ab Mitte der 1930er-Jahre entfesselte der Wunsch nach deutschen Arzneipflanzen eine „wahre Volksbewegung"[5] und erzeugte gleichermaßen einen neuen Marktbedarf. Publikationen zum Thema verzeichneten einen rasanten Anstieg, in etlichen Gesundheitseinrichtungen wurden Heilkräutergärten angelegt.

Die DVA profitierte von dieser Entwicklung. Auf der Dachauer *Plantage* spezialisierte sie sich auf Produkte wie „Deutschen Tee" und „deutsche Gewürze" und entwickelte sogar eine Art „deutschen Pfeffer". Dabei bediente sie sich moderner Forschungsmethoden und Gerätetechnik, insbesondere in der Frühphase vor Kriegsbeginn, in der die Ressourcen und der Zugriff auf staatliche Finanzmittel noch weniger beschränkt waren.

In erster Linie aber nutzte die DVA in Dachau einen unschlagbaren Wettbewerbsvorteil gegenüber sämtlichen anderen Kräutersammel- oder Anbauinitiativen dieser Zeit: Für die äußerst arbeitsintensive und beschwerliche Tätigkeit des Kräuteranbaus setzte sie kostengünstig KZ-Häftlinge ein. Zwar versuchten anfangs die Marktkonkurrenten – Verbände der Anbauer von Heil- und Gewürzpflanzen –, sich dagegen zur Wehr zu setzen, und reichten beim Reichswissenschaftsministerium Beschwerde gegen die DVA wegen Gefährdung des Marktes ein. Doch vergeblich, denn obgleich das Ministerium die Bedenken der Verbände anerkannte und immerhin entschied, dass die Anbauflächen auf dem *Dachauer Moor* nicht erweitert werden dürften, widersetzte sich DVA-Chef Heinrich Vogel dieser Weisung. Stolz teilte er seinem Vorgesetzten Oswald Pohl mit, dass er die Entscheidung weder anzuerkennen noch ihr Folge zu leisten gedachte.[6]

Entgegen der Vorstellung, dass Zwangsarbeit im Bereich Landwirtschaft für KZ-Häftlinge weniger gefährdend gewesen sei als etwa in der Rüstungsindustrie, verzeichnete die *Plantage* im ersten Jahr mehr Tote als alle anderen Dachauer

S. 124; Alfred Haug, Die Führerschule der deutschen Ärzteschaft in Alt-Rehse, in: Fridolf Kudlien (Hrsg.), Ärzte im Nationalsozialismus, Köln 1985, S. 122–130, hier S. 124.

4 Vgl. Caroline Schlick/Christoph Friedrich, Sehnsucht nach Heilpflanzen, in: Pharmazeutische Zeitung 152 (2007) 30, S. 56 ff.; Detlef Bothe, Neue Deutsche Heilkunde 1933–1945. Dargestellt anhand der Zeitschrift „Hippokrates" und der Entwicklung der volksheilkundlichen Laienbewegung, Husum, 1991; Kudlien (Hrsg.), Ärzte.

5 Vgl. Gunther Schenk, Heilpflanzenkunde im Nationalsozialismus. Stand, Entwicklung und Einordnung im Rahmen der Neuen Deutschen Heilkunde, Baden-Baden 2009, S. 104.

6 Vgl. BArch, NS 3/1175, Bl. 10 ff.

Kommandos.[7] Dem Bericht des Häftlings Hans Schwarz zufolge „wurden in den Aufbaujahren von 1938–1940 insgesamt 429 Häftlinge zu Tode geschunden".[8] Nur wenige „privilegierte" Arbeitskommandos der *Plantage* boten den täglich bis zu 1600 eingesetzten Häftlingen bessere Überlebenschancen.

Forschungsliteratur/Quellenlage

Über die Dachauer *Plantage* gibt es sowohl umfangreiches zeitgenössisches Dokumentationsmaterial als auch mehrere historische Untersuchungen. Allein die Primärliteratur der DVA ermöglicht einen tiefen Einblick in deren fachliche und wissenschaftliche Arbeit. Dazu gehören umfangreiche Heil- und Gewürzkräuterkompendien, eine Reihe unterschiedlicher „Ratgeber" etwa zur Kräuterkultivierung, Gesundheit, Ernährung oder zur Haushaltsführung[9] sowie Forschungsberichte des angegliederten Lehr- und Forschungsinstituts.[10] Einige dieser Werke erschienen in hohen Auflagen, wie etwa die Schrift von Ernst Günther Schenck über die Erhaltung leichtverderblicher Nahrungsmittel, von der zwischen 1942 und 1944 insgesamt 50 000 Exemplare publiziert wurden.

Im Rahmen der umfangreichen Forschungsliteratur über das Konzentrationslager Dachau[11] wurde die *Plantage* seit den 1980er-Jahren im Kontext

7 Vgl. DaA, Konvolut M. Lucaß 45.550, Prozess-Akten R. Lucaß, unpag., Spruchkammer der Internierungslager (Abschrift), 27. 10. 1947, S. 4.

8 Zit. n. Seidl, Himmel und Hölle, S. 67.

9 Vgl. Otto Bäcker, Die Aufarbeitung der Heilpflanzen nach neuestem Stand unter Berücksichtigung der biologischen Verfahren. Eine Grundlage zur praktischen Heilpflanzenkunde, erschienen als Fortsetzung in: Die deutsche Heilpflanze 2–3 (1936/1937) 8, S. 102–105; 9, S. 124–126; 10, S. 130–133; 11, S. 145–148; 12, S. 158–159; K. O. Bäcker/Rudolf Lucaß (Hrsg.), Der Kräutergarten. Ein Führer durch die spezielle Heilpflanzenkunde, Berlin 1940; Franz Lippert, Das Wichtigste in Kürze über Kräuter und Gewürze, Berlin 1943; Franz Lippert, Der Betriebskräutergarten, Berlin 1942; Ernst Günther Schenck, Erhaltung leichtverderblicher Nahrungsmittel, Berlin 1942; Ernst Günther Schenck, Das Gesundungshaus Kempfenhausen. Heil- und Erziehungsstätte für Kranke, München 1938; Ernst Günther Schenck/Rudolf Lucaß/Georg Gustav Wegener, Allgemeine Heilpflanzenkunde. Grundlagen einer rationellen Gewinnung, Verarbeitung, Anwendung und Erforschung der Heil- und Gewürzpflanzen, Dresden 1938.

10 DaA, 6160, unpag., DVA Tagungsband „Die Vitaminversorgung der Truppe".

11 Vgl. Wolfgang Benz/Barbara Distel (Hrsg.), Der Ort des Terrors. Geschichte der nationalsozialistischen Konzentrationslager. Bd. 2. Frühe Lager. Dachau. Emslandlager, München 2005; Stanislav Zámečník, Das war Dachau. Gesamtdarstellung der Geschichte des Konzentrationslagers Dachau 1933–1945, Frankfurt a. M. 2007; Sabine Schalm, Überleben durch Arbeit? Außenkommandos und Außenlager des KZ Dachau 1933–1945, Berlin 2009.

medizinhistorischer Arbeiten zum Nationalsozialismus zum Gegenstand mehrerer Untersuchungen.[12] *Zwischen Himmel und Hölle* lautet der Titel der ersten zusammenfassenden Darstellung der Dachauer *Plantage* von Daniella Seidl. Ihr ethnologischer Untersuchungsansatz bezieht kulturelle Lagerphänomene und „das Erleben der Menschen" ein.[13] Christoph Kopke hat mit seinen Forschungen zur DVA, zu Ernst Günther Schenck, Alwin Seifert und dem Dachauer Vitamin C-Projekt verschiedene Aspekte untersucht.[14]

In den Beständen des Archives und der Bibliothek der KZ-Gedenkstätte Dachau befindet sich eine große Anzahl an Zeitzeugenberichten zur *Plantage*, die – teils publiziert, teils als Prozessakten, teils als Sammelberichte und zum überwiegenden Teil als verstreute Einzelberichte – eine Vielzahl von detaillierten Informationen über die Zwangsarbeit enthalten.[15] Der Grund für diese überdurchschnittlich hohe Anzahl an Berichten ist, dass auf der *Plantage* Gefangene mit höherem Bildungsgrad, Akademiker oder Geistliche, in meist „privilegierten" Positionen eingesetzt waren. Viele von ihnen haben das Lager überlebt, und ihre Bereitschaft und ihr Wunsch, ihre Erfahrungen zu dokumentieren, waren vergleichsweise groß. Diese Häftlingsgruppe könne, so Seidl, „positive Erfahrungen der KZ-Zeit nicht nur besser erinnern und mitteilen", sie habe diese auch als identitätsstiftende Faktoren besser in ihre Lebenserzählung einordnen können.[16]

Darüber hinaus war die Gruppe der DVA-Angestellten und Forscher:innen in Dachau größer als an anderen Standorten der Versuchsanstalt. Von dieser Gruppe sind ebenfalls vergleichsweise viele Dokumente, überwiegend Prozessakten, aber auch Forschungsberichte überliefert, sodass sich zu einzelnen Untersuchungsaspekten Täter- und Opferperspektiven gegenüberstellen lassen.

12 Vgl. Robert Sigel, Heilkräuterkulturen im KZ. Die Plantage in Dachau, in: Dachauer Hefte (1988) 4, S. 164–173; Walter Wuttke-Groneberg, Medizin im Nationalsozialismus. Ein Arbeitsbuch, Tübingen 1980.

13 Seidl, Himmel und Hölle, S. 16.

14 Christoph Kopke, Der „Ernährungsinspekteur der Waffen-SS". Zur Rolle des Mediziners Ernst-Günther Schenck im Nationalsozialismus, in: ders. (Hrsg.), Medizin und Verbrechen. Festschrift zum 60. Geburtstag von Walter Wuttke, Ulm 2001, S. 208–220; ders., Gladiolen aus Dachau. Das Vitamin-C-Projekt der SS, in: Bulletin für Faschismus- und Weltkriegsforschung (2005) 25/26, S. 200–219; ders., Der Heilkräutergarten in der Führerschule, in: Reiner Stommer (Hrsg.), Medizin im Dienste der Rassenideologie. Die Führerschule der Deutschen Ärzteschaft in Alt-Rehse, Berlin 2008, S. 83–93; ders., Seifert.

15 Eine Veröffentlichung der Gedenkstätte Dachau zur aktuellen Quellenlage der Plantage ist in Vorbereitung.

16 Seidl, Himmel und Hölle, S. 20.

4.1.2 Ausgangspunkt: Das „Dachauer Modell"

Als Heinrich Himmler am 20. März 1933 öffentlich die Errichtung eines Lagers für 5000 Schutzhaftgefangene auf dem Gelände einer stillgelegten Munitionsfabrik in Dachau bekannt gab, war dies der Start für das erste auf Dauer angelegte und in den Folgejahren kontinuierlich betriebene Konzentrationslager des Dritten Reiches. Gegenüber der Presse machte er deutlich, dass er im Interesse der „Sicherheit des Staates" beabsichtige, eine gravierende Wende im Umgang mit dem Strafvollzug einzuläuten, in der die Rechte der Häftlinge prinzipiell eingeschränkt werden sollten. „Man werde keine Rücksicht auf ‚kleinliche Bedenken' nehmen [...]. Im Polizeipräsidium eingehende Anfragen wegen der Dauer der Schutzhaft hielten, so teilte Himmler nassforsch mit, den Dienstbetrieb im Übrigen unnötig auf. Dies führe nur dazu, dass ‚jede Anfrage den Schutzhäftling einen Tag mehr kostet'."[17] Tatsächlich sollte innerhalb kurzer Zeit der Dachauer KZ-Kommandant Theodor Eicke auf Anweisungen Himmlers mit dem sogenannten Dachauer Modell eine völlig neue Form der Lagerordnung und -herrschaft einführen, den Prototyp des Lager-Systems der SS.

Zu den vier Kernelementen dieses Systems zählten erstens die absolute Abschottung des Lagerkomplexes nach außen, zweitens die partielle Übertragung von Aufsichts- und Ordnungsaufgaben an Funktionshäftlinge, die von der SS euphemistisch als „Häftlings-Selbstverwaltung" bezeichnet wurde, drittens der gezielte Arbeitseinsatz von Häftlingen sowie viertens die Systematisierung von Gewalt durch die Einführung einer „Disziplinar- und Strafordnung".[18] Gegenüber der Öffentlichkeit sollten diese Maßnahmen den Eindruck eines geordneten Strafvollzugs, eines „Muster-Gefangenenlagers" vermitteln, das auf vermeintlich nachvollziehbaren Regeln basierte. Unmittelbar nach seiner Ernennung zum Inspekteur der Geheimen Staatspolizei beauftragte Himmler den Dachauer Lagerkommandanten Eicke mit der Umorganisation der Konzentrationslager in Preußen nach dem „Dachauer Modell".[19] Himmler war es somit gelungen, in Personalunion als bayerischer Polizeichef und Reichsführer SS ein Lagersystem aufzubauen, in dem potenzielle politische Gegner:innen unbefristet inhaftiert und jeglicher Grundrechte beraubt wurden. Gegen anfängliche Bemühungen etwa vonseiten der Justiz oder des Reichsinnenministeriums, der Willkürherrschaft, den Misshandlungen und Morden in den Lagern Einhalt zu gebieten, konnte sich Himmler durchsetzen und verschärfte

17 Zit. n. Longerich, Himmler, S. 161.
18 Vgl. ebenda, S. 163 ff.
19 Vgl. ebenda, S. 192.

seine Verfolgungspraxis, indem er den Kreis der Verfolgten auf weitere Opfergruppen ausdehnte.

Die Ausbeutung der Arbeitskraft von Häftlingen spielte 1933/34 im KZ Dachau von vornherein eine andere Rolle als in den Konzentrationslagern in Preußen. Wurden beispielsweise im Emsland KZ-Häftlinge im Wesentlichen für öffentliche Aufgaben wie die Moorkultivierung herangezogen, die im Rahmen der Autarkiebestrebungen zur Urbarmachung weiterer landwirtschaftlicher Flächen gefördert wurden, sollte in Dachau vor allem die SS von der Arbeitskraft der KZ-Gefangenen profitieren. Bereits kurz nach Übernahme des Geländes richtete die SS hier erste Großwerkstätten – Schlosser-, Schneider-, Schreiner- und Schustereibetriebe – ein. Zu vermuten ist daher, dass Himmler entsprechende Pläne längst vor Übernahme seiner öffentlichen Ämter entwickelt hatte, um damit den Aufbau von SS-Stützpunkten in Gang zu setzen. Der im Januar 1934 entlassene Häftling Fritz Ecker schilderte seine Erinnerungen an die Zwangsarbeit in den Handwerksbetrieben: „In Dachau hat man Werkstätten, die jeden Großbetrieb in den Schatten stellen. [...] In der Schreinerei wurden allein während meines Lageraufenthaltes Tausende von Schränken für Militärkasernen hergestellt.“[20] Nachdem Mitte 1933 auch eine KZ-eigene Metzgerei und Bäckerei ihre Arbeit aufgenommen hatte, beschwerte sich die Handwerkskammer Oberbayern gegen diese „unerfreulichen Regiebetriebe“, jedoch ohne Konsequenz.[21]

Verwaltet und geleitet wurden die KZ-Betriebe von sich einander ablösenden SS-Organisationen. Zunächst waren sie dem Verwaltungsleiter des KZ Dachau unterstellt, Ende 1938/Anfang 1939 gingen sie als „Wirtschaftliche Betriebe der SS Dachau“ in den von Oswald Pohl geleiteten Bereich über.

War der Arbeitseinsatz der Gefangenen in Dachau also von Anfang an gezielt auf Profit und die Versorgung der SS orientiert, so herrschte hier dennoch das nationalsozialistische Prinzip der Vernichtung durch Arbeit: „Dieser Begriff vereint die beiden sich nur scheinbar ausschließenden Absichten des nationalsozialistischen Terrorsystems: Zwangsarbeit und Völkermord.“[22] Die Überlebenschancen der Gefangenen waren in erster Linie abhängig von ihrer Stellung in der von der SS vorgegebenen Häftlingshierarchie, an deren Spitze in der Regel politische Gefangene und „Berufsverbrecher“ standen, während „rassisch“ verfolgte Gruppen wie Juden, Sinti und Roma am unteren Ende der Hierarchie der Willkür und dem Hass des Wachpersonals besonders ausgeliefert

20 Zit. n. Kaienburg, Wirtschaft, S. 123.

21 Vgl. ebenda, S. 117.

22 Seidl, Himmel und Hölle, S. 47.

waren.[23] In der Dachauer „Häftlingsgesellschaft", die ausschließlich aus männlichen Gefangenen bestand, hatte die Gruppe der deutschsprachigen Kommunisten und Sozialdemokraten bis zum Ende des Krieges die meisten Funktionsposten inne.

4.1.3 Aufbau und Entwicklung der Dachauer *Plantage*

Die Anfänge

Zu Beginn des Jahres 1937 ordnete der Beauftragte für den Vierjahresplan Hermann Göring die Selbstversorgung des deutschen Volkes mit heimischen Gewürzen und Heilpflanzen an.[24] Ausschlaggebend hierfür waren wehr- und wirtschaftspolitische Gründe, die angestrebte Ernährungsautarkie und Truppenversorgung im Kriegsfall sowie die „Volksgesundheit". Göring beauftragte damit Georg Gustav Wegener, den Stellvertreter und Geschäftsführer der 1935 gegründeten *Reichsarbeitsgemeinschaft für Heilpflanzenkunde und Heilpflanzenbeschaffung*, die dem *Hauptamt für Volksgesundheit* der NSDAP unterstellt war. Wegener war NSDAP-Mitglied, ein homöopathisch und naturheilkundlich bewanderter Arzt und Mitglied der Reichsärztekammer. Er hatte im Gesundheitswesen des Dritten Reiches mehrere zentrale Positionen inne. Als Sachbearbeiter für Heilpflanzen im *Hauptamt für Volksgesundheit* war er für die Gleichschaltung mehrerer Volksheilkundeverbände zuständig und machte sich als Pressereferent für die Förderung der „deutschen" Heilpflanzen stark.[25]

Die Schwierigkeit des Vorhabens der Heilkräuter-Autarkie lag nicht etwa am Mangel an heimischen Drogen[26] in Deutschland – es gab reiche Heilpflanzenregionen wie Thüringen, die Alb oder die Rheinpfalz, „die einmal als ‚Kräuter-

23 Himmler ordnete im Februar 1937 an, mehrere Tausend nicht in festen Arbeitsverhältnissen beschäftigte „Berufs- und Gewohnheitsverbrecher" in Konzentrationslager einzuweisen. Die Zahl der „Vorbeugehäftlinge" stieg infolge dieses Erlasses sprunghaft in die Höhe. Vgl. Longerich, Himmler, S. 237.

24 Vgl. Kopke, Heilkräutergarten, S. 90 f.

25 Vgl. G. Wegener, Die Bedeutung des deutschen Heilpflanzenprojekts nach volksgesundheitlichen, wissenschaftlichen und wirtschaftlichen Gesichtspunkten, in: Volksgesundheitswacht (1935) 10, S. 3–6; G. Wegener, Heilpflanzenkunde, Absatzfrage und Volksheilbewegung, in: Die deutsche Heilpflanze 1–2 (1935/1936) 2, S. 18–19; G. Wegener, Der planmäßige Anbau von Heilpflanzen. Eine biologische, wirtschaftliche und nationale Notwendigkeit, in: Volksgesundheitswacht (1934) 1, S. 9–11; Schenk, Heilpflanzenkunde, S. 97 ff.

26 Der Begriff Droge wird hier in seiner historischen Bedeutung verwendet.

kammern Europas' bezeichnet wurden".[27] Vielmehr fehlte es mittlerweile am Know-how und an Erfahrungen. Die heimische Arzneipflanzenherstellung war in Deutschland bereits vor dem Ersten Weltkrieg aufgrund zunehmender Unrentabilität und günstigerer Einfuhrmöglichkeiten stark zurückgegangen. „Der alte Stand der ‚Kräutler', in dem sich die Kenntnis der heimischen Arznei- und Gewürzpflanzen, ihrer Trocknung und ihrer Absatzmöglichkeit von Generation zu Generation vererbt habe, [sei] im Aussterben begriffen; darüber hinaus stehe der Heranziehung eines Nachwuchses die vom Großhandel befolgte Preispolitik entgegen: Der Großhandel bevorzuge [...] die waggonweise Abladung billiger und weniger Unkosten verursachender Angebote aus dem Ausland."[28]

Zwar bemühte sich die *Notgemeinschaft der Deutschen Wissenschaft* (die später *Deutsche Forschungsgemeinschaft*) bereits seit ihrer Gründung 1920 um die Förderung und Wiederbelebung des deutschen Heilkräutermarktes, war dabei jedoch wenig erfolgreich. Im Gegensatz zu Nachbarländern wie Italien, Frankreich, Österreich oder Ungarn fehlten in Deutschland eine übergeordnete Koordinierungsstelle für die Organisation von Sammlungen, Anbauversuchen und die Einführung von Normierungs- und Standardisierungsverfahren. Um diese Rolle konkurrierten ab Mitte der 1930er-Jahre die *Reichsarbeitsgemeinschaft* und die dem *Reichsnährstand* angegliederte *Hauptvereinigung der Deutschen Gartenbauwirtschaft*. Die beiden Dachorganisationen gerieten dabei immer wieder in Auseinandersetzungen. Gestritten wurde etwa über die Frage, ob dem Sammeln oder dem Anbau von Heilpflanzen der Vorzug gegeben werden solle, und über Veränderungsvorschläge bezüglich der Ansprüche an Drogen im *Deutschen Arzneibuch*[29] sowie über deren Darreichungsformen.[30]

Während die chemische Industrie hinsichtlich der unzureichenden Versorgung mit deutschen Heilpflanzen ab 1936 die Position vertrat, dass sich der Bedarf ohne weiteres „durch entsprechende Vermehrung der Anbauflächen" decken ließe,[31] war Wegener skeptisch. Er hatte bereits bei Anbauversuchen in Monokultur mit Pfefferminze (*Mentha piperita*) gemeinsam mit anderen Anbauern einen großen wirtschaftlichen Misserfolg erlitten, da der gesamte Bestand auch nach mehreren Experimenten mit unterschiedlichen Begleitpflanzen von dem Rostpilz

27 O. A., Heilkräuter aus deutscher Erde. 300 deutsche Heilpflanzen machen uns unabhängig von der ausländischen Einfuhr, in: Die deutsche Heilpflanze 3 (1937) 12, S. 167.

28 Schenk, Heilpflanzenkunde, S. 167 f.

29 Arzneibücher sind verbindliche Sammlungen anerkannter (und überholter) Regeln über die Qualität, Prüfung, Lagerung und Bezeichnung von Arzneimitteln. Das erste reichseinheitliche Deutsche Arzneibuch ist 1872 erschienen.

30 Vgl. Schenk, Heilpflanzenkunde, S. 80.

31 Vgl. ebenda, S. 173 f.

Puccinia menthae befallen worden war und damit seine medizinische Wirkung verloren hatte.[32]

Auf der Suche nach fachlicher Unterstützung lernte Wegener 1935 auf der Gründungsveranstaltung der *Reichsarbeitsgemeinschaft* seine späteren Mitstreiter beim Aufbau der Dachauer *Plantage* kennen – die beiden Heilkräuter-Koryphäen der *Heidelberg AG* an der Ludolf-Krehl-Klinik: Gartenmeister Rudolf Lucaß und den Mediziner Ernst Günther Schenck. Im Auftrag der Reichsgesundheitsführung nahmen die drei Experten ihre Zusammenarbeit zunächst als Berater der *Reichsarbeitsgemeinschaft* beim Anbau, Sammeln und Verwerten von Heilpflanzen auf.

Im April 1937 reichte Wegener beim Reichsführer SS auf dessen Wunsch das Konzept für einen Kräuter-Lehrgarten bei den SS-Kasernen in Schleißheim nahe Dachau ein, einer Fortbildungseinrichtung der SS-Verfügungstruppen. Ganz im Sinne von Himmlers Ernährungsidealen sollte die SS hier auf schwarzen Tee und Kaffee zugunsten von „Deutschem Tee" verzichten. Wegener sah auf dem gesamten Gelände die Anpflanzung von Pfefferminze, Melisse und anderen Pflanzen als Wegeeinfassungen vor. Der geplante Kräutergarten sollte den kompletten Jahresbedarf an Gewürzen für die SS Kaserne Schleißheim decken. Angedacht waren auch wissenschaftliche Düngeversuche und pflanzenheilkundliche Experimente etwa zur Wundheilung. Zur Realisierung und Einweisung des gärtnerischen Personals bei der Anpflanzung empfahl Wegener Gartenmeister Lucaß. Darüber hinaus hatte die SS-Führung auch Pläne ins Auge gefasst, im Münchner Stadtteil Freimann Heilkräuterkulturen anzulegen, verwarf diese dann jedoch zugunsten neu erworbener Flächen in unmittelbarer Nähe des Konzentrationslagers Dachau.[33]

Wie die Idee zur Anlage der *Plantage* im Dachauer Moor und ihrer Dimensionierung zustande kam, ist bisher ungeklärt. Ernst Günther Schenck erinnerte sich in einem Interview mit Gunther Schenk in den 1970er-Jahren, dass der Ökologe und „Reichslandschaftsanwalt" Alwin Seifert Himmler zur landwirtschaftlichen Nutzung des Geländes neben dem KZ Dachau geraten und später „mit Hingabe Himmlers Kräutergärtlein gepflegt"[34] habe. Die Eignung des bis dahin ungenutzten Dachauer Moores für den Arzneipflanzenanbau habe daraufhin ein Bekannter Himmlers, ein namentlich nicht genannter Professor und Wünschelrutengänger, bestätigt. Für das gigantische Ausmaß der Anbaufläche war laut

32 Vgl. ebenda, S. 114.

33 Vgl. DaA, 4965, unpag., Vernehmungsniederschrift der Staatsanwaltschaft, München, den 24. 10. 1968, S. 2.

34 Schenk, Heilpflanzenkunde, S. 226.

Schenck allein ein Mann veantwortlich: „natürlich der Himmler, der war immer für Riesenanbau, immer nur Massen."[35]

Im Vergleich dazu hatte ein Vorreiter des Kräuteranbaus im Dachauer Moor bei Eichenau im Jahr 1918 mit einer Anbaufläche von 50 qm begonnen, und sie wurde von Siedlerinitiativen bis 1923 auf 0,4 ha vergrößert.[36]

Die „Heidelberg AG" und die „Neuen Deutsche Heilkunde"

Das nationalsozialistische Verständnis der Medizin war im Vergleich zu vielen anderen Wissenschaftsdisziplinen von der NS-Ideologie früher und auch stärker geprägt. Es orientierte sich an einer sozialdarwinistisch definierten „Rassenhygiene", einer ausgeprägten „Leistungsmedizin" und „Gesundheitsführung". Insbesondere unter den jüngeren, dem Nationalsozialismus zugewandten Ärzt:innen löste die Idee, Neuland betreten zu können, Begeisterung und Tatendrang aus.[37]

In dieser Aufbruchsstimmung kamen 1934 an der Ludolf-Krehl-Klinik in Heidelberg eine informelle Arbeitsgemeinschaft junger Mediziner:innen und Student:innen verschiedener Fachrichtungen zusammen. Nach dem Wechsel eines Professors nach Berlin wurden an der Heidelberger Klinik zusammen mit dem Chefarztposten etliche Stellen auf einmal neu besetzt, sodass die Gruppe junger Berufseinsteiger:innen hier besonders groß und relativ unabhängig in der Wahl ihrer Forschungsthemen war.

Ernst Günther Schenck – Ende der 1920er-Jahre in seinen Studienfächern Chemie und Humanmedizin promoviert – wurde in Heidelberg 1934 Assistenzarzt der Inneren Abteilung und leitete als Chemiker das Labor.[38] Nebenbei begann er zunächst aus persönlichem Interesse mit der klinischen Erforschung der Heilwirkung von Pflanzen, fand jedoch zusehends Unterstützung bei Mitarbeiter:innen und Student:innen. So betrat sein Assistent, der Apotheker Karl Otto Bäcker, mit der Entwicklung pharmazeutischer und pharmakologischer Untersuchungsmethoden für Heilpflanzen phytotherapeutisches Neuland.

35 Schenk, Heilpflanzenkunde, S. 226 f.

36 Vgl. ebenda, S. 18 f.

37 Vgl. Thomas Beddies, Die Einbindung der Jungärzte in die nationalsozialistische Gesundheitspolitik, in: Rainer Stommer (Hrsg.), Medizin im Dienste der Rassenideologie, Berlin 2008, S. 55–71, hier S. 55 ff. Mit der Entlassung jüdischer und „marxistischer" Ärzte begannen lokale Funktionäre der NSDAP in Berlin, Breslau und Bayern bereits vor den gesetzgeberischen Ausschaltungsmaßnahmen im April 1933. Vgl. Werner F. Kümmel, Die Ausschaltung rassisch und politisch mißliebiger Ärzte, in: Kudlien, Ärzte, S. 56–81.

38 Vgl. Kopke, Schenck, S. 208 f.

Auch Gartenmeister Rudolf Lucaß, seit 1929 im Akademischen Krankenhaus Heidelberg angestellt, schlug mit der Sanierung alter Klinikgewächshäuser und der Anlage einer Gärtnerei neue Wege ein. Bereits 1933 beschäftigte er dort im Rahmen der klinischen Arbeitstherapie der Psychiatrischen Abteilung „eine große Anzahl von weiblichen und männlichen Patienten".[39] Die Insass:innen wurden zum Aufbau der Gewächshäuser, zur Anzucht von Jungpflanzen, zum Unkrautjäten und zu Erdarbeiten herangezogen. Lucaß und Schenck bauten die Klinik-Gärtnerei bis 1938 zu einem bedeutenden Heilpflanzengarten aus, vergrößerten die Anbaufläche von ursprünglich 500 qm auf einen Hektar mit größeren Kulturen für den Klinikbedarf und legten erstmalig auch einen Schaugarten an, der über rund 800 verschiedene Arten und ein Gewächshaus für tropische Pflanzen verfügte. Lucaß vernetzte sich mit rund 60 botanischen Gärten und interessierten Firmen auf allen Erdteilen und brachte jährliche Samenkataloge heraus.

In Fach- und Parteikreisen erwarb sich die Heidelberg AG aufgrund ihrer praktischen, wirtschaftlichen und systematischen Erforschung von Heilpflanzen und der Anlage des Klinik-Schaugartens Anerkennung. Sie gewann zunehmend an Einfluss auf die Entwicklung der Heilpflanzenkunde. Schenck publizierte die gemeinsamen Erfahrungen und Erkenntnisse der AG, die sich längst nicht mehr allein auf die medizinische Wirkung beschränkten, sondern auch mit Fragen des Handels, der Nutzung der Pflanzen durch die Industrie sowie dem Anbau und Sammeln befassten. Die Absatzfrage betrachtete Schenck nunmehr als „Kardinalpunkt der ganzen Heilpflanzenbewegung".

Ab 1935 betreuten Lucaß und Schenck im Auftrag des Hauptamtes für Volksgesundheit als Sachberater für Heilpflanzenanbau unterschiedliche Kräuteranbauinitiativen von Kleinbauern oder Arbeitslosen in der Umgebung von Heidelberg, in der Rheinebene und im Odenwald, die sie kostenlos mit Pflanzen und Samen versorgten.[40] „Es gab kaum etwas Befriedigenderes, als wenn Lucaß und ich – er hatte keinen Wagen – auf die Dörfer fuhren, bei den ‚Schülern' einkehrten und uns über Arbeit, Arbeitsaussichten, Gesundheit und Krankheiten, Familie, Leben und Denken unterhielten", erinnerte sich Schenck in seiner nicht veröffentlichten Autobiografie in den 1970er-Jahren.[41]

1936 entwarf und realisierte Lucaß gemeinsam mit Schencks Assistenten Bäcker einen Heilkräutergarten bei der Führerschule der Deutschen Ärzteschaft in Alt Rehse in Mecklenburg. Der 1929 gegründete *Nationalsozialistische Deutsche*

39 UAH, PA 1274, unpag., Lucaß an die Verwaltungsdirektion des Akademischen Krankenhauses vom 20. 1. 1938 (Abschrift).

40 Vgl. Schenk, Heilpflanzenkunde, S. 59 ff.

41 Zit. n. Schenk, Heilpflanzenkunde, S. 62, Anm. 155.

Ärztebund hatte dort ein Schulungszentrum insbesondere für junge Ärzt:innen und andere Berufsgruppen im medizinischen Bereich eingerichtet, um sie auf die Durchsetzung der nationalsozialistischen Gesundheitspolitik ideologisch vorzubereiten. Dazu gehörten Vorträge über „Erbbiologie und Rassenpflege" genauso wie ärztliche Fortbildungskurse in der Heilpflanzenkunde.[42] Der neue Heilpflanzengarten mit den beiden Hauptabteilungen „Hauptinhaltsstoffe" und „Indikationsgebiete" sollte der praktischen Anschauung der angehenden Ärzt:innen dienen, als Grundlage hatten die Mitglieder der Heidelberg AG ein Handbuch zur Einführung in die Heilpflanzenkunde erarbeitet.[43]

Zu einem überraschenden Publikumserfolg avancierte schließlich die Heilpflanzenausstellung der AG, die im Rahmen des 550-jährigen Jubiläums der Heidelberger Universität im Jahr 1936 in der Gartenanlage des Klinikgeländes zusammengestellt worden war. Lucaß stellte sein Konzept in der Zeitschrift *Die deutsche Heilpflanze*[44] ausführlich vor und erhielt daraufhin vom Deutschen Hygiene-Museum den Auftrag, für deren geplante Wanderausstellung „Ewiges Volk" eine Abteilung zum Thema Heilpflanzen zu gestalten. Eine Attraktion war dabei die von Lucaß eigens entwickelte Technik, lebende Arzneipflanzen im gewünschten Vegetationsstadium zu zeigen. Sie sollte später auch in anderen Ausstellungen genutzt werden.[45]

1937 veröffentlichte Bäcker seine Dissertation über „Die Aufarbeitung der Heilpflanzen unter Berücksichtigung der biologischen Verfahren" in der Zeitschrift *Die deutsche Heilpflanze*. Darin stellte er u. a. verschiedene Anwendungs- und Zubereitungsformen von Heilpflanzen hinsichtlich ihrer Haltbarkeit und Wirkung vor. Er kam zu dem folgenreichen Ergebnis, dass aus wissenschaftlicher Sicht der Großanbau von Kräutern gegenüber dem der Kleinsiedler vorzuziehen sei. Denn nur so sei mit einer entsprechenden wissenschaftlichen Begleitung die Gewinnung standardisierter Drogen möglich.[46] Zusätzlich leitete Bäcker unter Mitarbeit von Lucaß die studentische Arbeitsgruppe „Heilpflanzenkunde",[47] die sich mit Versuchen über die wissenschaftliche Verifizierung der aus der Volkskunde bekannten Heilkräuter befasste. Ausgangsthese der Gruppe war, dass die Anzahl an Pflanzen, denen traditionell eine Heilwirkung zugeschrieben wurde, kritisch hinterfragt werden müsse. Für ihre Ausarbeitung über die Wirkung von

42 Vgl. Stommer (Hrsg.), Medizin, S. 36 f.

43 Vgl. Schenck/Lucas/Wegener, Allgemeine Heilpflanzenkunde, S. 351 ff.

44 Rudolf Lucaß, Die Heidelberger Pflanzenausstellung anläßlich der 550-Jahrfeier der Universität, in: Die deutsche Heilpflanze 1–2 (1935/36) 8, S. 159.

45 Schenk, Heilpflanzenkunde, S. 275 f.

46 Vgl. Bäcker, Aufarbeitung, S. 37 ff.

47 Vgl. UAH, PA 1274, unpag., Bescheinigung von Otto Bäcker vom 20. 1. 1938, Abschrift.

Heilkräutern „nach Art der homöopathischen Arzneimittelprüfungen" in Selbst- und Fremdversuchen erhielten sie 1937 im „Reichsberufswettkampf" eine Auszeichnung als beste Arbeit.[48]

Schenck sollte ab Sommer 1938 im Rahmen eines von Göring initiierten wissenschaftlichen Arbeitsausschusses das Arbeitsgebiet der „Wissenschaftlichen Erforschung der Heilpflanzenwirkungen an kranken Menschen, Heilpflanzengewinnung, -verarbeitung und -propaganda" übernehmen. Um auf Reichsebene die Beschaffung des heimischen Bedarfs an Heil- und Gewürzpflanzen voranzubringen, hatte sich Göring entschlossen, für nunmehr drei in Deutschland konkurrierende Institutionen des Heilpflanzenanbaus – der *Hauptvereinigung der deutschen Gartenbauwirtschaft im Reichsnährstand*, der *Reicharbeitsgemeinschaft für Heilpflanzenkunde und Heilpflanzenbeschaffung e. V.* und des *Verwaltungsamtes des Reichsbauernführers* – unterschiedliche Zuständigkeiten festzulegen.[49]

1938 verließ Schenck die Heidelberger Klinik, um auf Empfehlung Wegeners als einer der zentralen Vordenker der „Neuen Deutschen Heilkunde" für Reichsärzteführer Dr. Wagner Konzepte für ein „Gesundheitshaus" in München-Kempfenhausen zu entwickeln. In seine Planungen integrierte er als richtungweisendes Prinzip den Kerngedanken des nationalsozialistischen Gesundheitswesens, die „Pflicht zur Gesundheit" und die „Abschaffung der Krankheit". Demnach sollten „Kranke" nicht mehr „unbeschäftigt herumlungern, sondern stets etwas zu tun haben".[50] Als ideale Beschäftigung schwebte Schenck die Gartenarbeit vor, insbesondere nach „biologisch-dynamischer Methode". Er wusste, dass diese besonders arbeitsaufwendig war und folgerte, dass der entsprechende Mehraufwand nicht entlohnt werden könne, sondern der „Gemeinschaft" dienen müsse.

Mit seiner Idee griff er auf ein tradiertes Konzept von Heilanstalten des 18. Jahrhunderts zurück, das Patient:innen zur Gartenarbeit heranzog – sei es zu therapeutischen Zwecken oder als Beitrag zur Versorgung.[51] Das „Gesundheitshaus" wurde jedoch nach Erkrankung und Tod von Wagner im Frühjahr 1939 nicht realisiert, stattdessen nahm Schenck eine Chefarztstelle der II. Medizinischen Klinik in München-Schwabing an.

Eines der zentralen Grundelemente des „Gesundheitshauses" sollten Schenck, Lucaß und Wegener allerdings in ihrer Konzeption für die Dachauer *Plantage*

48 Vgl. Schenk, Heilpflanzenkunde, S. 72 ff.

49 Vgl. Schenk, Heilpflanzenkunde, S. 131 ff.

50 Vgl. Alfred Haug, Pläne für ein Gesundheitshaus der deutschen Ärzteschaft, in: Kudlien (Hrsg.), Ärzte, S. 145–152, hier S. 151 f.

51 Vgl. Umweltschutzverein Bürger und Umwelt, Gartentherapie. Theorie – Wissenschaft – Praxis, St. Pölten 2013, S. 26 f.

aufgreifen, die sie Ende 1938 ausgearbeitet hatten. In ihrer gemeinsam verfassten Publikation *Allgemeine Heilpflanzenkunde* erläuterten sie, dass der Großanbau in Dachau für die SS nur dann rentabel sei, wenn sie auf Arbeitskräfte zurückgreifen könne, die zugunsten der „Gesamtheit" keinen Anspruch auf Entlohnung hätten: „Kein Großgrundbesitzer, der seine Arbeiter nach dem üblichen Tarif entlohnen muss, wird beim Großanbau einen Gewinn erzielen, sondern nur derjenige, der billige Arbeitskräfte hat, sei es, dass diese schon versorgt sind (Insassen von Heil- und Pflegeanstalten), sei es, dass der Hauptwert einer geleisteten Arbeit nicht im Gewinn für die Helfer, sondern im Einsatz für die Gesamtheit gesehen wird (Arbeitsdienst, SS). Nur dort, wo diese Vorbedingungen erfüllt sind, könnte man darangehen, in kurzer Zeit einen Großanbau zu entwickeln, dessen Gewinn ja dann auch nicht einem einzelnen, sondern einer dem Staate dienenden Organisation zufiele."[52]

Geländekultivierung und Betriebsaufbau

Unter dem Titel „SS erschließt Neuland – wo in Deutschland der Pfeffer wächst"[53] berichtete die SS im September 1938 euphorisch von ihrem im Entstehen begriffenen SS-Wirtschaftsbetrieb in Dachau und dem außerordentlichen Stellenwert der Heilpflanze in der zeitgenössischen „Krise des Heilwesens": „Eine Synthese zwischen den einander widerstreitenden Heilmethoden auf biologischer Grundlage zu finden, ist die große Aufgabe der Forschung und Praxis. Die Heilpflanze steht zwischen beiden Lagern. Weder die Schulmedizin kann ihrer entraten, noch gar die Naturheilkunde."[54]

Unter dem offiziellen Namen „Kräutergarten Dachau" begannen noch vor Gründung der DVA im Frühjahr 1938 die Bauarbeiten auf dem östlich an das Lager grenzenden Moorgelände. Die Planung, die Wegener, Schenck und Lucaß auf Anweisung von Oswald Pohl erstellt hatten, fand bei der SS-Führung „so großen Anklang, dass unmittelbar nach deren Eingang mit den entsprechenden Arbeiten begonnen wurde".[55] Insgesamt war ein komplexer Großbetrieb mit drei maßgeblichen Standbeinen vorgesehen: eine Gartenbauabteilung für Heil- und Gewürzpflanzen, ein Verarbeitungsbetrieb mit Mühle, Trocknungsanlagen und Vertriebsabteilung sowie einem Forschungsinstitut.

52 Schenck/Lucaß/Wegener, Heilpflanzenkunde, S. 192 f.

53 Gunter d'Alquen (Hrsg.), SS erschließt Neuland. Wo in Deutschland der Pfeffer wächst, in: Das Schwarze Korps 4 (1938) 9, S. 4.

54 Ebenda.

55 Schenk, Heilpflanzenkunde, S. 227.

Ab Mai 1938 wurde mit der Urbarmachung des ersten Abschnitts, eines 7,5 ha großen Geländes begonnen. Sämtliche Bauarbeiten wurden fast ausschließlich von KZ-Häftlingen ausgeführt. Da das moorige Terrain für den Kräuteranbau nicht geeignet war, musste es drainiert, der anstehende Boden abgetragen und geeigneter Boden eingebracht werden. Für diese schwere Arbeit wurden vor allem Juden und Sinti eingesetzt. Einer der wenigen überlieferten Häftlingsberichte über die Urbarmachung des Plantagegeländes im ersten Jahr stammt von dem österreichischen Marxisten Hans Schwarz: „Die ersten 100 wurden zusammengetrieben und unter einem besonderen SS-Kommando auf die ‚Plantage' geschickt. [...] Der Name Himmler zog, und kein Lagerkommandant wagte dagegen aufzumucken. Der ‚Betrieb' musste rentabel sein. Im ersten Jahr hatte das Kommando 107 Tote, die an Ort und Stelle vor Erschöpfung zusammenbrachen oder die die Quälereien nicht mehr ertrugen und über die Postenkette gingen [...]. Kein anderes Kommando in Dachau in diesen Jahren kostete solche Opfer."[56] Der politische Häftling Anton Eberl berichtete von der besonderen Brutalität gegenüber den jüdischen Gefangenen: „Viele jüdische Häftlinge sind bei der Arbeit ins Moor gefallen, danach hat sie der Kapo in den Brunnen geworfen."[57]

Bruno Jacob war einer der wenigen Häftlinge, der auch die Zerstörung des Moores und der Natur wahrnahm: „Mancher von den mit grobem blauweissgestreiften, schmutzigverwaschenen Leinen angetanen wird wohl die Kiebitze, die ausgangs des Frühjahrs über dem Moor schrieen, beneidet haben, falls er dazu in der Lage war, die Vögel überhaupt zur Kenntnis zu nehmen. [...] Die großen schwarzweißen Vögel klagten um ihre Nester, die eins nach dem anderen der Kultivierung zum Opfer fielen."[58]

Die Planung der gesamten Gartenbauanlage ließ die SS von dem KZ-Häftling Dr. Emmerich Zederbauer erstellen. Er war Professor für Obst- und Gartenbau an der Wiener Hochschule für Bodenkultur gewesen und seit April 1938 in Dachau inhaftiert. Als Direktor der Hochschule hatte er vermehrt Einspruch gegen die nationalsozialistische Szene erhoben und wurde am 1. April 1938 mit dem ersten Transport aus Wien, dem sogenannten Prominententransport, nach Dachau deportiert. Seine Mithäftlinge berichteten, dass die SS ihn aufgrund seiner „außerordentlichen Sachkenntnis und überragenden Persönlichkeit" geachtet habe. Auf Intervention seiner Student:innen wurde er am 20. September 1938 aus Dachau entlassen. Die Haftzeit hatte seine Gesundheit jedoch so sehr geschädigt,

56 Zit. n. Seidl, Himmel und Hölle, S. 67.

57 Ebenda, S. 67 f.

58 DaA, 1440, unpag., Bruno Jakob, Vitamin C.

Illegales Foto männlicher Häftlinge des KZ Dachau auf dem Weg zur Arbeit auf der Plantage, im Vordergrund ein SS-Kommandoführer, Herbst 1944.
Foto: Karel Kašák. DaA, F 2106, 16431.

dass er nach der Entlassung seinen Beruf nicht wieder ausüben konnte und bis zu seinem Tod ein zurückgezogenes Leben führte.[59]

Noch im Jahr 1938 begannen auf 2000 qm die ersten Pflanzarbeiten mit Ringelblumen (*Calendula officinalis*) und die Anlage des Schaugartens. Mit der Planung des Forschungsbetriebes, des *Instituts für Ernährung und Heilpflanzenkunde Dachau*, wurden Ende 1938 ebenfalls Schenck und seine Mitstreiter der Heidelberg AG beauftragt. Ihr umfangreiches Forschungskonzept lässt deutlich die Handschrift der ambitionierten und interdisziplinären Arbeitsgemeinschaft erkennen, die noch keine finanziellen und materiellen Einschränkungen der Kriegswirtschaft zu berücksichtigen hatte. Den Arbeitsplan für das Forschungsinstitut erhielt die Anfang 1939 gegründete DVA. Vier Forschungsgebiete waren zunächst vorgesehen: Heilpflanzen, Gewürzpflanzen, Ernährung und Heil- und Gewürzpflanzen der Kolonien. Heilpflanzen sollten demnach botanisch, gärtnerisch und pharmazeutisch erforscht, Verfahren zur Stabilisierung

59 Vgl. ZOBODAT (2019/07/12), Biografischer Datensatz Dr. Dr. h. c. phil. Emmerich Zederbauer, www.zobodat.at/personen.php?id= [15. 1. 2020].

und Standardisierung der Heilkräuter entwickelt und biologisch-pharmakologische Experimente im Krankenhaus München-Schwabing klinisch ausgewertet werden. Geplant waren Aus- und Fortbildungskurse für Fachleute und Laien. Schwerpunkte der Ernährungsforschung sollten die vier Themengebiete Vitamin-C-Forschung, Deutscher Tee, Mineralwässer und Truppenverpflegung sein.

Schenck – nunmehr Hauptgruppenführer der SS und Chefarzt im Schwabinger Krankenhaus – sollte die wissenschaftliche Leitung des Institutes übernehmen. Sein Kollege aus Heidelberg, Dr. Bäcker, war als Stellvertreter, Dr. Wottge, ebenfalls aus Heidelberg, und die Apothekerin bzw. Biologin „Frl. Friedrich" als hauptamtliche wissenschaftliche Mitarbeiter:innen und Lucaß als Gartenmeister vorgesehen.[60] Wegener sollte die Erforschung von Pflanzennachbarschaften und die Entwicklung neuer Gewürze betreiben. Wottge hatte als DFG-Stipendiat 1937/38 für die Wanderausstellung „Ewiges Volk" ein Herbarium für deutsche Heilpflanzen erstellt. Um ihn in der *Plantage* einzustellen, unternahm Oswald Pohl im Januar 1940 den einzigen Versuch, für die DVA ein Stipendium bei der DFG zu erhalten: „Nachdem die Deutsche Versuchsanstalt die Voraussetzungen für großzügige Forschungsarbeiten auf dem genannten Gebiet geschaffen hat, bitte ich die Deutsche Forschungsgemeinschaft, der Versuchsanstalt Zuschüsse zu gewähren, damit diese in die Lage versetzt wird, Dr. Wottge einzustellen."[61]

Nach Gründung der DVA wurde der Aufbau der *Plantage* in großem Tempo vorangetrieben. Bis Kriegsbeginn erwarb sie weitere Anbauflächen.[62] Zwei Hauptgebäude der Anlage wurden nördlich der Pflanzflächen mit einer Länge von insgesamt 140 m errichtet. Eines diente als Verwertungsbetrieb mit Mühle, das andere als Forschungsinstitut. Hier führten Wegener und der Herzspezialist Dr. Fahrenkamp bereits 1939 erste Versuche zur „Einwirkung glykosider Gifte auf das Wachstum und die Fruchtbarkeit von Pflanzen" durch.[63] Außerdem wurden ein Wirtschaftsgebäude und vier der später insgesamt sieben Gewächshäuser gebaut oder zumindest begonnen (siehe Kapitel Forschungskonzept).

Von September 1939 bis Februar 1940 kamen die Ausbauarbeiten weitgehend zum Erliegen, da die SS das gesamte Schutzhaftlager Dachau in diesem Zeitraum zur Aufstellung der Totenkopf-Division nutzte.[64] Die meisten

60 Vgl. Schenk, Heilpflanzenkunde, S. 230 ff.

61 BArch, R 73/15885, unpag., Chef des Hauptamtes III A/2 an die Deutsche Forschungsgesellschaft vom 18. 1. 1940.

62 Vgl. BArch, NS 3/1433, Bl. 83.

63 Vgl. IfZ, NO/1044, unpag., S. 4; Schenk, Heilpflanzenkunde, S. 235.

64 Zámečník, Stanislav, Dachau-Stammlager, in: Benz/Distel, Ort, Bd. 2, S. 233–274, hier S. 248.

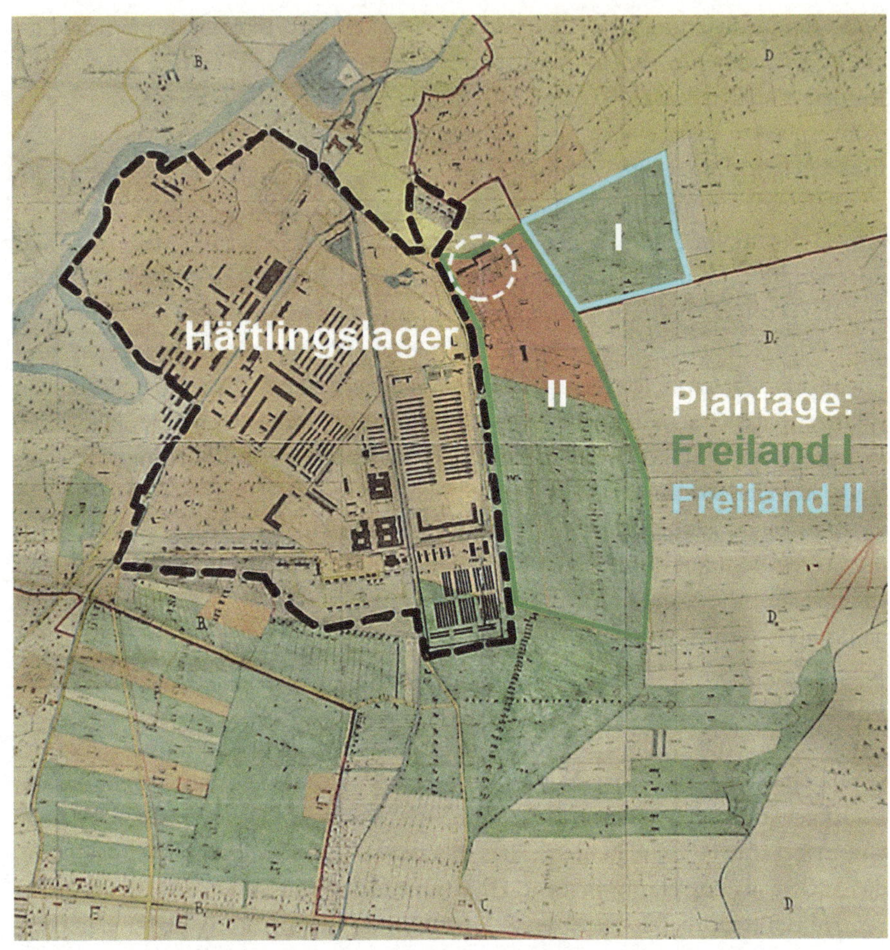

Übersichtskarte Häftlingslager und Plantage, Freiland I und Freiland II.
Grundlage: Plan der SS-eigenen und gepachteten Grundstücke.
Topographische Karte des KZ Dachau, Maßstab 1:5000, 1942.
Verkleinerter Ausschnitt. DaA, P 0018, 39191.

Häftlinge wurden in drei andere Lager – Buchenwald, Flossenbürg und Mauthausen – verlegt, lediglich ca. 100 Häftlinge behielt die SS im Lager zurück, um dringende Arbeiten in den Betrieben, vor allem auf der *Plantage*, zu verrichten. Dazu erklärt der ehemalige Häftling Anselm Grand: „Grabarbeiten und Aushebungen hatten bereits begonnen und nun war nur mehr der Bau nach dem Plan eines Münchner Baumeisters fertigzustellen. […] Die Blockführer, gewohnt, durch große Kolonnen alles im Nu fertigstellen zu lassen, glaubten, wir hundert Mann müßten das Gleiche leisten wie tausend. […] Nach einigen Tagen

Lageplan der Plantage. Grundlage:
Übersichtsplan der Anbauflächen der Deutschen Versuchsanstalt Dachau,
Maßstab 1:2000, 24. 9. 1947.
Verkleinerter Ausschnitt. DaA, P 0065, 39711.

hörten wir auf der *Plantage* über den Mauern ein höllisches Motorengeräusch und Kommandostimmen. Singende SS-Kolonnen, etwa 25 000 bis 30 000 Mann, besetzten das Lager. Auf Autos und Panzern konnte man lesen: ‚Auf zum 5-Uhr-Tee nach Paris!'"[65]

Anfang 1940 wurden die Bauarbeiten mit KZ-Häftlingen wieder aufgenommen. Trotz kriegsbedingter Einschränkungen gelang es, die Mühle im Frühjahr

65 Anselm Grand, Turm A ohne Neuigkeiten, Wien/Leipzig 1946, S. 44 f.

Institut für Heilpflanzenkunde Dachau, undatiert, Fotograf vermutlich Rudolf Lucaß. DaA, Nachlass Rudolf Lucaß, nicht-verzeichneter, Album Lucaß, S. 12.

fertigzustellen und mit dem Vermahlen der ersten Ernte des vergangenen Jahres zu beginnen.[66] Gegenüber anderen DVA-Betrieben räumte die SS-Führung der *Plantage* eine Vorrangstellung ein: „Den Dachauer Anlagen kommt im Hinblick auf die hier am stärksten investierten Mittel die größte Bedeutung zu", hieß es im Geschäftsbericht der DVA von 1939.[67]

„Der größte Kräutergarten Deutschlands, Dachau bei München"[68]

Nicht ohne Stolz trug DVA-Geschäftsführer Heinrich Vogel im September 1942 die Erfolgsbilanz der *Plantage* vor prominentem Publikum – Vertretern des Heeres, der Reichsgesundheitsführung und der Waffen-SS – vor und betonte, dass sämtliche Erwartungen übertroffen worden seien: „Nach Fertigung des Gesamtplans und Entwürfen für die Gebäude entstand unter den Beteiligten die Frage, ob die Planung nicht für ein so abgelegenes Gebiet zu groß und umfangreich sei. Es wurde aber nichts abgestrichen, sondern im Vorsommer 1939 mit den Bauarbeiten

66 Vgl. Seidl, Himmel und Hölle, S. 69.

67 IfZ, NO/1044, unpag., S. 4.

68 Titel eines Plakatentwurfs der Dachauer „Plantage", vgl. DaA, 41, unpag.

begonnen. Heute sind die Gebäude zu klein."[69] Das Forschungs- und Versuchskonzept der DVA hatte sich in der Wahrnehmung Vogels mit dem Aufbau der Dachauer *Plantage* bewährt, der Großanbau von Kräutern, ihre Verarbeitung und wissenschaftliche Erforschung blieben bis hin zu einem nahezu perfekt funktionierenden Vertriebs- und Absatzsystem in einer Hand. Allein im Jahr 1942 – so berichtete er weiter – habe sich der Anbau um insgesamt ca. 10 ha erweitert,[70] das Gelände wurde mittels aufgeschütteter Dämme in Reviere eingeteilt und mit insgesamt 15 000 Sträuchern der Schwarzen Johannisbeere bepflanzt.[71]

Bis Kriegsende wurde die Anbaufläche auf über 211 ha erweitert, parallel dazu stiegen die Produktionszahlen der verarbeiteten Kräuter so weit an, dass die *Plantage* ab 1940 Gewinne einbrachte. Ab 1941 schrieb sie laut einer Abrechnung vom 31. März 1942 bereits schwarze Zahlen.[72] Vogel räumte ein, dass der Gewinn auf die Rentabilität der beiden Abteilungen Gartenbau und Gewürzmühle zurückzuführen sei, während das Forschungsinstitut noch bis nach Kriegsende ein Zuschussbetrieb bleiben werde.[73]

Vogels optimistische Erfolgsbilanz wurde allerdings im Jahr 1943 von SS-Wirtschaftsprüfern kritisch betrachtet. Insbesondere hinsichtlich seiner Einschätzung der Häftlingseinsätze wiesen sie ihn, „nicht zuletzt im Interesse der Erziehung der Geschäftsleitung zum sparsamen Einsatz der heute so wertvollen Arbeitskräfte", zurecht. In ihrer eigenen Bilanz berücksichtigten sie einen durchschnittlichen Tagessatz von 5 Reichsmark pro Häftling, mit dem sich der von Vogel angenommene Gewinn des Werkes Dachau in einen Verlust verwandeln würde.[74]

Die Außenlager

Da das Dachauer Moor trotz der umfangreichen Meliorations- und Bodenbearbeitungsmaßnahmen nicht für alle geplanten Pflanzungen geeignet war, verschaffte sich die DVA sukzessive Zweigstellen mit unterschiedlichen Standort-,

69 DaA, 6160, unpag., S. 127.

70 Zwei Hektar Lehrkulturen mit ca. 1000 Heilpflanzen, 0,75 ha für das Reichssortenregister, ein Hektar reine Bienenweide, 0,5 ha Farbpflanzen, 3 ha Kompostanlage, 1,5 ha Glasfläche mit sechs Gewächshäusern und 1500 Fenstern, 900 000 Knollen Gladiolen, 600 kg Gladiolenbrut. Vgl. DaA, 6160, unpag., S. 127 f.

71 Ebenda.

72 Vgl. BArch, NS 3/1433, Bl. 34. Abrechnung für 1941: Aufwendungen 910 026,11 Reichsmark, Erträge 1 091 551,36 Reichsmark, Gewinn 181 525,25 Reichsmark.

73 Vgl. Seidl, Himmel und Hölle, S. 70, Anm. 170.

74 Vgl. BArch, NS 3/722, Bl. 15.

Klima- und Bodenverhältnissen. Von insgesamt sieben Außenlagern lagen fünf im sogenannten Altreich: Hof Hintereckart, die Höfe Liebhof und Pollnhof und die Standorte Heidelberg/Heppenheim und Laudenbach. Hof Erlhofplatte lag in Österreich und die Mühle Göding im besetzten Protektorat Böhmen und Mähren (heute Tschechien).

Für den Anbau und erste Versuche mit Gebirgspflanzen und um Jungvieh für den Liebhof beim KZ-Dachau aufzuziehen, schloss die DVA bereits nach Kriegsbeginn einen Pachtvertrag für den in der Voralpenregion Tegernsee gelegenen Hof Hintereckart in Hausham ab. Gemeinsam mit dem benachbarten *SS-Kameradschaftsheim Vordereckart* wurden die Höfe als Außenlager Hausham geführt und beschäftigten bis zu 14 männliche und 10 weibliche KZ-Häftlinge. Hintereckart war eines von mehreren Gütern der DVA, das von der SS-Führung mit bewusstem Kalkül in verwahrlostem Zustand übernommen wurde, um es mit der Arbeitskraft von Häftlingen aufwerten und in einen normalen Leistungszustand bringen zu können[75] (siehe Kapitel Forschungskonzept).

Ab Januar 1942 wurden weibliche Häftlinge, ausschließlich Zeuginnen Jehovas, aus dem KZ Ravensbrück nach Hausham verschleppt, um hier landwirtschaftliche Arbeiten zu verrichten. Im Vergleich zu den Lebensbedingungen im KZ ging es den Frauen hier nach eigenen Angaben besser. So duldete der Verwalter z. B. Kontakte zu Verwandten und zu ortsansässigen Mitgliedern ihrer Glaubensgemeinschaft. Allerdings berichteten sie von Schikanen der SS-Aufseherin Barbara Petyrek aus Ravensbrück, die die Frauen beaufsichtigte.[76] In diesem Fall gelang es den Zeuginnen Jehovas jedoch, sich zur Wehr zu setzen. Nachdem sie sich bei dem verantwortlichen SS-Führer beschwert hatten, hielt sich die Aufseherin zurück.[77] Frieda Hopp, eine der zehn Zeuginnen Jehovas, berichtete: „Als der Krieg anfing und Hitler in Polen einmarschierte, da begann die Verfolgung der Bibelforscher mit einem großen Angriff. Die SS reiste hunderte Kilometer um einen einzigen Bibelforscher zu erreichen."[78] Frieda Hopp wurde in Westpreußen verhaftet, im Dezember 1939 zunächst in das KZ Stutthof, dann nach Ravensbrück und von dort aus über das KZ Dachau auf den Hof Hintereckart deportiert, wo sie für die Versorgung des Jungviehs eingesetzt wurde.

Da die Kräuteranzucht in Hintereckart misslang, pachtete die DVA in Österreich zusätzlich nahe Zell am See den Hof Erlhofplatte, auf dem bereits vorher

75 Vgl. IfZ, NO/405, unpag., S. 3.

76 Vgl. BArch, B 162/468, Bl. 135 f.

77 Vgl. Johannes Wrobel, Hausham, in: Benz/Distel, Ort, Bd. 2, S. 344–347.

78 JZA, LB Gross, Frieda 01, Erfahrungen von Frieda Hopp, geb. 23. 3. 1914, Bl. 1.

Anzuchtversuche stattgefunden hatten. Unter Aufsicht eines Gärtners, der selbst ehemaliger Gefangener in Dachau war, legten hier vier tschechische Häftlinge einen Gebirgskräutergarten mit Enzian, Eisenhut, Arnika u. a. Pflanzen an und zogen besonders ertragreiche Alpengräser heran.[79] Einblick gibt der deutsche Benediktinerpater Sales Hess, der von 1941 bis 1945 im KZ Dachau inhaftiert war und seit 1943 als Fotograf in der Forschungsabteilung eingesetzt war: „Es war für mich nach drei Jahren strengster Abgeschlossenheit im Konzentrationslager wirklich ein Erlebnis ersten Ranges [...]. Beide Herren [Lippert und Vogt] waren auf der Erlhofplatte anwesend, ließen mir den ganzen Tag über volle Freiheit, versorgten mich mit Lebensmitteln aller Art, mit Dingen, die ich im KZ nie zu sehen bekam, und machten mir die Arbeit zu einer Erholung."[80]

In der Nähe des Dachauer Lagers pachtete die SS die beiden Landwirtschaftsbetriebe Liebhof und Pollnhof in erster Linie, um natürlichen Dünger für die Pflanzarbeiten der Dachauer *Plantage* zu bekommen, der für die dort vorgesehene biologisch-dynamische Bewirtschaftung ab 1940 obligatorisch wurde. Auf beiden Höfen wurden für die landwirtschaftlichen Arbeiten täglich bis zu 850 Häftlingen eingesetzt.[81] Das auf dem Liebhof gehaltene Vieh sollte auf dem oberbayerischen Außenlager Hintereckart aufgezogen werden.

Der Anbau von Gewürzpaprika, dem wichtigsten Bestandteil des „Verkaufsschlagers" der DVA, dem Prittlbacher Pfeffer, war in dem rauen Klima auf der *Plantage* nicht möglich. Mit der Zucht der wärmeliebenden Pflanzen gab es in Deutschland kaum Erfahrungen, deshalb hatte die DVA zum einen die Mühle Göding in einem traditionellen Paprika-Anbaugebiet im besetzten Protektorat Böhmen und Mähren (Tschechien) unter Vertrag genommen. Zum anderen führte sie auf einer Gesamtfläche von 125 Hektar an unterschiedlichen Standorten in milderen Lagen Deutschlands im Raum Aschersleben sowie in den Weinbaugebieten um die südhessische Berg- und die pfälzische Weinstraße Zuchtversuche mit Paprika, Majoran und Basilikum durch. Dabei sollten die bestmöglichen Boden- und Witterungsverhältnisse erkundet werden, um deren Anbau auch in Deutschland zu ermöglichen.[82] Dafür schloss die DVA Verträge mit lokalen Anbauern ab; die Jungpflanzen wurden aus Dachau geliefert.

Ab 1941 entstand unter der Leitung von Rudolf Lucaß das Außenlager Heppenheim/Bergstraße, wo zunächst 20 Häftlinge für Züchtungsversuche, Anbau

79 Vgl. Seidl, Himmel und Hölle, S. 83 f.

80 GOE, D.02. Franz Lippert, unpag., eidesstattliche Erklärung von Sales Hess vom 23. 9. 1946.

81 Vgl. Sabine Schalm, Liebhof, in: Benz/Distel, Ort, Bd. 2, S. 384–385.

82 Vgl. DaA, 6160, unpag., S. 128.

Außenlager Heppenheim, 1940/1941, Fotograf vermutlich Rudolf Lucaß. DaA, Nachlass Rudolf Lucaß, nicht-verzeichneter Bestand, Album Lucaß, S. 13.

und Trocknung von Kräutern eingesetzt wurden. Im nahe gelegenen Außenlager Laudenbach betrieb Lucaß zusätzlich eine Gärtnerei inklusive Trocknungsanlage für Gemüse mit insgesamt 60 Häftlingen.

Die beiden Anlagen verwaltete Lucaß zwei bis drei Tage wöchentlich, in der restlichen Zeit organisierte er in seinem Büro im *Akademischen Krankenhaus Heidelberg* den Ankauf von Sämereien für die DVA. Überwacht wurden die Häftlinge dieser Außenlager von meist frontuntauglichen „Volksdeutschen" und einem SS-Scharführer.[83] Der KZ-Häftling Willi Eifler äußerte über das Außenlager Heppenheim: „Unsere Arbeitsstelle nannte sich ‚Deutsche Saatgut' oder ‚Saatzuchtgesellschaft', ein SS-Unternehmen. […] Die Bauern brachten T[h]ymian, Basilikum, Maggikräuter und auch Paprikaschoten. Auch Rübenblätter wurden geschnitten und getrocknet. Die Trocknung wurde mit einer Maschine, aber auch mit Horden (Darren) vorgenommen. Nach dem Schneiden und Trocknen wurden diese getrockneten Kräuter in Waggons verladen und nach Dachau in die Pfeffermühe geschickt." Eifler erinnerte sich auch, dass der SS-Kommandoführer in Heppenheim in Fleischereien und Bäckereien „für die

83 Vgl. DaA, 43, unpag., S. 1 f.

armen Häftlinge" betteln ging, und erfuhr, dass „er viel für uns bekommen hat, aber wir haben von dieser Ware nichts gesehen, er schickte alles nach Hause."[84]

4.1.4 Produktion, Verarbeitung und Forschung

Die Arbeitsorganisation

Mit Gründung der *Plantage* betrat die SS-Führung nicht nur hinsichtlich des Großanbaus von Heilkräutern Neuland. Der wirtschaftliche Einsatz von KZ-Häftlingen als billige Arbeitskräfte war dabei – laut Geschäftsbericht der DVA – Teil des Modellversuchs, um zukünftig ein gewinnorientiertes Wirtschaften zu erreichen.[85] In der bald größten Arbeitsstelle des KZ-Dachau sollte deshalb mittels genauer Buchführung der „Wert der Häftlingsarbeit" ermittelt werden. Dieser Aufgabe kamen der verantwortliche Architekt Dinkel und der Betriebsführer der *Plantage* SS-Untersturmführer Vogt 1939 pflichtschuldig mit ihrem Bericht über die „Bewertung für die geleisteten Arbeitsstunden der Häftlinge bei den SS-Heilkräuterkulturen Dachau" nach: „Es wurden in den Heilkräuterkulturen wie auch beim Bau der Pfeffermühle usw. in der Hauptsache Juden und Zigeuner eingesetzt, welche nach Maßgabe der Arbeitsleistung durch den verantwortlichen Architekten und Betriebsführer [...] höchstens den zehnten Teil von dem leisten, was ein Arbeiter im freien Beruf leistet. Die Arbeitsstunde wurde mit RM. –,10 festgesetzt. Es ergibt sich daher folgende Berechnung: Insgesamt Häftlingsstunden: 633 402 à RM. 0,10 = 63 340."[86]

Emil Vogt, der die *Plantage* seit September 1939 nicht nur leitete, sondern zugleich auch ihr Prokurist wurde, war sich der ökonomischen Bedeutung der Häftlingsarbeit bewusst: „Ohne den täglichen Einsatz [von Häftlingen ...] wäre [sowohl] die Bewirtschaftung der Ländereien als auch der Pfeffermühle nicht nur unproduktiv, sondern in dem durchgeführten Ausmaß und äußeren Rahmen einfach undurchführbar."[87] Umso mehr war er darauf bedacht, arbeitsbereite und leistungsfähige Häftlinge einzusetzen. Dazu der Häftling Anselm Grand: „Anfang Februar 1940 erschien ein Untersturmführer namens Vogt, der sich als Chef der gesamten Plantage ausgab. Er war ein älterer, ernster Mann, bei dem man seit Tagen feststellen konnte, daß er keinen schlug und daß seine Befehle eindeutig und klar gegeben wurden. Er fragte, wie es uns gehe, wie

84 DaA, 173, unpag., S. 1f., Bericht Willi Eifler vom Januar 1970.

85 Vgl. IfZ, NO/1044, unpag., S. 1.

86 BArch, NS 3/1433, Bl. 133.

87 Zit. n. Seidl, Himmel und Hölle, S. 86.

unsere Arbeit uns gefalle und erkundigte sich außerdem eingehend um unsere Familienverhältnisse.“[88]

Zwischen Vogt und den sich ablösenden Lagerkommandanten des KZ-Dachau bestanden von vornherein Spannungen bezüglich des Einsatzes und der Behandlung der KZ-Häftlinge. Während Vogt als Betriebsleiter der *Plantage* an einer möglichst effizienten Wirtschaftsführung interessiert und daher auf leistungsfähige und arbeitsbereite Häftlinge angewiesen war, betrachteten die Lagerkommandanten die Zwangsarbeit vielmehr als politische Aufgabe zur Erziehung des vermeintlichen „Volksfeindes“. Für sie hatte Terror Vorrang vor Arbeitseffizienz.[89] Solange die Zusammenstellung der Arbeitskommandos sowie die Überwachung der Häftlingsarbeit dem Lagerkommandanten unterstanden, beschwerte sich Vogt immer wieder – und meist vergeblich – über die Behandlung der Häftlinge durch die SS-Posten. So konnte er erst nach drei Jahren beharrlicher Auseinandersetzungen bewirken, dass Häftlinge auf der *Plantage* nicht bei Regen arbeiten mussten. Die Häftlinge selbst nahmen Vogts Engagement als menschliche Geste wahr, so etwa Pater Sales Hess: „Auch bei starken Regenfällen im Mai und Juni setzte sich der Chef der Plantage für die Häftlinge ein: während der SS-Aufseher ihnen nicht gestatten wollte, sich unterzustellen, argumentierte er [Vogt]: die Pflanzen litten Schaden, wenn die Häftlinge bei aufgeweichtem Boden mit großen Erdklumpen an den Füßen durch die Pflanzenreihen schreiten müßten.“[90] Als Häftling des „Malerkommandos“ berichtete Anselm Grand: „Eines Tages, als mir die Sache zu bunt wurde, da eine gut gelungene Malarbeit von einem Blockführer ruiniert worden war, ergriff mich der Zorn. Ich hob die schändlich zugerichtete Zeichnung auf, bis der Untersturmführer Vogt erschien. […] Er setzte sich ins Auto und fuhr […] zum Lagerführer, wo er eine Beschwerde vorbrachte. Erst war uns das nur recht und wir erwarteten alsbald eine Änderung. Das Gegenteil wurde uns bald klar! Der Lagerführer vertrug auf keinen Fall eine Begünstigung oder Beschützung von Häftlingen, noch weniger aber eine Beschwerde gegen einen Blockführer wegen eines Häftlings.“[91]

Um sich gegenüber der Lagerleitung besser behaupten zu können, wurde Vogt von Pohl zum Obersturmführer ernannt. Während es ihm von Beginn an gelungen war, den Zugang der Lager-SS zu den Forschungsabteilungen des Institutes einzuschränken, konnte er sich gegen Eingriffe in seinen Verantwortungs-

88 Grand, Turm, S. 50.

89 Vgl. Kaienburg, Wirtschaft, S. 1053 f.

90 Zit. n. Seidl, Himmel und Hölle, S. 97 f.

91 Grand, Turm, S. 51.

bereich erst dann maßgeblich durchsetzen, als Pohl ihm im Sommer 1942 die Führung der KZ übertrug. So sollte spätestens ab 1943 nicht mehr die Lager-SS die Aufsicht über die Häftlingsarbeit auf der *Plantage* überwachen, sondern zivile Angestellte und Kapos: „Ab diesem Zeitpunkt mussten sie sich darauf beschränken, das Gelände zu bewachen und eine Flucht zu verhindern."[92]

Karel Kašák beschrieb in seinen umfangreichen Tagebuchaufzeichnungen, die er bereits während seiner Haft von September 1940 bis Mai 1945 heimlich notiert hatte, die Praxis der Postenketten von 1941 auf dem sogenannten Freiland II: „15. Mai. Wieder ein Jude erschossen. Sie warfen seine Mütze hinter den Posten und der Kapo zwang ihn mit dem Knüppel, sie zu holen. [...] Er machte ein paar Schritte hinter die Postenlinie, und eine Stunde später fuhren sie den Toten in einem Wagen an der Kanzlei vorbei. Der Oberpfleger Heiden in der weißen Schürze ist jetzt mehr auf der Plantage als im Revier."[93] Kašáks Aufzeichnungen belegen auch, dass die Aussage von Vogt vom 24. Oktober 1968 bei der Staatsanwaltschaft München nicht der Wahrheit entsprach. Vogt hatte zu Protokoll gegeben, dass ab 1. Oktober 1939 keine Juden mehr auf Plantage eingesetzt und dort keine Häftlinge ermordet worden seien: „denn die „Plantage sollte eben gerade für solche Häftlinge reserviert sein, die eine bevorzugte Behandlung erhalten sollten. [...] Auf der Plantage ist, soweit meine Kenntnis reicht, kein Häftling durch Mißhandlung der SS, der Zivilangestellten oder auch der Häftlinge selbst zu Tode gekommen [...]. Wenn das der Fall gewesen wäre, dann wäre ich mit Sicherheit im Dachau-Prozess verurteilt worden."[94] Kašák berichtet dagegen in seinen Aufzeichnungen von vielen willkürlichen Erschießungen von Juden auf dem „Freiland II".[95]

Die Anzahl der bei der DVA beschäftigten SS-Angehörigen, zivilen Angestellten und Arbeiter auf der *Plantage* stieg unter der Führung von Emil Vogt, wie bei Kaienburg angegeben, von zehn Personen im Jahr 1940 auf 36 Personen im Jahr 1941 und 47 Personen – davon 17 Frauen – im Jahr 1942. 1944 waren es insgesamt nur noch 33 Personen, darunter 22 Frauen.[96]

92 DaA, 4965, unpag., Staatsanwaltschaft München, 24. 10. 1968, S. 7.

93 Stanislav Zámečník, Die Aufzeichnungen von Karel Kašák. Zusammengestellt, kommentiert und mit Anmerkungen versehen von Stanislav Zámečník, in: Dachauer Hefte 11 (1995), S. 167–251, hier S. 176. Die Aufzeichnungen von Kašák sind der Gedenkstätte Dachau seit 1995 zugänglich und gelten nach einem Vergleich mit anderen Quellen durch den Historiker und Dachau-Chronisten Stanislav Zámečník als sehr verlässlich. Vgl. ebenda, S. 173.

94 DaA, 4965, unpag., S. 6 f.

95 Vgl. Zámečník, Kašák, S. 174 ff.

96 Vgl. Kaienburg, Wirtschaft, S. 793 f.

Die Anzahl der ausschließlich männlichen Häftlinge wurde ab 1938 Jahr für Jahr erhöht, und 1942 waren auf der *Plantage* einschließlich der Außenkommandos bis zu 1600 Häftlinge täglich eingesetzt, die überwiegende Mehrzahl im Freiland. 1940 arbeitete etwa jeder fünfte Häftling in der Gewürzmühle, in den Forschungslaboren, Geräteschuppen und Werkstätten.[97]

Die *Plantage* entwickelte sich damit zur größten Arbeitsstelle im KZ-Dachau. Sie unterschied sich von den anderen SS-Betrieben dadurch, dass die einzelnen Abteilungen den Häftlingen extrem ungleichmäßige Arbeitsbedingungen und Überlebenschancen boten. Die Umstände ihrer Arbeit und ihre sozialen Regeln waren für die Häftlinge je nachdem, ob sie in den Gebäuden, den Gewächshäusern, den gebäudenahen Lehrkulturen und Frühbeeten oder im Freiland arbeiteten, sehr unterschiedlich. Auf dem ebenen, weit überschaubaren Gelände mit den überwiegend niedrig wachsenden Kräuterkulturen waren sie mit jeder ihrer Bewegungen für die zuständigen SS-Wachmannschaften aus weiter Entfernung sichtbar und deren Kontrolle bedingungslos ausgeliefert.

Der luxemburgische Priester Jean Bernard beschreibt in seinen Erinnerungen u. a. die Auswirkungen des arbeitsbedingten Hierarchiegefälles unter den Häftlingen: „Wie endlich am anderen Rand des Arbeitsfeldes, neben dem Gewächshaus, die Fahne geschwungen wird zum Zeichen des Arbeitsschlusses, da wird mir vor Hunger und Müdigkeit schwarz vor den Augen. Und doch heißt es im Laufschritt nach vorne eilen, wo die ‚besseren' Plantagehäftlinge schon abmarschbereit stehen und uns mit Schimpfworten empfangen, weil wir sie warten ließen."[98]

Dagegen berichtet Pater Sales Hess von seinem Kommando in dem Forschungsinstitut: „Ich selbst hatte mit meinem Arbeitskommando verhältnismäßig Glück. Mit noch sieben anderen wurde ich einem Schreibkommando zugeteilt. Im Vergleich zur Plantage bedeutete diese Schreibarbeit eine große Wohltat. Wir hatten ein Dach über dem Kopf, keine SS-Aufsicht und konnten bei der Arbeit sitzen."[99] Die Arbeitsbedingungen in den Gewächshäusern hingen vom Verhalten der Kapos ab. Laut den Beschreibungen des Priesters Albert Riesterer war beispielsweise Kapo Ferdinand Papsin in Gewächshaus IV, ein älterer Kommunist, streng; er schlug die Häftlinge, ließ sich jedoch mit Geschenken bestechen. Dagegen konnten sich Häftlinge in den Gewächshäusern V und VI unter dem ebenfalls kommunistischen Kapo Robert sogar mit Gemüse versorgen.[100]

97 Vgl. ebenda, S. 792.

98 Jean Bernard, Pfarrerblock 25487. Dachau 1941–42, Luxemburg 2004, S. 112, 144 f.

99 Sales Hess, KZ Dachau. Eine Welt ohne Gott, Münsterschwarzach 1985, S. 143.

100 Vgl. Riesterer, Waage Gottes, S. 16.

Stanisław Urbańczyk, einer der 183 Krakauer Wissenschaftler der Jagiellonen-Universität, die im November 1939 bei der „Sonderaktion Krakau“[101] verhaftet und von denen 43 im Jahr 1940 nach Dachau verschleppt wurden, berichtet in seiner Publikation *Universität hinter Stacheldraht* von seiner Arbeit bei den Frühbeeten: „Wir nahmen die Keilhacken und bearbeiteten die gefrorene Erde und den Dünger in den Frühbeeten, andere fuhren mit den Schubkarren Kompost. Um diese Zeit war nicht viel Arbeit auf der Plantage, aber man durfte niemals mit leeren Händen dastehen. Also rissen sich die Häftlinge förmlich die Arbeit aus der Hand, besonders, wenn es eine leichte war. Bei den Frühbeeten waren unserer so viele, dass man kaum Platz hatte, die Hacke zu heben. Man schubste sich also hin und her und beschimpfte [sich], mich als Neuen und physisch Schwächeren wollte man gleich abschieben, aber Węglarz nahm mich so energisch in Schutz, dass ich blieb.“[102]

Am besten ging es den als Facharbeiter eingesetzten Häftlingen im Forschungsinstitut, in dem sie mit den zivilen, überwiegend weiblichen Angestellten eng zusammenarbeiteten. Laut Seidl entstand dort eine „Solidargemeinschaft“ zwischen den Laborangestellten und den insgesamt 41 Häftlingen (1944), die „Chefin Traute Friedrich behandelte die Männer nicht anders als ihre zivilen Angestellten.“[103] Es sei eine von Scherzen geprägte Atmosphäre gewesen, über die Zustände im Lager wurde kaum gesprochen. Der Plantagenleiter Vogt sorgte offensichtlich auch dafür, dass Angestellte und Häftlinge das Thema möglichst vermieden. Als Kašák sich bei ihm über die Schikanen eines Blockführers gegenüber Häftlingen vor dem Forschungsgebäude wiederholt beschwerte, habe Vogt zu ihm gesagt: „Daß ich mich darum nicht kümmern soll, daß ich das überhaupt nicht sehen soll und dass das für mich gar nicht existieren soll.“ Vogt versprach ihm jedoch, dass „wenigstens vor unserem Fenster so was nicht

101 Nach dem Überfall auf Polen begann die deutsche Besatzungsmacht Ende 1939 mit der Verfolgung und Verhaftung von Lehrern, Beamten, Politikern. Sie verhafteten auch die gesamte Professorenschaft der Krakauer Jagiellonen-Universität, der ältesten Universität Polens. Aufgrund internationaler Proteste wurden die überlebenden Wissenschaftler im Herbst 1941 aus der Haft entlassen. Zwölf der Verschleppten waren kurz nach ihrer Verhaftung verstorben. Unter den drei jüdischen Professoren, die in Konzentrationslagern ermordet wurden, war der Wirtschaftsgeograph Wiktor Rudolf Ormicki, der bis Juni 1940 im KZ Dachau inhaftiert war. Als man dort seine jüdische Abstammung entdeckte, überstellte man ihn in das KZ Mauthausen, wo er im September 1941 ermordet wurde. Vgl. Jochen August, Einleitung, in: ders. (Hrsg.), „Sonderaktion Krakau“. Die Verhaftung der Krakauer Wissenschaftler am 6. November 1939, Hamburg 1997, S. 7–85, hier S. 7 ff.

102 DaA, 3598_37949, unpag., Stanisław Urbańczyk, Uniwersytet za kolczastym drutem, dt. Übersetzung: Universität hinter Stacheldraht, Gedenkstätte Dachau, S. 10.

103 Seidl, Himmel und Hölle, S. 149.

Häftling des KZ Dachau im Labor der Plantage, undatiert
Fotograf:in unbekannt. DaA, F 0474, 28470/2

passiert […]. Vor unserem Fenster, ehrlich, war Ruhe, aber dort draußen auf dem Freiland, da ging es noch zweimal schlimmer zu." Die vergleichsweise entspannte Atmosphäre in den Laborräumen wird vermutlich dazu beigetragen haben, dass aus dem Kreis der weiblichen Laborangestellten und männlichen „privilegierten" Häftlinge drei Liebespaare hervorgingen, die nach Kriegsende geheiratet haben.[104]

Gestört wurde der Alltag im Forschungsinstitut, wenn Oswald Pohl – meist einmal im Monat – zu Besuch kam. Da er es vorzog, auf der *Plantage* zu wohnen statt in der für ihn reservierten Villa in der SS-Siedlung, ließ Vogt im Obergeschoß des Forschungsinstituts ein Apartment für ihn einrichten. „Pohls Besuch macht alle auf der Plantage und im Lager konfus. […] Ein solcher Beamter ähnelt einem Halbgott, zumindest führt er sich überall wie der erste Held einer

104 Vgl. Seidl, Himmel und Hölle, S. 148 ff.

Wagneroper auf. Vorgestern Morgen lief er sogar im Morgenmantel auf den Gängen des Lehrgebäudes herum.“[105]

Dass Pohl die *Plantage* noch nach 1945 als sein eigenes Werk erinnerte, auf das er besonders stolz war, brachte er – zwei Jahre vor seiner Hinrichtung 1951 – in einem Brief aus der Haft an Vogt zum Ausdruck: „Auch einen Kräutergarten Dachau, [der] durch Ihre Sachkenntnis und Tatkraft zu der Perle im Kranz meiner Schöpfung wurde, werden Sie nie mehr zustande bringen.“[106]

Auch der Priester Albert Riesterer erinnert an die Besuche Pohls auf der *Plantage*: „Obergruppenführer (SS-General, früher Schiffskellner) Pohl ist zu Besuch aus Berlin da. Alles zittert. Auch der Plantagenchef [Vogt]. Unser Abwehrdienst tritt in Funktion: 1. Meldung: Pohl schläft noch. Das Fenster und die Vorhänge sind noch zu. Also ruhig Kaffee gekocht und die Marmelade aufgestrichen. Eine angefangene Arbeit liegt selbstredend für jeden Fall immer bereit. 2. Meldung um 8 Uhr: Pohl ist aufgestanden (Voralarm). 3. Meldung um ½ 9: Der Jäger mit 2 Hunden wartet. Alarm aufgehoben. 4. Meldung: Man hört schießen aus dem Wald, er ist weit weg. Nie ist man sicherer als wenn Pohl da ist, der Tyrann. Während man sonst beim Rauchen nur sich selbst beschäftigt, braucht man zur selben Arbeit an solch ‚strengen Tagen‘ zwei Mann, einer der raucht und einer der aufpaßt. Schließlich letzte Meldung: Das Auto fährt vor, voll beladen. Pohl fährt fort und der Schiffskellner kann in Berlin seinen Damen, die er uns in Dachau auch einige Male in wechselnden Bildern vorgestellt hat, wieder aufservieren.“[107]

Die vorteilhafte Situation am Forschungsinstitut versetzte die Häftlinge teils in die Lage, sich ihren Peinigern gegenüber intellektuell überlegen zu fühlen. Der kommunistische Häftling Bruno Jakob erinnert sich: „Eine gewisse Sicherheit für dieses Kommando bestand darin, dass es verhältnismäßig unkontrolliert war. Kam wirklich mal ein SS-Mann durch die Gewächshäuser, zwischen denen das Laborhäuschen lag, so konnte man ihn bereits mit einem Fremdwort verjagen, wenn er auch sehr sachkundig tat. Sie haben jedenfalls niemals entdeckt, wenn einer der Häftlinge bei einer Arbeit war, etwa schriftlicher Arbeit, die überhaupt nichts mit den Aufgaben des Labors zu tun hatten. [...] Wir verbrauchten nicht nur Kartoffeln, sondern auch Laboratoriumsalkohol, den wir mit Pfefferminzextrakt zu Schnaps verarbeiteten. Wir fielen damit jedoch niemals auf, so unwahrscheinlich war das.“[108] Die Tatsache, dass den SS-Wachen in

105 Zámečník, Kašák, S. 199.

106 DaA, 45.550, Konvolut M. Lucaß, Prozess-Akten R. Lucaß, unpag., Pohl an Vogt, 13. 5. 1949 (Abschrift), S. 2.

107 Riesterer, Waage Gottes, S. 32 f.

108 DaA, 1440, unpag., Bruno Jakob, Vitamin C.

der Versuchsabteilung für biologisch-dynamische Forschung sogar der Zutritt verboten war, beschrieb auch der Häftling Albert Riesterer nicht ohne Genugtuung: „Wir rauchen wie wir wollen – sonst streng verboten – kochen zweimal am Tag Tee oder Kaffee."[109]

Hatte Vogt den Häftlingen seiner Abteilungen geraten, die Gräueltaten im Lager einfach zu ignorieren, bezeugen Riesterers Erinnerungen trotz seiner teils geradezu von Humor geprägten Erzählungen[110] in erster Linie die Verbrechen an KZ-Häftlingen. Ebenso wie die anderen „privilegierten" Gefangenen beobachtete und dokumentierte er diese sehr genau. In seinen Aufzeichnungen folgt auf die positive Schilderung seiner Versuchsabteilung als einer „ideale[n] Sache" unmittelbar die Beschreibung einer bestialischen Hinrichtung zweier Gefangener auf dem Lagergelände, die ein polnischer Priester vom Dach eines Gewächshauses gesehen hatte. Riesterer berichtete auch, wie seine Chefin, die anthroposophische Landwirtschaftsexpertin Martha Künzel, die vermutlich seit Frühjahr 1942 die biodynamische Forschungsabteilung der Dachauer *Plantage* leitete,[111] auf die offensichtlichen Gräueltaten im KZ reagierte: „Im Lager war ein Transport von mehreren hundert Elendsgestalten aus dem Lager Stutthof bei Danzig angekommen. [...] Viele kamen nur tot in Dachau an [...]. Ich komme in die Abteilung an diesem Mittag zu Fräulein Künzel, erzähle ihr das! ‚Da ist halt nichts zu machen', sagt sie. Sie nahm dann die Kröte [die sie zu Forschungszwecken im Gewächshaus hielt] liebevoll in die Hand und sagte: ‚Du armes Krottle du, du ganz armes, hast du auch genug zu essen?'" Ihre Reaktion befand Riesterer als SS-typisch: „Nichts kann die Perversität der SS-Kreise besser beleuchten."[112]

Der Frage, wie die Verteilung der Häftlinge auf die extrem unterschiedlichen Bedingungen ausgesetzten Arbeitskommandos zustande kam, die über Tod oder Leben entschieden, wird in Häftlingserinnerungen und in der Forschungsliteratur vielfach nachgegangen. Dazu äußert der Überlebende Reimund Schnabel: „Dieses Nebeneinander grauenhaft schwerer und relativ angenehmer Arbeitsbedingungen innerhalb des gleichen größeren Kommandos war an der Tages-

109 Riesterer, Waage Gottes, S. 35.

110 Zum Thema Humor in Häftlingsberichten vgl. Julia Zons, Lachen im Lager. Humor, Ironie, Groteskes, in: Zeitschrift für Genozidforschung 8 (2007) 2, S. 83–95. Zons geht von der Annahme aus, „daß die Internierten Strategien angewandt haben, um ihr ‚moralisches Überleben' (Primo Levi) während der Gefangenschaft zu sichern und daß sich diese Strategien in den Texten, die sie nach ihrer Befreiung geschrieben haben, manifestierten". Ebenda, S. 83.

111 Vgl. Inhetveen, Pflanzenforschung, S. 127–187.

112 Riesterer, Waage Gottes, S. 34.

ordnung, und welches Los den einzelnen traf, war manchmal zufällig, manchmal Beziehungen oder auch anderen Faktoren zuzuschreiben."[113]

Die „besseren" Kommandos und Facharbeiterposten auf der *Plantage* wurden anfangs durch die Sonderstellung des Gartenbauexperten Emmerich Zederbauer an seine Landsleute vermittelt, insbesondere an Geistliche. „Im Juni 1938 war die ‚Plantage' bereits eine österreichische Kolonie", erinnerte sich Zederbauer.[114] Der Wiener Theater- und Opernintendant Egon Hilbert, der 1938 gemeinsam mit Zederbauer mit dem „Prominententransport" nach Dachau deportiert und dort 1945 befreit wurde, kam über das Kommando der „Botanischen Maler" in das Forschungsinstitut und avancierte zu Vogts inoffiziellem Prokuristen. Bei der Besetzung der Instituts-Kommandos spielt Hilbert eine wesentliche Rolle, wie Vogt bei seiner Vernehmung 1968 angab: „Er hatte sehr gute Verbindungen zu der Häftlings-Selbstverwaltung, insbesondere zum Arbeitseinsatz. Er war Verbindungs- bzw. Mittelmann zwischen dem Häftlingskommando und mir und sorgte dafür, dass im Kräutergarten-Kommando keine ‚asozialen Elemente' aufgenommen wurden. Deshalb gab es in der ‚Plantage' eigentlich auch nie Strafmeldungen oder krumme Sachen. Es war immer alles in Ordnung."[115] Laut Riesterer hat die SS europaweit nach Fachleuten für die Dachauer Laboratorien gesucht und u. a. den tschechischen Botaniker Prof. Josef Brym von der Prager Hochschule verhaftet, nach Dachau verschleppt und als Kapo im Kommando „Gladiolenbau" eingesetzt.[116]

Die größte Häftlingsgruppe auf der Plantage bildeten die Geistlichen. Waren vor Kriegsbeginn vereinzelt deutsche und österreichische Geistliche inhaftiert worden, so ging die SS im besetzten Polen systematisch gegen sie vor, um den großen Einfluss der Kirche zu bekämpfen. Ab Ende 1940 wurde – nach Interventionen vonseiten der katholischen Kirche gegen die Haftbedingungen – im KZ Dachau eigens ein „Priesterblock" eingerichtet. Von 1941 an brachte die SS die inhaftierten Geistlichen aus anderen Konzentrationslagern fast ausnahmslos nach Dachau. Sie sollten die vermeintlich leichte Arbeit auf der *Plantage* – Schweregrad I a für die „alten und bedingt arbeitsfähigen Schutzhäftlinge"[117] – verrichten. Sales Hess erinnert sich daran wie folgt: „Ende April [1941] polterte eines Nachmittags der Hauptscharführer vom Arbeitseinsatz mit großen Listen zur Stube herein. ‚Alle Pfaffen raus! Vor der Baracke antreten!' schrie er. […] Alle tauglich! Nur die Kollegen, die über sechzig Jahre zählten, wurden nicht in

113 Reimund Schnabel, Die Frommen in der Hölle. Geistliche in Dachau, Berlin 1966, S. 141 f.

114 Ebenda, S. 140.

115 DaA, 4965, unpag., S. 5.

116 Vgl. Riesterer, Waage Gottes, S. 14. Riesterer schreibt fälschlich „Prym" statt „Brym".

117 Zit. n. Kaienburg, Wirtschaft, S. 792.

die Listen eingetragen. […] Alle Pfaffen kommen auf die Plantage. So ist es von Berlin befohlen!“[118] Ungeachtet der in Wirklichkeit überwiegend extrem schweren Arbeiten auf der Plantage verschärfte Himmler ab April 1942 die Bedingungen für Priester aus nicht „germanisch“ klassifizierten Ländern noch weiter: Sie sollten zu besonders schweren Arbeiten herangezogen werden. Von der größten Gruppe, den 1870 polnischen Geistlichen, haben 868 die Haftzeit nicht überlebt.[119]

Die Krakauer Wissenschaftler der Jagiellonen-Universität, eine vergleichsweise kleine Gruppe auf der *Plantage*, fanden nach ihrer Inhaftierung in Dachau relativ schnell Zugang zum Forschungsinstitut und erhielten dort teilweise sogar eigene Forschungsaufgaben. Ob dies zufällig geschah, wie einige „Krakauer“ vermuteten, oder weil der Biologe Dr. Walter Greite, Leiter der 1938 gegründeten Abteilung Biologie beim *Ahnenerbe*, den Dachauer KZ-Kommandanten auf die Möglichkeit hingewiesen hatte, die „Krakauer“ als Fachleute einzusetzen, ist ungewiss.

Von den „Krakauern“ sind detaillierte Berichte über ihre Haftzeit und Zwangsarbeit überliefert, gleichzeitig taucht die Gruppe auch in vielen Erinnerungsberichten anderer Häftlinge auf. Demnach war die Solidarität unter den „Krakauern“ besonders ausgeprägt: „Das Leben in der Gruppe der Freunde, unter denen sich immer ein Optimist fand […], war für uns eine nicht zu überschätzende Wohltat. Unsere wissenschaftlichen Gespräche hatten ebenfalls so eine heilende Wirkung, sie waren ein therapeutischer Faktor.“ In Dachau angekommen, landeten die meisten ‚Krakauer‘ in dem *Plantage*-Kommando: „Im Grunde war das keine schwere Arbeit, eben die normale Arbeit eines Landarbeiters. Wir wurden nur leider nicht verpflegt wie ein normaler Landarbeiter. […] Die Rettung kam (überhaupt für unsere ganze Gruppe) durch einen glücklichen Zufall.“[120] Der junge Sturmführer Paul Neumann, zuständig für das Gewächshaus für Gemüsesetzlinge und Industriepflanzen, wurde auf die hochqualifizierten „Krakauer“ aufmerksam und beschloss, mit ihnen eine Forschungsgruppe zu bilden, auch um sich persönlich vor seinen SS-Kollegen profilieren zu können. „Und tatsächlich entwickelten sich die neben dem Paprika gepflanzten Bohnen respekterheischend prächtig. In diese wissenschaftliche Arbeitsgruppe konnten dann nicht nur die Biologen, sondern als Hilfskräfte und Übersetzer auch mehrere Humanisten aufgenommen werden.“[121]

118 Schnabel, Die Frommen, S. 140.

119 Vgl. Kaienburg, Wirtschaft, S. 792.

120 Stanisław Urbańczyk, In Sachsenhausen und in Dachau, in: August (Hrsg.), Sonderaktion, S. 212–236, hier S. 226.

121 Ebenda S. 230 f.

Auch Stanisław Leszczycki, Professor für Geografie, hatte von seinem Kollegen Urbańczyk von dem „guten" *Plantage*-Kommando erfahren und fing bei der Kompostanlage an: „Mein erster Auftritt fiel leider nicht sehr glücklich aus. Stanisław warf den Dung nach unten, nur nicht auf das Fahrzeug, sondern auf die Erde, und ich mußte den Dung, statt dass ich ihn nach unten schütten konnte, mit der Schaufel auf die Ladeflächen der heranfahrenden Fahrzeuge hinaufwerfen. Ich machte das so ungeschickt, daß sogar der sonst recht milde SS-Mann mich mit dem Knüppel auf den Rücken schlug." Mit dem Mathematiker Stanisław Turski reichte Leszczycki kurz darauf bei Neumann ein eigenes Forschungsthema über meteorologische Messungen für das Wissenschaftliche Arbeitskommando ein. „Das Problem bestand jedoch darin, daß nicht einmal die einfachsten Instrumente vorhanden waren. […] Wir montierten zwei Thermometer aus einer eisernen Fassung, wickelten eines in Verbandmull ein, steckten es in ein Glas mit Wasser und begannen so unsere meteorologischen Messungen. […] Die sogenannten „Berichte" arbeiteten wir immer sorgfältig in unserem Karnickelstall aus […] und es war sogar möglich […] manchmal eine Zeitung zu lesen."[122] Als die beiden beim Zeitunglesen erwischt und beim Lagerkommandanten gemeldet wurden, half ihnen der Kompetenzstreit zwischen Plantage- und Lagerleitung aus der Patsche. Vogt erklärte schriftlich, dass das Lesen aus wissenschaftlichen Gründen zur Pflicht der Häftlinge gehöre, woraufhin der Lagerkommandant erwiderte, dass gegen das Lesen selbst nichts einzuwenden sei, eine Strafe aber für das Mitnehmen der Zeitung aus dem Lager auf die *Plantage* gerechtfertigt sei. Der Disput zog sich bis zur Entlassung der „Krakauer" hin, sodass sie einer Bestrafung entgingen.[123]

Die einzige weibliche Häftlingsgruppe der *Plantage* waren die Zeuginnen Jehovas. Sie wurden von der SS gezielt für den ausschließlichen Einsatz auf den entlegenen Gütern und Höfen der Außenkommandos rekrutiert (zur Häftlingsgruppe der Zeug:innen Jehovas siehe Kapitel Ravensbrück).

Das Produktionsspektrum der *Plantage*

Die *Plantage* unterschied sich von bisherigen Kräuterbetrieben und Lehrgärten nicht nur hinsichtlich ihrer Betriebsgröße und der Beschäftigung von KZ-Häftlingen, neu war auch die Integration der ganzen Produktionskette der Kräuterkulturen vom Anbau bis hin zur Veredlung und Vermarktung in einem Betrieb. Heinrich Vogel erläuterte gegenüber dem Chef von Amt W V, dass der

122 Stanisław Leszczycki, Zehn Monate in Dachau, in: August (Hrsg.), Sonderaktion, S. 243–253, hier S. 246 ff.

123 Vgl. DaA, 3598_37945, unpag., Bericht Urbańczyk, Universität hinter Stacheldraht, S. 51 f.

ausschließliche Anbau von Kräutern völlig unwirtschaftlich sei: „Erst die Veredlung der gärtnerischen Erzeugnisse durch die Vermahlung und Vermischung zu fertigen Gewürzen in der Pfeffermühle Prittlbach ermöglicht einen mit der Verarbeitung kombinierten wirtschaftlichen Anbau."[124]

Neben den Hauptverkaufsprodukten der *Plantage*, den verarbeiteten Kräutern, wurden in kleinerem Umfang auch Blumen, Gemüse, Setzlinge und Sämereien in einem betriebseigenen Laden angeboten, der sich auf dem Plantagengelände befand. „Die Leute kamen aus der Stadt Dachau, aus der Umgegend oder auch von weiter her, um hier einzukaufen."[125] Ferdinand Schönwälder, dem für den Verkauf abkommandierten Priester, gelang es, in diesem Laden einen der wichtigsten illegalen Kontaktstellen zur Außenwelt zu organisieren, in dem er Briefe versenden und sogar Besuche von Angehörigen arrangieren konnte.[126]

Darüber hinaus gab es kleinere Einrichtungen auf der *Plantage*, die ausschließlich für die SS-Führung und ihre Familien Geschenke produzierten. Dazu zählten der Honig des großen Bienenhauses und die Kosmetikfabrikation von Fahrenkamp.[127] Vom Kapo des Bienenhauses berichtete Albert Riesterer, er habe im Auftrag der SS-Familienangehörigen in den umliegenden Dörfern Lebensmittel wie Mehl, Kartoffeln, Eier und Speck gekauft, dort jedoch angegeben, „es sei für die armen hungrigen Häftlinge, und erhielt natürlich bei den guten Leuten, was er wollte".[128]

Den zahlenmäßig größten Anteil an Arbeitskräften erforderte der Kräuteranbau, der laut Riesterer als Kommando „Freiland I und II" sämtliche Arbeitsschritte der Heilkräuterkultivierung umfasste: „Säen mit der Sämaschine, von Häftlingen gezogen, Setzen von Pflanzen, Jäten, Abernten und Pflügen mit Menschenkraft, Umspaten und Neubruch."[129]

Angesichts des permanenten Hungers bestand eine der größten Herausforderungen für die Häftlinge darin, die Felder zu bearbeiten, ohne davon essen zu dürfen. Wer sich daran nicht hielt, wurde hart bestraft. Priester Bernard berichtet, dass er und zwei Mithäftlinge eines Tages beim Abschneiden von Rhabarberblüten entgegen der Warnung seines sachkundigen Kollegen, Batty Esch, anfingen, die Blütenstängel zu essen. „Wie wir den Korb zum Komposthaufen tragen, schneide ich mir ein sauberes Stück Stengel heraus und finde den ‚Dreck' ausgezeichnet. Nun halten auch die beiden anderen nicht länger zurück. Wie wir

124 IfZ, NO/405, unpag., S. 1.
125 Riesterer, Waage Gottes, S. 14.
126 Vgl. Seidl, Himmel und Hölle, S. 144 f.
127 Vgl. BArch, NS 3/1136; NS 3/1140; NS 3/1141.
128 , Waage Gottes, S. 17.
129 Ebenda, S. 14.

Die unterschiedlichen Gewürzmühlen in Dachau (links, mit Zivilarbeiterinnen) und in Heppenheim (rechts), undatiert, Fotograf vermutlich Rudolf Lucaß. DaA, Nachlass Rudolf Lucaß, nicht-verzeichneter Bestand, Album Lucaß, S. 18.

zum zweiten Mal mit unserem Korb zum Misthaufen wandern, können wir alle drei nicht mehr recht gerade gehen. […] Beim Kompost angekommen, fallen wir mit dem Korb über den Haufen hin, lachen unbändig und können kaum wieder hoch. Welches Rauschgift der Blütenstengel des Rhabarbers enthält, das mögen unsre Botaniker entscheiden."[130]

Für die Herstellung der Hauptprodukte – verschiedene Tee- und Kräutermischungen – waren entsprechend der Menge an Frischkräutern auch größere Anlagen für die Trocknung und das Vermahlen notwendig, die es in diesem Ausmaß auf dem Markt nicht gab. Die Entwicklung und den Bau der Prittlbacher Pfeffermühle[131] hatte die DVA daher als Spezialanfertigung eigens für die anfallenden Kräutermengen der *Plantage* mit einer Kapazität von 125 000 kg pro Jahr[132] in einer Mühlenanstalt in Dusslingen in Auftrag gegeben. Die Anlage besaß nicht von vornherein die erforderliche technische Ausreifung und musste

130 Bernard, Pfarrerblock, S. 156 f.

131 Das Gebäude, in dem die Mühle stand, wurde auf einem Flurstück mit der Bezeichnung „Prittlbach" errichtet, einem Teil der nördlich an Dachau angrenzenden Gemeinde Herbertshausen.

132 Vgl. BArch, NS 3/129, Bl. 204.

in der Anfangsphase aufgrund von zu geringer Leistungsfähigkeit des Motorantriebs und zu hoher Staubentwicklung bei der Paprikazerkleinerung nachgebessert werden.[133] Für die Produktion im Außenlager Heppenheim hat Rudolf Lucaß später ein anderes Modell angeschafft und war nunmehr in der Lage, die Vor- und Nachteile beider Anlagen zu vergleichen, um sie für die Belange der DVA technisch verbessern zu können.

Bis zum Bau einer eigenen Trockenanlage im Jahr 1943 wurden die Kräuter täglich mit Lastwagen in eine Sauerkrautfabrik in München gefahren und dort getrocknet.[134] Über die Verpackung der fertigen Tee- und Gewürzmischungen, die von Häftlingen auf der Plantage im „Kommando Trockenspeicher" durchgeführt wurden, berichtet Priester Jean Bernard: „Es war eine ruhige Arbeit unter Dach und mit Brotzeit verbunden, wenn es auch auf dem primitiven Speicher zugig kalt war. Es galt, die verschiedensten Produkte der Plantage, Suppen- und Heilkräuter in getrocknetem und fein gemahlenem Zustand zu sortieren und in Tüten und Päckchen für den Versand herzurichten."[135] Für die Verpackung wurden von der DVA-eigenen Werbeabteilung, den Häftlingen des „Maler-Kommandos", Etiketten mit einem eigenen Logo hergestellt.

Das „Prittlbacher Gewürz mit Pfeffergeschmack"

Markenzeichen und Hauptprodukt der *Plantage* sollte von Anfang an der „Deutsche Pfeffer" werden. Bereits im Januar 1937 hatte sich Georg Gustav Wegener vom *Hauptamt für Volksgesundheit* dafür starkgemacht, die jährliche Einfuhr von Pfeffer im Wert von knapp 5 Millionen RM[136] im Rahmen der Autarkiebestrebungen durch „deutsche Pfefferkräuter" zu ersetzen. Dabei galt gerade der Pfeffer gegenüber den meisten anderen Gewürzen allgemein als unersetzlich.

Wegener hatte gemeinsam mit Theodor Reinhardt, einem Homöopathen, erfahrenen Arzneikräuteranbauer und Betreiber des „Klosterlaboratoriums Lorch", eine Rezeptur für den „Deutschen Pfeffer" entwickelt. Sie bestand aus einer Mischung aus deutschem Gewürzpaprika (33 %), Basilikum (24 %), Majoran (17 %), Dost (3 %), Thymian (10 %), Polygonum (6 %), und Bohnenkraut (7 %).[137] Unmittelbar nach Gründung der DVA verkauften Wegener und

133 Vgl. Seidl, Himmel und Hölle, S. 72.

134 Vgl. ebenda.

135 Bernard, Pfarrerblock, S. 142.

136 „Im Etatsjahr 1932/33 [wurden insgesamt] 53 918 Doppelzentner Pfeffer im Werte von 4 881 000 RM eingeführt." Wegener, G., Heimische Kräuter können auch die Pfeffereinfuhr bedeutend einschränken, in: Die deutsche Heilpflanze 3 (1937) 4, S. 56.

137 Vgl. BArch, NS 3/1431, Bl. 33.

Reinhardt das Verfahren für ihre Pfeffer-Rezeptur für 50 000 RM an die DVA. Zum Ärger der Wirtschaftsprüfer hatte die DVA beim Kauf jedoch keine Garantie für das beantragte Patent eingefordert, und tatsächlich wurde das Patent ein Jahr später abgelehnt. Reinhardt verkaufte daraufhin 1942 der DVA sein Unternehmen für 10 000 RM, führte es jedoch als Betriebsleiter für die DVA weiter. Von der Lebensmittelüberwachungsstelle wurde jedoch wiederholt die Bezeichnung für das Pfeffergewürz bemängelt. Denn laut Verfügung des Reichsgesundheitsamtes handelte es sich bei dem Gewürz um einen Ersatzstoff, es müsse daher korrekt als „Ersatzgewürz" bezeichnet werden. In einem Anschreiben an Pohl empörte sich Vogt über diese Beanstandungen: „Basilikum oder Majoran oder Paprika ist doch kein Ersatzgewürz – das sind doch reine Gewürze."[138] Vogt forderte, dass sich Himmler in den Konflikt einschalten solle, und fand, „daß jetzt der Zeitpunkt gekommen sein muss, wo der Reichsinnenminister – in diesem Fall der RFSS, von dem doch die Idee stammt, den deutschen Gewürzkräutern wieder den Weg in den deutschen Haushalt zu öffnen – unserem Gewürz das Prädikat ‚Gewürz' und nicht ‚Ersatzgewürz' zuerkennen muss. Die zuständigen Sachbearbeiter müssen eben erkennen, dass hier etwas Neues auf dem Lebensmittelmarkt ist."[139] Auch gegenüber Vogel empört sich Vogt: „Es war mir bisher nicht bekannt, dass zur Herstellung unseres Pfeffergewürzes auch noch der ‚Bund der deutschen Lebensmittelfabrikanten und Händler' seinen Senf dazu geben muss." Bereits 1941 war die Anmeldepflicht von Ersatzmitteln und neuen Erzeugnissen gesetzlich festgelegt worden. Um den Begriff „Ersatzgewürz" zu vermeiden, ließ sich Vogt als Kompromiss auf den Namen „Prittlbacher Gewürz mit Pfeffergeschmack" ein.[140]

Die Gesamtmenge an getrockneten Pflanzen betrug im ersten Produktionsjahr 1939 insgesamt 9000 kg und wurde bis 1941 auf 50 000 kg gesteigert, 1943 wurden 121 000 kg Pfeffergewürz verkauft.[141] Für die Absatzsicherung und hohe Rentabilität der Plantageprodukte hatte Oswald Pohl von vornherein gesorgt, indem er zunächst die Waffen-SS und in den letzten Kriegsjahren auch Teile der Wehrmacht zur Abnahme des „Deutschen Pfeffers" verpflichtet hatte.[142] Als weitere Hauptabnehmer führte Heinrich Vogel Grossisten, Drogisten, Werkküchen, Lazarette und Lebensmittelgeschäfte an.[143] 1940 lag der Verkaufspreis des

138 Ebenda, Bl. 22.

139 Ebenda.

140 Vgl. BArch, NS 3/1431, Bl. 22 ff.

141 BArch, NS 3/1175, Bl. 56; NS 3/722, Bl. 15.

142 Vgl. Seidl, Himmel und Hölle, S. 73, S. 74, Anm. 184.

143 Vgl. DaA, 6061, unpag., S. 128 f.

Pfeffergewürzes für die Waffen-SS bei 20 RM pro kg.[144] In einem Anschreiben an die Preisbildungsstelle gab die DVA als Grundlage für ihre Preisbildung für das Pfeffergewürz im Jahr 1944 einen Selbstkostenpreis von 11,48 RM pro Kilo an und schlug ab September 1944 eine Preissenkung vor, die für die Waffen-SS nur noch 11,75 RM und für den Großhandel 12 RM betragen sollte. Für Käufer:innen kleinster Mengen sollten die Tüten von 10 g nunmehr für 0,10 RM verkauft werden.[145]

„Deutscher Tee"

Die weitgehende Reduzierung der Einfuhr von Kaffee, schwarzem Tee und Kakao löste spätestens mit Kriegsbeginn eine Schwemme an Ersatzprodukten aus, die mit verkaufsfördernden Namen wie *Deutscher Tee, Deutscher Edeltee, Deutscher Heimattee, Deutscher Frühstückstee* oder *Schwarzer deutscher Tee* auf den Markt kamen. Da es für diese Produkte zunächst keine Regelungen hinsichtlich der Inhaltsstoffe in Abgrenzung zu anderen Teeformen gab, untersagte der *Werberat der deutschen Wirtschaft* ab April 1939 alle Bezeichnungen für Genussteemischungen, die das Wort „Deutsch“ enthielten. Zulässig sollte nur noch die Bezeichnung *Deutscher Haustee* sein und die Mindestanforderungen an diesen waren, „einen Aufguss zu ergeben, dessen Farbe und Geschmack zusagt und auch bei dauerndem Gebrauch keine Schädigung oder starke arzneiliche Wirkung zeigt“.[146]

Die DVA engagierte den habilitierten Apotheker K. Koch für eine Literaturstudie über „deutschen Tee“, in der er die verschiedenen verwendeten Drogen und Herstellungstechniken bewerten sollte. Am 24. April 1942 wandte sich Koch mit seinen Ergebnissen an Vogel: Am besten würden sich fermentierte Brombeerblätter, Erdbeerblätter und eventuell Rosenblätter eignen, und die Verarbeitungsmethode solle möglichst nach der des chinesischen Tees in Niederländisch-Indien richten. Weiter teilte er mit, welche Firma entsprechende Anlagen herstelle und dass ein Münchner Ingenieurbüro – vermutlich Alwin Seifert – bestätigt habe, dass sich entlang der deutschen Reichsautobahnen Brombeeren in großem Maßstab anbauen ließen. Er unterbreitete auch Vorschläge für ein Verfahren zur Vermeidung von „trüben Aufgüssen“ und für das beste Vorgehen bei der Patentanmeldung. Geplant war das Projekt mit Schenck, Lucaß, Bäcker und „besonders Frl. Friedrich“. Zur Produktion kam es jedoch nicht.[147]

144 Vgl. BArch, NS 3/1175, Bl. 2.
145 Vg. BArch, NS 3/1431, B. 21 f.
146 Zit. n. Schenk, Heilpflanzenkunde, S. 219 f.
147 Vgl. BArch, NS 3/1427, Bl. 99.

Werbeetikett des Kräutergartens Dachau „Deutsche Haustees" aus Papier, 1939–1945. Provenienz Karel Kašák. DaA, 263, 21460.

„Natürliches Vitamin C"

Parallel zu den fortlaufenden Forschungsarbeiten über die Vitamin-C-Gewinnung aus Gladiolen am *Institut für Ernährung und Heilpflanzenkunde* begann ab 1940 die Produktion von natürlichem Vitamin C, die jedoch nicht für den Handel, sondern ausschließlich für die Waffen-SS bestimmt war. Die bereits erwähnte DVA-Arbeitstagung über *Die Vitaminversorgung der Truppe* eröffnete Pohl mit den Worten: „Wir sind [...] stolz und glücklich, daß wir imstande waren, aus eigener Kraft aus unseren Kräutergärten unserer Truppe in den letzten harten Wintern fühlbare Erleichterung in der vitaminarmen Ernährung gebracht zu haben."[148] Ernst Günther Schenck, nunmehr Ernährungsinspektor der Waffen-SS, erläuterte in seinem Vortrag ausführlich die Dringlichkeit der Vitamin-C-Versorgung. Seit Ende Oktober 1941, so sein Befund, litten Teile der Truppe an Unterernährung. Angesichts der schwierigen Transportsituation solle man wenigstens Vitaminpräparate heranschaffen. „Dies wurde dann durch Führer-Befehl veranlaßt."[149] Um das Ziel der „vollkommenen Ernährung" zu erreichen,

148 DaA, 6160, unpag., S. 6.
149 DaA, 6160, unpag., S. 18.

müsse der Truppe das Vitaminpulver jedoch „unmerklich" zugeführt werden, deshalb würde das „Gladiolenpulver" „mit verschiedenen anderen deutschen Gewürzen und Kochsalz zu einem Vit.-C-Gewürzpulver" weiterverarbeitet, von dem eine Mittagsportion als Bouillon einer ausreichenden Tagesdosis von 50 mg Vitamin C entspräche.[150] Vogel gab an, dass 2600 kg Vitamingewürzpulver an die Truppe ging.[151]

Der Häftling Albert Riesterer berichtete über das „Gladiolenkommando", dass hier viele Priester unter dem „gerechten und gebildeten" Kapo Prof. Brym, einem tschechischen Botaniker, eine zumutbare Arbeit fanden. Gegenüber dem Produkt selbst zeigte sich Riesterer jedoch sehr skeptisch: „Was Vit. C in Wirklichkeit ist, das weiß noch niemand (Dr. R. Hauschka, Die Substanzlehre 1943). […] Die SS-AG machte daraus ein Geschäft: 100 Kilo Vitamin-C-Pulver, wie es in den Handel kam, kamen wie folgt zustande: 60 Kilo reines Kochsalz, 35 Kilo Thymian, Liebstock und andere Gewürz- und Teekräuter, 2 Kilo Rinderfett und 3 Kilo Gladiolenpulver! Preis pro Kilo 22 RM. Jahresverdienst 80 000 RM, zumeist Heereslieferungen."[152] Auch Priester Jean Bernard und sein Kollege Batty Esch waren von dem Pulver wenig beeindruckt, als sie es zufällig auf dem Trockenspeicher entdeckten und sich davon heimlich etwas mitnahmen. „Wir taten jeder eine gute Handvoll in die Möhrensuppe. Doch was geschah? Das Zeug tat sich auf wie Kuchenteig, die ganze Suppe wurde völlig steif und bekam einen derart scharfen Geschmack, dass wir schon nach dem ersten Löffel hinausstürzten, um am Wasserhahn den brennenden Mund zu kühlen. Die Suppe war ungenießbar."[153]

Publikation und Werbung

Am besten von allen Häftlingen ging es nach Ansicht des Werksleiters Vogt dem Kommando „Botanische Maler".[154] Das Kommando ging auf eine Anregung Himmlers zurück, ein umfassendes Kompendium „Heilkräutergarten Europas" mit Zeichnungen herauszugeben, die von Häftlingen angefertigt werden sollten. Pohl begab sich Ende 1939 mit einer Kommission auf die Suche nach geeigneten Häftlingen. Darüber teilt in Anselm Grand in seinen Erinnerungen mit: „Schon nach den ersten Strichen riß man mir das Blatt aus den Händen und befahl mir, von nun an hier, im Vorraum des Glashauses 1, zu malen. Einige Tage später

150 Vgl. DaA, 6160, unpag., S. 24.
151 Vgl. DaA, 6161, unpag., S. 128.
152 Riesterer, Waage Gottes, S. 17.
153 Bernard, Pfarrerblock, S. 149 f.
154 Vgl. DaA, 4965, unpag., S. 5.

Farbiger Kunstdruck der Zeichnung einer Paprikapflanze, 1940. Signiert „Kasak" (Karel Kašák). DaA, 376, 34434.

gesellte sich ein Tscheche namens Kascak [Kašák] zu mir, und nun versuchten wir beide, so schnell wie möglich einige Bilder fertigzustellen, um unsere Existenzberechtigung nachzuweisen."[155] Ab Februar 1940 wuchs das Kommando auf sechs Häftlinge an. Da die SS-Führung die Herausgabe des Kompendiums als Prestigeangelegenheit betrachtete, erhielten die „Botanischen Maler" gegenüber anderen Häftlingen tatsächlich außerordentliche Privilegien. So bekamen sie SS-Essen, eine lila Armbinde mit der Bezeichnung „Ehrenhäftling", hatten einen eigenen Raum und sanitäre Einrichtungen und mussten nicht an Zählappellen teilnehmen. Zeitweise konnten sie sich auf der *Plantage* frei bewegen und bekamen Kontakte zu Zivilangestellten und Zugang zur Tagespresse. Allerdings mussten sie, als 1942 erste Bilder gedruckt und von dem SS-eigenen Bildverlag vertrieben werden sollten, ihre Urheberrechte an die DVA übertragen.[156]

1943 wurde das Kommando in zwei Gruppen aufgeteilt. Die eine musste die Arbeit an den Zeichnungen für das Kompendium fortführen, welches jedoch nie fertiggestellt wurde. Die andere Gruppe sollte als Grafik- und Werbeabteilung der *Plantage* arbeiten und darüber hinaus Glückwunschkarten und Bilder für die SS-Führung produzieren, die diese gerne als Geschenke verteilte.[157] Im August 1943 wurde Kašák zusammen mit seinen Mithäftlingen Dr. Egon Hilbert und Dr.

155 Grand, Turm, S. 48 f.
156 Vgl. BArch, NS 3/1427, Bl. 106.
157 Vgl. Seidl, Himmel und Hölle, S. 129.

Gustav Canaval aus der Haft entlassen, allerdings unter der Auflage, dass sie ihre Arbeit als Zivilangestellte fortsetzten. Danach wohnten sie auf der *Plantage* in eingerichteten Zimmern, trugen Zivil und erhielten 0,5 RM Stundenlohn. Nach einiger Zeit durften sie sich auch in den Gemeinden der Umgebung bewegen.[158]

Forschung

Ein Forschungsschwerpunkt des *Instituts für Ernährung und Heilpflanzenkunde Dachau* bestand in der Vitamin-C-Gewinnung aus Gladiolen. Ein weiteres Vorhaben hatte den gesamten, im Ausmaß der *Plantage* bis dato gänzlich unerprobten Erzeugungsprozess von Heilkräutern – von der Züchtung, Bodenbearbeitung und Düngung, dem Anbau bis hin zur Verarbeitung und Haltbarmachung – zum Inhalt. Im Rahmen der Anbauforschung wurden besonders wirkstoffreiche Heil- und Gewürzpflanzen gezüchtet sowie der Einfluss von Klima, Boden, Düngemitteln und verschiedener Pflanzennachbarschaften auf Wachstum oder Pflanzenkrankheiten untersucht. Um die angestrebte Unabhängigkeit von der Einfuhr ausländischer Ware voranzutreiben, war die DVA bemüht, neue Rezepturen und „optimale Präparate" mit heimischen Kräutern zu entwickeln und zu prüfen.[159] Für die Verarbeitung, Trocknung und Zerkleinerung der großen Mengen an Pflanzen wurden neue technische Verfahren getestet und realisiert. In der Erforschung zur Haltbarmachung von Lebensmitteln, einem der wichtigen Schwerpunkte des *Forschungsdienstes*, prüfte die DVA in Heppenheim auch schonendste Verfahren zur Herstellung von Trockengemüse.[160]

Gartenmeister Rudolf Lucaß: Der Heil- und Gewürzkräuteranbau

Eine zentrale Rolle in der Erforschung des Kräuteranbaus der DVA hatte Gartenmeister Rudolf Lucaß inne. Wie maßgeblich er die Entwicklung des gesamten Kräuterprojekts der SS beeinflusste, lässt sich erst anhand seines umfänglichen Nachlasses[161] ermessen, der dem Gedenkstättenarchiv Dachau 2018 von seinen Nachkommen übergeben wurde. Darunter befindet sich ein Exemplar des Dachauer Kompendiums „Der Kräutergarten", das auf insgesamt 350 Seiten mit vielen handschriftlichen Anmerkungen und Korrekturen von Lucaß versehen ist und besonders anschaulich seine akkurate, wissenschaftliche Arbeitsweise mit den

158 Vgl. Zámečník, Kašák, S. 168 ff.
159 Vgl. BArch, NS 3/294, Bl. 120 f.
160 Vgl. BArch, NS 3/1430, Bl. 102–106.
161 Vgl. DaA, Nachlass Rudolf Lucaß, unverzeichneter Bestand.

Frauenarbeitstherapie Heidelberg, ca. 1934, Fotograf vermutlich Rudolf Lucaß. DaA, Nachlass Rudolf Lucaß, nicht-verzeichneter Bestand, Album Lucaß, S. 3.

Pflanzen demonstriert. Von außerordentlicher Bedeutung für die Erforschung der Geschichte der DVA ist darüber hinaus ein Fotoalbum, das – teils mit handschriftlichen Erläuterungen – die verschiedenen Meilensteine und Etappen von den Anfängen auf dem Gelände des Akademischen Krankenhauses im Jahr 1929 bis hin zur Dachauer *Plantage* und ihren Außenlagern als kontinuierliches Werk des Gartenmeisters dokumentiert. Zu sehen sind hier auch die arbeitenden Patient:innen der Ludolf-Krehl-Klinik im Heidelberger Kräutergarten und in den Gewächshäusern, die letztendlich die Grundidee für die „billige" Häftlingsarbeit auf der *Plantage* lieferten. Das Album endet mit handschriftlich vermerkten Daten seiner eigenen Internierungszeit vom 30. April 1945 bis 20. April 1948, seinem Passfoto und dem Vermerk: „frei !"

Das gesamte Album vermittelt seine eigene Deutung der Geschichte: Sie handelt von seinen Anbauversuchen, dem Auf- und Ausbau der verschiedenen Standorte in und um Heidelberg und im KZ-Dachau nebst Außenlagern – die Zwangsarbeit der Gefangenen bleibt dagegen unsichtbar. Dass er zwischen seinen beiden Arbeitsplätzen, dem Krankenhausgarten und dem KZ-Außenlager, wöchentlich oft mehrmals hin und her pendelte, und dass in dem einen als billigste Arbeitskräfte Patient:innen und dem andern KZ-Häftlinge eingesetzt waren, hat er gemeinsam mit seinen Mitstreitern Schenck und Wegener erdacht, erforscht und in die Wege geleitet. Aus den Prozessakten seiner beiden Spruchkammerver-

Kräutergarten Dachau, 1939/1940, Fotograf vermutlich Rudolf Lucaß.
DaA, Nachlass Rudolf Lucaß, nicht-verzeichneter Bestand, Album Lucaß, S. 9.

fahren geht hervor, dass ihm im ersten Verfahren erschwerend zur Last gelegt wurde, dass er sich am 20. März 1945 schriftlich darüber beschwert habe, dass die Lebensmittelsätze der politischen Häftlinge trotz Kürzung der Rationen für die Zivilbevölkerung beibehalten würden.[162]

Während ihm etliche Häftlinge in eidesstattlichen Erklärungen ein freundliches und unterstützendes Verhalten bescheinigten, stellte Karel Kašák ihn auf eine Ebene mit Oswald Pohl. In Kašáks Rede anlässlich der Eröffnung einer Ausstellung im Jahr 1983 über die Rolle der NS-Medizin heißt es: „Die Nazimedizin, von der wir in Dachau allerhand gewußt haben, repräsentierten hier in Dachau SS-Obergruppenführer und General der Waffen-SS Oswald Pohl und mit ihm der sogenannte ‚Reichsgartenmeister' SS-Hauptsturmführer Rudolf Lucass, zwei Schufften [Schufte] Maul voll von der Wissenschaft, Medizin, Forschung usw."[163] Lucaß verteidigte sich in seiner schriftlichen Klageerwiderung vom 1. Oktober 1947 mit seinem Fachinteresse an der Forschung, für das er keine Vorteile

162 Vgl. DaA, Nachlass Rudolf Lucaß, unverzeichneter Bestand, unpag., Prozessakten, Spruchkammer Ludwigsburg vom 27. 10. 1947; Zentralspruchkammer Nordbaden vom 5. 10. 1949.

163 DaA, 41, unpag., Rede Karel Kašáks in Dachau am 30. 7. 1983, S. 2.

erhalten, sondern vielmehr Verzicht geübt habe. Er betonte, dass er für seine „Bücher ‚Kräutergarten' und ‚Deutsche Gewürze' trotz mancher Angebote keine Autorenverträge mit dem Verlag abgeschlossen" habe und sich „keinen Pfennig Honorar" habe geben lassen: „Dabei betrug die Auflagenhöhe allein für die ‚deutschen Gewürze' 135 000 Stück." Aus den Prozessakten geht hervor, dass sich Lucaß in seiner vergleichsweise langen Internierungszeit wieder den Kräutern gewidmet hat.[164]

Zu den Forschungserfolgen von Lucaß zählten seine Züchtungen mit der Paprikasorte *Bergstraße*, mit der die Einführung des Gewürzpaprika-Anbaues in Deutschland gelungen war und die von der Sortenregistrierstelle des Reichsnährstandes 1943 anerkannt wurde. Darüber hinaus war ihm erstmals die Züchtung einer Majoran-Sorte gelungen, die in Deutschland reifen Samen gibt, die Einführung von *Polygonum hydropiperiodes/hydropiper* (amerikanischer Wasserpfeffer) sowie einer Basilikumsorte mit einheitlicher Blattgröße.[165]

Obwohl sich Lucaß eher selten in Dachau aufhielt – 1940 waren es insgesamt ca. 20 Tage[166] – war er dort auch für die Lehrkulturen, den botanischen Versuchsgarten und das Sortenregister zuständig. Bei Albert Riesterer heißt es über das Kommando Lehrkulturen: „Hier waren die meisten Priester beschäftigt. […] Es war eines der interessantesten und angenehmsten Kommandos. […] Lehrkulturen hieß das Kommando deshalb, weil auf einer viele Morgen umfassenden Fläche alle Heil- und Gewürzkräuter in Schaubeeten zu sehen waren, z. B. *Cardiaca*, also die Herzgifte […], ein Beet Fingerhut, daneben Teufelsauge, Maiglöckchen, Gnadenkraut, Goldlack, Christrose usw. In den anderen Abteilungen die Heilkräuter für Brustleiden, Frauenleiden, Nerven, Würmer, Nieren, Tierheilkunde, Ölpflanzen, Gummipflanzen. Leider nichts rechtes für unseren Magen."[167]

Stanisław Urbańczyk arbeitete im wissenschaftlichen Kommando der Gewächshäuser: „Dort brauchte man vor allem geschickte Hände und ein gewisses Talent. […] Den Knoeterich vermehrten wir durch Teilung. Ich selbst habe über 60 000 Stück gezogen. Anschließend kam die Zeit der *Herniaria* (Bruchkräuter), einer Kletterpflanze mit kleinen Blättchen, die angeblich harntreibend wirkten. […] Die SS-Männer waren neugierig, was dort wohl gemacht wird, und da sie gleichzeitig von dieser Arbeit keine Ahnung hatten, fühlten sie sich unsicher. […] Oft zeigten sie auch auf eine Pflanze mit der Frage: Was ist das?

164 Vgl. DaA, Nachlass Rudolf Lucaß, unverzeichneter Bestand, unpag., Klageerwiderung Lucaß vom 1. 10. 1947, S. 1.

165 Vgl. BArch, NS 3/1430, Bl. 103 f.

166 Vgl. UAH, PA 1274, unpag., Zusammenstellung der Reisetage von Lucaß vom 6. 1. 1940.

167 Riesterer, Waage Gottes, S. 14 f.

Darauf musste man eine kurze Antwort geben, etwa: Herniaria, Herr Blockführer! Gewöhnlich zog er ab wie ein begossener Pudel und tat so, als wenn er sich schon ausgezeichnet orientierte. [...] Manche kamen ständig und führten lange Gespräche, manchmal beklagten sie sich sogar über ihren schweren Dienst."[168]

Das Forschungsinstitut verfügte über eine Bibliothek, die aufgrund der Enteignung des Klosters und Benediktinerstifts Admont durch die SS über einen umfangreichen und wertvollen Bestand von über 3000 botanischen und heilkundlichen Werken verfügte, der aus der Klosterbibliothek 1941 auf die *Plantage* gebracht wurde. In einem der Bibliothek angeschlossenen Dolmetscherbüro wurden Häftlinge zur Übersetzung einiger Werke ins Deutsche eingesetzt, laut Emil Vogt waren es „Dolmetscher für insgesamt 12 Sprachen".[169] Ein von Lucaß angefertigtes handschriftliches Literaturverzeichnis des Bibliotheksbestandes ist ebenfalls in seinem Nachlass erhalten. Im Rahmen der Pflanzenforschung begannen einige Häftling auf Initiative von Lucaß darüber hinaus mit der Anlage eines wissenschaftlichen Herbariums, d. h. einer Sammlung konservierter Pflanzenteile.

Erforschung der biologisch-dynamischen und anderer Wirtschaftsweisen

Im Juli 1940 ließ Heinrich Himmler seinem Intimus Fahrenkamp „alle Aufsätze und Abhandlungen über die biologisch-dynamische Wirtschaftsweise" mit der Bitte zukommen, „diese Dinge einmal zu studieren".[170] Noch im selben Jahr verfügte Himmler, das Werk Dachau auf die empfohlene Wirtschaftsweise umzustellen. Wie bereits erwähnt (siehe Kapitel Versuchs- und Forschungskonzept) galt sein Interesse nicht dem anthroposophischen Hintergrund der Methode, vielmehr ergriff er auf der *Plantage* die Chance, verschiedene Dünger-Alternativen wissenschaftlich untersuchen zu lassen. Auch mit den von Fahrenkamp entwickelten Präparaten *Viviflor* und *Functional* wurden Versuche durchgeführt. Gegenüber Pohl äußerte sich Himmler im Jahr 1942: „Zur biologisch-dynamischen Düngung selbst kann ich nur noch einmal sagen: Ich stehe ihr insgesamt als Landwirt sympathisch gegenüber."[171]

Einen tieferen Einblick in die Praxis der biologisch-dynamischen Wirtschaftsweise erhielt der KZ-Häftling und katholische Priester Albert Riesterer. Er wurde von 1942 an der anthroposophischen Forscherin Martha

168 DaA, 3598_37949, unpag., Urbańczyk, Universität hinter Stacheldraht, S. 48 ff.

169 DaA, 4965, unpag., S. 3.

170 BArch, NS 19/3122, Bl. 78.

171 BArch, NS 19/3122, Bl. 41.

Künzel zugeteilt, der neuen Leiterin der biologisch-dynamischen Abteilung auf der *Plantage*, um für die Ziele der SS zu forschen. Dieser Umstand führte zu einem denkwürdigen Aufeinandertreffen der beiden vom Nationalsozialismus im Prinzip abgelehnten Glaubenssysteme, der Anthroposophie und des Katholizismus.

Aus der Perspektive des überzeugten Katholiken schildert Riesterer seine Begegnung mit der ihm bis dato fremden Anthroposophie und ihrer landwirtschaftlichen Ausrichtung sowie der für ihn ebenfalls unbekannten Erfahrung der Zusammenarbeit mit einer weiblichen Chefin: „Mein Lehrjahr bei Fräulein Martha Künzel: Das war eine Suppe, die gegessen sein wollte."[172] Zunächst betrachtete er sein neues Arbeitsfeld mit Skepsis: „Wenn zufällig einmal die Türe dieser geheimnisvollen sogenannten ‚Dynamisch-biologischen Versuchsabteilung' offen stand, sah man ein Kuh-Horn auf dem Tisch liegen und einen Häftling rhythmisch rühren. In verborgenen Fächern lagerte Literatur des ‚Ringes anthroposophischer Landwirte', besonders die Abhandlung Rudolf Steiners aus dem Goetheanum zu Dornach, und Sternebüchlein zum Berechnen der Planetenstellung."[173] Nachdem er Künzel als ihr neuer „Lehrling" vorgestellt worden war, war er dennoch sicher, dass er es gut mit ihr getroffen hatte: „Glück muß man haben. Und eine Madonna von Schenkenberg über sich." Er beschrieb sie als allgemein freundlich gegenüber den Häftlingen, in ihrem Fach tüchtig, interpretierte ihre Arbeitsweise als „einen Schuss ins Okkulte", war jedoch offensichtlich beruhigt, dass sie in Ehrfurcht von Christus sprach. Gleichzeitig erkannte er in Künzel immer wieder die Nationalsozialistin. So reagierte Künzel beispielsweise verstört, als zur großen Freude der Häftlinge im Lager bekannt wurde, dass Mussolini abgedankt habe: „Warum spricht auch der Führer nicht! Jetzt müßte doch der Führer sprechen!"[174]

Die beiden anderen Anthroposophen, die für die SS auf der *Plantage* tätig waren, Carl Grund und Franz Lippert (siehe Kapitel Forschungs- und Versuchskonzept), schätzte Riesterer bezüglich ihrer Haltung gegenüber dem Nationalsozialismus anders ein: „Zu Besuch kommt öfters Herr Diplomlandwirt Carl Grund aus dem SS-Wirtschaftsamt in Berlin, ein Obersturmführer. Ich habe selten einen edleren Menschen kennengelernt. [...] Er war anläßlich der Rudolf-Heß-Aktion auch drei Wochen gesessen, und es ist nur Zufall, daß er nicht als Häftling bei uns ist."[175]

172 Riesterer, Waage Gottes, S. 28.

173 Ebenda.

174 Ebenda, S. 33.

175 Ebenda.

„Nach einem Jahr strenger, schwerer Lehrzeit bei Fräulein Martha Künzel" ist sein Urteil über die biologisch-dynamische Wirtschaftsweise ambivalent: „Wenn ich auch als Priester zu vielen Dingen, die in der Versuchsabteilung umgingen, eine andere Haltung einnehmen muss, so möchte ich doch nicht ehrfurchtslos davon sprechen. Der Grundgedanke war: die Heilkräfte der Heilpflanzen sollten auf die lebenden Pflanzen angewendet werden. Kranker Boden, erschöpfte Erde soll auf natürliche Weise, ohne chemische Mittel oder Mineraldünger wieder gesunden. Die tierischen und pflanzlichen Schädlinge werden mit natürlichen Mitteln bekämpft. Die Einflüsse des Mondes und der Sterne auf Wetter, Pflanzenkeimung und Entwicklung werden miteinbezogen."[176] Konkreter äußert sich Riesterer in einem ausschließlich den „dynamisch-biologischen Versuchen in Dachau" gewidmeten dreiseitigen Bericht, den er im Jahr 1973 dem Institut für Grenzgebiete der Psychologie und Psychohygiene in Freiburg hinterließ.[177]

Darin geht er auch auf die Umstände von Martha Künzels Arbeitsverhältnis auf der *Plantage* ein. Sie war als biologisch-dynamische Roggenzüchterin auf einem anthroposophischen Versuchsgut auf der niederländischen Insel Walcheren tätig, als das Land 1940 von der Wehrmacht besetzt wurde. Himmler hatte offensichtlich von ihr erfahren und sie dazu veranlasst, ihre Studien im KZ-Dachau als Zivilangestellte des RFSS fortzusetzen.[178]

Zu den „streng geheimen" Versuchen selbst merkte Riesterer durchaus auch kritisch an: „Sie entbehren vielfach der Präzision, wie sie für die exakte Wissenschaft verlangt werden müßte. [...] Sie beruhen auf dem Glauben an geheimnisvolle Wirkungen, die durch Erdströme verursacht werden." Weiter beschreibt er die sieben biologisch-dynamischen Präparate, die für ihre Versuche verwendet wurden, ihren zeitaufwendigen Herstellungsprozess und das Abfüllen, Ein- und Ausgraben der präparierten Kuhhörner.

In seinem Bericht von 1973 teilt Riesterer mit, dass er einige der von ihm erstellten Versuchsprotokolle nach seiner Entlassung aus dem KZ-Dachau am 11. April 1945 mitgenommen habe und sich in seiner Einschätzung auf „einwandfreie Zahlen" beziehen könne. Er kommt zu dem Schluss, dass bis auf eine Ausnahme, dem Einfluss der Mondphasen, keine wesentlichen Unterschiede festzustellen seien. Am Beispiel des „Kamillenmittel-Versuches", der tatsächlich „interessante Ergebnisse" ergeben habe, stellt er allerdings Künzels Wissenschaftlichkeit infrage: „Man sollte dem Kuhhornpräparat ein gewöhnliches Kamille-

176 Ebenda S. 28 f.

177 Vgl. DaA, 3724, unpag., Albert Riesterer, Die dynamisch-biologischen Versuche im Konzentrationslager Dachau Gewächshaus 2, o. D., S. 1 ff.

178 Vgl. Inhetveen, Pflanzenforschung, S. 160, Anm. 97, laut Akte BArch, R 9361 III/510937.

Präparat gegenübersetzen. Das wollte die Chefin eben nicht, vermutlich fürchtete sie eine Niederlage ihrer Strahlungstheorie."

Dagegen erkannte er im Versuch mit dem Bergkristallpräparat sogar eine Art Brücke zu älteren katholischen Ritualen mit Weihwasser: „Das Präparat 01 bestand aus gemahlenem Bergkristall." 20 g wurden gemahlen und in ein „Zweiliter-Einmachglas" mit Regenwasser aufgefüllt und „der Häftling musste nun genau 60 Minuten, in der Sonne sitzend, im Glas mit einem Holzstab rühren, wobei ein Trichter erzeugt werden musste, je tiefer desto besser, damit der Lichtstrahl der Sonne das ganze durchdringe. Dieses Präparat [...] wurde in einem Holzgefäß in unsere Versuchspflanzungen getragen. Frl. Künzel nahm einen Handbesen und sprengte das Wunderwassser aus, aber nur ganz leicht, wie ein kath. Priester früher mit Weihwasser die Leute besprengte. Es genügte für die Wirkung, dass ein Pflanzenblatt auch nur von einem Tropfen 01 berührt wurde."

Über die Versuche mit unterschiedlichen Mondphasen bemerkte Riesterer, es sei „das einzige Mal, daß auch ich ungläubiger Thomas vor einem Rätsel stand." Dabei handelte es sich um einen Versuch, den Rudolf Hauschka bereits in seiner Publikation „Substanzlehre" beschrieben hatte und der in der biodynamischen Abteilung Dachau wiederholt wurde. Riesterers Ergebnis war, dass sich die Versuchsaussaat bei zu- oder abnehmendem Mond hinsichtlich Gewicht und Anreicherung mit Mineralsalzen völlig unterschiedlich verhielt.

Am Ende des Berichts macht Riesterer jedoch deutlich, dass er seine Skepsis gegenüber dem „Aberglauben" nicht verloren hatte. Am Beispiel der Erzählung eines russischen Mithäftlings über einen angeblich erfolgreichen bäuerlichen Brauch, vor der Kürbisaussaat die Kerne in die Socken zu stecken und sie zu einer bestimmten Mondphase gen Himmel zu strecken: „Meines Erachtens muß nicht etwas außergewöhnliches zu diesem Erfolg beigetragen haben, sondern er kann auch durch den Einfluß einer Schweißabsonderung erklärt werden."[179]

Anders urteilte der Benediktiner Pater Augustin Hessing, ein Mithäftling Riesterers, der ihm im Forschungsinstitut übergeordnet war und der seine „Berichte und Protokolle mit den Ergebnissen anderer Abteilungen verglich." Riesterer charakterisierte Hessing als „unverständlich aufopfernd" und strebsam.[180] Hessing hatte sich als Leiter des Klostergutes „Gerleve" bereits seit den 1930er-Jahren mit Bodenforschung befasst, wurde auf der *Plantage* in der „Versuchsabteilung Lippert" für die Humusgewinnung eingesetzt und führte „Regenwurm-Versuche" durch. Nach Kriegsende griff er auf seine Forschungsarbeiten

179 DaA, 3724, unpag., Albert Riesterer, Die dynamisch-biologischen Versuche im Konzentrationslager Dachau Gewächshaus 2, o. D., S. 1 ff.

180 Vgl. Riesterer, Waage Gottes, S. 35.

Die drei katholischen Geistlichen und damaligen Häftlinge im KZ Dachau Augustin Hessing, Albert Trüby und Ludwig Bauer (v. l. n. r.) an ihrem Arbeitsplatz, einem Büro in der Plantage, ca. 1943 – 27. 3. 1945. Fotograf:in unbekannt. DaA, 1405, 34226/2.

zurück und wurde mit der Entwicklung der ersten „Komposttonne" für kleine Gärten zu einem der Pioniere der ökologischen Bewegung.[181]

Hessing war es gelungen, 1943 seinen Mitbruder Pater Sales Hess in die Forschungsabteilung zu holen. Hess war froh über diesen Posten und erinnerte sich: „Zwanzig bis dreißig Zentimeter Höhe erreichten die Pflanzen auf Brennnesselkompost; Zwiebelkompost trieb nur Pflänzchen mit wenigen Zentimetern, während auf Wermutkompost von den hundert Versuchlingen nur noch ein einziger lebte."[182]

Von dem zweiten anthroposophischen Forscher und Gärtner Franz Lippert (siehe Kapitel Forschungskonzept), der seit August 1941 auf der *Plantage* als Gartenmeister angestellt war und der Künzels Abteilung nach ihrem Weggang im Oktober 1943 übernahm, wurde Riesterer mit der Leitung der Abteilung

181 Vgl. Otto Graf, Der derzeitige Stand der Abfallaufbereitung durch Kompostwürmer, in: Laufener Spezialbeiträge. Bayerische Akademie für Naturschutz und Landschaftspflege (1986) 7, S. 37–41.

182 Hess, Dachau, S. 208.

beauftragt. Lippert selbst „kam nur alle vier bis sechs Wochen einmal kurz vorbei, sah sich die Erfolge und interessanten Neuheiten an, lobte und gab einige Literatur und persönliche Anregungen. Er hatte noch eine Reihe anderer Abteilungen, Kompostbereitung, Mikroskopische Sektion."[183]

Vitamin-C-Forschung

Auf der DVA-Tagung 1942 über *Die Vitaminversorgung der Truppe* stellte die Pharmazeutin Traute Friedrich als einzige Frau unter zehn Vortragenden die Ergebnisse ihrer wissenschaftlichen Untersuchungen über die *Vitamin-C-Gewinnung aus Gladiolen* am Dachauer Forschungsinstitut vor.[184] Den hohen Vitamin-C-Gehalt dieser Pflanze hatte zuvor bereits der Pharmakonzern Merck entdeckt. Größere Forschungsbemühungen hatte Merck jedoch u. a. deswegen verworfen, weil aufgrund des zu hohen Anteils an Handarbeit der Aufwand zu groß und die Profitaussichten zu gering erschienen. Friedrich erläuterte, dass der Vitamin-C-Gehalt abhängig von Sorte und Art, von Boden, Klima, Düngung und den verwendeten Pflanzenteilen war und dass Ernte- und Verarbeitungsverfahren eine entscheidende Rolle bei der Konservierung spielten. Von den 200 untersuchten Zuchtsorten schnitt die Gladiole *Golden West* am besten ab, den höchsten Gehalt an Ascorbinsäure erzielte gegenüber allen anderen Pflanzenteilen das Blatt. Als bestes Verfahren zur Konservierung hatte sich die 1941 untersuchte Methode der Herstellung eines Pulvers aus Konzentrat herausgestellt, bei dem der Vitamin-C-Gehalt drei Monate lang ohne Einschränkung haltbar war.[185]

SS-Sturmbannführer Prof. Dr. Dr. Schenck – mittlerweile Ernährungsinspektor der Waffen-SS – räumte in seinem Vortrag *Erfahrungen über die Vitaminversorgung der Feldtruppe* ein, dass der DVA durchaus bewusst sei, dass mit der Erzeugung von synthetischem Vitamin C eine „mehrtausendfache" Menge hergestellt werden könne. Dies war seit 1934 möglich. Schenck verteidigte jedoch das aus Pflanzen gewonnene Vitamin C: „[...] wir glauben doch auf Grund verschiedener Erfahrungen, daß die Kombination von Vitamin C mit anderen, z. T. noch unbekannten ergänzenden Wirkstoffen in den Pflanzen dieses wirksamer und somit wertvoller macht."[186] Vor allem aber war die Nachfrage seit Kriegsbeginn enorm gestiegen, sodass sich der Bedarf mit synthetisch hergestelltem Vitamin C längst nicht mehr decken ließ.

183 Riesterer, Waage Gottes, S. 35.

184 Vgl. DaA, 6160, unpag., S. 114–124.

185 Vgl. ebenda.

186 DaA, 6161, unpag., S. 22.

Im nationalsozialistischen Medizinverständnis avancierten Vitamine, die zuvor lediglich bei der Therapie von Mangelkrankheiten verabreicht wurden, zum Sinnbild der Stärkung des „Volkskörpers“ und der Optimierung von Leistung. Die Vitamin-Forschung konzentrierte sich von Ende der 1930er-Jahre an im Rahmen der Autarkiebestrebungen auch auf die bis dato kaum genutzten einheimischen Pflanzen wie Sanddorn, Hagebutte, schwarze Johannisbeere, Paprika. Mit den Kriegsvorbereitung ging die Organisation von Vitaminrohstoffquellen zunehmend in die Hände staatlich organisierter Forschung über.[187]

Ab 1941 bemühte sich auch das *Reichsministerium des Inneren* um Möglichkeiten der Vitamin-C-Gewinnung aus Pflanzen und wurde zunächst in einem Privatlabor im Schweizerischen Solothurn fündig. Erst als sich dieses Verfahren nach eingehender Prüfung als unzuverlässig erwiesen hatte, wurden die Vertreter des Ministeriums auf die Vitamin-C-Forschung der DVA in Dachau aufmerksam. Im März 1943 fand eine Besichtigung des Forschungsinstitutes der Dachauer *Plantage* statt, bei der die Besucher von den Forschungsergebnissen überzeugt werden konnten: „Die Gewinnung von natürlichem Vitamin C ist [...] von Seiten des SS-Wirtschafts- und Verwaltungshauptamtes in dem Dachauer Werk der DVAfEuV [DVA für Ernährung und Verpflegung] in aller Stille erfolgreich in die Wege geleitet worden. Wenn auch die gewonnene Menge noch nicht ausreicht, um die gesamte Waffen-SS zu versorgen und daneben auch für die Zivilbevölkerung noch etwas zur Verfügung zu stellen, so ist doch auch in mengenmäßiger Hinsicht schon eine beachtliche Leistung erzielt worden.“[188]

Der ausführliche Besuchsbericht des Ministeriums fiel überwiegend positiv aus, es wurde eine enge Zusammenarbeit für die Zukunft vereinbart. Hervorgehoben wurde, dass Traute Friedrich „an der Entwicklung des Verfahrens den hauptsächlichen Anteil“ habe und dass sie sich bereit erkläre, ihr Verfahren mit dem aus der Schweiz zu vergleichen. Ein Jahr später sagte die *Reichsanstalt für Vitaminprüfung und Vitaminforschung* tatsächlich dem Schweizer Konkurrenten jegliche weitere Zusammenarbeit ab mit dem Argument, dass das in Dachau entwickelte Verfahren „für unsere deutschen Verhältnisse am besten geeignet“ sei.[189] Allerdings waren dem Berichterstatter die „Verhältnisse“ in Dachau nicht entgangen, er mutmaßte, dass die natürliche Vitamin-C-Gewinnung „vielleicht“ nur unter zwei wesentlichen Voraussetzungen in Dachau möglich sei, nämlich

187 Vgl. Heiko Stoff, Vitaminisierung und Vitaminbestimmung. Ernährungsphysiologische Forschung im Nationalsozialismus, in: Dresdener Beiträge zur Geschichte der Technikwissenschaften (2008) 32, S. 59–93.

188 Zit. n. Kopke, Gladiolen, S. 214.

189 Ebenda, S. 214 f.

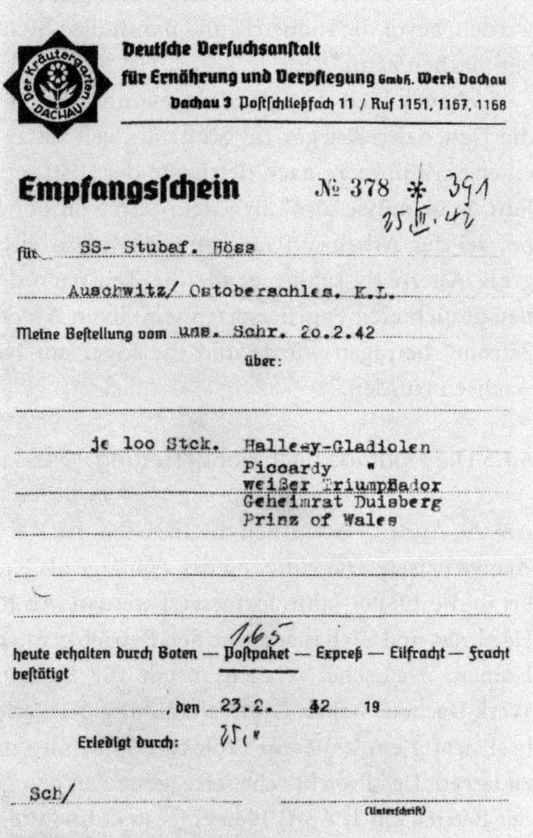

Deutsche Versuchsanstalt
für Ernährung und Verpflegung GmbH. Werk Dachau
Dachau 3 Postschließfach 11 / Ruf 1151, 1167, 1168

Empfangsschein № 378 * 391 25.III.42

für SS- Stubaf. Höss

Auschwitz/ Ostoberschles. K.L.

Meine Bestellung vom uns. Schr. 20.2.42

über:

je loo Stck. Halley-Gladiolen
Piccardy "
weißer Triumpfador
Geheimrat Duisberg
Prinz of Wales

1.65

heute erhalten durch Boten — Postpaket — Expreß — Eilfracht — Fracht bestätigt

, den 23.2. 42 19

Erledigt durch: 25.I

Sch/

(Unterschrift)

Empfangsschein für je 100 Stück Gladiolen der Sorten Halley-Gladiolen, Piccardy, weißer Triumphator, Geheimrat Duisberg und Prinz of Wales für SS-Sturmbannführer Höss [Höß], ausgestellt von der DVA Dachau. Er belegt, dass die Vitamin-C-Gewinnung aus Gladiolen auch im KZ Auschwitz vorgesehen war, 23. 2. 1942. DaA, A 4688, 42230.

wenn „die Gewinnung des pflanzlichen Materials auf relativ wertlosem Boden oder möglichst sogar auf Oedland durchgeführt werden kann und wenn andererseits Arbeitskräfte zu jeder Zeit in dem benötigten Umfang und mit relativ geringen Unkosten zur Verfügung stehen." Ob es tatsächlich zu einer Zusammenarbeit kam, ist unklar.[190]

Heinrich Vogel unterrichtete jedenfalls im März 1944 den Stab W V selbstgewiss von den Erfolgen ihrer Vitamin-C-Forschung: „dass das von der Versuchsanstalt durchgeführte Verfahren darum von besonderer Wichtigkeit sei, weil es offenbar besser ist, als alle bisher üblichen Verfahren zur Herstellung des natürlichen Vitamin-C-Pulvers." Vogel regte ferner an, dass der Stab W prüfen und beraten solle, in welcher Form sich die DVA Rechte an ihrem Verfahren sichern

190 Vgl. ebenda.

könne, sodass „die Arbeiten oder das Ergebnis der Arbeiten der DVA geschützt werden, bevor die Industrie und damit die Öffentlichkeit sich die Arbeiten nutzbar machen kann."[191]

Schenck hielt dagegen die Gewinnung von Vitamin aus Gladiolen nur für die Dauer des Krieges für sinnvoll, weil sie zwei große Nachteile habe: Zum einen verkümmere nach der Ernte der Blätter die Zwiebelbrut für das nächste Jahr, man müsse also „in jedem Jahr von der Substanz nehmen", zum anderen sei der Arbeitsaufwand mit jährlich drei langwierigen Arbeitsgängen zu groß. Alternativ schlug er für die Zeit nach dem Krieg die Verwendung von neu gezüchteten Paprikasorten vor, deren Ascorbinsäuregehalt „das 4fache der Zitrone" betragen würde und die sogar auf Niederungsmoor ohne Glashaus wachsen würden.[192]

4.1.5 Die *Plantage* nach der Befreiung 1945

Am 29. April 1945 wurden die Insassen des KZ Dachau durch Truppen der US-Armee befreit. Die Nutzung der *Plantage* als Kräuteranbaubetrieb sollte jedoch bis in die 1960er-Jahre fortgesetzt werden. Ab Juli 1945 führten ehemalige KZ-Häftlinge und Zivilangestellte den Betrieb gemeinsam unter dem fast identischen Namen „Deutsche Versuchsanstalt für Ernährung und Verpflegung GmbH, Werk Dachau" weiter. Die „Vereinigung der Verfolgten des Naziregimes" (VVN) beabsichtigte mit diesem Projekt, erzielte Gewinne den KZ-Opfern zukommen zu lassen. Das Projekt scheiterte jedoch an den gestiegenen Lohnkosten, „sodass der Betrieb am 1. April 1949 eingestellt und die 400 Angestellten entlassen werden mussten".[193]

Das Bayerische Staatsministerium hatte die Pläne der VVN von vornherein abgelehnt und setzte sich dafür ein, das ehemalige Forschungsinstitut dem Institut für pharmazeutische Arzneimittellehre an der Universität München zuzusprechen. In einer Studentenzeitung der Fachschaft Pharmazie vom April 1948 forderten auch Studierende, dass das ehemalige DVA-Forschungsinstitut für Studienzwecke zu nutzen sei. Ihre Begründung lautete, dass die zu diesem Zeitpunkt fehlenden Fachrichtungen Galenik, Pharmakologie und Physiologie

191 BArch, NS 3/1427, Bl. 56.

192 Vgl. DaA, 6161, unpag., S. 26.

193 Gabriele Hammermann, Vergessen, verfallen, überbaut. Der Umgang mit dem ehemaligen „Kräutergarten" des KZ Dachau und Überlegungen für eine Neunutzung durch die KZ-Gedenkstätte; in: dies./Dirk Riedel (Hrsg.), Sanierung, Rekonstruktion, Neugestaltung. Zum Umgang mit historischen Gebäuden in Gedenkstätten, Göttingen 2014, S. 19–31, hier S. 21.

zukünftig nur dann in das Studium integriert werden könnten, wenn ein entsprechendes Praxisfeld zur Verfügung stünde: „Der in letzter Zeit viel besprochene ‚Kräutergarten Dachau' würde nicht nur eine Lösung des Problems gewährleisten, sondern gleichzeitig das Niveau der Vorkriegsverhältnisse übertreffen. Der Kräutergarten vereint Theorie, Praxis und studentische Lebensgemeinschaft in annähernd der Weise wie es Cambridge als Weltvorbild tut."[194]

In den folgenden zwei Jahrzehnten wurde die *Plantage* – so die Leiterin der Gedenkstätte Dachau, Gabriele Hammermann – von „verschiedenen ehemaligen Vertretern der nationalsozialistischen Ernährungspolitik, Ernährungswissenschaft und ‚Lebensreformbewegung' weitergenutzt".[195] So verpachtete die Stadt Dachau das Areal z. B. von 1957 bis 1965 an die Internationale Gesellschaft für Nahrungs- und Vitalstoff-Forschung, deren Präsident Hans-Adalbert Schweigart ebenso wie Ernst Günther Schenck während der NS-Zeit als überzeugter Verfechter nationalsozialistischer Gesundheitspolitik Ernährungspläne für die Wehrmacht entwickelt hatte.[196]

In den 1980er-Jahren wurde ein großer Teil der ehemaligen Anbaufläche in ein Gewerbegebiet umgewandelt und schrittweise überbaut, während in dem ehemaligen Verwaltungsgebäude der *Plantage* Sozialwohnungen für Obdachlose eingerichtet wurden.

Hatte bei der Einrichtung der Gedenkstätte Dachau im Jahr 1965 das Areal der *Plantage* noch keine Rolle gespielt, so rückten ab den 1990er-Jahren im Rahmen der Konzentrationslagerforschung zunehmend auch historische Orte außerhalb der ehemaligen Lagermauer ins Zentrum des Interesses. Im Zuge dessen stellte 1993 das bayerische Landesamt für Denkmalschutz das gesamte historische Areal des ehemaligen Konzentrationslagers unter Ensembleschutz. Drei Jahre später wurde in den Leitlinien der KZ-Gedenkstätten der Bundesrepublik Deutschland u. a. empfohlen, „sämtliche Relikte des früheren ‚Kräutergartens' in ein Nutzungskonzept miteinzubeziehen, das historische Aufklärung, Aus- und Fortbildung von Multiplikatoren und gesellschaftliche Selbstreflexion" vereinen würde.[197] Vorschläge, in den erhaltenen baulichen Anlagen der *Plantage* ein der Gedenkstätte angeschlossenes Fortbildungszentrum einzurichten, harren allerdings bis heute einer Realisierung.

194 Vgl. DaA, Nachlass Rudolf Lucaß, unverzeichneter Bestand, Prozessakten, unpag., „Pharmazeutische Zeitung", Nr. 10 vom 15. 5. 1948.

195 Hammermann, Kräutergarten, S. 21.

196 Vgl. ebenda, S. 21 f.

197 Ebenda, S. 28.

4.2 DVA-Versuchsgüter im Umfeld des KZ Ravensbrück

Das Frauen-Konzentrationslager Ravensbrück wurde 1938/39 nahe dem gleichnamigen preußischen Dorf, bei der mecklenburgischen Stadt Fürstenberg/Havel, errichtet. Die ersten weiblichen Häftlinge verlegte die SS im Frühjahr 1939 aus dem KZ Lichtenburg nach Ravensbrück. Ein kleineres Männerlager wurde im April 1941 angegliedert, und in unmittelbarer Nähe des Konzentrationslagers kam im Juni 1942 das sogenannte „Jugendschutzlager Uckermark" hinzu. Das Areal des KZ Ravensbrück erstreckte sich bei Kriegsende über mehr als 200 ha.

Insgesamt sind in Ravensbrück zwischen 1939 und 1945 ungefähr 120 000 Frauen und Kinder, 20 000 Männer und 1200 weibliche Jugendliche als Häftlinge registriert worden. Sie wurden, eingeteilt in sog. Kommandos oder Kolonnen, u. a. zur Arbeit auf den Baustellen und in der Verwaltung des Lagers, in der Landwirtschaft sowie Rüstungs- und Textilproduktion gezwungen.[198] Vorsichtigen Schätzungen zufolge wurden in Ravensbrück 28 000 Häftlinge ermordet, starben an Hunger, Krankheiten oder durch medizinische Menschenversuche. Im April 1945, kurz vor Ende des Zweiten Weltkrieges, evakuierte das Rote Kreuz etwa 7500 Häftlinge nach Schweden, in die Schweiz und nach Frankreich. Etwa 20 000 Häftlinge wurden wenige Tage später von der SS auf einen Todesmarsch Richtung Nordwesten getrieben. Die Rote Armee befreite das Konzentrationslager Ravensbrück am 30. April 1945. Von Ende 1945 bis zum Truppenabzug 1994 diente das ehemalige Lagergelände der sowjetischen 2. Garde-Panzerarmee als Fahrzeug-, Versorgungs- und Tanklager. Die im September 1959 eröffnete Mahn- und Gedenkstätte Ravensbrück befand sich daher außerhalb des Militärgeländes.[199]

198 Wichtige Quellen über die Arbeiten der weiblichen Häftlinge des KZ Ravensbrück sind das Wachbuch, die sogenannten Arbeitseinteilungslisten und die Arbeitsdienstzettel, die für den Zeitraum Oktober 1939 bis Ende Juli 1943 lückenhaft erhalten sind. Sie geben Auskunft über die verschiedenen Arbeitskommandos inner- und außerhalb des Lagers, ihre Zusammensetzung sowie über die jeweils eingesetzten SS-Aufseherinnen.

199 Einen Überblick über den aktuellen Forschungsstand zum KZ Ravensbrück bieten: Alyn Beßmann/Insa Eschebach (Hrsg.), Das Frauen-Konzentrationslager Ravensbrück. Geschichte und Erinnerung. Ausstellungskatalog, Berlin 2013; Insa Eschebach (Hrsg.), Das Frauen-Konzentrationslager Ravensbrück. Neue Beiträge zur Geschichte und Nachgeschichte, Berlin 2014. Siehe auch: Insa Eschebach/Sigrid Jacobeit/Susanne Lanwerd (Hrsg.), Die Sprache des Gedenkens. Zur Geschichte der Gedenkstätte Ravensbrück 1945–1995, Berlin 1999; Strebel, Ravensbrück; Annette Leo, Ravensbrück – Stammlager, in: Wolfgang Benz/Barbara Distel (Hrsg.), Der Ort des Terrors. Geschichte der nationalsozialistischen Konzentrationslager. Bd. 4. Flossenbürg. Mauthausen. Ravensbrück, München 2006, S. 473–520; Johannes Schwartz, „Weibliche Angelegenheiten". Handlungsräume von KZ-Aufseherinnen in Ravensbrück und Neubrandenburg, Hamburg 2018.

Im Gegensatz zur Dachauer *Plantage* ist über die DVA-Versuchsgüter im Umland des KZ Ravensbrück bis heute relativ wenig bekannt. Erst mit dem Abzug der Truppen aus Russland bzw. den GUS-Staaten[200] begannen die ersten (recht übersichtlichen) historischen Untersuchungen zu den Versuchsgütern. Hier ist insbesondere die Arbeit von Wolfgang Jacobeit und Christoph Kopke von 1999 zu erwähnen.[201] Daneben wurde ein Teil der Standorte in den Jahren 2000 und 2001 im Zuge eines Forschungsprojektes zu den Außenlagern des ehemaligen KZ Ravensbrück eingehender erforscht.[202] Erwähnenswert sind weiterhin die Darstellungen der Versuchsgüter in zahlreichen regionalgeschichtlichen Publikationen, die sich jedoch größtenteils auf Sensationen und Skandale rund um die NS-Täter Oswald Pohl, Heinrich Himmler und Martin Bormann konzentrieren. In Publikationen, die etwa betitelt sind mit *Grenzenlose Gier*, *Himmlers Liebesnest*, *Himmlers graue Eminenz* oder *Landschaft der Begierde*, ist kaum etwas über die landwirtschaftlichen Arbeiten auf den DVA-Versuchsgütern und die Häftlinge, die dort arbeiten mussten, zu erfahren. Die Güter werden stattdessen als ein dekadent-abseitiges Privatvergnügen der NS-Elite dargestellt.[203]

4.2.1 Standortwahl, Erwerb und Bauarbeiten

Warum entschied sich die DVA für den Aufbau mehrerer Versuchsgüter im Umfeld des KZ Ravensbrück? Zunächst fällt auf, dass die verschiedenen Standorte sich zwar in räumlicher Nähe, jedoch in unterschiedlichen Reichsgauen befanden. Das Versuchsgut Ravensbrück gehörte ebenso wie das nahe gelegene Frauen-Konzentrationslager, aber auch wie das 1942 erworbene Gut Seeblick bei Rutenberg, zum Gau „Mark Brandenburg“[204] (Landkreis Templin), während

200 Die Gemeinschaft Unabhängiger Staaten (GUS) ist ein 1991 gegründeter, von Russland dominierter Zusammenschluss verschiedener Nachfolgestaaten der Sowjetunion.

201 Vgl. Jacobeit/Kopke, Wirtschaftsweise.

202 Siehe Angelika Meyer, Comthurey, in: Benz/Distel, Ort, Bd. 4, S. 535–538; Angelika Meyer, Feldberg, ebenda, S. 543–545.

203 Siehe Helmuth Borth, Brückentin. Himmlers Liebesnest, in: Helmuth Borth, Schlösser, die am Wege liegen. Unterwegs zu 101 Guts- und Herrenhäusern in Mecklenburg-Strelitz, Friedland/Meckl. 2004, S. 33–37; Helmuth Borth, Comthurey. Ein Gut für Himmlers graue Eminenz, in: ebenda, S. 60–70; Michael Gust, Grenzenlose Gier. Oswald Pohl, Heinrich Himmler und Martin Bormann in Mecklenburg-Strelitz, Neubrandenburg 2006; Ferdinand Koch, Himmlers graue Eminenz. Oswald Pohl und das Wirtschaftsverwaltungshauptamt der SS, Hamburg 1988; Wolfgang Köpp, Martin Bormann. Hitlers brauner Schatten oder die Landschaft der Begierde, Neubrandenburg 2010.

204 Im April 1933 legte die NSDAP ihre Parteigaue Brandenburg und Ostmark zum „Gau Kurmark“ zusammen. Dieser „Gau Kurmark“ wurde dann, genauso wie die preußische

die Versuchsgüter Comthurey, Brückentin sowie der DVA-Ausweichstandort in Feldberg im Gau „Mecklenburg“ (Landkreis Stargard) lagen.[205]

Kennzeichnend für diese Region waren nicht nur der Seenreichtum und die landwirtschaftliche Prägung, sondern gerade auch die Dominanz von Großgrundbesitzern. Als sich die aufstrebende NSDAP ab 1927/28 landwirtschaftlichen Themen zuwandte und mit dem Aufbau ihres „agrarpolitischen Apparates“ begann, waren es in Mecklenburg jene Großgrundbesitzer und Domänenpächter, die diesen Aufbau unterstützten. Nach 1933 bekleideten sie dann hohe Positionen etwa in der Landesbauernschaft, den Kreisbauernschaften, dem Amt für Agrarpolitik und im Landesernährungsamt. In Brandenburg gewann die NSDAP darüber hinaus vor allem die Unterstützung einer gestärkten Bauernschaft, die sich im *Brandenburgischen Landbund* nicht nur erheblich von den (adligen) Großgrundbesitzern emanzipiert hatte, sondern durch die „radikal völkische Bauerntumsideologie“ des Landbundes bereits politisiert war.[206] Gesamtgesellschaftlich

Provinz Brandenburg, Ende Januar 1939 in den Gau bzw. die Provinz „Mark Brandenburg“ umbenannt. Vgl. Kristina Hübener/Wolfgang Rose, Der brandenburgische NS-Gau. Eine Bestandsaufnahme, in: Jürgen John/Horst Möller/Thomas Schaarschmidt (Hrsg.), Die NS-Gaue. Regionale Mittelinstanzen im zentralistischen „Führerstaat“, München 2007, S. 263–279, hier S. 266, 273.

205 Im Rahmen des Forschungsprojektes der Gedenkstätte Ravensbrück zu den DVA-Versuchsgütern wurde erstmals systematisch eine Vielzahl von Erinnerungsberichten ehemaliger Häftlinge zusammengetragen. Dabei handelt es sich v. a. um Vernehmungsniederschriften, Interviews, (Kurz-)Berichte und Briefe, Lebensberichte sowie publizierte Erinnerungsberichte. Sie stammen hauptsächlich aus dem Bundesarchiv Ludwigsburg, Bestand der Zentralen Stelle der Landesjustizverwaltungen, dem Archiv der Gedenkstätte Ravensbrück (insbes. Sammlung Erika Buchmann), dem Archiv Zentraleuropa der Zeugen Jehovas, der Bibliothek der Universität Lund (Sammlung Lakocinski, Z.) sowie dem Niederländischen Institut für Kriegs-, Holocaust- und Genozidstudien (NIOD). Sofern noch keine Übersetzungen fremdsprachiger Berichte vorlagen, wurden diese durch Sebastian Fuchs (Niederländisch) und Steffen Hänschen (Polnisch) angefertigt.

206 Vgl. für Mecklenburg: Michael Buddrus, Mecklenburg im Zweiten Weltkrieg. Die Tagungen des Gauleiters Friedrich Hildebrandt mit den NS-Führungsgremien des Gaues Mecklenburg 1939–1945. Eine Edition der Sitzungsprotokolle, Bremen 2009, S. 44; Mario Niemann, Mecklenburgischer Großgrundbesitz im Dritten Reich. Soziale Struktur, wirtschaftliche Stellung und politische Bedeutung, Köln/Weimar/Wien 2000, S. 285–293, 359; Joachim Hendel, Den Krieg ernähren. Kriegsgerichtete Agrar- und Ernährungspolitik in sechs NS-Gauen des „Innenreiches“ 1933 bis 1945, Hamburg 2015, S. 446. Und für Brandenburg: Rainer Pomp, Bauern und Grossgrundbesitzer auf ihrem Weg ins Dritte Reich. Der Brandenburgische Landbund 1919–1933, Berlin 2011, S. 29 ff., 239, 379, 381, 387. Allgemein zur Landwirtschaftsgeschichte von Brandenburg und Mecklenburg siehe Wolfram Hennies/Jürgen Knauss, Landeskultur und Landwirtschaftsgeschichte von Brandenburg und Mecklenburg, in: Jürgen Knauss (Hrsg.), Landschaft – Bauer – Landwirtschaft.

stießen die politischen Bestrebungen der Nationalsozialist:innen auf ebenso viel Zustimmung. In Mecklenburg gewann die NSDAP bereits im Juni 1932 die Landtagswahlen und konnte unter ihrem Gauleiter Friedrich Hildebrandt, Sohn einer Landarbeiterfamilie, mit absoluter Mehrheit regieren.[207] Obwohl die NSDAP in Brandenburg bis 1927 eher schwach war, gelang es ihr auch hier „durch Unterwanderung, Eroberung bestehender Organisationen und Umgründung [...] das gesellschaftliche Gefüge längst vor dem Januar 1933" zu durchdringen.[208]

Damit deutet sich eine erste Antwort auf die eingangs gestellte Frage an: Für Mecklenburg und Brandenburg gilt, dass die NS-Ideologie fest in der jeweiligen Landespolitik verankert war, gerade auch bei jenen, die die Agrarpolitik und Landwirtschaft der Region historisch und gegenwärtig entscheidend mitgestalteten. Die SS könnte hier also eine Region für ihre landwirtschaftlichen Projekte ausgewählt haben, in der sie (agrar)politische Unterstützung – oder zumindest keine Behinderung – erwarten konnte.

Gleichzeitig war die Region stark von der Agrarkrise und der beginnenden Weltwirtschaftskrise Ende der 1920er-Jahre betroffen. Zahlreiche Güter und Domänen wurden verkauft, und infolgedessen waren die Landpreise niedrig. Es kam zu Grundstücksspekulationen oder staatlichen „Aufsiedlungsversuchen". Auch die völkisch-bündische Artamanenbewegung, zu deren Unterstützer:innen einige führende Nationalsozialisten gehörten, fand in Mecklenburg, insbesondere im Umland von Güstrow, eine Schwerpunktregion für ihre Landarbeits- und Siedlungsprojekte.[209] Ebenso begünstigten die niedrigen Landpreise, wie Mario

Sammelband zur Geschichte und Geographie von Bauerntum, Nutzpflanzen und Kulturlandschaft, Crimmitschau 2014, S. 47–73.

207 Vgl. Budrus, Mecklenburg, S. 38 f. Demnach pflegte Friedrich Hildebrandt „seine herkunftsbedingten und erfahrungsgestützten, mitunter haßerfüllten Aversionen und Ressentiments gegenüber Gutsbesitzern, Adligen und Beamten". Auch den Reichsnährstand soll er für überflüssig gehalten haben. Vgl. ebenda, S. 39. Siehe auch Hendel, Krieg, S. 107.

208 Vgl. Pomp, Bauern, S. 289, 293 f.; Ingo Materna, Brandenburg als preußische Provinz in der Weimarer Republik (1918 bis 1933), in: Ingo Materna/Wolfgang Ribbe (Hrsg.), Brandenburgische Geschichte, Berlin 1995, S. 561–618, hier S. 615 f.

209 Vgl. Niemann, Großgrundbesitz, S. 27, 31 f.; Stefan Brauckmann, Die Artamanenbewegung in Mecklenburg, in: Zeitgeschichte regional. Mitteilungen aus Mecklenburg-Vorpommern 12 (2008) 2, S. 68–78, hier S. 71–76; Pomp, Bauern, S. 265; Walter Dietrich, Artam. Siedler – Siedlungen – Bauernhöfe. Versuch einer Dokumentation über die Siedlungsarbeit der Artamanen in den Jahren 1926–1945, Witzenhausen 1982; Uwe Mai, „Rasse und Raum". Agrarpolitik, Sozial- und Raumplanung im NS-Staat, Paderborn 2002, S. 29 f.; Kaienburg, Wirtschaft, S. 61 ff. Auch Walter Granzow, der erste Landesbauernführer von Mecklenburg, der bis Juli 1933 amtierte, war Mitglied der Artamanen. Vgl. Hendel, Krieg, S. 87.

Niemann dargelegt hat, Gutsverkäufe an „landwirtschaftsferne“ Privatpersonen. Nicht weit von Hamburg und von Berlin entfernt, dürften Industrielle und Kaufleute gerade in Mecklenburg und Brandenburg nach „idyllisch gelegene[n] Ferienorte[n] und Sommerresidenzen“ gesucht haben.[210] Auch in diesen Beobachtungen steckt eine Antwort auf die Frage, warum die DVA diese Region auswählte. Einerseits gab es eine großbürgerliche Tradition, landwirtschaftliche Güter als ländliche Zweitwohnsitze zu erwerben, die repräsentativ quasi vor den Toren der Großstädte lagen.[211] Andererseits war es wahrscheinlich relativ einfach und kostengünstig, in der Region Gutshöfe zu erwerben, da sich viele Landwirt:innen aufgrund von krisenbedingten Zwangsversteigerungen oder Enteignungsverfahren eher gezwungen sahen, zu niedrigen Preisen zu verkaufen. Davon wird die DVA gewusst haben, zumal gerade Himmler und Pohl seit dem Aufbau des KZ Ravensbrück öfter für Ortstermine in der Umgebung gewesen sein dürften. Hinzu kommt letztlich Himmlers Verbindung zu den Artamanen, deren Siedlungen in Mecklenburg dem Reichsführer-SS durchaus als Vorbild für seine landwirtschaftliche Versuchsanstalt gedient haben könnten.

Mit Blick auf den konkreten Erwerb der Ravensbrücker Versuchsgüter wurde in der bisherigen Forschung vor allem die These vertreten, dass sich die Standortwahl mit dem Rückgriff auf die Arbeitskraft von weiblichen Häftlingen erklären ließe. So schrieben Jacobeit und Kopke: „Ankauf des Gutes und die Beschäftigung von Frauenhäftlingen aus Ravensbrück stehen also in unmittelbarer Verbindung, was gleichzeitig besagt, daß von vornherein Frauen als billige Arbeitskräfte beschäftigt werden sollten. Frauen, die sodann Tätigkeiten zu verrichten hatten, welche nach jahrhundertealten Vorstellungen und Vorurteilen als dem weiblichen Geschlecht angemessen, gewissermaßen genuin, zugeschrieben waren […].“[212]

Dies bezieht sich zwar direkt auf Akten der DVA, greift jedoch zu kurz. In einem Geschäftsbericht der DVA für das Jahr 1939 wird die Anfang des Jahres gegründete Versuchsanstalt durchaus als „ein Organ des Reichsführers-SS zur Beschäftigung von Häftlingen der Konzentrationslager auf landwirtschaftlichem Gebiet“ beschrieben.[213] Deutlicher wird dies in einem anderen Entwurf dieses Geschäftsberichtes: „Diese Anbauten [von Kräutern] erforderten viel

210 Niemann, Großgrundbesitz, S. 31 f., 213 f.

211 Allgemein siehe dazu Dieter Hertz-Eichenrode, Zwischen Kontor und Gutshof. Berliner Unternehmer als Gutsbesitzer (1850–1914), in: Karl Heinrich Kaufhold/Bernd Sösemann (Hrsg.), Wirtschaft, Wissenschaft und Bildung in Preussen. Zur Wirtschafts- und Sozialgeschichte Preussens vom 18. bis zum 20. Jahrhundert, Stuttgart 1998, S. 213–229.

212 Jacobeit/Kopke, Wirtschaftsweise, S. 14 f.

213 IfZ, NO/1044, unpag., S. 1.

Handarbeit und sollten der Beschäftigung von Häftlingen aus dem benachbarten Frauen-Konzentrationslager Ravensbrück dienen."[214] Daraus ließe sich die oben zitierte These von Jacobeit und Kopke ableiten. Zutreffender erscheint jedoch, dass die DVA sich zumindest bei dem Aufbau des Versuchsgutes Ravensbrück anfangs stark an dem Vorbild der Dachauer *Plantage* orientierte, sowohl was die Nähe zu einem Konzentrationslager betrifft als auch hinsichtlich der Bewirtschaftungspläne. Auch der Verweis, dass für diese Arbeiten eher weibliche Häftlinge geeignet seien, deutet auf die *Plantage* hin, wo als „schwächlich" oder „verweiblicht" angesehene männliche Geistliche in viel größerem Umfang für die gleichen Arbeiten eingesetzt wurden. Nichtsdestotrotz gab es direkte Verbindungen zwischen dem Aufbau des KZ Ravensbrück und dem Erwerb der Versuchsgüter im Umland, was vor allem durch die Analyse der jeweiligen Verkaufsvorgänge deutlich wird.

Das Versuchsgut Ravensbrück

Wie die Architektin und Bauforscherin Barbara Schulz gezeigt hat, entschied sich Heinrich Himmler für den Bau eines Frauen-Konzentrationslagers in Ravensbrück, nachdem ihm das Gelände im Juni 1938 vom *Kameradschaftsbund Deutscher Polizeibeamter* geschenkt worden war.[215] Dabei handelte es sich um 29 ha Ländereien des Gutes Ravensbrück, jedoch ohne den eigentlichen Gutshof. Diese Ländereien hatte der *Kameradschaftsbund* selbst erst wenige Monate vorher erworben.[216] Dafür wurde die Witwe des Vorbesitzers, Olga Schrader, nach eigenen Angaben gezwungen, das Gutsgelände für eine minimale Entschädigung von 3000 Reichsmark abzugeben.[217] Ernst Schrader, ihr im Juli 1936 verstorbener Ehemann, war seinerzeit Vorsitzender des *Verbandes der Preußischen Polizeibeamten*, der kurz nach der nationalsozialistischen „Machtergreifung" aufgelöst worden

214 BArch, NS 3/1433, Bl. 81. Ähnlich mit Bezug auf das Versuchsgut Comthurey LHAS, (5.12–4/3) 2620, Bl. 25.

215 Vgl. Barbara Schulz, Fürstenberg/Havel. Konzentrationslager Ravensbrück und „Lager Uckermark". Neue Forschungen zu Topographie und Baugeschichte, in: Brandenburgische Denkmalpflege NF 2 (2016) 1, S. 40–72, hier S. 41–44.

216 Der Kaufvertrag ist auf den 3. 2. 1938 datiert. Im Grundbuch ist das „Recht auf Eigentumsübertragung" zugunsten des Kameradschaftsbundes jedoch bereits am 27. 11. 1936 vermerkt. Ebenso übernahm der Kameradschaftsbund bereits zum 1. 1. 1936 die Hypotheken von 192 500 und 44 000 Goldmark, mit denen das Gut Ravensbrück belastet war. Vgl. BLHA, Rep. 105 GB K I Lychen 75, Bl. 1; Rep. 2 A I SW 2711, unpag.

217 Vgl. BArch, R 19/387, unpag.; BLHA, Rep. 105 GB K I Lychen 75, Bl. 1; LAB, Rep. 118-01 Nr. 9126, unpag.

war.[218] Ernst Schrader hatte das gesamte Gut Ravensbrück, zu dem damals auch noch der eigentliche Gutshof gehörte, am 20. April 1932 bei einer Zwangsversteigerung erworben.[219] Einen großen Teil des Gutes, etwa 76 ha, verkaufte er bereits 1934 an den Landwirt Herbert Fuchs. Wiederum ein Jahr später, im September 1935, erwarb Carl Klingspor diese 76 ha von Fuchs. Es handelte sich dabei um den Gutshof und jene Flächen, die am 4. Februar 1939 die DVA kaufte.[220]

Von einem üblichen Verkaufsverfahren kann hier kaum die Rede sein. Zwar wurde ein Kaufvertrag mit dem von Enteignung bedrohten Klingspor geschlossen und ein Kaufpreis von 110 000 Reichsmark vereinbart. Darin heißt es jedoch: „Die Käuferin übernimmt es, den Verkäufer in seinen Bemühungen, einen neuen Erbhof zu erhalten, nachdrücklichst zu unterstützen, insbesondere für ihn die Verhandlungen über den Ankauf eines bereits in Aussicht genommenen Austauschgutes bei Storkow in der Mark zu fördern." De facto bedeutete dies, dass Klingspor unter Mitwirkung des damaligen DVA-Geschäftsführers Walter Salpeter das „arisierte" *Gut Winkel* in Spreenhagen als Ersatz erhielt.[221] Dies wurde am 6. Februar 1939 vertraglich festgehalten, zwei Tage nach dem eigentlichen Kaufvertrag.[222] Indem sie vom Zwangsverkauf jüdischen Besitzes profitierte, zahlte die DVA auf

218 Der 1877 geborene Ernst Schrader war ein zentraler Polizeigewerkschafter der Weimarer Republik und Mitglied der SPD. Er wurde im September 1933 in Ravensbrück von der Gestapo verhaftet und in „Schutzhaft" genommen. Ende desselben Jahres wurde er aufgrund einer Amnestie aus dem KZ Oranienburg entlassen. Vgl. Kurt Schilde, Ernst Schrader. „... für die Nationalsozialisten ein rotes Tuch", in: Willi Carl/Martin Gorholt/Sabine Hering (Hrsg.), Sozialdemokratie in Brandenburg (1868–1933). Lebenswege zwischen Aufbruch, Aufstieg und Abgrund, Bonn 2021, S. 205–222.

219 Vgl. BLHA, Rep. 5 E AG Lychen 40, Bl. 60–63. Vorbesitzer war der Berliner Bankdirektor Otto Jahn.

220 Vgl. KaB OHV, Ausz. Grundsteuermutterrolle Gemeindebezirk Fürstenberg, Art. 175, Bd. I, Bl. 30; VGPo, 1 K 2376/97, unpag. Die betreffenden Parzellen wurden zudem am 29. 11. 1935 in ein eigenes Grundbuchblatt übertragen (AG Lychen, Kr. Templin – Grundbuch der größeren Grundstücke Bd. 1, Bl. 30), das jedoch im Zuge der Bodenreform entnommen wurde und nur als Auszug erhalten ist. Zudem wurden diese Parzellen aus der Hypothek von 192 500 Goldmark herausgenommen und mit einer getrennten Hypothek von 44 000 Goldmark belastet. Vgl. BLHA, Rep. 105 GB K I Lychen 75, Bl. 1.

221 Das Gut Winkel wurde 1925 von dem Kauf- und Warenhausgründer Simon Schocken erworben, der es in den Folgejahren zu einem landwirtschaftlichen Hachschara-Lehrbetrieb umgestalten ließ. Geleitet wurde das Ausbildungsgut seit 1933 von Martin Gerson. Nach Angabe von Katharina Hoba wurde das Gut Winkel erst im Juni 1941 durch die Nationalsozialisten beschlagnahmt. Vgl. Katharina Hoba, Das Gut Winkel – Spreenhagen in der Mark, in: Ilana Michaeli/Irmgard Klönne (Hrsg.), Gut Winkel – die schützende Insel. Hachschara 1933–1941, Berlin 2007, S. 249–274.

222 Vgl. KaB OHV, Ausz. Grundsteuermutterrolle Gemeindebezirk Fürstenberg, Art. 175, Bd. I, Bl. 30; VGPo, 1 K 2376/97, unpag.

diese Weise für das Gut Ravensbrück letztlich nur einen endgültigen Kaufpreis von 11 673,29 RM. Im bereits erwähnten Geschäftsbericht für das Jahr 1939 heißt es dazu: „Ein in der Nähe gelegenes verkäufliches Gut konnte unter günstigen Bedingungen dadurch erworben werden, daß dem Eigentümer ein in jüdischen Händen befindliches Ersatzgut unter Einschaltung der Dienststelle als Bezahlung verschafft wurde. An Stelle eines vereinbarten Kaufpreises von ... brauchte nur der Gegenwert von 1000 engl. Pfund an den jüdischen Verkäufer des Ersatzgutes gezahlt werden [...].“[223]

Zugleich erreichte Himmler unter Mithilfe von Kurt Daluege, dem Chef der Ordnungspolizei, dass der *Kameradschaftsbund Deutscher Polizeibeamter*, nach der Geländeschenkung auch auf eine Hypothek von 44 000 Goldmark verzichtete, die das unlängst erworbene Versuchsgut Ravensbrück belastete.[224]

Anders als beim Kaufpreis sparte die DVA in der Folgezeit allerdings wenig bei den Ausgaben für das Versuchsgut Ravensbrück. Bis Ende 1943 sollen die Investitionen rund 1,37 Millionen Reichsmark betragen haben. Einen Großteil der Kosten, nämlich etwa 980 000 Reichsmark entstand durch Baumaßnahmen.[225] Dazu zählte zunächst ab 1939 der Aufbau einer Geflügelfarm mit Wirtschafts- und Wohnhaus sowie Legehallen, Ställen und Ausläufen.[226] Spätestens im Frühjahr 1940 wurde der sogenannte Kellerbruch, eine Senke am nahe gelegenen Hegensteinbach, durch Meliorationen trocken gelegt und dort eine Gärtnerei mit einer Gewächshausanlage aufgebaut, die mindestens 16 Warm- und Kalthäuser und ein Heizhaus für 120 000 RM umfasste.[227] Noch einige Jahre später ist in einem

223 IfZ, NO/1044, unpag., S. 7. Siehe auch: BArch, NS 3/1433, Bl. 80 f.; Jacobeit/Kopke, Wirtschaftsweise, S. 16 f.

224 Vgl. BArch, R 19/387, unpag.

225 Vgl. BArch, NS 3/722, Bl. 26 f.

226 Im Wachbuch des KZ Ravensbrück wurde bereits am 3. 10. 1939 ein Arbeitskommando „Hühnerfarm“ erwähnt. Vgl. MGR/SBG, KL 18/16, unpag. Auch im DVA-Geschäftsbericht für das Jahr 1939 ist schon der „Anbau einer Legehennenhaltung“ erwähnt, die im folgenden Jahr als „Hühnerhaltung zur Zucht“ ausgebaut werden sollte. Vgl. IfZ, NO/1044, unpag., S. 8. Siehe auch BArch, NS 3/1433, Bl. 82; NS 3/1175, Bl. 1, 18, 72. In der Wohnung im Obergeschoss des Wirtschaftsgebäudes hat wohl anfangs der leitende Gärtner der Gärtnerei Kellerbruch gewohnt. Vgl. BArch, NS 3/1174, Bl. 3, 25. Später sollen hier auch die Leiterin der Geflügelfarm und der Förster, der die Arbeiten des Häftlingskommandos „Forst Neues Gut“ überwachte, gewohnt haben. Vgl. MGR/SBG, D20/5; Eugenia Kocwa, Flucht aus Ravensbrück, Berlin (Ost) 1973, S. 33.

227 Siehe MGR/SBG, Fotos Nr. 1706–1708; BArch, NS 3/1427, Bl. 47. Da die Gärtnerei erst ab 1940 in den Akten der DVA erwähnt wurde, ist davon auszugehen, dass in diesem Jahr mit den Meliorations- und Bauarbeiten begonnen wurde, die auch 1942 noch nicht abgeschlossen waren. Vgl. BArch, NS 3/1175, Bl. 1, 18, 72; NS 3/1429, Bl. 17. Im Wachbuch

Bericht, der im April 1950 zur Übernahme der Gärtnerei als volkseigener Betrieb erstellt wurde, von den Schwierigkeiten dieses Geländes zu lesen: „Die Gärtnerei Ravensbrück liegt in einem Talkessel, umgeben im Westen, Norden und Osten von einem ca. 60–70 jährigen Kiefernbestand. Durch diese Lage bedingt, ist im Frühjahr stets mit Reif- und Nachtfrösten zu rechnen. Der Boden ist moorig bis anmoorig. Durch den hohen Grundwasserstand ist der Boden an und für sich kaltgründig.“[228] Auch eine Baumschule wurde angelegt, wahrscheinlich in der Nähe der Geflügelfarm. Hinzu kommen der Bau von neuen Wegen und Straßen und einer Brücke über den Hegensteinbach.[229]

Den größten Anteil an den Baukosten dürften aber Um- und Neubaumaßnahmen am Gutshof selbst ausgemacht haben. Anfang Februar 1939 hatte die

des KZ Ravensbrück wird ein Arbeitskommando „Kellerbruch“ erstmals am 2. 4. 1940 erwähnt. Vgl. MGR/SBG, KL 18/16, unpag. Zur Datierung siehe auch LUND, 14/10, Übersetzung (künftig: Ü) MGR/SBG, PIL/5–7, S. 2; JZA, LB Wilderer, Irma 01, S. 13. Unklar bleibt, wer Hersteller der Gewächshäuser war. Von ehemaligen Häftlingen ist überliefert, dass die Gewächshäuser aus den Niederlanden geraubt wurden. Die Akten der DVA sowie Privatfotos aus den 1960er-Jahren deuten jedoch auf die Firma Höntsch aus Dresden-Niedersedlitz (heute MBM GmbH) hin. Vgl. LUND, 14/10, Ü MGR/SBG PIL/5–7, S. 2; BArch, NS 3/1429, Bl. 47; MGR/SBG, Foto Nr. 2020/330. Gleichwohl befanden sich in unmittelbarer Nähe des Gutes Ravensbrück seit 1940 die Hauptverwaltung und eine Produktionsstätte des Gewächshausherstellers Artur Plonka (heute Plonka GmbH). Plonka hatte seine Firma 1923/24 in Penzig in der Oberlausitz gegründet. Fraglich bleibt, warum er einen Teil seiner Produktion nach Ravensbrück verlegte, wo es anders als in Penzig keine Glashütten gab. Nach 1945 wurde der Betrieb treuhänderisch verwaltet und Plonka enteignet; er baute seine Produktion 1953 im nordrhein-westfälischen Lippstadt (später Umzug nach Salzkotten) wieder auf. Denkbar wäre, dass die Gewächshäuser für die DVA-Gärtnerei und auch die Gärtnerei des KZ Ravensbrück von der SS direkt vor Ort bei Plonka bestellt und gefertigt wurden. Vgl. BLHA, Rep. 203 AVE BET 1303, unpag.; KaB OHV, Ausz. Grundsteuermutterrolle Gemeindebezirk Fürstenberg, Art. 131, Bd. 7, Bl. 173; Auskunft der Plonka GmbH per E-Mail vom 30. 7. 2019; Gartenbauwirtschaft 56 (1939) 46, S. 8; O. A., Artur Plonka – Penzig O. L., Werbebroschüre der Spezialfabrik für Gewächshausbau und Frühbeetfensterfabrik, ca. 1938, polska-org.pl/7010235,Piensk,Wytwornia_szkla_szklarniowego_dawna.html [21. 6. 2020]; Plonka GmbH, Selbstdarstellung des Unternehmens, www.plonka-gewaechshaeuser.de/index.php/kompetenz/tradition [21. 6. 2020].

228 BLHA, Rep. 272 VVG 1324, unpag.

229 Zur Baumschule siehe BArch, NS 3/1175, Bl. 10; NS 3/1433, Bl. 82. Im Wachbuch des KZ Ravensbrück wird erstmals am 20. 4. 1940 ein Arbeitskommando „Baumschule“ erwähnt, vgl. MGR/SBG, KL 18/16, unpag. Verschiedene Straßenbauarbeiten – die Arbeitskommandos hießen etwa „Straßenbau Gärtnerei“, „Zufahrtsstraße Altes Gut“ oder „Straßenbau neues Gut“ – und der Bau einer Brücke über den Hegensteinbach – Kommando vom 17. 6. bis 7. 8. 1942 – werden in den erhaltenen Arbeitseinteilungslisten des KZ Ravensbrück für die Jahre 1941 und 1942 aufgeführt. Vgl. MGR/SBG, SlgBu 13, 14.

Postkarte vom Ritter-Gut Ravensbrück (altes Gut) mit Blick auf das Stall- und Scheunengebäude (links) und das Wohnhaus (mittig), um 1910. Fotograf:in unbekannt. MGR/SBG, Foto Nr. 96-1203.

DVA den Gutshof Ravensbrück, direkt an der Ravensbrücker Dorfstraße, mit einem großen, L-förmigen Stall- und Scheunengebäude, einem zweiteiligen Wohnhaus sowie einem Arbeiterwohnhaus mit Stall übernommen. Schon kurze Zeit später wurde aus Platzmangel ein Doppelhaus für zwei Landarbeiterfamilien am Weidendamm geplant.[230] Das erworbene Gut nahm die DVA zwar in Betrieb, ließ es jedoch in den Folgejahren, wahrscheinlich ab dem Frühjahr 1940, an einem etwa 600 Meter entfernten Standort am Weidendamm vollkommen neu aufbauen. Orientiert an architektonischen und ästhetischen Idealen des Nationalsozialismus wurde so ein teils mit reichlich Sinnbildern und Runen versehener Vierseitenhof errichtet. Zu den Gebäuden zählten neben Tierställen und einer großen Scheune auch ein (neues) Landarbeiterdoppelhaus und ein Verwalterhaus im „ostniederdeutschen Fachwerkstil".[231]

230 Vgl. BLHA, Rep. 2 A I SW 2523, unpag.

231 Vgl. Kaienburg, Wirtschaft, S. 819. Bereits der DVA-Geschäftsbericht für 1939 enthält mit den Angaben „Ausbau der Wirtschaftsgebäude" und „Neubau eines Wohnhauses" Hinweise, dass der Neubau des Gutes ab 1940 geplant war. Anfang Februar 1940 erhielt DVA-Geschäftsführer Vogel die Bauzeichnungen für das Verwalterhaus des neuen Gutes.

Luftaufnahme des DVA-Versuchsgutes Ravensbrück (neues Gut) mit Verwalterhaus (links), Stall- und Scheunengebäude (mittig) und Landarbeiterdoppelhaus (rechts), ca. 1942–45. Fotograf:in unbekannt. Privatbesitz Pohle (Kopie).

In den straßenseitigen Giebel des Verwalterhauses ist außer dem Symbol für den Ortsnamen Ravensbrück – zwei Raben auf einer Brücke – der folgende Sinnspruch eingeschnitzt: „1728 erstmals als Meierei ich entstand, 1753 als Vorwerk bekannt, 1939 zum Versuchsgut erhoben, dem wir treue Dienste geloben". Daran zeigt sich nicht nur, wie offen die SS mit der angestrebten Nutzung des Gutes umging, sondern auch, wie mit der Gestaltung des Neubaus suggeriert wurde, dass es sich um den alten Gutshof handele.[232] In architektonischer und landwirtschaftlicher

Für 1942 wurden nach wie vor „Restbaukosten" kalkuliert. Vgl. IfZ, NO/1044, unpag., S. 8; MGR/SBG, SAM/7-1, Bl. 171 f.; BArch, NS 3/1429, Bl. 17; BArch, NS 3/1433, Bl. 82; NS 3/1175, Bl. 1, 18; MGR/SBG, SAM/7-1, Bl. 16, 66 f., 138; Jacobeit/Kopke, Wirtschaftsweise, S. 17 f. Zum NS-Ideal des ländlichen Bauens und der Architektur des Bauernhofes siehe Anna Teut, Architektur im Dritten Reich. 1933–1945, Frankfurt a. M./Berlin 1967, S. 271–279; Gerdy Troost, Das Bauen im neuen Reich. 3. Aufl., Bayreuth 1941, S. 150–163.

232 Der Sinnspruch hat bis in die Gegenwart zu Fehleinschätzungen geführt. So ist u. a. in der Denkmalbegründung des Brandenburgischen Landesamtes für Denkmalpflege vom

Hinsicht ging es hier um die Entstehung eines „SS-Mustergutes". Unweit eines ebenso aufwendig geplanten Konzentrationslagers sollte das Versuchsgut Ravensbrück durch seine „schöne [...] und repräsentative [...] Bauweise" der „Allgemeinheit als Vorbild dienen" und ebenso durch die Umstellung der Bewirtschaftung zu einem „Musterbetrieb" werden.[233] Da das alte Gut Ravensbrück diesen Ansprüchen in den Augen der DVA nicht genügte, wurde es in der Folgezeit parallel zum Aufbau der neuen Gutsgebäude sukzessive abgerissen.[234]

In den Jahren nach dem Kauf des Gutes wurde es durch weiteren Flächenerwerb schrittweise vergrößert. Wie groß das DVA-Gut Ravensbrück am Ende war, ist nur noch schwer nachzuvollziehen – nicht nur, weil die entscheidenden Grundbuchblätter im Zuge der Bodenreform vernichtet wurden, sondern auch, weil sich in den Akten selbst teils widersprüchliche Angaben finden. Plausibel erscheint, dass die anfangs erworbenen 76 ha auf 191 ha landwirtschaftliche Fläche (davon 19 ha in Pacht) und 115 ha Forst erweitert wurden, insgesamt also etwa 306 ha.[235] Bereits für das Geschäftsjahr 1940 hatte die DVA 35 000 Reichsmark für „Grundstückserwerbungen" in Ravensbrück eingeplant. Dazu könnte zunächst ein bebautes Grundstück gegenüber dem alten Gut Ravensbrück gehören, das am 16. Februar 1940 gekauft und bis Mitte 1944 von dem bei der DVA angestellten Gärtner Klähn bewohnt wurde.

Darüber hinaus wird in den erwähnten Kostenplanungen direkt ein „Ankauf Kohlhoff" genannt.[236] Es ist möglich, dass es sich hierbei um ein Grundstück handelte, dass der Berliner Kaufmann Hans Kohlhoff bereits Ende 1931 gekauft hatte. Es lag am Ortsausgang von Ravensbrück an der Straße nach Lychen und befand sich in unmittelbarer Nähe zum Kellerbruch.[237] Die Arbeitseinteilungslisten des KZ Ravensbrück sowie Zeitzeuginnenaussagen deuten darauf hin, dass auf diesem Grundstück ein Wohnhaus für den Gärtner der DVA-Gärtnerei Kellerbruch, Herrn Haase, (aus)gebaut wurde.[238]

1.7.1994 zu lesen: „In auffälliger Weise wurde bei der Gestaltung des Versuchsgutes auf die einst an dieser Stelle bestehenden Vorwerks- bzw. Meiereianlagen Bezug genommen." Vgl. Brandenburgisches Landesamt für Denkmalpflege, Gutachtliche Äußerung zum Denkmalwert. Ehem. Versuchsgut (unveröffentlicht), Berlin 1994, S. 2. Historische Messtischblätter zeigen jedoch, dass sich an dem Standort bis 1939/40 keine Bebauung befand.

233 Vgl. Jacobeit/Kopke, Wirtschaftsweise, S. 7; BArch, NS 3/722, Bl. 37 f.; IfZ, NO/1044, unpag., S. 8.

234 Vgl. BArch, NS 3/1175, Bl. 1, 18; MGR/SBG, SlgBu 14.

235 Vgl. BArch, NS 3/722, Bl. 9 f., 26 f.

236 Vgl. BArch, NS 3/1433, Bl. 82; NS 3/1430, Bl. 52, 54; IfZ, NO/1044, unpag., S. 8.

237 Vgl. BLHA, Rep. 5 E AG Lychen 40, Bl. 36; Rep. 2 A I S 410, Bl. 17.

238 Vgl. MGR/SBG, D20/3, D20/4; BLHA, Rep. 272 VVG 1324, unpag. In den sog. Arbeitseinteilungslisten des KZ Ravensbrück ist u. a. vermerkt, dass ein Kommando von Zeuginnen

Zu den größten Investitionen bei der Erweiterung des DVA-Gutes Ravensbrück gehörte zweifelsohne der Kauf von 95,2 ha Forst im August 1942. Es handelte sich dabei um die Jagen 69 bis 73 nördlich der Bahnstrecke nach Templin. „Die für die Deutsche Versuchsanstalt auf Grund der Besprechung in Ravensbrück mit Herrn Ministerialdirektor Parchmann abzugebenden Jagen [...] werden für die Ausdehnung des Gutsareals Ravensbrück, also ausschließlich zur landwirtschaftlichen Nutzung benötigt. Infolgedessen ist es unmöglich, hier einen Preis zu bezahlen, der sonst allenfalls für Baugelände genehmigt wird.“[239] Obwohl es Heinrich Vogel gelang, den Kaufpreis mit diesem Hinweis von 50 auf 12 Reichspfennig je Quadratmeter auf insgesamt 223 276 RM zu senken, und auch anfängliche Verwirrungen bei den lokalen und Landesforstbehörden ausgeräumt werden konnten,[240] war es nicht möglich, den Kauf bis Kriegsende abzuschließen, da der beauftragte Landmesser die genaue Vermessung des Geländes nicht mehr durchführte.[241] Trotzdem begann die DVA bereits mit der Bewirtschaftung der Forstflächen, und zwar unter Einsatz von weiblichen Häftlingen des KZ Ravensbrück.[242] Ebenso wurden Teilbereiche bebaut, wenn auch nur mit Kriegsbehelfsbauten.

Auf dem Jagen 73 mussten mehrere Hundert männliche Häftlinge des KZ Ravensbrück spätestens ab dem Frühjahr 1943 ein Ausweichlager für das WVHA errichten. Es bestand aus 21 Baracken, in denen aufgrund des Kriegsverlaufs verschiedene Abteilungen des WVHA behelfsweise untergebracht wurden. Am Eingang des Ausweichlagers, nahe dem Bahnhof Ravensbrück, ließ die SS bereits Ende 1941 ein repräsentatives, 40 Meter langes Holzblockhaus bauen. Geplant als SS-Gästehaus, diente dieses Gebäude wohl auch als Wohnhaus für SS-Angehörige des KZ Ravensbrück.[243] Bemerkenswert ist nicht nur, wie es der SS – gemäß

Jehovas im Herbst 1941 zu Bauarbeiten am/im „Haus Hase [Haase]“ oder im Herbst 1942 im „Hausgarten H[aus] Haase“ eingesetzt wurde. Vgl. MGR/SBG, SlgBu 13, 14. Auch für dieses Grundstück wurde das Grundbuchblatt (Grundbuch Ravensbrück Bd. 7, Bl. 179) vernichtet. Vgl. BLHA, Rep. 105 GB K V Zehdenick 177, Bl. 179. Der Gärtner Haase hatte anfangs in der Wohnung des Wirtschaftsgebäudes der Geflügelfarm gewohnt. Vgl. BArch, NS 3/1174, Bl. 3, 25.

239 BLHA, Rep. 2 A III F 13541, unpag.

240 Da der Gebietserwerb gleichzeitig mit dem Erwerb von Forstflächen für das sog. Jugendschutzlager Uckermark angezeigt wurde, war den Forstbehörden anfangs nicht klar, dass es sich um zwei verschiedene Käuferinnen (obwohl beide SS) handelte. Vgl. BLHA, Rep. 2 A III F 13539, Bl. 40, 42.

241 Vgl. BLHA, Rep. 2 A III F 13541, unpag.

242 Dabei könnte es sich um das Arbeitskommando „Forst Neues Gut“ handeln, das spätestens ab März 1943 in den sog. Arbeitseinteilungslisten überliefert ist. Vgl. MGR/SBG, SlgBu 13.

243 Vgl. BLHA, Rep. 2 A I HB1620, Bl. 171–174; BArch, B162/468, Bl. 54–57; B 162/454, Bl. 448–454; B 162/469, Bl. 31–34; MGR/SBG, SlgBu 43/940/26; NL 195/2-1, S. 394–397.

ihrer gängigen Praxis – auch hier gelang, Genehmigungen und Bauvorschriften zu ihren Gunsten auszulegen.[244] Weiterhin zeigt sich an der Erweiterung des Versuchsgutes Ravensbrück, wie eng hier die Interessen der DVA mit denen des KZ Ravensbrück verwoben waren.

Die Versuchsgüter Comthurey, Brückentin und Seeblick bei Rutenberg

Etwa 15 Kilometer von Ravensbrück entfernt konnte die DVA zwischen 1940 und 1943 mehrere Höfe und Seen erwerben, um auch hier „Mustergüter" mit zusätzlicher Fischzucht aufzubauen. Dabei waren die Dimensionen größer als in Ravensbrück, insgesamt fast 650 ha sollten bewirtschaftet und bewohnt werden.[245] Auch vermischten sich hier deutlicher Privatinteressen, insbesondere von Oswald Pohl und Heinrich Himmler, mit den Interessen der DVA.

Insbesondere Pohl muss die Gegend schon gekannt haben, da er sich im Sommer 1939 ein Jagdhaus am Linowsee bei Rutenberg bauen ließ.[246] Dieses idyllisch gelegene, reetgedeckte Holzhaus könnte erklären, wie die DVA von den Gutshöfen in Comthurey, Brückentin und bei Rutenberg sowie den ringsum gelegenen Seen erfahren hatte. Die teils rabiaten Verkaufsverhandlungen zeigen, dass sie sich von ihren Interessen keineswegs abbringen lassen wollte.

Das etwa 340 ha[247] umfassende Gut Comthurey, zwischen Großem und Kleinem Gadowsee gelegen, hatte der westfälische Margarineproduzent Theodor Regenbogen Ende 1936 in einem heruntergewirtschafteten Zustand erworben.[248] Mit entsprechendem Druck sollte er von der DVA zur Abgabe eines Verkaufsangebotes „veranlasst" werden. Regenbogen wollte nur unter der „ausdrücklichen Bedingung" verkaufen, dass ihm die SS ein Ersatzobjekt vermittelte. Pohl kümmerte sich bereits von Oktober 1940 an persönlich darum, dass Regenbogen das hessische Gut Treisbach erwerben konnte. Nachdem der ursprünglich im

244 Vgl. Plewe/Köhler, Baugeschichte, S. 25 f.

245 Laut verschiedenen Angaben in den Akten betrug die Gesamtfläche der Güter Comthurey und Brückentin zusammen etwa 580 ha, davon etwa 295–298 ha Landwirtschaftsfläche und ungefähr 124–131 ha Wasserfläche. Hinzu kommen die 17 ha des Gutes Seeblick bei Rutenberg und der Linow See (ca. 47 ha). Vgl. LHAS, (5.12-4/2) 16637, Bl. 20 f.; BLHA, Rep. 5 E AG Lychen 33, Bl. 14–17; Rep. 5 E AG Lychen 81, Bl. 3; BArch, NS 3/722, Bl. 9; NS 3/1143, Bl. 199.

246 Vgl. BLHA, Rep. 2 A I S 1320, Bl. 23; Koch, Pohl, S. 285; MGR/SBG, Fotos Nr. 96/1447, 96/1448.

247 Auch hier unterscheiden sich die genauen Hektarangaben wieder etwas. Zum Gut gehörten Forst, landwirtschaftliche Flächen und zwei Seen – der Große und Kleine Gadowsee. Vgl. LHAS, (5.12-4/2) 16637, Bl. 20.

248 Vgl. Niemann, Großgrundbesitz, S. 229; LHAS, (5.12-4/2) 16637, Bl. 2, 5–9.

Blick auf das DVA-Versuchsgut Comthurey mit Obstbaum- und Feldflächen im Vordergrund und im Hintergrund mit Schweinestall und Werkstattgebäude (links), Stallgebäude und Scheune (mittig) und Gutshaus und Verwalterhaus (links), ca. 1940er-Jahre. Fotograf:in unbekannt. Privatbesitz Rainer Horn (Kopie).

Dezember 1940 verhandelte Kaufpreis für das Gut Comthurey von 300 000 auf 285 000 Reichsmark gesenkt worden war, schlossen beide Seiten am 17. März 1941 den finalen Kaufvertrag ab.[249]

Nahezu zeitgleich erwarb die DVA den Dabelowsee sowie die an dessen nordöstlichem Ufer gelegene Meierei Brückentin. Die umfassenden Planungen erläuterte der DVA-Prokurist Kühnel dem Landrat des Kreises Stargard am 30. April 1941: „Die Güter Comthurey und Brückentin sollen zu einer Wirtschaftseinheit verschmolzen werden. Im Zuge dieses Planes erschien auch der Erwerb des Dabelow-Sees erforderlich, der zu etwa 3/4 von den beiden Gütern begrenzt wird."[250] Den etwa 132 ha großen Hof Brückentin hatte der Anwalt des Verkehrsunternehmens Schenker, Wolfgang Richter, am 12. Juni 1941 nur „auf dringenden Wunsch der SS" für 132 000 RM an die DVA verkauft.[251] Richter

249 Vgl. LHAS, (5.12–4/2) 16637, Bl. 19–25; (5.12-4/3) 2620, Bl. 12–24; BArch, NS 3/1049b, Bl. 44, 48.

250 BArch, NS 3/764, Bl. 196.

251 Hinzu kamen laut Kaufvertrag 8000 RM Entschädigungen für Wolfgang Richter sowie 18 000 RM für den bisherigen Pächter Albert Holz. Vgl. LHAS, (5.12–4/2) 16614, Bl. 82.

hatte Brückentin 1935 von Guido von Lippa erworben, um seinem Sohn zukünftig die Bewirtschaftung zu übergeben. Dass er zum Verkauf gezwungen wurde, schrieb er nicht nur selbst.[252] Dies zeigt sich auch deutlich in den Akten der DVA. So teilte der eigentlich mit dem Verkauf des Dabelowsees betraute Wirtschaftsberater Otto Karutz dem „Hauptamt Verwaltung und Wirtschaft" am 29. April 1941 mit: „In Sachen der Verweigerung des Vorkaufverzichts habe ich mich veranlasst gesehen, Herrn Dr. Richter gegenüber unmissverständlich deutlich zu werden. Ich halte es für das Gegebene, dass Sie nunmehr Ihrerseits sich in diesen Teil der Verhandlungen einschalten und auch Ihrerseits Herrn Dr. Richter klar machen, dass in seiner Haltung zumindest der Versuch einer Erschwernis der Realisierung öffentlicher Interessen zu erblicken ist."[253]

Davon abgesehen gestaltete sich hier das Genehmigungsverfahren weniger zäh als beim Kauf des fischreichen Dabelowsees. Diesen hatte die DVA bereits im April 1941 von Guido von Lippa gekauft, doch erst im März des folgenden Jahres wurde ein geänderter Kaufvertrag mit vermindertem Kaufpreis genehmigt.[254]

Etwa fünf Kilometer von Comthurey und Brückentin entfernt befand sich am Linowsee das vergleichsweise kleine Gut Seeblick des Oberstleutnants a. D., Otto Könnecke. Schon Ende der 1930er-Jahre bemühte sich dieser um ein Zwangsversteigerungsverfahren, das jedoch ausgesetzt wurde.[255] Als Oswald

252 Ebenda, Bl. 19–28, 32, 42. Am 17. 10. 1945 schrieb Wolfgang Richter an den Präsidenten von Mecklenburg-Vorpommern mit der Bitte, seinen früheren Besitz zurückzuerhalten: „Damals trat die Reichsleitung SS (Sachbearbeiter Herr Kühnelt) an mich mit der Aufforderung heran, ihr dieses Gut zu übertragen, da sie es für Zwecke des Konzentrationslagers Ravensbrück benötige. Sie ließ mich nicht im Unklaren darüber, daß sie ihren Willen durchsetzen und kein Mittel scheuen werde, dies zu tun. Was ich mir darunter vorzustellen hatte, kann sich jeder, der mit den Methoden der SS vertraut ist, denken. Infolge dieser Erpressung und Drohungen mußte ich mich blutenden Herzens zum Verkauf entschließen. Der Nachdruck, mit dem die SS auch in diesem Fall ihren Willen durchsetzte, fand alsbald seine Erklärung, als der Reichsführer SS Himmler seine Geliebte oder eine seiner Geliebten in Brückentin unterbrachte." LHAS, (5.12–4/2) 16614, Bl. 124.

253 BArch, NS 3/764, Bl. 187 f.

254 Vgl. LHAS, (5.12–4/2) 16614, Bl. 72, 91–123; BArch, NS 3/764, Bl. 6, 10, 171, 176, 285–296; NS 3/1143, Bl. 78, 181–184, 199. Der am 19. 4. 1941 vereinbarte Kaufpreis von 47 010 Reichsmark wurde in dem geänderten Kaufvertrag vom 9. 3. 1942 auf 38 100 Reichsmark reduziert. Zudem war eine Abfindung von 3000 Reichsmark an Bruno Werner zu zahlen, der angab, Pächter des Sees zu sein, obwohl es keinen gültigen Pachtvertrag zwischen ihm und von Lippa gab. Die Größe des Dabelow Sees ist in den Akten mit 103 ha angegeben. Vgl. BArch, NS 3/1143, Bl. 199. Geplant war wohl auch, dass die DVA den Großen und Kleinen Brückentinsee erwirbt. Jedenfalls hat sie sich von deren Besitzer Bruno Werner am 19. 4. 1941 das Vorkaufsrecht zusichern lassen. Vgl. BArch, NS 3/764, Bl. 70, 278 ff.

255 Vgl. BLHA, Rep. 5 E AG Lychen 81.

Pohl im September 1941 Interesse zeigte, das etwa 17 ha große Gut für die DVA zu erwerben, wurde hier ebenfalls versucht, Druck auf den potenziellen Verkäufer auszuüben – anfangs jedoch erfolglos. Mit der Begründung, er habe zahlreiche Investitionen getätigt, wollte Könnecke das Gut nur verkaufen, wenn es ihm gelänge, ein gleichwertiges Ersatzgut zu finden. Der DVA-Prokurist Kühnel war bemüht, ihn dabei zu unterstützen, wollte den angebotenen Kaufpreis für das Gut Seeblick jedoch erheblich reduzieren. In diesem Sinne beauftragte Kühnel Ende November 1941 die DVA, das Gut zu besichtigen und ein Wertgutachten anzufertigen.[256] Die Beurteilung des DVA-Mitarbeiters Beichl fiel so negativ aus, dass er sich gegen den Kauf des Gutes aussprach: „Sämtliches Gelände kommt nur für Aufforstungszwecke infrage. In Anbetracht der Tatsache, dass die äussere Verkehrslage des Betriebes absolut ungünstig ist, die Bodenverhältnisse den Aufbau einer gesunden Landwirtschaft nicht ermöglichen, das Inventar vollkommen unvollständig ist und dafür also grössere Summen investiert werden müßten, sich das Stallgebäude in denkbar schlechten und ungünstigen Zustand befindet, an sich zu dem Ankauf des Betriebes nicht geraten werden kann."[257]

Der Kaufpreis von 17 500 RM, den Beichl trotzdem vorschlug, mag zwar den Vorstellungen des Prokuristen Kühnel entsprochen haben, doch Könnecke gab nicht nach. Selbst als Oswald Pohl sich persönlich an ihn wandte und den Druck damit erhöhte, wich der Major nicht von seinem Verkaufspreis über 40 000 RM ab. „Ich bin keineswegs gesonnen Ihren Vermerk betreffs Preiswucher tragisch zu nehmen, denn es stände mir ja auch eventuell eine Lesart zur Verfügung, welche das Verschleuderungsverfahren betrifft. Ich bin selbstverständlich in Ihrer Sache ein schlechter Richter und ich kann und will deshalb auch nicht beurteilen, ob für Sie ein Kauf meines Grundstückes tragbar ist. Trotzdem erscheint es mir aus volkswirtschaftlichen Gründen doch vorteilhafter 50 Ztr. Roggen der Ernährung zuzuführen als das Grundstück aufzuforsten."[258] Danach zog Pohl (erneut persönlich) seine Anfrage am 10. Februar 1942 vorerst zurück.[259] Als er jedoch erfuhr, dass Könnecke das Gut Ende Juni 1942 für 37 000 RM an den Kaufmann Eduard Pahl verkauft hatte, bekundete Pohl sein bestehendes Interesse an dem Erwerb. Letztlich gelang es, den Kaufvertrag zwischen Könnecke und Pahl aufzuheben. Als neue Käufer traten im Vertrag vom 9. Oktober 1942 dann die SS-eigenen „Deutschen Wirtschaftsbetriebe" (DWB) auf. Zwei Monate später wurde über die DWB außerdem noch der angrenzende Linowsee vom Berliner

256 Vgl. BArch, NS 3/867, Bl. 225–250.
257 BArch, NS 3/867, Bl. 218.
258 BArch, NS 3/867, Bl. 206 f.
259 Vgl. BArch, NS 3/867, Bl. 204–213.

Feinkosthändler Erich Kropp erworben.[260] In beiden Fällen übernahm die DVA die Bewirtschaftung. Dass sowohl der Gutshof als auch der See in den Besitz der DVA überführt werden sollten, war wohl angedacht, wurde jedoch nicht mehr umgesetzt.[261]

Insgesamt verfügte die DVA damit zwischen den Orten Wokuhl und Rutenberg über ein großes Areal, in dem nicht nur ein Verbund von Versuchsgütern und Teichwirtschaften entstehen sollte, sondern die Oswald Pohl und Heinrich Himmler gleichzeitig auch als Privatwohnsitze dienten. Gespart wurde dabei weder beim Kauf noch beim Aufbau der Versuchsgüter. In Comthurey und Brückentin nahm die DVA bis 1944 an insgesamt 27 Bauwerken Um- oder Neubauten vor und investierte dafür rund 750 000 Reichsmark. Dies betraf nicht nur die Umgestaltung des Herrenhauses in Comthurey, das im Mai 1943 von der Familie Pohl bezogen wurde. Entsprechend dem „Mustercharakter" des Versuchsgutes wurden hier wie in Ravensbrück „über die wirtschaftlichen Notwendigkeiten hinausgehende [...] Repräsentationsbauten" errichtet, wie etwa ein Scheunen-, Stall- und Wirtschaftsgebäude und vier Landarbeiterhäuser, außerdem ein Gutspark angelegt.[262] Hinzu kamen Privatbauten für die Familie Pohl, wie eine Sauna und ein Teehäuschen am Großen Gadowsee. Auch an der Schule in Dabelow, die die Kinder der Pohl-Familie besuchten, fanden Umbaumaßnahmen statt. Ferner wurden abseits der Gutshöfe getrennte Wohn- und Küchenbaracken für die weiblichen und männlichen Häftlinge gebaut, die auf den Versuchsgütern Comthurey und Brückentin arbeiten mussten.[263]

Dass bei einigen dieser Neubauten eher die repräsentative als die landwirtschaftliche Funktion im Vordergrund stand, deutet sich in dem DVA-Prüfbericht für die Jahre 1939 bis 1943 an: „Sie [die „Deutsche Ansiedlungsgesellschaft Berlin"] kommt zu dem Ergebnis, dass die neu errichteten Wirtschaftsgebäude zum Teil sowohl in ihrem Umfange als auch besonders in der Qualität ihrer Ausführung über die durch die natürliche Grundlage bedingten betriebswirtschaftlichen Notwendigkeiten hinausgehen. Auf dem Hauptgut Comthurey ist nach diesem Gutachten jedoch der Scheunenraum etwas knapp. In diesem Zusammenhang sei erwähnt, dass die Geschäftsführung der DAV [sic], die angeblich keinen Einfluss

260 Vgl. BArch, NS 3/867, Bl. 94–101, 174–199. Der Kaufpreis für das Gut Seeblick betrug 37 000 RM. Den Linowsee erwarben die DWB für 38 500 RM. Vgl. BArch, NS 3/867, Bl. 92, 177.

261 Vgl. BArch, NS 3/867, Bl. 31, 36, 158; NS 3/1143, Bl. 68.

262 BArch, NS 3/722, Bl. 37.

263 Vgl. BArch, NS 3/722, Bl. 20 ff.; NS 3/1429, Bl. 17, 42; NS 3/240, Bl. 107–161; B 162/462, Bl. 466 f.; NIOD, 250d 826, S. 3 f.; PA Weger, Pohl o. D., unpag., S. 25 ff.; MGR/SBG, P-DVA/2-1, Bl. 39, Ü; LUND, 15/178, Ü, S. 2.

auf die Bauweise nehmen konnte, den Bau des Schweinestalls als viehwirtschaftlich unzweckmässig beurteilt."[264]

An dem Gutshof in Brückentin wurden bis zum Sommer 1942 vermutlich höchstens kleinere Umbaumaßnahmen vorgenommen.[265] Der Bau eines vom Vorbesitzer geplanten Arbeiterwohnhauses wurde gestoppt und das Pachtverhältnis mit dem Landwirt Albert Holz zum 15. Juni 1941 beendet.[266] Auf dem Hof lebte nicht nur der für die DVA tätige Förster Willy Schmidt. Die Wohnung im Obergeschoss des Gutshauses bewohnte in der Folgezeit zunächst die Geliebte von Heinrich Himmler, Hedwig Potthast, mit ihren Kindern, später auch die Mutter von Eleonore Pohl.[267]

Alle drei Güter – Comthurey, Brückentin und Seeblick – verbindet, dass sie von den örtlichen Kreisbauernschaften als ungeeignet für eine landwirtschaftliche Nutzung angesehen wurden. Die jeweiligen Kreisbauernführer von Neustrelitz und Templin machten dies besonders an der schlechten Bodenqualität und der fehlenden Düngung fest. Letztendlich würden diese Güter weniger erwirtschaften als an Ausgaben nötig wären. Bereits am 7. Juni 1934 urteilte der damalige Neustrelitzer Kreisbauernführer Carl Hüniken[268] nach einer Besichtigung von Brückentin, es eigne „sich nicht zur Besiedlung. Der Boden verschießt stark u. ist z. Z. sehr kupiert. Brüggentin hat ungünstige u. schlechte Wiesen- u. Weideverhältnisse. Der Boden ist ohne Kultur, da infolge jahrelanger viehloser Wirtschaft kein Dung gegeben worden ist u. keine pflanzliche Fruchtfolge eingehalten worden ist. Große Flächen scheinen auch unter Kalkmangel zu leiden. Im übrigen ist auch die Verkehrslage äußerst ungünstig."[269] Der Templiner Kreisbauernführer Max Belbe[270] äußerte sich sogar mit gewissem Amüsement über die Absicht der

264 BArch, NS 3/722, Bl. 21. Ähnlich Bl. 54.

265 Vgl. Koch, Pohl, S. 184 f.

266 Vgl. LHAS, (5.12–4/2) 16614, Bl. 81 f.

267 Hedwig Potthast soll vom Sommer 1942 bis zum 13. 3. 1945 in Brückentin gelebt haben. Danach ließ Eleonore Pohl ihre Mutter (für die wenigen Wochen bis zur Flucht) in die Wohnung einziehen. Vgl. Jacobeit/Kopke, Wirtschaftsweise, S. 26; Koch, Pohl, S. 190 f.; PA Weger, Pohl o. D., unpag., S. 138.

268 Der Landwirt Carl Hüniken (geb. 20. 10. 1893) wohnte in Bödlin bei Blankensee und war bis Juni 1938 als Kreisbauernführer von Neustrelitz tätig. Vgl. BArch, R16-I/1401, Bl. 2–5.

269 LHAS, (5.12–4/2) 2609, unpag. Ähnlich bewertete Carl Hüniken am 24. 5. 1935 auch das Gut Comthurey. Vgl. LHAS, (5.12–4/2) 2620, Bl. 6 f.

270 Max Belbe (geb. 13. 6. 1888), Landwirt und Besitzer des Gutes Hindenburg bei Templin. Er trat 1929 der NSDAP bei und war im Kreis Templin für den Aufbau des „agrarpolitischen Apparates" zuständig. Im NS war er hier Kreisbauernführer und Kreisjägermeister und u. a. bekannt mit dem Chef der Ordnungspolizei Kurt Daluege, der sein 8. Kind adoptierte. Vgl. BArch, R 16-I/1311, Bl. 1–5; R 16–I/1311a, unpag.; Pomp, Bauern, S. 377, Anm. 397.

SS, das Gut Seeblick zu erwerben: „[A]ls Landwirtschaft ist diese Wirtschaft überhaupt nicht anzusehen. Es wird immer eine mehr oder weniger gut oder schlecht bewirtschaftete, immer Geld kostende Luxussandbüchse sein, die gerade gut dazu ist, um für einen Berliner, der draußen irgendwo sitzen will, paßt [sic].“[271]

Es ließe sich daher argumentieren, dass diese Güter von der DVA aufgrund wirtschaftlicher Notlagen der Vorbesitzer und über Beziehungen kostengünstig erworben werden konnten. Ebenso könnten landwirtschaftliche Erwägungen beim Kauf gar keine Rolle gespielt haben, weil es eher darum ging, „dass die SS ihrem elitären Selbstverständnis entsprechend auch äußerlich eindrucksvolle Güter in der Umgebung Berlins vorzuweisen hatte.“[272] Dagegen spricht zum einen, dass die DVA bereit war, für einen Teil der Güter und Seen anfangs überhöhte Preise zu zahlen, und wohl auch wenig Verhandlungsgeschick zeigte. So kommentierte Kreisbauernführer Belbe die Verkaufsverhandlungen der DWB zum Linowsee: „Es wäre von den in Frage kommenden Dienststellen des Herrn Reichsführers richtig gewesen, wenn sie gesagt hätten, die Herren hätten das und das gefordert. So kann man doch sehr daneben hauen, zumal die betreffenden Leute ihren Luxuspreis, wenn ich mich so ausdrücken kann, sicher dem Käufer genannt haben.“[273] Erst auf Intervention von außen wurden die anfänglichen Kauferträge für das Gut Comthurey und den Dabelowsee geändert und die Kaufpreise reduziert.[274] Zum anderen ist es durchaus denkbar, dass die DVA diese Güter gerade wegen ihrer schlechten Böden erwarb. Schließlich sollten hier, wie noch zu zeigen ist, u. a. biodynamische Bewirtschaftungsmethoden zur Verbesserung sandiger Böden erprobt werden. Die abgeschiedene Lage könnte auch dem Ansinnen entsprochen haben, mit den Arbeiten der DVA wenig Aufmerksamkeit zu erregen.[275]

Konflikte mit Landes- und Reichsbehörden

Gegenüber den zuständigen Reichs-, Landes- und Kommunalbehörden äußerte sich die DVA unterschiedlich zu ihren Versuchsgütern im Umfeld des KZ Ravensbrück. Diese hatten wiederum ihrerseits nicht zwangsläufig Interesse, die Aktivitäten der DVA zu unterstützen oder widerspruchsfrei hinzunehmen.

271 BArch, NS 3/867, Bl. 225.

272 Kaienburg, Wirtschaft, S. 810, 820.

273 BArch, NS 3/867, Bl. 225.

274 Vgl. LHAS, (5.12-4/2) 16637, Bl. 20 f., 24 f.; BArch, NS 3/764, Bl. 142, 171; NS 3/1143, Bl. 182 ff. Das Mecklenburgische Staatsministerium, Abt. Landwirtschaft, Domänen und Forsten, hielt auch den Kaufpreis für das Gut Brückentin für viel zu hoch und hatte Bedenken, den Kauf zu genehmigen. Vgl. LHAS, (5.12–4/2) 16614, Bl. 73.

275 Vgl. BArch, NS 3/1430, Bl. 102.

Bereits im Juli 1939 bemühte sich die DVA um ein Darlehen bei der Landesrentenbank Berlin und einen Reichszuschuss für den Bau eines Landarbeiter-Doppelhauses auf dem (alten) Gut Ravensbrück. Zur Genehmigung des Antrages mussten sich verschiedene Stellen für den Bau aussprechen. Die Kreisbauernschaft Templin und das Arbeitsamt Prenzlau erhoben keine Einwände gegen die Förderung. Mit der Kreisbauernschaft war laut eines Schreibens von Heinrich Vogel sogar abgesprochen, dass den zwei Landarbeiterfamilien wegen der „Besonderheit des Hofes Ravensbrück“ keine eigene Viehhaltung erlaubt werden konnte.[276]

Im Laufe des Genehmigungsprozesses kam es jedoch zu Unstimmigkeiten mit dem beteiligten Reichsarbeitsminister. Er machte seine Genehmigung des Rentenbankdarlehens von dem Bau zusätzlicher Stallgebäude bzw. stallfähiger Holzschuppen für das Doppelhaus abhängig, die den Landarbeiter:innen im Falle einer „Betriebsumstellung“ zur Verfügung stehen sollten. Heinrich Vogel wurde in seinem Antwortschreiben vom 27. Dezember 1939 deutlicher und bestand auf der Ablehnung der DVA, ihre Pläne an die Vorgaben des Reichsministeriums anzupassen: „Die Stellungnahme des Reichsarbeitsministers ist hier unverständlich. Die Deutsche Versuchsanstalt als Einrichtung des Reichsführers – hat auf ihrem Hof in Ravensbrück Sonderkulturen und Versuche verschiedenster Art durchzuführen. Diese Aufgaben waren Veranlassung, bei dem Neubau des Arbeiterhauses von der Errichtung der Stallungen abzusehen. […] Die in dem Schreiben des Reichsarbeitsministers erwähnte Betriebsumstellung dürfte vorläufig nicht in Aussicht stehen, weil in Ravensbrück die Sonderaufgaben mit der Beschäftigung von Häftlingen aus dem benachbarten Konzentrationslager zusammenhängen.“

Von dieser Position ist die DVA nicht abgewichen und verzichtete stattdessen auf das Rentenbankdarlehen.[277] Dieser Vorfall zeigt, mit welcher Konsequenz die DVA an ihrer Position festhielt und sich selbst von einem Reichsministerium keine Vorgaben machen ließ.

Auch der Kauf der Güter musste auf Landes- und Kommunalebene von verschiedenen Seiten genehmigt werden. In Bezug auf die Güter Comthurey und Brückentin sowie den Dabelowsee waren dafür vor allem der Landrat des Kreises Stargard Rudolf Schildmann beziehungsweise die dortige Domänenabteilung, die Kreisbauernschaft Neustrelitz sowie die Abteilung für Landwirtschaft, Domänen und Forsten im Mecklenburgischen Staatsministerium und das Siedlungsamt dieser Abteilung zuständig. Ebenso beteiligt wurde die

276 Dies bestätigen auch die Erinnerungen von H. Z. Vgl. MGR/SBG, D20/4, D20/5.
277 BLHA, Rep. 2 A I SW 2523, unpag.

Landesbauernschaft Mecklenburg, auch weil es sich bei den Gütern um Erbpachtgüter handelte.[278]

Gerade die Landesbauernschaft war es, die wiederholt Einspruch gegen den Verkauf von Gütern und Seen an die DVA erhoben hat. Damit war sie durchaus im Konflikt mit dem Landes- und auch Reichsministerium für Landwirtschaft. Warum die DVA das Gut Comthurey erwerben wollte, deutete sie in einem „streng vertraulichen" Schreiben vom 24. Januar 1941 nur an: „Das Gut soll als Versuchsgut für neuzeitliche Wirtschaftsmethoden unter teilweiser Beschäftigung von Häftlingen, welche im Konzentrationslager Ravensbrück einsitzen, Verwendung finden."[279] Hier äußerte die Landesbauernschaft zwar Bedenken, wollte diese aber zurückstellen, da „höheren Ortes der Erwerb des Gutes durch die G.m.b.H. für notwendig gehalten wird." Zugleich machte sie deutlich, dass sie „den Erwerb weiterer Güter und Höfe durch die G.m.b.H. für agrarpolitisch unerwünscht und nicht vertretbar halten" würde.[280]

Demnach weigerte sich die Landesbauernschaft einige Monate später, den Verkauf des Gutes Brückentin zu genehmigen. Sie wollte damit verhindern, dass der Besitz an eine juristische Person überging und bat das Mecklenburgische Ministerium, seinerseits den Reichsminister für eine Entscheidung zu kontaktieren. Das Reichsministerium wiederum hatte keine Einwände, da die SS beim Kauf von Comthurey bereits angekündigt hätte, auch das benachbarte Gut Brückentin kaufen zu wollen.[281]

Beim Kauf des Dabelowsees bestand die Landesbauernschaft für ihre fischereiwirtschaftliche Beurteilung auf einem biologischen Gutachten. Die Beurteilung wiederum wurde von der DVA benötigt, um den anfänglich vereinbarten Kaufpreis herabsetzen und damit den Kauf abschließen zu können. Dadurch verzögerte sich der Kauf um fast ein Jahr, da es weder in Mecklenburg noch bei anderen Landesbauernschaften Fischereibiologen gab, die ein solches Gutachten anfertigen konnten. Letztlich wurde die Landesbauernschaft übergangen, da die DVA dem Landrat des Kreises Stargard vorschlug, mit dem Verkäufer Guido von

278 Weiterhin beteiligt waren der Landlieferverband Mecklenburg, die Mecklenburgische Landgesellschaft und die Deutsche Ansiedlungsgesellschaft, die jeweils gebeten wurden, auf ihr Vorkaufsrecht zu verzichten. Zu den Aufgabenbereichen der Kreis- und Landesbauernschaften siehe Daniela Münkel, Nationalsozialistische Agrarpolitik und Bauernalltag, Frankfurt a. M./New York 1996, S. 133, 142–145, 148; Rohrer, Landesbauernführer. Bd 1, S. 384 f. Zur Rolle der Landräte bei agrarpolitischen Entscheidungen siehe u. a. Münkel, Agrarpolitik, S. 153.

279 LHAS, (5.12–4/3) 2620, Bl. 25.

280 LHAS, (5.12-4/2) 16637, Bl. 29.

281 Vgl. LHAS, (5.12–4/2) 16614, Bl. 110–115.

Lippa einen neuen Preis auszuhandeln anstatt auf das Gutachten zu warten.[282] Im Ergebnis hat die Landesbauernschaft hier durch Verzögerungen die Arbeit der DVA in Comthurey und Brückentin gewollt oder ungewollt behindert.[283]

Dagegen erhielt die DVA auf regionaler Ebene Unterstützung für ihre Vorhaben. Nie hatten der Landrat des Kreises Stargard und der Kreisbauernführer Einwände gegen die Verkäufe. Ebenso stimmten sie auch der Umwandlung der Erbpachthöfe Comthurey und Brückentin in „freies Eigentum" zu. Der Landrat Schildmann setzte sich zudem mindestens zweimal dafür ein, dass Kaufverträge nachverhandelt werden mussten, da er die Kaufpreise für zu hoch befunden hatte. Noch offensiver unterstützten der Landrat des Kreises Templin Günther Reitzenstein und der Kreisbauernführer Belbe die SS beim zweiten Versuch, das Gut Seeblick bei Rutenberg zu erwerben. Obwohl Otto Könnecke schon einen Interessenten gefunden hatte, schlug der Landrat vor, den Kaufvertrag nicht zu genehmigen und stattdessen dem „öffentlichen Interesse" der SS den Vorzug zu geben.[284] Der Kreisbauernführer Belbe wiederum überzeugte Pohl, dem „alten Kameraden" Könnecke ein halbwegs gutes Angebot zu machen und zählte die Vorteile des Erwerbs auf: „Und liegen tut das Ding mal wirklich nett, wenn es auch im Augenblick etwas ruppig aussieht. Ich denke ja auch, daß Sie einstmals Eichhof und die Wirtschaft von Frey, Rutenberg, an sich nehmen werden. [...] [U]nd dann ist das ebenso wie Alt-Thymener Arial [sic] für die SS-Reitschule. Für Sie ein abgerundetes Ganzes!"[285]

Insgesamt zeigt die Analyse der Verkaufsakten damit nicht nur, wie gezielt und auch unbeirrbar die DVA im Umland des KZ Ravensbrück versuchte, ihre eigenen „Mustergüter" auf- und auszubauen, sondern auch, dass sie die Landes- und Regionalbehörden nur vage über ihre Vorhaben informierte. Diese wiederum konnten auf die Absichten der DVA mit Ablehnung oder Unterstützung reagieren und nutzten dazu jeweils die zur Verfügung stehenden Mittel. So konnten zusätz-

282 Vgl. BArch, NS 3/764, Bl. 21, 23, 26, 33, 60, 105, 114.

283 Ein anderes Beispiel ist die durch den preußischen Landesforstmeister geforderte Vermessung der Jagen 69 bis 73 in Ravensbrück, die 1942 von der DVA gekauft wurden. Durch Verzögerungen konnte der Kauf bis Kriegsende nicht mehr abgeschlossen werden. Vgl. BLHA, Rep. 2 A III F 13541, unpag.

284 Vgl. BArch, NS 3/764, Bl. 171; NS 3/867, Bl. 136 f., 193–198; LHAS, (5.12-4/2) 16637, Bl. 20 f., 36, 38; (5.12–4/2) 16614, Bl. 117; (5.12-4/2) 16640, unpag.

285 BArch, NS 3/867, Bl. 198. Insgesamt bestätigt dies die bisherigen Forschungsergebnisse zu den Handlungsspielräumen von Orts- und Kreisbauernschaften und ihrem Verhältnis zu Landesbauernschaften und Landräten. Vgl. Münkel, Agrarpolitik, S. 142–148, 156, 189 f.; Rohrer, Landesbauernführer, S. 381–395; Annette Blaschke, Zwischen „Dorfgemeinschaft" und „Volksgemeinschaft". Landbevölkerung und ländliche Lebenswelten im Nationalsozialismus, Paderborn 2018, S. 118, 418.

liche Gutachten eingefordert werden, um Verkaufsverhandlungen zu verzögern, aber auch um überhöhte Kaufpreisforderungen der Vorbesitzer zu drücken. Insbesondere die ablehnende Haltung der mecklenburgischen Landesbauernschaft, die wiederholt bemüht war, die Verkäufe an die DVA zu verhindern – oder zumindest zu behindern –, um somit ganz im Sinne des Reichsnährstandes die Erbhöfe zu erhalten, deutet darauf hin, dass die Aktivitäten der DVA von dieser Seite genau beobachtet und als agrarpolitische Konkurrenz wahrgenommen wurden.

Feldberg (Meckl.)

Abgesehen vom Aufbau ihrer Versuchsgüter war die DVA noch auf andere Weise in der Region präsent. Mitte/Ende 1943[286] wurde die Verwaltung der DVA bzw. des Amtes W V nahezu vollständig in die ca. 35 km von Ravensbrück entfernte mecklenburgische Kleinstadt Feldberg verlegt. Diesen Ausweichstandort wählte die DVA nicht nur aufgrund der alliierten Bombardierungen Berlins, sondern auch, um nach 1941 trotz des offiziellen Verbots der biologisch-dynamischen Wirtschaftsweise ihre Forschungsarbeiten ungestörter fortsetzen zu können.[287]

Dafür wurden zwischen 1943 und 1944 unter Einsatz männlicher Häftlinge des KZ Ravensbrück nahe der Feldberger Wasserheilanstalt mindestens drei Baracken errichtet. Zwei etwa 58 Meter lange Baracken könnten als Büro- und Lagerräume gedient haben. Eine dritte, kleinere Baracke wurde als Wachgebäude, Poststelle und Garage genutzt. Das Gelände war doppelt umzäunt und aufgrund von Heckenbepflanzung nicht einsehbar.[288] Ob das etwa einen Hektar große Areal zwischen Kuhdamm (heute Straße der Jugend) und Ulmenallee von der DVA gekauft oder nur gepachtet wurde, ließ sich aufgrund der schlechten Aktenlage trotz intensiver Recherchen nicht herausfinden.

Jedenfalls scheint die Wahl nicht zufällig auf den Ort Feldberg gefallen zu sein. Die überlieferten Akten der DVA enthalten Hinweise, dass der Kauf eines

286 Nachvollziehbar ist dies fast nur über die Briefköpfe in den Akten. Dort wird Feldberg ab etwa November 1943 als neue Adresse der DVA angegeben. Vgl. BArch, NS 3/1427, Bl. 78.

287 Vgl. Kaienburg, Wirtschaft, S. 804; BArch, NS 19/3122, Bl. 38.

288 Vgl. Meyer, Feldberg, S. 543 ff.; MGR/SBG, P-DVA/3–6, unpag. Noch heute sind die Baracken in der Stadt als „SS-Baracken“ bekannt. Der DVA-Geschäftsführer Heinrich Vogel zog im Herbst 1943 mit seiner Familie nach Feldberg, wahrscheinlich in die ehemalige Jugendherberge des Ortes. Eine im KZ Ravensbrück inhaftierte Zeugin Jehovas musste in seinem Haushalt arbeiten. Andere höhere SS-Männer sollen auch im Hotel *Deutsches Haus* gewohnt haben. Ende April 1945 soll die SS das Gelände fluchtartig verlassen und Akten im Waldgasthof *Stieglitzenkrug* untergebracht haben. Vgl. BArch, R 9361–III/565868, Bl. 1021 ff.; MGR/SBG, D20/2; P-DVA/3–6, unpag.; P-DVA/3–7, unpag.

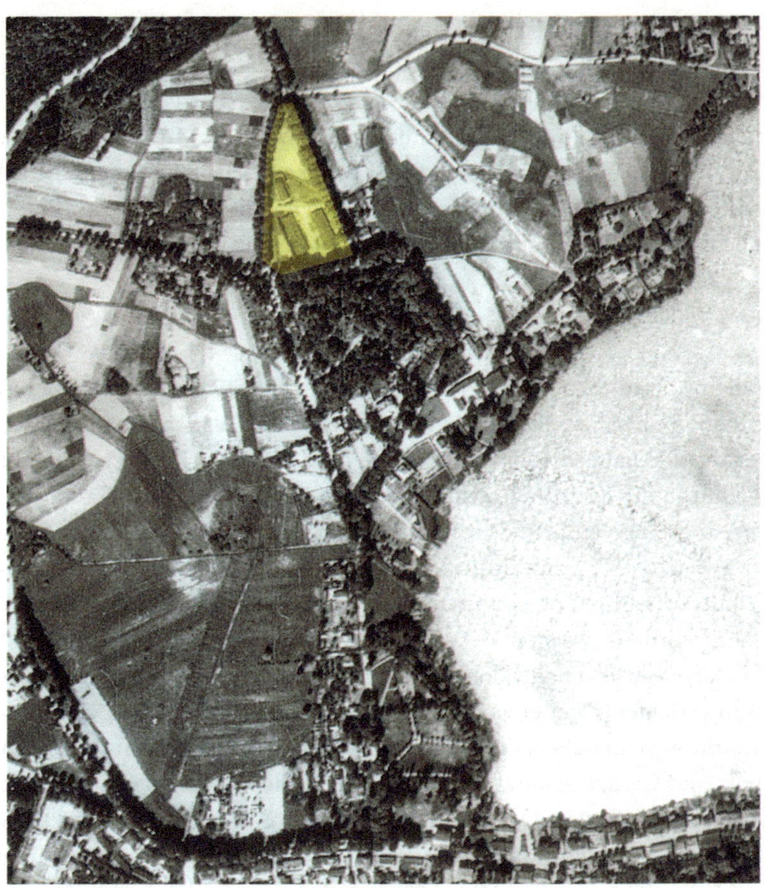

Das Gelände des DVA-Ausweichstandortes in Feldberg (Meckl.), 1953.
Fotograf:in unbekannt. © GeoBasis-DE/M-V <2018>.

Gutes bei Feldberg als „Haupthof" geplant war. Dafür waren bereits 800 000 RM veranschlagt.[289] Heinrich Vogel schrieb dazu Ende August 1944 an Oswald Pohl: „[D]ie vielfachen und vielgestaltigen Aufträge auf dem Versuchsgebiet sind nur dann durchführbar, wenn die DVA noch einen Haupthof erhält. Dieser muss ein Grossbetrieb sein, zu dem Acker, Wiesen, Wald und Wasser gehören. Auf ihm müssen alle Versuchs- und Forschungsaufgaben vorgeprüft werden, bevor sie in den Grossversuch einzelner Höfe gehen. Es hat sich als notwendig erwiesen, dass dieser Haupthof in unmittelbarer Nähe der Hauptverwaltung liegt, also Sitz des Amtschefs ist, damit dieser und seine nächsten Mitarbeiter die Vorversuche

289 Vgl. BArch, NS 3/1429, Bl. 4.

persönlich überprüfen können. Hier ist also noch ein Erwerb notwendig. Ich verweise an dieser Stelle auf die Genehmigung des Hauptamtschefs zu Vorverhandlungen zwecks Erwerb eines geeigneten Betriebes im Meckl. Raum. Voraussichtlich dürfte ein solcher Ankauf erst nach Beendigung des Krieges möglich sein, wenn nicht ein besonderer Zufall ein günstiges Angebot erstellen lässt."[290]

4.2.2 Landwirtschaftliche Versuche und Arbeiten

Kräuteranbau

Entgegen den bisherigen Forschungsergebnissen zu den Ravensbrücker Versuchsgütern kann bei einer genauen Analyse der Akten gezeigt werden, dass auf den Gütern durchaus verschiedene landwirtschaftliche Versuche und Prüfungen durchgeführt oder doch zumindest begonnen wurden. Zunächst war auf dem Versuchsgut Ravensbrück, ähnlich wie in Dachau, der großflächige Anbau von Kräutern geplant. Für das Jahr 1939 ist überliefert, dass die DVA hier Wollblumen (Königskerze), Thymian, Salbei, Melisse und vor allem Pfefferminze anbauen ließ.[291] Daran erinnerte sich 1974 auch die ehemalige SS-Aufseherin Margarete Lebuda geb. Mewes, die bereits 1939 ihren Dienst im KZ Ravensbrück begann: „Das Arbeitskommando war etwa 30 bis 40 Häftlinge stark. Sie arbeiteten auf einem Gut, das in der Nähe des Lagers gelegen hat. Dort wurde u. a. Pfefferminztee angebaut, der getrocknet wurde. Auch waren dort Viehstallungen, die von Häftlingen versorgt wurden."[292] Der Kräuteranbau – und damit die Orientierung an der Dachauer *Plantage* – scheint jedoch nur von kurzer Dauer gewesen zu sein. Spätestens mit dem Umzug in das neue Gut wurde er nicht mehr fortgeführt.

Versuchsreihe zur Maul- und Klauenseuche

Hinzu kommt, dass Pohl kurz nach dem Kauf des Gutes Ravensbrück eine Versuchsreihe anordnete, die den Kräuteranbau zweitrangig machte. Es ging um einen fünfmonatigen Großversuch mit 100 Rindern, an denen die Wirkung zweier Medikamente gegen die Maul- und Klauenseuche getestet werden sollte. An diese Versuche erinnerte sich auch H. Z., Tochter der Landarbeiterfamilie W. auf dem Gut Ravensbrück: „Hier unten in Ravensbrück, da waren ja Kühe in den

290 BArch, NS 3/1427, Bl. 20.

291 Vgl. BArch, NS 3/1433, Bl. 81, 145.

292 BArch, B 162/9808, Bl. 511. Auch H. Z. erinnerte sich an den Pfefferminzanbau in der Nähe des alten Gutes. Vgl. MGR/SBG, D20/3, D20/4.

Kuhställen und da wurde eine verseuchte Kuh zwischen die Gesunden gestellt. Da wollten sie wissen, wie sich das ausweitet. Da waren dann nachher nur noch 10, 14 Kühe übrig. […] Das war ja der Versuch."[293]

Eins der Präparate war der SS im Sommer 1939 von dem niederländischen Erfinder Johannes van den Berg unter dem Namen *Matafto* angeboten worden. Angesichts des dringenden Wunschs der neu gegründeten „Gesellschaft für Seuchenbekämpfung", das Mittel zu erwerben, wollten Himmler und Pohl das Medikament zunächst testen, zumal bereits Betrugsverdacht bestand. Als sich dieser verdichtete und sich beide Präparate als nahezu wirkungslos herausstellten, wurde der auf 3 Millionen RM lautende Kaufvertrag aufgehoben.[294] Hermann Kaienburg vermutet außerdem, dass die Versuche in Ravensbrück unter Missachtung tierärztlicher Vorschriften durchgeführt und Rinder mit der Maul- und Klauenseuche gezielt infiziert wurden.[295]

Tierzucht und -haltung

Grundsätzlich wurden sowohl in Ravensbrück als auch Comthurey neben Rindern auch Schweine und Pferde gehalten. Zumindest auf dem Papier ging es dabei auch um die Überprüfung natürlicher Aufzuchtmethoden bei Kälbern und den Einsatz „neuzeitlicher Be- und Entlüftungsanlagen" in Tierställen.[296] Beim Kauf der Güter Ravensbrück und Brückentin wurden auch Schafe als sog. lebendes Inventar übernommen.[297] Während die Milchschafe in Ravensbrück 1939 sofort wieder verkauft wurden, könnten die Schafe in Comthurey/Brückentin für Haltungsversuche genutzt worden sein.[298]

In der Geflügelfarm des Versuchsgutes Ravensbrück, die die DVA als „kombinierten Betrieb" führte, wurden Küken, Hühner, Schlachtgeflügel, Enten, Gänse und Puten gezüchtet und neben den Eiern verkauft. Dabei sollte auch das Präparat *Functional* von Karl Fahrenkamp und dessen Einfluss auf Leistung und Lebensdauer des Geflügels geprüft werden (siehe Kapitel Forschungskonzept).[299]

293 MGR/SBG, D20/3.

294 Vgl. Kaienburg, Wirtschaft, S. 306–313; BArch, NS 3/1433, Bl. 82 f.; IfZ, NO/1044, unpag., S. 9; NO/542, unpag., S. 19.

295 Vgl. Kaienburg, Wirtschaft, S. 817.

296 Vgl. BArch, NS 3/1430, Bl. 105. In Comthurey soll es zudem ein modernes Viehtränksystem gegeben haben, für das die DVA auf dem sog. Apfelberg eine Zisterne bauen ließ. Es soll noch bis in die 1970er-Jahre genutzt worden sein. Vgl. MGR/SBG, P-DVA/3–3, unpag.

297 Vgl. VGPo, 1 K 2376/97, unpag.; LHAS, (5.12-4/2) 16614, Bl. 84.

298 Vgl. BArch, NS 3/1433, Bl. 81; NS 3/1430, Bl. 103.

299 Vgl. BArch, NS 3/271, Bl. 80; NS 3/1174, Bl. 1–36; NS 3/1430, Bl. 105.

Leiterin der Geflügelfarm war anfangs die staatlich geprüfte Züchterin Herta Damköhler. Sie leitete vom Juli 1934 bis Oktober 1939 die Geflügelzucht des „Tierphysiologischen Instituts" der Landwirtschaftlichen Hochschule Berlin und hatte zwischen 1935 und 1939 mehrfach, teils zusammen mit dem Institutsdirektor Ernst Mangold, Forschungsaufsätze zur Geflügelernährung und Kükenaufzucht in Fachzeitschriften veröffentlicht.[300] Außerdem wurden in der Geflügelfarm weibliche Häftlinge des KZ Ravensbrück in der Geflügelzucht ausgebildet oder angelernt und 1942 zur „Geflügelfarm Harmense" bei Auschwitz überstellt (siehe Kapitel Auschwitz).[301]

Nach der Gründung der „Hauptabteilung Fischereiwesen" im Amt W V im Juli 1941 sollte auch in den Seen rund um Comthurey und Brückentin eine Fischzucht aufgebaut werden.[302] Inwieweit mit der Bewirtschaftung der erworbenen Seen tatsächlich begonnen wurde, ist nach Aktenlage kaum nachvollziehbar. Die DVA hatte Ablösebeträge an fischereiberechtigte Bauern gezahlt, damit diese den Dabelowsee nicht mehr befischten. Sie bemühte sich außerdem um die Schließung der Seen und die Löschung des Rechts auf freie Holzablagerung im Dabelowsee.[303] Dies könnte bedeuten, dass zumindest versucht wurde, die erworbenen Seen öffentlicher Nutzung und allgemeinem Zugang zu entziehen. Außerdem enthalten die DVA-Jahresabrechungen für die Jahre 1942 und 1943 größere Beträge, die für die Fischerei in Comthurey ausgegeben und eingenommen wurden.[304] Zusätzlich herangezogene Nachkriegsunterlagen deuten darauf hin, dass mit der Fischzucht begonnen wurde und dies auch vor Ort bekannt war. Da infrage stand, ob der Fischereibetrieb erhalten werden könnte, schrieb der damalige Gutsverwalter von Comthurey, Erwin Jäger, am 4. Oktober 1945 an das Landratsamt in Neustrelitz: „Die Fischzucht, die das Gut als staatliches Versuchsgut durchgeführt hat, ergab jährlich einen Reingewinn von 18 000 bis 19 000 RM."[305]

300 Vgl. BArch, NS 3/1174, Bl. 6; Ernst Mangold, Chronik des Instituts für Tierernährungslehre der Humboldt-Universität Berlin ehemals Tierphysiologischen Instituts der Landwirtschaftlichen Hochschule Berlin über die 30 Jahre von 1923–1953, Berlin (Ost) 1954, S. 16, 70–74.

301 Vgl. Zięba, Harmense, S. 54.

302 Vgl. BArch, NS 3/1434, Bl. 27.

303 Vgl. BArch, NS 3/764, Bl. 10; NS 3/1143, Bl. 7 f.; LHAS, (5.12–4/2) 16637, Bl. 40–44.

304 Vgl. BArch, NS 3/271, Bl. 77; NS 3/1433, Bl. 17. Siehe auch die Aussage von Heinrich Herbener (Zeuge Jehovas) vom 16. 11. 1967, der sich erinnerte, mit SS-Männern in Comthurey Fische gefangen zu haben. Vgl. BArch, B 162/455, Bl. 265.

305 LHAS, (6.12–1/10) 172, Bl. 207 f.

Forstwirtschaft

Zu den Arbeiten auf den Versuchsgütern gehörten auch die Pflege und Bewirtschaftung der großen Forstflächen, die Teil der Gutshöfe waren oder, im Falle von Ravensbrück, im Laufe der Jahre zusätzlich erworben wurden. Hierbei ging es nicht nur um die Nutz- und Brennholzgewinnung, sondern auch um die Erschließung weiterer Landwirtschaftsflächen.[306] Maria Liberakowa, die als polnische Ravensbrück-Gefangene zeitweise Kolonnenführerin des Arbeitskommandos „Forst Neues Gut" war, beschrieb in einem undatierten Bericht die verschiedenen Arbeiten, die die Häftlinge in den Wäldern des Gutes Ravensbrück durchführen mussten: „Das ganze Jahr über verließen ohne Rücksicht auf das Wetter im Morgengrauen 20 Polinnen das Lager und kehrten erst in der Dämmerung von der Arbeit zurück. Die Arbeit wäre selbst für gesunde erwachsene Männer schwer gewesen. Der Wald war von 250 ha groß, Eigentum der SS und hatte experimentellen Charakter. Die Kolonne musste das ganze Jahr über sämtliche Arbeiten erledigen, angefangen dabei, sandige Dünen mit fruchtbarer Erde zu düngen, Bäumchen zu pflanzen, junge Wälder auszuschneiden, Baumstümpfe zu entfernen, Bäume zu fällen im über 120-jährigen Urwald, Bäume zuschneiden in mannigfaltigen Ausmaßen, entrinden, Beladen von Wagen, und sogar die Pflege des Wildbestands, im Winter die Versorgung des Wildes und bei Jagden als Treiberinnen. Ohne fachliche Unterstützung mussten sie alleine Hochstände für Jäger aufstellen, Futterstellen für das Wild usw. Eine Aufseherin, obligatorisch mit Hund, hatte keinen Begriff davon wie schwer die Arbeit war, trieb an und forderte immer mehr Produktivität der Arbeit."[307]

Baumschulen und Obstbaumzucht

Ein Versuchsvorhaben der DVA sowohl für Ravensbrück als auch Comthurey stellte die „Nutzung ärmster Sandböden durch geeignete Obstanpflanzungen" dar.[308] Bereits für 1940 plante die DVA in Ravensbrück daher die Anpflanzung von Obstanlagen und einer Baumschule.[309] Das Wachbuch und die Arbeitseinteilungslisten des KZ Ravensbrück zeigen, dass spätestens ab dem 20. April 1940 mit dem Arbeitseinsatz von weiblichen Häftlingen in der Baumschule begonnen

306 Der Posten „Forst" tauchte in den Jahresabrechnungen der DVA für die Versuchsgüter Comthurey und Ravensbrück ab 1943 auf. Vgl. BArch, NS 3/271, Bl. 77 f.; NS 3/1433, Bl. 33.

307 MGR/SBG, AGB 137, Nr. 10, Ü.

308 Vgl. BArch, NS 3/1430, Bl. 102.

309 Vgl. BArch, NS 3/1433, Bl. 90; IfZ, NO/1044, unpag., S. 8.

wurde. Während sich diese in der Nähe der Geflügelfarm befunden haben könnte, wurden die Obstbäume und -sträucher großflächig auf dem Gelände der Gärtnerei Kellerbruch angepflanzt: Neben Kirsch-, Pflaumen-, Birnen- und Apfelbäumen handelte es sich um Himbeer- und vor allem um Johannisbeersträucher. Später wurden insbesondere die Blätter und Früchte der schwarzen Johannisbeeren zu „biologischen Säften" weiterverarbeitet.[310]

Auch in Comthurey begann die DVA mit dem Aufbau einer großflächigen Obstbaumzucht. Um sich Anregungen für den Anbau auf Sandböden zu holen, besuchte Oswald Pohl im September 1943 persönlich das Obstgut von Walter Quast in Dodow bei Wittenburg. Quast war seinerzeit nicht nur bekannt dafür, dass er sich für eine Ausweitung des Obstanbaus einsetzte, sondern auch für seine Anbaumethoden und Ertragssteigerungen auf schlechten Böden.[311] In einem Bericht aus der Zeitschrift *Blumen- und Pflanzenbau* vom Oktober 1943 schrieb Quast: „Beachtlich ist, daß bei der Anbauausweitung auch besonders der leichte Boden herunter bis zum schlechten Roggen- und Buchweizenboden verwendet werden kann, von dem wir im Reiche bedeutende Flächen nur schlecht genutzt oder teils sogar ungenutzt liegen haben. Auf diesen Böden ist allerdings erforderlich, durch geeignete Bodenbearbeitung (Offenhalten des Bodens mit Grubber und Egge) oder künstliche Bewässerung den Wasserhaushalt zu sichern [...]."[312]

Alois Kuhn, der aus Dodow gekommene Leiter der Obstbaumzucht, betreute nach eigener Aussage im Frühjahr 1944 den Aufbau der Obstanlagen in Comthurey. „Das war ein Versuchsgut, die machten dort auch alle möglichen Versuche. [...] Ich hatte vielleicht 20 [Zeugen Jehovas], es können auch ein paar mehr gewesen sein, da zum arbeiten. Und einer von dieser Gruppe, das war sozusagen der, Kapo ist wohl nicht der richtige Ausdruck, auf jeden Fall: Mit dem habe ich die Arbeit besprochen und dann haben wir praktisch draußen die Anlage erst mal

310 Vgl. BArch, NS 3/1433, Bl. 144 f.; BLHA, Rep. 272 VVG 1324, unpag.; Rep. 272 VVG 1326, unpag.; JZA, LB Wilderer, Irma 01, S. 15.

311 Vgl. PA Weger, Pohl o. D., unpag., S. 30; MGR/SBG, P-DVA/2-1, Bl. 24, 39, Ü; Anne Berendsen, Vrouwenkamp Ravensbrück, Utrecht 1946, S. 56, Ü; Walter Quast, Mehr Obst – mehr Bäume – mehr Unterlagen!, in: Blumen- und Pflanzenbau. Illustrierte Fachzeitschrift für den deutschen Gärtner 47 (1943) 20, S. 229; Eugen Hahn, Aus Heideland werden blühende Obstanlagen. Ein Besuch bei Herrn Quast in Dodow, in: Blumen- und Pflanzenbau. Illustrierte Fachzeitschrift für den deutschen Gärtner 47 (1943) 20, S. 230 f.

312 Quast, Obst, S. 229. In seinem Artikel über einen Besuch in Dodow deutete der Autor Eugen Hahn an, dass Quast mit der Ausweitung des Obstanbaus auch das Ziel verfolgte, „die deutsche Wirtschaft auch hinsichtlich der Obstversorgung vom Ausland unabhängig zu machen." Dies könnte ein weiterer Grund sein, warum sich auch die DVA für seine Arbeit interessierte. Vgl. Hahn, Heideland, S. 231.

ausgemessen und gepflanzt und so weiter.“[313] In seiner eidesstattlichen Erklärung für Oswald Pohl vom 21. Juni 1947 erinnerte sich auch Heinrich Höpker, ein Freund von Eleonore Pohl, an die Obstbaumzucht: „Ich hatte aber bei einem notwendigen Besuche in Berlin um die Osterzeit 1944 Gelegenheit, die ich gern wahrnahm, seine Frau auf der Comthurey zu besuchen. Ich nahm diese Gelegenheit nicht nur gern wahr, um meine Freundin und ihren neuen Wirkungskreise wiederzusehen, sondern auch um in die landwirtschaftlichen Neuerungen, die ich auf dem Gute erwartete, und besonders in die grossen nach neuen Methoden angelegten Ostplantagen, von denen ich gehört hatte, Einblick zu gewinnen.“[314] Nachkriegsunterlagen enthalten ebenfalls einen weiteren Nachweis, dass diese Obstplantagen tatsächlich in Comthurey angelegt wurden. Im Oktober 1945 erwähnte der damalige Gutsverwalter in seinem Antrag, das Gut als „staatlichen Kleinbetrieb“ zu erhalten, besonders die 11 ha große Obstplantage und Gartenanlage. Aus den Gärten allein seien demnach 20 Zentner Beeren zu erwarten gewesen.[315]

Gärtnerei

In Bezug auf die Gärtnereianlagen, welche die DVA in Ravensbrück und Comthurey anlegen ließ, gibt es die meisten Hinweise, dass dort teils mit biodynamischen, teils mit naturnahen Methoden, insbesondere bei der Düngung, Bodenaufwertung und Kompostbearbeitung gearbeitet wurde. Einzigartigen Quellenwert haben dabei die Erinnerungsberichte von Irma Krähenbühl geb. Wilderer und Martha Vollbaum geb. Deierling, die als inhaftierte Zeuginnen Jehovas in der Gärtnerei Kellerbruch arbeiten mussten.[316]

Erstere beschrieb nicht nur den Anbau von Obst, Gemüse und Blumen an den verschiedenen Orten der Gärtnerei, sondern erwähnte außerdem, dass bei alledem anscheinend kein Kunstdünger verwendet wurde.[317] „Die Besonderheit dieser biologischen Versuchsanstalt bestand in der übertriebenen Kompostpflege. Die Haufen mussten ganz exakt angehäuft und abgestochen werden. Sie wurden akkurat mit Schweineborsten abgedeckt. Kunstdünger wurde nicht verwendet. Auf die urbaren, sandigen Felder wurden Lupinen gesät und bei der Blühte dann untergepflügt. Gärtner Haase liess Schafgarbe abkochen. Mit dem Sud spritzte

313 PA Bersch, Gespräch mit Alois Kuhn vom 31. 7. 2001, unpag.

314 ZfA, IV VDB (d) 1 P2, Bl. 67.

315 Vgl. LHAS, (6.12–1/10) 172, Bl. 208.

316 Irma Krähenbühl arbeitete vom Aufbau der DVA-Gärtnerei im Winter 1940/41 an bis Mai 1943 im Kellerbruch, Martha Vollbaum war dort von Ende 1942 bis Mitte/Ende 1944.

317 Ob vollständig auf Kunstdünger verzichtet wurde, ist unklar, da bei der Betriebsübernahme 1950 auch Düngemittel inventarisiert wurden. Vgl. BLHA, Rep. 272 VVG 1326, unpag.

Gelände der Gärtnerei Kellerbruch des DVA-Versuchsgutes Ravensbrück (Foto aus dem sog. SS-Album), ca. 1940/41. Fotograf:in unbekannt. MGR/SBG, Foto Nr. 1708.

er persönlich mit einer Handspritze die Komposthaufen, alle Sträucher und die Pflanzen auf den Feldern."[318]

Martha Vollbaum erinnerte sich an ähnliche Herstellungsweisen von Düngemitteln, die in etwa der biodynamischen Methode entsprachen. „Da wurde denn auch so allerlei versucht. Zum Beispiel Brennesseln wurden gemäht und getrocknet und denn eingerodet, in Schweineblasen gemacht und denn eingerodet. So, daß der Mond nicht drauf schien, so hintern Gebäude [...] Denn mußte es vielleicht vier Wochen liegen. und denn wurde es wieder herausgeholt. [...] Und dann wurde es fein gemacht und dann kam da Wasser drauf. Mit dem Wasser wurden denn die Gemüse besprengt. [...] Ja, auch und denne Kuhdreck. Mußten zwei immer hin und mußten Kuhdreck von der Weide holen. Und das wurde [...] inne Kuhklauen und in die Hörner gemacht. Und denn auch untergerodet. Und denn nach [...] soundso viel Zeit wieder rausgeholt. Und da wurde denn mit gebraust."[319]

318 JZA, LB Wilderer, Irma 01, S. 13–16.

319 Heike Vollbaum, Portrait der Bibelforscherin Martha Vollbaum – unter besonderer Berücksichtigung ihrer Erfahrungen im Konzentrationslager Ravensbrück. Versuch einer

Ergänzend findet sich in dem Bericht der polnischen KZ-Überlebenden Eugenia Kocwa eine Beschreibung, wie der sandige Boden der Felder des Versuchsgutes Ravensbrück wohl nicht nur durch das Unterpflügen von Lupinen fruchtbar gemacht werden sollte: „Zwischen der Hühnerfarm, dem Eisenbahngleis und dem Wald lag das hügelige Feld, auf dem wir im vorherigen Herbst [1943] Lupinen geerntet hatten. Es war öder Sandboden, auf dem diese anspruchslose Pflanze gerade noch gedeihen konnte. Dieses Feld sollten wir in fruchtbaren Acker verwandeln. Neben diesem Ödland befand sich seltsamerweise ein schmaler, aber tiefer Streifen schweren Lehmbodens. Wir luden diese fruchtbare Erde auf Loren und breiteten sie über dem Sand aus, bis sich eine etwa zwanzig Zentimeter hohe Schicht gebildet hatte.“[320]

In Comthurey ließ die DVA am steilen Ufer des Großen Gadowsees eine terrassenförmige Gärtnerei anlegen. Hier sollten Versuche zur „Fruchtbarmachung ärmster Sandböden durch verschiedene Anbaufrüchte, Zwischenfrüchte und Kompostierungen“ durchgeführt werden.[321] Von dieser Gärtnerei berichtete auch Alois Kuhn. Er beschreibt, ganz ähnlich wie Martha Vollbaum für die DVA-Gärtnerei in Ravensbrück, Versuche, bei denen es um die Überprüfung tradierter Volks- oder Bauernweisheiten ging.[322]

Außerdem wurde sich bei Aussaat und Anbau vermutlich an den Mondphasen orientiert. Alois Kuhns Erinnerungen geben nicht nur einen weiteren Hinweis darauf, dass die DVA auf den Ravensbrücker Versuchsgütern auf biologisch-dynamische Methoden zurückgriff. Zugleich überprüfte die DVA auch Vorstellungen und Annahmen Heinrich Himmlers. „Das war so eine Versuchsgärtnerei. Das interessierte mich sehr. Da war ich verschiedentlich drinnen. Und der Leiter da, der sagte, sie machen so alle möglichen Versuche. Bspw. im Volksmund

Rekonstruktion der Genese von Erfahrungsmodi und individuellen Sinnstrukturen mit Hilfe pädagogischer Biographieforschung. Teil II. Diplomarbeit an der Hochschule für Erziehungs-, Sprach- und Kulturwissenschaften Hildesheim, Studiengang Kulturpädagogik, 1985, S. 160 f.

320 Kocwa, Flucht, S. 45. Das Verladen von fruchtbarer Erde in Loren könnte auch auf einem Foto des sog. SS-Albums zu sehen sein. Es wurde am Hegensteinbach aufgenommen. Am linken Bildrand ist wahrscheinlich die Umzäunung der Geflügelfarm zu sehen. Vgl. MGR/SBG, Foto Nr. 1699.

321 Vgl. BArch, NS 3/1430, Bl. 102; PA Weger, Pohl o. D., unpag., S. 65; LHAS, (6.12–1/10) 172, Bl. 208.

322 Martha Vollbaum berichtete: „Und denn wollten sie mal wissen, wer 'ne glückliche Hand hatte. Jeder kriegte seine Reihe und die wurde gekennzeichnet, nach Nummern. Und denn nachher wenn's auflief. […] Also daß wir nun gesagt haben: ‚Ja, wo liegt es denn nun dran? Liegt das an der Elektrizität, die man in sich hat? Liegt es an Wärme oder was?‘ Es war wirklich unterschiedlich aufgelaufen.“ Siehe Vollbaum, Portrait, S. 161.

Luftaufnahme des ehemaligen DVA-Versuchsgutes Comthurey mit terrassenförmiger Gärtnerei (grün). Gut zu erkennen ist auch das Lager für die weiblichen Häftlinge (gelb), 1953. Fotograf:in unbekannt. © GeoBasis-DE/M-V <2018>.

draußen heißt es, ‚die Frau hat eine glückliche Hand' bei der Geflügelaufzucht oder im Garten, beim Säen usw. und lauter solche Dinge. Und da machten sie solche dementsprechenden Versuche. [...] Jede Frau hat da eine Rille gehabt und hat aus dem Sack das Saatgut genommen und hat dann gesät, also ihre Rille. Und eine Frau hat dann alles zugemacht. Das war alles nummeriert. Da waren verschiedene Sorten, Gemüsesorten. Er [der Leiter der Gärtnerei] sagte: Guck mal, diese Nummer, da haben wir jetzt 12, die hat die glücklichste Hand. [...] Und dann auch nach dem Mond usw. Das habe ich gar nicht alles behalten, was sie da erzählt haben", so Alois Kuhn.[323]

Die verschiedenen landwirtschaftlichen Produkte der Versuchsgüter in Ravensbrück und Comthurey wurden wahrscheinlich größtenteils an Einrichtungen und Mitglieder der SS verkauft, insbesondere an das SS-Lazarett in Hohenlychen. Auch die Landarbeiter:innen auf den Gütern erhielten sie als

323 PA Bersch, Gespräch mit Alois Kuhn vom 31. 7. 2001, unpag.

Deputate.[324] So heißt es im Monatsbericht der DVA für den Februar 1941: „In der Geflügelzucht Ravensbrück werden die aus einer Winterbrut stammenden Jungtiere gemästet. Die ersten 30 Junghähnchen sind ebenfalls nach Lychen geliefert worden. Da einerseits die Anstalten dort einen hohen Bedarf an Geflügel für besondere Diät haben, und da andererseits in dieser Jahreszeit Junghähnchen nur mit hohen Erstehungskosten herzustellen sind, dürfte der gesamte Anfall dem Lazarett zur Verfügung gestellt und von diesem gern aufgenommen werden."[325]

Eine Ausnahme bildete die Anzucht von Kok-Saghys-Pflanzen in den Gewächshäusern der Gärtnerei Kellerbruch. Hinweise in den Akten der DVA deuten darauf hin, dass diese Pflanzen für Züchtungsversuche zur Gewinnung von Kautschuk von Ravensbrück in das Nebenlager Rajsko des KZ Auschwitz gebracht wurden. Zudem überstellte die SS dafür auch wissenschaftlich ausgebildete Häftlinge von Ravensbrück nach Rajsko (siehe Kapitel Auschwitz).[326]

4.2.3 Arbeit und Leben auf den Versuchsgütern

Für die DVA mussten männliche wie weibliche Häftlinge des KZ Ravensbrück, Kriegsgefangene und sog. Zivilarbeiter:innen – de facto Zwangsarbeiter:innen – arbeiten.[327] Hinzu kamen Zivilangestellte und Landarbeiter:innen. Die Lebens- und Arbeitsbedingungen der Häftlinge unterschieden sich dabei elementar, abhängig von Geschlecht, Herkunft und Häftlingskategorie. Die männlichen Häftlinge arbeiteten vor allem auf den Baustellen der Versuchsgüter, aber auch in den Werkstätten, als Fahrer oder als administrative Hilfskräfte der SS. Dagegen arbeiteten die weiblichen Häftlinge in allen Bereichen der Land- und Forstwirtschaft, auf den Baustellen sowie in den Haushalten der Güter.[328]

324 Vgl. BArch, NS 3/1534, Bl. 4; JZA, LB Wilderer, Irma 01, S. 16; ZZ Dickmann, Änne Nr. 8; LB Bruch, Ruth 01, S. 17; MGR/SBG, D20/5; D20/2; NL 195 2/1, S. 354; Vollbaum, Portrait, S. 160.

325 Vgl. BArch, NS 3/1534, Bl. 4.

326 Vgl. BArch, NS 3/1534, Bl. 66; B 162/467, Bl. 41 ff.

327 Bei den Männern waren dies v. a. politische und sog. asoziale Häftlinge, sog. Berufsverbrecher und Zeugen Jehovas aus Deutschland und Österreich. Die Frauen kamen größtenteils aus Polen, den Niederlanden, Skandinavien und Deutschland und waren in Ravensbrück v. a. als politische Häftlinge, Jüdinnen oder Zeuginnen Jehovas inhaftiert. Etwa 20 Namen von Häftlingen ließen sich ermitteln, die auf dem Versuchsgut Ravensbrück arbeiten mussten, und über 170 Namen für die Güter Comthurey, Brückentin und Seeblick.

328 Allgemein zur Zwangsarbeit von Häftlingen in der umliegenden Landwirtschaft des KZ Ravensbrück siehe Strebel, Ravensbrück, S. 206 ff. Zu diesem Thema sind weitere Forschungen nötig, auch um die Lebens- und Arbeitsbedingungen der Häftlinge auf den DVA-Versuchsgütern im Umfeld des KZ Ravensbrück vergleichend einordnen zu können.

Häftlingsarbeiten auf den Baustellen der Versuchsgüter

Für die Bauarbeiten auf dem Gut Ravensbrück setzte die SS-Bauleitung seit Juni 1940 zunächst 150 männliche Kriegsgefangene aus dem Stalag III in Luckenwalde ein.[329] Dass dennoch weibliche Häftlinge des KZ Ravensbrück auf den Baustellen arbeiten mussten, verdeutlichen das Wachbuch, die sogenannten Arbeitseinteilungslisten und die Arbeitsdienstzettel. Auf mehreren Listen zwischen Juni und Ende Oktober 1941 ist z. B. ein Arbeitskommando „Neubau Gut" genannt. Das könnte nicht nur bedeuten, dass weibliche Häftlinge nach den Kriegsgefangenen am Aufbau des neuen Gutes Ravensbrück beteiligt waren, sondern auch, dass das neu errichtete Versuchsgut spätestens Ende 1941 in Betrieb genommen wurde. Außerdem zeigen die Listen, dass für die verschiedenen Bauarbeiten auf dem Gut Ravensbrück 1941 vor allem politische und jüdische Häftlinge eingesetzt wurden.[330] Aniela Puchtowa, eine ehemalige polnische Gefangene, berichtete im Juli 1946 über diese körperlich sehr anstrengenden Arbeiten: „Nach der Quarantäne wurde ich mit 339 Frauen der damals schwersten Arbeitskolonne zugewiesen, nämlich der Kolonne ‚Neubau Gut'. Dieses Kommando, wie es damals genannt wurde, wurde mit der Zeit um 100 Frauen vergrößert. Es war sehr schwere Arbeit. Ich habe mir gesagt, wenn ich diese Bedingungen durchhalte, dann würde ich das Konzentrationslager überleben. Wir haben es schwerer gehabt als die Frauen der Strafkolonne. Als erstes mussten wir beim Straßenbau arbeiten, sowie beim Bau der Wirtschaftsgebäude, dem Wohnhaus des Grundbesitzers, der Behausung für die Gutsarbeiter, die Schweineställe, die Pferdestelle [sic], die Glashäuser usw. usf. Das Gut entstand durch die Fronarbeit polnischer Frauen, ihr Schweiß und ihr Blut benetzten den Boden. Das Gut wurde ausschließlich von den Frauen, unter der Anleitung eines Maurermeisters, in einem knappen Jahr errichtet."[331]

In Comthurey und Brückentin arbeiteten ab 1942 zunächst etwa 100 männliche Häftlinge eines gemischten Kommandos auf den verschiedenen Baustellen.[332]

329 Vgl. MGR/SBG, SAM 7-1, Bl. 32, 67. Kriegsgefangene mussten auch beim Aufbau der Hühnerfarm des DVA-Gutes Ravensbrück arbeiten. Vgl. BArch, NS 3/1174, Bl. 1.

330 Vgl. MGR/SBG, SlgBu 14; KL/18-1, Bl. 16. Die weiblichen Häftlinge, die in den diversen Bereichen des Versuchsgutes Ravensbrück (altes und neues Gut, Hühnerfarm, Gärtnerei, Forst, Feld- und Bauarbeiten) arbeiten mussten, wurden in verschiedene Arbeitskommandos eingeteilt und unter SS-Bewachung aus dem nahe gelegenen KZ Ravensbrück zu den jeweiligen Arbeitsorten geführt bzw. nach Arbeitsende zurück in das Lager gebracht.

331 Vgl. LUND, 17/395, Ü MGR/SBG, PIL/5-221, S. 2. Ähnlich für den Aufbau der Gewächshäuser in der Gärtnerei Kellerbruch siehe: LUND, 14/10, Ü MGR/SBG, PIL/5-7, S. 2.

332 Denkbar ist, dass mit den Bauarbeiten (z. B. durch private Baufirmen) und auch den landwirtschaftlichen Arbeiten bereits 1941 begonnen wurde. Darauf deuten Abrechnungs-

Von ihnen wurde u. a. das Gutshaus umgebaut und die Zehntscheune errichtet. Parallel zu den männlichen Häftlingen waren auch polnische und russische „Zivilarbeiter" bei den Bauarbeiten in Comthurey beschäftigt, etwa bei der Trockenlegung des späteren Gutsparks.[333]

„Das alte Gut, welches sich in einem total verwahrlosten Zustand befand, wurde zuerst abgebrochen. Der Bauführer ein Oberscharführer Arlt war ein Subjekt übelster Art. Mit Fausthieben Stockschlägen und Fusstritten wurden die Häftlinge zur Arbeit getrieben. Die SS Posten angefeuert durch den Bauführer beteiligten sich ausgiebig an den Misshandlungen. Ob Regen Schnee oder Frost, gearbeitet wurde immer. Unterstellen bei schlechtem Wetter gab es nicht. [...] Im Gegensatz zu der Behausung der Häftlinge erbauten dieselben ein über modernes Gut und die Einrichtung des Schlosses enthielt einen Luxus über alle Maßen," so der ehemalige Häftling Eduard Warncke in einem Bericht vom August 1945.[334]

Im Vergleich zum Männerlager des KZ Ravensbrück erlebten diese Häftlinge Comthurey als Verschlechterung ihrer Haft- und Lebensbedingungen. Karl Gerber, der als politischer Häftling in Ravensbrück war, erinnerte sich beispielsweise, dass das Versuchsgut unter den Häftlingen als „Strafkommando" bekannt war, in dem sie unter elenden Bedingungen in einer Art umzäunter Zirkuswagensiedlung leben mussten.[335] Eindrücklich schilderte Eduard Warncke, wie es in den Wohnwagen abends zuging: „Die Atmospäre [sic] in diesen 16 Quadrat Mtr. Raum enthaltenden Wagen war pestilenzartig. Die einzige Ventilation war ein 1/4 Mtr. großes Fenster welches der Verdunkelung wegen noch geschlossen blieb. Man stelle sich vor, 20 Häftlinge auf 16 Quadr. Durchnäßte und durchschwitzte bauarbeits beschmutzte Kleider. Die Wagen unmittelbar nach dem Wasche [sic] und Essen des Abends abgeschlossen. Die Bedürfnisse im Wagen auf einem Eimer verrichten. An

unterlagen der DVA für 1941 hin. Zudem gab z. B. Magdalene Hohmann in ihrer Aussage vom 7. Juni 1974 an, bereits im Sommer 1941 als Häftling nach Comthurey gekommen zu sein. Vgl. BArch, NS 3/1429, Bl. 70 ff.; NS 3/1433, Bl. 33; AR-Z 77/72, Bl. 676.

333 Vgl. MGR/SBG, NL 195 2/1, S. 362, 372. Es ist unklar, ob die „Zivilarbeiter" auch in der Landwirtschaft eingesetzt waren und wie lange sie in Comthurey blieben. Erwähnt werden sie in unterschiedlichen Berichten. Sonja Prins erinnerte sich auch an niederländische „Zivilarbeiter". Vgl. ZfA, IV VDB (d) 1 P2, Bl. 68; IV VDB (d) 2–3 P5, Bl. 29; MGR/SBG, P-DVA/2-1, Bl. 41, Ü; LUND, 15/178, Ü, S. 3; Sonja Prins, Weegschaal de aarde. Verzameld werk 1. Proza, Breda 2009, S. 34, Ü.

334 MGR/SBG, SlgBu 43/940-27, Schreibweise wie im Original. Siehe auch MGR/SBG, SlgBu 43/940–5.

335 Vgl. MGR/SBG, SlgBu 36/716, S. 2 f. Das Lager der männlichen Häftlinge befand sich außerhalb des Gutes Comthurey nahe der späteren Kiesgrube in Richtung Brückentin. Direkt daneben sollen zwei Baracken gestanden haben, in denen die SS-Wachmannschaften und der Kommandoführer untergebracht waren. Vgl. BArch, B 162/462, Bl. 466 f.

beiden Innenwänden des Wagens waren je 3 Pritschen übereinander angebracht. In der Mitte des Wagens verblieb ein Gang von 70 centmmeter [sic] mal 7Mtr. Platz in welchem sich die Häftlinge von Abends 6 Uhr bis Morgends zum Arbeitsbeginn bewegen konnten. Aus Raummangel mußte natürlich Essen Zeug reinigen, Flicken, Stopfen, kurz alles im Liegen ausgeführt werden."[336]

Umfassend bewacht und zur Arbeit getrieben wurden die Häftlinge des ersten Baukommandos nach eigenen Angaben von etwa 18 SS-Männern.[337] Es kam wiederholt zu Zwischenfällen, bei denen laut unterschiedlichen Berichte mindestens fünf Häftlinge durch die SS misshandelt und erschossen wurden. Auf Diebstähle und das eigenmächtige „Organisieren" von Lebensmitteln reagierte die SS demnach mit erbarmungsloser und die Opfer erniedrigender Brutalität. In ihren Aussagen berichteten Zeitzeugen wie Karl Gerber von einem Mithäftling, der aus Hunger Kartoffeln vom Feld aufgelesen hatte und zur Strafe wochenlang die Lagerwache übernehmen musste: „Das bedeutete, dass Schild [?], bevor er zur Arbeit marschierte, in der frostigen Frühe zwei Stunden zur Strafe am Tor oder hinter dem Wagen die Einzäunung behüten musste. Am Abend, wenn die andern sich in den Wagen wärmten, musste er stundenlang bis zum Einschluss in Schnee und Kälte ausharren. Er ahnte, dass dies sein Tod sein würde."[338] Nachdem er versucht hatte zu fliehen, wurde er von den SS-Mannschaften erschossen.[339] Ein anderer Häftling wurde nach dem Diebstahl eines Huhns vom SS-Kommandoführer Rechlin und einem weiteren SS-Mann vor den Augen der Mithäftlinge und des gleichgültigen Gutsverwalters verprügelt, misshandelt und am Ende ebenfalls erschossen.[340] Mitte 1943 wurde dieses Kommando auf Befehl von Oswald Pohl ausgewechselt. Der Grund soll ein weiterer Diebstahl auf dem Gutshof gewesen sein, an den sich verschiedene Zeitzeug:innen erinnerten.[341]

336 MGR/SBG, SlgBu 43/940–27, Schreibweise wie im Original.

337 Vgl. MGR/SBG, SlgBu 36/1716, S. 6; BArch, B 162/469, Bl. 227.

338 MGR/SBG, NL 195 2/1, S. 365.

339 Zur Ermordung des Häftlings siehe auch Josef Mörs (BArch, B 162/462, Bl. 471), Horst Schmidt (MGR/SBG, SlgBu 43/940-33) und Eduard Warncke (MGR/SBG, SlgBu 43/940–27). An unentdeckten Diebstahl erinnerte sich z. B. Clemens Emil Schütt. Vgl. MGR/SBG, SlgBu 43/940-6.

340 MGR/SBG, NL 195 2/1, S. 358. Zur Ermordung von Schilkow (Schild) siehe auch Stanislaus Pozorski (BArch, B 162/465, Bl. 260), Josef Mörs (MGR/SBG, SlgBu 43/940–5; BArch, B 162/462, Bl. 471 f.), Eduard Warncke (MGR/SBG, SlgBu 43/940-27) und Horst Schmidt (MGR/SBG, SlgBu 43/940–33). Die Namensnennungen unterscheiden sich in den verschiedenen Berichten, sodass sich nicht eindeutig sagen lässt, wie die jeweils ermordeten Häftlinge hießen und welche SS-Männer beteiligt waren.

341 Die drei Häftlinge Jupp Hinz(e), Heinz Haselow und Regentin (Reckenthin) sollen nach dem Diebstahl versucht haben, über den See zu entkommen und wurden dabei entdeckt.

Männliche Häftlinge des KZ Ravensbrück bei Bauarbeiten an der Terrasse des Gutshauses des DVA-Versuchsgutes Comthurey, ca. 1942–44. Fotograf:in unbekannt. Verlag Facta Oblita (Kopie).

Das zweite Baukommando bestand aus 50 bis 100 Zeugen Jehovas und musste das Gut etwa Mitte/Ende 1944 verlassen.[342] Etwa 10 Zeugen Jehovas blieben auch anschließend in Comthurey. Sie arbeiteten bis April 1945 als Handwerker, Hausmeister oder Fahrer auf dem Gutshof.[343] Im Unterschied zu dem ersten Baukommando hatten diese Häftlinge deutlich bessere Lebens- und Arbeitsbedingungen. So waren sie kurze Zeit nach ihrer Ankunft in einer Baracke untergebracht, die sie vorher selbst hatten bauen müssen. Daran erinnerte sich Alois Moser, der als Zeuge Jehovas inhaftiert war: „Übernacht kamen wir zum Herrschaftsgut des General Pohl Comtherey [sic] zuerst in Zigeunerwohnwägen und dann in eine

Sie wurden daraufhin durch die SS verprügelt und misshandelt und am nächsten Morgen für Vernehmungen in das KZ Ravensbrück gebracht. Etwa eine Woche später kamen zwei von ihnen – Hinz(e) und Haselow – mit SS-Aufsehern nach Comthurey zurück und sollten im See nach ihrem Diebesgut suchen. Auf dem Rückweg wurden sie in der Nähe des Gutes erschossen. Dieser Vorfall wurde von verschiedenen Häftlingen beobachtet. Der dritte Häftling hatte wohl überlebt und wurde später im Männerlager des KZ Ravensbrück wiedergesehen. Vgl. MGR/SBG, NL 195/2-1, S. 385–389; SlgBu 36/716, S. 5; 43/940-27; 43/940–33; P-DVA/2-1, Bl. 40, Ü; BArch, B 162/469, Bl. 227 ff.; LUND, 15/178, Ü, S. 3.

342 Vgl. BArch, B 162/454, Bl. 80, 396; B 162/455, Bl. 141, 265; B 162/469, Bl. 224–245.

343 Vgl. BArch, B 162/472, Bl. 64; PA Weger, Pohl o. D., unpag., S. 87 f.

Baracke. Es gab 5–6 Tische zu je 10 Brüdern. Auf jeden Tisch war ein T[isch] Ältester, der den Tagestext mit Gebet in Ruhe besprach. Wenn jemand ein Lebensmittelpaket von Zuhause bekam, wurde dieses zugleichen Teilen an die Brüder abgegeben, die zu diesem Tisch gehörten, aufgeteilt. [sic] Rein unter Brüdern zu sein war meine schönste Erinnerung meines Lebens in Gefangenschaft.“[344] Auch über ihre Bewachung berichteten die Zeugen Jehovas später, dass sie nur von einem SS-Scharführer und drei bis vier kroatischen SS-Männern bewacht wurden und sich freier auf dem Gutsgelände sowie der Umgebung bewegen konnten.[345]

Arbeit der Häftlinge in Land- und Forstwirtschaft der Versuchsgüter

In der Land- und Forstwirtschaft des Versuchsgutes Ravensbrück arbeiteten neben den Landarbeiter:innen nur weibliche Häftlinge.[346] Dabei wurden auf dem Gutshof, der Hühnerfarm und der Gärtnerei größtenteils Zeuginnen Jehovas auf dem Gutshof, der Hühnerfarm und der Gärtnerei eingesetzt. Irma Krähenbühl beschrieb die verschiedenen Arbeiten in der Gärtnerei: „Einige Zeit später kam ich nochmals ersatzweise in den Kellerbruch, wo ich zuerst grobe Arbeiten verrichten musste, wie umgraben und Komposthaufen umsetzen. Ich hatte Glück, einen festen Posten in dem begehrten Kommando der Gärtnerei zu erhalten. Es war die schönste Arbeit für uns Häftlinge. Zur Kolonne gehörten nur Bibelforscherinnen. Auch die Kolonnenführerin war eine Zeugin Jehovas. […] Wir Häftlinge machten unter Anleitung von Herrn Haase alle in der Gärtnerei vorkommenden Arbeiten wie graben, planieren, säen, pikieren, ein- und umtopfen, pflanzen und giessen im Freiland wie in Mist- und Kaltbeeten und in den Gewächshäusern. Auch die Heizung und die Belüftung der Glashäuser wurde von den Häftlingen ausgeführt, die dafür von Gärtner Haase bestimmt und eingearbeitet waren.“[347]

Zeitgleich zu den Bauarbeiten begann die DVA in Comthurey und Brückentin schon mit landwirtschaftlichen Arbeiten. Die weiblichen Häftlinge, die auf den Feldern, der Gärtnerei und im Forst arbeiten mussten, waren anfangs hauptsächlich polnische und deutsche Häftlinge, wobei die Polinnen laut der KZ-Über-

344 AMA, Moser, Bl. 27, Schreibweise wie im Original. Dass es unter den Zeugen Jehovas auch Konflikte gab, deutete z. B. Heinrich Dickmann an. Vgl. JZA, LB Dickmann, Heinrich 08.

345 Vgl. BArch, B 162/472, Bl. 64; JZA, LB Moser Alois 01, S. 19.

346 DVA-Geschäftsführer Heinrich Vogel gab in seinem Monatsbericht für Juli 1941 an, dass auf dem Versuchsgut Ravensbrück durchschnittlich 30 Häftlinge auf dem Hof, 35 in der Gärtnerei und 4 in der Geflügelfarm arbeiten mussten. Vgl. IfZ, NO/543, unpag.

347 JZA, LB Wilderer, Irma 01, S. 13 f. Siehe auch die Erinnerungen von Ruth Bruch (JZA, LB Bruch, Ruth 01, S. 17), Änne Dickmann (JZA, ZZ Dickmann, Änne Nr. 8), Elisabeth Kühne (JZA, LB Kühne, Elisabeth Hulda 01, S. 16 f.) und H. Z. (MGR/SBG, D20/3).

Weibliche Häftlinge des KZ Ravensbrück bei Erntearbeiten in den Gewächshäusern der Gärtnerei Kellerbruch (Foto aus dem sog. SS-Album), ca. 1940/41. Fotograf:in unbekannt. MGR/SBG, Foto Nr. 1697.

lebenden Irena Biernacka zunächst mit schweren Meliorationsarbeiten beschäftigt waren. „Unsere Situation rettete die Zeit der Feldarbeit auf dem Landgut. In dieser Zeit wurde das Ausheben der Gräben in den Sümpfen teilweise aufgegeben und wir wurden zur Arbeit auf dem Landgut auf verschiedene nahe gelegene Felder geschickt, wo wir Unkraut jäteten und später auch Früchte ernteten."[348]

Anfang/Mitte 1943 kamen weibliche Häftlinge aus den Niederlanden dazu, die vorher im KZ Ravensbrück gewesen waren.[349] „Die Comthurey ist ein Gut, wo wir, die Gefangenen, hingeschickt werden um zu arbeiten und wo wir dann

348 MGR/SBG, AGB 137, Nr. 5, Ü. Vgl. auch MGR/SBG, NL 195/2–1, S. 370; SlgBu 36/716, S. 4.

349 Die Frauen waren in zwei Baracken in der Nähe der Landarbeiterhäuser im „Oberdorf" Comthurey untergebracht. In einer der Baracken befanden sich die Küche, die Toiletten und Duschen. In der Wohnbaracke der Häftlinge war auch die Unterkunft der SS-Aufseherinnen. Vgl. MGR/SBG, P-DVA/2–1, Bl. 39, Ü; LUND, 15/178, Ü, S. 3; NIOD, 250d 826, S. 3 f. Die Niederländerin Charlotte van Berckel und die ehemalige SS-Aufseherin Frieda Lehmann berichteten, dass im Februar 1945 auch 25 jüdische Frauen nach Comthurey kamen. Vgl. MGR/SBG, AGB 165, Nr. 27, Ü; SlgBu 39/866, S. 1; Meyer, Comthurey, S. 537.

Inhaftierte Zeuginnen Jehovas (links) und Käthe Katzmayr (rechts) mit Kindern der Familie Pohl auf dem DVA-Versuchsgut Comthurey, 5. 8. 1944. Fotograf:in unbekannt. PA Weger.

auch wohnen. Wir, die Niederländerinnen, mussten plötzlich, im Januar 1943, dort hin, heraus aus allen Arbeiten und Kolonnen, heraus aus allen scheinbaren Sicherheiten, die wir für uns aufgebaut hatten. Jeder jagte uns Angst ein mit Erzählungen über die schwere Arbeit, die wir dann bekämen und wir waren sehr unglücklich und hatten dasselbe Gefühl der Unsicherheit wie in unseren ersten Wochen im Lager."[350]

Ebenfalls ab 1943 arbeiteten Zeuginnen Jehovas sowohl auf dem Gutshof, z. B. in den verschiedenen Tierställen, als auch im Haushalt der Familie Pohl. Wie Irma Krähenbühl sich erinnerte, wurden Letztere im KZ Ravensbrück von Eleonore Pohl persönlich ausgesucht und kamen etwa zur gleichen Zeit nach Comthurey, als die Familie Pohl dorthin umzog.[351] „In die Gärtnerei Kellerbruch

350 Berendsen, Vrouwenkamp, S. 55, Ü.

351 Vgl. BArch, B 162/453, Bl. 93. Im Haushalt Pohl mussten zwei Zeuginnen Jehovas als Hausmädchen („Hannchen" und Maria „Mia" Pietzko) und eine als Köchin („Lenchen") arbeiten. Irma Krähenbühl kam anfangs als Kindermädchen nach Comthurey. Karl Benkner, ebenfalls Zeuge Jehovas, musste zeitweise als Hausmeister und Fahrer arbeiten. Hinzu kam Erika Groll, die als Prostituierte in Ravensbrück inhaftiert war, als Näherin und Büglerin. Vgl. PA Weger, Pohl o. D., unpag., S. 87 f.; Schmitz-Köster, Kind, S. 124.

kam Anfang 1943 die Frau von SS-General Pohl […]. Sie sah sich die Häftlinge an, und wir mussten einen Lebenslauf schreiben. Frau Pohl suchte eine Köchin, zwei Zimmermädchen, ein Kindermädchen und vom Männerlager einen Mann als Hausbursche und Kutscher unter den Ernsten Bibelforschern aus."[352] Wahrscheinlich sind zeitweise zwischen 100 und 150 weibliche Häftlinge des KZ Ravensbrück in Comthurey gewesen.[353]

Handlungsspielräume

Gemeinsame Arbeitseinsätze männlicher und weiblicher Häftlinge

Obwohl sich die Arbeitsbereiche der Häftlinge zwangsläufig überschnitten, achtete die SS darauf, dass die weiblichen und männlichen Häftlinge auf den Versuchsgütern vornehmlich getrennt arbeiteten und lebten. Doch in Comthurey und Brückentin gelang es der SS kaum, den Kontakt und Austausch zwischen weiblichen und männlichen Häftlingen sowie „Zivilarbeitern" zu verhindern. Waren die weiblichen Häftlinge doch dafür zuständig, das tägliche Mittagessen für die männlichen Häftlinge und „Zivilarbeiter" auf den Baustellen zu kochen und auszugeben. Die polnische KZ-Überlebende Stanisława Niedźwiedź berichtete in ihrer Aussage vom Februar 1946 von einem „gemischten Kommando", das in Comthurey beim Straßenbau, bei Abrissarbeiten und bei der Trockenlegung des Sumpfes eingesetzt wurde.[354] Ähnlich erinnerte sich Rudolf Klein: „Außerdem war auf dem Gut ein weibliches Häftlingskommando eingesetzt. Ich hatte die Aufgabe in einer Kiesgrube eine Lok mit Loren zu fahren. Diese Loren wurden von den weiblichen Häftlingen mit Sand beladen. Mit diesem Sand hatten die männlichen Häftlinge einen Sumpf trockenzulegen, der zu einem Park gestaltet werden sollte."[355] Und Alois Moser, der wie Rudolf Klein zu den Zeugen Jehovas in Comthurey gehörte, schrieb, dass er aufgrund des Kontakts zu den weiblichen Häftlingen durch „unsittliche Handlungen [in seinem Glauben] geprüft" worden sei: „Ich war in der Comtherey [sic] […] als Magazinarbeiter tätig. Dort mußten Häftlingsfrauen ihre Werkzeuge holen. Sie versuchten an mich heranzutreten, wie Potiphars Weib bei Josef (1. Mose 39:7–12)."[356]

352 JZA, LB Wilderer Irma 01, S. 17 f.

353 Vgl. MGR/SBG, P-DVA/2–1, Bl. 39, Ü; NL 195 2/1, S. 370; LUND, 15/178, Ü, S. 2.

354 Vgl. LUND, 15/178, Ü, S. 2.

355 BArch, B 162/458, Bl. 286.

356 JZA, LB Moser Alois 01, S. 19.

Organisieren von Lebensmitteln und Arbeitspausen

Von vielen weiblichen Häftlingen ist überliefert, dass sie die Arbeit auf den Versuchsgütern als Verbesserung ihrer KZ-Haft erlebten: Die Bewachung war weniger streng, die Unterkunft lag jenseits des überfüllten Stammlagers und es gab mehr zu essen.[357] In ihren Erinnerungen beschrieb die Niederländerin Coba Veltman wiederholt, wie es ihr gelang, Lebensmittel zu „organisieren". Die Täuschung des SS-Mannes Langenhorst, der sie einmal dabei erwischte, gelang nur mithilfe einer SS-Aufseherin: „Ein anderes Abenteuer war: Überall herumschnüffeln nach Essbarem. So hatten sie einen Auftrag in der Nähe einer Scheune, aber das Tor war verschlossen. Hinter den Scheunentoren befand sich die Versuchung …Frau SS-Aufseherin Klemmt war bei ihnen als Wache eingeteilt. Aber meistens sah sie das, was sie nicht sehen sollte, nicht. Also unternahm sie den Versuch sich zwischen den Torflügen der Scheune hineinzuzwängen und das klappte. […] Und, gerade als sie sich wieder durch die Tore nach draußen zwängen wollte, stand da Langos, der Einarmige. Die [Der] hatte sie in der Kolonne vermisst und wartete. […] ‚Wo kommt sie her?' fragte er die Aufseherin. Bep aus Rotterdam, eine Prostituierte, aber eine sehr patente Frau, lief zur Aufseherin und sagte: ‚Sie muss austreten.' Und entsprechend antwortete die Aufseherin dann Langos: ‚Sie muss austreten.' ‚Durchsuch ihre Hosentaschen.' Die quollen über vor Erbsenstroh. Bep wieder: ‚Sie hat nichts, Frau Aufseherin.' Und Klemt antwortete: ‚Sie hat nichts.' Das war der Sieg für Bep und die Aufseherin und der Einarmige musste unverrichteter Dinge wieder gehen."[358]

Dem stand auf der anderen Seite die körperliche Anstrengung der Arbeit gegenüber, die die Frauen auslaugte und nicht selten zu Erkrankungen und Rückverlegungen in das Hauptlager führte. Von diesem Widerspruch berichtete beispielsweise die Belgierin Annette Eekman, die im Januar 1943 nach Comthurey kam: „Das war ja schwere Arbeit, sehr schwere Arbeit. Aber wir haben besser Essen gehabt. Es war nicht dieses Geschrei und diese übervollen Baracken. Dadurch war es auch sauber. Also, es war etwas besser. Auch haben wir Landarbeit gemacht, und konnten also Steckrüben unter unserer Kleidung verbergen,

357 Vgl. Berendsen, Vrouwenkamp, S. 55 f., Ü; Annette Eekman, Interview mit Loretta Walz vom 4. 10. 1994. Transkript, www.videoarchiv-ravensbrueck.de/ [28. 6. 2020]; Kocwa, Flucht, S. 6; LUND, 15/178, Ü, S. 3; JZA, LB Wilderer Irma 01, S. 13 f.; MGR/SBG, P-DVA/2–1, Bl. 25, 39, Ü.

358 MGR/SBG, P-DVA/2–1, Bl. 42, Ü. Coba Veltman schreibt in ihrem Bericht von sich selbst in der dritten Person. Mit Langos oder Ein-Arm-Langos bezeichnete sie den SS-Aufseher Langenhorst, der durch eine Kriegsverletzung einen Arm verloren hatte. Vgl. MGR/SBG, P-DVA/2–1, Bl. 40, Ü.

oder Kartoffeln, die wir zu den Schweinen bringen mussten. Da haben wir dann die kleine Kartoffeln rausgenommen und in unsere Kleidung gesteckt. So hatten wir doch etwas mehr und es war also eine ziemlich gute Periode. Ziemlich gute. Es war sehr schwer. Vor allem die Sandgrube war sehr schwer. Es war kalt. Der Sand war ganz zerfroren und wir mussten es abhauen und dann auf einen Wagen schippen. Und das alles war äußerst schwer. Dann haben wir auch Bäume umgesägt. Und, ja, Steine wegholen aus den Ackern."[359]

Handlungsspielräume eröffneten sich für die weiblichen Häftlinge beispielsweise auch in den unbeobachteten Arbeitspausen. Von ihnen berichtete nicht nur Coba Veltman, sondern auch Eugenia Kocwa, die auf dem Gut Ravensbrück im Kommando „Forst Neues Gut" arbeiten musste: „Zwar trennten das Flüßchen von dem Schuppen, in dem wir zu Mittag gegessen hatten, nicht mehr als hundert Meter, aber am Fluß war ein wunderschönes Erlengestrüpp. Man konnte sich darin verstecken, nach einigen Jahren unausgesetzten Aufenthalts in großer Menschenansammlung endlich allein sein, allein mit dem klaren Himmel über sich. Vielleicht konnte man sogar ein Stückchen weitergehen, dem sich schlängelnden Flußlauf nach! Hatte doch keiner gesagt, daß man die Schüsseln direkt am Flußsteg spülen sollte. Überhaupt hatte keiner etwas gesagt, niemand interessierte sich für mich, die Aufseherin saß im Schuppen, die Mädchen, die vor mir hinausgegangen waren, hatten sich schon irgendwohin zerstreut."[360] Eugenia Kocwa gelang im Mai 1944, während einer Mittagspause des Waldkommandos, die Flucht aus dem KZ Ravensbrück.[361]

Zeug:innen Jehovas

Über die größten Handlungsspielräume verfügten die Zeug:innen Jehovas, die auf den Gütern in Ravensbrück und Comthurey arbeiteten. Da sie als besonders vertrauenswürdig galten, wurden sie von der SS ab etwa 1940 bevorzugt für privilegierte Arbeiten eingesetzt.[362] Auf dem Versuchsgut Ravensbrück arbeiteten sie

359 Eekman, Interview; siehe auch MGR/SBG, AGB 137, Nr. 5, Ü.

360 Kocwa, Flucht, S. 9.

361 Vgl. Kocwa, Flucht, S. 85 ff.

362 In der Forschungsliteratur wird die These vertreten, dass die Lebens- und Arbeitsbedingungen für die Zeuginnen Jehovas im KZ Ravensbrück ab etwa Anfang 1943 erträglicher wurden. Dies wird insbesondere mit dem neuen Lagerkommandanten Fritz Suhren, dem Abtransport der „extremen" Zeuginnen Jehovas und der veränderten Einschätzung dieser Gruppe durch Heinrich Himmler in Verbindung gebracht. Davor waren die Zeuginnen Jehovas von etlichen Strafmaßnahmen der SS, wie einem dreiwöchigen Hungerarrest im Zellenbau im Winter 1939/40, in den Frauen-KZ Moringen, Lichtenburg und

ausschließlich in der Landwirtschaft, teils sogar in der Gutsverwaltung und wurden dabei von SS-Aufseherinnen kaum bzw. ab Ende 1942 gar nicht mehr bewacht. Auch konnten sie teilweise auf dem Gut übernachten.[363] Die körperlich anstrengenderen Arbeiten auf den Baustellen und im Forst des Gutes mussten hingegen politische (v. a. polnische), jüdische und sog. asoziale Häftlinge ausführen.[364]

Auf dem Gut Comthurey profitierten weibliche wie männliche Zeug:innen Jehovas von zahlreichen Vorteilen, wurden etwa besser verpflegt, trugen Zivilkleidung und haben zum Teil mit im Gutshaus gelebt. Mehrere von ihnen berichteten außerdem von einer vorzeitigen Haftentlassung im Januar/Februar 1945.[365] Sie standen damit auch in einem vergleichsweise nahen Verhältnis zur Familie Pohl, der es dadurch wiederum gelang, die Gesamtsituation zu verklären.[366] Andere Häftlinge begegneten den Zeug:innen Jehovas daher mit Misstrauen. Coba Veltman beschrieb sie als „Lämmer", die durch Tricks von ihrer Arbeit abgelenkt werden mussten, damit es den anderen Häftlingen gelang, sich Lebensmittel aus der Scheune zu „organisieren": „Sie konnten alle ohne Bewachung arbeiten. Sie arbeiteten in der Scheune bei den Tieren und jedermann weiß, dass da das meiste organisiert werden konnte! Sie wussten schon, was sie erreichen konnten, ABER NUR FÜR IHRE EIGENEN GLAUBENSGENOSSEN! Solidarität mit den anderen

Ravensbrück betroffen. In einem Schreiben vom 6. 1. 1943 verfügte Himmler, dass die Zeug:innen Jehovas als „gutes, williges, treues und gehorsames Arbeitspersonal" fortan nicht mehr bestraft werden oder zur Unterzeichnung von „Verpflichtungserklärungen" gedrängt werden sollten, sondern etwa in der Landwirtschaft, in Lebensbornheimen, bei kinderreichen SS-Familien oder als Hausmeister (ohne Aufsicht) eingesetzt werden sollten. Diese Vorgabe erklärt den Einsatz der männlichen wie weiblichen Zeug:innen Jehovas auf dem DVA-Versuchsgütern Comthurey und Brückentin. Jedoch zeigen die Arbeitseinteilungslisten des KZ Ravensbrück, dass Zeuginnen Jehovas bereits (spätestens) 1940/41 für die landwirtschaftlichen Arbeiten auf dem DVA-Gut Ravensbrück eingesetzt wurden. Das könnte bedeuten, dass die SS im KZ Ravensbrück den Umgang mit den Zeuginnen Jehovas schon vor 1943 änderte bzw. sie bevorzugt in der Landwirtschaft einsetzte. Vgl. Hans Hesse/Jürgen Harder, Und wenn ich lebenslang in einem KZ bleiben müßte… Die Zeuginnen Jehovas in den Frauenkonzentrationslagern Moringen, Lichtenburg und Ravensbrück, Essen 2001, S. 71 f., 147–151, 181 ff.; MGR/SBG, SlgBu 14.

363 Vgl. MGR/SBG, SlgBu 14; D20/3; JZA, LB Bender, Susanna Augusta 01, S. 3; LB Unterdörfer, Ilse 01, S. 21 f.

364 Dazu gehörten beispielsweise die Arbeitskommandos „Neubau Gut", „Straßenbau Gärtnerei", „Erdbewegung Kükenaufzucht", „Zufahrtsstraße Altes Gut", „Gärtnerei Kesselbau" und „Forst Neues Gut". Vgl. MGR/SBG, SlgBu 13; 14.

365 Vgl. BArch, B 162/455, Bl. 265; B 162/469, Bl. 102 f.; JZA, LB Dittrich, Minna 01, S. 2; DOK 20/01/45 (1). Siehe auch: JZA, LB Wilderer, Irma 01, S. 18 f.; PA Weger, Pohl o. D., unpag., S. 87 f.

366 Vgl. PA Weger, Pohl o. D., unpag., S. 94; Goldensohn, Pohl, S. 417 f.

ließen sie deutlich vermissen! [...] Eine Möglichkeit war, die Kuh, die nahe am Stall stand, loszubinden und dann in den Stall zu laufen: ‚Die Kuh ist entwischt!' Dann kam sie nach draußen gerannt, aber, sobald sie merkte, dass eine oder mehrere Gefangene in den Stall gingen, um ihren Schnitt zu machen, dann ließen sie die Kuh Kuh sein und rannten zurück in ihr gutes Leben, NICHT ZU IHRER VON GOTT VORGESCHRIEBENEN ARBEIT, sondern in den Stall, wo sie für sich und ihre Freunde, die anderen Jehovas Essbares stehlen konnten!!!!!!!"[367]

Den Umstand, dass sie von der SS kaum oder gar nicht bewacht wurden, nutzten die Zeug:innen Jehovas beispielsweise für Spaziergänge, geheime Treffen mit Glaubensbrüdern und -schwestern oder die Vervielfältigung und Verbreitung ihrer Schriften. Dazu äußerte sich auch Auguste Bender in ihrem Lebensbericht: „Die teilweise Vervielfältigung des Wachturms habe ich an meiner Arbeitsstelle auf dem SS-Gut Ravensbrück auf der Schreibmaschine vorgenommen. Wir hatten vom Gut aus eine gute Gelegenheit erhalten mit Brüdern von Berlin, Wentzlaff und Fritsche, wegen Zeitschriften in Verbindung zu kommen. Wir trafen die Brüder im Wald, wenn es dunkelte, zu verabredeten Zeiten."[368] In der Konsequenz waren die Zeug:innen Jehovas nicht nur mit Neid und Unverständnis der anderen Häftlinge konfrontiert, sondern mussten immer auch damit rechnen, entdeckt zu werden. So führte die Gestapo entsprechend der Erinnerung mehrerer Zeug:innen Jehovas im Frühjahr 1944 eine größere Razzia im KZ Ravensbrück durch, bei der auch das Versuchsgut Ravensbrück nach Bibeln und Schriften durchsucht wurde und es zu Verhaftungen in dem dortigen Arbeitskommando gekommen sein soll.[369]

Die SS auf den Versuchsgütern

Die SS hatte auf den Versuchsgütern größtenteils die Aufgabe, die Häftlinge und ihre Arbeit zu kontrollieren. Vor allem in Comthurey und Feldberg wurden sog. Volksdeutsche als SS-Aufseher eingesetzt.[370] Das männliche SS-Personal arbeitete auch in Fachpositionen wie Gutsverwalter, Bauleiter, Gärtner, Förster, Tierpfleger oder Hausmeister.

Im Gutshof Ravensbrück war der Landwirt Weiß, der mit seiner Familie im Verwalterhaus lebte, durchgängig als Gutsverwalter eingesetzt. Zentrale

367 MGR/SBG, P-DVA/2-1, Bl. 42 Einfg. 1, Ü, Schreibweise wie im Original.

368 JZA, LB Bender, Susanna Augusta 01, S. 3.

369 Vgl. JZA, LB Bender, Susanna Augusta 01, S. 3; LB Unterdörfer, Ilse 01, S. 21 f. Siehe auch Hesse/Harder, Zeuginnen Jehovas, S. 196 f.

370 Vgl. Stefan Hördler, Ordnung und Inferno. Das KZ-System im letzten Kriegsjahr, Göttingen 2015, S. 178–230.

Positionen hatten auch die Gärtner Haase und Klähn, der Förster Müller sowie die Mitarbeiterinnen der Geflügelfarm, Herta Damköhler und „Frl." Thiede inne.[371] Die Häftlinge wurden bei ihrer Arbeit ausschließlich von SS-Aufseherinnen des KZ Ravensbrück bewacht.

In Comthurey kam es zu häufigen Wechseln bei den Verwaltern. Eleonore Pohl schrieb dazu am 16. März 1945 an Hedwig Potthast: „Der letzte Verwalter bekam einen Nervenzusammenbruch und ist zur Erholung in der Steiermark. Jetzt kommt ein richtiger Greis – leider aus meiner Bekanntschaft – aber es ist dies nicht meine Schuld – als 14. Nothelfer nach Comthurey."[372] Der (wahrscheinlich) einzige Gutsverwalter, der über Fachkenntnisse in der biologisch-dynamischen Wirtschaftsweise verfügte, war Carl Grund. Er kam im Februar/März 1945 aus der Ukraine nach Comthurey und übergab das Gut Anfang April 1945 an die sowjetischen Truppen.[373] (siehe Kapitel „Lebensraum": Planung und Praxis der Besetzung sowjetischer Gebiete) Die zahlreichen überlieferten Namen von SS-Aufsehern und Aufseherinnen lassen darauf schließen, dass auch das Personal ständig gewechselt hat.[374]

Eine der wenigen ehemaligen SS-Aufseherinnen, die über ihren Einsatz auf einem der Ravensbrücker Versuchsgüter ausführlich sprach, war Frieda Lehmann. Bereits inhaftiert, wurde sie im Januar 1948 in Dresden nochmals vernommen, da ehemalige niederländische Häftlinge schwere Vorwürfe gegen sie

371 Vgl. BArch, NS 3/1174, Bl. 3, 6; NS 3/1430, Bl. 54, 114; NS 3/1470, Bl. 69; JZA, LB Bruch, Ruth 01, S. 17; MGR/SBG, P-DVA/3–2, unpag. In der Geflügelfarm gab es zumindest zeitweise eine Auszubildende mit dem Namen Blendermann. Vgl. BArch, NS 3/1174, Bl. 3, 6.

372 BArch, R 9361-III/565868, Bl. 1155 f., gemeint ist Major Schwietzke. Siehe dazu auch PA Weger, Pohl o. D., unpag., S. 92, 94.

373 Als weitere Verwalter sind in den Akten genannt: Vögele, Heinrich Heiden (oder Heyden) und SS-Oberscharführer Schleuss (oder Schleuß). Etwa zeitgleich mit Carl Grund muss auch Major Schwietzke, Eleonore Pohls Bekannter, in Comthurey angekommen sein, der zunächst als neuer Gutsverwalter vorgesehen war. Vgl. BArch, AR-Z 77/72, Bl. 676; MGR/SBG, SlgBu 39/866; AGB 165, Nr. 26, Ü; P-DVA/3–8, unpag.; PA Weger, Pohl o. D., unpag., S. 92, 94, 112 f., 251, 342 f. Vögele war einer der ersten Verwalter in Comthurey. Ob es sich bei ihm um den Anthroposophen Immanuel Vögele handelte, der 1943 das DVA-Gut Adeleichen verwaltete (siehe Kapitel Protagonist:innen), ließ sich nicht herausfinden. Wenn dies zuträfe, hätte es neben Carl Grund noch einen zweiten Verwalter in Comthurey mit Kenntnissen in der biologisch-dynamischen Wirtschaftsweise gegeben.

374 Insgesamt konnten wir 24 Namen von SS-Aufsehern sowie 8 Namen von SS-Aufseherinnen zusammentragen. Hinzu kommen Obergärtner Weise, die Bauleiter Kammler, Galle und Arlt („der Schreier") sowie der Förster Willy Schmidt, der mit seiner Familie im Erdgeschoss des Brückentiner Gutshauses wohnte. Vgl. für einen Großteil der Namen: MGR/SBG, SlgBu 39/866; 43/940–27; AGB 165, Nr. 27, Ü; NIOD, 250k 536, Ü; PA Weger, Pohl o. D., unpag., S. 18, 70.

erhoben hatten. Frieda Lehmann war von Mai 1943 bis März 1945 als SS-Aufseherin in Comthurey. Ihre Darstellungen fallen grundlegend anders aus als die Erinnerungen der Häftlinge. So erklärte sie etwa: „Ich habe während meiner Tätigkeit auf ‚Comthurey' niemals bewusst Häftlinge schikaniert oder geschlagen. Ich habe auch keine ungerechten oder aussergewöhnlichen Strafen verhängt. Ich war dort nur Aufseherin ohne weiteren Dienstgrad und Parteizugehörigkeit und habe lediglich meinen Dienst getan. Ich versuchte den Frauen ihr Leben zu erleichtern, indem ich, wenn ich mit ihnen im Walde arbeitete in der kalten Jahreszeit aus Reisig Feuer machen liess."[375]

Dagegen gab die Niederländerin Charlotte van Berckel im Dezember 1945 zu Protokoll: „Fast jeden Sonntagnachmittag hatte sie eine ausführliche Liste von ‚Strafarbeitern', zu denen die Unterzeichnerin meistens gehörte. Abends nach der Arbeit ersann sie extra Aufgaben für eine andere Gruppe ‚Strafarbeiter'. Die Strafen wurden vollkommen willkürlich aufgrund ihrer persönlichen Antipathien vergeben. Bei Regen und Schnee arbeiteten die Gefangenen immer draußen und mussten am nächsten Tag in derselben nassen Kleidung zur Arbeit."[376]

Das Verhältnis der Häftlinge zu den SS-Mannschaften war durchaus ambivalent. Sie hatten einen gewissen Spielraum, um auf Willkür und Gewalt der SS mit Widerspruch und Selbstbehauptung zu reagieren.[377] Einige Zeugen Jehovas erinnerten sich an ihren zeitweiligen Kapo und Vorarbeiter Willi Harlas, der sich weigerte, in Comthurey Panzersperren zu bauen, und deshalb in das Männerlager des KZ Ravensbrück zurückverlegt wurde.[378] Die niederländische Schriftstellerin Sonja Prins berichtete ebenfalls davon, wie sich weibliche Häftlinge Anfang 1945 den Anordnungen des Gutsinspektors widersetzten. „Zuerst befahl er uns, ohne alles einen Panzergraben auszuheben, um das Landgut zu schützen, aber die Kolonnen blieben stehen, wo sie standen und warteten ab. Danach hielt er eine lange Tirade darüber, was mit allen Frauen geschehen würde, wenn die Russen kämen. Sie würden vergewaltigt, gefoltert und ihre Kinder ermordet. ‚Wollt Ihr das?' Stille. ‚Aber wenn ihr die Grube grabt, gewinnen wir Zeit Euch an einen sicheren Ort zu bringen,' flehte er uns regelrecht an. Er versuchte es dreimal und dreimal erklang ein einmütiges ‚Nein' aus den Reihen der Polinnen und Niederländerinnen. Wir waren alle stolz auf diesen Moment und wir wussten, dass wir alle erschossen werden konnten, tief in unserem Hinterkopf, aber wir wussten

375 MGR/SBG, SlgBu 39/866, Bl. 2.

376 MGR/SBG, AGB 165, Nr. 27, Ü.

377 Allgemein zu Widerstand und Selbstbehauptung im KZ Ravensbrück siehe Gabriele Knapp, Widerstand und Resistenz, in: Eschebach (Hrsg.), Das Frauen-Konzentrationslager Ravensbrück. Neue Beiträge, S. 219–234.

378 Vgl. BArch, B 162/454, Bl. 398; B 162/470, Bl. 15.

auch, dass wir auf der Siegerseite standen und dass wir nicht nachgeben würden. Der Inspektor saß wie gewöhnlich, wenn er uns etwas zu sagen hatte, auf seinem Pferd, er ritt weg und die Bewacherinnen, sehr beeindruckt, marschierten mit den Wald- und Feldkolonnen mit zur normalen täglichen Arbeit, ohne etwas zu sagen."[379]

Ebenfalls in Comthurey ist es Häftlingen wahrscheinlich gelungen, den Austausch von SS-Personal zu erwirken. Stanisława Niedźwiedź beschrieb in ihrer Aussage vom Februar 1946, dass sich die niederländischen Häftlinge nach einem Vergewaltigungsversuch an die Oberaufseherin wandten. Sie beschwerten sich außerdem bei ihr, dass die Lebensmittelrationen der Häftlinge an die Allgemeinheit verteilt wurden. Obwohl die Oberaufseherin die betroffene Niederländerin in das KZ Ravensbrück zurückschickte, wurden die Vorfälle wohl wenig später untersucht und die Häftlinge befragt.[380] „After work one day – as usual without any explanation – all of the columns were assembled for an *Appell* and an SS man began to select women from among the columns. [...] Five Dutchwomen were selected and a sixth volunteered. All of them were led over to the camp office. Later they told us that it wasn't a brothel selection at all, but an interrogation regarding the abuses that had been going on in the camp. After that event, the camp *oberinka* was replaced, as was the Polish *blokowa* shortly afterwards. In her place returned the Dutchwoman from before."[381]

Zugleich berichtete insbesondere Karl Gerber von Wachleuten der unteren SS-Ränge, die Häftlinge unterstützten, auch weil sie selbst den Kommandoführern gegenüber ablehnend eingestellt waren. Inwieweit sie jedoch ihre Möglichkeiten nutzten, war von der Beziehung zu einzelnen Häftlingen abhängig, wie Gerber andeutete: „In unserer Verlassenheit und Enge am See konnten uns nur die Wachmänner helfen, und die Hälfte der Männer taten auch, was sie nur konnten. Durch Ernst Barthel [Kapo des 1. Baukommandos] war ein reibungsloses Verhältnis zwischen den Häftlingen und SS-Männern zustande gekommen. Wachleute gingen in ihren freien Stunden in die Dörfer oder nach Dabelow und besorgten Brot. Sie konnten unser Elend nicht mit ansehen. [...] Auch andere unsichtbare Fäden, die von hüben nach drüben führten, hielt ich in meinen Händen."[382]

379 Prins, Weegschaal, S. 340, Ü.

380 Karl Gerber berichtete von einem ähnlichen Fall. Der Kapo Ernst Barthel hatte demnach bei der SS-Aufseherin Borgmann (oder Bormann) eine bessere Verpflegung der männlichen Häftlinge gefordert. Er wusste zudem, dass sie Lebensmittel, die für die Häftlinge bestimmt waren, an die SS-Mannschaften verteilte. Daraufhin wurde er zurück ins Männerlager des KZ Ravensbrück gebracht. Vgl. MGR/SBG, NL 195 2/1, S. 355 f.

381 LUND, 15/178, Ü, S. 4.

382 MGR/SBG, NL 195 2/1, S. 353 f., siehe auch S. 345, 351, 364.

Ähnlich ambivalent sind die Erinnerungen der Niederländerinnen an den Förster und SA-Mann Willy Schmidt, der u. a. die Waldarbeiten in Comthurey und Brückentin bewachte. Coba Veltman etwa beschrieb ihn als überzeugten Nationalsozialisten, der die Arbeit der Häftlinge genau beobachtete: „Er hatte die Gewohnheit, mit seinem Fernglas die Gefangenen zu beobachten, dann dort hin zu eilen und fluchend seine Macht zu zeigen!“[383] Gleichzeitig sei er ein „anständiger Mensch“ gewesen, der sich auch auf politische Diskussionen einließ und Weihnachten 1944 heimlich einen Baum mit Obst für die Häftlinge geschmückt habe.[384] Sonja Prins verfasste noch im KZ Ravensbrück ein Gedicht, das sich auch mit dem widersprüchlichen Verhalten des Försters Schmidt beschäftigte. Dieses Gedicht mit dem Titel *Als het van mij afhangt* (*Von mir aus*) stellte sie dann 1949 ihrem dokumentarischen Roman *De groene jas* (*Die grüne Jacke*) – eine Anspielung auf die grüne Lodenjacke des Försters – voran. Sein heuchlerisches und widersprüchliches Verhalten gegenüber den Gefangenen war für Sonja Prins nach eigenen Angaben ein zentraler Antrieb, den Roman über das DVA-Versuchsgut Comthurey zu verfassen.[385]

Weitere Arbeiter:innen und Bewohner:innen

Neben dem SS-Personal lebten und arbeiteten auf den Versuchsgütern auch Zivilangestellte und Landarbeiter:innen. Mit ihnen hatten die Häftlinge ebenso Kontakt, und entgegen den Anweisungen fand ein Austausch, insbesondere von Nahrungsmitteln und Informationen statt. Die Polin Aniela Puchtowa berichtete, dass es ihr auf der Baustelle des Versuchsgutes Ravensbrück durch Hilfe des Maurermeisters möglich war, nach einem Rippenbruch zumindest eine leichtere Arbeit zu erhalten.[386] Die zwei Landarbeiterfamilien des Gutes, Jacobi und W.,

383 MGR/SBG, P-DVA/2-1, Bl. 25 Einfg. 2, Ü.

384 Vgl. MGR/SBG, P-DVA/2-1, Bl. 25 Einfg. 2, 40, Ü; P-DVA/3-4, unpag.; NIOD, 250k 536, Anhg. 3, Ü.

385 Vgl. Marianne Kröger, Ravensbrück als Ort der Erfahrung. Leben und Werk der niederländischen Dichterin Sonja Prins, in: Dachauer Hefte 10 (1994), S. 50–68, hier S. 65 f. *De groene jas* erschien nochmals 1983 in gekürzter und kommentierter Fassung unter dem Titel *Dwangarbeid en verzet in Mecklenburg 43–44* (Zwangsarbeit und Widerstand in Mecklenburg 43–44). In der Bibliothek der Gedenkstätte Ravensbrück befindet sich eine Arbeitsübersetzung dieser Neuauflage. Vgl. Kröger, Ravensbrück, S. 51. Ein Auszug aus dem Gedicht findet sich am Ende dieses Kapitels.

386 Vgl. LUND, 17/395, Ü MGR/SBG, PIL/5-221, S. 2 f. Vgl. auch die Erinnerungen von Alois Kuhn, der den Aufbau der Obstbaumzucht in Comthurey betreute und mit diversen Häftlingskommandos zusammenarbeitete. Vgl. PA Bersch, Gespräch mit Alois Kuhn vom 31. 7. 2001, unpag.

standen in direktem Kontakt mit den Zeuginnen Jehovas. Die Zeitzeugin H. Z. erinnerte sich, dass sich ihr Großvater über das Verbot, mit den Häftlingen zu sprechen, hinwegsetzte, da es sonst gar nicht möglich gewesen wäre, zusammenzuarbeiten. Demnach ließ er auch seine Pausenbrote „aus Versehen" für die Häftlinge liegen, und H. Z. brachte nach eigenen Angaben als Mädchen den Eimer mit Küchenabfällen in den Schweinestall, in dem ihre Mutter und Großmutter Essbares für die Häftlinge versteckt hätten.[387] Insgesamt scheinen die Kinder, die auf den DVA-Versuchsgütern lebten, sehr viel Kontakt zu den verschiedenen Häftlingen und „Zivilarbeitern" gehabt zu haben, der zudem kaum kontrolliert wurde. H. Z. erinnerte sich weiter, dass sie öfter mit den Zeuginnen Jehovas mitgegangen ist und Häftlinge ihr auch die Brutkästen der Geflügelfarm gezeigt haben.[388] Auch Heilwig Weger, Adoptivtochter von Oswald Pohl, berichtete, wie sie die Arbeit der Häftlinge auf den Baustellen und in den Werkstätten von Comthurey beobachtet habe. Obwohl der enge Kontakt durch Mitarbeiter Pohls kritisiert wurde, scheinen die Eltern Pohl sich nicht weiter darum gekümmert zu haben.[389]

Die Niederländerin Willy Schilderink berichtete zudem, dass es auch Kontakt zur Zivilbevölkerung im Umfeld gab: „Wir hatten Kontakt mit der Außenwelt, denn wir sprachen auch mit Männern aus dem Lager, das in der Nähe war und auch mit Menschen von außerhalb; so erfuhren wir auch einige Nachrichten. Ob wir eigentlich ein Radio hatten weiß ich nicht, aber wir hörten schon regelmäßig das ein oder andere."[390] Minna Dittrich erinnerte sich ähnlich wie Alois Moser, dass dieser Kontakt zwar möglich war, jedoch durch die SS auch unterbunden oder sanktioniert wurde. „Die Frauen, die immer Milch auf dem Gut holten beschwerten sich, daß ihre Männer im Krieg seien. Da sagte Schw. [Schwester] D.: ‚Unsere Männer vergießen kein Blut.' Das kam Inspektor Schleuß zu Ohren und er sagte: ‚Wenn sie noch einmal Propaganda für den blöden Jehova machen, werde ich sie mit dem Gummiknüppel verprügeln und ins Straflager bringen.'"[391]

387 Vgl. MGR/SBG, D20/3; D20/5.

388 Vgl. MGR/SBG, D20/3.

389 Vgl. MGR/SBG, P-DVA/3-1, unpag.; Schmitz Köster, Kind, S. 123 f.; PA Weger, Pohl o. D., unpag., S. 48. Heilwig Weger geb. Holtz ist das dritte Kind von Eleonore Pohl, damals verwitwete von Brüning. Sie kam 1938 im Lebensborn-Heim Steinhöring zur Welt und lebte von 1943 an mit ihrer Familie und nachdem Oswald Pohl sie 1944 adoptiert hatte, auf dem DVA-Versuchsgut Comthurey. Dort hatte sie jedoch nur Kontakt zu den Zeug:innen Jehovas. An andere Häftlinge konnte sie sich nicht erinnern. Es ist zu vermuten, dass der Kontakt nicht unterbunden wurde, weil Pohl und seine Frau den Zeug:innen Jehovas besonders vertrauten. Vgl. Schmitz-Köster, Kind, S. 14, 113–154.

390 NIOD, 250d 826, S. 3 f., Ü.

391 JZA, LB Dittrich, Minna 01, S. 2; siehe auch LB Moser, Alois 01, S. 19.

Eine besondere Rolle in dem Personalgefüge von Comthurey nahm Eleonore Pohl ein. Keineswegs führte sie als Künstlerin und Ehefrau von Oswald Pohl in Comthurey ein idyllisches Landleben. Vielmehr war sie, bedingt durch die ständige Abwesenheit von Oswald Pohl, vor Ort eine zentrale Autoritätsperson. Sie hatte nicht nur großen Einfluss auf die Bauarbeiten in Comthurey, sondern war auch in die Gestaltung des Versuchsgutes involviert.[392] Ihre Tagebuchaufzeichnungen belegen, dass sie die landwirtschaftlichen Entwicklungen sehr genau beobachtete.[393] Ebenso begleitete sie Oswald Pohl nach Dachau, nach Pabenschwandt, zur Obstbaumzucht in Dodow oder beim Besuch von Otto Stritzel.[394] Bei einem dieser Besuche auf der Dachauer *Plantage* nahm sie der dort inhaftierte Pfarrer Albert W. Riesterer sogar als diejenige mit Fachwissen wahr: „Die Frau machte einen sehr soliden, ruhigen Eindruck. Sie hat Landwirtschaft studiert und erklärte dem Herrn Gemahl die Versuche. Besonders über die Strahlungsversuche (ultraviolette und infrarote Strahlen und kaltes Licht in ihrem Einfluss auf die Pflanzen, und Heilung der Schäden durch Baldrian oder Kamille) wollte sie nähere Auskunft haben, ich sagte ihnen aber, ich sei gegen jedermann als Häftling zum Stillschweigen verpflichtet. Der Herr General brummte etwas und gab sich zufrieden."[395] Auch Freunde von Eleonore Pohl interessierten sich für die biologisch-dynamische Wirtschaftsweise und besuchten sie deshalb in Comthurey.[396]

Darüber hinaus war Eleonore Pohl Ansprechperson für die Gutsverwalter und Bauleiter, wie sich Heinrich Höpker erinnerte: „Frau Pohl erklärte mir ferner, wie schwer es der Inspektor haette bei den Arbeitern des Gutes, die unter anderem aus Polen bestaenden, Ordnung zu schaffen, weil ihr Mann sich einerseits zu wenig um das Gut kuemmern koenne, und er andererseits dem Inspektor seine Hilfe fuer ein schaerferes Anfassen dieser Arbeiter versagte."[397] Sie konnte ferner entscheiden, ob und inwiefern sie sich für die Belange der Häftlinge und sog. Zivilarbeiter einsetzte, die immer wieder an sie herangetragen wurden.[398] Dabei scheint sie den Häftlingen in ihrem näheren Umfeld durchaus geholfen zu haben. Sie soll beispielsweise Irma Krähenbühl mehrmals im Krankenblock des KZ Ravensbrück besucht und sich dafür eingesetzt haben, dass diese im Lager eine gute Arbeitsstelle bekam.[399] Und Minna Dittrich, die als Zeugin Jehovas im

392 Vgl. PA Weger, Pohl o. D., unpag., S. 19 f.
393 Vgl. PA Weger, Pohl o. D., unpag., S. 64 f.
394 Vgl. PA Weger, Pohl o. D., unpag., S. 21, 30, 32 f., 136 f.
395 Riesterer, Waage Gottes, S. 33.
396 Vgl. ZfA, IV VDB (d) 1 P2, Bl. 66 f.
397 ZfA, IV VDB (d) 1 P2, Bl. 68.
398 Vgl. PA Weger, Pohl o. D., unpag., S. 87; ZfA, IV VDB (d) 2–3 P5, Bl. 29.
399 Vgl. JZA, LB Wilderer, Irma 01, S. 19 ff.

Kuhstall des Gutes arbeitete, erinnerte sich Ende 1988 daran, dass Eleonore Pohl für die Versetzung des Gutsinspektors Schleuß sorgte. „Eines Tages wollte der den Schw. [Schwestern] kein Holz geben. Sie erwähnten dies den Frauen auf dem Gut Pohls gegenüber, die in der Küche arbeiteten. Da Frau Pohl das mitbekam, rief sie gleich ihren Mann. Dieser forderte Schleuß zur Rechenschaft, ließ ihn auf seinen Geisteszustand untersuchen und schickte ihn zum schwersten Truppenteil."[400] Die Klagen und Bitten der Häftlinge des ersten Baukommandos scheint Eleonore Pohl hingegen ignoriert zu haben. In seinem Bericht vom April 1946 warf ihr Josef Mörs vor: „Ein Kamerad von uns, Heinz Schosswald aus Berlin schilderte die Zustände der Frau vom Obergruppenführer Pohl. Auf seinem Gut arbeiteten wir, Schosswald hatte aber keinen Erfolg bei der Frau, Genau so wie ihr Gatte, hatte auch sie kein menschliches Mitgefühl für uns."[401]

Konflikte

Konflikte zwischen den Häftlingen kamen vor allem wegen Ungleichbehandlungen und wegen politischen und/oder religiösen Differenzen auf. Immer wieder versuchten die SS-Mannschaften auch, diese bewusst zu schüren. Mehrere Häftlinge des ersten Baukommandos in Comthurey erinnerten sich an einen Vorfall, bei dem der SS-Rottenführer Reisig (oder Reißig) wegen eines angeblichen Diebstahls zwei Häftlinge aufeinander hetzte. Nachdem einer der beiden schwer verletzt war, wurde er zusätzlich noch von Mithäftlingen verprügelt und erschlagen.[402] Coba Veltman beschrieb, wie der SS-Mann Langenhorst durch unsinnige Strafarbeiten versuchte, die Spannungen zwischen den Polinnen und Niederländerinnen in Comthurey zu verstärken. „Sie fing an zu hacken, aber (absichtlich) so unbeholfen, dass Langos sich furchtbar aufregte und auch unter den Polen Unruhe aufkam. [...] Aber eine Holländerin (wofür ich ihr noch immer dankbar bin) sprach ruhig mit den Frauen und die Polinnen beruhigten sich. Was Ein-Arm-Langos sich erhofft hatte, dass die Frauen sich an der dummen Gefangenen rächen würden, geschah also nicht. Sie schauten sich das Theater in Ruhe an und .... Er konnte unverrichteter Dinge wieder zum Block zurückkehren."[403]

400 JZA, LB Dittrich, Minna 01, S. 2. Karl Benkner (Zeuge Jehovas), der im Haushalt Pohl als Fahrer und Hausmeister arbeitete, musste nach Konflikten mit Eleonore Pohl Comthurey verlassen. Er kam im Einzeltransport in das KZ Mauthausen, das er überlebte. Vgl. BArch, B 162/448, Bl. 266; PA Weger, Pohl o. D., unpag., S. 76; MGR/SBG, SlgBu 36/716, S. 7 f.; Schmitz-Köster, Kind, S. 125 f.

401 MGR/SBG, SlgBu 43/940–5. Siehe auch SlgBu 36/716, Bl. 4.

402 Vgl. MGR/SBG, NL 195 2/1, S. 348–351; SlgBu 43/940-5.

403 MGR/SBG, P-DVA/2–1, Bl. 26, Einfg. 1, Ü.

Für die Spannungen zwischen den Polinnen und Niederländerinnen in Comthurey gab es verschiedene Ursachen. Entscheidend waren wohl Sprachprobleme und der Umstand, dass politisch aktive Niederländerinnen, die zuvor kaum in der Landwirtschaft gearbeitet hatten, hier auf polnische Landarbeiterinnen trafen, die von den kommunistischen Ideen der Niederländerinnen nichts hören wollten. „Das Verhältnis war nicht das Beste. Ich glaube, dass die Polinnen den Eindruck hatten, dass sie durch die Holländerinnen verdrängt würden und das fanden sie nicht schön. Wir konnten da natürlich nichts für, aber den Eindruck konnte man haben, sie waren wirklich misstrauisch uns gegenüber. Sie verstanden uns auch kaum."[404] Überliefert wurde dies vor allem aus der Perspektive der niederländischen Häftlinge. Die Darstellungen etwa von Coba Veltman oder Annette Eekman (aus Belgien) vermitteln den Eindruck, dass es nur einen solidarischen Zusammenhalt zwischen den Niederländinnen gegeben hätte. Dem widersprechen jedoch die Erinnerungen von Irena Biernacka oder Stanisława Niedźwiedź, die zudem deutlich machen, dass die polnischen Häftlinge mit schlechteren Arbeitsbedingungen und mehr Gewalt durch die SS-Aufseherinnen konfrontiert waren.[405]

Erwähnenswert ist hier nicht zuletzt die Rolle von Sonja Prins: Sie bemühte sich nach eigenen Angaben nicht nur, Polnisch zu lernen, um mit den anderen Frauen in Kontakt zu kommen. Sie schrieb zudem eine subtil-kritische Version von Shakespeares *Sommernachtstraum*, die Weihnachten 1943 von niederländischen und polnischen Häftlingen gemeinsam und mit Erlaubnis der SS in Comthurey aufgeführt wurde. Ihr Ziel war es, dadurch das gegenseitige Misstrauen aufzubrechen und das Zusammengehörigkeitsgefühl unter den Häftlingen zu stärken. Gleichzeitig nutzte Prins diesen Freiraum auch, um die Verhältnisse in Comthurey und das Auftreten der SS zu kritisieren.[406] „Wir wussten nicht, dass der Inspektor mit unserem Theaterstück die Waffen-SS in der Umgebung unterhalten wollte, weil es in der Nähe von Brückentin keine Kneipen oder Kinosäle gab. Das war natürlich eine große Enttäuschung, dass alle Sitzplätze an unserem freien Tag von deutschen Soldaten besetzt waren und diejenigen, die nicht in unserem Stück mitspielten, nur an der Wand lehnend zuschauen konnten. Anderseits freute mich das – und ich denke, dass es den anderen genauso

404 NIOD, 250d 826, Bl. 3 f., Ü.

405 Vgl. MGR/SBG, P-DVA/2-1, Bl. 26, Einfg. 2, Ü; AGB 137, Nr. 5, Ü; Eekman, Interview; Prins, Weegschaal, S. 337 f., Ü; LUND, 15/178, Ü, S. 3.

406 Coba Veltman, die in dem Stück die Rolle des Puck spielte, berichtete zudem, dass sie am Ende der Aufführung improvisierte und sich mit den Worten „Aber wir werden uns rächen, später, später, später ..." direkt an die SS im Publikum wandte. Vgl. MGR/SBG, P-DVA/2-1, Bl. 26 Einfg. 2, 44, Ü.

ging – denn sie waren stolz am Ende, als die Deutschen sehr still und beeindruckt gegangen waren, dass wir zeigen konnten, dass wir was Besseres waren als sie, das wir etwas zustande gebracht hatten, dass sie mit ihren Waffen nicht zustande bringen konnten."[407]

4.2.4 Verzahnung der DVA mit dem KZ Ravensbrück

Im Gesamtzusammenhang der DVA betrachtet fällt auf, wie eng die Ravensbrücker Versuchsgüter mit dem Konzentrationslager Ravensbrück verzahnt waren. Der Aufbau des KZ und die Standortwahl insbesondere des Versuchsgutes Ravensbrück bedingten sich gegenseitig. Das Gelände, das Himmler vom *Kameradschaftsbund Deutscher Polizeibeamter* geschenkt wurde und auf dem er das Frauen-Konzentrationslager bauen ließ, gehörte ursprünglich zu den Ländereien des Gutes Ravensbrück. Durch diese Schenkung erfuhren Himmler und Pohl wahrscheinlich von den anderen Teilen des Gutes und kauften den Erbhof Ravensbrück Anfang Februar 1939 über die wenige Tage zuvor gegründete DVA. Der *Kameradschaftsbund* wiederum verzichtete im Anschluss auf seine Hypothek, mit der das spätere Versuchsgut noch belastet war.

In der Folgezeit wäre ohne die räumliche und institutionelle Nähe zum KZ Ravensbrück der Betrieb und Aufbau der DVA-Versuchsgüter im Umland nicht möglich gewesen. Ein Großteil der Bauplanung und -ausführung der Güter erfolgte über die SS-Bauleitung in Ravensbrück.[408] Gleichwohl diente der Einsatz

407 Prins, Weegschaal, S. 339, Ü. Der Text des Theaterstücks ist veröffentlicht in: Prins, Weegschaal, S. 357–388.

408 Zuständig für die KZ-Bauplanung der SS war zunächst das „Baubüro" der „Inspektion der Konzentrationslager", ab 1942 die Amtsgruppe C (Bauwesen) im neuen „SS-Wirtschaftsverwaltungshauptamt". Der zentralen Bauplanung waren die Bauleitungen vor Ort unterstellt. In Ravensbrück waren dies sowohl die „Zentralbauleitung Fürstenberg der Waffen-SS und Polizei" (später „Bauinspektion Reich-Nord der Waffen-SS, Zentralbauleitung Fürstenberg") als auch die dieser wiederum unterstellte „Bauleitung Ravensbrück der Waffen-SS und Polizei". Sie war sowohl beratende Instanz für den Kommandanten des KZ als auch planende und ausführende Instanz für die Amtsgruppe C. Sie befand sich zwar in räumlicher Nähe zum KZ Ravensbrück, war aber institutionell von diesem unabhängig. Vgl. Stefanie Endlich, Die äußere Gestalt des Terrors. Zu Städtebau und Architektur der Konzentrationslager, in: Wolfgang Benz/Barbara Distel (Hrsg.), Der Ort des Terrors. Geschichte der nationalsozialistischen Konzentrationslager. Bd. 1. Die Organisation des Terrors, München 2005, S. 210–229, hier S. 212 f.; Plewe/Köhler, Baugeschichte, S. 24 ff., 62 ff. Bauleiter waren Eduard Götzinger (1939–1941), Otto Bestle (1941–1943) und Wilhelm Hess (1943–1945). Vgl. BArch, B 162/448, Bl. 333–338; R 9361-III/74734, Bl. 1984–1992, 2006; R 9361-III/530900, Bl. 522 f.; SSO 22A, unpag.; RS/B 5232, unpag.

von Kriegsgefangenen beim Neubau des Gutes Ravensbrück als Vorbild für den Ausbau des KZ Ravensbrück.[409]

Ebenso zeigen die Akten, dass es für regionale Behörden immer wieder schwierig war, die unterschiedlichen SS-Interessen und SS-Institutionen auseinanderzuhalten, etwa wenn sich der Gebietserwerb für das Konzentrationslager Ravensbrück mit dem für die DVA vermischte. Hinzu kommt, dass es so gelang, die Vorhaben der DVA zu verschleiern. Beispielsweise fragte der Reichsminister für Ernährung und Landwirtschaft in einem Kurzbrief vom April 1941 beim Mecklenburgischen Ministerium an, ob in Comthurey „das Bedürfnis des Frauenkonzentrationslagers Ravensbrück nicht auch im Wege der Pachtung befriedigt werden" könnte.[410] Anscheinend wurde der Hinweis auf die Beschäftigung von Häftlingen eher wahrgenommen als der Plan, ein DVA-Versuchsgut aufzubauen. Die DVA als Akteurin verschwand so gewissermaßen hinter dem KZ Ravensbrück.

Trotzdem waren beide Institutionen gerade auch über den Einsatz von Häftlingen miteinander verbunden. Weibliche wie männliche Häftlinge des KZ Ravensbrück arbeiteten regelmäßig in Arbeitskommandos oder in Außenlagern auf den Versuchsgütern. Ohne diese rigorose Ausbeutung hätte die DVA ihre Ravensbrücker Versuchsgüter weder aufbauen noch unterhalten können. Damit war sie aber auch davon abhängig, dass ihr die Arbeitskraft stets zur Verfügung stand. Wie sich Zwischenfälle im KZ Ravensbrück auf die DVA auswirkten, zeigt ein Briefwechsel zwischen Heinrich Vogel und Oswald Pohl vom Sommer 1941. In seinem Monatsbericht für Juli 1941 schrieb Vogel: „Besonders bedauerlich war der Ausfall der Häftlinge in den Betrieben Ravensbrück. Infolge einer Krankheit war das Lager über 4 Wochen gesperrt. Während Landwirtschaft und Geflügelhaltung ohne besondere Verluste diese Zeit überstanden, verzeichnete die Gärtnerei durch den Ausfall der Arbeitskräfte einen Verlust von schätzungsweise RM 5000. Dieser Verlust entstand durch die Unmöglichkeit, alle Arten des anfallenden Gemüses rechtzeitig zu ernten, Jungpflanzen wieder auszusetzen und durch rechtzeitige Unkrautbekämpfung junge Kulturen zu fördern."

Pohl reagierte darauf mit Unverständnis und machte Vogel persönlich dafür verantwortlich, nicht einfach auf Häftlinge aus dem KZ Sachsenhausen zurück gegriffen zu haben: „Ich sehe nicht ein, daß dieser Verlust durch die Unmöglichkeit, alle Arten des anfallenden Gemüses rechtzeitig zu ernten, entstanden sein soll. Meiner Meinung nach hätte sich der Verlust wenigstens zum großen Teil verhindern lassen, wenn durch vorausschauende Anordnungen der Direktion,

409 Vgl. MGR/SBG, SAM 7/1, Bl. 21 f., 31 ff.

410 LHAS, (5.12–4/2) 16637, Bl. 31.

also des Chefs des Amtes III D, für die eingesperrten weiblichen Häftlinge eine Mindestzahl von männlichen aus Oranienburg herangezogen worden wäre. Daß das möglich war, geht ja daraus hervor, daß diese männlichen Häftlinge später tatsächlich eingesetzt worden sind. Ich erwarte, daß man in Zukunft in gleichen Fällen einen fast immer möglichen Ausweg findet."[411]

Auch über die regionalen Versuchsgüter hinaus griff die DVA auf (weibliche) Häftlinge des KZ Ravensbrück zurück. Neben jenen, die nach Auschwitz verlegt wurden, kamen Zeuginnen Jehovas von Ravensbrück aus in die DVA-Standorte Hausham und Lannach.[412] Die Bewachung der Häftlinge auf den Ravensbrücker Versuchsgütern erfolgte ebenfalls durch SS-Aufseherinnen und Aufseher des KZ Ravensbrück. Sie kontrollierten nicht nur den Arbeitsweg der Häftlinge und deren Arbeiten selbst, sondern auch die Unterbringung und Verpflegung. Ihr Verhalten – also etwa, wie genau sie die Arbeit überwachten oder zu welchen Sanktionen sie griffen bzw. welche Gewalt sie ausübten – bestimmte damit maßgeblich, ob die Häftlinge ihre jeweiligen Lebens- und Arbeitsbedingungen auf den Gütern Ravensbrück und Comthurey als Verbesserung oder Verschlechterung im Vergleich zum KZ Ravensbrück erlebten. Nicht zuletzt waren die DVA und das KZ Ravensbrück auch über persönliche Bekanntschaften miteinander verbunden. So war der letzte Kommandant des Lagers, Fritz Suhren, regelmäßig zu Gast bei Pohls in Comthurey.[413]

Weiterhin zeichneten sich die DVA-Versuchsgüter im Umfeld des KZ Ravensbrück durch hohe Baukosten aus. Gerade hier sollte nahe der DVA-Verwaltung in Berlin und später Feldberg ein Verbund repräsentativer SS-Mustergüter entstehen, die von der Führungsriege zugleich als Landwohnsitze genutzt wurden. Sie waren nicht auf Vertrieb oder Verkauf ihrer Erzeugnisse ausgelegt, sondern funktionierten – wenn überhaupt – nur als Selbstversorgerhöfe, die höchstens noch einzelne Einrichtungen und Mitglieder der SS in der Region belieferten. Zudem deuten die erwähnten Planungen, in der Nähe von Feldberg einen Haupthof einzurichten, darauf hin, dass hier eine Art Schwerpunktregion der DVA entstehen sollte, die nicht nur verkehrsgünstig gelegen war und den Zugriff auf die Arbeitskraft Tausender KZ-Häftlinge ermöglichte, sondern auch großflächig über jene Bodenverhältnisse verfügte, die die Grundlage für zahlreiche Versuchsreihen der DVA bildeten.

411 IfZ, NO/543, unpag.

412 Vgl. JZA, LB Gross, Frieda 01, Bl. 5 f.; BArch, B 162/448, Bl. 83–86; B 162/465, Bl. 127 f.; B 162/470, Bl. 145–148.

413 Vgl. PA Weger, Pohl o. D., unpag., S. 127; MGR/SBG, KL/34-19, unpag.

4.2.5 Nachgeschichte und Rezeption

DVA-Versuchsgut Ravensbrück

Wenige Tage bevor sowjetische Truppen am 30. April 1945 das KZ Ravensbrück erreichten, verließ die SS das Lager, trieb Tausende Häftlinge auf Räumungsmärsche – Todesmärsche – Richtung Norden und gab dabei auch das Versuchsgut auf. Womöglich war die Sprengung des neuen Gutes geplant, doch kam es nicht mehr dazu. Neben dem Gutsverwalter Weiß flüchteten auch die Landarbeiterfamilien. Martha Vollbaum erinnerte sich, dass es den Zeuginnen Jehovas, die in den verschiedenen Teilen des Gutes arbeiteten, gelang, sich in diesem ganzen Durcheinander zu verabreden und gemeinsam zu entkommen.[414]

In den folgenden Monaten diente das ehemalige KZ zunächst als sowjetisches Repatriierungslager zur Versorgung und Verpflegung von zurückgelassenen wie auch dorthin zurückkehrenden Häftlingen. Von Ende 1945 an nutzte das sowjetische Militär das Areal als Teil des Truppenstandortes Fürstenberg/Havel. Hierzu gehörte auch die Hofanlage des neuen Gutes, die bis zum Truppenabzug 1994 als (Militär-)Apotheke diente. Die Gemeinde Ravensbrück übergab die Ländereien des ehemaligen Versuchsgutes und die noch vorhandenen Gebäude des alten Gutes im Zuge der Bodenreform an „Neu- und Kleinsiedler". Konflikte mit den stationierten Truppen blieben nicht aus, wie der Ravensbrücker Bürgermeister im Februar 1946 an die Provinzialverwaltung meldete: „Diese Einheiten haben Vieh, welches sie ungehindert auf dem von den Siedlern bestellten Acker herumlaufen lassen. Die Siedler weigern sich nun, ihren Acker nicht weiter zu bestellen, bevor den Soldaten nicht angewiesen wird, die Siedler in Ruhe ihren Acker bestellen zu lassen."[415] Die Gärtnerei Kellerbruch lag zunächst brach, bis im Frühjahr 1946 Reparatur- und Instandsetzungsarbeiten durchgeführt wurden. Anschließend nutzten die sowjetischen Truppen auch die Gärtnerei. Umgewandelt in einen volkseigenen Betrieb, wurde sie im März 1950 dem volkseigenen Gut (VEG) Karlshorst angeschlossen. Vier Jahre später entstand dann aus der Zusammenführung der Gärtnereien Rheinsberger Straße (in Fürstenberg) und Ravensbrück der VEG Gartenbau Fürstenberg. Im Laufe der Jahre wurden die Gewächshausanlagen erneuert und erweitert.

414 Vgl. MGR/SBG, D20/3; P-TM/8, Bl. 37; Vollbaum, Portrait, S. 181.

415 BLHA, Rep. 208 MfLW 1983, Bl. 15. Vgl. Sina Niedermeyer/Kristin Witte, Teekessel. Sowjetische Hinterlassenschaften auf dem historischen Areal des Frauen-KZ Ravensbrück, in: Ines Reich (Hrsg.), Vom Monument zur Erinnerung. 25 Jahre Stiftung Brandenburgische Gedenkstätten in 25 Objekten, Berlin 2017, S. 66–73, hier S. 67 f.; Plewe/Köhler, Baugeschichte, S. 158 f.; BLHA, Rep. 208 MfLW 1983, Bl. 10 f. In dem Wirtschafts- und Wohngebäude der ehemaligen Geflügelfarm soll der Förster des Ortes gewohnt haben.

Das ehemalige DVA-Versuchsgut Ravensbrück (neues Gut). Zu erkennen sind hier noch die Feldflächen sowie das Gelände der Gärtnerei Kellerbruch, 1953. Fotograf:in unbekannt. © GeoBasis-DE/LGB <2018>, GB 02/18.

Mit dem Ende der DDR stellte die Gärtnerei Ravensbrück ihren Betrieb ein.[416] Heute befinden sich die Gebäude des ehemaligen Versuchsgutes Ravensbrück in

416 Vgl. BLHA, Rep. 272 VVG 1324, unpag.; MGR/SBG, NL 188/3, Bl. 46–49; NL 188/10, Bl. 41–45. In den Akten finden sich Hinweise darauf, dass die lokalen Behörden nach 1945 davon ausgingen, dass die Gärtnerei Kellerbruch nicht zum DVA-Versuchsgut Ravensbrück gehört hatte, sondern Teil des nahe gelegenen Gewächshausbaus von Artur Plonka (siehe Anm. 227) gewesen ist. Dies deutet darauf hin, dass über die Ausmaße und verschiedenen Bereiche des ehemaligen SS-Versuchsgutes vor Ort wenig bekannt war bzw. es der DVA gelungen war, ihre Vorhaben unauffällig durchzuführen. Vgl. BLHA, Rep. 208 MfLW 1983, Bl. 6. Die Gärtnerei Ravensbrück stellte etwa 1991/1992 den Betrieb ein, der Abriss erfolgte in mehreren Schritten zwischen 1996 und 1999. Vgl. MGR/SBG, D20/6.

Privatbesitz oder wurden, wie im Falle der Gärtnerei Kellerbruch, in den 1990er-Jahren abgerissen.[417] Das neue Gut steht seit 1994 unter Denkmalschutz.

DVA-Versuchsgüter Comthurey, Brückentin und Seeblick

Um die Auflösung der DVA-Versuchsgüter Comthurey und Brückentin ranken sich einige auf Mutmaßungen beruhende Mythen. Eleonore Pohl notierte in ihren Aufzeichnungen, dass sie das Gut zusammen mit ihren Kindern, Bekannten und einigen Zeug:innen Jehovas am 4. April 1945 Richtung Bayern verlassen habe. Fast der gesamte Pohl-Besitz, darunter wohl auch eingelagerte DVA-Akten, blieben demnach in Comthurey und wurden teilweise in Verstecken vergraben. Bevor die sowjetischen Truppen den Ort erreichten, soll das Gutshaus von der SS in Brand gesteckt worden sein. Empfangen wurden die Truppen wenige Tage später von Carl Grund, der kurz darauf verhaftet wurde und in einem Kriegsgefangenenlager in Rüdersdorf bei Berlin verstarb. Die Häftlinge wurden wohl schon Ende März zurück in das KZ Ravensbrück transportiert. Einzig die Zeug:innen Jehovas blieben teils noch auf den Versuchsgütern und wurden dort befreit.[418] In Comthurey wurden in der Folgezeit nicht nur die Vorräte und Verstecke geplündert, sondern auch das ehemalige Verwalterhaus in Brand gesteckt. Am 18. September 1945 übergaben die sowjetischen Truppen das Gut an eine zivile Verwaltung. Sowohl Comthurey als auch Brückentin wurden, genauso wie das Gut Seeblick am Linowsee, im Zuge der Bodenreform enteignet und der Wohnraum unter sogenannten Neubauern – in den meisten Fällen Flüchtlinge – aufgeteilt.

In welch schlechtem Zustand sich Comthurey befand, beschrieb der seinerzeit eingesetzte Gutsverwalter Erwin Jäger im September 1945: „Was von der ‚Roten Armee' an Korn abgeerntet wurde, ist mir nicht bekannt und eine Auskunft bekomme ich darüber nicht. Ein kleiner Trupp ist mit Schlachtvieh hiergeblieben doch wie lange, ist ebenfalls fraglich. Die beiden Traktoren sind noch immer nicht repariert, sodaß an Bestellungsarbeiten nicht gedacht werden kann. Pferde hat das Gut ebenfalls nicht erhalten und die beiden Privatpferde, welche hier sind, werden zum Wassertransport dringend benötigt, da das Gut kein Trinkwasser hat. Die mir zugewiesenen Arbeitskräfte haben das Gut bereits größtenteils wieder verlassen, da nicht die geringsten Nahrungsmittel vorhanden sind

417 Das ehemalige Wirtschafts- und Stallgebäude des alten Gutes Ravensbrück, zwischenzeitlich in ein Wohnhaus umgebaut, wurde 2007 abgerissen. Vgl. Auskunft der Kowobe Fürstenberg/Havel per E-Mail vom 27. 3. 2018.

418 Vgl. MGR/SBG, SlgBu 39/866, S. 2; Prins, Weegschaal, S. 340, Ü; PA Weger, Pohl o. D., unpag., S. 222, 342; BArch, B 162/455, Bl. 265; B 162/472, Bl. 60.

Abrissarbeiten an der Scheune des ehemaligen DVA-Versuchsgutes Comthurey, aufgenommen bei einem Besuch ehemaliger männlicher Häftlinge, ca. 1946. Fotograf:in unbekannt. MGR/SBG, Foto Nr. 2017/411.

und eine Zufuhr auch nicht erfolgt."[419] Doch die Situation verbesserte sich beiderorts. In Comthurey entstand eine „Maschinen-Traktoren-Station" der landwirtschaftlichen Produktionsgenossenschaft (LPG) Dabelow, Ende der 1950er-Jahre wurde ein neuer Schweinemaststall gebaut. Die terrassenförmig angelegte Gärtnerei war zunächst noch in Betrieb, bis das Gelände in den 1970er-Jahren in eine Bungalowsiedlung umgewandelt wurde. Das Gut Brückentin ließ die Stadt Neustrelitz ebenfalls in den 1970er-Jahren in ein Wassersport-Trainingszentrum mit Sportlerheim umbauen. Seit 1994 befindet sich auf dem Gelände eine „Jugendnaturschutzakademie".[420]

419 LHAS, (6.12–1/10) 172, Bl. 206, Schreibweise wie im Original.

420 Vgl. LHAS, (6.12–1/10) 172, Bl. 206; (6.12–1/10) 174b, Bl. 330, 354; PA Weger, Pohl o. D., unpag., S. 295 f., 332, 342; Sabine Bock, Herrschaftliche Wohnhäuser auf den Gütern und Domänen in Mecklenburg-Strelitz. Architektur und Geschichte 1. Katalog Alt Horst – Küssow, Schwerin 2008, S. 107 f., 167; O. A., Dabelower Geschichte und Geschichten, S. 7, www.dedoer-dabelow.de/apps/download?f=dabelowshistorie_1.pdf [21. 6. 2020]; PA Horn, Auskunft R. Fleischhack per E-Mail vom 22. 1. 2011; PA Gley, Planzeichnungen Comthurey 1958; MGR/SBG, WTA 4/4, Bl. 5; P-DVA/3–8, unpag.; BLHA, Rep. 250 Templin 663, unpag.; Rep. 203 AVE ESA 4835, unpag.

Feldberg (Meckl.)

Auch das DVA-Ausweichlager in Feldberg hat die SS fluchtartig verlassen, bevor die sowjetischen Truppen die Stadt Ende April 1945 erreichten. Der Verbleib der Aktenbestände, die sich höchstwahrscheinlich noch vor Ort befanden, ist unbekannt. In dem DVA-Ausweichlager sollen sich größere Lebensmittelvorräte befunden haben, die wahrscheinlich teils von der lokalen Bevölkerung geplündert, teils durch die sowjetische Armee beschlagnahmt wurden. Hinweise enthält der 1947 erschienene Roman *Der Alpdruck*. Hans Fallada (Rudolf Ditzen) beschreibt darin anhand der Figur des Schriftstellers Doll seine kurzzeitige Tätigkeit als Bürgermeister von Feldberg. „Freilich war in diesem Punkte, dem Heranschaffen von Waren aller Art, Frau Almas Tätigkeit noch viel erträglicher, ihre Geschicklichkeit wohl auch größer als die des Mannes. Ihr war – mit dreißig, vierzig anderen Frauen und Mädchen – die Aufgabe zugefallen, aus dem Barackenlager, das früher die SS eingenommen, die dort noch lagernden Vorräte in einen großen Schuppen an der Bahn zu schaffen. [...] Der Weg von den SS-Baracken zu den Bahnschuppen war weit, der Sack drückte, die Last war schwer: immer wieder verschwand eine Frau in den Büschen am Wege, und wenn sie wieder vortrat und sich, eben noch an der Spitze, jetzt in das Ende der lang auseinandergezogenen Kolonne einreihte, war der Sack nur noch dreiviertelvoll, für den Abend aber ein hübsches Depot in den Büschen angelegt."[421] Ab Juli 1945 wurden die ehemaligen DVA-Baracken von der Stadt Feldberg in Sequestrierung genommen und u. a. als Kornspeicher an die *Landwirtschaftliche Hauptgenossenschaft-Raiffeisen* vermietet. Überdies finden sich in den Akten Hinweise auf den Verkauf von Einrichtungsgegenständen. Die zwei großen Baracken wurden wahrscheinlich in den 1950er-Jahren abgerissen und die verbliebene ehemalige Wachbaracke noch bis in die 1990er-Jahre als Ferienheim eines thüringischen Möbelherstellers genutzt, bevor auch sie nach 2003 abgerissen wurde. Heute ist das Areal mit privaten Wohnhäusern und zum Teil mit Parkplatzflächen der Feldberger Kurklinik bebaut.[422]

421 Hans Fallada, Der Alpdruck, Reinbek b. Hamburg 1979, S. 27 f. Rudolf Ditzen (Hans Fallada) war von Mai bis August 1945 Bürgermeister der Stadt Feldberg. Vgl. Manfred Kuhnke, Feldberg am Tag des Sieges. Der 9. Mai 1945 – ein besonderer Tag im Leben des Hans Fallada, in: Hilmar Forberger/Jürgen Becker u. a. (Hrsg.), Feldberg. Geschichte und Geschichten (2. Aufl.), Friedland/Meckl. 2006, S: 117–120, hier S. 120.

422 Vgl. GeoBasis-DE/M-V, Orthophotos von Feldberg (Meckl.), 1953, 1991, 2003, 2007, www.geoportal-mv.de/gaia/gaia.php [21. 6. 2020]; MGR/SBG, D20/2; P-DVA/3-6, unpag.; P-DVA/3-7, unpag.; Meyer, Feldberg, S. 544; LHAS, (6.12-1/10) 87a, Bl. 126, 140, 150, 154; (6.12–1/10) 103a, Bl. 111.

Abrissarbeiten auf dem Gelände des DVA-Ausweichstandortes in Feldberg (Meckl.), im Hintergrund die ehemalige Wachbaracke, ca. 1950er-Jahre. Fotograf:in unbekannt. Privatbesitz Jürgen Becker.

Unterschiedliche Rezeption der Zeitzeug:innenberichte

Zur Nachgeschichte der Ravensbrücker Versuchsgüter gehört auch die Frage nach der historischen Aufarbeitung und Auseinandersetzung und nach der Rezeption der Zeitzeug:innenberichte. Warum ist aus ihnen vergleichsweise wenig über die DVA-Güter zu erfahren?

Erstens wurden zu den Ravensbrücker Versuchsgütern hauptsächlich männliche KZ-Überlebende befragt, die gar nicht in der Landwirtschaft gearbeitet hatten. Sie konnten viel über das verschwenderische Ausmaß der Bauarbeiten in Comthurey sowie ihre Eindrücke vom Lebensstil und Auftreten der Familie Pohl berichten. Damit bedienten sie zwar das Interesse an Hauptkriegsverbrechern wie Himmler oder Pohl und allgemein den Verbrechen der SS. Bis heute bestimmt jedoch genau dies die Wahrnehmung der Ravensbrücker Versuchsgüter als eines reinen Privatvergnügens der SS-Elite.

Zweitens wurden die ehemaligen weiblichen Häftlinge, also jene, die auf den Feldern, in den Wäldern und Gärtnereien von Ravensbrück und Comthurey arbeiten mussten, kaum zu diesen Arbeiten befragt oder sahen keine Notwendigkeit, darüber zu sprechen. Das mag daran liegen, dass es in keinem der deutschen

Nachkriegsprozesse um die DVA – oder allgemeiner: Zwangsarbeit in der Landwirtschaft – ging und sie dazu schlicht nicht als Zeuginnen vernommen wurden.

Drittens ging es in den Ravensbrück-Prozessen vor britischen, französischen und sowjetischen Militärgerichten um schwer wiegendere Verbrechen.[423] Nicht zuletzt unterließ es die Nationale Mahn- und Gedenkstätte Ravensbrück, entsprechende Zeitzeuginnenbefragungen durchzuführen. Die Erinnerungspolitik der DDR strebte nach einem „heroischen Widerstands- und Siegergedächtnis", das den kommunistischen Widerstand gegen den Nationalsozialismus übermäßig betonte. Dementsprechend wurden in Ravensbrück „historisch entkonkretisierte Pauschalbotschaften" vermittelt.[424] Die Geschichte des Ortes, und damit auch der Ravensbrücker Versuchsgüter, spielte dabei nur eine Nebenrolle. Relevant waren sie nur, wenn etwa historische Fotos zur Illustration der verschiedenen Arten von Zwangsarbeit genutzt werden konnten oder sich der Besuch von niederländischen Kommunistinnen in Comthurey auch politisch nutzen ließ.[425]

Obwohl sich dies in den 1990er-Jahren änderte und die Gedenkstätte Ravensbrück nun auch die zahlreichen Außenlager und Zwangsarbeitskommandos in den Blick nahm, wurde es weiterhin versäumt, noch lebende Zeitzeuginnen zu den Ravensbrücker Versuchsgütern zu befragen. Gleichwohl liegen von ehemaligen weiblichen Häftlingen einige autobiografische und fiktionalisierte Berichte zu ihrem Leben auf den DVA-Versuchsgütern vor. Dazu gehören zunächst die Berichte der Zeuginnen Jehovas. Sie schilderten ihre landwirtschaftlichen Arbeiten vergleichsweise ausführlich. Da sie erträglichere Lebens- und Arbeitsbedingungen hatten, bergen ihre Darstellungen jedoch die Gefahr, die Lage auf den

423 Vgl. Leo, Ravensbrück, S. 514 ff.; Anette Kretzer, NS-Täterschaft und Geschlecht. Der erste britische Ravensbrück-Prozess 1946/47 in Hamburg, Berlin 2009; Verena Paetow, Der französische Ravensbrück-Prozess 1950 in Rastatt. Die Ahndung von Verbrechen im Frauen-Konzentrationslager, Diss. Technische Universität Berlin 2018.

424 Vgl. Insa Eschebach, Museale Entwicklungen in ostdeutschen KZ-Gedenkstätten vor und nach dem Fall der Mauer, in: Museumsverband des Landes Brandenburg (Hrsg.): Entnazifizierte Zone? Zum Umgang mit der Zeit des Nationalsozialismus in ostdeutschen Stadt- und Regionalmuseen, Bielefeld 2015, S. 43–64, hier S. 49.

425 Die historischen Fotos vom Aufbau des Versuchsgutes Ravensbrück aus dem sog. SS-Album waren in den Ausstellungsräumen der Nationalen Mahn- und Gedenkstätte Ravensbrück zu sehen. Vgl. MGR/SBG, Fotos Nr. 5940–5941. Ein Zeitungsartikel vom 20. 9. 1949 berichtete, propagandistisch eingefärbt, von einem Besuch ehemaliger niederländischer Häftlinge in Comthurey. Coba Veltman war Ende 1961 nochmals in Comthurey. Ein Bericht aus dem Jahr 1946 sowie Fotoaufnahmen zeigen, dass auch Karl Gerber zusammen mit ehemaligen Mithäftlingen Comthurey besuchte. Vgl. O. A., Nie wieder solche Lager, in: Landes-Zeitung 4 (20. 9. 1949) 221, S. 6; Auskunft G. Olivier-Vonk per E-Mail vom 18. 8. 2018; MGR/SBG, SlgBu 40/903; Fotos Nr. 2017/407–2017/411, 2017/415.

Versuchsgütern zu verharmlosen. Sie sollten immer kontextualisiert werden. Weiterhin zählen zu diesen Berichten die zahlreichen Publikationen von Sonja Prins, der Bericht von Coba Veltman und auch Eugenia Kocwas Buch *Flucht aus Ravensbrück*. Letztgenanntes ist vor allem deswegen bekannt, weil die Autorin darin ihre gelungene Flucht aus dem KZ Ravensbrück beschreibt. Davor berichtet Eugenia Kocwa aber ausführlich über ihre Zwangsarbeit auf dem Gut Ravensbrück. Und auch die Romane, Texte und Gedichte von Sonja Prins sind bisher nicht zur Analyse der DVA-Versuchsgüter Comthurey und Brückentin herangezogen worden. Dabei gibt es kaum einen Text, der das Elend der männlichen wie weiblichen Häftlinge in Comthurey eindrücklicher vermittelt, als Sonja Prins' Gedicht *Als het van mij afhangt*:

Als het van mij afhangt

[...]
De bossen om ons heen zijn bruin en zwart.
Wij hebben ze verzorgd, het dode hout
versleept, vier winters lang, en omgezaagd
de gladde stammen voor de groeven.
Toen wij door diepe sneeuw gebaggerd zijn
dag in dag uit gegeseld door de wind,
met pakpapier beschut en gaten in de schoenen,
is deze prijs betaald. Wij konden niets
daartegen doen. Gij hebt het zo gewild.
Gij hebt zorgvuldig onze haat gekweekt.
En tussen haat en liefde voor het jonge groen
hebben wij nieuwe loten uitgezet, gekweld
door dorens, in moerassen waar het vocht
ons kromtrok, benen en gezicht gezwollen
door insecten – Wij hebben het gedaan.
Waar wij ook zullen zijn, hierna – de grond
ontgonnen en bewerkt ligt klaar.
Waar wij ook zullen zijn, hierna, en waar wij gaan –
Eindeloze rijen werken wij af in landarbeid
op velden als zeeën, zo breed en wijd –
de blauwe hemel als een dikke vacht
Wij zijn geketend aan de hardgebakken aarde,
gestapeld op de grond die onze voeten brandt.
wij en ons werktuig van gelijke waarde,

handen breed en lomp met dikke randen,
lichamen waarin de bloei versmoorde –
Lelijk als de bomen die gij liet verdrogen
in de nieuwe boomgaard – Gij hebt hun groei veracht;
wij hebben dagenlang van ver het water aangebracht
voor deze velden, wit en grijs geblakerd.

Dit was ons werk: wij maakten deze bruggen, deze wegen,
met de honger altijd achter onze ruggen,
waar wij wankelend voorwaarts torsten
onze ijzeren korven, zware stenen sleepten.
Velen zijn ziek geworden en enkelen gestorven.
Maar altijd kwamen nieuwe vrouwen uit het lager,
strompelend achteraan en leden honger,
met wonden die niet heelden en abcessen
op de benen. Toch werd het werk gedaan.

Gij hebt daarbij gezeten in de koele schaduw
met hoge laarzen, zwepen, thermosflessen.
[…]
„Als het van mij afhangt dan kun je gaan –"
Jazeker. Zeer verplicht. En vriendelijk bedankt,
boswachter Schmidt – meneer de kommandant.
Wij weten toch wie hier het laatst zal staan!

Mecklenburg, 1944.

Von mir aus

[…]
Die Wälder ringsherum sind braun und schwarz.
Wir haben sie gehegt, das tote Holz
entfernt, drei Winter lang, die glatten Stämme
für den Minenbau zersägt und weggeschleppt.
Da wir durch tiefen Schnee uns kämpften
tagein, tagaus, gepeitscht vom Wind,
schützend mit Packpapier umhüllt, und vielen Löchern in den Schuhen,
ist dieser Preis bezahlt. Wir konnten nichts
dagegen tun. Ihr habt es so gewollt.
Gründlich habt ihr unsern Hass geweckt.

Und zwischen Hass und Freude an dem jungen Grün
pflanzten wir Saat, gequält
von Dornen, in Sümpfen, deren Feuchtigkeit
uns in die Glieder fuhr, Beine und Gesicht
verschwollen durch Insektenstiche – Wir hielten durch.
Wo immer wir auch sind, hiernach – das Land
liegt seither nicht mehr brach.
Wo immer wir auch sind hiernach, wohin wir auch zu gehen haben –
Endlose Reihen beackern wir in Landarbeit
auf Feldern wie Meeren, so breit und weit –
der blaue Himmel wie ein dickes Fell
Gekettet sind wir an die harte Erde,
gestapelt am Boden, der unsere Füße verbrennt.
wir und das Werkzeug, von gleichem Werte,
die Hände breit und plump, voll dicker Schwielen,
wir sind Körper, in denen die Blüte verschmort' –
Hässlich wie Bäume, die dank euch sind verdorrt
im neuen Obstgarten – Ihr habt ihr Wachstum verachtet;
wir brachten das Wasser von weit her, tagaus, tagein
für diese Felder, hellbraun versengt vom Sonnenschein.

Dies war unser Werk: wir machten diese Brücken, diese Wege,
immer mit dem drohenden Hunger im Rücken,
wenn wir schwankend die stählernen Körbe
mit schweren Steinen schleppten und hoben.
Viele von uns wurden krank und starben.
Aber stets kamen neue Frauen aus dem Lager,
folgten uns strauchelnd und litten Hunger,
hatten Wunden, die nicht heilten und Abszesse
an den Beinen. Doch taten wir, wie uns befohlen.

Und ihr saßt dabei, dort im kühlen Schatten
mit hohen Stiefeln, Peitschen und Thermoskannen.
[...]
„Von mir aus könnt ihr gehen –"
Natürlich. Sehr verbunden. Und vielen Dank,
Herr Förster Schmidt, Herr Kommandant.
Wir wissen gut, wer hier zuletzt wird stehn!

Mecklenburg, 1944.

Deutsche Übersetzung nach Prins, Weegschaal, S. 39 ff.; vgl. Kröger, Ravensbrück, S. 55 f.

4.3 Landwirtschaftliche Betriebe des KZ Auschwitz

Die landwirtschaftlichen Betriebe im sog. Interessengebiet des KZ Auschwitz wurden formell von der DVA betreut.[426] Sie unterstanden dem Amt W V des WVHA unter der Leitung von Heinrich Vogel und waren – auch aufgrund der besonderen Aufmerksamkeit, die Himmler den landwirtschaftlichen Betrieben im SS-Interessengebiet in Auschwitz widmete – mit der Arbeit der DVA engstens verknüpft. Die Zusammenarbeit zeigte sich neben Zuständigkeiten, Interessen- und wiederholt von Himmler angeregten Forschungsschwerpunkten auch im Austausch von Menschen (Fachpersonal, Häftlingen) und Material (Saatgut, Setzlinge) zwischen dem KZ Ravensbrück und dem KZ Auschwitz.

Die Forschungsliteratur zu Auschwitz ist umfassend. Allerdings untersuchten nur wenige Studien die Arbeit in den landwirtschaftlichen Betrieben: Erste Informationen zu diesen Betrieben des KZ Auschwitz auf der Grundlage einer ausführlichen Auswertung von Berichten ehemaliger Häftlinge stammten von Anna Zięba. Die Mitarbeiterin der Einrichtung *Staatliche Gedenkstätte und Museum Auschwitz-Birkenau* (*Miejsce Pamięci i Muzeum Auschwitz Birkenau w Oświęcimiu, PMAB*) verfasste Ende der 1960er- und Anfang der 1970er-Jahre mehrere wissenschaftliche Artikel über die Wirtschaftshöfe und Nebenlager in Rajsko, Harmense, Babitz und Budy für die *Hefte von Auschwitz*.[427] Mit den Arbeits- und Lebensbedingungen der in der Landwirtschaft beschäftigten Häftlinge befassten sich in den folgenden Jahren noch weitere Mitarbeiter der Gedenkstätte.[428] Ferner erschienen Beiträge ehemaliger Häftlinge der landwirtschaftlichen Betriebe in den *Heften von Auschwitz*.[429] Überlebende Häftlinge berichteten auch in publizierten Erzählungen und in Sammelbänden über die landwirtschaftliche Tätigkeit in einzelnen Nebenlagern.[430]

426 BArch, NS 3/129, Bl. 212.

427 Vgl. Zięba, Harmense; Anna Zięba, „Wirtschaftshof Babitz". Nebenlager beim Gut Babice, in: Hefte von Auschwitz (1970) 11, S. 73–87; dies., „Wirtschaftshof-Budy", in: Hefte von Auschwitz (1967) 10, S. 67–85; dies., Das Nebenlager Rajsko, in: Hefte von Auschwitz (1966) 9, S. 75–108.

428 Vgl. Franciszek Piper, Arbeitseinsatz der Häftlinge aus dem KL Auschwitz, Oświęcim 1995; Tadeusz Iwaszko/Wacław Długoborski/Franciszek Piper, Auschwitz, 1940–1945. Studien zur Geschichte des Konzentrations- und Vernichtungslagers Auschwitz. Bd. 2. Die Häftlinge: Existenzbedingungen, Arbeit und Tod, Oświęcim 1999.

429 Vgl. Zofia Posmysz, Die „Sängerin", in: Hefte von Auschwitz (1964) 8, S. 15–32; Teresa Cegłowska, Strafkompanien im KL Auschwitz, in: Hefte von Auschwitz (1985) 17, S. 157–203; Wanda Koprowska, Tage des Grauens, in: Hefte von Auschwitz (1967) 10, S. 103–120.

430 Vgl. Tadeusz Borowski, Bei uns in Auschwitz, München 2008; Kitty Hart-Moxon, Wo die Hoffnung erfriert. Überlebende in Auschwitz, Leipzig 2001; Tichauer, No. 20832;

Die Dokumentations- und Sammlungstätigkeit um Auschwitz gründet einerseits in der Spezifik von Auschwitz als Vernichtungslager und andererseits in der frühen Errichtung der Gedenkstätte und des Museums als Erinnerungsort für ehemalige polnische und nicht-polnische Häftlinge im Jahr 1947. Mitarbeiter:innen der Gedenkstätte führten ausführliche Befragungen durch, bis heute zeugen zwei Aktenschränke voller Zeug:innen-Aussagen von ihrem Engagement. Auch die ungeheuren Ausmaße des Lagerkomplexes und die entsprechend große Anzahl Überlebender spielen eine Rolle. Nicht zuletzt im Zuge des Prozesses gegen Rudolf Höß, den ersten Kommandanten des KZ Auschwitz, aber auch im Rahmen der folgenden Prozesse in Polen, wurden viele ehemalige Häftlinge befragt. Diese ausführliche Dokumentation macht es möglich, die Dokumente der Täter:innen mit jenen der Verfolgten „gegenzulesen". Für die vorliegende Studie wurden neben dem *Bundesarchiv in Berlin* und dem *Bundesarchiv in Ludwigsburg* das *Archiv des Instituts für das Nationale Gedenken* (*Instytut Pamięci Narodowej, IPN*) in Warschau, in dem sich die Akten aus dem Höß-Prozess befinden, und das *Archiv des Staatlichen Museums Auschwitz-Birkenau* (*Archiwum Państwowego Muzeum Auschwitz-Birkenau, APMAB)* besucht, in dem neben den Berichten der KZ-Überlebenden die Akten der SS-Bauleitung, die Kommandanturbefehle und die Korrespondenz der SS archiviert sind. Einige der dort aufbewahrten Berichte von ehemaligen polnischen Häftlingen wurden für diese Studie erstmals (vollständig) übersetzt. Einbezogen wurden auch *Gutachten der Zentralbauleitung* und nach Mai 1945 zu datierende Dokumente von Joachim Caesar, dem Leiter der landwirtschaftlichen Betriebe in Auschwitz.[431] Die umfassendste Zusammenstellung von Täterdokumenten und Überlebendenberichten zu den landwirtschaftlichen Betrieben des KZ Auschwitz stammt

Charlotte Delbo, Triologie. Auschwitz und danach, Frankfurt a. M. 1990; Wieslaw Kielar, Anus Mundi. Fünf Jahre Auschwitz, Frankfurt a. M. 1982; Lore Shelley (Hrsg.), Criminal Experiments on Human Beings in Auschwitz and War Research Laboratories. Twenty Women Prisoners' Accounts, San Francisco 1991; dies. (Hrsg.), Auschwitz – the Nazi Civilization. Twenty-three Women Prisoners' Accounts. Auschwitz Camp Administration and SS Enterprises and Workshops, Lanham (Md.) 1992.

431 Vgl. APMAB, D-Au I Z. Bau 536, Gutachten betreffend Verbesserung der wasserwirtschaftlichen Verhältnisse des Auschwitzer Siedlungsgebietes vom 26. 3. 1941 von Dipl. Ing. Zunker (Breslau), Bl. 1–33; Bericht vom 30. 9. 1941 von Dr. Ing. Rühmer Fischereisachverständiger, Bl. 34–42; Schnellentwurf Wasserwirtschaft im Interessengebiet KL Auschwitz von Dipl. Ing. Lhotzky (Studiendirektor) vom November 1941, Bl. 43–70; Au I BW 29/2/11; Opr. Caesar 346, Der Landwirtschaftliche Großbetrieb; Taraxacum Kok-Sagys. Ein Kautschuktraeger. Erfahrungen und Versuche; Vati's (Joachim Caesar's) Memoiren. Die Unterlagen von Caesar bestehend aus Manuskript, Bericht und Memoiren übergab Alexander Schlichter dem Archiv 1999.

vom *Bildungswerk Stanisław Hantz* und liegt in Form einer Infomappe vor, in der Ausschnitte verschiedener Dokumente – und damit die verschiedenen Perspektiven – gegenübergestellt und somit gegeneinander gelesen werden können. Sie stellt eine der Grundlagen für die folgenden Kapitel dar.[432]

4.3.1 Interessengebiet Auschwitz – Aneignung von Raum und Ressourcen

Die Geschichte von Auschwitz/Oświęcim im Nationalsozialismus als Teil von revisionistischen Vorstellungen einer deutschen Ostexpansion, die schon im Ersten Weltkrieg deutsche Begehrlichkeiten geweckt hatte, beschrieben Götz Aly und Susanne Heim. Historiker:innen lieferten mit Thesen von der (ehemaligen) germanischen Besiedlung im Mittelalter den NS-Funktionären Grundlagen für eine Ausdeutung der Geschichte, die die Ansprüche auf das Gebiet rechtfertigen sollten. Das Planungsgebiet Auschwitz, das an Oberschlesien angegliedert wurde, gehörte zu einer Region, die für die deutsche Kriegswirtschaft insgesamt von strategischer Bedeutung war: Sie galt als bombensicher und verfügte über erhebliche Kohlevorkommen. Gute Voraussetzungen für die Ansiedlung eines modernen Industriezentrums boten auch die Wasserversorgung und ein ausbaufähiges Verkehrsnetz.[433]

Im April 1940 beschlossen Vertreter der SS und Funktionäre der NSDAP, das KZ Auschwitz, das zeitgenössisch KL Auschwitz, später KL Auschwitz I oder Stammlager genannt wurde, zu errichten. Das Lager fungierte spätestens seit Juni 1940 als Quarantäne- bzw. Durchgangslager.[434] Die Absicht, um das Lagerareal von Auschwitz einen sog. Sicherheitsgürtel anzulegen, der das Lager von der Umgebung abgrenzte, wurde vermutlich durch die erste Flucht eines Häftlings im Juli 1940 befördert.[435] Auf Grundlage von Konzepten für die Umsiedlung und Eindeutschung der Bevölkerung und Maßnahmen für eine Betriebs-

432 Bildungswerk Stanisław Hantz (Hrsg.), „Der Ausbau von Auschwitz als zentrale Zuchtstation hat erhebliche Fortschritte gemacht". Infomappe zum „Interessengebiet" des KZ Auschwitz, 2005.

433 Vgl. Götz Aly/Susanne Heim, Vordenker der Vernichtung. Auschwitz und die deutschen Pläne für eine neue europäische Ordnung, Frankfurt a. M. 2013, S. 153.

434 Vgl. Sybille Steinbacher, Auschwitz. Geschichte und Nachgeschichte, München 2004, S. 21–34.

435 Zwar hatte Rudolf Höß, der Kommandant des KZ Auschwitz, bereits seit Mitte Mai 1940 mit dem zuständigen Bodenamt in Kattowitz über die Räumung und Beschlagnahmung der ersten Zone rund um das Lager beraten, doch begann die gewaltsame Vertreibung der polnischen Bevölkerung aus dem Umland erst im November 1940. Vgl. Zięba, Rajsko, S. 75 f.

zusammenlegung in der Landwirtschaft erfolgte die sog. Aussiedlung der jüdischen und der nicht-jüdischen Bevölkerung aus der Stadt Auschwitz und aus dem sog. Interessengebiet ins Generalgouvernement.[436] Diese Umsiedlungen vereinten Anforderungen der Industrie (Buna-Werke der I.G. Farben) mit ideologischen Vorstellungen.[437] Die Maßnahme sollte mit der Ansiedlung von Deutschen auch die landwirtschaftliche Produktion in dem Gebiet befördern.

Der mit der sogenannten Ostexpansion zu gestaltende „Lebensraum" spielte auch im „Interessengebiet" eine zentrale Rolle: Die Landwirtschaft wurde von den Akteuren von SS und DVA als Raum konzipiert, in dem kolonialistische Siedlungs- und landwirtschaftliche Pläne umgesetzt werden konnten. Sie basierten auf Umsiedlung, Versklavung oder Ermordung von Teilen der dort ansässigen Bevölkerung und auf deren Zwangsarbeit. Die mit rassenideologischen Konzepten einhergehende Brutalisierung war Grundlage und zugleich eine neue Qualität bei der Durchsetzung des nationalsozialistischen Lebensraumkonzepts.

Für die KZ-Häftlinge und Zwangsarbeiter:innen besaß dieser Raum eine ganz andere Bedeutung und Dimension – als von Gewalt geprägter Raum ihrer Gefangenschaft und Zwangsarbeit, als Raum, in dem sie um ihr Überleben kämpften. Dabei ist zu beachten, dass die Dokumente der Täter:innen anders über Ausmaß, Ausdehnung und Umfang ihrer Tätigkeit auf dem Gelände Aufschluss geben können als die Berichte der Häftlinge, die durch das Eingesperrtsein in der Regel vor allem den eigenen Arbeitsbereich im Blick hatten.

Die landwirtschaftliche Nutzung des sog. Interessengebietes stand unter Himmlers besonderer Aufmerksamkeit. Im November 1940 äußerte er bei einem Treffen mit dem Kommandanten von Auschwitz Rudolf Höß und dem Leiter des Amtes W V Heinrich Vogel, Auschwitz solle „die landwirtschaftliche Versuchsstation für den Osten" werden. Himmler sah dort Möglichkeiten, die es bisher im Deutschen Reich nicht gegeben hatte: „Große Laboratorien und Pflanzenzuchtstationen müssen entstehen. Viehzucht aller Arten und Rassen, die von Bedeutung sind. Vogel soll sich sofort um Fachkräfte bemühen. Die Teichwirtschaften anstauen und die Ländereien trockenlegen, den Weichseldamm bauen …."[438] Auch die biologisch-dynamische Wirtschaftsweise bzw. Düngung sollte nach Himmlers Vorstellungen infolge „einer wirklich exakten und neutralen wissen-

436 Dr. Fritz Arlt, der seit September 1940 Beauftragter für die Festigung des deutschen Volkstums in Oberschlesien mit Dienstsitz in Kattowitz und zugleich Leiter des oberschlesischen Rassenpolitischen Amtes der NSDAP war, koordinierte die Gestaltungspläne für Stadt und Lager. Vgl. Aly/Heim, Vordenker, S. 153 ff., 162–167.

437 Vgl. ebenda, S. 168 f.

438 Zit. n. Martin Broszat (Hrsg.), Kommandant in Auschwitz. Autobiografische Aufzeichnungen des Rudolf Höß, München 1996 (zuerst 1963), S. 269.

schaftlichen Erprobung auf demselben Boden und in demselben Klima in Auschwitz wohl zum ersten Mal objektive und ungefärbte Ergebnisse bringen", wie er im November 1941 an Pohl schrieb. In diesem Zusammenhang forderte er Vogel auf, sich der „Frage dieser Versuche persönlich sehr stark" anzunehmen und „wenn nötig eigens jemand in seinem Stab dafür" einzustellen.[439] Vogel schlug Pohl daraufhin Joachim Caesar vor, den Leiter des SS-Schulungsamtes, den er aus der gemeinsamen landwirtschaftlichen Tätigkeit kannte und der auf der Suche nach einer neuen Stellung war (siehe Kapitel Protagonist:innen). Im Februar 1942 wurde Caesar von Himmler ins WVHA übernommen, zum Leiter der landwirtschaftlichen Betriebe des KZ Auschwitz ernannt und im Juli 1942 zum Fachführer im Dienstgrad eines SS-Sturmbannführers befördert.[440] Die landwirtschaftlichen Betriebe unterstanden damit nicht mehr dem Kommandanten von Auschwitz, sondern fungierten als eigenständiger Bereich.

Während die biologisch-dynamische Wirtschaftsweise in den weiteren Briefwechseln kaum Erwähnung findet, geht aus einem Manuskript von Caesar – Der landwirtschaftliche Großbetrieb A. Aufbau und Bewirtschaftung – von 1946 hervor, dass die Pläne, die auf den Wirtschaftshöfen und in den Nebenlagern im sog. Interessengebiet des KZ Auschwitz realisiert und vorangetrieben wurden, explizit Modellcharakter für die Eroberung und Bewirtschaftung weiterer Gebiete im Osten hatten. Caesar zufolge war das Ziel der Aufbau eines Großbetriebes in Form eines „landwirtschaftlichen Musterbetriebes" zur späteren Unterrichtung von Jungbauern, denen ein „Betriebsaufbau mit einfachen Mitteln gezeigt" werden sollte. Dafür sollten Lehr- und Forschungsinstitute angeschlossen, Baumschulen angelegt, „Gärtnerei und Pflanzenzuchtstation zur Züchtung von Kautschukpflanzen" aufgebaut werden, „Obst, Gehölze, Geflügel und Vieh für die eigenen und fremde Betriebe" gezüchtet und „Forst und Fischerei" saniert werden, das alles in „mustergültig hohe[r] Produktion." Zu den Aufgaben gehörte auch „die Prüfung im Osten geeigneter Bautypen, Getreidesorten, Tierrassen und Wirtschaftsformen."[441] In sechs von sieben Dörfern im sog. Interessengebiet Auschwitz, die ab März 1941 von den Besatzern geräumt wurden, richtete die SS Außenlager und Wirtschaftshöfe ein (Wirtschaftshof Babitz, Birkenau und Budy, Geflügelfarm Harmense, Wirtschaftshof Plawy und Nebenlager Rajsko), auf denen Häftlinge in der Landwirtschaft arbeiten mussten. Die Vertreibung der Menschen aus ihren Dörfern fällt in die Zeit von Himmlers erstem Besuch

439 BArch, NS 19/3122, Bl. 43.

440 Vgl. BArch, NS R 9361-III-519963, unpag., Personalakte Caesar; Kaienburg, Wirtschaft, S. 841.

441 Vgl. APMAB, Opr. Caesar 346, Der Landwirtschaftliche Großbetrieb, Bl. 1 f.

in Auschwitz am 1. März 1941, bei dem er die landwirtschaftliche Nutzung des „Interessengebietes" anordnete. Von Zwangsräumung, Vertreibung und Deportation über landwirtschaftliche Zwangsarbeit bis hin zur Züchtung widerständiger und anspruchsloser Tierrassen und Pflanzensorten wurde in Auschwitz ausprobiert, was auch in den eroberten osteuropäischen Gebieten flächendeckend umgesetzt werden sollte und in Ansätzen bereits wurde.

Um die großangelegten Vorhaben zu realisieren, wurde zuerst die in dem bewirtschafteten, landwirtschaftlich geprägten Territorium ansässige polnische Bevölkerung aus ihren Dörfern vertrieben. Über die sog. Aussiedlungen aus Babice berichtete Zofia Knapczyk, die mit ihrem Mann, einem Eisenbahnwärter, ein Wärterhäuschen an der Kreuzung der Straße, die nach Babice führte, bewohnte: „Im März am Karsamstag kam eine Gruppe SS-Männer ins Dorf und wies alle Einwohner an, das Dorf zu verlassen. Die Eisenbahnarbeiter wurden in die Stadt Oświęcim in verlassene jüdische Wohnungen einquartiert, die anderen schickte man mit Pferdewagen in Dörfer, die nicht von der Aussiedlung betroffen waren [...]. Die Bewohner ließen das lebende Inventar und das Arbeitswerkzeug zurück, sie nahmen nur Bettzeug und Kleidung mit. Im Laufe eines Tages hatten alle das Dorf verlassen. Das Vieh und die Arbeitsgeräte, die zurückgeblieben waren, wurden in das Konzentrationslager Auschwitz geschafft. In der Zwischenzeit fuhren Leute durch das Gelände von Babice, die von uns umgangssprachlich ‚Lagrowcy' [Lagerleute] genannt wurden. Sie trugen Uniformen der SS und hatten auf der Brust metallene Schilder mit der Aufschrift ‚Lager' und sorgten dafür, dass die Ausgesiedelten nicht vielleicht heimlich zurückkehrten, um ihre Habe, die sie in ihren Häusern zurückgelassen hatten, zu holen. Die Häuser der Ausgesiedelten übernahmen zivile Deutsche, die in der Fabrik in Dwore arbeiteten."[442] Mobile Häftlingskommandos aus Auschwitz mussten die Bestellung der Äcker der Vertriebenen übernehmen.

Ähnlich beschrieb Anna Zięba die Vertreibungen der polnischen Einwohner:innen der Vorwerke Budy und Bór sowie aus Rajsko und Harmęże. Die Räumung der beiden Vorwerke erfolgte nach einer Volks- und Inventarzählung auf Befehl der deutschen Umwandererzentralstelle der Gemeinde Brzeszcze im März 1941. Einige Bergarbeiter und ihre Familien kamen in benachbarten Dörfern unter, den restlichen Einwohner:innen war nur erlaubt, einen begrenzten Teil ihrer mobilen Habe mit sich zu nehmen. Sie wurden zum Bahnhof Oświęcim gebracht und ins Generalgouvernement abgeschoben. Die Wirtschaftsgeräte und das Vieh wurden an die Verwaltung des KZ übergeben, vom Landratsamt versprochene Entschädigungen nie ausgezahlt. Von den Wohnhäusern und

442 APMAB, Oświadczenia (Ośw.), Bd. 48, Bl. 120–124, Ü.

Wirtschaftsgebäuden von Bór ließ die SS 80 % niederreißen, die Arbeit mussten aus Häftlingen bestehende sog. Abbruchkommandos durchführen. Nur ein Teil der Häuser blieb als Wohnraum für zukünftige Angestellte der I.G. Farben erhalten. Das Material wurde zum Aufbau von Hühnerställen in Harmęże, der Schutt zum Ausbessern von Straßen und zum Ausbau der Fundamente der zukünftigen Baracken des Nebenlagers verwendet. Aus dem Holz der Scheunen mussten die Häftlinge die Wachtürme für das spätere Männerlager Bór-Budy und Pferde- und Kuhställe errichten.[443] In Rajsko verblieben nur ein Gutsbesitzer und die auf diesem Gut beschäftigten Familien, die restlichen Familien verwies die Umsiedlerzentrale in benachbarte Dörfer jenseits des Flusses Sola oder ins Generalgouvernement. In die nicht zerstörten Häuser zogen Arbeiter:innen der *Deutschen Erd- und Steinwerke* (DEST) mit ihren Familien.[444] Auch in Harmęże, wo die Aussiedlungen in der ersten Aprilhälfte 1941 erfolgten, wurden Bewohner:innen, die nicht bei Verwandten bleiben oder in der Umgebung unterkommen konnten – weitgehend mittellos – ins Generalgouvernement deportiert.[445]

Über ihre Arbeit im Abbruchkommando, in dem viele Frauen sich bei Unfällen die Knochen brachen oder schwere innere Verletzungen zuzogen, und über die verlassenen Häuser berichtete die ehemalige Gefangene Róża Jeleń-Chroń, die seit 1942 in Auschwitz war: „Die Gegend, in die wir kamen, war schön. Rundherum grünes Gras, leere Häuser, ohne Fenster in den Rahmen, die gekennzeichnet waren mit großen Zahlen: In dieser Reihenfolge sollten die Häuser abgerissen werden, um das Gelände für das Lager Birkenau vorzubereiten, das erweitert werden sollte. Wir gingen nach Hause, um Werkzeug zu holen, das für den Abriss notwendig war – Spitzhacken und Schaufeln und irgendwelches schweres Eisen. Die Wände in den Räumen waren mit hellen Farben gestrichen. Vor kurzem hatten hier noch Leute gewohnt und auf den Höfen hatten Kinder gespielt. Ganz sicher hatte sich niemand vorstellen können, dass hier eines Tages Nazis aus Deutschland kommen, die sie im Laufe von 15 Minuten aus ihren Wohnungen vertreiben und ihnen lediglich erlauben, wenig Handgepäck mitzunehmen. Da half kein Bitten und Klagen. Vielleicht kehrte nicht nur einer dieser Leute in das Gebiet zurück, jedoch nicht als Bewohner seines Hauses, sondern als Häftling? So setzten sie ihren Plan um: ‚Nur die echte deutsche Rasse.' – ‚Die Polen müssen verrecken '. Tränen standen mir in den Augen, ich biss nur die Zähne zusammen und ballte die Fäuste."[446]

443 Zięba, Budy, S. 67 f. Auf den Feldern arbeiteten auch Zivilarbeiter:innen aus Jugoslawien.
444 Zięba, Rajsko, S. 76.
445 Zięba, Babitz, S. 73 ff., dies., Harmense, S. 41 f.
446 APMAB, Wspomnienia (Wsp.) Bd. 117, Bl. 96–116, Ü.

4.3.2 Bodenbearbeitung und Aufbau eines Musterbetriebes

Im Folgenden waren Maßnahmen der Bodenbearbeitung vorgesehen, die das zwischen den Flüssen Weichsel und Sola liegende sumpfige Gelände trocken legen und die Gefahr von Überschwemmungen und Hochwasser verringern sollte. Zwei Gutachten befassten sich mit der „Verbesserung der wasserwirtschaftlichen Verhältnisse des Auschwitzer Siedlungsgebietes".[447] Mit dem Manuskript von Caesar teilten die Gutachten eine Perspektive, die das zukünftige sog. Siedlungsgebiet als frei verfügbaren Raum beschrieben. So ging beispielsweise Dipl.-Ing. Zunker in seinem Gutachten vom 26. März 1941 auf die zur selben Zeit stattfindenden Vertreibungen und die bisherige Nutzung des Gebietes überhaupt nicht ein: „Im Auftrag des Reichführers SS sollen die wasserwirtschaftlichen Verhältnisse der Ländereien bei Auschwitz/Ostoberschlesien so verbessert werden, dass eine landwirtschaftliche Nutzung möglich ist", vermerkte er vielmehr. Zunker erhielt – ebenso wie sein Kollege Dipl.-Ing. Lhotzky – seinen Auftrag direkt von Vogel, dem „Chef des Hauptamtes Verwaltung und Wirtschaft", wie er fälschlich betonte. Mit ihm hatte er das Gelände am 7. März 1941 besucht, wobei sie von dem „Kommandant[en] des KL Auschwitz, Herr SS Sturmbf. Höß", der „die nötigen Erläuterungen gab", begleitet worden waren.[448]

Die von den Gutachtern vorgeschlagenen Veränderungen zur Verbesserung der Bodenbeschaffenheit zwecks Ertragssteigerung wurden richtungweisend für die Bearbeitung des Bodens und den Zwangsarbeitseinsatz der Häftlinge. So führte die Untersuchung des Bodens Zunker zu dem Schluss, dass Dränagen (Dränungen) im gesamten Gebiet dringend nötig seien, wobei sich deren Umfang nach Boden, Klima, Grundwasserzufluss, Geländeform und Kulturart richte: Voraussetzung für die geplante Umgestaltung war die Regelung der Wasserwirtschaft. In diesem Zusammenhang schloss sich Lhotzky den 33-seitigen Ausführungen von Zunker an. Er empfahl konkrete Schritte für die Umsetzung, wobei es ihm ein besonderes Anliegen war, dass „dem K.L. Auschwitz [...] keine besonderen Aufwendungen zugemutet werden, die sich aus seiner Verantwortung für die Volksgemeinschaft herleiten."[449] Als besonders vorteilhaft für den Arbeitseinsatz hob er den Rückgriff auf die Zwangsarbeit hervor: „Dem KL Auschwitz steht in den Kriegsgefangenen und Häftlingen eine menschliche Arbeitskraft zur Verfügung, die in jedem beliebigen Umfange in Anspruch genommen werden

447 So der Titel des Gutachtens von Zunker, vgl. APMAB, D-Au I Z. Bau 536, Zunker, Bl. 1–33, Lhotzky, Bl. 43–70.

448 Vgl. APMAB, D-Au I Z. Bau 536, Zunker, Bl. 1.

449 APMAB, D-Au I Z. Bau 536, Lhotzky, Bl. 44.

kann. Jeder im Entwurf fertiggestellte Teilabschnitt kann infolgedessen sofort in Angriff genommen werden und ohne vorherige Finanzierung durchgeführt werden. [...] Für den Einsatz der menschlichen Arbeitskraft wird ein Satz von 0,30 RM je Tagewerk zugrunde. Bei einer ausreichenden Aufsicht und einer entsprechenden Verteilung der Gefangenen kann mit einer Arbeitsleistung gerechnet werden, die 80 % der normalen Leistung ungelernter Arbeiter erreicht."[450] Lhotzkys Empfehlungen für das konkrete Vorgehen in Bezug auf die Meliorationsarbeiten bezog auch die menschliche Arbeitsleistung in der Kälte auf freien Gelände mit ein: „Der Arbeitseinsatz in großem Maßstabe erfolgt deshalb zweckmäßig im Spätherbst mit der Teichentlandung, die einen Masseneinsatz menschlicher Arbeitskraft unter der Voraussetzung zulässt, dass das erforderliche Großgerät, Loren und Gleismaterial zur Verfügung steht. Im Frühjahr, sobald es der Zustand des Bodens erlaubt, werden aus der Belegschaft, die für den Grabenbau geeigneten Kolonnen herausgezogen und auf die mittlerweile projektierten Gräben verteilt."[451] Abschließend verwies er auf die hohe Wirtschaftlichkeit dieser Maßnahmen und empfahl, zur weiteren Erschließung des Gebietes die Neubesiedlung voranzubringen.[452]

Die von den beiden Gutachtern vorgeschlagenen Meliorationsarbeiten dauerten von 1942 bis zur Räumung des Lagers im Januar 1945. Vor allem weibliche Häftlinge in den landwirtschaftlichen Kommandos wurden dafür eingeteilt, das empfohlene Programm umzusetzen: Dazu gehörte es, Uferböschungen zu bauen und zu unterhalten, den Boden zu entwässern und dafür Drainagegräben auszuheben, Fischteiche zu entschlammen und Bäume für den Ackerbau zu roden.[453] Die Meliorationsarbeiten gehörten zu den schwersten Zwangsarbeitseinsätzen für die Häftlinge, da sie mit großen Entbehrungen verbunden waren, welche die Überlebenschancen verringerten. Dies galt, wie die ehemalige Gefangene Maria Żumańska eindrücklich ausführte, besonders in den kalten Wintermonaten. In ihrem Bericht über das Ausheben von Entwässerungsgräben wird durch die Beschreibung der Entfernungen sowohl die Dimension von Raum sichtbar als auch die Art und Weise, auf die die SS Arbeiten vornehmen ließ, welche Zunker und Lhotzky empfohlen hatten: „Es war Ende Januar 1943. In dürftiger Häftlingskleidung und zu großen Holzpantinen schlurften wir durch Morast und über Klumpen. Wir konnten die nicht befestigten Pantinen gar nicht an den Füßen

450 Ebenda, Bl. 60.

451 Ebenda, Bl. 60 f.

452 Vgl. ebenda, Bl. 69.

453 Vgl. Robert Jan van Pelt/Debórah Dwork, Auschwitz. Von 1270 bis heute, München 1998, S. 212.

halten, und die Strümpfe, mit einem dürftigen Stückchen Irgendwas zusammengehalten, fielen jeden Moment herunter. [...] Vermittels Stöcken und Kolben trieb man uns über große Gräben, in die wir alle paar Schritte zurückrutschten, weil wir uns nicht auf dem schlüpfrigen Boden halten konnten. Jede von uns wusste, wo sie am Vortag ihre Arbeit beendet hatte und stellte sich auf ihren Posten. Oh, Gott! Wieviel Wasser war über Nacht wieder nachgelaufen. [...] Unsere Beine sanken momentan bis über die Knöchel in den aufgeweichten Lehm ein, und so begann ich mit dem Aufladen des Lehms auf die Tragen usw."[454]

Als strapaziös beschrieb Żumańska nicht nur die kräftezehrende Schwerarbeit, sondern auch deren Begleitumstände: Das mitunter völlige Durchnässt-sein, Essen in der Kälte, nachlassende Kräfte, fieberige Körper, schwere, blutige, durchgefrorene Hände und Füße, in die Gesichter peitschender Schnee und Regen. Auch die Erwartung des Abends und Arbeitsendes wurde für die Häftlinge durch die Aussicht auf den noch zurückzulegenden Weg beeinträchtigt: „Möglichst näher dem Ende dieses Tages. Möglichst näher. Zum Block zurückkehren, die an den Körpern klebenden nassen Fetzen ausziehen, mit dem eigenen Körper trocknen und ein paar Stunden schlafen. Aber das geht nicht so schnell. Noch müssen wir den Rückweg bewältigen, Steine tragend, um diese am Lagereingang in den Straßengraben zu werfen, weil die weiblichen Häftlinge nicht mit leeren Händen zurückkommen dürfen."[455]

Auf die Problematik der Entfernungen bezog sich auch Caesar in seinem Bericht: „Neben den beiden Durchgangsstrassen bestand nur ein fester Feldweg in ca. 1 km Länge. Alle übrigen Wege waren ohne Gräben weich, z. T. an sumpfigen Stellen grundlos eng und in sehr schlechtem Zustand. Durch die Teiche und Waldstücke waren zudem grosse Umwege erforderlich." Als einen der Faktoren, die die Lage entscheidend erschwerten nannte er den „überaus schwere[n] vollkommen ebenliegende[n] Tonboden" und „Hochwasser".[456] Was Caesar als ungünstige Verhältnisse betrachtete, Umwege und schweren Boden, stellte sich für die Häftlinge als Überlebensfrage dar.

Auch in den Sommermonaten, wenn die Trockenheit den Boden hart werden ließ, forderten die Arbeiten im Meliorationsgebiet die Kräfte und auch das Leben vieler Gefangener. Über ihre Arbeit im landwirtschaftlichen Kommando, beim Ausheben von Drainagegräben im heißen Spätsommer berichtete die zu diesem Zeitpunkt 15 Jahre alte Kitty Hart-Felix in ihren Memoiren: „Wir hatten einen langen Graben auszuheben, ich hatte keine Ahnung wozu. Die Sonne knallte her-

454 Zit. n. Piper, Arbeitseinsatz, S. 199 f.

455 Ebenda.

456 APMAB, Opr. Caesar 346, Der Landwirtschaftliche Großbetrieb, Bl. 12.

nieder und der Sumpf war ausgedörrt. Es hatte mich im schlimmsten Moment erwischt. Gerade eine Nacht zuvor hatte ich meinen Schal gegen einen Schlafplatz getauscht. Nun war mein Kopf der brütenden Hitze ausgesetzt. Wir bekamen schwere Spaten. Ich setzte meinen Fuß darauf und versuchte, in den Boden einzudringen. Alles, was ich erreichte, war ein kleiner Kratzer auf der eisenharten Oberfläche. Es war unmöglich, die harte Kruste zu durchstechen, nicht einen Spaten voll Erde konnte man ausheben. Keine von uns hatte noch die Kraft für eine solche Arbeit. Ich verfluchte mich selbst, weil ich diesem Kommando nicht ausgewichen war. Es mochte leichter sein, Gräben auszuheben, als riesige Steine zu buckeln. Aber mit Sicherheit nicht bei diesem Wetter."[457] Nicht alle aus dem Kommando schafften es, bis zum Abend durchzuhalten: „Gegen Nachmittagsende waren schon viele von uns zusammengebrochen. Manche lagen bewusstlos am Boden, als zum Rückmarsch gepfiffen wurde. Wir übrigen, in nicht viel besserem Zustand, mussten sie mitschleifen oder aus Baumaterial improvisierte Tragen herstellen."[458] Jeden Abend, so berichtete sie weiter, wurden die Toten auf einen Haufen gelegt und mit Karren eingesammelt. Bevor Kitty Hart-Felix bei den Meliorationen eingesetzt war, hatte sie in einem Straßenbaukommando gearbeitet. Sie lebte mit der Angst, nicht zu überleben, aber sie schaffte es: „Endlose Wochen hielt ich bei der Außenarbeit durch, gepeitscht und getreten von Frauen, gebissen von abgerichteten Hunden", fasste sie ihre Erfahrungen zusammen.[459]

Ziel der umfangreichen Umstrukturierungen war es, durch die Erschließung des Geländes einen Musterbetrieb aufzubauen, der als Vorbild für die landwirtschaftliche Nutzung im eroberten Osteuropa dienen sollte. Den Ausführungen Caesars zufolge ging es keineswegs darum, die dort vorgefundenen Kolchosen abzuschaffen, sondern lediglich darum, sie umzustrukturieren: „Alle Betriebe sollten zwar zentral geführt, aber dezentral bewirtschaftet werden. Als Wirtschaftssystem wurde vorgesehen ein Kombinat, in dem jeder einzelne Teil ohne weiteres selbstständig sein konnte. Die Produktionsbetriebe fanden sich wie eine Genossenschaft zusammen mit Ein- und Verkaufsgenossenschaft (Speicher, Magazin, Düngerlager), Molkereigenossenschaft, Maschinengenossenschaft (Traktoren, Dresch- und Spezialmaschinen) u. Weidegenossenschaft für Jungvieh ausserdem als Hilfsgemeinschaft für Arbeitsspitzen und Notfälle."[460] Alle Betriebe sollten der Ertragssteigerung dienen und darin auch konkurrieren, sich zugleich jedoch genossenschaftlich ergänzen.

457 Hart-Moxon, Hoffnung, S. 105 f.
458 Ebenda, S. 110.
459 Ebenda, S. 102 f.
460 APMAB, Opr. Caesar 346, Der Landwirtschaftliche Großbetrieb, Bl. 13.

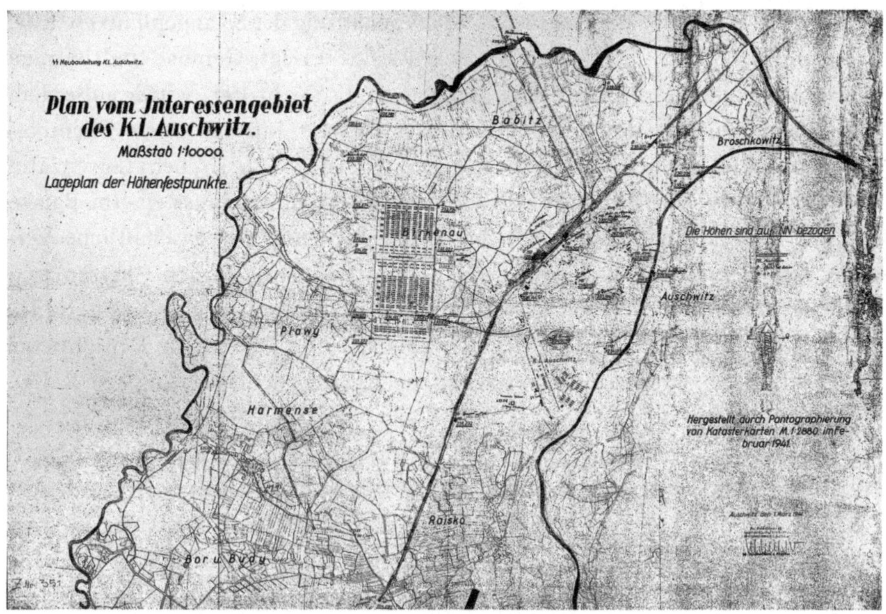

SS-Plan Interessengebiet Auschwitz, 1. 3. 1941.
© Archiwum Państwowego Muzeum Auschwitz-Birkenau.

Die weiteren landwirtschaftlichen Bewirtschaftungsgrundsätze und Zielsetzungen fasste Caesar in seinem Manuskript 1946 folgendermaßen zusammen: „[…] die Entfernung und natürliche Trennung einzelner Teile ergab die Bewirtschaftung in 4 Gutseinheiten (Ba, Bi, Bu, Ha). Die bisherige Bewirtschaftung verlangte die Weiterführung von 1 Forstbetrieb (W) und von 1 Fischereibetrieb (Fi), von 1 Mühlenbetrieb (Mü); Marktlage in Gegenwart und Zukunft bestimmten die Entwicklung von 1 Gärtnerei mit Komposterei (Ga) und 1 Molkerei (Mo). Besondere Aufträge befahlen die von 1 Gehölzbaumschule (Ge), 1 Obstbaumschule (Ob.), 1 Pflanzenzuchtstation (Pf.), 1 Geflügelfarm (H.F.), 1 Schweinezucht (Schw.), 1 Schäferei (Sch.), 1 Fohlenaufzuchstation (Fo). Der Betrieb selbst beanspruchte eine Reihe von Werkstätten […]. Die besonderen Aufgaben hatten vorzusehen: 1 Lehrinstitut für Landwirtschaft (IL), Institut für Züchtung und Forschung (IZ), Lehrinstitut für Fischereiwirtschaft (IF).“[461]

Die SS ließ die Häftlinge an den einzelnen Wirtschaftshöfen Nebenlager aufbauen, in denen männliche und weibliche Gefangene Zwangsarbeit in der Landwirtschaft leisten mussten. Als erster landwirtschaftlicher Betrieb entstand

461 Ebenda, Bl. 11.

1940 eine Gärtnerei, in der Gemüse für die Versorgung der SS angepflanzt wurde. Diese wurde 1941 in das ehemalige Dorf Rajsko verlegt, Gemüse und Blumen wurden angepflanzt und Stecklinge gezogen. Im Frühjahr 1942 wurde außerdem eine Pflanzenzuchtstation errichtet, in der Häftlinge – insbesondere Chemikerinnen und Biologinnen – Versuche mit dem Anbau von Russischem Löwenzahn (Kok-Saghys) für die Kautschuk-Produktion durchführen mussten. Im Rajsko mussten die Häftlinge zudem Obstbäume züchten und wissenschaftliche Versuche mit Geranienöl, mehrjährigem (perennierendem) Roggen, Weizen und Gladiolen durchführen; eine Dörranlage diente zum Trocknen von Kräutern. Im „SS-Hygiene-Institut" wurden Meerschweinchen und Ratten für Experimente gezüchtet, es gab eine Angora-Kaninchenzucht. Als Nebenlager fungierte Rajsko ab Juni 1943.[462]

Im Frühjahr 1941 begann die SS in ehemaligen Dorf Harmęże mit der Aufzucht von Geflügel und Fisch, im Dezember desselben Jahres wurde auf dem Gelände der Geflügelfarm Harmense das erste ständige Nebenlager im sog. Interessengebiet eingerichtet. Das Männerkommando war anfangs in der Villa Gustav-Zwilling und musste in das ehemalige Schulgebäude umziehen, als dort beim Ausbau des Lagers ab Juni 1942 das Frauenkommando untergebracht wurde. Für das Kommando Fischzucht wurde das Haus des ausgesiedelten Landwirtes Julius Psota genutzt. Darin befand sich auch die Forschungseinrichtung für Fischzucht.[463]

Das geräumte Dorf Budy diente seit 1941 als Wirtschaftshof mit mobilen Kommandos für die Bestellung der Felder, ab April 1942 waren dort bis zum Jahreswechsel 14 Männer untergebracht. Ständiges Nebenlager wurde Budy im April 1943: Es gab ein „Männer-" und ein „Frauenlager Budy", Letzteres wurde in den geräumten Unterkünften der „Frauenstrafkompanie" (Juni 1942 – April 1943) einquartiert. Der Hof fungierte im Rahmen der Arbeit für die DVA als Produktions- und Zuchtbetrieb für landwirtschaftliche Erzeugnisse und Vieh.[464]

Auch auf dem Wirtschaftshof Babitz begannen landwirtschaftliche Arbeiten nach den „Aussiedlungen" von 1941, mobile Abbruchkommandos mussten die Häuser des Dorfes Babice zerstören und Geräte und Vieh sichern. Im Herbst 1941 arbeiteten sowjetische Kriegsgefangene bei der Rübenernte, im Frühling 1942 weibliche Häftlinge bei der Kok-Saghys-Zucht; ab März 1943 entstand um das

462 Vgl. Zięba, Rajsko; Andrea Rudorff, Rajsko, in: Wolfgang Benz/Barbara Distel (Hrsg.), Der Ort des Terrors. Geschichte der nationalsozialistischen Konzentrationslager. Bd. 5. Hinzert, Auschwitz, Neuengamme, München 2007, S. 295–299.

463 Vgl. Zięba, Harmense; Andrea Rudorff, Harmense (Harmęże), in: ebenda, S. 247–251.

464 Vgl. Zięba, Budy; Andrea Rudorff, Budy (Wirtschaftshof), in: ebenda, S. 201–204.

ehemalige Schulgebäude das Nebenlager. Neben der Feldarbeit gehörten Pferdeversorgung, Rinderzucht und Milchwirtschaft zu den Aufgaben der Häftlinge.[465]

Den Wirtschaftshof Birkenau im ehemaligen Dorf Brzezinka richtete die SS im Zuge des Ausbaus von Auschwitz II im Herbst 1942 in der Nähe des Krematoriums ein; das Nebenlager ließ sie Mitte 1943 erbauen. Da kaum Berichte aus diesem Nebenlager überliefert sind, ist darüber nur wenig bekannt.[466]

Das letzte Nebenlager ließ die SS im Dezember 1944 beim Wirtschaftshof des ehemaligen Dorfs Pławy errichten. Bereits seit April 1941 mussten sich mobile Zwangsarbeits-Kommandos aus Auschwitz und Birkenau um die Feldarbeit und den großen Viehzuchtbetrieb kümmern.[467]

4.3.3 Das Forschungsspektrum der DVA in der Kommunikation der SS und in Berichten ehemaliger Häftlinge

Charakteristisch für die landwirtschaftlichen Betriebe von Auschwitz ist, dass es sich mehrheitlich nicht nur um wissenschaftliche Versuchsgüter handelte, sondern zugleich auch um Versorgungsbetriebe, die sowohl SS-Wachmannschaften als auch Wehrmachtseinheiten mit landwirtschaftlichen Produkten versorgten. Eine Ausnahme stellen das Nebenlager Rajsko und die Geflügelfarm Harmense dar, die v. a. an der Produktion von Ersatzstoffen arbeiteten: In Rajsko wurden Züchtungsexperimente mit Kok-Saghys durchgeführt, aus dessen Wurzeln Kautschuk für die kriegswichtige Gummi-Produktion gewonnen werden sollte, sowie Versuche mit Roggen und Geranienöl und in Harmense Fischzuchtversuche. Außerdem gab es Bemühungen, moderne Anlagen für die Verwertung von Klärschlamm, Abfall und Fäkalien und für die Gewinnung von Faulgas aufzubauen.

Pflanzenzuchtstation Rajsko – Versuchsreihen für den Anbau im Osten

Pflanze Nr. 4711: Kok-Saghys-Versuche

Versuche mit der Pflanze Nr. 4711, so der Tarnname von Kok-Saghys, besaßen im NS-Staat einen besonderen Stellenwert – die umfangreiche Korrespondenz im Bundesarchiv Berlin verweist auf die Bedeutung, die dieser Forschung beigemessen wurde. Auch in der Forschungsliteratur spiegelt sich diese Bedeutung wider: Die Tätigkeit der Pflanzenzuchtabteilung der Kaiser-Wilhelm-Gesellschaft (KWG)

465 Vgl. Zięba, Babitz; Andrea Rudorff, Babitz (Babice), in: ebenda, S. 179–182.
466 Vgl. Andrea Rudorff, Birkenau (Brzezinka) (Wirtschaftshof), in: ebenda, S. 182–183.
467 Vgl. dies., Pławy, ebenda, S. 291–294.

und der (geplante) großflächige Anbau von Kok-Saghys in der eroberten Ukraine wurden bereits ausführlich untersucht.[468]

Viele Akten im Bundesarchiv, die die Versuche mit dem Russischen Löwenzahn (*Taraxacum kok-saghyz*) in Auschwitz behandeln, sind mit dem Vermerk „Geheim" versehen. Die Hoffnung der NS-Forscher war, aus den latexhaltigen Wurzeln dringend benötigten Kautschuk für die Gummiproduktion zu gewinnen. Kok-Saghys und verwandte Pflanzensorten wurden aufgrund des Latexgehalts der Wurzeln in der Sowjetunion seit Beginn der 1930er-Jahre gezüchtet und erforscht.[469] 1938 begann das Kaiser-Wilhelm-Institut (KWI) für Züchtungsforschung Müncheberg mithilfe von Samen, die es vom polnischen Staatlichen Wissenschaftlichen Institut für Landwirtschaft in Puławy erhalten hatte, mit dem Anbau von Kok-Saghys, u. a. im Roten Luch (bei Müncheberg).[470] Der Vierjahresplan von 1936 sah unter dem Aspekt der Autarkie vor, Kautschukimporte aus Übersee zu reduzieren. 1938 wurden lediglich 5 % der Gummiproduktion durch künstlichen Kautschuk gedeckt. Der Handlungsbedarf vergrößerte sich durch den kriegsbedingt steigenden Gummiverbrauch, angesichts der seit Kriegsbeginn zurückgehenden Kautschuklieferungen. Dies umso mehr da die Produktion von künstlichem Buna-Kautschuk noch in den Anfängen steckte und auch dieser der Zugabe von einem geringen Prozentsatz an Naturkautschuk bedurfte. So befürchtete die Wehrmacht Ende Januar 1941, dass die bestehenden Vorräte für Reifen und Besohlung von Schuhen nur mehr für einen Monat reichen würden.[471]

Vor diesem Hintergrund erklärt sich das wachsende Interesse der SS an der Kautschukforschung. Vom März 1941 datiert ein Brief von Himmler an Vogel mit der Aufforderung, sich über eine Pflanze, von der er vom „Führer" gehört

468 Zur Rolle der Pflanzenzüchtung und landwirtschaftlichen Forschung siehe Susanne Heim (Hrsg.), Autarkie und Ostexpansion. Pflanzenzucht und Agrarforschung im Nationalsozialismus, Göttingen 2002; dies., „Die reine Luft der wissenschaftlichen Forschung". Zum Selbstverständnis der Wissenschaftler der Kaiser-Wilhelm-Gesellschaft, Berlin 2002; dies., Kalorien; dies., Lager Region Auschwitz, in: Walter Prigge (Hrsg.), Bauhaus, Brasilia, Auschwitz, Hiroshima. Weltkulturerbe des 20. Jahrhunderts. Modernität und Barbarei, Berlin 2003, S. 130–139; dies., Naturkautschuk. Den gleichen Schwerpunkt haben auch die unveröffentlichte Diplomarbeit von Alexander Schlichter, Forschung im „Dritten Reich" – Taraxacum kok-sagys. Ein Fallbeispiel. Diplomarbeit an der Carl von Ossietzky Universität Oldenburg, Studiengang Diplom-Biologie, 1999, und die Dissertation von Mareike Göbel, Kautschuk aus Löwenzahn in der curricularen Innovation. Dissertation zur Erlangung des Grades eines Doktors der Pädagogik an der Naturwissenschaftlich-Technischen Fakultät der Universität Siegen, 2017.

469 Vgl. Heim, Kalorien, S. 132.

470 Vgl. BArch, NS 19/3923, Bl. 96 f.; NS 19/3920, Bl. 218 f.

471 Vgl. Schlichter, Forschung, S. 10 f.; Heim, Kalorien, S. 128 ff.

habe und „die in hohem Maße Kautschuk liefert", kundig zu machen und das aus Russland stammende Saatgut zu „beschaffen, das wir raschestens vermehren wollen".[472] Mit dem Angriff auf die Sowjetunion im Juni 1941 und der Besetzung des Baltikums, Weißrusslands sowie weiter Teile der Ukraine erweiterten sich die Zugriffsmöglichkeiten der SS auf die begehrten Samen und Pflanzen. Aus einem Schreiben, das Vogel am 18. November 1941 im Auftrag von Pohl verfasste, geht hervor, dass zu diesem Zeitpunkt bereits beschlossen war, dass die SS-eigenen Versuche unter der Ägide der DVA stattfinden sollten.[473]

Ab Januar 1942 wurde Auschwitz als Standort und Zentrale für die SS-eigenen Forschungseinrichtungen für Kok-Saghys-Versuche genannt. Ein von Vogel gezeichneter Bericht des Amtes W V vom 21. Januar 1942 dokumentierte die laufende Sammlungs- und Forschungstätigkeit der SS: Demzufolge befanden sich SS-Obersturmführer Kudriawtzow mit dem sowjetischen Agronomen Nikitin im Rahmen der Sammlungstätigkeit für die SS im Bezirk Russland-Süd auf der Suche nach Samen, Pflanzen, Fachbüchern sowie Personal („wissenschaftliche und praktische Facharbeiter"), um Letztere in das Anbaugebiet Auschwitz zu bringen. Weiter hieß es dort: „Die von der ersten Reise mitgebrachten Samen sind in Ravensbrück in Gewächshäusern ausgesät und pikiert worden. Sie werden im Frühjahr bei geeigneter Witterung nach Auschwitz gebracht, wo ein grösseres Gelände [von] ca. 40–50 ha freigehalten wird. Sollten weitere Samen noch aus Russland mitgebracht werden, so wird die Anbaufläche in Auschwitz vergrößert. Mit dem Kommandanten des K.L. Auschwitz ist vereinbart, dass unmittelbar am Anbaugebiet mehrere leergewordene Polenwohnhäuser für die Russen hergerichtet werden."[474]

Im Interessengebiet Auschwitz sollte die züchterische und wissenschaftliche Bearbeitung des „aufgefundenen" Materials durchgeführt, Gewächshäuser aufgebaut werden und Fachkräfte aus dem Pool der Häftlinge unter Leitung des inzwischen als landwirtschaftlicher Sonderbeauftragter eingesetztem Caesar arbeiten.[475] Im Frühjahr 1942 wurden fünf weibliche polnische Häftlinge aus Ravensbrück mit naturwissenschaftlicher Ausbildung nach Auschwitz überstellt, die als Kernteam den Aufbau der Pflanzenzuchtstation übernehmen sollten. Maria Raczyńska (geb. 27. 8. 1909), die als Garteningenieurin mit dieser Gruppe von Ravensbrück nach Auschwitz kam, berichtete: „Am 12. Mai 1942 wurde eine erste Gruppe von Biologen von Ravensbrück nach Auschwitz gebracht. In der Gruppe waren Ing. Wanda Dutczyńska, Mag. Emilia Gorszkowska, Mag. Janina

472 Vgl. Heiber, Reichsführer, S. 104 f.

473 Vgl. BArch, NS 19/3923, Bl. 142.

474 Vgl. BArch, NS 19/1802, Bl. 5 f.

475 Vgl. BArch, NS 19/1802, Bl. 7 f.

Kukowska, Ada – an den Familiennamen erinnere ich mich nicht, ein professioneller Bauer und ich. [...] Aus Auschwitz kamen wir nach Rajsko und arbeiteten dort im Gewächshaus. Unsere Gruppe war die Keimzelle des zukünftigen Kommandos ‚Pflanzenzucht '. Unter der Leitung der zivilen Russen Nikitin und Popow säten wir Samen der Pflanze Kok-Saghyz in Töpfen aus, die von Häftlingen hergestellt worden waren. [...] Dann vergrößerten sie unser kleines Kommando. Aus Birkenau kamen Französinnen, die über höhere Bildung verfügten, die zur wissenschaftlichen Arbeit eingeteilt wurden. Dies waren Claudette Bloch, Ela Schlieser und Ewa Gabanyi – eine Slowakin. Unsere Arbeit zielte darauf, eine vererbliche genetisch reine Linie des Kok-Saghyz zu züchten, also einen besonderen Gentyp zu schaffen, der keiner Mutation unterliegen und chemisch gesehen einen hohen Prozentanteil von Latex enthalten würde. Mit diesem Ziel mussten die Häftlinge mehrere Generationen von Kok-Saghyz züchten, bis sie die Pflanze hatten, die keinerlei Veränderung/Mutation unterlag. Veränderungen zeigten sich jedoch bis zum Ende der Zucht. Wir züchteten drei Generationen / F3/ des Kok-Saghyz."[476]

Warum Auschwitz zum Anbaugebiet für die SS-eigenen Forschungen gewählt wurde, erklärt sich neben den allgemein günstigen Bedingungen, wie geeigneter Boden, ausreichend große Anbauflächen und ausbeutbare Arbeitskräfte, durch den Modellcharakter des Vorhabens für den Anbau im Osten und womöglich auch durch die Nähe zu den Buna-Werken der I.G. Farben. Das war zumindest die den Häftlingen bekannte Erklärung, wie Hanna Laskowa berichtete: „Die Pflanze Kok-Saghyz wurde auch außerhalb unserer Versuchsanlage ausgesät, und zwar auf Feldern in der Umgebung von Rajsko. Zur Arbeit auf dem Feld kamen weibliche Häftlinge vom ‚Außenkommando ' aus Birkenau. Die Wurzeln dieser Pflanzen wurden den ‚Buna-Werken' in Auschwitz übergeben."[477]

Weitere Details beschrieben Zofia Pajerska und Wanda Tarasiewicz, die dem Kommando im Mai 1943 zugeteilt wurden: „Nach der Beendigung der Analyse wurden die Reste der Wurzeln mit dem größten Anteil an Kautschuk in die Versuchsproduktionsanlage der I.G. Farben geschickt. Wir hatten im Lager Autoreifen, die dort hergestellt worden waren, aus von uns produzierten Pflanzen."[478] Das Wissen, an „Experimenten für die deutsche Industrie" teilzunehmen, nannten die beiden auch als Grund für Sabotage-Aktionen.[479]

476 APMAB, Oświ, Bd. 46, Bl. 54–58, Ü.

477 APMAB, Oświ, Bd. 37, Bl. 91–99, Ü.

478 APMAB, Oświ, Bd. 44, Bl. 150–153, Ü. Siehe auch Shelley, Criminal Experiments, (Bericht) Dr. Marie-Elisa Cohen, S. 175–184, hier S. 179; (Bericht) Jozefa Kiwalowa, S. 213–221, hier S. 218.

479 APMAB, Oświ, Bd. 44, Bl. 150–153, Ü.

Claudette Kennedy (vormals Bloch), die sich auf der Suche nach ihrem jüdischen Mann hatte inhaftieren lassen und im Juni 1942 nach Auschwitz kam, wo sie dem Kommando Pflanzenzucht zugeteilt wurde, überzeugte ihrer eigenen Aussage zufolge Caesar, der „eines Tages mit einem Mikroskop ankam, ohne einen konkreten Plan" für dessen Verwendung zu haben, davon, ein Laboratorium zur Untersuchung des Latexgehalts in den Kautschukwurzeln einzurichten.[480] Heim wies darauf hin, dass den Akten der Bauleitung zufolge bereits im März 1942 ein landwirtschaftliches Laboratorium geplant war.[481] Im Archiv in Auschwitz wird ein Laboratorium in den Akten der Zentralen Bauleitung erstmals im April 1942 erwähnt unter dem Punkt „6. Ausbau des Rohbaus in Rajsko als Laboratorium", der allerdings, wie es im Juni 1942 hieß, zurückgestellt werden sollte, „bis die Chem. Abteilung der DAF den Raumbedarf angibt".[482] Das Laboratorium taucht dann im August 1942 in Zusammenhang mit der Auftragsvergabe für die Maurerarbeiten an eine Gleiwitzer Firma wieder in den Akten auf.[483] Diese Aktenlage lässt darauf schließen, dass das Laboratorium nicht dem zufälligen Auffinden eines Mikroskops geschuldet war, wie Kennedy vermutete.

Bei seinem zweiten Besuch in Auschwitz Mitte Juli 1942 inspizierte Himmler auch die Versuchsstation Rajsko, wo er sich von Caesar neben der Pflanzenzuchtstation auch Viehzuchtbetriebe und Baumschulen zeigen ließ.[484] Caesar selbst reiste in seiner Funktion als Leiter der landwirtschaftlichen Betriebe kurze Zeit später, Mitte August 1942, gemeinsam mit Kudriawtzow und Jakob Alexejitsch Popov, einem für die Pflanzenzucht in Auschwitz tätigen Agronomen, auf die Krim und in die gerade erst von den Deutschen besetzten Gebiete im Nord-Kaukasus, um auch dort „russisches Material für die züchterische Arbeit sicherzustellen".[485] Neben Nikitin und Popov arbeiteten russische Kok-Saghys-Experten – die Professoren Kramarenko und Łowszyn – sowie ein gewisser Zasmuzec in Auschwitz. Hanna Laskowa erinnerte sich zudem „an den Namen der Professorin Cybulników, die dort arbeitete."[486] Ihre Einschätzung war deutlich: „Diese Leute verrieten ihr Vaterland und arbeiteten freiwillig für Hitlerdeutschland. Sie lebten auf freiem Fuß, ihre Freiheit war jedoch beschränkt, konnten sie sich doch

480 Vgl. Shelley, Criminal Experiments, (Bericht) Dr. Claudette Kennedy, S. 153–174, hier S. 159 f., Ü.
481 Heim, Kalorien, S. 180.
482 APMAB, Landwirtschaft Bd. 1, Bl. 54, 60.
483 Ebenda, Bl. 91.
484 Vgl. Danuta Czech, Kalendarium der Ereignisse im KZ Auschwitz-Birkenau 1939–1945, Hamburg 1989, S. 250.
485 BArch, NS 19/3920, Bl. 134. Vgl. Heim, Kalorien, S. 142.
486 APMAB, Oświ, Bd. 37, Bl. 91–99, Ü.

außerhalb von Auschwitz nicht frei bewegen. In Rajsko hatten sie ein Häuschen, in denen sie mit ihren Familien wohnten."[487]

Nach einer Typhusepidemie in Birkenau, wo das Kommando „Pflanzenzucht" anfangs untergebracht war, wurde es Ende September 1942 in das Stabsgebäude des Hauptlagers verlegt, um die Ansteckung von SS-Männern durch Häftlinge zu vermeiden. Im Frühjahr 1943 kamen weitere weibliche Häftlinge hinzu, wie Antonina Kopycińska, eine Apothekerin, die im polnischen Widerstand aktiv war, berichtete: „Am 1. April 1943 wurde ich zum Kommando Pflanzenzucht eingeteilt. Es wurden damals sechs Polinnen dafür ausgewählt / Wanda Zak, Barbara Wiśniewska, Maria Meisner, Helena Hoffmann, Hanna Laskowa und ich/ sowie fünf [Anm. d. Übers.: Jüdinnen aus Frankreich durchgestrichen und ersetzt mit] Französinnen."[488] Da weitere Arbeitskräfte benötigt wurden, wurde Hanna Laskowa damit betraut, diese auszuwählen. Sie nutzte ihre Position, um mithilfe von Verbündeten in der „Schreibstube" und dem Büro „Arbeitseinsatz" politische Gefangene aus Birkenau zu holen, die gefährdet waren: „Die Entscheidung beinhaltete große Möglichkeiten für die Untergrundorganisation im Lager. Das Abstellen von Häftlingen, die eine schwere Situation hatten, das heißt in den Augen der Gestapo ernsthaft belastet waren und in ihren Personalakten die Eintragung hatten ‚Rückkehr unerwünscht' in das Kommando ‚Pflanzenzucht' war ein wichtiger Schutz vor der ständig ihnen drohenden Ermordung in Birkenau", hieß es in ihrem Bericht.[489] Ihre Versetzung in das Kommando Pflanzenzucht verdankten einige Häftlinge, darunter auch Claudette Kennedy, Caesars Sekretärin Anna (Anni) Urbanova geborene Binder, einer aus einer deutsch-tschechischen Familie stammenden politischen Gefangenen. Sie engagierte sich dafür, qualifizierte Frauen aus der Gruppe französischer Jüdinnen in dem Kommando Pflanzenzucht unterzubringen, wo die Überlebensbedingungen ungleich besser waren.[490]

Das Kommando „Pflanzenzucht" wuchs beständig und bestand in der Endphase aus etwa 150 Frauen.[491] Gleichzeitig trug die wachsende Bedeutung von Kok-Saghys zur Verbesserung der Situation der Häftlinge bei: Anfang Juni 1943 wurde auf Caesars Betreiben das Nebenlager unweit der Pflanzenzuchtstation eröffnet. Dieses ersparte den Frauen nicht nur den Weg, auch die Bedingungen waren wesentlich besser als in Birkenau oder dem sog. Stammlager: „Die Wohn-

487 Ebenda.

488 APMAB, Oświ, Bd. 44, Bl. 154–160, Ü.

489 APMAB, Oświ, Bd. 37, Bl. 91–99, Ü.

490 Sie war aufgrund ihrer Untergrundaktivitäten verhaftet und 1942 nach Auschwitz deportiert worden. Vgl. Arieh Bauminger, The Righteous Among the Nations, Jerusalem 1990, S. 32; Shelley, Auschwitz, (Bericht) Dr. Anna Urbanova (née Binder), S. 44–61, hier S. 50.

491 Vgl. Shelley, Criminal Experiments, S. 150; Zięba, Rajsko, S. 85.

Cieplarnia [Gewächshaus] und Gärtnerei in Rajsko, illegal aufgenommen 1944, Ort der Häftlingsarbeit (Text laut Beschriftung RS, Ü). Fotograf:in unbekannt. © Archiwum Państwowego Muzeum Auschwitz-Birkenau.

verhältnisse und die Möglichkeit, Gemüse zu organisieren, bedeuteten für die Lagersituation gute Verhältnisse. Jeder Häftling hatte ein eigenes Bett mit Bettwäsche, einen Strohsack und ein Kopfkissen aus Stroh, zwei Bettlaken und zwei sehr warme Decken. Einmal in der Woche wurde unsere persönliche Unterwäsche gewechselt. Wir hatten Nachthemden, Handtücher und die Möglichkeit, uns ordentlich zu waschen und in warmem Wasser zu baden. Den Hunger fühlten wir nicht. Wir organisierten uns auf illegale Weise alle Arten von Gemüse, das in Rajsko angebaut wurde. Im Winter kochten wir es in den Baracken, und die Frauen aus dem Kommando ‚Gärtnerei ‘ versorgten uns damit. Bei der Arbeit auf dem Feld trugen wir Sonnenbrillen, die uns Caesar gegeben hatte“, berichtete Antonina Kopycińska.[492]

Die guten Verhältnisse ermöglichten Kontakte „zur freien Welt“ und zu den anderen Teilen des Lagers sowie solidarische Aktionen, die die politische Gefangene Maria Dubiel schilderte: „Wir stahlen Tomaten und Gurken für die Kinder aus dem evakuierten Warschau. In den Wagen, in denen unsere Wäsche transportiert wurde, schmuggelten wir unter der Wäsche die Lebensmittel.“[493] Es gab

492 APMAB, Oświ, Bd. 44, Bl. 154–160, Ü.
493 LUND, 14/63, Ü.

laut Maria Raczyńska auch kulturelle Veranstaltungen und Fortbildungen, und auch Maria Dubiel berichtete von einem entwickelten kulturellen Leben:[494] „Es gab Amateuraufführungen und abends Unterricht für die jungen Frauen. Weihnachten 1943 wurde ein Krippenspiel auf künstlerischem Niveau aufgeführt: mit Musik, Scheinwerfern und Kostümen; Tänzen in traditioneller Kleidung – Masurka, Kujawiak, Krakowiak, Polonaise. Die Aufseherinnen wurden verrückt vor Freude, die Aufführung war wunderbar."[495]

Allerdings waren trotz dieser relativ besseren Verhältnisse die Bedrohungssituation und die Verbrechen allgegenwärtig: „Wenn man das liest, könnte man den Eindruck bekommen, wir hätten ein gut geregeltes Leben gehabt. Das ist gewissermaßen zutreffend, denn sonst hätten wir nicht überlebt. Aber unser Lager war nur vier Kilometer entfernt vom Hauptlager mit den Gaskammern und den Öfen. Uns war immer bewusst, was in Birkenau passierte. Die Öfen brannten Tag und Nacht und wir rochen den Gestank der Krematorien", beschrieb die Fotografin Inge Schlesinger ihre Situation.[496] Jede Krankheit barg die Gefahr, zurück in das Krankenrevier nach Birkenau gebracht zu werden. Die relativ besseren Lebensbedingungen schützten die Häftlinge auch nicht vor der Ermordung, wie am Fall von Lilly Toffler deutlich wird: Die aus dem Norden der Slowakei stammende 22-jährige Lilly Toffler kam im März 1942 gemeinsam mit ihrer Cousine Ewa Gabanyi nach Auschwitz. Dieser gelang es, sie ins Pflanzenzuchtkommando zu holen. Im Sommer 1943 wurde ein Brief, den ein Häftling für sie ins Stammlager geschmuggelt hatte, entdeckt. Sie wurde sofort in den sogenannten Todesblock 11 des Stammlagers gebracht und nach wenigen Tagen dort erschossen.[497] „Von dieser Erschießung wusste bestimmt Caesar als Kommandant des Lagers Rajsko", gab Antonina Kopcińska 1973 in Ludwigsburg zu Protokoll.[498] Er hatte nicht versucht, zu ihren Gunsten zu intervenieren.

Mit der Erweiterung des Kommandos begannen Caesar und seine Mitarbeiter:innen, die Arbeit auf den Versuchsfeldern und im Laboratorium zu

494 Vgl. APMAB, Oświ, Bd. 46, Bl. 54–58, Ü.

495 LUND, 14/63, Ü.

496 Vgl. Shelley, Criminal Experiments, (Bericht) Inge Schlesinger, S. 245–253, hier S. 250, Ü.

497 Zu den Umständen der Erschießung und dem Prozess gegen Oberscharführer Wilhelm Bogner, der 1964 im Frankfurter Auschwitz-Prozess angeklagt war, Lilly Toffler gefoltert und erschossen zu haben, siehe Helmut Kaiser (Hrsg.), „Heute kam der Bote mit dem weißen Schein …". Tod und Leben von Lilly Toffler, Weimar/Buchenwald 1992; Lore Shelley (Hrsg.), Schreiberinnen des Todes. Dokumentation: Lebenserinnerungen internierter jüdischer Frauen, die in der Verwaltung des Vernichtungslagers Auschwitz arbeiten mussten, Bielefeld 1992, S. 360.

498 BArch, B 162/15165, Bl. 299.

reorganisieren. Die Frauen mussten zu dieser Zeit in drei Schichten arbeiten, wie aus den Akten der Bauleitung hervorgeht: 12–20 Uhr, 20–4 Uhr und 4–12 Uhr.[499] Viele der im Kommando Pflanzenzucht beschäftigten ehemaligen Häftlinge berichteten nach dem Krieg sehr differenziert und detailliert über die einzelnen Arbeitsschritte und Versuchsreihen. Die Häftlinge waren in verschiedene Gruppen eingeteilt, die den gesamten Prozess von der Zucht bis zur Extraktion und Berechnung des Gummigehaltes in den Wurzeln umfassten.[500] Es gab sechs Gruppen, Antonina Kopycińska arbeitete anfangs im Treibhaus: „Wir waren in dem alten Gewächshaus neben der Schule angestellt. Unsere Aufgabe war es, die Pflanze Kok-Saghyz zu züchten, [...] die im Moment unserer Ankunft bereits im Gewächshaus ausgesät waren. Die erste Arbeit, die wir verrichteten, war das Bemalen der Etiketten, die zur Bezeichnung der Pflanzen nötig waren. [...] Als die Arbeit zu Ende war, pflanzten wir die kleinen Pflanzen Kok-Saghyz in Erdtöpfe, die wir dann zu den Frühbeeten brachten, die sich auf dem Feld befanden."[501]

Zofia Pajerska und Wanda Tarasiewicz sagten über ihre Arbeit auf den Versuchsfeldern unter Leitung der Häftlinge aus Ravensbrück, Maria Raczyńska und Emilia Gorszkowska, aus: „Nach unserer Ankunft in Rajsko erhielten wir Häftlinge jeweils ein Stück Land - ein Beet, das wir in zwei Reihen mit jeweils rund 1000 Pflanzen bepflanzten, die Disteln ähnelten. Wir hatten sie von diesem Moment an unter unserer besonderen Pflege. Die Pflanzen waren gekennzeichnet mithilfe eines hölzernen Etiketts, auf dem die Nummer der Pflanze aufgemalt war. Die Nummern wurden vom Moment der Aussaat an die ganze Zeit der Zucht über bis zur Auswahl der Wurzeln und der weiteren Bearbeitung beibehalten. Für die gesamte Gruppe der Pflanzen (1000 Stück) erhielten wir ein Büchlein, in das jede Pflanze entsprechend ihrer Nummerierung eingetragen wurde - das war so etwas wie ein Stammbaum der Pflanze. Jeden Tag musste eingetragen werden, wie die Pflanze gewachsen war, wie ihre Form war, die Farbe ihrer Blätter und der Stängel, die Menge der Anthocyane in den Stängeln, die ersten Blüten, die Menge der Blüten, erste Samenbildung usw. [...] Im Laufe der Wachstumsphase, noch vor dem Erblühen, wurden besonders gut aussehende Pflanzen ausgewählt und mit ‚Kästen' bedeckt. Das waren sechswändige Behälter, deren Wände mit Tüll ausgeschlagen und oben mit einer gläsernen Platte bedeckt waren. Die Auswahl hatte zum Ziel, die besseren Pflanzen vor Ungeziefer und Wind zu schützen, so dass sie nicht vom Blütenstaub anderer

499 APMAB, Landwirtschaft Bd. 2, Bl. 61.
500 Zięba, Rajsko, S. 86.
501 APMAB, Ośw, Bd. 44, Bl. 154–160, Ü.

Pflanzen bestäubt wurden.“[502] Diese Arbeiten führten sie unter der Aufsicht von Dr. Schattenberg aus, dem Leiter der Kok-Saghys-Zucht in Rajsko. Die beiden Frauen berichteten auch von Sabotage-Aktionen: Sie führten die Bestäubung der Blüten mit Pinseln durch, die nicht desinfiziert waren, verbrannten Samen, brachten die Nummern durcheinander.[503]

Antonina Kopycińska arbeitete nach ihrer anfänglichen Zeit im Gewächshaus ab Herbst 1943 im Chemielabor unter Leitung der aus Frankreich stammenden Chemikerin Dr. Marie-Elisa Nordmann. Das Kommando hatte die Aufgabe, die Erde in Bezug auf Säuregehalt und Düngung zu untersuchen und den Kautschuk aus den Wurzeln der Pflanzen zu extrahieren und zu analysieren. Prof. Dr. Zofia Skurska, die ebenfalls zur „Chemie-Gruppe gehörte, führte Analysen über die mikrobiologische Zusammensetzung der Zellulose in der Wurzel durch. Das chemische Labor war ziemlich gut eingerichtet und mit analytischen Waagen, Mikroskopen, Laboratoriumsgläsern [...] ausgestattet, mit denen die Blätter und Wurzeln in winzige Schichten durchgeschnitten werden konnten. Die Aufsicht über unsere Arbeit hatte *Fräulein* Weimann, eine zivile Deutsche, die später Caesars Ehefrau wurde.“[504]

Die Bestimmung des Kautschuk-Gehaltes in den Wurzeln fand im botanischen Labor statt, das Claudette Kennedy leitete. Das Verfahren, den Kautschukgehalt aus den Wurzeln der Pflanzen zu lösen, erfolgte mittels einer „Schüttelmaschine“, in welche die ausgekochten Wurzeln in hermetisch geschlossenen Ebonit-Bechern mithilfe von Glaskugeln zerschlagen wurden, erklärten Pajerska und Tarasiewicz: „Das Resultat der Arbeit sollte daraus bestehen, die Pflanzen zu selektieren, die den größten Gummigehalt vorwiesen. Dann wurde der Samen dieser Pflanzen, als bester, im darauffolgenden Jahr ausgesät.“ Eine Art der Sabotage, welche die beiden und andere dort beschäftigte Frauen durchführten, bestand deshalb darin, „die verschiedenen Kategorien der Wurzeln zu mischen anstatt sie zu selektieren. Auf diese Weise war keine Rede mehr davon, die beste Gummisorte zu bekommen.“[505]

Die Züchtungsexperimente wurden in einer Zeichen- und Fotowerkstatt u. a. von der deutschen Jüdin Inge Schlesinger geb. Kochmann[506] und ihrer Assistentin, der (später bekannten) Filmemacherin Wanda Jakubowska, dokumentiert, welche die „Fotos von der Entwicklung des Kok-Saghyz auf den Feldern

502 Ebenda, Bl. 150–153, Ü.
503 Ebenda.
504 Ebenda, Bl. 154–160, Ü.
505 Ebenda, Bl. 150–153, Ü.
506 Vgl. Shelley, Criminal Experiments, (Bericht) Inge Schlesinger, S. 245–253, hier S. 247, siehe auch APMAB, Ośw, Bd. 46, Bl. 54–58, Ü.

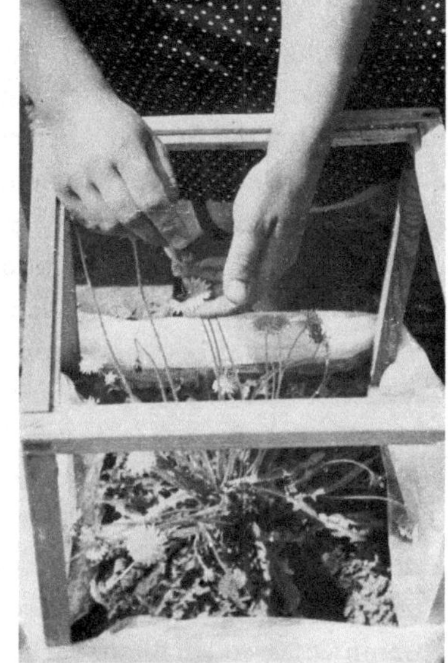

Häftling Wanda Tarasiewicz bei der Arbeit mit Kok-Saghys in Rajsko, illegal aufgenommen August 1944 (Text laut Beschriftung RS, Ü). Fotograf:in unbekannt. © Archiwum Państwowego Muzeum Auschwitz-Birkenau.

und den einzelnen Untersuchungen, die, an der Pflanze durchgeführt wurden, machte", wie Skurska berichtete.[507] Diese Ausstattung ermöglichte es, im Geheimen Fotografien aufzunehmen. Einige Aufnahmen übergab Wanda Tarasiewicz dem Archiv von Auschwitz, sie zeigen Kok-Saghys-Pflanzen in Schutzkästen, die mit einem Pinsel vorgenommene Bestäubung, eine der Baracken, die Anlage mit Gewächshäusern und eine Innenansicht aus einem der Gewächshäuser.

Außer den Frauen arbeiteten auch etwa 20 männliche Häftlinge im Kommando „Pflanzenzucht", die täglich aus dem Stammlager Auschwitz nach Rajsko kamen. Wie Antonina Kopycińska aussagte, leisteten sie „die schwereren Arbeiten, leiteten das Magazin mit den Werkzeugen/Schaufeln, oder bauten die Kästen. Das waren die Schutzbehälter für den Kok-Saghyz in der Blütezeit. In der Näherei, die sich auf dem Gelände unseres Lagers befand, befestigten Frauen Tüll an den Wänden, die von Männern vorbereitet worden waren."[508] Zięba zufolge gab es außerdem ein Feldlaboratorium.[509] Tichauer berichtete von einer Abteilung, die unter Aufsicht eines russischen Wissenschaftlers aus Minsk dafür zuständig war, russische Fachliteratur zu übersetzen.[510]

507 APMAB, Oświ, Bd. 42, Bl. 62–64, Ü. Im Besitz von Wanda Tarasiewicz befanden sich von Jakubowska im Geheimen aufgenommene Fotografien.

508 APMAB, Oświ, Bd. 44, Bl. 154–160, Ü.

509 Vgl. Zięba, Rajsko, S. 87.

510 Vgl. Tichauer, No. 20832, S. 60; Heim, Kalorien, S. 182.

Im Jahresbericht vom 19. Januar 1944 für die Jahre 1942/43 beschrieb Caesar züchterische Versuche auf der Moorversuchsstation Minsk im Reichskommissariat Ostland und in der Forschungsanstalt des Generalgouvernements in Puławy unter Leitung der Station Auschwitz. Verloren waren zu diesem Zeitpunkt die Stationen Ustimowka bei Krementschug, Skadowsk bei Perekop, Kiew (alle unter Leitung von Auschwitz) und die Stationen Dnjepropetrowsk und Shitomir (unter Aufsicht der Wirtschaftsinspektion).[511] In diesem Zusammenhang erwähnte er neue Verfahren, wie sie von den ehemaligen Häftlingen ausführlich beschrieben wurden, und berichtete von umfangreichen „Beobachtungen während der Vegetation", die notiert wurden.[512] Dabei bezog er sich auch auf die Doktorarbeit seiner Ehefrau Ruth Caesar geb. Weimann, die eine Methode zur Bestimmung von Latex in den Frischwurzeln erarbeitet habe. Neben den Ergebnissen aus den Laboratorien und agrotechnischen Düngungsversuchen enthält der Bericht Zeichnungen und Fotografien von einzelnen Wachstumsstadien, Formen und Versuchen mit Kok-Saghys, die vermutlich Häftlinge angefertigt hatten.[513] In der zusammenfassenden Bilanz für 1943 hob Caesar hervor, dass dem Verlust der Stationen im Westen der Sowjetunion „eine bedeutende Erweiterung der Auschwitzer Station" gegenüberstehe, und er gab eine positive Prognose für Einrichtung, Material und Kräfte für das Jahr 1944.[514] Aus einem als Anlage enthaltenen, von Dr. Böhme, dem Verantwortlichen für alle „Fragen der Grundlagenforschung", gezeichneten Bericht des KWI in Müncheberg geht hervor, dass das dortige KWI mit andauernden Schwierigkeiten bezüglich Land, Gebäuden, Laboratorien und Einrichtungen zu kämpfen gehabt habe.[515]

In diesem Sinne mag der Bericht eine vorbereitende Funktion gehabt haben, denn ab Februar 1944 wurde Rajsko zu der zentralen Versuchsstation für den Kok-Saghys-Anbau im Osten.[516] Bei einer für den 18. Februar 1944 auf Initiative des KWI vereinbarten Besprechung in Müncheberg, an der neben Caesar Korvettenkapitän Hans Stahl, der von Himmler ernannte Sonderbeauftragte für alle Fragen des Pflanzenkautschuks,[517] Böhme und andere Vertreter des KWI teilnahmen, wurde beschlossen, die Grundlagenforschung vom Roten Luch nach Auschwitz zu überführen. Auch Böhme wurde nach Auschwitz abkommandiert, wobei der „Dienstantritt des Genannten in Auschwitz rechtzeitig vor der

511 Vgl. BArch, NS 19/3919, Bl. 16.
512 Ebenda, Bl. 26, 38.
513 Vgl. ebenda, Bl. 60.
514 Ebenda, Bl. 68 f.
515 Vgl. ebenda, Bl. 61 ff.; NS 19/1802, Bl. 60 f.
516 Vgl. BArch, NS 19/3919, Bl. 1, 91 ff.
517 BArch, NS 19/1802, Bl. 65.

Frühjahrsbestellung erfolgen“ musste, wie es in dem Aktenvermerk heißt. Ebenso sollten die „Zentrifugieranlage für Stammesprüfungen“ und Material überführt werden.[518] Böhme hatte nach einer Reise nach Uman begonnen, am KWI für Züchtungsforschung im Roten Luch in Müncheberg neben Züchtungsexperimenten auch mit der Verarbeitung der Wurzeln zu experimentieren.[519] Einem geheimen Jahresbericht der Ostgesellschaft für Pflanzenkautschuk und Guttapercha zufolge waren für 1944 auch Anbaugebiete von 10 000 ha im Warthegau und in Westpreußen sowie weitere 10 000 ha im Generalgouvernement vorgesehen, wobei hier eine Aufbereitungsanlage in Dębica geplant war.[520] Zu den größeren Anbaugebieten im Generalgouvernement gehörte das in Galizien gelegene Gut Jagielnika, auf dem zugleich die Gesamtdirektion aller Kok-Saghys-Betriebe im Generalgouvernement untergebracht war.[521]

Neben der Erschließung neuer Anbaugebiete ging die Versuchsstation Rajsko 1944 auch neue Kooperationen ein. So besuchte im Juli 1944 der Zytologe und Botaniker Henry Le Conte Rajsko. Er leitete die Zuchtstation bei der landwirtschaftlichen Schule in Versailles ebenso wie jene der Firma Vilmorin in Verriers. Kudriawtzow hatte auf der Suche nach neuem Material und weiteren Anbaugebieten mit der Firma über Kooperationen verhandelt und Le Conte eingeladen. Auf Anweisung des Reichsführers SS ließ Kudriawtzow ihn während seines Aufenthaltes in Rajsko nicht aus den Augen und zeigte Le Conte nur bestimmte Bereiche des Lagers.[522] Über den Besuch eines Franzosen „namens M. Lecomte, der von seiner Firma geschickt wurde, um den fabelhaften Löwenzahn zu erforschen, der die Herstellung von synthetischem Gummi verbessern sollte“, berichtete auch Claudette Kennedy.[523] Da einer der russischen Offiziere, der Französisch sprach, während der gesamten Konversation anwesend war, konnte Kennedy Le Conte nichts über die Situation und Vorkommnisse im Lager erzählen. Sie sagte ihm nur, dass sie vor dem Krieg an der Sorbonne gearbeitet hatte. Mit dieser Information kontaktierte er – allerdings erst nach der Befreiung von Paris – ihre Eltern. „Er unternahm keine Anstrengungen während die Deutschen noch da waren. Überhaupt hatte er nichts gesehen, keine Fragen zu dem rauchenden Schornstein gestellt, keine Fragen zu den Barackenreihen, die er auf seinem Weg nach Rajsko

518 BArch, NS 19/3919, Bl. 91 ff.

519 BArch, NS 19/1803, Bl. 15 ff.; Heim, Kalorien, S. 137.

520 BArch, NS 19/3919, Bl. 89.

521 Vgl. Heim, Kalorien, S. 154 f. Laut Heim arbeiteten dort jüdische Zwangsarbeiter:innen aus einem nahen Lager, bis sie im Sommer 1943 von deutschen Polizisten und ihren ukrainischen Helfern getötet wurden.

522 Vgl. BArch, NS 19/3646, Bl. 3–12.

523 Shelley, Criminal Experiments, (Bericht) Claudette Kennedy, S. 153–174, hier S. 166 Ü.

gesehen haben muss."[524] Auch Caesar resümierte, „dass Herr Le Conte die Arbeit außerordentlich positiv beurteilt und ebenfalls durchaus loyal dem Reich gegenübersteht. Die einzige von ihm geübte Kritik war die am Namen der Einrichtung, die er lieber statt als Konzentrationslager als Arbeitslager benannt haben möchte."[525]

Besonders in den Sommermonaten wurde das Lager häufig besucht, wie aus einem Schreiben von Caesar vom 20. Mai 1944 an das WVHA Amtsgruppe D hervorgeht. Darin schrieb er: „Die Einkleidung des Pflanzenzuchtkommandos mit Sommerkleidern macht insofern Schwierigkeiten, als hier Sommerkleider nicht mehr zur Verfügung stehen. Ich bitte aus diesem Grunde die Genehmigung zu erteilen, dass aus den hier vorhandenen Beständen der Ungarnaktion die erforderlichen Sommerbekleidungen entnommen werden können." Als Begründung führte er das „besondere Interesse einer verhältnismäßig breiten wissenschaftlichen Öffentlichkeit" an, welche die Station „gerade in den Sommermonaten in sehr starkem Maße besucht".[526] Diese Passage gibt zugleich darüber Auskunft, dass Caesar über die Ermordung der ungarischen Juden und Jüdinnen in den Gaskammern bestens informiert war.

Während die Kautschuk-Forschung bis zur Auflösung des Lagers Rajsko auf Hochtouren lief, waren sich sowohl die Wissenschaftlerinnen in Auschwitz als auch die in Puławy arbeitenden deutschen und polnischen Forscher:innen darüber im Klaren, dass „die massenhafte Kautschukgewinnung aus Kok-Saghys nicht einmal im Verlauf mehrerer Jahrzehnte realisierbar war".[527] Während die Wissenschaftler:innen in Puławy die „angeordneten Maßnahmen jedoch akribisch" ausführten, bewahrten diese als „kriegswichtig" eingestuften Arbeiten sie doch vor Deportation und Zwangsarbeit, sabotierten einige Frauen in Auschwitz die Arbeit.[528] Die SS-eigenen und wissenschaftlichen deutschen Forschungseinrichtungen setzten ihre Forschungen bis Kriegsende fort; manche, wie beispielsweise Caesar, hielten auch darüber hinaus daran fest.[529]

524 Ebenda.

525 Vgl. BArch, NS 19/3646, Bl. 3 RS.

526 APMAB, D-Au I- Landw./84, Landwirtschaft Bd. 3, Bl. 104.

527 Stanisław Meducki, Agrarwissenschaftliche Forschungen in Polen während der deutschen Okkupation. Die Landwirtschaftliche Forschungsanstalt des Generalgouvernements in Puławy, in: Heim, Autarkie, S. 233–249, hier S. 248.

528 Ebenda.

529 An diese Forschungen knüpft seit 2013 die Firma Continental an, ohne allerdings die Forschungsgrundlagen auf ihrer Website klar zu benennen. Als einzige Referenz dienen dort der Verweis auf Wikipedia und ein Zeitungsartikel. Vgl. Thomas Imhof, Continental-Reifen mit Kautschuk aus Pusteblumen, 21. 2. 2014, www.autogefuehl.de/2014/02/21/continental-reifen-mit-kautschuk-aus-pusteblumen/ [12. 11. 2020].

Das Lager wurde am 18. Januar 1944 aufgelöst, die Frauen zu Fuß und in Kohlewaggons nach Ravensbrück getrieben und von dort in verschiedene andere Lager verteilt, bis sie Mitte April von der Roten Armee befreit wurden. Einigen der Frauen gelang es, noch in Polen zu fliehen, zwei Frauen wurden auf der Flucht ermordet.[530] Die Zuchtstation und die russischen Wissenschaftler wurden nach Büschdorf bei Halle verlegt. Die Aufforderung vonseiten des amerikanischen Militärs an den Leiter der dortigen Zuchtstation, die Forschungen fortzusetzen, wies dieser zurück.[531]

Versuche mit perennierendem Roggen

Die Pflanzenzuchtstation hatte nicht nur die Aufgabe, Kok-Saghys zu züchten. Maria Raczyńska erinnerte sich auch an andere Versuche, die in Rajsko durchgeführt wurden: „Die Pflanzenzucht hatte den Charakter einer wissenschaftlichen Forschungseinrichtung. […] Erfahrungen wurden mit der Jarowisation von Weizen gemacht. Um die Ruhephase des Korns in der Erde zu verkürzen, wurden im Keller Kisten mit Weizen eingefroren, indem Eis hinzugegeben wurde, um ihn dann im frühen Frühjahr auszusäen."[532] Bei der Jarowisation handelt es sich um ein in der Sowjetunion vorangetriebenes Verfahren der künstlichen Anwendung von Reizen wie beispielsweise Kälte oder Licht auf gequollene Samen. Dadurch sollten Keimung und Blüte, aber auch der Fruchtansatz unter extremen bzw. problematischen klimatischen Bedingungen begünstigt werden. Auch Antonina Kopycińska berichtete von weiteren Versuchsreihen: „In Rajsko wurden auch wissenschaftliche Untersuchungen angestellt über den Gehalt von Vitamin C in Gladiolen, und es wurden verschiedene Getreidesorten auf verschiedenen Versuchsgeländen ausgesät, die von allen Seiten mit einem Netz umzäunt waren und auch von oben mit einem Netz bedeckt waren, um sie vor Vögeln zu schützen."[533]

Zu den auf diese Weise geschützten Getreidesorten gehörte auch der perennierende Roggen, wie einem Bericht von Caesar vom 22. Juni 1943 zu entnehmen ist. Darin informierte er Pohl über den Fortgang der Versuche. Er schloss mit

530 Vgl. APMAB, Oświ, Bd. 44, Bl. 150–153, Ü, 154–160, Ü; Bd. 37, Bl. 91–99, Ü; Bd. 46, Bl. 54–58, Ü; Zięba, Rajsko, S. 94; BArch, B 162/15165, verschiedene Aussagen, Bl. 220, 224, 229, 234, 236, 239, 243, 247, 251f., 258f., 262f.

531 Vgl. Thomas Wieland, „Die politischen Aufgaben der deutschen Pflanzenzüchtung". NS-Ideologie und die Forschungsarbeiten der akademischen Pflanzenzüchter, in: Heim, Autarkie, S. 35–56, hier S. 54.

532 APMAB, Oświ, Bd. 46, Bl. 54–58, Ü.

533 APMAB, Oświ, Bd. 44, Bl. 154–160, Ü.

einer Beschreibung der Schutzvorrichtungen für den ausgesäten Roggen: „Für die vollkommen geschützte Unterbringung der Pflanzen wurde ein Drahtkäfig von rund 600 qm Größe gebaut, der gegen das Eindringen von Wühlmäusen und Vögeln Sicherheit bietet."[534] Der Roggen musste u. a. deshalb besonders geschützt werden, weil auch dieses Projekt zu Himmlers besonderen Interessen gehörte. So schrieb er am 4. Februar 1943 an Pohl: „Der Inhalt des anliegenden Päckchens ist etwas ganz wertvolles, nämlich Samen von perigierendem [sic] Roggen, also einem Roggen, der mehrjährig ist und wie Gras mehrere Jahre hindurch nach der Reife zur Ernte abgemäht werden kann. [...] Die Vorschläge für die Durchführung der Züchtung bitte ich wegen der Wichtigkeit der Sache im einzelnen einzureichen."[535] Das Saatgut stammte ebenso wie die Kok-Saghys-Samen aus Russland, hier von einem „Saatzuchtgut im Kaukasus, das wir damals übernahmen und der Gruppe Landwirtschaft übergaben", wie Himmler ausführte. Von dort hatte es SS-Gruppenführer Korsemann mitgebracht. Um künftig auch den perennierenden Roggen in sicherer Hand der SS zu wissen, hatte er diesen beauftragt, beim nächsten Aufenthalt das Saatzuchtgut „auf jeden Fall für uns selbst zu beschlagnahmen".[536]

Pohl gab das Saatgut, wie er am 8. Februar berichtete, „durch Kurier an Stubaf. Dr. Caesar nach Auschwitz" weiter, der „den Auftrag erhalten" hatte, „die Züchtungsarbeiten mit dem wertvollen Saatgut sofort in Angriff zu nehmen". In dem Schreiben führte Pohl seinerseits aus, dass der perennierende Roggen „nicht unbekannt sei": „Bei Mitgliedern des aufgelösten Reichsverbandes für biologisch-dynamische Wirtschaftsweise wurde dieser Roggen unter dem Namen ‚Waldstaudenroggen' geführt und auf besonders leichten Schlägen ausgesät."[537] Das sei im Jahr zuvor in einem Waldstück auf Hof Röpke bei der Unterführerschule Lauenburg (Pommern) geschehen. Er versprach, Himmler darüber zu berichten, sobald Erfahrungen vorlägen, und erklärte, er habe Saatgut des Waldstaudenroggens ebenfalls an Caesar gesendet.

In einem geheimen Bericht vom Juni 1943 legte Caesar detailliert dar, wie der Roggen für die Aussaat vorbereitet, gewogen, auf Krankheiten untersucht und gezeichnet worden sei und dann (ebenso wie Kok-Saghys) in „Einzelkornaussaat in Erdtöpfen" ausgesät wurde. Auch von der Roggensaat wurde ein Teil jarowisiert, wie von Maria Raczyńska für den Weizen beschrieben. Nach Caesar war das Ziel dieser Anwendung, der Saat einen „für das Schossen des Roggens

534 BArch, NS 19/156, Bl. 7.
535 BArch, NS 19/156, Bl. 2.
536 Ebenda, RS.
537 Ebenda, Bl. 3.

notwendigen Kältestoß zu geben. Da wir eine Frucht, die normalerweise überwintert, erst [im] Frühjahr aussäen konnten."[538] Er räumte allerdings ein, dass der Erfolg des Verfahrens fraglich sei.

Offensichtlich führte die Aussaat des Roggens nicht zum gewünschten Erfolg. Eine Nachfrage aus dem Hause des Reichsführers SS im September 1944 beantwortete Pohl mit einem Bericht von Vogel, „aus dem hervorgeht, daß der perennierende Roggen in Auschwitz züchterisch bearbeitet wird, nachdem die ersten Anbauversuche unbefriedigend waren", wie Pohl am 6. November 1944 schrieb.[539] Vogel stellte lediglich in Aussicht, dass die Arbeiten, die „bisher noch kein klares Bild ergeben haben", weiter fortgesetzt werden.[540] Damit endete die Korrespondenz über die Roggenversuche.

Versuche mit Geranienöl

Ein anderes Feld, dessen sich Himmler persönlich annahm, waren die Versuche mit Öl von Geranien, die ebenfalls aus dem Kaukasus stammten. Den Beginn der Versuche markierte Caesars Reise in den Kaukasus: Im Nord-Kaukasus war er mit Kudriawtzow und Popov nicht nur auf der Suche nach Kok-Saghys, sondern auch in der Mission unterwegs, den Grund für die Geranienzüchtungen herauszufinden. In seinen Erinnerungen schrieb er: „In Krasnodar besuchten wir das technische Institut dort, denn wir hatten erfahren, dass im Gebiet um Krasnodar, an der Krim und im Kaukasus rund um das Schwarze Meer herum große Bestände an Geranien angebaut wurden und daß unter strengster Aufsicht der Behörden von diesen Geranien Pflanzenmaterial luftdicht verpackt nach Moskau geschickt wurde. Wir kamen dahinter, daß es sich um die Gewinnung von einem Geranienöl handelte und hatten den Auftrag, von diesem Öl Proben mitzurückzubringen. Das gelang uns auch."[541] Offensichtlich pflanzte er daraufhin Geranien in Auschwitz und gab das Material zur Analyse. In seinen Memoiren gab er an, nie wieder davon gehört zu haben: „Ich glaube, daß man die Pflanzenöle irgendwie verwendet hat, um die Waffenöle winterfest zu machen. Beweisen kann ich das aber nicht. Das ist nur eine Vermutung."[542]

Allerdings war Caesar durchaus weiter damit befasst, wie aus der Kommunikation mit Himmler deutlich wird. Am 28. März 1943 erkundigte sich der Reichs-

538 Ebenda, Bl. 7.
539 Ebenda, Bl. 9.
540 Ebenda, Bl. 10.
541 APMAB, Opr. Caesar 346, Vati's (Joachim Caesar's) Memoiren, Bl. 3.
542 Ebenda, Bl. 4.

führer aus der Feldkommandostelle bei Caesar nach dem Stand der Versuche.[543] Caesar antwortete umgehend am 31. März ebenfalls per Fernschreiben und erläuterte bei dieser Gelegenheit die Geschichte der Geranienölversuche: „Auf meiner Kaukasusreise habe ich Anfang September 1942 in Krasnodar Geranienöl gefunden, von geringen Mengen Proben mitgenommen und zur waffentechnischen Untersuchung an Oberführer Gärtner übergeben. Von dort bekam ich Nachricht, dass die Probe zu gering sei. Ich habe mich daraufhin zur Beschaffung größerer Mengen erneut an den Höheren SS- und Polizeiführer (K) gewandt. Meiner Bitte konnte durch die Aufgabe des Kaukasus nicht mehr entsprochen werden." Caesar führte an, dass zur systematischen Bearbeitung „größere Mengen Geranienöl, gegebenenfalls auch nichtrussischer Herkunft beschafft werden" müssten. Er empfahl, einem „chemisch-technischen Institut einschlägiger Fachrichtung" einen systematischen Auftrag zu erteilen.[544]

Caesars Antwort und seine Erinnerungen machen deutlich, dass die in Auschwitz unternommenen Versuche mit Geranienöl nicht konsequent betrieben wurden. Dies geht auch aus der weiteren Korrespondenz hervor, nachdem Himmler nicht lockerließ: „Der Reichsführer möchte wissen, was das Ölhaltige an der Geranie ist." Desweiteren war Himmler der Auffassung, dass – offensichtlich trotz des bereits erfolgten militärischen Rückzugs aus dem Kaukasusgebiet „nun einmal eine größere Menge Geranienöl beschafft werden" sollte – „oder SS-Obergruppenführer Pohl einige Hektar Geranien anpflanzen lassen soll." Er wünsche, dass diese Frage „systematisch bearbeitet" werde, und bat Caesar um Vorschläge.[545] Dessen Antwort erfolgte am 2. April mit allen wichtigen Informationen über die Pflanze mit dem wissenschaftlichen Namen Pelargonium Roseum und der Empfehlung, „die Pflanze [...] im wärmeren Klima, als Auschwitz bieten kann, etwa Bergstraßengebiet anzubauen und Destillation an geeigneter Stelle, evtl. Dachau, durchführen zu lassen", da in Auschwitz weder die klimatischen noch technischen Bedingungen vorlägen.[546]

Himmler kam diesem Vorschlag nach und beauftragte daraufhin Pohl am 19. April damit „die Angelegenheit in die Hand zu nehmen und mit größtem Nachdruck zu betreiben, dass wir wenigstens soviel Öl bekommen, daß ein erster Winterversuch damit gemacht werden kann".[547] Damit hatte Caesar die Versuche mit Geranienöl an die DVA-Anlagen abgegeben, die das Dachauer Außenlager

543 Vgl. BArch, NS 19/1018, Bl. 2.

544 Ebenda, Bl. 3 f.

545 Ebenda, Bl. 4.

546 Ebenda, Bl. 5 f.

547 Ebenda, Bl. 6. Pohl sollte dafür sorgen, Pelargonium Roseum „in größtem Umfange" auf der Krim anzubauen.

Heppenheim/Bergstraße betreute. Als die Versuche dort zu keinen neuen Erkenntnissen führten, empfahl Himmler im Dezember 1944 SS-Sturmbannführer Backhaus vom Reichsernährungsministerium, das Öl, das von den Geranienfeldern im Kaukasus stammte und „auch bei größter Kälte nicht gerinnt, selbst nicht bei 40 und 50°", in Müncheberg untersuchen zu lassen.[548]

Geflügelfarm Harmense

Eiweißproduktion: Fischzucht

Ein weiteres Feld für Versuche war eine groß angelegte Fischzuchtstation. Auf einem Areal mit etwa 380 ha Wasseroberfläche, das von dem ausgesiedelten Weiler Nazieleńce bis zu den Dörfern Pławy und Harmęże reichte, befanden sich Fischteiche, die vor der Besetzung zum Teil der Polnischen Akademie der Wissenschaften (Polska Akademia Umiejętności) in Krakau, zum Teil dem Gutsbesitzer Gustav Zwilling aus Harmęże gehört hatten. Nach der Vertreibung der Bewohner:innen aus ihren Dörfern übernahm die Kommandantur von Auschwitz zunächst die Fischteiche.[549] Diese wurden dann, ebenso wie die übrige Landwirtschaft im sog. Interessengebiet, der Verwaltung der DVA und des Amtes W V des WVHA unterstellt. Binnenfischzucht stand im Kontext der Ersatzstoffforschung und Autarkiebestrebungen und diente darüber hinaus der Eiweißversorgung der Bevölkerung. Bereits im Juli 1941 wurde die Hauptabteilung Fischereiwesen der SS auf Initiative Himmlers ins Leben gerufen und dem Dipl. Ing. Dr. Karl Rühmer unterstellt.[550] Rühmer, selbst Eigentümer von Fischteichen und Fischereisachverständiger, hatte sich dem Reichsführer mittels einer in seinem Verlag publizierten Bildmappe „Fische und Heimat" angedient, war im Juni von Pohl angeschrieben und im darauffolgenden Monat ins WVHA übernommen worden.[551] Im Oktober 1941 wurde die Fischerei-Hauptabteilung in das Amt W V unter Vogel eingegliedert.

Im September 1941 erstellte Rühmer im Auftrag seiner neuen Dienststelle nach der „Besichtigung der fischereilichen Liegenschaften in Auschwitz und Debica" ein Gutachten.[552] Der Umfang seiner Begutachtung umfasste neben den Teichen etwa 120 ha durch Verlandung oder Bruch trockenliegendes Gebiet, 100 ha Nassböden, die direkt an die Teiche anschlossen und nicht

548 Ebenda. Siehe auch Heiber, Reichsführer, S. 263, 378.

549 Zięba, Harmense, S. 47; APMAB, Oświ. Bd. 50, Bl. 9–14a, Bericht Aleksander Kalczyński, Ü.

550 BArch, NS 3/1434, Bl. 27.

551 Ebenda; Kaienburg, Wirtschaft, S. 822 f.

552 APMAB, D-Au I Z. Bau 536, Bericht vom 30. 9. 1941 von Dr. Ing. Rühmer, Fischrereisachverständiger – Kulturingenieur, Bl. 34–42, hier Bl. 34.

für Landwirtschaft, sondern nur für Teichbau nutzbar waren, sowie die Flüsse Weichsel und Sola mit allen Nebenflüssen und Bächen. Die Ausbaumöglichkeiten durch Wiederherstellung der brachliegenden Teiche und den Ausbau der Nassböden schätzte Rühmer auf etwa 880 ha Teichböden, die „wegen ihrer Jungfräulichkeit vom höchsten Ertrag sind".[553] Zudem warf er den Blick bereits auf anliegende Teichgebiete (200 ha Teiche und 120 ha Nassböden), welche von der *Ostland*-Gesellschaft Berlin verwaltet wurden und bis Ende 1941 verpachtet waren. Da dem „derzeitigen Pächter [...] weder die Mittel, noch die Maschinen, noch die Arbeitskräfte zur Wiederherstellung und Ausbau zur Verfügung" stünden, erkannte er darin eine Chance, das dem Amt W V unterstehende Terrain auszudehnen. Auch die Anlagen des Gutes Rajsko, „das mit seinen Teichen keilförmig in das Teichgebiet Auschwitz" hineinrage, empfahl er „auf dem Austauschwege" einzugliedern.[554] Die Pläne für das dieserart erworbene Teichgebiet waren denen für das angeeignete Land ähnlich, Ertragssteigerung und Kolonisation waren die Stichworte: Das Teichgut sollte nicht nur „ertragsmäßig für die Ernährungslage von großer Bedeutung sein", sondern auch „kolonisatorisch für Ostoberschlesien u. Polen ein Spitzengut" werden. Im Zusammenhang mit dem Ziel, die Teiche auszubauen, hob Rühmer ebenso wie andere Gutachter die hohe Wirtschaftlichkeit durch den Zwangsarbeitseinsatz der Häftlinge hervor.[555]

An jene Arbeiten, die auch Lhotzky im November 1941 in seinem Gutachten zur Wasserwirtschaft empfahl – „Erhöhung und Verbreiterung sämtlicher Teichdämme" und „die Teichentladung" – erinnerten sich auch ehemalige Häftlinge.[556] Czesław Ostankowicz, der im Kommando Dammbau beschäftigt war, konstatierte: „Im April 1942, in welchem man uns ewig Nasse, immer Erfrorene und Fiebernde, entsetzlich Hungernde zu den Teichen trieb – gab man uns keine große Chance auf eine Rückkehr von dieser Arbeit."[557] Von der Teichentlandung im Kommando 103 „Schilfmeer", in dem sie Schilf und Ried an den Teichen von Auschwitz mähen musste, berichtete Róża Jeleń-Chroń: „Am nächsten Tag wurden Sensen ausgeteilt und wir gingen zu den Teichen. Man musste die Sträflingskleidung ausziehen und ins Wasser gehen, das uns bis zur Hüfte reichte, und da wir leicht waren, trug das Wasser uns und es war schwer, sich auf den Beinen zu halten. Der Teich war voller Steine, Bäume, voll Glas und anderem Müll. [...] Das Kommando wäre gar nicht mal so schlecht gewesen, wenn

553 APMAB, D-Au I Z. Bau 536, Rühmer, Bl. 36.

554 Ebenda, Bl. 37.

555 „Durch Verwendung von Häftlingen und Einsatz von Erdbewegungsmaschinen kann die Gestehung [sic] dieser Teichanlagen sehr nieder gehalten werden." Ebenda, Bl. 37 f.

556 APMAB, D-Au I Z. Bau 536, Lhotzky, Bl. 48.

557 Bildungswerk, Infomappe, S. 37.

nicht die Sonne gewesen wäre, die uns verbrannte, wenn wir aus dem Wasser kamen. Auf den ganzen nackten Körperstellen entstanden Blasen, die aufgingen und eiterten. […] Außerdem verletzten wir uns die Füße an dem Glas und den Bäumen in den Teichen, der Schmutz kam in die Wunden und dies entzündete sich."[558] Sie sagte auch aus, dass einige Frauen infolge der Wunden, die aufgrund der entzündeten, nicht behandelten Verletzungen entstanden waren, starben. Wenn es regnete war es nicht viel besser – die Kleidung wurde nass, im Block gab es keine Möglichkeit, diese zu trocknen: „Täglich die nasse Kleidung anzuziehen, das Fehlen von warmem Wasser zum Waschen und das sich Aufwärmen nach der Abkühlung waren Gründe, um Grippe und Lungenentzündung zu bekommen."[559]

Für den Ausbau der Teiche war auch die Frauen-Strafkompanie aus Budy zuständig, die nach der Flucht des Häftlings Janina Nowak im Juni 1942 gebildet worden war. Antonia Piątkowska wurde diesem Kommando zugeteilt und um drei Uhr morgens vom Appell, „begleitet von Gejammer, Hundebellen und Schlägen […] ca. sieben Kilometer in das Straflager nach Budy gejagt".[560] Sie schilderte ebenfalls die auszehrenden Arbeitsbedingungen an den Teichen.

Im 1. Frankfurter Auschwitz-Prozess war auch die Fischzucht in Harmense Thema. Als Zeuge befragt, antwortete Joachim Caesar auf die Vorhaltung von Staatsanwalt Kügler, ob ihm bekannt war, dass Häftlinge 1942 ohne Gummischuhe mit nackten Beinen den ganzen Tag im Wasser gestanden und Schilf geschnitten haben: „Ich weiß, daß wir laufend Gummistiefel da zur Verfügung gestellt haben. Es ist, glaube ich, aber auch nicht einmal unüblich, daß im Sommer Schilf geschnitten wird mit nackten Beinen, im warmen Wasser. Aber gerade um dort etwas zu sagen: Das Kommando in der Teichwirtschaft hat wegen all der Geschichten zum Beispiel Moskitonetze gehabt und Mückensalben und so weiter. Das kann Ihnen auch von den Häftlingen, die dort gearbeitet haben, bestätigt werden. Also da ist schon etwas für getan worden."[561]

Die Bewirtschaftung der Teiche sollte angesichts der durch Häftlingsarbeit niedrig gehaltenen Kosten nicht nur für die Eiweißversorgung der Bevölkerung von großer Bedeutung sein, sondern, wie dem Gutachten von Rühmer zu entnehmen ist, auch Fragen der Wirtschaftlichkeit unter verschiedenen Bearbeitungs-

558 APMAB, Wsp. Bd. 117, Bl. 96–116, Ü.

559 Ebenda.

560 Bildungswerk, Infomappe, S. 122.

561 Fritz Bauer Institut (Hrsg.), Tonbandmitschnitt 1. Frankfurter Auschwitz-Prozess, „Strafsache gegen Mulka u. a.", 4 Ks 2/63, Landgericht Frankfurt a. M., 23. Verhandlungstag, 5. 3. 1964, Vernehmung des Zeugen Joachim Caesar, www.auschwitz-prozess.de/zeugenaussagen/Caesar-Joachim/ [21. 3. 2021].

und Versorgungsbedingungen testen. Da die „Teichanlagen mit großem Aufwand errichtet und fachgemäss" hergestellt seien, eigneten sie sich „insbesondere zur Errichtung eines großen Fischerei-Ertragsgutes". Das Teichgut „sollte absoluter Selbstverpfleger und Selbsterzeuger größerer Mengen Stalldünger und Jauche sein" und benötigte „grössere Flächen für den Anbau von Lupinen und Mais zu Futterzwecken". Die geplanten Untersuchungen umfassten „Versuche zur Erprobung der Wirtschaftlichkeit mit und ohne Zufutter, die Gegenüberstellung der verschiedenen Kunstdüngearten und Stalldüngearten, der Bodenbearbeitung und Wechselbebauung mit Futterpflanzen". Aus Rühmers Gutachten ergibt sich die Wechselwirkung im Zusammenspiel mit der ebenfalls in Harmense stationierten Geflügelfarm und der Landwirtschaft des Gebietes: „Gross angelegte Entenzucht wird die Anbauteiche düngen. Nutriazuchten sorgen für die Kurzhaltung von Überwasserpflanzen in gewissen Teichen. Schafzucht, Geflügelzucht aller Art, Weidekulturen und daran anschliessende Fasanerien, Dammwildgatter in den Auengehölzen, Umstellung auf Forellenmast in gewissen Teichen, tragen sehr dazu bei, das Teichgut rentabel zu gestalten und das Personal während des ganzen Jahres zu beschäftigen."[562] Die positive Prognose verband Rühmer erfolgreich mit eigenen Absatzmöglichkeiten, wie aus einem Vertrag mit der DVA und einem entsprechenden Vermerk vom 26. November 1941 deutlich wird.[563] Am 1. April 1944 schied er nach einigen Querelen aus dem Amt W V aus.[564]

Rühmers Empfehlungen entsprechend gab es in Harmense eine große Fischereiwirtschaft, die der ehemalige Häftling und Ichthyologe Dr. Diethelm Scheer in einem gut ausgestatteten Labor im Haus des ausgesiedelten Landwirtes Juliusz Psota wissenschaftlich begleitete. Im ichthyologischen Labor untersuchte Scheer, der 1941 aus dem Lager entlassen und als Zivilarbeiter weiterbeschäftigt wurde, Erde, Wasserpflanzen sowie Mikroorganismen und Fischkrankheiten. Er legte Diagramme von den Wasser- und Lufttemperaturen an und führte alle mikrobiologischen oder bakteriologischen Versuche selbst durch. Dafür standen ihm drei Mikroskope, Laborglas und ein klimatisierter Raum für bakteriologische Untersuchungen zur Verfügung.[565]

Über die wissenschaftlichen Versuche berichtete der ehemalige politische Häftling Aleksander Kalczyński: „Der Leiter des Labors war der ehemalige Häftling von Sachsenhausen aus Auschwitz, Dr. Scheer, mit der Nummer 11 111. Zu

562 APMAB, D-Au I Z. Bau 536, Rühmer, Bl. 37 f.
563 BArch, NS 3/1434, Bl. 4, 7 f.; NS 3/1429, Bl. 81.
564 BArch, NS 19/1434, Bl. 3.
565 Ebenda, Bl. 52 f.

SS-Unterscharführer Rudolf Martin, Leiter des Kommandos Fischzucht und Dr. Diethelm Scheer, Leiter des Labors, undatiert. Fotograf:in unbekannt. © Archiwum Państwowego Muzeum Auschwitz-Birkenau.

dem Zeitpunkt, als ich nach Harmense kam, arbeitete er als Zivilist im Labor. Wann er genau aus dem Lager entlassen wurde, ist mir nicht bekannt. Was ich jedoch weiß ist, dass er regelmäßig seine Anwesenheit bei der Gestapo meldete. [...] Die einzelnen Untersuchungen führte er alleine durch. Besonders viel Zeit verbrachte er damit, Mikroorganismen zu untersuchen und bakteriologische Untersuchungen kranker Fische anzustellen. Gewebeproben von Stellen kranker Fische hielt er in einer entsprechenden Temperatur, um die Entwicklung der Krankheit festzustellen. Den Teichboden und das Wasser für die Forschung sammelte er selbst. Seine Arbeit basierte jedoch auf der Arbeit polnischer Gelehrter. Ich erinnere mich nicht an die Buchtitel, aus denen ich ganze Kapitel für ihn aus dem Polnischen in die deutsche Sprache übersetzte. Unser Verhältnis war immer angenehm und freundschaftlich zueinander. Er vergaß nicht, dass er selbst einmal Häftling gewesen war. Zweimal war ich zufällig in seiner Wohnung und damals behandelten sowohl er wie auch seine Frau mich auf menschliche Weise. Scheer fuhr oft dienstlich nach Berlin zur Universität und nach seiner Rückkehr informierte er uns immer über die politische Situation. Mit unserer Hilfe unterhielt er Kontakte zu Kollegen im Mutterlager." Kalczyński selbst „übte die Funktion eines Zeichners aus, [...] fertigte Temperaturskalen an, verschiedene Fischquerschnitte, kennzeichnete die einzelnen Krankheiten und Degenerationen, innere und äußere Geschwulste bei Fischen mit Farben".[566] Außerdem notierte er mit einem Mithäftling Temperaturen und atmosphärische Niederschläge. Zum Arbeitsplatz wurden sie von einem SS-Mann begleitet.

Im Haus von Psota war auch die Leitung des Kommandos Fischzucht untergebracht, die zunächst SS-Oberführer Sauer und nach dessen Versetzung nach Babitz SS-Unterscharführer Rudolf Martin unterstand.[567] Anfangs 12, später 25 Häftlinge waren dafür verantwortlich, Fische zu füttern, Fischbrut einzusetzen, Teichwasser auszuwechseln, Fische zu fangen und zu sortieren (meist im Herbst). Im Winter mussten sie den Schnee von den eisbedeckten Teichen schieben und Löcher für die Frischluftzufuhr schlagen.[568] Die Fische wurden während der Sommermonate Juni bis August mit Lupinen und einer Knochenmischung zugefüttert.[569] Über die Arbeit bei den Teichen berichtete der ehemalige Häftling Izydor Kornacki, der 1942 in das Kommando verlegt wurde: „Das Kommando Teichwirtschaft bestand aus 20 Häftlingen. Zu unseren Aufgaben gehörte es, Gräben zu graben, Dämme bei den Teichen zu bauen, Teiche sauber zu halten und Schilf sowie Quecken herauszuschneiden. Sehr oft mussten wir die vom Wasser zerstörten Dämme reparieren. Ich erinnere mich, dass in dieser Zeit mit Lastwagen nicht verbrannte menschliche Knochen nach Harmęże gebracht wurden und in die Teiche gekippt wurden, aus denen zuvor das Wasser herausgelassen worden war. Es kam vor, dass sich in der Asche Beinknochen, Schädel, angebrannte Gürtel, verschiedene Schnallen und Brillen waren. Wenn wir die Überreste auf dem Grund verteilt hatten, ließen wir wieder das Wasser und Fische in die Teiche. Mir ist bekannt, dass dutzende Wagen mit menschlichen Überresten zu den Teichen in Harmense gebracht wurden. Es gab viele Teiche. Manche trugen Namen, die ihnen von den Häftlingen gegeben worden waren, wie zum Beispiel Kappelleteich [sic] wegen der Kapelle, die in der Nähe war, Möweteich [sic] von den Vögeln, Mühleteich [sic] von einer Mühle, Froschteich, weil es so viele davon gab."[570]

Die gezüchteten Fische wurden ins Reich versandt, an Dienststellen im Lagerkomplex Auschwitz abgegeben oder zu Anlaufstellen in der Umgebung gebracht, wie der ehemalige politische Gefangene Ryszard Nolewajka erklärte: „Aus dem ständigen Kommando der Fischer wurden drei Häftlinge bestimmt, die die Aufgabe hatten, in den Flüssen Sola und Weichsel Fische zu fangen. In dieser Gruppe befand auch ich mich. Wir fingen Fische mit Netzen, und den Fang brachten

566 APMAB, Oświ. Bd. 50, Bl. 9–14a, Ü.
567 Vgl. Zięba, Harmense, S. 48 f.
568 Vgl. den Bericht Ryszard Nolewajka: APMAB, Oświ. Bd. 48, Bl. 54–59, Ü.
569 Vgl. Zięba, Harmense, S. 50 f.
570 APMAB, Oświ. Bd. 53, Bl. 37–40, Ü.

wir mit Fuhrwerken in die Lagermolkerei von Auschwitz, wo die Fische an die Familien der SS-Männer verkauft wurden. Das waren Flussfische: Nasen, Barben, Weißfische, Schleien und manchmal fingen wir auch Lachse. Die anderen Häftlinge des Fischerkommandos arbeiteten bei der Fischzucht in den Teichen. Im Herbst ließen sie Wasser aus den Teichen und sortierten die Fische, die mit Netzen herausgezogen wurden. Einjahres- und Zweijahresfische brachte man in zwei tiefe Winterteiche. Die dreijährigen Karpfen wurden vor Ort verkauft, ein Teil nach Deutschland geschickt und einen weiteren Teil nahmen Fischfabriken."[571] Nolewajka berichtete auch über die Lebensbedingungen in dem Haus von Psota: „Die Funktions-SS-Männer wie: SS- Unterscharführer Peschel, SS-Sturmann [sic] Werner und SS-Sturmann Tran kamen zur Arbeit aus Auschwitz. Als wir auf der Psoty wohnten, übernahmen sie die übrigen Häuser, die neben unserem Gebäude standen. In die Fenster unseres Raums waren eiserne Gitter eingemauert, wie auch die Tür mit einem eisernen Gitter beschlagen war und nach dem Abendappell mit einem Vorhängeschloss verschlossen wurde. In der Nacht bewachte uns ein SS-Mann. Im Haus gab es keinen Anschluss an die Kanalisation, der Abort befand sich im Hof, abends wurde in die Kammer ein kleiner Eimer gebracht."[572]

Die Versorgung wurde mit der Zeit besser, weil sich die Männer durch den Fischfang etwas dazu organisieren konnten. Nolewajka sagte aus: „Zwei Mal in der Woche bekamen wir die so genannte ‚Zulage', ein Brot für acht Häftlinge und zusätzlich ein Stück Pferdewurst, Marmelade oder Käse. [...] Während der Arbeitszeit organisierten wir uns Fische, die wir in den Fischerstiefeln mitbrachten und dann nachts kochten. Im Haus Psoty räucherte ich Fische, die dann von SS-Männern abgeholt wurden für ihren eigenen Bedarf. Im Jahr 1942 fingen wir in speziellen Körben und an Schnüren Aale, die ich dann sofort räucherte. Durchschnittlich fingen wir täglich 8–10 Stück. Die Funktions-SS-Männer nahmen sie mit für den Verkauf."[573] In Harmense waren die Lebensbedingungen, v. a. die Versorgung durch die Möglichkeit des ‚Organisierens', besser als in Birkenau oder anderen Nebenlagern.

Im Spätsommer 1943 wurden die Häftlinge des Kommando Fischzucht in einer Holzbaracke im Nebenlager Budy untergebracht und gingen von dort täglich nach Harmense. Grund für diese Verlegung war eine Vergrößerung des Labors durch jenen Raum, in dem vorher die Häftlinge untergebracht waren.

571 APMAB, Oświ. Bd. 48, Bl. 54–59, Ü.

572 Ebenda.

573 Ebenda. Wie er berichtete, kamen aus Auschwitz der Lagerleiter SS-Hauptsturmführer Hans Aumeier, der Adjutant des Lagerkommandanten SS-Hauptsturmführer Robert Mulka und der Rapportführer SS-Hauptscharführer Robert Palitzsch persönlich vorbei, um sie abzuholen.

Dort arbeiteten drei weibliche Häftlinge u. a. bei der Vorbereitung der Präparate für Untersuchungen.[574]

Diese Schwerpunktsetzung und die Erinnerungen verdeutlichen, dass in Harmense neben der Versorgung die Forschung eine wesentliche Rolle spielte. Rajsko und Harmense waren die einzigen Nebenlager, aus denen konkrete Forschungsprojekte überliefert sind. Forschungen, die sich mit ökologischer Verwertung befassten, sind keinem Nebenlager zuzuordnen, sie betrafen alle landwirtschaftlichen Betriebe des KZ Auschwitz.

Ökologische Landwirtschaft – Verwertungsanlagen

Abwasser und Müllverwertung

In seinem Manuskript über den landwirtschaftlichen Großbetrieb Auschwitz erwähnte Caesar nicht nur eine Komposterei, die zur Gärtnerei gehörte, sondern ging auch auf Düngermangel und Müllverwertung ein. Neben Fragen nach der Verwertung der städtischen Abwässer befasste er sich mit der Verwertung von Klärschlammen, Klärwasser und fester Abfallstoffe, des Mülls. „Wo Grubenfäkalien anfallen ist die Verarbeitung mit Müll der einzige vernünftige Weg", schloss er und fügte eine ausführliche Verwertungsskizze an.[575] Das Manuskript enthält auch drei Typoskripte von H. (=Hermann) Roechling, einem Saarländer Stahlbaron der Montanindustrie, Eigentümer der Völklinger Hütte, Senator der Kaiser-Wilhelm-Gesellschaft und Wehrwirtschaftsführer mit guten Kontakten zu Hitler, die die Themenfelder „Herstellung eines guten Kompostes unter den Völklinger Verhältnissen" (undatiert), „Die Zubereitung der groben Fäkalien als Humusdünger" (Nürnberg, 25. 9. 1947) und „Die Möglichkeit der Verwertung von Fäkalien" (undatiert) behandeln. Möglicherweise traf Caesar Ernst Roechling, den Neffen von Hermann Roechling, als beide in Nürnberg inhaftiert waren und tauschte sich mit ihm über die Verwertung von Stallmist in der Kombination mit Klärschlamm und Fäkalien aus, ein Gemenge, das nicht nur in der Völklinger Hütte, sondern auch in Auschwitz anfiel.

Gewiss ist, dass sich Caesar nicht erst 1946 mit Fragen der Düngung und Müllverwertung befasste. Das Manuskript basierte vielmehr auf Erfahrungen aus den landwirtschaftlichen Betrieben in Auschwitz: Steinbacher zufolge kamen bedeutende Experten nach Auschwitz, um fortschrittliche Verfahren der Kompostierung und Klärschlammverwertung umzusetzen. Dazu gehörten der

574 Zięba, Harmense, S. 53 f.

575 APMAB, Opr. Caesar 346, Der Landwirtschaftliche Großbetrieb, Bl. 68 ff.

Landschaftsarchitekt Alwin Seifert und Werner Bauch, der ihm als Landschaftsanwalt (zuständig für die Beskidenregion) unterstellt war. Ihre Aufgabe beruhte laut Steinbacher auf einer Initiative Himmlers, „im Interessengebiet sogenannte naturverbundene Verfahren der Landschaftspflege zu realisieren, Pflanzenkulturen anzulegen und technische Neuerungen in der Klärschlammverwertung und Kompostierung zu entwickeln."[576] Bauch fasste den Auftrag im April 1944 rückblickend für Seifert zusammen: „Wie aus einem Schriftwechsel [...] hervorgeht, wünscht der Reichsführer-SS für Auschwitz eine, in jeder Weise vorbildliche Verwertung städtischer Abwässer und Müllanfälle. Die Einrichtungen im K.L. Auschwitz sollen nach dem Urteil des Reichsführers-SS richtungsweißend für die weitere Entwicklung des Verwertungsproblems sein."[577]

Kopke zufolge empfahl Seifert Bauch im Sommer 1941 auf Bitte von Bauchs Ehefrau an die DVA, um Bauchs drohenden Einzug zur Wehrmacht zu verhindern. Dabei konnte Seifert auf seine Beziehung zu Pohl zurückgreifen mit dem er, wie Kopke vermutete, aufgrund seiner Tätigkeit in Dachau in Kontakt stand.[578] Aus Bauchs Dankesschreiben an Seifert im September 1941 geht hervor, dass das Anliegen zeitnah umgesetzt wurde: „Ihre freundliche Empfehlung bei der ‚Deutschen Versuchsanstalt für Ernährung u. Verpflegung' hat uns ausserordentlich genützt und dazu geholfen, dass ich in diesen Tagen vom Militärdienst entlassen wurde. Ich befand mich bereits auf dem Wege nach dem Südostraum, als ich zurückgerufen wurde. Noch heute fahre ich nach Berlin, um meinen Auftrag für den Osten in Empfang zu nehmen. Ich bin glücklich, durch Ihre Hilfe, für die wir Ihnen sehr herzlich danken, wieder in fruchtbare, berufliche Aufbauarbeit hineingestellt zu werden."[579]

Ganz offensichtlich bestand sein Auftrag für den „Einsatz im Osten" in der Tätigkeit in Auschwitz, wie aus der Korrespondenz zwischen Bauch und Seifert hervorgeht.[580] Zu welchem Zeitpunkt Bauch seine Tätigkeit antrat, ist nicht belegt. Im August 1942 schrieb Bauch – offenbar angetan von dem neuen Experimentierfeld Auschwitz – an Seifert: „In Auschwitz, wo nach der bevorstehenden Genehmigung unserer endgültigen Landschaftsplanung diese Dinge erst voll anlaufen werden, wird sich vieles in der gewünschten Richtung verwirklichen lassen."[581] Seifert beschäftigte sich nachweislich seit März 1942 mit Fragen zum „Auschwitzer Interessengebiet des Reichsführers-SS" und korrespondierte in dem

576 Steinbacher, „Musterstadt", S. 247.

577 Zit. n. Bildungswerk, Infomappe, S. 38. Vgl. Steinbacher, „Musterstadt", S. 247.

578 Vgl. Kopke, Seifert, S. 203 f.

579 Zit. n. Kopke, Seifert, S. 204.

580 Vgl. Steinbacher, „Musterstadt", S. 247.

581 Zit. n. Bildungswerk, Infomappe, S. 39. Vgl. Steinbacher, „Musterstadt", S. 247.

Zusammenhang auch direkt mit Himmler.[582] Über seine Vorhaben führte Seifert in einem Brief an Himmler aus: „In dezentralisierten Anlagen wird Hausmüll zu Danokompost verarbeitet, das Abwasser mechanisch geklärt und biologisch gereinigt, der Schlamm angefault. Ein Teil des Danokompostes kommt in die Frühbeete der Gemüsegärten, der Rest wird mit dem angefaulten Klärschlamm vermengt, vergoren und geht in die Gärtnerei und Landwirtschaft."[583] Ungewiss ist, ob diese Planungen auf eigene Anschauungen zurückgehen oder sich auf die Informationen Bauchs beziehen. In der Forschungsliteratur, die sich intensiv mit der lange Zeit verkannten Rolle Seiferts im Nationalsozialismus befasst hat, gibt es unterschiedliche Einschätzungen darüber, ob Seifert je selbst in Auschwitz war und ggf. etwas von den dortigen Arbeitsbedingungen mitbekommen hat.[584]

Über dieses Verfahren gibt es keine Berichte von Häftlingen. Zur Herstellung von Kompost erklärte die ehemalige politische Gefangene Wanda Koprowska, die im April 1943 nach Budy gekommen war: „Am schlimmsten war es bei den Komposthaufen. Ich arbeitete dort sehr lange als Kantenfrau. Alle hörten wir von den Komposthaufen, aber wir konnten uns nie vorstellen, wieviel Arbeit damit verbunden ist. Und dazu noch hier in Auschwitz, wo alle so streng waren. Zum Beispiel diese Kanten. Ist es nicht egal wie dieser Mist aussieht? Nein. Hier mussten die Komposthaufen liniengerade sein: Schöne Vierecke mit idealen Kanten. Diese Kanten machte eben ich, einige Wochen lang." Der Oberscharführer kam zur Inspektion und „kochte vor Wut als er die ungeraden Kannten

582 Zit. n. Kopke, Seifert, S. 203.

583 Bildungswerk, Infomappe, S. 38.

584 Während Kopke dies bezweifelt, da es sich aus den sorgfältig geführten Dienstreiseabrechnungen Seiferts nicht belegen lasse, sind in der Infomappe Auszüge aus den Schriftwechseln zitiert, die auf seine Anwesenheit vor Ort hindeuten, da sie auf den „nächsten Besuch in Auschwitz" verweisen. Vgl. Kopke, Seifert, S. 203; Bildungswerk, Infomappe, S. 39. Seifert war von Himmler selbst eingeladen, die Auschwitzer Verwertungsanlagen und laufenden Versuche zu besichtigen; ob er die Einladung angenommen hat ist unklar. Vgl. Zeller, Seifert, S. 303. Als gewiss gilt „eine Mitarbeit in Auschwitz" hingegen für „Landschaftsanwalt Bauch aus Dresden". Vgl. Zeller, Seifert, S. 303. So berichtete ein Mitarbeiter von Fritz Todt, dem Generalinspektor für das deutsche Straßenwesen, in einem Brief an Seifert, dass Bauch „durch seine Arbeiten für das KL Auschwitz ohnehin in der dortigen Gegend tätig ist." Zit. n. Peter Fibich/Joachim Wolschke-Bulmahn, Werner Bauch. Landschaftsarchitekt in zwei politischen Systemen, in: Stadt und Grün. Das Gartenamt 55 (2006) 1, S. 20–24, hier S. 21. Auch lässt die Korrespondenz von Bauch und die darin beschriebenen Aktivitäten auf eine Kenntnis des Geländes schließen. Über die Wiederverwertung von Abwasser in Verbindung mit der Anpflanzung von Pappelholzkulturen berichtete Bauch z. B. im Mai 1943 an SS-Brigadeführer Kammler. Vgl. Bildungswerk, Infomappe S. 39; Steinbacher, „Musterstadt", S. 247.

der Misthaufen sah. Wir mussten von vorne anfangen. Dabei wurden wir sehr viel geprügelt."[585]

Caesar knüpfte in seinem Manuskript an die Erfahrungen der Abwasser- und Klärschlammverwertung in Auschwitz an, um sich möglicherweise nach dem Krieg in diesem zukunftsträchtigen Feld im Rahmen des Städteaufbaus zu profilieren. Während Seifert und Bauch ihre Karrieren nach 1945 fortsetzen konnten, war dies Caesar jedoch nicht möglich. Werner Bauch wurde Professor an der Technischen Universität Dresden, Alwin Seifert lehrte, wie auch schon zeitweise vor dem Krieg, als Professor an der Technischen Hochschule München und war Vorsitzender des Bund Naturschutz in Bayern. Am 15. September 1945 veröffentlichte die *Demokratische Rundschau* folgende Nachricht unter der Rubrik „Nachrichten aus Bayern": „In Münchner Architekten Kreisen herrscht große Verbitterung darüber, dass der Reichslandschaftsanwalt Hitlers, Alwin Seifert, den Auftrag erhielt, das Denkmal für die Oper des Konzentrationslagers Dachau zu schaffen."[586]

Faulgasgewinnung

In seinem Manuskript geht Caesar auch auf das Thema Düngermangel und Müllverwertung ein und erwähnt ein „von Gaul Darmstadt entwickeltes Verfahren", in dem der bis zur „Stichfestigkeit getrocknete Schlamm in Gärhaufen aufgesetzt und zur Erwärmung gebracht" wird und zwar so, dass die „pathogenen Keime getötet werden" und das Material innerhalb von sechs Monaten vollständig verenden kann. Dafür könnte man, so schlägt Caesar vor, „Klärschlamm mit trockenen Feinmüll mischen" und diese Kombination mittels einer einfachen Anlage mit „Mischtrommeln, Transportband und Feldbahn" zu schneller Vergärung bringen. Laut Caesar wäre es eine „geradezu ideale Dauerlösung der einfachen Verwertung durch Verregnung oder Verrieselung durch Klärgasanlagen, deren Gas zur Heizung von Gewächshäusern und Betrieb der Antriebsmaschinen für Mischbetrieb verwendet würde. Damit hätte der Gemüsebetrieb die nötigen Anzuchthäuser und Warmbeete. Wieweit Gas zum Mülltransport z. V. [zur Verfügung] gestellt werden könnte, ist eine Frage der Gasausbeute."[587]

Die Beschreibung Caesars zur Faulgasgewinnung beruhte auf Anlagen und Plänen aus dem sog. Interessengebiet, die auf Dipl.-Ing. Rudolf Gaul zurückgehen, der von 1935 bis 1945 an der Technischen Hochschule Darmstadt zum

585 Bildungswerk, Infomappe, S. 113.
586 Bildungswerk, Infomappe, S. 39.
587 APMAB, Opr. Caesar 346, Der Landwirtschaftliche Großbetrieb, Bl. 70 f.

Thema „Wasserversorgung und Entwässerung der Städte“ lehrte und als Gutachter und Ingenieur für Städtebau und Tiefbau beratend tätig war.[588] Das wenige, was darüber bekannt ist, beruht auf einer Aussage aus den Ermittlungen zum ersten Frankfurter Auschwitz-Prozess im Juni 1961 vor einem Staatsanwalt des Landgerichts Frankfurt am Main, abgegeben von Karl Eggling, SS-Obersturmführer der Waffen-SS, Ingenieur für Wasserwirtschaft und Mitglied der Zentralbauleitung des KZ Auschwitz: „Es war im Jahre 1943, als nach einem Entwurf des Prof. Gaul aus Darmstadt eine Faulgasgewinnungsanlage im Interessengebiet des KL Auschwitz in Angriff genommen wurde. In dieser Anlage sollten Abwässer der Stadt Auschwitz, der IG-Farben Fabrik und des Hauptlagers geklärt werden. Das gewonnene Gas sollte als Kraftstoff für Kraftfahrzeuge Verwendung finden. Die Anlage ist jedoch nicht mehr fertiggestellt worden. Gaul kam damals als Zivilist nach Auschwitz. Meines Wissens war er vom Reichsführer-SS direkt beauftragt.“[589] Über seinen weiteren Verbleib nach 1945 ist nichts bekannt.

4.3.4. Arbeits- und Lebensbedingungen auf der Geflügelfarm und den Wirtschaftshöfen in Berichten ehemaliger Häftlinge

Bei den Wirtschaftshöfen lagen die Schwerpunkte der Zwangsarbeit auf dem landwirtschaftlichen Ackerbau, v. a. dem Anbau von Getreide und Futterrüben (Budy, Babitz, Birkenau), vereinzelt auch in der Pflege von Baumschulen und Gewächshäusern (Budy). Ferner mussten die Häftlinge Vieh aufziehen und versorgen, darunter Schweine, Schafe, Kühe, Pferde, auf der Geflügelfarm auch Federvieh und Angorakaninchen (Plawy, Budy, Harmense).

Im Kommando Gärtnerei Rajsko waren bis zu 175 weibliche Häftlinge (aus Polen, Russland und Jugoslawien) mit dem Anbau von Gemüse und Blumen befasst, die Erzeugnisse wurden vor Ort verkauft oder exportiert und dienten der Versorgung von Truppenteilen der Wehrmacht. Blumen aus Rajsko waren in ganz Deutschland bekannt.[590] Unter den Häftlingen besonders gefürchtet waren Wald- und Meliorationsarbeiten, insbesondere der Dammbau an der Weichsel am Königsgraben. Aufgrund der harten Arbeitsbedingungen kamen dort viele Häftlinge zu Tode. Neben den festen Kommandos, die auf den Wirtschaftshöfen tätig waren, gab es die bereits vor Einrichtung der Nebenlager auf

588 Bildungswerk, Infomappe, S. 41.

589 Zit. nach Bildungswerk, Infomappe, S. 41. Eggeling war Leiter der Abteilung Tiefbau im KZ Auschwitz und für die „Be- und Entwässerungsanlagen des gesamten Lagerbereichs“ und die „Beaufsichtigung und Durchführung aller Erd-und Straßenarbeiten“ zuständig.

590 Vgl. Zięba, Rajsko, S. 81.

Aus dem Album der SS-Bauleitung Auschwitz –
Blick auf einen der landwirtschaftlichen Höfe, undatiert. Fotograf:in unbekannt.
© Archiwum Państwowego Muzeum Auschwitz-Birkenau.

den Wirtschaftshöfen eingesetzten mobilen Häftlingskommandos, die täglich zur Arbeit laufen mussten und die zum Teil auch nach Einrichtung der Nebenlager weiter bestanden. Dort waren die Arbeitsbedingungen wesentlich schlechter als in den Nebenlagern. Hinzu kamen die Wege und die Unterbringung in Birkenau oder dem sog. Stammlager. Ferner existierten Kommandos, die für die gesamte Landwirtschaft zuständig waren, wie die Schmiede, der Speicher, der Milchhof und das Geräte- und Kunstdüngerlager.[591] Ziel der Arbeiten waren auf den meisten Höfen die Versorgung und Ertragssteigerung. Auf der Geflügelfarm Harmense ging es zudem darum, einen Zuchtbetrieb aufzubauen.[592]

Aufbau eines Zuchtbetriebes: Geflügelzucht in Harmense

Auf der Geflügelfarm Harmense setzte die SS Häftlinge nicht nur für Fischzucht und Teichbau, sondern auch für die Zucht von Geflügel und Kaninchen ein. Das mobile „Außenkommando Harmense“ bestand anfangs aus etwa 20 Häftlingen des Wirtschaftskommandos, zu dem Maurer, Zimmerleute, Tischler, Glaser und Elektriker gehörten, die die Wohn-, Wirtschaftsanlagen und Ställe ausbauten und Brutstationen errichteten, und aus 8 Häftlingen des Fischzuchtkommandos.[593] Im September 1941 erhöhte sich die Zahl der dort arbeitenden Häftlinge auf 50,

591 Vgl. Piper, Arbeitseinsatz, S. 198 f.

592 Den Aufbau der einzelnen Nebenlager und Wirtschaftshöfe sowie die dortigen Arbeits- und Lebensbedingungen haben Anna Zięba und Andrea Rudorff ausführlich rekonstruiert und beschrieben. Daher werden die Bedingungen hier anhand der Berichte der ehemaligen Häftlinge v. a. unter einer vergleichenden Perspektive betrachtet.

593 Zięba, Harmense, S. 42 ff.

Harmęże, Villa Gustav Zwilling, aufgenommen am 19. 2. 1991.
Fotograf:in unbekannt. © Archiwum Państwowego Muzeum Auschwitz-Birkenau.

im Dezember 1941 wurde in der Villa von Gustav Zwilling, von den Häftlingen Palast genannt, das erste Nebenlager errichtet. Frauen waren mit der Zucht von Geflügel (Gänse, Hühner, Enten, Fasanen und Puten) und Kleintieren (Kaninchen, Nutrias, im Deutschen Reich zur Pelzgewinnung beliebt) beschäftigt, Männer mit Handwerksarbeiten und bei der Zucht von Fischen, wie Danuta Drzazga berichtete, eine zum Tode verurteilte politische Gefangene aus Chabówka, die im Juni 1943 nach Harmense kam.[594]

Danuta Drzazgas Ehemann Alojzy Drzazga, den sie in Harmense heimlich heiratete und der seit September 1941 in Harmense war, arbeitete als Zimmermann im Wirtschaftskommando beim Aufbau der Hühnerställe: „Wir begannen neben dem Palast den Bereich mit den Hühnerställen zu errichten. Als Baumaterial verwendeten wir Materialien aus den zerlegten, verlassenen Häusern. [...] Jeder Hühnerstall war mit einem Drahtzaun umgeben, damit die Hühner frei herumlaufen konnten. Es gab zwei verschiedene Arten von Hühnerställen – einer mit Nestern für Legehennen und andere mit künstlichen Glucken für die kleinen Küken. [...] Außer den festen Hühnerställen gab es auch vier fahrbare Hühnerställe, die man an Pferde anspannen konnte und von Ort zu Ort verschieben konnte. Einer dieser fahrbaren diente uns als Werkstatt, weil mit

594 APMAB, Oświ. Bd. 33, Bl. 67–77, Ü.

dem fortschreitenden Ausbau die Entfernung zu unserer ständigen Werkstatt im Schuppen auf dem Palasthof zu groß wurde."[595] Auf einen Zufallsfund ging die Fasanenzucht zurück: „Die Fasanenzucht begann, nachdem ich [...] in der Scheune eines verlassenen Bauernhofs sechs Fasanen gefangen hatte. Ich war dort, um Baumaterialien abzuholen. Wir wollten sie essen, als Glaue das jedoch erfuhr, nahm er sie uns ab, um die Zucht anzulegen."[596]

Angesichts der Tatsache, dass für die Hühner spezielle Hühner-Häuser errichtet wurden, in denen nach 1945 Menschen wohnten – und es auch für Gänse und Enten ein gemauertes Gebäude aus Stein gab, das sogar beheizt war, kam Danuta Drzazga zu der Einschätzung: „Das Geflügel in Harmense hatte sehr viel bessere Bedingungen als die Frauen in Birkenau."[597] Sie erinnerte sich detailliert an die einzelnen Aufgaben, zu denen die Versorgung, das Schlachten und das Rupfen des Geflügels, die Reinigung der Ställe und Ausläufe, die Betreuung der Brutstationen und das Einsammeln der Eier gehörten. Ausführlich berichtete Danuta Drzazga auch von der Arbeit des Kommando Kaninchenzucht. Vor dem Abendessen mussten die Frauen häufig noch das geschorene Fell „in der sogenannten ‚Cupkarnia' [Zupfstube]" reinigen und sortieren.[598]

Im KZ Ravensbrück, das offensichtlich eine Vorreiterrolle in der Geflügelzucht einnahm, wurden 17 bzw. 18 weibliche Häftlinge für zwei Monate in der Geflügelzucht ausgebildet und absolvierten eine Art praktische Lehre im Geflügelhof, der zum Wirtschaftsbereich gehörte. Nachdem sie diese Ausbildung beendet hatten, schickte das WVHA sie Anfang Oktober 1942 nach Harmense zur Zwangsarbeit auf der Geflügelfarm. Zu diesen Häftlingen gehörte auch Antonia Kozubek, eine in Lemberg geborene, zum Tode verurteilte politische Gefangene: „Während meines Aufenthalts in Ravensbrück wurde ein Kurs zur Geflügelzucht für die Häftlinge organisiert. SS-Oberaufseherin Zimmer wählte die Frauen für den Kurs aus. In der Gruppe befand auch ich mich. Der Kurs dauerte etwa zwei Monate. Gleichzeitig mit dem Unterricht hatten wir ein Praktikum in einem landwirtschaftlichen Betrieb, der sich auf dem Lagergelände befand. Die Leiterin der Geflügelzucht war die zivile Deutsche Frau Dankeller. Den Kurs schlossen 18 Häftlinge ab. In den ersten Tagen des Oktobers 1942 wurden die Frauen, die den Kurs abgeschlossen hatten, dem Transport von Jüdinnen hinzugefügt, die in das Lager Birkenau verlegt wurden." Alle Frauen kamen dann in das Kommando nach Harmense. „Als ich in Harmense war, hatte ich keine spezifische Arbeit.

595 APMAB, Oświ. Bd. 33, Bl. 45–56, Ü.

596 Ebenda. SS-Unterscharführer Bernhard Glaue leitete die Geflügelfarm.

597 APMAB, Oświ. Bd. 33, Bl. 67–77, Ü.

598 Ebenda.

Ich machte die Hühnerställe sauber, ich tünchte sie, grub Ausläufe für die Hühner, säte Sonnenblumen, Getreide – Gerste – und Gras für das Geflügel, auf dem Gelände, das dafür bestimmt war. Nach dem Tod der Gefangenen Hanka Lebenstein, wurde mir die Funktion der Putzfrau übertragen", berichtete Kozubek.[599]

Die Geflügelfarm Harmense stand unter Leitung von SS-Unterscharführer Bernhard Glaue, der mit Frau und Tochter ein Haus in Harmense nahe der Brutanstalt bewohnte. Als er im April 1943 nach Budy versetzt wurde, übernahm SS-Rottenführer Xaver Franz Eidenschinkt die Leitung, SS-Aufseherin war Maria Rendel. Die Häftlinge waren ihren Misshandlungen und denen der Kapos ausgesetzt. Der ehemalige Häftlingsarzt aus Budy Walter Lobner, der mehrmals ins Lager Harmense gerufen wurde, berichtete von Untersuchungen slowakischer Jüdinnen und nicht-jüdischer polnischer Frauen, deren Haut- und Fleischwunden, Knochenbrüche, Blutergüsse und Schwellungen auf Gewalteinwirkungen zurückgingen, als deren Urheberin ihm Rendel genannt wurde. Er berichtete auch von Frauen, die bei späteren Besuchen nicht mehr am Leben waren.[600] Der ständige Hunger konnte Berichten der Häftlinge zufolge nur durch das „Organisieren" von Lebensmitteln bekämpft werden, wer jedoch erwischt wurde, dem drohte die Überstellung in die Strafkompanie in Birkenau. Laut Kozubek war „die sogenannte ‚Lagerorganisierung' gut organisiert, zum Beispiel die beim Geflügel Eingesetzten organisierten Eier".[601] Drzazga zufolge schafften sie es manchmal, Gänsen, Enten oder Hühnern habhaft zu werden, die sie erst verletzten und dann als tot meldeten.[602]

Die anfangs schlechten hygienischen Bedingungen führten im März 1942 zu Erkrankungen an Krätze, 1943 zu Typhuserkrankungen und zu Fällen von Malaria. Die Bedingungen verbesserten sich erst mit der Zeit, etwa als 1943 das kaputte Dach der Villa Gustav Zwilling repariert und im folgenden Jahr das Gebäude saniert wurde und eine Kanalisation und Wasserleitung verlegt sowie Warmwasser und Brausen installiert wurden. Dennoch waren die Lebensbedingungen in der Villa, in der bis zur Ankunft der Frauen die Männer wohnten, vergleichsweise besser als in Birkenau oder in anderen Nebenlagern. Danuta Drzazga sagte aus: „Das Nebenlager befand sich in einem kleinen Gutshof. […] Im Schlafraum gab

599 APMAB, Ośw. Bd. 33, S. 105–111, Ü. Am 6. 10. 1942 wurden aus dem Konzentrationslager Ravensbrück 622 Frauen deportiert, die die Nummer 21 428–22 049 bekamen. 522 der Frauen waren Jüdinnen. In dem Transport gab es 18 Frauen, die in Ravensbrück im Bereich der Geflügelzucht geschult worden waren. Sie wurden bei der Geflügelzucht in Harmense eingesetzt.

600 Vgl. BArch, B 162/15193, Bl. 142 f.

601 APMAB, Ośw. Bd. 33, Bl. 105–111, Ü.

602 Vgl. APMAB, Ośw. Bd. 33, Bl. 67–77, Ü.

es dreistöckige Betten. Jede Gefangene hatte ihr eigenes Bett. Auf den Betten gab es Strohsäcke, die von Laken bedeckt waren, und die Decken hatten ebenfalls Bezüge. Die Häftlinge hatten sich kleine Kopfkissen gemacht. Jede Gefangene hatte zweifach Wechselbettwäsche. Gewaschen wurde einmal im Monat, immer am Sonntag. [...] Die Toilette befand sich anfangs noch außerhalb des Gebäudes. Später baute man uns eine Toilette im Erdgeschoss des Gebäudes. Nach den schrecklichen Lebensbedingungen in Birkenau kam es mir in Harmense wie in einem Paradies vor."[603]

Insbesondere die Arbeit bei den Teichen ermöglichte Kontakte zur Zivilbevölkerung. Von drei Fluchtaktionen waren zwei erfolgreich, aufgespürte Geflohene wurden von der SS ermordet.[604] Die Arbeit in Harmense dauerte bis zum 18. Januar 1945. Kozubek schilderte den Weg bis zu ihrer Befreiung: „Am 18. Januar 1945 wurde das Nebenlager evakuiert. Um etwa 15 Uhr wurden wir aus Harmense weggebracht. Ein Teil des Geflügels wurde auf Wagen verladen, um es in das Lager Ravensbrück zu bringen. [...] Der Rest des Geflügels wurde aus den Käfigen gelassen und die Hühnerställe vor Ort zurückgelassen. Wir gingen zu Fuß durch die Ortschaften Budy, Brzeszcze, Pszczyna bis nach Wodzisław Śląski. Hier lud man uns auf offene Waggons, 150 in einem, und brachte uns weit nach Deutschland hinein. [...] Am Ende wurden wir im Konzentrationslager Bergen-Belsen untergebracht. Dort befreite uns die englische Armee am 15. April 1945."[605]

„Tage des Grauens": Wirtschaftshof Budy

Nicht auf allen Wirtschaftshöfen waren die Lebens- und Arbeitsbedingungen relativ erträglich wie in Rajsko und später in Harmense. Am drastischsten beschrieben ehemalige Häftlinge die Situation im Frauenlager Budy: Auf dem Gelände, das zuvor als Frauen-Strafkompanie fungierte, schliefen die Frauen in einer unbeheizten Holzbaracke ohne Fenster, wie Wanda Koprowska berichtete, die im April 1943 mit einer Gruppe von hundert aus politischen Gründen verfolgter polnischer Frauen nach Budy kam: „Nach dem Bad wurde Streifenkleidung verteilt, die der ähnelte, die wir zuvor hatten, und man trieb uns im regnerischen Wetter auf Feldwegen zum Lager Budy. Budy unterstand dem Frauenlager in Birkenau. Das Lager Budy war ein großes einstöckiges gemauertes Gebäude, eine ehemalige Schule, das direkt am Weg stand, und eine fensterlose Holzbaracke daneben, die

603 APMAB, Oświ. Bd. 33, Bl. 67–77, Ü.
604 Vgl. Zięba, Harmense, S. 70.
605 APMAB, Oświ. Bd. 33, Bl. 105–111, Ü.

grün angestrichen war. In der Baracke wohnten die Häftlinge", berichtet sie. Die Frauen waren aus Tschechien, Russland, Jugoslawien und Deutschland, wobei Letztere meist als Kapos oder Anweiserinnen eingesetzt waren.[606]

Die Bedingungen in den Baracken beurteilten die ehemaligen Häftlinge übereinstimmend als katastrophal, so auch die ehemalige politische Gefangene Helena Sztobryn aus Starachowice: „Die Wohn- und Hygieneverhältnisse in ‚Budy' waren schrecklich. Waschschüsseln gab es überhaupt nicht [...], Wasser schöpften wir mit einem kleinen Topf, der an einem Kettchen an einem Brunnen hing, den man mit einer Kurbel bediente. [...] Im Winter wuschen wir uns mit Schnee. Im Sommer tranken wir das Wasser aus Pfützen und den Gräben. Auf dem Block gab es Fetzen von Decken, auf denen sie Läuse tummelten. Zwischen den Bettenbrettern gab es Wanzennissen. Jeden Morgen waren wir voller Bisse, wir wussten nicht wann wir uns behandeln konnten, denn wir standen in der Dunkelheit auf und kehrten in der Dunkelheit zurück; und am Sonntag – dem von der Arbeit freien Tag – mussten wir Balken schleppen, das Heizmaterial für das Lager. [...] Wie viele Male tranken wir voller Durst in der Nacht Wasser mit Wanzen. Und trotz der ganzen Menge an Ungeziefer schliefen wir, denn wir waren übermüdet von der Arbeit."[607] Auf den dreistöckigen Betten mussten sich zwei Frauen eine Etage teilen, häufig wurden sie nachts von Ratten gebissen.[608]

Allerdings hingen die Verhältnisse stark von den jeweiligen Aufseherinnen ab, die mehrmals wechselten, wie aus den Zeugnissen der Frauen hervorgeht: Die erste Aufseherin, die zuvor auch für die Frauen-Strafkompanie zuständig war, Elfriede Runge, wurde aufgrund einer Schwangerschaft im August 1943 von Elisabeth Hasse abgelöst. Als diese im Jahr 1944 zur Rapportführerin aufstieg, wurde Johanna Bormann Lagerführerin.[609] Runge war schon zu Zeiten der Strafkompanie aufgrund ihrer Grausamkeit bekannt, auch über Hasse berichten die Häftlinge übereinstimmend nur Negatives.[610] Mit der Ankunft von Bormann verbesserte sich die Situation der Häftlinge: „Nachdem sie mitbekommen hatte, dass es Ungeziefer gab, ordnete sie eine Grundreinigung des Blocks und eine generelle Desinfektion an. Das Dach wurde repariert, Waschräume bei den Blocks eingerichtet – kalte und warme Duschen – und das Essen

606 APMAB, Ośw. Bd. 22, Bl. 136–145, Ü.

607 LUND, 16/293, Ü. Im September 1943 betrug die Anzahl der Häftlinge 437.

608 LUND, 17/328, Ü.

609 Vgl. APMAB, Ośw. Bd. 22, Bl. 136–145, Ü; Zięba, Budy, S. 76; Rudorff, Budy, S. 203.

610 Zu Kontinuitäten mit der Frauen-Strafkompanie und zum Tod von Häftlingen unter Runge, die nackt in der Kälte stehen mussten, siehe ebenda. Sie wurden nicht nur von den Aufseherinnen, sondern auch von den Anweiserinnen geschlagen, misshandelt und beschimpft. Vgl. LUND, 16/293, Ü.

verbesserte sich. Uns gegenüber verhielt sie sich sehr gut. Zum Beispiel begann der Appell immer erst in dem Moment, wenn sie kam, es war nicht mehr notwendig, stundenlang draußen zu stehen, in der Kälte und im Dauerregen, bis die Aufseherin kam, wie davor. Sie war streng aber gerecht – die Disziplin war besser als vorher."[611]

Danuta Maj und Wanda Koprowska arbeiteten im Kommando Landwirtschaft, daneben gab es das Kommando Baumschule und das Waldkommando. Im Kommando Landwirtschaft mussten die Frauen unterschiedliche Arbeiten durchführen: „Das Kommando zählte 120 weibliche Häftlinge. Die erste Arbeit, zu der man uns einteilte, war der Abriss von Häusern in der Umgebung, aus denen die Bewohner ausgesiedelt worden waren. Zu der Arbeit gehörte es, die Kamine abzubauen, Ziegel zu schleppen und sie auf Stapel zu legen, die Fundamente zu sprengen. Dann säuberten und vertieften wir Gräben, die wir dann mit Grasnarben belegten. Als die sonnigen Tage begannen, brachte man uns zur Arbeit auf dem Feld. Wir säten Lupinen. Als die heranwuchsen, jäteten wir Unkraut und als sie begannen zu blühen, pflügten wir sie um. Auf das gepflügte Feld wurde Dünger gebracht, den wir gleichmäßig verteilen mussten. Später wurden die Felder von männlichen Häftlingen gepflügt und geeggt. Es war bereits Mai, als wir auf diesen Feldern Kartoffeln pflanzten," berichtete Koprowska. In ihrem veröffentlichten Bericht mit dem Titel *Tage des Grauens* rekonstruierte sie ausführlich die Anstrengungen der einzelnen Arbeiten, wie beispielsweise beim Setzen der Lupinen mit den Fingern in die noch gefrorene Erde, beim Jäten, Düngen usw.[612]

Von ihrer kräftezehrenden Arbeit im Waldkommando berichtete Sztobryn: „Der Hunger machte uns schwer zu schaffen: Morgens Kaffee ohne Brot, mittags ein Stück Brot und ein wenig Kaffee, ausgegeben auf dem Feld, abends Suppe – die bestand nur aus Wasser. Und dabei harte Arbeit an der frischen Luft, in der Kälte. Im Waldkommando schleppten wir riesige Bäume, die von Männern gefällt worden waren. Dies war eine übermenschliche Arbeit, und die Posten kommentierten dies noch damit, dass seien doch ‚Streichhölzer' – so leicht seien die. Das waren jedoch riesige Eichen, Kiefern, die wir aus dem Wald bis zu den Wegen schleppten."[613]

Im Männerlager arbeiteten die Häftlinge in zwei Kommandos, dem Tierpflegerkommando (mit 283 Männern im März 1944) und dem Waldkommando (mit 58 Männern im März 1944). 29 Männer dieses Kommandos wurden nach

611 LUND, 17/328, Ü.

612 Vgl. Koprowska, Tage, S. 110 f.

613 LUND, 16/293, Ü.

Aus den Album der SS-Bauleitung Auschwitz – Schweineställe Budy, undatiert. Fotograf:in unbekannt. © Archiwum Państwowego Muzeum Auschwitz-Birkenau.

der Flucht von zwei als Sinti und Roma verfolgten Häftlingen von den sonst als „gemütlich" bekannten SS-Leuten erschossen.[614] Innerhalb des Männerlagers gab es neun Baracken als Ställe für Pferde, Rinder und Schafe. Außerhalb der Lagerumzäunung befanden sich 20 Schweine- und einige Kaninchenställe.

In den Wohnbaracken in Budy schliefen auch Häftlinge, die in Harmęże Hühnerställe bauten, in Pławy Fische züchteten und im Wald von Nazieleńce arbeiteten. Die beiden Wohnbaracken waren im Winter beheizt und verfügten über einen Abort und eine Krankenstube, die Lebensbedingungen glichen offenbar jenen in sog. Stammlager Auschwitz. Lagerführer war seit seiner Versetzung aus dem Lager Harmense SS-Oberscharführer Bernhard Glaue. Nachdem dieser sich zum Kriegseinsatz gemeldet hatte, folgte ihm SS-Unterscharführer Kurt Weiland.[615] Abgesehen von den Insass:innen des Frauen- und dem Männerlager kamen auch mobile Frauen-Kommandos aus Birkenau zur Arbeit nach Budy, die je nach der Jahreszeit unterschiedlich besetzt waren.

614 Vgl. Heinz Brandt, Ein Traum, der nicht entführbar ist. Mein Weg zwischen Ost und West, Berlin 1967, S. 161.

615 Vgl. Zięba, Budy, S. 68–73; Rudorff, Budy, S. 202.

Anna Zdrowak vor ihrem Haus in Budy, undatiert.
Fotograf:in unbekannt. © Archiwum Państwowego Muzeum Auschwitz-Birkenau.

Im Gegensatz zu anderen landwirtschaftlichen Lagern ist aus dem zum Wirtschaftshof Budy gehörenden Lager nicht überliefert, dass die Häftlinge die Möglichkeit hatten, sich etwas Gemüse zu „organisieren", um die täglichen Rationen aufzubessern. Allerdings sind gute Kontakte zur Zivilbevölkerung überliefert, die seit Anbeginn des Lagers bestanden. Vor allem zurückgebliebene Einwohner:innen von Budy, Brzeszcze und des Vorwerks Nazieleńce versorgten die Häftlinge mit Brot und Lebensmitteln, die sie an vereinbarten Orten hinterließen. Im Hause Morón bereitete die Familie täglich Essen, das die Jugendlichen vor Tagesanbruch auf dem Dachboden eines Schuppens am Damm versteckten, bei dem die Häftlinge arbeiteten. Anna Zdrowak wurde wegen ihrer Kontakte mit Häftlingen dreimal verhaftet und am 3. Dezember 1944 mit ihrer ganzen Familie in Auschwitz inhaftiert: Das Haus der Familie in Budy war ein Zentrum für die Verbindungen mit der Welt außerhalb – für die Versorgung mit zusätzlichen Lebensmitteln, den Austausch von Korrespondenz und persönliche Kontakte mit Angehörigen – und für Untergrundaktionen bis hin zur Vorbereitung von Fluchten. Von acht überlieferten Fluchtaktionen aus Budy waren sechs erfolgreich.[616]

616 Vgl. Zięba, Budy, S. 82–85.

Genaue Informationen über die Auflösung des Frauenlagers existieren nicht mehr. Aussagen zufolge brachte die SS die weiblichen Gefangenen bereits im Herbst 1944 nach Birkenau und von dort zum Teil nach Deutschland zur Arbeit in Munitionsfabriken. Die Männer wurden von der SS im Januar 1945 Richtung Gleiwitz getrieben, wo sie in Kohlewaggons verladen und nach Buchenwald gebracht wurden.

Wirtschaftshof Babitz

Im Nebenlager Babitz waren den Berichten der ehemaligen Häftlinge zufolge die Wohnbedingungen erheblich besser als in Budy. Zofia Bondyra-Cendrowska, die mit ihrer gesamten Herkunftsfamilie im Kreis Zamość festgenommen und nach Auschwitz- Birkenau gebracht worden war, kam im März 1943 gemeinsam mit 170 Frauen nach Babitz, wo bereits Ställe errichtet worden waren und zehn weibliche Häftlinge aus der Ukraine die Kühe versorgten.[617] Etwa zur selben Zeit kam um Ostern 1943 auch Janina Obtułowicz Sarnowska als politische Gefangene nach Babitz. Sie erinnerte sich: „Nach der Ankunft in Babice wurde ich einem Saal in dem Schulgebäude zugeteilt, das sich auf dem Lagergelände befand. Dort wohnten alle weiblichen Häftlinge, die nach Babice kamen. Direkt nach der Ankunft erhielten wir drei neue Flanelldecken und neue saubere Strohsäcke, die wir mit Heu füllten. In den Sälen befanden sich jeweils von ein paar bis zu ein paar Dutzend zweistöckigen Betten, je nach Größe des Saals. Die Säle wurden täglich von den weiblichen Häftlingen, die zum Putzen eingeteilt worden waren, gewischt. [...] In dem Gebäude befand sich ein Raum mit einem Küchenofen. Dort wuschen wir uns. Wir hatten mehrere Dutzend Schüsseln. Auf dem Hof war ein Brunnen mit einem Wasserhahn."[618] Auch die Kleidung wurde in den Berichten nicht beanstandet.

Die bis zu 200 männlichen Häftlinge, zu denen Polen, Griechen und Russen gehörten, wohnten in ebenfalls beheizbaren Holzbaracken. Diese waren Schauplatz einer schrecklichen Vorgeschichte gewesen: Von einer ersten Gruppe mehrheitlich junger jüdischer Häftlinge waren die meisten – nach Aussage des ehemaligen politischen Gefangenen Bolesław Staroń – innerhalb von sechs Wochen von den SS-Männern zu Tode gequält worden.[619]

Die erste Aufseherin des Frauenlagers war Friederike Kuck (genannt „Kura", Huhn), sie wohnte im Erdgeschoss des Schulgebäudes. Obwohl sie als schwierige

617 Vgl. APMAB, Ośw. Bd. 12, Bl. 35–39, Ü.

618 APMAB, Ośw. Bd. 35, Bl. 102–109, Ü.

619 Vgl. Zięba, Babitz, S. 78; Rudorff, Babitz, S. 179.

Persönlichkeit eingeschätzt wurde, sprachen viele der Häftlinge positiv über sie: „Ihr war unsere Sauberkeit sehr wichtig. Nach der Rückkehr von der Feldarbeit erhielten wir neben dem Wasser aus dem Brunnen auch einen halben Liter warmen Wassers. ‚Kura' kontrollierte, ob sich auch jede Gefangene täglich ganz wusch. Darüber hinaus erlaubte sie, dass auf dem Küchenofen gekocht wurde, wenn wir etwas ‚organisiert' hatten. Sie klaute selber Salate von den Feldern der SS-Frauen für uns und gab uns den Anteil Buchweizen, den sie für ihren Hund zugeteilt bekam. Sie sorgte dafür, dass wir den Inhalt der Pakete vollständig bekamen, erlaubte uns, Pullover sogar dann zu tragen, wenn es verboten war, erlaubte uns, am Sonntag Wäsche zu waschen und länger zu schlafen und das, obwohl sie eine Hysterikerin war", erinnerte sich Sarnowska.[620] Sie wurde versetzt, nachdem sie sich hinter Häftlinge gestellt hatte, denen beim Raps-Anbau von den SS-Männern ein zu hohes Arbeitstempo auferlegt worden war.[621] Als Aufseherin folgte ihr Johanna Bormann, die in Babice anders als in Budy für ihre Grausamkeit bekannt wurde. Sie führte Übungen ein, sogenannten „Sport", nahm den Frauen alles weg, schlug sie, hetzte Hunde auf sie und verhängte auch bei kleinen Vergehen Essensentzug für das ganze Kommando.[622]

Die Arbeitsbedingungen der jeweiligen Kommandos waren sehr unterschiedlich. Beim Kompost und Kuhdünger arbeiteten 25 Ukrainerinnen unter einem SS-Mann ukrainischer Abstammung, der „Czary"/der Schwarze genannt wurde. Er ließ die ukrainischen Frauen in Ruhe, misshandelte jedoch polnische politische Gefangene. Von Kommandoführer Kalesse, „Gorilla" genannt, der ein auf den Feldern eingesetztes Frauenkommando beaufsichtigte, berichteten die Frauen, dass er sie anständig behandelte und beim ‚Organisieren' von Kartoffeln unterstützte. Schlechter erging es denjenigen, die im Kommando „Sauer" unter dem gleichnamigen SS-Mann eingesetzt waren, der den Häftlingen als „der Saure" bekannt war: Er war brutal, schikanierte und schlug die Häftlinge.[623] Die Feldarbeiten ähnelten denen in Budy, allerdings war das Arbeitstempo, wie Sarnowska berichtete, in „vielen Fällen [...] mörderisch":[624] Häufig wurden Frauen, die nicht an ein solches Tempo gewöhnt waren, von den SS-Männern und Kapos geschlagen. Die landwirtschaftlichen Erzeugnisse, „Getreide, Kohl, Steckrüben,

620 Ebenda.

621 Andere Quellen nennen einen durch ihre Ehescheidung ausgelösten Nervenzusammenbruch als Grund für ihre Ablösung. Vgl. Rudorff, Babitz, S. 179 f.

622 Vgl. Zięba, Babitz, S. 79 f.; Rudorff, Babitz, S. 179 f.

623 Cendrowska erinnerte drei Frauenkommandos, vgl. APMAB, Oświ. Bd. 12, Bl. 35–39, Ü. Sarnowska berichtete von vier Frauen-Kommandos, vgl. APMAB, Oświ. Bd. 35, Bl. 102–109, Ü.

624 APMAB, Oświ. Bd. 35, Bl. 102–109, Ü.

Aus dem Album der SS-Bauleitung – Pferdeställe, neuer Hof, undatiert. Fotograf:in unbekannt. © Archiwum Państwowego Muzeum Auschwitz-Birkenau.

Raps, Rüben, Heu", waren zur Versorgung von Auschwitz-Birkenau bestimmt.[625] Als die Pferde im Frühjahr 1944 für die Front angefordert wurden, spannten die SS-Männer erst Kühe und dann Frauen vor die Pflüge. Die Schnüre, hinterließen tiefe, unheilbare Schnittwunden in den Armen.[626]

In den Kommandos der männlichen Häftlinge waren die Bedingungen den Berichten zufolge noch schlechter. Die Männer arbeiteten beim Ackerbau, besonders während der Ernte unter schweren Bedingungen, und bei der Pferdezucht.

Es kam vor, dass Häftlinge, die nicht gelernt hatten, mit der Sense umzugehen, misshandelt wurden und/oder in Folge von Schlägen starben. Es kam auch zu Erschießungen. Wenn keine Feldarbeit anlag, mussten die Männer Gräben ausheben, Straßen bauen und Häuser niederreißen.[627] Über die Lage der Männer sagte Sarnowska, man sei mit den männlichen Häftlingen „schrecklich umgegangen. Es war uns nicht erlaubt, Kontakt zu ihnen aufzunehmen. Ein Gespräch

625 APMAB, Ośw. Bd. 12, Bl. 35–39, Ü.

626 Vgl. Aussage Zofia Cendrowska in: BArch, B 162/9960, Bl. 151 f.; Zięba, Babitz, S. 82 ff.; Rudorff, Babitz, S. 180.

627 Vgl. Zięba, Babitz, S. 82 ff.; Rudorff, Babitz, S. 180.

eines männlichen mit einem weiblichen Häftling endete immer damit, dass der Erstere schwer geschlagen wurde."[628]

Wie in Budy unterhielten die Häftlinge auch in Babice Kontakte mit der polnischen Bevölkerung in der Umgebung. Bereits die ersten auf dem Wirtschaftshof seit 1941 eingesetzten mobilen Kommandos aus dem sog. Stammlager und Auschwitz-Birkenau erfuhren Unterstützung. Halina Hertig, die in Oświęcim lebte und 1943 wegen der Unterstützung von Häftlingen von SS-Männern zwei Mal verhaftet und nach Auschwitz gebracht wurde, berichtete: „Zu einem ersten Aufeinandertreffen mit Häftlingen kam es im Jahr 1941, als die Nachricht kam, dass Tadeusz Jędrysik und Adam Dymczuk verhaftet wurden, der Bruder meiner Freundin Fryda Dymczuk. [...] Sie erfuhr, dass die oben genannten Häftlinge täglich nach Babice gingen, wo sie Felder bestellten. In der Bäckerei neben der Gemeindekirche, vor dem Krieg das Eigentum des Juden Schmeidler, kauften wir 100 Kartoffelpuffer mit Marmelade. [...] Die Kartoffelpuffer brachten wir den Häftlingen. Von diesem Zeitpunkt an gingen wir täglich nach Babice, zum Sägewerk in der Konarski-Straße."[629] Dort warfen sie Essen in die Ställe und in die Eisenbahnwaggons, in denen die Häftlinge arbeiteten.

Auch Zofia Knapczyk, die mit ihrem Mann in der Eisenbahnbude wohnte, erinnerte sich an die Unterstützung der mobilen Häftlingskommandos: Diese bewahrten ihr Arbeitsgerät in einer Kiste im Schuppen ihres Hauses auf, in der Helena Pudelska und Janina Kajtoch allabendlich Essen für die Häftlinge hinterlegten. Knapczyk sprach auch über die damit verbundenen Gefahren: „An Silvester brachte man Säcke mit Essen und Medikamenten zu uns. Als ein Häftling einen Sack heraustrug, bemerkte ihn ein SS-Mann und kam mit einem Aufschrei in die Wohnung und wollte meinen Mann mit ins Lager nehmen. [...] Nur mit Mühe gelang es meinem Mann, dieser Repression zu entgehen."[630] Um sich und ihre sechs Kinder nicht zu gefährden, hörte die Familie nach diesem Vorfall damit auf, Päckchen anzunehmen.

Über die für ihn gravierenden Folgen einer geplanten Flucht berichtete Bolesław Staroń. Er war seit Juli 1943 in Auschwitz und wurde in einem Kurs für Schachtmeister zwei Monate für Bau- und Ingenieurarbeiten geschult. Nach verschiedenen Erd- und Drainage-Arbeiten kam er im September 1943 nach Babitz. Dort hatte er mit einer Gruppe von zivilen Vermessern Kontakt, mit deren Hilfe die Häftlinge illegale Briefe, sog. Kassiber, schmuggelten. An diese übergab Staroń zivile Kleidung, die er von vertrauenswürdigen Frauen zur Vorbereitung einer

628 APMAB, Oświ. Bd. 35, Bl. 102–109, Ü.
629 APMAB, Oświ. Bd. 69, Bl. 36–40, Ü.
630 APMAB, Oświ. Bd. 48, Bl. 120–124, Ü.

Flucht erhalten hatte: „Am Tag der Flucht, die Anfang Juli 1944 stattfinden sollte, informierte eine Gefangene ukrainischer Nationalität, *Volksdeutsche*, einen SS-Mann, dass ich an diesem Tag den Vermessern zivile Kleidung und Schuhe hatte zukommen lassen."[631] Infolge seiner Beteiligung an diesem Fluchtversuch kam Staroń anderthalb Tage in einen Stehbunker ins Stammlager und wurde beim Verhör derart misshandelt und gefoltert, dass er das Bewusstsein verlor.[632]

Im Frauenlager gab es keine Tötungen von Häftlingen, allerdings wurden drei Frauen 1943 für medizinische Experimente nach Birkenau überstellt. Außerdem starben einer Aussage zufolge Frauen aus den mobilen Kommandos durch die Arbeit in den Teichen.[633] Aus dem Männerlager ist hingegen überliefert, dass es mehrmals zu Erschießungen und zu Misshandlungen kam, die zum Tod führten.[634] Die Auflösung des Frauen-Nebenlagers erfolgte im Juli 1944, die Häftlinge wurden zunächst ins Frauenlager Birkenau und von dort mit einem Sammeltransport von 500 Frauen in verschiedene Lager in Deutschland gebracht, u. a. nach Ebingen-Saarlautern an der Grenze zu Frankreich. Die männlichen Gefangenen wurden, wie jene aus anderen Haupt- und Nebenlagern, am 18. Januar 1945 ‚evakuiert' und in verschiedene Lager deportiert.

Nebenlager Plawy

Im Nebenlager Plawy, das ab Ende 1944 nur kurze Zeit bestand, waren die Lebensbedingungen nach Aussagen der beiden polnischen Lagerschreiber:innen Anna Tytoniak (Frauenlager) und Roman Wieszała (Männerlager) besser als in Birkenau: „Als ich am 5. Januar 1945 nach Plawy gebracht wurde und in die Wohnbaracke kam, war ich überrascht von dem Anblick der sich mir dort bot. Überall war es ordentlich und sauber, woran es in den Wohnbaracken in Birkenau so gefehlt hatte", berichtete Tytoniak.[635] Der Tagesablauf war ähnlich wie in den übrigen Nebenlagern und begann um sechs Uhr früh: „Sofort nach dem Appell gingen die Frauen zur Arbeit. Da es Winterzeit war, arbeiteten die Frauen unter einem Dach. Ein Teil machte sich an das Melken und Füttern der Kühe und das Aufräumen des Stalls. Der Rest ging ins Gelände und arbeitete wahrscheinlich in

631 APMAB, Oświ. Bd. 29, Bl. 5 ff., Ü.

632 Im Herbst 1944 wurde Staroń nach Flossenbürg verlegt und blieb dort, bis er befreit wurde. Abgesehen von dieser vereitelten Flucht sind zwei weitere Fluchten aus Babitz überliefert. Vgl. Zięba, Babitz, S. 86 f.

633 Vgl. Aussage Ella Lingens in: BArch, B 162/9960, Bl. 111 f.

634 Vgl. BArch, B 162/9960, Bl. 119 ff., Bl. 150 ff. (Aussage Zofia Cendrowska), Bl. 168 f., 174 ff. (Aussage Janina Sarnowska).

635 APMAB, Oświ. Bd. 49, Bl. 153–158, Ü.

den Kellern oder bei irgendwelchen Mieten, um dort Kartoffeln oder Rote Bete zu lesen. Wenn sie zurückkamen, brachten sie nämlich zusammen mit den Männern Rote Beete und Futter für das Vieh und die Pferde auf Schlitten mit. [...] Die Arbeit dauerte bis 18 Uhr. [...] Nach dem Abendappell wurde die Baracke verschlossen und wir waren unter uns."[636] Die etwa 200 meist russischen Frauen konnten sich Futterrüben und Milch von den Kühen „organisieren". Sowohl die Aufseherin Flora Chichon war ihnen freundlich gesonnen als auch die sie bewachenden älteren Wehrmachtssoldaten. Sie hatten – so vermutete Tytoniak – aufgrund des Frontverlaufs kein Interesse daran, Regeln streng durchzusetzen und die Frauen strikt zu kontrollieren.

Ähnlich beschrieb Roman Wieszała die Verhältnisse im Männerlager. Über dessen Aufbau sagte er: „Das gesamte Lager bestand aus zwei Holzbaracken, eine für die Frauen und eine zweite für die Männer, sowie einige hölzerne Wirtschaftsbaracken, die als Ställe für Kühe und die Pferde und Schweine dienten." Der geplante Ausbau der Landwirtschaft und der Schweinezucht wurde nicht mehr realisiert, das Nebenlager bestand in dieser Form nur drei Wochen: „In der Nacht vom 17. auf den 18. Januar 1945 wurden ein paar Häftlinge aus der Baracke geholt, die die Kälber und Schweine töteten. Nach dem Abkühlen des Fleischs wurde es auf Fuhrwerke geladen."[637] Am nächsten Morgen waren die Wagen abfahrtsbereit. Wie Anna Tytoniak vermutete, wurden bei der Räumung des Lagers zwei Frauen, die in der Krankenbaracke lagen, erschossen.[638] Die Männer wurden in das Mauthausener Nebenlager Gusen gebracht, die weiblichen Gefangenen Richtung Groß-Rosen verschleppt.

Wirtschaftshof Birkenau

Wie eingangs erwähnt, ist über den Wirtschaftshof Birkenau kaum etwas bekannt. Erstmals erwähnt wurde er im November 1943 im Standortbefehl Nr. 48/43 von Höß.[639] Die Baracken des Wirtschaftshofs bewohnten um die 200 männliche Häftlinge. Bis zu vier mobile weibliche Häftlingskommandos in wechselnder Stärke kamen täglich zur Arbeit aus dem Lager Birkenau. Der Wirtschaftshof Birkenau unterstand SS-Unterscharführer Wiesinger und befand sich außerhalb des Lagers Birkenau, war aber ebenfalls auf dem Gelände des ehemaligen Dorfes –

636 Ebenda.

637 APMAB, Oświ. Bd. 67, Bl. 216–222, Ü.

638 Die diesbezüglichen Ermittlungen wurden 1974 eingestellt. Vgl. BArch, B 162/15414, Bl. 49 f.

639 Vgl. APMAB, SS Guard Process, Bd. 39, Bl. 50.

und zwar in unmittelbarer Nähe zu den Krematorien von Birkenau – errichtet worden.[640] Das Lager Wirtschaftshof wurde im Januar 1945 aufgelöst.

4.3.5 Resümee

Mit Blick auf das Forschungsspektrum im Interessengebiet Auschwitz lässt sich festhalten, dass die meisten landwirtschaftlichen Versuche auf Ideen und Anweisungen Himmlers zurückgingen und von Caesar als Leiter der landwirtschaftlichen Betriebe mit wechselndem Eifer aufgegriffen wurden. Himmlers Schwerpunkte lagen dabei auf Versuchen von vermeintlich kriegswichtiger Bedeutung – wie die Gewinnung von Kautschuk oder von Geranienöl. Von der Realisierung langfristig angelegter Ziele, wie der Entwicklung winterharter Getreide- und Obstsorten, sind keine Versuche oder gar Ergebnisse überliefert. Bezogen auf den Ausbau des geplanten Großbetriebes, auf Produktion und Ertrag wurde deutlich, dass die noch im Aufbau befindliche Gesamtanlage Anfang 1945 bereits weit fortgeschritten war. Grundlage dafür war die Ausbeutung der Häftlinge, die infolge dieser Anstrengungen, in Verbindung mit den ihnen auferlegten Entbehrungen und der Brutalität von SS-Männern und Aufseherinnen, häufig zu Tode kamen.

Mit den Arbeitsresultaten zeigte sich Caesar, wie er in seinem Manuskript festhielt, sehr zufrieden, so z. B. mit der Produktion der Geflügelfarm Harmense, die zuletzt „als anerkannte Vermehrungszucht Anwärterin als Hochzuchtbetrieb" geführt wurde. Weiter führte er aus, die Bewirtschaftung der Geflügelfarm sei zwar nichts im Vergleich zu Ravensbrück, aber ausgesprochen effizient. Er lobte insbesondere die Erträge: „Versuche ergaben aber eine Konkurrenzfähigkeit der Enten in der Mast mit dem Schwein, sowohl in Futterverwertung als geldmässig."[641]

Aus der Korrespondenz der landwirtschaftlichen Betriebe mit der Bauleitung geht hervor, dass beständig Planungen für den Aufbau von Pferde- bzw. Viehstallbaracken, Feldscheunen und Lagerhallen verhandelt, Material für den entsprechenden Ausbau sowie andere notwendige Hilfsmittel wie Fischbottiche oder Gießkannen bestellt und nicht zuletzt Häftlinge für die landwirtschaftlichen Kommandos angefordert wurden.[642] Unter den beantragten Baumaßnahmen sind solche wie beispielsweise die Aufforderung, das Lager Budy und

640 Vgl. APMAB, SS Guard Process, Bd. 51, Bl. 122f., Bl. 130 f., Aussage der ehemaligen SS-Angehörigen Willy Kranz und Walentin Krebs vom 4. 7. 1947; Bildungswerk, Infomappe, S. 162; Piper, Arbeitseinsatz, S. 198; Rudorff, Birkenau, S. 182 f.

641 APMAB, Opr. Caesar 346, Der Landwirtschaftliche Großbetrieb, Bl. 24 f.

642 Vgl. APMAB, D-Au-I/Landwirtschaft Bd. 1, Bl. 16, 37, 40, 46, 54, 59 f., 61, 66, 75 f.; Bd. 2, Bl. 26, 44, 48.

Bor an das elektrische Licht anzuschließen (Oktober 1942 und Februar 1943), da durch die nächtliche Dunkelheit die Sicherheitslage gefährdet sei, die Bestellung von zwölf Öfen für den Kaminbau in den Häftlingsbaracken in Budy – mit der Bitte um dringliche Behandlung, da dort keinerlei Heizung vorhanden sei, oder die Errichtung eines botanischen Labors, aufgrund der Verlegung von landwirtschaftlichen Dienststellen und Laboratorien aus dem Osten nach Auschwitz.[643] Die Anforderung von Öfen verweist wie einige weitere Anliegen darauf, dass sich die Leitung der landwirtschaftlichen Betriebe für die dort tätigen Häftlinge verantwortlich fühlte. Das Interesse an den Häftlingen hing jedoch stark von der jeweiligen Qualifizierung und der Relevanz der auszuführenden Arbeiten ab. So hatte Caesar beispielsweise persönlich angeordnet, die Melkerinnen des Kuhstall-Kommandos und die Frauen des Kommando Kalesse, die am 8. April 1943 auf den Wirtschaftshof Babitz verlegt werden sollten, zu entlausen und mit doppelter Wäsche und gutem Schuhwerk auszustatten.[644] Ein Beispiel aus den Akten der Bauleitung ist die Beantragung von Lederschuhen für die Häftlinge des Kommandos Nr. 20 Obstbaumschule im Mai 1943 mit dem Argument, dass die Frauen mit ihren Holzschuhen auch bei größter Vorsicht die kleinen Pflanzen zertreten würden.[645] Daneben enthält die Korrespondenz häufig das Gesuch, die Stärke der landwirtschaftlichen Kommandos aufzustocken, um die laufenden Arbeiten durchzuführen, die schließlich in die Qualifizierung der Arbeiten als kriegswichtig mündete: „Die auf den Außenstellen des Amtes W 5 eingesetzten Häftlinge arbeiten in der Landwirtschaft, Gärtnerei und dazugehörigen Forschungsanlagen. Das Gebiet der Ernährung und Ernährungssicherung ist ausnahmslos als kriegswichtig zu bezeichnen“, heißt es in einem Schreiben vom 15. April 1943.[646] Diese Einstufung sollte es der Leitung der landwirtschaftlichen Betriebe erleichterten, die nötigen Häftlingskontingente aus Auschwitz zu erhalten, und erklärt darüber hinaus die zum Teil relativ besseren Bedingungen der Unterbringung und Versorgung.

Diese verbesserten Bedingungen galten allerdings nicht für mobile Kommandos, die aus sog. „Erziehungshäftlingen“ bestanden und/oder aus Strafkommandos, die Meliorationen auf den Sumpfwiesen von Babice durchführten. Ebenso wenig galten sie für mobile Häftlingskommandos auf dem Feld, welche Frühlingssaat aussetzten, Getreide ernteten und beim Dreschen und Heuernten eingesetzt waren und täglich lange Fußmärsche zu ihren Einsatzorten

643 Vgl. APMAB, D-Au-I/Landwirtschaft Bd. 1, Bl. 119, 154, 241, 243.

644 Vgl. APMAB, D-Au-I/Landwirtschaft Bd. 2, Bl. 64f.

645 Vgl. APMAB, D-Au-I/Landwirtschaft Bd. 2, Bl. 141.

646 APMAB, D-Au-I/Landwirtschaft Bd. 2, Bl. 82.

zurücklegen mussten. Besonders aus dem Frauenlager Birkenau ist überliefert, wie beengt, unhygienisch und lebensgefährlich die Lebensbedingungen dort waren. Von den mobilen Kommandos sind entsprechend viele Todesfällen überliefert, da die Menschen aus Erschöpfung zusammenbrachen oder bei nachlassender Arbeitsleistung zu Tode geprügelt wurden. Dies galt insbesondere bei den Meliorationsarbeiten, respektive dem Bau des Königsgrabens. Entgegen Caesars Aussage vom 14. November 1961 in Ludwigsburg, er sei nur mit der technischen Planung des Königgrabens betraut gewesen, da die Durchführung der Arbeiten Sturmbannführer Karl Bischoff, dem Leiter der SS-Zentralbauleitung, oblagen, finden sich in der Korrespondenz Hinweise darauf, dass auch das Kommando Königsgraben der Abteilung Landwirtschaft unterstand:[647] Dazu gehört die Bestellung von 200 Spaten und 200 Schaufeln für das Kommando Königsgraben vom 5. Mai 1943 durch die Abteilung Landwirtschaft bei der Zentralbauleitung, der von dieser Seite nicht stattgegeben wurde.[648] Anders als Bolesław Staroń, der nach seiner Ausbildung zum „Schachtmeister" im September 1943 in Babice Drainage-Arbeiten durchführen musste, konnte oder wollte sich Caesar in seiner Vernehmung nicht daran erinnern, dass Häftlinge als Schachtmeister eingesetzt wurden. Sein Gedächtnis ließ Caesar auch in Bezug auf die Arbeitsbedingungen der Häftlinge im Stich, die in seiner Erinnerung „berufsüblich" waren, weshalb es auch ausgeschlossen sei, dass Häftlinge „verstorben wären, weil sie unter besonders ungünstigen Bedingungen arbeiten mussten. Auch von Misshandlungen" sei ihm nichts bekannt, gab er 1961 zu Protokoll.[649] Ebenso wenig wollte er sich an Erschießungen als Strafmaßnahmen bei Fluchtversuchen oder den Fall von Lilly Toffler erinnern.[650]

Von Ermordungen infolge von Fluchtversuchen, Tötungen, Misshandlungen und physischen Zusammenbrüchen mit Todesfolge, aufgrund der gravierenden Arbeits- und Lebensbedingungen sowohl in den mobilen Kommandos als auch auf den Wirtschaftshöfen, berichten hingegen zahlreiche ehemalige Häftlinge der landwirtschaftlichen Kommandos. Wenngleich die Lebensbedingungen – mit Ausnahme des Frauenlagers in Budy und der Anfangszeit in Harmense – in den Nebenlagern bezogen auf die Ausstattung mit Betten, Decken und Kleidung sowie Wasch- und Heizmöglichkeiten insgesamt etwas besser waren als in Birkenau,

647 Vgl. BArch, B 162/15164, Bl. 10531.

648 Vgl. APMAB, D-Au-I/Landwirtschaft Bd. 1, Bl. 181, 192.

649 BArch, B 162/15164, Bl. 10531.

650 Vgl. Fritz Bauer Institut (Hrsg.), Tonbandmitschnitt 1. Frankfurter Auschwitz-Prozess, „Strafsache gegen Mulka u. a.", 4 Ks 2/63, Landgericht Frankfurt a. M., 23. Verhandlungstag, 5. 3. 1964, Vernehmung des Zeugen Joachim Caesar, www.auschwitz-prozess.de/zeugenaussagen/Caesar-Joachim/ [21. 3. 2021].

waren sie aufgrund der überwiegend äußerst harten Arbeitsbedingungen in der Landwirtschaft bei gleichzeitiger systematischer Unterversorgung dennoch völlig unzureichend. Um zu überleben war es unabdingbar Lebensmittel wie Gemüse, Tierfutter und dergleichen zu „organisieren". Diese Möglichkeit machte es für viele Häftlinge erstrebenswert, in ein landwirtschaftliches Kommando in einem der Nebenlager verlegt zu werden. In den meisten Nebenlagern gab es zudem Krankenstuben für leichte Erkrankungen. Bei schwereren Erkrankungen wurden die Frauen allerdings nach Birkenau oder ins sog. Stammlager verlegt. Bei jenen Häftlingen, die für die kriegswichtigen Arbeiten besonders unentbehrlich waren, bemühte sich Caesar persönlich darum, sie in die Nebenlager zurückzubeordern.[651] In einigen Zeugnissen erwähnen die Befragten als positiven Aspekt der landwirtschaftlichen Kommandos die Möglichkeit, im Sommer an der frischen Luft zu arbeiten. Zudem ermöglichte die Nähe zu den umliegenden Dörfern Begegnungen und Kontakte mit der polnischen Zivilbevölkerung. Die Solidarisierung gegenüber den Besatzern und die räumliche Nähe waren ausschlaggebend für Versorgungs-, Hilfs- und Widerstandsaktionen. Unter diesen Bedingungen sind auch einige Fluchten gelungen. Gerade die Tatsache, dass der Raum vor der Besetzung nicht ‚leer', sondern von einer gemeinsamen Besatzungserfahrung geprägt war, wurde damit zum entscheidenden Moment für Unterstützung und Möglichkeiten des Widerstandes.

Aus den Berichten der ehemaligen Häftlinge geht zudem hervor, dass die Bedingungen in den jeweiligen landwirtschaftlichen Nebenlagern je nach Vorerfahrungen und persönlichen Erlebnissen und Kontakten zum Teil sehr unterschiedlich wahrgenommen bzw. bewertet wurden. So erschienen beispielsweise den Frauen in Budy die Bedingungen unter der SS-Aufseherin Johanna Bohrmann als Verbesserung im Vergleich mit den Zuständen unter ihren Vorgängerinnen. Demgegenüber beklagten viele Frauen in Babitz ihre Rücksichtslosigkeit und Brutalität im Verhältnis zu den Gefangenen. Harmense wirkte auf die ehemalige Gefangene Danuta Drzazga wie ein Paradies im Vergleich mit Birkenau; doch wird in vielen Berichten auf die unzureichenden, unhygienischen Bedingungen eingegangen, die zu Seuchen und Erkrankungen führten. Insgesamt wird deutlich, dass die Bedingungen in den jeweiligen Nebenlagern – in unterschiedlichen Phasen – in Abhängigkeit von den dort eingesetzten Aufseherinnen, Kapos und SS-Männern und dem Stand des Ausbaus sehr unterschiedlich waren.

Unterschiede in den Berichten über die auszuführenden Arbeiten werden insbesondere mit Bezug auf die jeweilige Qualifizierung deutlich: Insbesondere

651 Vgl. APMAB, D-Au-I/Landwirtschaft Bd. 2, Bl. 179, 223.

die ehemaligen Häftlinge in Rajsko berichteten sehr ausführlich über ihre Arbeiten und Forschungen. Auch aus Harmense sind sowohl von der Geflügel- als auch von der Fischzucht ausführliche Beschreibungen der einzelnen Tätigkeiten überliefert. Im Unterschied dazu fallen die Beschreibungen über die landwirtschaftlichen Arbeiten im Allgemeinen kürzer aus. Allerdings gilt dies nicht für alle Berichte. Je nach Befragungszusammenhang setzten die ehemaligen Häftlinge in ihren Aussagen unterschiedliche Schwerpunkte: So zählte etwa Wanda Koprowska in ihrem Bericht für das Archiv von Auschwitz die einzelnen Arbeiten im Kommando Landwirtschaft in Budy lediglich auf, während sie diese in einem in den *Heften von Auschwitz* veröffentlichtem Artikel ausführlich beschrieb. Die im Archiv in Auschwitz überlieferten Aussagen unterscheiden sich deutlich von jenen, die – wie die in Ludwigsburg überlieferten – einem strafrechtlichen Schwerpunkt besitzen. Dies verdeutlicht, dass sowohl die ehemaligen Häftlinge als auch die Befragenden abhängig von der Situation, in der sie sich äußerten, unterschiedliche Aspekte und Themenkomplexe in den Vordergrund rückten.

Die ausführlichen Zeugnisse, die im Archiv in Auschwitz gesammelt wurden, haben sowohl mit der Bedeutung des Museums Auschwitz in der zeitgenössischen Geschichte Polens als auch mit der polnischen Erinnerungskultur zu tun. Die Befragten waren v. a. Widerstandskämpfer:innen, die als Held:innen ein Forum bekamen. Unmittelbar nach der Einrichtung der Gedenkstätte wurden ausführliche Befragungen ehemaliger Häftlinge durch Mitarbeiter:innen vorgenommen, bei denen ein großes Interesse für das Gelände sowie an der Rekonstruktion des Geschehens deutlich wird. Die detaillierten Berichte beleuchten mitunter einzelne Arbeitsvorgänge und -abläufe in der Landwirtschaft, über die sich wissenschaftlich oder landwirtschaftlich ausgebildete und nicht-ausgebildete ehemalige männliche und weibliche Häftlinge gleichermaßen ausführlich äußern. Zudem wurden die Häftlinge im Rahmen der Nachkriegsprozesse in Polen u. a. in Zusammenhang mit dem Prozess von Höß (zum Teil erneut) befragt, wobei hier Verbrechen und das Interesse an Namen und Taten im Mittelpunkt standen. Die ganz frühen Berichte aus dem schwedischen Lund stellen dagegen die Lebensbedingungen und die Frage, ob die landwirtschaftliche Tätigkeit in den Nebenlagern eine Verbesserung und Erleichterung im Vergleich zum Aufenthalt im sog. Stammlager darstellte, in den Mittelpunkt. Manche der Frauen und Männer wurden also mehrmals befragt, und es ist evident, dass ihre Erzählungen je nach Kontext und Art der Befragung sehr unterschiedlich ausfallen. Insgesamt ergibt sich aus den verschiedenen Befragungen der ehemaligen Häftlinge aus Auschwitz das Anliegen, ein Erinnerungsbild zusammensetzen, in dem jedes Leiden eine Rolle spielt und der Versuch das System der Täter:innen zu verstehen. Unterschiede im Reden über die Zeit im KZ von ehemaligen Häftlingen in Deutschland und Polen resultieren also nicht zuletzt aus der unterschiedlichen Ausgangslage in ihren Herkunftsländern.

Nicht zuletzt geht aus den Zeugnissen deutlich hervor, wie groß die Handlungsspielräume der jeweiligen Aufseherinnen, SS-Männer und Kapos waren und welche Konsequenzen ihr Agieren für das Leben und Überleben der Gefangenen hatte. Die SS-Mitarbeiter:innen konnten etwa Meldung machen oder es unterlassen, konnten sich um die hygienischen Bedingungen bemühen, Krankheiten herunterspielen und so eine Verlegung nach Auschwitz verhindern oder auch Essenszulagen für die Kommandos und Kleidung oder Schuhe beantragen. Häufig wurden diese Spielräume funktional genutzt: So beanstandete Maria Rendel in Harmense beispielsweise nicht, wenn eine erkrankte Frau sich nicht krankmeldete, solange andere ihre Arbeiten verrichteten. Danuta Drzazga sagte aus, dass die SS-Funktionäre während ihrer Zeit in Harmense u. a. deshalb einmal ausgewechselt wurden, weil sich die Männer gegenüber den gefangenen Frauen zu freundlich verhielten und ein Posten sogar mit einer Gefangenen getanzt hatte.[652] Ella Lingens, eine Gefangene, die als Ärztin im Krankenrevier Birkenau tätig war, gab in Ludwigsburg zu Protokoll, dass der Sanitätsdienstgrad Flagge für das Nebenlager Babitz die tägliche Zuteilung von ein bis zwei zusätzlichen Suppenkesseln beantragt hatte.[653]

Nach 1945 wurden einige Hundert SS-Aufseherinnen und SS-Männer aus Auschwitz in Prozessen in Polen angeklagt und verurteilt, in der Bundesrepublik wurden die meisten Verfahren – abgesehen vom Frankfurter Auschwitz-Prozess und den Folgeprozessen, in denen die Nebenlager kaum eine Rolle spielten –, eingestellt und gingen über Ermittlungen nie hinaus.[654] Bernhard Glaue starb im Februar 1945 in Gefechten an der Front.[655] Gegen Johanna Bormann wurde ein Verfahren im Bergen-Belsen-Prozess geführt, in dem sie auch für ihre Verbrechen in Auschwitz zu Tode verurteilt wurde. Ihre Hinrichtung erfolgte am 13. Dezember 1945. Die Staatsanwaltschaft Stuttgart stellte 1985 ein Verfahren gegen Elfriede Runge ein. Auch ein Verfahren gegen Maria Rendel in Westdeutschland wurde eingestellt.[656]

Die überlebenden Häftlinge litten noch Jahre später an den körperlichen und seelischen Schäden.

652 Vgl. APMAB, Ośw. Bd. 33, Bl. 67–77, Aussage Danuta Drzazga.

653 Vgl. BArch, B 162/9960, Bl. 113. Vermutlich handelte es sich um SS-Unterscharführer Walter Flagge, der in den Nebenlagern Budy, Babice und Rajsko eingesetzt war.

654 Vgl. Steinbacher, Auschwitz, S. 107 ff.

655 Vgl. Rudorff, Harmense, S. 250; dies., Babitz, S. 181.

656 Vgl. Rudorff, Budy, S. 204; dies., Harmense, S. 250.

Gedenktafeln vor dem ehemaligen Lager Birkenau, die an die Vertreibungen der Bewohner:innen aus den polnischen Dörfern erinnern, 2019. Foto: Tanja Kinzel.

Seit 2001 erinnert eine Informationstafel am Eingang zur Gedenkstätte Birkenau an die aus dem sog. Interessengebiet vertriebene polnische Bevölkerung. In den folgenden Jahren wurden an einzelnen Orten auch lokale Gedenktafeln installiert, 2004 am ehemaligen Schulgebäude von Babice, 2006 in Harmęże.[657]

657 Vgl. Rudorff, Babitz, S. 182; dies., Harmense, S. 250.

5. Ostexpansion

5.1 Einleitung

In der bisherigen Forschung zur DVA wurden deren Aktivitäten in den besetzten Gebieten der Tschechoslowakei, Polens und der Sowjetunion ab 1938/39 bzw. 1941 lediglich partiell und punktuell erwähnt. In einschlägigen Publikationen wurde die Existenz der zahlreichen Güter und Liegenschaften im Osten Europas in der Regel nur angerissen, da andere Fragestellungen im Fokus standen.[1] Bislang fehlte eine zusammenhängende und komplexe Betrachtung der Rolle der DVA in den besetzten Gebieten Osteuropas. Dazu bieten die hier erstmalig ausgewerteten Bestände von Archiven in Polen und der Ukraine einen wichtigen Zugang. Auch die Bestände im Bundesarchiv wurden nun in ihrer Gesamtheit auf die Rolle der DVA in den besetzten Gebieten hin betrachtet. Trotzdem bleibt die Quellenlage zu den Aktivitäten in den Gebieten der Sowjetunion, der Tschechoslowakei und Polens unbefriedigend. Hier gibt es nach wie vor viele Leerstellen.

Die Dokumente des im Bundesarchiv Abteilung Militärarchiv Freiburg lagernden Nachlasses von Wolfgang Vopersal wurden bislang in Bezug auf die DVA noch nie ausgewertet, obwohl sie nähere und konkrete Informationen zu den SS-Gütern in den besetzten Gebieten vor allem der Sowjetunion bieten. Vopersal wurde 1927 geboren und starb 1992. Während des Zweiten Weltkrieges diente er bei der 3. SS-Panzer-Division *Totenkopf* und war nach dem Krieg bis zu seinem Tod Mitglied, Dokumentar und Archivar der *Hilfsgemeinschaft auf Gegenseitigkeit der ehemaligen Soldaten der Waffen-SS e. V. (HIAG)*. Er war Autor der Buchreihe: *Soldaten – Kämpfer – Kameraden. Marsch und Kämpfe der SS-Totenkopf-Division.*

Einbezogen in die Gesamtschau wurden ebenfalls neuere Erkenntnisse zu den Vorbereitungen der Ostexpansion in DVA-Einrichtungen der Steiermark[2] und im Lannacher *Institut für Pflanzengenetik.*[3] Darüber hinaus wurden Aktivitäten, die als Vorläufer der Ostexpansion angesehen werden können, wie die Deutsche Tibet-Expedition von Ernst Schäfer (1938/39), durch Recherchen im

1 Vgl. Jacobeit/Kopke, Wirtschaftsweise; Kaienburg, Wirtschaft; Naasner, SS-Wirtschaft; Georg, Unternehmungen.

2 Vgl. MGR/SBG, P-DVA/3–9.

3 Vgl. Stefan Karner/Heide Gsell/Philipp Lesiak, Schloss Lannach 1939–1949, Graz 2008.

Archiv des *Naturkundemuseums Berlin* betrachtet, die bislang in der Forschung über die DVA keine Rolle spielten.

Die DVA war eine SS-spezifische Institution im Rahmen der vielgestaltigen deutschen Besatzungspolitik, für die der Generalplan Ost den politischen und organisatorischen Rahmen absteckte. Die Einbindung der DVA-Güter in die SS-Siedlungsplanungen im Zuge der Ostexpansion begann bereits nach der Besetzung Tschechiens und Polens, besonders aber nach dem Überfall auf die Sowjetunion. Himmler, 1939 von Hitler neben seinen bestehenden Aufgaben auch zum Reichskommissar für die Festigung deutschen Volkstums ernannt, hatte als Leiter der zuständigen Behörde die bevölkerungs- und strukturpolitische Konzeption für die Neuordnung des Ostens an den Agrar- und Raumordnungsfachmann Konrad Meyer übertragen, der bis Juni 1942 vier Ausarbeitungen des Generalplans Ost vorlegte. Dieser war kein einheitliches Planungsdokument, sondern stellte den Oberbegriff für verschiedenste Materialien, Pläne, Berechnungen und Ideenskizzen dar, die mehrfach umgearbeitet und den aktuellen Vorstellungen der NS-Führung angepasst wurden. Einige Leitideen aber blieben unverändert: Der Osten Europas sollte nach einem Sieg deutsch beherrscht werden, was eine, wie auch immer geartete Besiedelung erforderlich machte.

Nach der Eroberung Polens inkorporierten die deutschen Besatzer *Danzig-Westpreußen* und *Wartheland* als Reichsgaue in das Deutsche Reich und schufen am 26. Oktober 1939 aus zentralen und südöstlichen Teilen des Landes das Generalgouvernement, dem im August 1941 Ostgalizien angeschlossen wurde. Bis Ende 1942 eroberte die Wehrmacht weite Teile der Sowjetunion. Nach der Schlacht um Stalingrad erfolgte im Februar 1943 der allmähliche Rückzug. Anfang 1944 waren fast alle ukrainischen, russischen und weißrussischen Gebiete der Sowjetunion von der nationalsozialistischen Herrschaft wieder befreit.

Das Engagement der DVA im Kontext der Siedlungsplanungen war mit der Gewinnung von sogenanntem Lebensraum im Osten verbunden und basierte auf der Ausbeutung, Verdrängung und Ermordung der dort lebenden Bevölkerung als Teil der nationalsozialistischen Kriegs-, Eroberungs- und Vernichtungspolitik. Der ländlichen Besiedlung kam dabei eine besondere Rolle zu: Was innerhalb der Grenzen des Reiches und/oder des Generalgouvernements an landwirtschaftlichen Vorstellungen und Konzepten ausprobiert und umgesetzt wurde, sollte im weiteren Verlauf im großen Maßstab auf die eroberten Ostgebiete ausgedehnt werden. Während viele Ideen des Generalplans Ost über die Planungsphase kaum hinauskamen, realisierte die SS auf einigen Gütern der DVA bereits Modelle, die für die großflächige Besiedlung des Ostens richtungweisend werden sollten. Die DVA bewirtschaftete neben den Gütern im Deutschen Reich und den besetzten polnischen und tschechischen Gebieten etwa 39 Betriebe im Generalgouvernement und an die einhundert Einrichtungen in der Sowjetunion. Besonders in der Ukraine war die Schaffung riesiger Anbauflächen für die Erzeugung von Lebensmitteln und pflanzlichen Rohstoffen vorgesehen. Die landwirtschaftlichen Erträge sollten mithilfe der einheimischen Bevölkerung erwirtschaftet werden, die man zur Zwangsarbeit verpflichtete, ebenso wie die Ausbeutung der Bodenschätze. Die DVA hatte damit im Rahmen der Ostexpansion eine wenig rühmliche Vorreiterrolle, da ihre Tätigkeiten über Planungen hinausgingen und in dem kurzen Zeitraum unter der Besatzung in Polen und der Ukraine bereits in Anfängen realisiert wurden.

Die Konzepte von Autarkie und Kolonisierung der osteuropäischen Gebiete griffen auf den DVA-Gütern ineinander: Die Herausbildung von Strukturen und Modellen für eine autarke landwirtschaftliche Versorgung, insbesondere die Ersatzstoffproduktion, war mit der Entwicklung und Nutzung der zu erobernden oder bereits eroberten Ostgebiete, dem „Lebensraum im Osten", verbunden. Bei den Aktivitäten der DVA auf ihren Versuchsgütern, die auf den effektiven Landbau im Osten oder auf Autarkieforschung ausgerichtet waren, wird in den Geschäfts- und Tätigkeitsberichten der Versuchscharakter betont, der in Abgrenzung zu den klassischen deutschen Hochschul-Versuchsanlagen den ganzen Betrieb im Blick habe: „Diese Versuche unterscheiden sich dadurch", so heißt es, „dass sie ganze Betriebe umfassen und die praktische Auswirkung der verschiedenen Maßnahmen klarlegen sollen."[4] In ihren Forschungs- und Versuchsarbeiten sowie den Prüfungen konzentrierte sich die DVA neben der natürlichen Landwirtschaftsweise auch auf landwirtschaftliche Nischen – wie etwa Zucht- und Haltungsversuche mit Nutztierrassen, zu denen robuste Pferde und Schafe gehörten, sowie Züchtungsversuche mit Pflanzen, die für den Einsatz in den zu erobernden Gebieten im Osten vorgesehen waren: Leistungsfähiges Vieh, aber auch an Boden und Klima angepasste Pflanzensorten sollte den Siedlern im Osten als Starthilfe bereitgestellt werden. Allerdings konnte trotz aller Bemühungen nur ein geringer Teil der Planungen umgesetzt werden. Mehr als nur Anfänge waren allerdings die beiden größten Umsiedlungsaktionen mit dem Ziel, „volksdeutsche Kolonien" zu schaffen: Zamość im Generalgouvernement und das von der SS als Hegewald bezeichnete Gebiet bei Shitomir in der Ukraine. Zwischen beiden Gebieten gab es umfangreiche Kontakte und Beziehungen.

Innerhalb des Deutschen Reiches und in den besetzten tschechischen und polnischen Gebieten gab es unterschiedliche Gruppen von DVA-Gütern, die für bestimmte, durchaus unterschiedliche Strategien und Schwerpunktsetzungen standen, was den Versuchscharakter der DVA-Aktivitäten unterstreicht.

4 BArch, NS 3/1175, Bl. 75.

Die gerade erst gegründete Organisation wurde nach der Eroberung Polens im Oktober 1939 mit Aufgaben in der Siedlungspolitik betraut - Aufgaben, die in ihrem Gründungspapier so nicht vorgesehen waren. Anfang 1940 verfügte Himmler, alle von der SS requirierten land- und forstwirtschaftlichen Ländereien sowie alle Gartenbaubetriebe der DVA zu unterstellen. Er erteilte konkrete Anweisungen und umriss ihre zukünftige Tätigkeit. Heinrich Vogel formulierte die kommenden Aufgaben in einem Schreiben an Oswald Pohl wie folgt: „Die Ordnung des Besitzes und Eigentums im Osten nach Kriegsschluss wird maßgebend dafür sein, ob Ländereien in Besitz oder Pacht genommen oder nur treuhänderisch verwaltet werden können. [...] Auf den landwirtschaftlichen Betrieben sollen Siedlerschulen eingerichtet werden, in denen die für den Osten vorgesehenen Neubauern in längeren und kürzeren Lehrgängen die für ihre neue Heimat notwendigen Kenntnisse des Klimas, Bodens und der geeigneten Wirtschaftsweise kennenlernen. [...] Hier ist eine Teilaufgabe das Schaffen eines gesunden, leistungsfähigen Viehbestandes, damit die Siedler nicht schon im Anfang durch Viehkrankheiten Verluste erleiden. [...] Die Finanzierung [...] erfolgt über den wirtschaftlichen Zusammenschluss in Form der Deutschen Versuchsanstalt für Ernährung und Verpflegung."[5]

In großem Maße setzte das NS-Regime ab 1940 Umsiedlungs- und Eindeutschungspläne im Generalgouvernement um. Dies wurde nicht zuletzt wegen der vereinbarten Umsiedlung von Deutschen aus dem sowjetisch besetzten Ostpolen und dem Baltikum in das Deutsche Reich forciert, wie es die geheimen Zusatzprotokolle des Deutsch-Sowjetischen Nichtangriffspaktes von 1939 vorsahen. Zehntausende von Umsiedler:innen kamen somit in das Reichsgebiet.

Trotz der historischen Parallelen zur kolonialistischen Politik der deutschen Militärverwaltung Ober-Ost unter Paul von Hindenburg und Erich Ludendorff im Ersten Weltkrieg hatte der Generalplan Ost in entscheidenden Punkten eine neue - verbrecherische - Qualität. Der Vernichtungsgedanke stellte geradezu eine conditio sine qua non für die wie immer geartete „Neuordnung" in Osteuropa dar. Damit war auch die noch im Ersten Weltkrieg bemühte Begründung für die Besatzung, die Deutschen kämen als Kulturbringer in den Osten, obsolet. In der Rede in seinem ukrainischen Hauptquartier Hegewald bei Shitomir stellte Himmler 1942 fest: „Wir haben diesem Volk keine Kultur zu bringen. Es genügt, 1. Wenn die Kinder in der Schule die Verkehrszeichen lernen, damit sie uns nicht in die Autos laufen, 2. wenn sie das kleine Einmaleins bis 25 lernen, damit sie soweit zählen können, und 3. wenn sie noch ihrem Herrn schreiben können; mehr ist nicht nötig."[6]

5 BArch, NS 3/1175, Bl. 74–78.

6 BArch, NS 19/4009, Bl. 92 f.

Einer der wirtschaftlichen Grundpfeiler des WVHA im Allgemeinen und der DVA im Besonderen war die Ausbeutung kostenloser bzw. billigster Arbeitskräfte. Hierbei war die Ausbeutung von Arbeitskräften im und aus dem Generalgouvernement bzw. in und aus den besetzten sowjetischen Gebieten besonders brutal.

Die Eroberung Polens brachte für die DVA eine deutliche Erweiterung des Tätigkeitsradius, der Besitztümer und treuhänderisch verwalteten Güter mit sich. Sowohl in den dem Altreich zugeschlagenen westpolnischen Gebieten als auch im Generalgouvernement wurden SS und DVA aktiv. Das WVHA entwickelte sich im Generalgouvernement zum stärksten ökonomischen Faktor noch vor der zivilen Verwaltung von Generalgouverneur Hans Frank. Ebenso wie im Sudetengebiet 1938 und in den tschechischen Gebieten Anfang 1939 eignete sich die DVA hier Güter, Land- und Forstwirtschaftsbetriebe, Fischereieinrichtungen u. a. an. Viele wurden gemeinsam mit dem Rasse- und Siedlungshauptamt bewirtschaftet; die meisten waren keine Versuchseinrichtungen.

Die angestrebte Ansiedlung von „volksdeutschen Bauern“ im Generalgouvernement im Rahmen der „Germanisierung“ ließ sich nicht oder nur kaum realisieren. Viele dieser Bauern und Bäuerinnen waren für eine effektive Bewirtschaftung nicht ausreichend ausgebildet und hatten zu geringe praktische Vorkenntnisse. In einem Bericht über die Erfahrungen mit der Landwirtschaft in der besetzten Ukraine berichtete Hauptmann Graf Yorck von Wartenburg über die volksdeutschen Siedler:innen in Polen, dass sie nur die Hälfte des Bodens bestellten und den übernommenen Viehbestand bis auf wenige Stücke zu Geld machen würden – „Es reicht doch für uns, warum sollen wir mehr arbeiten?“[7]

Mit den Erfahrungen aus den Um-, Aus- und Ansiedlungen im Generalgouvernement wurden analoge Pläne des Generalplan Ost umgehend auch nach dem Überfall auf die Sowjetunion in allerdings erheblich größerem Umfang realisiert. „Auf den Planungsentwürfen für die annektierten westpolnischen Gebiete aufbauend, schossen die destruktiven Phantasien ins Unermeßliche.“[8]

Im Nachlass Vopersal findet sich dazu folgende Beschreibung: „Bei der Besetzung des russischen Raumes im Jahre 1941 wurde durch Führererlaß vom 17. 7. 1941 der Reichsführer-SS mit der ‚polizeilichen Sicherung der neu besetzten Ostgebiete‘ beauftragt. Schon bald darauf bemühte er sich um die Zuweisung von Wirtschaftsbetrieben für die SS u. a. mit dem Ziel der Bewirtschaftung von

7 BArch, NS 2/59, Bl. 30.

8 Christoph Dieckmann, NS-Lebensraumideologie und deutsche Besatzungsrealität in Polen und der Sowjetunion, in: Peter Jahn/Florian Wieler/Daniel Ziemer (Hrsg.), Der deutsche Krieg um „Lebensraum im Osten“ 1939–1945, Berlin 2017, S. 69–90, hier S. 76.

Ländereien und Betrieben zur Sicherung des Bedarfs der SS- und Polizeistützpunkte. Trotz erheblicher Einwendungen des Reichsministers für die besetzten Ostgebiete, Alfred Rosenberg, und des Reichskommissars für die Ostgebiete, Hinrich Lohse, die einen Eingriff in ihre Zuständigkeiten befürchteten, sowie des Beauftragten für den Vierjahresplan, Hermann Göring, der mit der Leitung der Wirtschaft in den besetzten Ostgebieten beauftragt war, erreichte es die SS-Führung, daß ihr im Einvernehmen mit dem Ostministerium landwirtschaftliche und andere Betriebe, die, wie es hieß, für die Versorgung der SS- und Polizeistützpunkte notwendig waren, zur treuhänderischen Verwaltung übergeben wurden."[9]

Für die besetzten Gebiete der Sowjetunion wurde von der SS-Führung und Teilen der NSDAP-Elite perspektivisch hauptsächlich das landwirtschaftliche Siedlungswesen im Gegensatz zu industriellen und urbanen Strukturen bevorzugt. Da rasch klar wurde, dass es nicht genügend Siedler:innen geben würde, die die großen Flächen im Osten bewirtschaften können, musste die Landwirtschaft extrem effektiv organisiert werden, was auch neue Züchtungen von Pflanzensorten und Tierrassen erforderlich machte. Da sich keine flächendeckende Besiedelung verwirklichen ließ, sollten „Volkstumsbrücken" entstehen. Die Landwirtschaft bekam damit von Anfang an eine militärische Komponente. Wie realistisch das angedachte „Wehrbauerntum" war, blieb umstritten. Die urbane Infrastruktur in den eroberten Gebieten sollte in den Gebieten der Sowjetunion deutlich mehr als im Generalgouvernement eingeschränkt werden. Nicht nur wegen der „Blut-und-Boden-Ideologie" der Nationalsozialisten, sondern auch wegen praktischer Fragen von Landwirtschaft und Ernährung kam vor diesem Hintergrund der DVA seit ihrer Gründung eine nicht zu unterschätzende Bedeutung zu. Wichtigstes Mittel zur Durchsetzung der Ziele des Generalplans Ost war die Ausübung genuin staatlicher Aufgaben – wie der Polizeigewalt – durch die SS. Reichsführer-SS Heinrich Himmler, übernahm u. a. in seiner Funktion als Reichskommissar für die Festigung deutschen Volkstums zusätzliche staatliche Aufgaben des Deutschen Reichs. Die Erweiterung der Kapazitäten und Kompetenzen auf vielen gesellschaftlichen Bereichen hätte damit auch die Voraussetzung für die Herausbildung eines SS-Ordensstaates geschaffen, wie er Himmler zeitlebens vorschwebte.

Im NS-System gab es ebenso wie in der SS zahllose Kompetenzüberschneidungen und Doppelstrukturen. Auf der Führungsebene stärkte die Konkurrenz seiner Paladine Hitlers Machtstellung, die er nicht selten durch neue Erlasse forcierte. Dies war auch und ganz besonders bei der Aufteilung der Macht und der

9 BArch, Vopersal, N 756–9, unpag.

Ressourcen im besetzten Osteuropa der Fall. So ließen sich Himmlers Umgestaltungs- und Siedlungspläne, für die er auch die DVA einsetzte, nicht mit den Vorstellungen Alfred Rosenbergs vereinen, der beabsichtigte, die einzelnen Sowjetrepubliken bzw. die größten Teile von ihnen in Vasallen-Staaten umzuwandeln. „Als Verbündete des Deutschen Reiches sollten sie eine Art Cordon sanitaire gegen Russland bilden. Die propagandistische Untermauerung dieser Vorstellungen sollte besonders Ende 1942 an Bedeutung gewinnen.“[10] Dies hätte eine Beibehaltung gewisser bestehender Strukturen, insbesondere der kollektivierten Landwirtschaft erforderlich gemacht. Auch Joachim Caesar hatte in Auschwitz in seinen Planungen für Musterbetriebe in den besetzten Gebieten die Beibehaltung der Kolchosen empfohlen. Walther Darré fand es grundsätzlich falsch, die Ernährung Deutschlands durch die ukrainische Landwirtschaft sichern zu wollen. Himmlers Vorstellungen von einer bäuerlichen Landwirtschaft im Osten waren also zumindest umstritten. Nicht zuletzt, weil es an Millionen bäuerlichen Siedler:innen mangelte und die „Germanisierung“ zunächst auf bloße „Volkstumsbrücken“ beschränkt wäre. Diese hätten eine Versorgung des Deutsches Reiches keineswegs garantieren können, wahrscheinlich nicht einmal die Ernährung der nötigen zahllosen Besatzungssoldaten. Immerhin ging man davon aus, dass es selbst nach einem deutschen Sieg und einer erfolgreichen Eroberung weiterhin militärische Konflikte geben würde. General Walter von Seydlitz schrieb am 6. Dezember 1942 in einem Brief an seine Frau: „Diese unheimlichen Russen werden wir wohl nie ganz unterkriegen. Im besten Falle bleibt nur Eines, eine ewig brennende Grenze gegen Asien. Aber erst müssen wie sie freikämpfen.“[11]

Die Ertragsaussichten der bäuerlichen Landwirtschaftsbetriebe wurden auch durch die von Himmler favorisierten vormodernen, an mittelalterliche Strukturen angelehnten Formen gemindert. Die Güter im Osten sollten als „Lehen“ an SS-Männer in den neu zu schaffenden „Siedlungsmarken“ vergeben werden. Wie attraktiv das Leben für die deutschen Siedler:innen in den Himmler’schen „Reichsmarken“ gewesen wäre, ist eine andere Frage. Zwar wurden das frühere rigide Rauch- und besonders das Alkoholverbot für die im Osten eingesetzten SS-Männer aufgehoben, denn „im Osten, war die enthemmende Wirkung des Alkohols erwünscht“.[12] Doch die ebenso stark einengenden Ernährungsrichtlinien

10 Dmytro Tytarenko, NS-Propaganda im Militärverwaltungsgebiet der Ukraine. Ziele, Mittel und Wirkungen, in: Jahrbuch für Geschichte Osteuropas 66 (2018) 4, S. 620–650, hier S. 621.

11 Torsten Diedrich/Jens Ebert, Nach Stalingrad. Walther von Seydlitz’ Feldpostbriefe und Kriegsgefangenenpost 1939–1955, Göttingen 2018, S. 248.

12 Longerich, Himmler, S. 336.

galten weiterhin – als Vorschriften für die SS-Einheiten und als Aufgabe für die züchterischen und experimentellen Aktivitäten der DVA. „Nach dem Krieg", so Peter Longerich in seiner Biografie Himmlers, „müsse die SS sich eine eigene Ernährungsbasis, wenn auch nur für den Osten und nur für bestimmte Lebensmittel schaffen. ‚Lediglich die spezifischen, unsere Art beeinflussenden Nahrungsmittel müssen von uns beschafft werden: Obst, und zwar Kernobst, Nüsse, besonders für den Winter in einem unbegrenzt ausreichenden Maße, Mineralwasser aus natürlichen Quellen, Fruchtsäfte, Haferflocken und Speiseöl für das Kochen.'"[13] Von Himmler wurden bereits Standard-Speisezettel für die SS im Osteinsatz verfasst: „In diesen Speisezetteln muss mindestens dreimal, im Winter fünfmal in der Woche warme Abendkost in Gestalt von Suppe, Pellkartoffeln und dann kalter Zugabe enthalten sein. Guter Naturtee ist jeden Abend zu stellen [...]. Salzkartoffeln sind strengstens zu verbieten."[14] Auch der Konsum von Fleisch und Wurstwaren sollte nach Himmlers Willen schrittweise eingeschränkt bzw. „durch ebenso wohlschmeckendes, den Gaumen und das Bedürfnis des Körpers Befriedigendes ersetzt" werden.[15]

Himmlers Vorstellungen einer bäuerlichen Landwirtschaft standen auch den Schlüssen entgegen, die Mitarbeiter seiner eigenen Dienststellen aus praktischen Untersuchungen der sowjetischen Landwirtschaft gezogen hatten. Im bereits erwähnten Bericht des Hauptmanns Graf Yorck von Wartenburg, der dem RSHA zu- und von diesem an Himmler weitergeleitet wurde, werden durchaus Vorteile in der Beibehaltung der sowjetischen, sehr großflächigen Kolchosen und Sowchosen gesehen, da die sowjetische Politik mit der Kollektivierung Erfolg hatte. „Sie hat darüber hinaus aber auch auf einigen Gebieten bereits bedeutende Ertragssteigerungen gegen den früheren Zustand erzielt. Wer die stattlichen Weizenschläge der Ukraine im Sommer 1941 mit den Bauernfeldern Polens vergleichen konnte, musste den Erfolg der Umstellung in der Ackerkultur, insbesondere der Saatgutverwendung, zugeben. Selbst bei der Viehzucht, dem Sorgenkind der kollektiven Wirtschaft, [...] war das Bemühen um bessere Hochzuchtrassen nicht zu verkennen. Gar nicht zu reden von den Gartenkulturen und Spezialfrüchten, die immerhin beachtliche Anfänge darstellten. Nach östlichen Masstäben gemessen hat das System der Grosswirtschaften die Landeskultur im Enderfolg gefördert. [...] Nun ist [...] für die deutsche Verwaltung zunächst nicht einmal der absolute Ertrag, sondern die Möglichkeit seiner Erfassung massgebend. So schwierig sich diese heute schon bei den schlechten Verkehrsverhältnissen und der Grösse der

13 Ebenda, S. 347.

14 Zit. n. Longerich, Himmler, S. 347.

15 Ebenda.

Räume gestaltet – bei einer Aufteilung des Landes in Bauernwirtschaften wäre sie völlig illusorisch."[16]

Generell waren „die gesellschaftspolitischen Ordnungsvorstellungen Himmlers [...] stark an der Vergangenheit orientiert".[17] Analog zu den primär ideologisch fundierten Planungen zum „Wehrbauerntum" wollte er in den besetzten Gebieten der Sowjetunion ein eher mittelalterliches Sozial- und Wirtschaftsgefüge entstehen lassen. Eine moderne Industrie passte nicht in dieses Konzept, was seinen WVHA-Chef Oswald Pohl jedoch nicht daran hinderte, das industrielle Potenzial des SS-Wirtschaftsverbundes weiterhin – und auch im Osten – zielgerichtet auszubauen.

Himmlers Förderung von und Forderung nach Handwebstühlen erscheint im Lichte der unterentwickelten ukrainischen Infrastruktur keine romantisierende Arabeske deutschen Lebens in der Ukraine gewesen zu sein. In einer nicht-industriellen Gesellschaft stand elektrischer Strom eben nicht immer und nicht überall zu Verfügung. Auch die Möglichkeiten zur Freizeitgestaltung waren äußerst eingeschränkt, Handarbeit am Abend und in der kalten Jahreszeit also eine sinnvolle Alternative. „Ich ordne an, daß an alle volksdeutschen Frauen in den Siedlungsgebieten Spinnräder ausgegeben werden und im Winter fleißig gesponnen wird. Ebenso sind Handwebstühle, die sehr leicht selbst zu verfertigen sind, herzustellen und die Handweberei in Gang zu setzen."[18] Für die Heimarbeit in den Siedlungen Transnistriens wurden bereits Handwebstühle importiert, die man in Belgien und Frankreich requiriert hatte, was aus einem geheimen Schreiben aus dem Büro Himmlers hervorgeht.[19] Himmler hatte bereits im KZ Ravensbrück Handwebstühle für die zu okkupierenden Gebiete im Osten testen lassen, aber wegen der ernüchternden Resultate wurde dies nicht weiter verfolgt.[20] Die Idee, in großem Umfang Handwebstühle zur Textilherstellung einzusetzen, korrespondiert mit den ebenfalls tatkräftigen Bemühungen um die Schafzucht und die Wollproduktion durch Otto Stritzel, die von der DVA intensiv unterstützt wurde. Zudem gab es auf den DVA-Höfen im Bretsteintal eigene Züchtungsversuche mit Schafen im Hinblick auf die klimatischen Bedingungen im Osten Europas.

Obwohl laut Satzung für Fragen von Ernährung und Verpflegung gegründet, wurde die DVA rasch mit allgemeineren landwirtschaftlichen Versuchs-

16 BArch, NS 2/59, Bl. 29 f.
17 Kaienburg, Wirtschaft, S. 1029.
18 BArch, NS 19/2369, Bl. 14.
19 Vgl. BArch, NS 19/2369, Bl. 18.
20 Vgl. MGR/SBG, SlgBu 26/391.

fragen betraut. Industrie und Verkehrswesen benötigten Ersatz- bzw. Alternativstoffe. So begannen im Deutschen Reich umfangreiche Versuche mit der Gummipflanze Kok-Saghys, die ab 1939 von der DVA gebündelt und intensiviert wurden. Vogel als Geschäftsführer der DVA wurde in alle Entscheidungsprozesse einbezogen, selbst wenn sie weit außerhalb seiner Zuständigkeit, z. B. bei der Waffen-SS oder einer extra gegründeten Ost-Gesellschaft für Pflanzenkautschuk, lagen.

Die Forschungsanstrengungen, aus Russischem Löwenzahn (Kok-Saghys) Kautschuk zu gewinnen, wurden auf das Generalgouvernement ausgedehnt. Wirklich großflächiger Anbau war aber erst nach dem Überfall auf die Sowjetunion möglich. Nun konnte die SS auch auf das Know-how und die wissenschaftliche Expertise von sowjetischen Forschern zurückgreifen, die seit vielen Jahren dazu erfolgreich geforscht hatten. Zu diesem Zeitpunkt war es offenbar schon beschlossene Sache, dass die SS-eigenen Versuche unter der Ägide der DVA stattfinden sollten, wie aus einem Schreiben vom 18. November 1941 von Vogel in Pohls Auftrag hervorgeht, in dem er versichert, dass „die Arbeiten der deutschen Versuchsanstalt nichts an der unumstrittenen Tatsache ändern, daß die ersten Vorkommen der Gummipflanze in Russland von der 2. SS-Inf. Brigade [SS-Infanterie-Brigade] aufgefunden, die ersten Samen und Pflanzen von der gleichen Einheit nach Deutschland" gebracht worden sind.[21]

Auschwitz blieb wegen der dort bereits bestehenden – und in den sowjetischen Gebieten weitestgehend unterentwickelten – Infrastruktur Zentrale für die SS-eigenen Forschungseinrichtungen für die Versuche mit Kok-Saghys. Die verschiedenen Standorte der DVA griffen bei der Kok-Saghys-Züchtung eng ineinander. Ein von Vogel gezeichneter Bericht des Amtes W V vom 21. Januar 1942 dokumentiert die laufende Sammlungs- und Forschungstätigkeit der SS: „Der SS-Obersturmführer Kudriawtzow befindet sich mit dem russischen Agronom[en] Nikitin auf der Fahrt durch den Bezirk Russland-Süd. Er hat die Aufgabe, weitere Samen und Pflanzen sicherzustellen sowie nach Fachbüchern zu suchen. Ferner sollen die von dem Agronom[en] Nikitin genannten wissenschaftlichen und praktischen Facharbeiter gesucht werden, damit mehrere von Ihnen nach dem Anbaugebiet Auschwitz gebracht werden können. Andere sollen die in Russland anzutreffenden Anbaustellen, die von der SS und der Polizei beschlagnahmt werden, betreuen. Die von der ersten Reise mitgebrachten Samen sind in Ravensbrück in Gewächshäusern ausgesät und pikiert worden. Sie werden im Frühjahr bei geeigneter Witterung nach Auschwitz gebracht, wo ein grösseres Gelände ca. 40–50 ha freigehalten wird. Sollten

21 BArch, NS 19/3923, S. 142 f.

weitere Samen noch aus Russland mitgebracht werden, so wird die Anbaufläche in Auschwitz vergrößert."[22]

Mithilfe ihrer Expeditionen bemühte sich die SS intensiv darum, die weit gediehenen Forschungen und vor allem den praktischen Anbau aus sowjetischer Zeit nutzbar zu machen. So heißt es: „SS-Obersturmführer Kudriawtzow hat in Zusammenarbeit mit Nikitin diese Aufgabe in außerordentlich zufriedenstellender Weise gelöst. Es wurden viele Zentner Samen, umfangreiche Literatur über die Gummipflanze im Zentralinstitut für die Landwirtschaft in Kiew, sowie eine vollständige Aufbereitungsanlage sichergestellt. [...] Ferner hat Kudriawtzow noch zahlreiche russische Spezialisten, welche dem Nikitin bekannt waren, nach Deutschland gebracht."[23]

Im ersten Halbjahr 1943 gelang es Himmler, alle mit der Forschung an Kok-Saghys befassten Stellen „der Führung des Reichsführer SS" zu unterstellen,[24] sie damit dem Bevollmächtigten für Kraftfahrwesen zu entziehen und unter Kontrolle der SS zu bringen. Zum Sonderbeauftragten für alle Fragen des Pflanzenkautschuks[25] ernannte Himmler den Korvettenkapitän Hans Stahl, den ihm der Reichsminister für Ernährung und Landwirtschaft Herbert Backe empfohlen hatte, zum Stabsführer und damit Leiter seiner neuen Dienststelle, da er „die russischen Verhältnisse ausgezeichnet" kenne, zudem Russisch spreche und „ehemals Direktor der Krupp-Konzessionen im Nord-Kaukasus" war.[26] Für alle Verwaltungs- und Wirtschaftsangelegenheiten war Pohl zuständig.[27]

In der Ukraine sahen die Pläne der DVA zunächst ca. 35 000 ha für Versuche und die Kultivierung von Kok-Saghys vor.[28] „Ein besonderer Schwerpunkt des Anbaus in der Ukraine war das Gebiet Shitomir-Winniza."[29] In den anderen besetzten Gebieten der Sowjetunion sollte Kok-Saghys auf noch größeren Flächen angebaut werden, in der Ukraine später allein auf 75 000 ha.[30] Realisiert wurden diese Dimensionen bedingt durch den Kriegsverlauf nie. Die Kautschuk-Forschung lief bis Kriegsende intensiv weiter. Nach dem Verlust der sowjetischen Gebiete wurden die polnischen Gebiete wieder wichtiger für die DVA.

22 BArch, NS 19/1802, Bl. 7 f.
23 BArch, NS 19/3920, Bl. 134.
24 BArch, NS 19/3923, Bl. 79.
25 BArch, NS 19/1802, Bl. 65.
26 Ebenda, Bl. 25.
27 Vgl. ebenda, Bl. 92.
28 Vgl. BArch, NS 19/3921, Bl. 9.
29 BArch, NS 19/3923, Bl. 45.
30 Vgl. BArch, NS 19/3921, Bl. 9.

5.2 Die DVA in den deutschen Ostgebieten und den besetzten Gebieten Tschechiens und Polens

Güter, die die DVA im ersten Schritt der sog. Osterweiterung mit der Annexion von Tschechien und dem Überfall auf Polen übernahm, stehen im Zeichen des „deutschen Griffs nach Osten", bei dem Himmlers SS sich eine Machtposition zu sichern gedachte. Die strategische Sicherung von Einflusssphären mit Blick auf den Osten begann bereits in den deutschen Ostgebieten: Ein Bestandteil der SS-Strategie war es, Güter und größere Gütergruppen für die DVA zielgerichtet am Rande geplanter Siedlungsgebiete zu übernehmen, die möglicherweise zu sogenannten Wehrbauernhöfen ausgebaut werden sollten. Diese lagen zunächst überwiegend in den deutschen Ostgebieten, von 1938 an im Sudetenland, ein Gut lag beim KZ Stutthof. Im Kontext der Sicherung von Einflussgebieten und Kooperationen standen Gutsübernahmen im besetzten Polen, v.a. in den eingegliederten westpolnischen Gebieten. Sie waren von (persönlichen) Beziehungen und Zufällen geprägt. Aber auch im Generalgouvernement war die DVA bemüht, sich Einflusssphären zu sichern: Etwa 39 Güter, die zur Liegenschaftshauptverwaltung des zuständigen Höheren SS- und Polizeiführers gehörten, wurden fachlich vom Amt W V bzw. der DVA in Zusammenarbeit mit dem Rasse- und Siedlungshauptamt SS bewirtschaftet. Da es nur wenige, disparate Hinweise auf die entsprechenden Güter und die dortigen Wirtschaftsweisen gibt, werden diese Güter im Folgenden – je nach Aktenlage – unterschiedlich umfangreich skizziert. Dabei ist zu beachten, dass die Darstellung ausschließlich auf den Korrespondenzen der DVA und damit auf den Akten der Täter:innen beruht. Von den dort beschäftigten Zwangsarbeiter:innen, Kriegsgefangenen oder KZ-Häftlingen sind kaum Zeugnisse überliefert.

Güter am Rande geplanter Siedlungsgebiete

Eine Reihe von strategisch nahe den Siedlungsgebieten gelegenen DVA-Gütern sollten neben den wirtschaftlichen und Forschungsmaßgaben v.a. Sicherungsaufgaben übernehmen. Einige der Betriebe wurden durch die DVA fachmännisch betreut und beraten. Andere wurden auf eigene Rechnung bewirtschaftet, entweder zur Versorgung der SS oder zu Versuchszwecken. Es gab entsprechend der Versuchs- und Forschungsschwerpunkte zur Prüfung verschiedener Wirtschaftsweisen – zumindest zeitweise – zwei Gütergruppen: 1) jene, die biologisch-dynamisch wirtschafteten und SS-Obersturmführer Herbert Beichl unterstanden, und 2) solche, die „unter Anwendung neuzeitlicher Bewirtschaftungsmethoden, d.h. unter Gebrauch von Kunstdünger" wirtschafteten und unter der Leitung von

SS-Obersturmführer Lißner standen.[31] Die Geschichten ihrer Übernahme oder Pacht durch die DVA zeugen von jeweils unterschiedlichen Kooperationen, Forschungsschwerpunkten und Zuchtanliegen.[32]

Güter in den deutschen Ostgebieten

In Ostpreußen lagen die Güter Allenberg (186 ha) und Klein Mixeln (213 ha): Allenberg hatte die DVA Anfang 1940 von der Provinzialverwaltung, Klein Mixeln Anfang 1943 vom Deutschen Roten Kreuz (DRK) gepachtet, „weil dieses keine eigene landwirtschaftliche Einrichtung besitzt".[33] Beide Höfe züchteten und handelten mit Vieh und wurden mit Kunstdünger bewirtschaftet, sie gehörten daher zur Gütergruppe zwei. Der Hof Klein Mixeln wurde in einem sehr vernachlässigten Zustand übernommen, und auch dem eigens neu eingestellten Gutsverwalter schien es nicht zu gelingen, diesen Zustand zu verbessern. Die Lage war offenbar so zugespitzt, dass die zuständige Kreisbauernschaft bereits „dem Hofverwalter des benachbarten Hofes Allenberg mit der Abmeierung" drohte. Diese Misswirtschaft wurde auch durch einen Tierarzt der DVA, SS-Obersturmführer Dr. Bern bestätigt: „Bei einer Untersuchung des Rindviehbestandes auf Klein Mixeln stellte er fest, daß vier Kühe am Verhungern waren und daß ihrem Verenden nur durch Notschlachtung zuvorzukommen war", heißt es im Prüfbericht.[34] Dabei gehörte Klein Mixeln zu jenen Höfen, die in einer Zusammenstellung von Vogel vom Herbst 1944 über „die bei der DVA durchgeführten, laufenden und geplanten Forschungs- und Versuchsarbeiten und Prüfungen" unter dem Aspekt der Tiergesundheit erwähnt wurden. Demnach sollte hier der „Einfluß naturgemäßer Haltung und Pflege der Viehbestände auf Gesundheit, Widerstandsfähigkeit, Lebensdauer und Leistungsdauer" in besonderer Weise geprüft werden.[35] Wie sich dieser Widerspruch erklärt, geht aus den Akten nicht hervor. Obwohl auch Allenberg nach seiner Übernahme im Juli 1940 im ersten Jahresbericht negativ beurteilt wurde, da das Gut eine Missernte an Halmfrüchten (Hafer) hatte, „weil der schwere Boden […] unter der Nässe des Sommers gelitten" habe und Zukäufe nötig waren, um das Vieh durch den Winter zu bringen, hatte sich der Zustand dort offensichtlich verbessert. Im Prüfbericht von 1943 ist von einer „bedeutenden Viehzucht sowie Viehhandel" die Rede.[36]

31 Vgl. BArch, NS 3/751, Bl. 6 f.
32 Vgl. BArch, NS 3/1427, Bl. 19 ff.
33 Vgl. ebenda, Bl. 19 f.
34 Vgl. BArch, NS 3/722, Bl. 28. Der Name des Tierarztes ist durchgestrichen.
35 Vgl. BArch, NS 3/1430, Bl. 105.
36 Vgl. BArch, NS 3/1534, Bl. 1 f., 10.

Auf beiden Höfen wurden Kriegsgefangene beschäftigt, von denen jedoch keine Zeugnisse überliefert sind, weshalb es keine Angaben über ihre Lebens- und Arbeitsbedingungen gibt: Auf Allenberg waren Ende Juni 1944 unter insgesamt 42 Beschäftigten 13 Kriegsgefangene, auf Klein Mixeln waren es 3 von 38.[37] Auch über die dort tätigen SS-Angehörigen und zivilen Beschäftigten und deren Verhältnisse sind keine Informationen erhalten. Die Pacht-Übernahme beider Höfe durch die DVA wurde durch persönliche Kontakte und Kooperationen begünstigt: In Bezug auf Klein Mixeln kam die Pacht durch die DVA vermutlich deshalb zustande, weil seit 1933 enge Kontakte zwischen DRK und SS bestanden, begünstigt durch die familiäre Verbindung zwischen Oswald Pohl und seinem Schwager, DRK-Generalhauptführer Wilhelm Classen. Bei Allenberg handelte sich um die Ländereien einer ehemaligen Heilanstalt, deren Insassen in Zusammenhang mit der sog. Euthanasie Aktion im Herbst 1939 ermordet wurden. Anfang 1940 pachtete die DVA Landwirtschaft und Gärtnerei „als die auf dem gleichen Gelände liegende Heilanstalt für Truppenunterkünfte gemietet wurde."[38] 1944 wurde das Gelände von der SS aufgegeben, 1945 das gesamte Areal geräumt.

Allenberg war nicht das einzige auf dem Gelände einer ehemaligen Heilanstalt liegende Gut der SS. Auch das im östlichen Pommern gelegene Gut Lauenburg (ebenfalls im Siedlungsgebiet) und jenes in Stralsund gehörten zu früheren Heilanstalten, die Einheiten der SS-Totenkopfstandarte übernahmen. Sie wurden im Zuge einer der ersten sog. Euthanasie-Aktionen auf Befehl des Gauleiters von Pommern, Franz Schwede-Coburg, im Herbst 1939 „geräumt", das bedeutete, dass die Insassen in Gaswagen ermordet oder erschossen wurden.[39] Beide Güter fungierten fortan als Versorgungsbetriebe für die SS-Standarte: „Die Pachtungen werden die Einheiten mit frischem Gemüse und Lebensmitteln aller Art beliefern", heißt es in einem Lagebericht von Vogel im Mai 1940.[40] Lauenburg wurde mit natürlicher Landbauweise bewirtschaftet, es umfasste 187 ha und einige Pferde, 58 Rinder, 86 Schweine sowie Geflügel.[41] Auf dem Hof wurden u. a. Versuche mit Waldstaudenroggen (mehrjährigem/perennierendem Roggen) durchgeführt, die Ergebnisse waren jedoch unbefriedigend.[42]

37 Vgl. BArch, NS 3/722, Bl. 10, 42.

38 Vgl. BArch, NS 3/1427, Bl. 19 f.

39 Vgl. Ernst Klee, „Euthanasie" im Dritten Reich. Die „Vernichtung lebensunwerten Lebens", Frankfurt a. M. 2010, S. 95 ff.; Kaienburg, Wirtschaft, S. 805.

40 Vgl. BArch, NS 3/1175, Bl. 18 f.

41 Vgl. BArch, NS 3/722, Bl. 9 f.

42 Vgl. Kaienburg, Wirtschaft, S. 484.

Güter im Sudetenland

Im östlichen Sudetenland in der Region Liberec lagen die Höfe Oberliebich/Horní Libchava, Straußnitz/Stružnice und Ramschen/Ramš; sie gehörten zur Gemeinde des Okres Česká Lípa/Böhmisch Leipa im Norden der Tschechischen Republik am Osthang des Böhmischen Mittelgebirges. Alle drei Höfe nahm die DVA im September 1943 auf Befehl Pohls von der „Sächsischen Bauernsiedlung GmbH" in Pacht, um sie für „spezielle pflanzenzüchterische Versuchsaufgaben" der DVA zu nutzen.[43] Es handelte sich um eine fruchtbare Gegend, die drei Güter gehörten zu den einzigen der DVA in diesem Gebiet, die im Sinne der natürlichen Landbauweise bewirtschaftet wurden (Gütergruppe eins).[44] Über Straußnitz gibt es keine weiteren Angaben, Oberliebich (241 ha) und Ramschen (211 ha) verfügten über große Flächen und waren gut ausgestattet: Zu beiden Höfen gehörten Pferde, eine große Rinderherde und Geflügel, in Ramschen wurden überdies Schweine gezüchtet, während zu Oberliebich eine größere Schafherde gehörte. Ferner besaß Oberliebich mit 20 ha Seen und Teichen als eines der wenigen DVA-Güter eine bedeutende Fischzucht unter der Leitung des Verantwortlichen für das Fischereiwesen Dr. Rühmer.[45] Zugleich ist Oberliebich ein Beispiel für die fragwürdige Übernahmepraxis der DVA, die SS-Hauptsturmführer Hans Baier, ab August 1943 Leiter des Stabes W im WVHA, laut einem Bericht vom Dezember 1943 bei einem Besuch in Feldberg anmahnte: Es gab keine Kriterien für die Übernahme, keine Abmachungen und keinen Bewirtschaftungsplan, überhaupt keine nachvollziehbaren Überlegungen. Bis 1943 war nicht einmal geklärt, in welcher Höhe Pacht gezahlt werden sollte; auch die SS-eigenen Deutschen Wirtschaftsbetriebe wurden unzulänglich informiert.[46]

SS-Obersturmführer Beichl, der die Oberleitung über die biologisch-dynamische Gütergruppe in der DVA innehatte, war in Oberliebich Betriebsleiter; unter ihm arbeiteten mit 62 zivilen Angestellten eine relativ hohe Zahl an Zivilbeschäftigten.[47] Als Gutsverwalter werden die Namen Riediger und Wietstruck und als Mitarbeiter Dürkop (alle SS-Unterscharführer) genannt. In Ramschen wird Gürtler als Verwalter erwähnt.[48] Hier kamen zu 39 Zivilarbeiter:innen 10 Kriegsgefangene hinzu. Über Ihre Lebens- und Arbeitsbedingungen ist nichts überliefert. Dank der Forschungen von Heide Inhetveen liegen Informationen

43 Vgl. BArch, NS 3/1427, Bl. 19 f.

44 Vgl. BArch, NS 3/722, Bl. 9.

45 Vgl. BArch, NS 3/722, Bl. 42, 57; Kaienburg, Wirtschaft, S. 825.

46 Vgl. BArch, NS 3/751, Bl. 16 ff., siehe auch NS 3/722, Bl. 18ff.

47 Vgl. BArch, NS 3/751, Bl. 7.

48 Vgl. BArch, NS 3/1430, Bl. 114.

zur Geschichte von Oberliebich und der dort für kurze Zeit tätigen „anthroposophischen Pionierin" Martha Künzel vor: Oberliebich war ein Renaissanceschloss, das bis zur tschechischen Bodenreform von 1925 Malteser Rittern gehörte und nach weiteren Besitzerwechseln in Folge der Besetzung des Sudetenlandes 1938, 1939 von der Sächsischen Bauernsiedlung GmbH in Besitz genommen und als Lager für den Reichsarbeitsdienst genutzt wurde.[49] Martha Künzel hatte 1941 auf der Dachauer *Plantage* die biologisch-dynamische Forschungsabteilung aufgebaut und war Expertin für Roggenzucht (siehe Kapitel Dachau). Inhetveen vermutet, dass Künzel aufgrund ihres Fachwissens und ihrer tschechischen Sprachkenntnisse von der Dachauer *Plantage* als Verantwortliche für spezielle pflanzenzüchterische Aufgaben nach Oberliebich geschickt wurde. Dort war aus dem ehemaligen Herrschaftsgut inzwischen der SS-Meierhof „Malta" geworden, der biologisch-dynamisch bewirtschaftet werden sollte.[50] Künzel blieb von Ende 1943 bis Anfang Februar 1944 und wurde auf dem SS-Gut als zivile Angestellte und „wissenschaftliche Mitarbeiterin" geführt.[51] Über ihre dortigen Forschungsaktivitäten ist nichts bekannt, ihr Ausscheiden aus dem SS-Dienst hing vermutlich mit ihrer Heirat zusammen.

Weitere große, im östlichen Sudetenland gelegene Erwerbungen der DVA wurden mit Kunstdünger bewirtschaftet:[52] Die Höfe Freudenthal/Bruntál, Altstadt und Langendorf gingen im Sommer 1940 in das Eigentum der DVA über: „Mit dem Stichtag vom 1.7.1940 übernahm die VA vom Stillhaltekommissar, Reichenberg, die landwirtschaftlichen Betriebe [...] aus ehemaligem Deutschordenbesitz."[53] Der „Stillhaltekommissar" war ein vom Deutschen Reich bestellter Kommissar, der mit der Liquidation von juristischen Personen in den annektierten Gebieten beauftragt war. Es handelte sich dabei um eine Schenkung für Forschungs- und Versuchsarbeiten vom „Deutschen Reichsverein für Volkspflege und Siedlerhilfe". Der ehemalige Eigentümer, der Deutsche Orden, war bereits 1939, nachdem Österreich und das Sudetenland vom Deutschen Reich annektiert worden waren, aufgelöst worden.

Die Höfe umfassten insgesamt über 325 ha Land mit Pferden, Vieh (Rinder und Schweine) und Geflügel. Der Betrieb Langendorf wird in den weiteren Akten nicht mehr erwähnt, er wurde offenbar Freudenthal zugeschlagen. Hier sollten laut Zusammenstellung der Forschungs- und Versuchsarbeiten der DVA von 1944

49 Vgl. Inhetveen, Pflanzenforschung, S. 169 ff.

50 Vgl. ebenda, S. 171.

51 Ebenda, S. 171 f.

52 Vgl. BArch, NS 3/277, Bl. 9.

53 BArch, NS 3/129, Bl. 208.

Prüfungen zum Tiergesundheitswesen durchgeführt werden, wie auch in Klein Mixeln. Neben dem erwähnten Einfluss naturgemäßer Haltung und Pflege auf das Vieh sollte auch der Einfluss „der natürlichen Aufzucht von Kälbern und Fohlen auf Aufzuchtkrankheiten, Infektionsbereitschaft, auf Lebens- und Leistungsdauer" untersucht werden, außerdem der „Einfluss neuzeitlicher Be- und Entlüftungsanlagen in den Stallungen auf Leitung, Futterverwertung, Lebensdauer."[54]

In dem Teilbericht Nr. 12 über eine Wirtschaftsprüfung im Betrieb Freudenthal vom November 1943 wurden Kauf und Führung der Höfe grundlegend beanstandet:[55] Zum einen ergaben sich grundlegende Differenzen in Bezug auf den Umfang und die Größe der Höfe verglichen mit den Grundbucheinträgen sowie Unklarheiten bezüglich der Pacht; so zahlte der Verwalter keine Miete. Die Wirtschaftsprüfer bemängelten die Abrechnung durch die Gutssekretärin Kinze, es fehlten Reiskostenabrechnungen und es gab Unstimmigkeiten mit der Zentrale. Ferner mahnten sie fehlende Weidemöglichkeiten für das Vieh an. Dass die Zahl der Beschäftigten, der „Gefolgschaft", mit insgesamt 77 Personen weit über dem Durchschnitt lag, wurde im Bericht damit begründet, dass auf den landwirtschaftlichen Flächen Meliorationsarbeiten und außerdem Lohnarbeiten für andere Betriebe durchgeführt werden mussten. Insgesamt waren im November 1943 vier Angestellte beschäftigt, davon eine Frau, sowie 43 deutsche Arbeiter:innen (17 Männer und 26 Frauen) und 33 russische Zivilarbeiter:innen (27 Männer und 6 Frauen). Von Ihnen sind keine Zeugnisse überliefert. Die Ernte der Meierhöfe war offensichtlich zufriedenstellend.[56]

Mitte 1940 übernahm die DVA auch die zu Freudenthal gehörige Brau- und Spiritus-Fabrik, die ab 1941 als selbstständige Firma unter dem Namen „Freudenthaler Getränke GmbH" firmierte. Auf Anordnung Himmlers sollte der Betrieb überwiegend auf die Herstellung von Fruchtsäften umgestellt werden, die den Markennamen „Vitaborn" erhielten.[57] Die Säfte wurden aus Beeren hergestellt, für deren Verarbeitung die DVA zusätzlich Anteile an einem „arisierten" Betrieb in der Slowakei, Dolný Kubín, übernommen hatte, der Freudenthal fortan beliefern sollte. Im Vordergrund standen dabei vermutlich Himmlers ernährungsreformerische Vorstellungen für die SS, bei denen Fruchtsäfte eine bedeutende Rolle spielten.[58] Himmler hatte Pohl im August 1942 in einem

54 BArch, NS 3/1430, Bl. 105 f.
55 Vgl. ebenda, Bl. 70–77.
56 Vgl. BArch, NS 3/1534, Bl. 3.
57 Vgl. BArch, NS 2/187, Bl. 103.
58 Einen Schwerpunkt von Himmlers ernährungspolitischen Vorstellungen war die Bekämpfung des Alkoholismus und die Versorgung der SS mit Mineralwasser. Im Zuge dieser Bestrebungen erwarb die SS im März 1939 zunächst über die DVA die ebenfalls

Schreiben mitgeteilt, dass die SS über die Quellen zu diesen Nahrungsmitteln selbst verfügen müsse.[59] Die „Vitaborn"-Säfte verschenkte er u. a. an Parteifreunde und Mütter in den Heimen des „Lebensborn".[60] Ein Großteil der Säfte ging an die Marine für die U-Boot-Besatzungen. Die Fabrik wurde bereits nach einem Jahr wieder verkauft, um der DVA Finanzmittel für andere Unternehmungen zu verschaffen.[61]

Ähnlich aufgebaut wie Freudenthal war das Gut Partschendorf/Bartošovice, ein Schloßgut mit drei Höfen, das ebenfalls im Sudetenland, im Überschwemmungsgebiet der Oder gelegen war. Es verfügte über insgesamt 300 ha, mit 595 Schafen über eine beachtliche Schafzucht, die mit der Pferde-, Rinder- und Schweinezucht und dem Ackerbau zu den Schwerpunkten zählte. Das Gut war dem jüdischen Eigentümer Dr. Arthur Czeczowiczka bereits 1939 geraubt und dem Lebensborn übergeben, d. h. „arisiert" worden.[62] Nachdem es dem Lebensborn Verluste eingebracht hatte, pachtete die DVA das Gut im Juli 1941 auf Wunsch Himmlers.[63] Dieser hatte das Gut 1940 ebenso wie Freudenthal gemeinsam mit dem Landesbauernführer für das Sudetenland Dr. Rudolf Raschka persönlich besucht, wie aus einer Aktennotiz hervorgeht.[64] Das Gut war in einem heruntergewirtschafteten, schlechten Zustand mit dem Ziel übernommen worden, bessere Ergebnisse zu erwirtschaften. Dem standen jedoch kostspielige und aufwendige Umbaumaßnahmen entgegen, sodass das Gut auch für die DVA zu

im Sudetenland in Grün (Doubrava) bei Marienbad gelegene Quelle der in Konkurs gegangenen Firma Grüner Sauerbrunn samt Werk und Abfüllanlagen. Im April wurde diese Erwerbung wieder an die neu gegründete Sudetenquell GmbH veräußert. Vgl. Stefan Dölling, Schwarzes Wasser. Das Mineralwasserimperium der SS, in: Bezirksamt Steglitz-Zehlendorf (Hrsg.), Hitlers Schreibtischtäter. Das SS-Amt Unter den Eichen. Das SS-Wirtschafts-Verwaltungshauptamt Unter den Eichen 126–135. Begleitbroschüre zur Ausstellung des Kulturamtes Steglitz-Zehlendorf im Rahmen des Berliner Themenjahres „Zerstörte Vielfalt", Berlin 2013, S. 40–46, hier S. 42; Kainburg, Wirtschaft, S. 474.

59 Vgl. Kaienburg, Wirtschaft, S. 1024.

60 Vgl. Heiber, Reichsführer, S. 266.

61 Vgl. BArch, NS 3/1428, Bl. 63. Vgl. Ines Trautmann, „Wo in Deutschland der Pfeffer wächst". Die Deutsche Versuchsanstalt für Ernährung und Verpflegung und der „Deutsche Pfeffer", in: Bezirksamt Steglitz-Zehlendorf (Hrsg.), Hitlers Schreibtischtäter. Das SS-Amt Unter den Eichen. Das SS-Wirtschafts-Verwaltungshauptamt Unter den Eichen 126–135. Begleitbroschüre zur Ausstellung des Kulturamtes Steglitz-Zehlendorf im Rahmen des Berliner Themenjahres „Zerstörte Vielfalt", Berlin 2013, S. 47–51, hier S. 50; Kaienburg, Wirtschaft, S. 47.

62 Vgl. BArch, NS 19/3228, Bl. 99 ff., 109 ff., siehe auch Bl. 2–18, 34 f., 53–84.

63 Vgl. BArch, NS 3/1300, Bl. 41 ff., Prüfbericht Lebensborn; NS 19/3228, Bl. 8 ff.; NS 3/751, Bl. 12.

64 Vgl. BArch, NS 2/56, Bl. 26. Hier fälschlich Bartschendorf geschrieben.

einem Verlustgeschäft wurde.[65] Als Versuchshof für Tierhaltung sollte Partschendorf dieselben Versuche durchführen wie Freudenthal und darüber hinaus dem „Einfluss von Tierlaufställen für Milchvieh auf Leistung und Gesundheit" sowie der „Kreuzungszucht mit Schweinen zur Überwindung schlechter Stallverhältnisse" nachgehen.[66]

Die Vorprüfung ergab ein verheerendes Urteil:[67] Aus der Prüfung des Gutes über die Jahre 1939 bis 1943 geht hervor, dass die DVA Meliorationsarbeiten geplant hatte, um etwa 70 ha „der Wirkung der Überschwemmung zu entziehen. Hierfür sollten Russen eingesetzt werden, für die ein Lager eingerichtet ist", wie es in dem Bericht heißt.[68] Der Bau der Baracke war jedoch ebenso wie alle weiteren Bauvorhaben stark überteuert. Bemängelt wurde auch, dass durchgeführte Umbauten oftmals verzichtbar waren, zwingend betriebsnotwendige Bauten jedoch nicht durchgeführt wurden.[69] Ferner fiel den Prüfern auf, dass „die Gefolgschaft bei der Erfüllung ihrer Dienstobliegenheiten eine gewisse Unlust an den Tag legte" und dass dies, wie es weiter heißt, sogar bei „den guten Kräften" der Fall sei, womit Zivilangestellte gemeint waren. Aufgrund von „vorsichtigen Nachprüfungen" fanden die Prüfer heraus, dass der eingesetzte Oberleiter Niesel abgelehnt werde.[70] Dipl. Landwirt Dr. Niesel war bis zu seiner Einberufung zum Militär im Februar 1943 zuständig für die Güter Freudenthal und Partschendorf; er wurde durch Lißner ersetzt, der nach einem Jahr von SS-Untersturmführer Stübler abgelöst wurde. Das Gut leitete seit Februar 1943 Major a. D. Schwietzke („Majoli"), der persönlich mit Vogel in Kontakt stand.[71] Von 1942 bis 1944 waren bis zu 200 Personen auf dem Gut eingesetzt, mithin der höchste Personalstand.

Insgesamt wurden große Fehlmengen an Getreide beanstandet, die sich auf unsachgemäße Lagerung, Ernte usw. zurückführen ließen. Die Prüfung ergab ferner, dass der Verwalter, SS-Oberscharführer Sondermann, Weizen grob fahrlässig als Saatgut verkauft hatte, dem der Reichsnährstand die Keimfähigkeit aufgrund des schlechten Zustandes aberkennen musste.[72] Auch die Versuche, „hessisches und württembergisches Fleckvieh in das Überschwemmungsgebiet der Oder zu verpflanzen", führten zu großen Verlusten – aufgrund von Klima- und

65 Vgl. BArch, NS 3/751, Bl. 12 ff.; NS 3/1534, Bl. 65 ff. Die Verluste scheinen im Vergleich mit der Bilanz des Lebensborn sogar erheblich gestiegen zu sein.

66 Vgl. BArch, NS 3/1430, Bl. 105 f.

67 Vgl. BArch, NS 3/740, Bl. 5 ff.

68 Vgl. ebenda, Bl. 3.

69 Vgl. ebenda, Bl. 6 f.

70 Vgl. ebenda, Bl. 5 f.

71 Vgl. ebenda, Bl. 4; PA Weger, Pohl o. D., unpag., S. 88, 94.

72 Vgl. ebenda, Bl. 8 f.

Futterumstellung, künstlicher Ernährung und unsachgemäßer Haltung (Unterbringung und Fütterung). Ebenso verheerend waren die Ergebnisse bei hannoverschen Warmblutpferden, die zur Abhärtung schweißnass mit kaltem Wasser abgespritzt wurden, was bei einigen Tieren zum Tod führte. Aufgrund von mangelnden Aufzuchtmöglichkeiten für Mastschweine musste das Gut 1944 Schweine ankaufen, um den vom Reichsnährstand vorgegebenen Lieferungsbedingungen nachzukommen. Unregelmäßigkeiten wurden auch beim Verkauf von Vieh festgestellt. Einzig die Schafhaltung wurde nicht beanstandet.[73] Nach zahlreichen Auflagen hielten die Prüfer fest, dass „die Verhältnisse, wie sie in Partschendorf bestehen, angesichts des heutigen schweren Kampfes um die Ernährungsfreiheit des deutschen Volkes nicht gebilligt werden können."[74]

Werderhof beim KZ Stutthof

Einen besonderen Fall stellt das etwa 106 ha umfassende Gut Werderhof beim KZ Stutthof dar. Werderhof lag ebenfalls am Rande geplanter Siedlungsgebiete, es handelte sich um einen landwirtschaftlichen Betrieb mit einigen Pferden, etwa 30 Rindern, 200 Schweinen und Geflügel. Es war der einzige der als Stützpunkte vorgesehenen Betriebe, der neben sechs zivilen Beschäftigten mit KZ-Häftlingen geführt wurde.[75] Wie bei vielen anderen der als Stützpunkte vorgesehenen Höfe war die Übernahme des Pachtverhältnisses durch die DVA von Zufällen bestimmt: Sie erfolgte in Zusammenhang mit der Umwandlung des „Zivilgefangenlagers" Stutthof in das Konzentrationslager Stutthof und dessen Unterstellung unter die Inspektion der Konzentrationslager (IKL) in Oranienburg im Januar 1942. Da die SS großes Interesse an der nahe dem KZ gelegenen Ziegelei *Grosses Werder* für das SS-Unternehmen DESt (Deutsche Erd- und Steinwerke) hatte, dieses jedoch bereits überschuldet war, wurde der Ankauf der Ziegelei und des dazugehörigen Gutes Werderhof, beide im Eigentum des Landkreises Grosses Werder, über das WVHA mit Reichsgeldern beschlossen. Die Ziegelei sollte von der DESt und der Werderhof von der DVA gepachtet werden. In dem entsprechenden Aktenvermerk vom 11. März 1942 legten die Parteien fest, dass das der DVA

73 Vgl. ebenda, Bl. 1 f.

74 Ebenda, Bl. 17.

75 Vgl. Marek Orski, Przedsiębiorstwa SS i firmy prywatne – najemcy siły roboczej obozu koncentracyjnego Stutthof w latach 1939–1945, Gdańsk 2001, S. 218–232 (Werderhof), hier S. 220. Siehe auch AMS, I-IVD-1, Bl. 8, Bonin an SS-FHA, Inspektion Reit- und Fahrwesen vom 11. 4. 1942; BArch, NS 3/1359, S. 42 f., Gutachten über den Werderhof, Kr. Grosses Werder bei Danzig. Der Landkreis Großes Werder war von 1920 bis 1939 ein Landkreis in der Freien Stadt Danzig.

zur Pacht überlassene Gelände nach „Erschöpfung des zur Ziegelei gehörenden Tonvorkommens ebenfalls zur Tongewinnung zur Verfügung stehen" sollte.[76] Ob es dazu kam, ist nicht bekannt.

Im Verlauf der Kaufverhandlungen gelang es den Vertretern des WVHA den Kaufpreis von 900 000 auf 760 000 RM zu drücken, von dem weniger als ein Drittel auf den Gutshof entfiel.[77] Offenbar hatte der Landrat als Verkäufer es eilig, den Verkauf noch im laufenden Wirtschaftsjahr (bis zum 1. April 1942) abzuschließen, was das Entgegenkommen beim Kaufpreis erklären könnte. Zugleich war mit der Stadt Gotenhafen (Gdynia) ein Konkurrent erschienen, der ebenfalls an dem Gelände interessiert war. Daher waren die SS-Vertreter bereit, den Kauf zu tätigen, obwohl aufgrund der Witterungsverhältnisse bis Vertragsabschluss nicht geprüft werden konnte, ob ausreichende Tonvorkommen vorhanden waren.[78] Den Kaufvertrag unterschrieben die SS-Vertreter Ende März, obwohl die Zustimmung des Reichsfinanzministers ausstand, weshalb ein besonderer Vorbehalt in den Vertrag aufgenommen worden war. Das Gut Werderhof und die Ziegelei wurden im April 1942 übernommen, obgleich die Zustimmung des Reichfinanzministers bis zum August 1942 noch nicht erfolgt war.[79] Der Käufer trat laut Vertrag in bestehende Pacht- und Mietverhältnisse ein und verpflichtete sich, die Entschädigungen für die Aufhebung der Verträge zu übernehmen. Bei einer auf Veranlassung von Salpeter durchgeführten Überprüfung der Buchhaltung, beanstandeten die Zuständigen Anfang Dezember 1944 nicht nur die Überzahlung und fehlenden Schätzungen des Gutes, sondern auch Unregelmäßigkeiten im Pachtvertrag.[80]

Nach der Übernahme des Betriebes Werderhof veräußerte die DVA einen Teil des Inventars an das KZ Stutthof und führte den Betrieb mit Häftlingen von dort fort. Die Häftlingszahlen schwankten stark abhängig von der Jahreszeit und den anfallenden Saisonarbeiten zwischen 20–30 KZ-Häftlingen, in den Wintermonaten waren es zum Teil auch nur 10, in den Sommermonaten 40.[81] Aus den Akten im Bundesarchiv geht hervor, dass das Gut mit Kunstdünger bewirtschaftet wurde. Die Versuche konzentrierten sich auf experimentelle Tierzucht, Acker und Wiesen dienten als Weideland, der Gemüseanbau war für die Versorgung der SS-Küche bestimmt. Der Hof lag in einem Meliorationsgebiet, in dem die DVA zur Verbesserung der natürlichen Bodenfruchtbarkeit eine systematische Oberflächen-

76 Vgl. BArch, NS 3/1359, Bl. 73.

77 Vgl. ebenda, Bl. 71 f.

78 Vgl. ebenda, Bl. 56 f.

79 Vgl. ebenda, Bl. 55, 66 f., 70, 75. Siehe auch Kaienburg, Wirtschaft, S. 526 f.

80 Vgl. Orski, Przedsiębiorstwa, S. 219; BArch, NS 3/138, Bl. 98 ff., 106 ff.

81 Vgl. AMS, I-III A5-6; AMS I-IIIB-6.

entwässerung vorgesehen hatte.[82] Der Werderhof verfügte über fruchtbare Lehmböden und warf durch die Veräußerung von Ackerbauerzeugnissen Gewinne ab. Die Wirtschaftsprüfer der DVA wiesen in ihrem Bericht von 1944 allerdings darauf hin, dass diese Gewinne auf die niedrigen Häftlingslöhne zurückzuführen seien.[83] Die Aufsicht führte SS-Oberscharführer Ewald Foth. Die Gutsverwaltung wurde mit Mitarbeitern des SS-WVHA, Amtsgruppe W V besetzt. 1943/44 unterstand sie Otto Bremert. Unter den Mitarbeitern taucht der Name des SS-Schützen Heinrich Beermann auf. Außerdem beaufsichtigten SS-Unterscharführer Kurt Diedrich und Unterscharführer Friedrich Peters die Häftlinge. Insgesamt liegen nur wenige Informationen über den Wirtschaftshof und die dort ausgeführten Arbeiten vor. Der polnische Forscher Marek Orski sichtete neben der Dokumentation von Arbeitseinsätzen und Unterlagen der Verwaltung auch Aussagen von Zeug:innen und Angeklagten aus dem Danziger Prozess von 1947.[84]

Der einzige vollständige Bericht aus dem benachbarten „Germanenlager" wurde von O. R. Walle in einer Anthologie von Erinnerungen ehemaliger Gefangener, norwegischer Polizisten, schriftlich festgehalten. Als „Germanenlager" wurde ein Teil des Konzentrationslagers Stutthof bezeichnet, das zwischen dem Werderhof und der Ziegelei gelegen war. Es handelte sich um ein ehemaliges Lager des Reichsarbeitsdienstes (RAD), das 1943 von der SS übernommen und der Kommandantur des KZ Stutthof unterstellt wurde. Es sollte als Straflager der SS genutzt werden, dieses Vorhaben wurde jedoch nicht realisiert. Zunächst wurden litauische Häftlinge mit Typhus dort untergebracht. Zwischen Januar 1944 und Januar 1945 waren dort 271 Polizisten aus der in Norwegen gelegenen Haftanstalt Grini inhaftiert, die den Polizeidienst verweigerten hatten; im Oktober 1944 kamen 88 finnische Marinesoldaten hinzu. Zu dem Lager gehörten eine eigene Tischlerei, Schneiderei und Schusterei.[85] Aus der Erzählung von O. R. Walle geht hervor, dass es abgesehen vom Gemüseanbau für die SS-Küche auf dem Hof keine Pflanzenproduktion gab. Es wurde kein chemischer Dünger verwendet, im Betrieb waren nur primitive Werkzeuge vorhanden, die so veraltet und unpraktisch waren, dass sie jedem norwegischen Agronomen gut als museale Exponate hätten dienen können, wie Walle schrieb.[86]

Die spärliche Überlieferung und das Fehlen von Aussagen bzw. Berichten über das benachbarte RAD-Lager bzw. das *Germanenlager* norwegischer Gefangener

82 Vgl. BArch, NS 3/722, Bl. 10; NS 3/1430, Bl. 5.
83 Vgl. ebenda, Bl. 16.
84 Vgl. Orski, Przedsiębiorstwa, S. 220.
85 Ebenda, S. 221. Vgl. auch Kaienburg, Wirtschaft, S. 527.
86 Orski, Przedsiębiorstwa, S. 222.

lässt Marek Orski vermuten, dass die Arbeiten auf dem Werderhof der Geheimhaltung unterlagen.[87] Aufgrund von fragmentarisch erhaltenen Archivmaterialien schließt Orski, auf dem Gut seien auf Befehl des Stabs des Sonderbeauftragten des Führers General der Infanterie Walther von Unruh Experimente zur Steigerung der Milchproduktion von Kühen durchgeführt worden.[88] Die Experimente fanden ihm zufolge unter dem Decknamen „Aktion Unruh" statt. Umfang, Ergebnisse und Ziele sind anhand der überlieferten Dokumentation und Literatur nicht rekonstruierbar. Bis zu seiner Entlassung im Juni 1943 führte die Arbeiten Obermelker Gustav Willms durch.[89] Die Experimente brachten offenbar nicht die gewünschten Ergebnisse und wurden möglicherweise bald eingestellt – in der von Vogel verfassten Zusammenstellung der bei der DVA laufenden Versuchsarbeiten werden diese Versuche jedoch nicht erwähnt. Werderhof wird hier vielmehr im Zusammenhang mit Versuchen zur Wirkung der Wirtschaftsweise „auf allerschwersten Böden" und zur „Erhöhung der natürlichen Bodenfruchtbarkeit durch Gräbenziehung und systematische Oberflächenentwässerung" genannt.[90] Ein Fokus auf Viehzucht und -haltung geht daraus nicht hervor.

Am 1. Dezember 1942 wurde außerdem die Angora-Zuchtstation des KZ Stutthof vom Amt W V übernommen, die damit unter der Aufsicht von Vogel stand. Aus den Schriftwechseln geht hervor, dass es diesem als für alle Zuchtstationen Verantwortlichen darum ging, die Zucht der SS vorzubehalten, obwohl sie auf die Produktion von warmer Unterwäsche zielte, die vorrangig für die Luftwaffe und die Wehrmacht vorgesehen war. Angorawolle wurde als kriegswichtig eingestuft und war eigentlich ein Verlustgeschäft, da die Haltung der Tiere kaum rentabel war: Sie musste ausgekämmt werden. Für den Ausbau weiterer SS-Zuchtstationen wurden Tiere aus Stutthof an Güter im Generalgouvernement, die Distrikte Krakau und Radom, und nach Wehlau/Allenberg in Ostpreußen abgegeben.[91] Da eines der Hauptprobleme der Futtermangel war, wurde am 7. Mai 1943 mit Gutsverwalter Bremert vom Werderhof vereinbart, dass dieser 8 ha Wiese für

87 Ebenda, S. 222 f.

88 Ebenda, S. 223.

89 Vgl. ebenda. Orski bezieht sich hier auf folgende Dokumente: AMS, Personalakten der KL Stutthof, Besatzung, Sign.; AMS, 1026, Akte von Gustav Willms; AMS I-IVA-6, Bl. 20, Schreiben vom Amt II an Amt WV vom 30. 9. 1944 in Sache Pachtvertrag von Gut Werderhof mit DAV.

90 BArch, NS 3/1430, Bl. 103, 105.

91 Zur Angorazucht im KZ Stutthof vgl. AMS, I-IVD-3, Bl. 1–135. Zur Übernahme durch das Amt W V vgl. ebenda, Bl. 142. Zur Abgabe von Kaninchen für Zuchtstationen vgl. AMS, I-IV D-4, Bl. 20 ff., 30 ff. Neben dem Futtermangel war Coccidiose, eine ansteckende parasitäre Darmerkrankung, eines der Hauptprobleme bei der Kaninchenzucht.

die Kaninchenzucht bereitstellen bzw. verpachten sollte[92] (siehe dazu ausführlich Kapitel Forschungs- und Versuchskonzept).

Die Gesamtbetrachtung der Güter in den deutschen Ostgebieten, im Sudetenland und beim KZ Stutthof führt zu der Schlussfolgerung, dass die Verwalter bzw. Pächter gerade auf jenen Höfen, auf denen Versuche zur Verbesserung der Tiergesundheit durchgeführt werden sollten – insbesondere Klein Mixeln, Partschendorf und Freudenthal –, die vorgesehenen, von der DVA vorgeschlagenen Maßnahmen nicht umsetzten und damit den Anforderungen nicht nachkamen. In Partschendorf verhinderten aufwendige Baumaßnahmen, die Ressourcen an Finanzmitteln und Arbeitskraft banden, eine erfolgreiche landwirtschaftliche Tätigkeit. Oftmals bestanden erhebliche Unklarheiten über die Verträge und Pachtabsprachen bei der Übernahme der Betriebe, wie in Freudenthal oder beim Werderhof. Bei Letzterem ist zudem die Art der durchgeführten Arbeiten weitgehend ungeklärt. Selbst wenn in Betracht gezogen wird, dass die Versuchsbetriebe nicht auf wirtschaftliche Gewinne angelegt waren, scheinen sie aufgrund von Misswirtschaft hinter den selbstgesteckten Zielen der DVA mehrheitlich zurückgeblieben zu sein. Nennenswerte Ergebnisse der vorgesehenen Versuche finden sich dementsprechend nicht in den Akten. Möglicherweise standen die Versuche oder Versuchsreihen in diesen Betrieben hinter dem Ziel, strategische Stützpunkte für die SS zu sichern, zurück.

Güter in den sog. eingegliederten Ostgebieten

Auch in den ehemals westpolnischen Gebieten, den sog. eingegliederten Ostgebieten, welche 1939 als neugebildete Provinzen in das Deutsche Reich eingegliedert wurden – die beiden sog. Reichsgaue Danzig-Westpreußen und Wartheland sowie die Regierungsbezirke Kattowitz und Zichenau – war die Übernahme von Gütern von Beziehungen und Zufällen geprägt. Sie dienten vordergründig der Sicherung von Macht und Einfluss. Das gilt v. a. für die beiden Güter Heimstätt/Smoszewo, südlich von Plöhnen/Płońsk an der Weichsel im Regierungsbezirk Zichenau/Ciechanów, der an Ostpreußen angegliedert wurde, und das Gut Alteneichen bei Kolo/Koło im Landkreis Warthbrücken, der als Teil des Regierungsbezirk Hohensalza in das sog. Warthegau eingegliedert wurde. Jenseits der Informationen bzgl. der Gutsübernahmen sind kaum Bestände zu den Vorgängen auf den Gütern überliefert, auch im Staatsarchiv Poznań (Archiwum Państwowe w Poznaniu, APP) konnten keine weiterführenden Informationen gefunden werden. In Kooperation mit der Waffen-SS bewirtschaftete die DVA ferner Betriebe,

92 Vgl. AMS, I-IV D-4, Bl. 51.

die Truppenübungsplätzen angegliedert waren: Dazu gehörten das Heidelager bei Dębica im Generalgouvernement und Beneschau/Benešov bei Prag im sog. Protektorat Böhmen und Mähren. Auch hierzu gibt es nur wenige überlieferte Vorgänge.

Das Gut Heimstätt/Smoszewo umfasste 276 ha und verfügte über einige Pferde, Rinder, Schweine, v. a. aber über einen größeren Bestand an Geflügel. Dort wurde überwiegend Ackerbau auf nicht natürliche, d. h. konventionelle Landbauweise betrieben.[93] Neben zwei SS-Angehörigen wurden dort 44 Zivilpersonen beschäftigt, über die keine weiteren Informationen vorliegen. Bekannt ist, dass Himmler das Gut vom ostpreußischen Gauleiter Erich Koch für den „Lebensborn" als Geschenk erhielt und es im Juli/August 1942 von der DVA gepachtet wurde. Es gab noch im Prüfbericht von 1944 Unklarheiten darüber, ob Heimstätt in das Eigentum des WVHA übergeben werden sollte, wie aus einem Schreiben des Reichskommissars vom Juli 1942 hervorging. Pohl hatte jedoch im Mai 1944 bestätigt, dass das Gut als Ganzes Eigentum des Lebensborn e. V. bleiben und vom Amt W V lediglich betreut werden sollte.[94]

Auch über das Gut Alteneichen sind kaum Informationen vorhanden. Das Gelände umfasste 213 ha. Zum Gut gehörten neben einigen Pferden, Rindern, Schweinen und Schafen ein größerer Geflügelbestand. Es wurde als Spezialbetrieb für Heilkräuter von der Ostland GmbH übernommen, der Ostdeutschen Landwirtschaftsgesellschaft, die sich Güter in den besetzten Gebieten aus „beschlagnahmtem Feindvermögen" aneignete und dem Reichministerium für Ernährung und Landwirtschaft unterstand.[95] Kaienburg vermutete, dass das Ministerium das Gut auf Betreiben von Himmler als Versuchsgut für die DVA – ebenfalls im Juli/August 1942 – an das WVHA übereignet habe.[96] Es handelte sich um den einzigen Betrieb, den die SS von dem Ministerium bekam.[97] Auch hier hält der Prüfbericht von 1944 die Eigentumsfrage für ungeklärt: Nach Ansicht der DVA handelte es sich als Eigentum des WVHA um Reichseigentum, allerdings wurden die Eigentumsverhältnisse in den entsprechenden Verhandlungen offenbar nicht geklärt. Insbesondere scheint nicht entschieden worden zu sein, in welcher Höhe Pacht an das WVHA gezahlt werden sollte. In dem Bericht wird ferner erwähnt, dass das Ackerland aufgrund der geringen Bodenqualität eine intensive Bearbeitung verlangte, die angepflanzten Kräuterkulturen jedoch wenig

93 Vgl. BArch, NS 3/277, Bl. 10, 42 ff.

94 Vgl. BArch, NS 3/722, Bl. 17 f.; NS 3/1427, Bl. 19 ff.; NS 3/1534, Bl. 67.

95 BArch, NS 3/1427, Bl. 19 f. Vgl. APP, 5403, B III, 9811, Bl. 4.

96 Vgl. Kaienburg. Wirtschaft, S. 808.

97 Vgl. BArch, NS 3/1427, Bl. 19; NS 3/722, Bl. 22; NS 3/1534, Bl. 65 ff.

ertragsversprechend seien.[98] Diese Beschreibung lässt auf ernsthafte Versuche oder Versuchsreihen schließen: Ziel war es, trotz der schlechten Böden in großem Stil Heilkräuter anzubauen.[99]

Für die Versorgung fremder sowie eigener Höfe und Güter betrieb die DVA in Altbuchen im sog. Warthegau ein eigenes Einkaufslager, das v. a. Saatgut und Maschinen veräußerte.[100]

Jene an Truppenübungsplätze angegliederten Betrieben, welche die DVA in Kooperation mit der Waffen-SS bewirtschaftete bzw. betreute, gehörte zur Gütergruppe drei, hier war die Versuchsanstalt für die Betreuung von Forsten und Teichwirtschaften zuständig: Im Heidelager bei Dębica und in Beneschau/Benešov führte sie die fachliche Oberleitung über die Forsten für 1,50 RM/ha.[101] In Dębica war ferner die Bewirtschaftung der Teiche von besonderer Bedeutung: In dem vom Fischereisachverständigen Dr. Ing. Rühmer für Auschwitz angefertigten Gutachten wurde sie eigens mitbehandelt. Aus dem Gutachten geht hervor, dass das Gebiet insgesamt 49 Teiche mit ausreichenden Wasserverhältnissen umfasste, auch wenn ähnlich wie in Auschwitz viele Zuleiter und Teiche verlandet waren, ferner Dammbrüche und Hochwasser schwere Schäden verursacht hatten, was in vielen Teichen zu Wassermangel führte. Rühmer hielt die Teiche geeignet für die Karpfen-, Schleien- und Zanderzucht – als Beifische empfahl er Hechtsetzlinge; den Bewirtschaftungsgrad beurteilte er – aufgrund der Nähe zu Wirtschaftsgebäuden – etwas besser als in Auschwitz. Für den Ausbau der Teiche schlug er dieselben Maßnahmen wie für Auschwitz vor, u. a. Ausmähen der Teiche zur Senkung des Wasserspiegels, Bearbeitung der Teichböden und Entlandung, Instandsetzen und Kalken der Winterungsteiche und Behälter sowie Sicherung der Zuflüsse, Bereitstellung von Gerät, Netzen und Fachpersonal.[102] Wer für diese arbeitsintensiven Tätigkeiten in Dębica zuständig war, die in Auschwitz von den Häftlingen ausgeführt werden mussten, und ob sie überhaupt umgesetzt wurden, ist nicht bekannt (siehe Kapitel Auschwitz).

In Beneschau/Benešov fanden neben dem laufenden Betrieb, wie es in der Zusammenstellung von 1944 von Vogel über die laufenden Versuchsarbeiten der DVA heißt, „Haltungsversuche und Einführung der Shetlandschafe nach Böhmen und Mähren (Parkschafe)“ statt.[103] Über diese Vorgänge ist nichts weiter bekannt, erhalten ist hingegen die Korrespondenz zu einer nach Beneschau überführten,

98 Vgl. BArch, NS 3/722, Bl. 22 f.
99 Vgl. BArch, NS 3/1430, Bl. 102 f.
100 Vgl. BArch, NS 3/722, Bl. 13.
101 Vgl. BArch, NS 3/751, Bl. 6; NS 3/129, Bl. 212 f.
102 Vgl. APMAB, D-Au I Z. Bau 536, S. 38–42.
103 BArch, NS 3/1430, Bl. 103.

aus der Ukraine („Rußland-Süd“) stammenden Karakulschafherde, die u. a. aufgrund des Fells der Lämmer, die als Persianer hohe Gewinne erzielten, von großem Wert war. Himmler war sehr daran interessiert die Herde für die, wie er im Mai 1944 schrieb, sich auf dem Truppenübungsplatz „keine zusammenhängenden Weideflächen befinden und Boden und Klima in diesem Raume für die Karakulherde nicht geeignet sind (…) insgesamt treuhänderisch zu übernehmen.“[104] Er plante, sie für die SS unter seine Kontrolle bringen. Pohl schlug vor, Vogel damit zu beauftragen, die Herde auf einem Gut in Ungarn unterzubringen, was schließlich umgesetzt wurde[105] (siehe dazu Kapitel Forschungs- und Versuchskonzept).

Zusammenfassend lässt sich festhalten, dass die SS mittels der DVA in den 1939 ins Deutsche Reich eingegliederten Ostgebieten keinen weitreichenden Einfluss aufbauen konnte. Es ist auffällig, dass die DVA in diesem Gebiet nur zwei Güter in Bewirtschaftung nahm, die zudem auf Himmlers persönliche Kontakte und Intervention zurückgingen, und des Weiteren lediglich für Forst- und Fischereiweisen der Truppenübungsplätze zuständig war. Gerade angesichts des erklärten Ziels, aus diesen Gebieten einen deutschen Siedlungsraum zu machen, wie es der Reichswirtschaftsminister wiederholt – u. a. im Dezember 1940 – formulierte, fällt die nachrangige Rolle der SS bei der Inbesitznahme von Gütern besonders ins Auge.[106] Diese könnte auf die Konkurrenz der DVA bzw. der SS und des Reichskommissars für die Festigung deutschen Volkstums mit dem Reichsministerium für Ernährung und Landwirtschaft zurückzuführen sein. Angesichts des Interesses der SS, diesen Gebieten alle erdenkliche Unterstützung im Sinne der Aufbauhilfe, d. h. wirtschaftliche und infrastrukturelle Förderung zuteil werden zu lassen, scheint es, dass es der SS mit den beiden Gütern zumindest darum ging, einen Fuß in die Tür zu bekommen.[107]

Strategische Einflusssphären im Generalgouvernement

Wesentlich besser als in den im Oktober 1939 eingegliederten Ostgebieten gelang der DVA die Sicherung von Einflusssphären im Generalgouvernement. Dort betreute bzw. bewirtschaftete sie 39 Betriebe, die zur Liegenschaftshauptverwaltung des zuständigen Höheren SS- und Polizeiführers gehörten. Diese Aufgabe erwies sich für die SS als sehr lukrativ, wie aus einer Gewinn- und Verlust-

104 BArch, NS 19/2596, Bl. 1.
105 Vgl. ebenda, Bl. 2 f.
106 Vgl. APP, 5403, B III, 9811, Bl. 1 f.
107 Vgl. ebenda

rechnung über die Einnahmen der DVA hervorgeht. Zur Erläuterung der außerordentlichen Einnahmen von 320 149, 27 RM heißt es, sie enthielten v. a. Zahlungen der SS-Betriebsgruppen im Generalgouvernement für „Leistungen auf den Gebieten der fachlichen Beratung und Betreuung und der Beschaffung von Betriebsmitteln aller Art für die zu Nutz und Lasten der Liegenschaftsverwaltung von SS-Angehörigen geführten Güter."[108] Erträge aus der Bewirtschaftung, aber auch Verluste verblieben ausschließlich in der Liegenschaft.[109] Die „Betriebe wurden in Zusammenarbeit mit dem Rasse- und Siedlungshauptamt SS bewirtschaftet und später dem Amt W V des WVHA unterstellt", schrieb Enno Georg.[110] Offensichtlich wurden Betriebe aus allen drei der genannten Gütergruppen im Generalgouvernement betreut bzw. bewirtschaftet. Zwar ist die Verwaltung des Generalgouvernements im Archiwum Akt Nowych (Archiv Neuer Akten) in Warschau umfassend dokumentiert, doch findet sich kaum Korrespondenz mit der SS, insbesondere keine Akten zur Tätigkeit der DVA. Es konnten daher nur wenige Informationen zu den Namen der Güter, den Betrieben und ihren Wirtschaftsweisen aufgefunden werden.

Einen Hinweis liefert ein Monatsbericht der DVA von November 1940: Zur Betriebsgruppe Sucha bei Lublin, heißt es dort, gehörten die drei Wirtschaften Sucha, Chestonief – gemeint ist vermutlich Częstoniew nordwestlich von Lublin – und Chelm/Chełm östlich von Lublin, die laut Bericht gute Ernte einfuhren: „Im ganzen dürften die Erträge dieser 3 Betriebe weit über dem Durchschnitt aller anderen in Polen liegen." Als viertes Gut wurde Jastko – vermutlich Jastków bei Lublin – im Juni 1940 übernommen, das, wie weiter berichtet wurde, die schlechteste Ernte aufwies: „Hier war der Ertrag durch irgendwelche Maßnahmen von unserer Seite nicht mehr zu beeinflussen, weil die Übergabe zu einer zu späten Jahreszeit erfolgte."[111] Auch ständen nicht genügend Futtermittel zur Verfügung, und Viehbestand und Gebäude entsprächen nicht der Gutsgröße.

Es sind auch einige Informationen über Züchtungsversuche erhalten, bei denen die DVA und das *Ahnenerbe* mit dem Ziel kooperierten, eine widerstandfähige Pferderasse für den Einsatz in den noch zu erobernden Ostgebieten zu gewinnen: Dafür sollte die SS, wie aus einem Vermerk zu einer Vereinbarung zwischen Präsident Karl Naumann, dem Leiter der Hauptabteilung Ernährung und Landwirtschaft der Regierung des Generalgouvernements, und Sturmbann-

108 BArch, NS 3/1534, Bl. 65.
109 Vgl. BArch, NS 3/722, Bl. 6, 13; NS 3/751, Bl. 5 ff.; NS 3/129, Bl. 212 f.
110 Georg, Unternehmungen, S. 65.
111 BArch, NS 3/1534, Bl. 2.

führer Dr. Schäfer von März 1945 hervorgeht, vier Güter erhalten, die unter Aufsicht der Liegenschaftsverwaltung Puławy standen: die Gestüte Ruda Pilczycka, Starzechowice, Falkow/Fałków, Wyszyna Falkowska/Fałkowska.[112] In einem Schreiben, das ebenfalls auf März 1945 datiert, wird über einen Züchtungsauftrag des Reichsführer SS an das *Ahnenerbe* resp. Schäfer berichtet: Unter dem Kennwort Eurasisches Kleinpferd habe der RFSS Schäfer im Juli 1943 den Auftrag erteilt, aus den im ost- bzw. westasiatischen Raum stammenden Pferden ein winterhartes genügsames Pferd für Siedler und Soldaten im Osten zu schaffen. Der Vorschlag lautete konkret: Aus asiatischem Urwildpferd, dem Przewalski-Pferd", und dem europäischen Urwildpferd Tarpan sollte ein dem harten Klima widerstehendes, in der Futterverwertung anspruchsloses Gebrauchspferd entwickelt werden, das sich vielfältig einsetzen ließ. Schäfer war zu diesem Zeitpunkt Leiter des SS-Gestüts und der Forschungsstätte für die Entwicklung des eurasischen Kleinpferdes im Institut für wehrwissenschaftliche Zweckforschung.[113] Die Versuche wurden durch den Kriegesverlauf beendet.

Zusammenfassend lässt sich trotz der spärlichen Überlieferung festhalten, dass die DVA sich im Generalgouvernement entscheidenden Einfluss durch die Betreuung und Verwaltung von Gütern sichern konnte. Finanziell und auch quantitativ dürfte es sich um das größte Einflussgebiet der DVA gehandelt haben, auch wenn kaum konkrete Angaben darüber vorliegen.

Insgesamt sind für die deutschen Ostgebiete und die besetzten Gebiete Tschechiens und Polens aufgrund fehlender Zeugnisse kaum Beschreibungen über die Lebensverhältnisse und Arbeitsweisen auf den jeweiligen Gütern überliefert. Über den Alltag der Menschen ist entsprechend kaum etwas bekannt. Deutlich wird hingegen die Praxis der DVA, deren Forschungsanliegen in diesen Gebieten weit hinter strategischen Zielen und dem Versuch der SS und des RFSS, sich Einflusssphären zu sichern, zurückstanden. Auch wenn zum Teil herausfordernde Aufgaben übernommen wurden, scheinen kaum Anstrengungen unternommen worden zu sein, diese auch zu realisieren. Vor diesem Hintergrund wirken die in den Beschreibungen und Zielsetzungen Vogels angestrengten Versuchsreihen befremdlich. Was erreicht wurde, lag hinter den Möglichkeiten und vielleicht auch Interessen der jeweiligen Betreiber/Verwalter der Höfe weit zurück.

112 Vgl. BArch, NS 21/799-4, Bl. 169.

113 Vgl. ebenda, Bl. 171.

5.3 „Lebensraum": Planung und Praxis der Besetzung sowjetischer Gebiete

Seit Himmler 1925 zum offiziellen Reichsredner der NSDAP geworden war, hielt er bis Kriegsende mehr als 130 dokumentierte Ansprachen. Diese erschöpften sich zumeist in der Wiederholung der ewig gleichen ideologischen Vorstellungen und in der Beschwörung der elitären Bedeutung der SS im Nationalsozialismus. Lediglich seine „Posener Reden" vom Oktober 1943, in der er dezidiert den Völkermord an den europäischen Juden thematisierte und moralisch rechtfertigte, wurden in der historischen Forschung bislang ausgiebig ausgewertet, analysiert und interpretiert. Bereits ein Jahr vor den Auftritten in Posen hatte Himmler am 16. September 1942 in Hegewald eine seiner großen Reden gehalten. Hegewald war sowohl die Tarnbezeichnung für sein ukrainisches Hauptquartier als auch der SS-Name eines großen „germanischen" Siedlungsgebietes in der Nähe der ukrainischen Stadt Shitomir. Im Gebiet Hegewald befand sich das DVA-Gut Wertingen. Das Gebiet hatte also für Himmler in mehrfacher Hinsicht eine besondere Bedeutung. Mit deutlichem Stolz eröffnete er 1942 die Tagung von SS- und Polizeiführern: „Vor 10 Jahren hätten wir es uns wohl kaum träumen lassen, daß wir einmal eine SS-Führer-Besprechung in einem Ort, der heute Hegewald heißt, und der in der Nähe der ehemalig größtenteils jüdischen russischen Stadt Shitomir liegt, abhalten würden."[114]

Die bislang nicht publizierte und in der wissenschaftlichen Forschung kaum zur Kenntnis genommene Rede in Hegewald nimmt viel von dem vorweg, was Himmler ein Jahr später in Posen proklamieren würde. In einigen wichtigen Punkten geht die Rede thematisch über diese Ansprachen hinaus. Sie offenbart, wie wichtig die Ukraine in Himmlers weltanschaulichen Vorstellungen war. Für ihn war sie nicht nur Besatzungs-, Ausbeutungs- und Kolonialgebiet. Für ihn war sie auch der zentrale Ort für die Schaffung eines „großgermanischen Reiches". Diesen Vorstellungen aus seiner Studentenzeit blieb Himmler zeitlebens gleichbleibend stark verbunden, in seinen öffentlichen Äußerungen passte er sie aber durchaus sich verändernden Rahmenbedingungen an, wie Peter Longerich in seiner Biografie vermerkt: „Zwar durchzieht sein Denken und Handeln eindeutig eine bestimmte Konstante – das Leitmotiv des ewigen Kampfes ‚germanischer Helden' gegen ‚asiatische' Untermenschen –, doch war dieses Weltbild so allgemein und vage gehalten, dass er es in ganz unterschiedlicher Form auf die jeweilige politische Situation zuschneiden konnte. Diese Flexibilität, Ideologie mit Machtpolitik zu verbinden, war seine eigentliche Stärke."[115]

114 BArch, NS 19/4009, Bl. 78.
115 Longerich, Himmler, S. 769.

Anders als die Reden in Posen, die ein halbes Jahr nach der deutschen Niederlage in Stalingrad bereits von den Krisen des Rückzugs geprägt waren, ist der Gestus der Rede in Hegewald noch von der Euphorie des raschen Vormarsches bestimmt. 1942 gab es für Himmler und die SS keinen Zweifel, dass man die großen Eroberungen auf Dauer sichern und Teile der Ukraine als Siedlungsgebiet in Besitz nehmen würde. Himmler beschäftigt sich daher bereits mit „praktischen“ Fragen der Inbesitznahme und der Besiedelung.

Auch hier war für ihn „Blut“ eine zentrale Kategorie. Da damals schon deutlich war, dass es keine ausreichende Zahl an Siedlern geben würde, sollten alle von Wehrmachtssoldaten mit Sowjetbürgerinnen gezeugten Kinder, Himmler geht von bis zu einer Million aus, erfasst und auf ihre „rassische Qualität“ geprüft werden. Diese sollten ohne ihre Mütter nach Deutschland verbracht werden. Nur wenn sich die Mütter ebenfalls als „rassisch wertvoll“ erwiesen, sollten sie nach Deutschland mitgenommen werden. „Die schlechtrassigen Kinder lassen wir zurück. Ich muß sagen, auch das ist noch ein Schaden. Denn selbst das Kind, das aus der Verbindung eines Deutschen mit einer schlechtrassigen Russin entspringt, ist eine Verbesserung für die Russen.“[116]

In seiner rassistischen Radikalität geht Himmler noch weiter, was eventuell selbst von seinen NS-gläubigen Zuhörern zunächst mit Unverständnis aufgenommen wurde: „Infolgedessen mag dieser Satz für Sie alle – ich möchte wirklich sagen – unauslöschlich sein: Wo Sie gutes Blut finden, haben Sie es für Deutschland zu gewinnen oder Sie haben dafür zu sorgen, daß es nicht mehr existiert. Auf keinen Fall darf es auf der Seite unserer Gegner leben.“[117]

Die Dämonisierung des „Russen“ und die Betonung seiner Gefährlichkeit wegen der zahlenmäßigen Übermacht der russischen Bevölkerung verfolgte den Zweck, seinen Zuhörern und den SS-Männern allgemein jegliche moralische Skrupel beim Völkermord zu nehmen. Himmler erachtete diese äußerste Brutalität für die Aufrechterhaltung deutscher Herrschaft über die slawische Bevölkerung als zwingend.

SS-Ordensland

Neben der Bedrohung durch die slawische Bevölkerung sorgte sich Himmler um die Probleme beim zukünftigen Aufbau von deutschen sozialen Gemeinschaften in der Ukraine, für deren erfolgreiche Entwicklung er die höheren SS-Führer in die Verantwortung nahm. Dies erfolgte stets mit dem ihm eigenen puritanischen

116 BArch, NS 19/4009, Bl. 88 f.
117 Ebenda, Bl. 84.

Unterton und blieb weltanschaulich verhaftet in der „Blut-und-Boden-Ideologie". „Bleiben Sie einmal einen Abend mit ihren Männern zusammen. Da kommt es dann aber nicht darauf an, daß Sie sehr viel Alkohol trinken. Der Mann will von Ihnen vielmehr bestätigt wissen, warum bin ich in diesem Affenlande, warum hat man mich, den braven Lehmann, aus Pommern in diesen idiotischen Ort versetzt, was habe ich hier verloren? Er will wissen, wie es draußen an der Front steht, warum gekämpft wird [...] das müssen Sie ihm erklären. Er sagt dann: Richtig, ich habe eine Frau, ich habe 4 Kinder, hier gibt es später einmal Bauernhöfe mit 150–200 Morgen Land, da können meine Söhne, der Sepp und der Hans, einmal einen eigenen Hof bekommen. Und die Erde ist gut hier! Aber das müssen Sie ihnen immer wieder erzählen, und lassen Sie nicht den armen Kerl auf sich allein gestellt sein. Geben Sie ihm ein Buch zum Lesen und sagen Sie ihm: Nach 14 Tagen schreibst Du mir, was Du gelesen hast. Er tut das schon. Aber beschäftigen Sie ihn!"[118]

Himmler warb für ein kameradschaftliches Verhältnis, da ihm wohl bewusst war, wie wenig attraktiv das von ihm geplante Siedlerleben sein würde. Er thematisierte in seiner Hegewalder Rede 1942 auch mögliche Probleme bei der Versorgung, der Nahrungsmittelbeschaffung und der Unterbringung, bei der Durchsetzung von Sauberkeit und Hygiene. Und er forderte Eigeninitiative, wohl wissend, wie sehr die deutschen Siedler von der Infrastruktur des Deutschen Reiches abgeschnitten sein würden. In seiner Rede verkehrte er das erkannte Problem in sein Gegenteil, indem er das Meistern der Probleme im Osten als höchsten Ausweis menschlicher Reife, als Bewährung darstellte: „Es wird einmal – und dafür werde ich sorgen – die beschämendste Qualifikation in Deutschland sein: ‚Unfähig für den Osteinsatz'."[119]

Die Vorstellung einer erfolgreichen deutschen Besiedelung der Ukraine war bei Himmler nicht von den geringsten Zweifeln getrübt. Er verlor sich in seinen Ansprachen, Verlautbarungen und Anweisungen daher in erstaunlich vielen Einzelheiten, wie dem Speiseplan, der ausreichenden Versorgung mit und dem Trinken von Mineralwasser, dem Bau von Saunen oder der Bekämpfung der Fliegenplage.

Einer der zentralen Punkte seiner Rede von 1942 war die Organisation des Zusammenlebens mit der örtlichen Bevölkerung. Der von ihm initiierte Generalplan Ost sah eine „Dezimierung" der slawischen Bevölkerung um mehr als 30 Millionen vor. In Himmlers Perspektive war die Ermordung der europäischen Juden somit nur der erste Schritt auf dem Weg zu einer wesentlich breiter angelegten rassistischen „Neuordnung" Europas.

118 Ebenda, Bl. 102 f.
119 Ebenda, Bl. 110.

Mehrfach betonte Himmler die zahlenmäßige Überlegenheit der „Russen“ (NS-Führer nahmen in der Regel nicht davon Notiz, dass in der Sowjetunion verschiedene Nationalitäten lebten) gegenüber den Deutschen in den eroberten Gebieten und die Gefahren, die seiner Meinung damit verbunden wären. „Es handelt sich dabei um ca. 200 Millionen Russen, die jährlich um 2 Millionen zugenommen haben und heute noch zunehmen. Diese Vermehrung ist zu verzeichnen trotz Hunger, Not und Elend, das die Russen ohne Zweifel in den letzten 20–25 Jahren hatten.“[120]

Hegewald bei Shitomir wurde Himmlers erstes ukrainisches und damit für Kommendes vorbildhaftes Siedlungsgebiet, ähnlich wie das zeitglich entwickelte Ansiedlungsvorhaben bei Zamość im Generalgouvernement. Diese beiden einzigen ansatzweise realisierten größeren deutschen („germanischen“) Siedlungsgebiete unter der Ägide der SS waren durch enge Beziehungen auf vielen Gebieten miteinander verbunden. Himmler hatte für sich und seine Siedlungspläne ideale Machtpositionen besetzt. Er war seit Juni 1936 als Reichsführer SS für alle Polizeiaufgaben zuständig. Im Oktober 1939 wurde er von Hitler zusätzlich zum Reichskommissar für die Festigung deutschen Volkstums ernannt. Mit den SS-Organisationen Volksdeutsche Mittelstelle, der Forschungsgemeinschaft Deutsches Ahnenerbe, dem sog. Sonderstab Henschel[121] und anderen verfügte er über die planerischen, logistischen und praktischen Möglichkeiten zur Aussiedlung von Ukrainern und der Ansiedlung Deutschstämmiger. Nicht zuletzt war die DVA ein wichtiger Bestandteil bei den Planungen und ersten Anstrengungen zur Einrichtung des Siedlungsgebietes, das, sowohl aus ideologischen als auch praktischen Gründen, vornehmlich ländlich und bäuerlich strukturiert war.

Praktische Umsetzung

Die DVA brachte im Zusammenspiel mit anderen SS-Organisationen nach dem Überfall auf die Sowjetunion zahlreiche Kolchosen und Sowchosen unter ihre Verwaltung. Allerdings sind dazu nur wenige beweiskräftige Dokumente überliefert. Dies ist einerseits der Kriegssituation geschuldet, in der vieles nicht schriftlich fixiert werden konnte und auch vieles beim Vor- und Rückmarsch verloren ging. Zum anderen war der SS offenbar auch nicht übermäßig an korrekten und aktenkundigen Entscheidungsprozessen gelegen, da es eine Konkurrenz zu

120 Ebenda, Bl. 80.

121 Dieser Sonderstab war von Himmler in seiner Eigenschaft als Reichskommissar für die Festigung deutschen Volkstums geschaffen worden, um die Um- und Aussiedlungen im Gebiet Shitomir zu organisieren.

staatlichen deutschen Stellen und anderen NS-Strukturen gab. Aufschluss geben können hier die Dokumente des Nachlasses von Wolfgang Vopersal. Er verfügte über umfangreiches internes Wissen zu den Aktivitäten der SS in den besetzten Gebieten und an der Ostfront. Seine geografischen Angaben sind allerdings nicht immer präzise. Sie waren es übrigens auch nicht in den zeitgenössischen Akten und im offiziellen NS-Sprachgebrauch. „Russisch" wurde damals zumeist als Synonym für „sowjetisch" verwendet. Kaum ein SS-Angehöriger wusste etwas vom staatlichen Aufbau der Sowjetunion, von den einzelnen Sowjetrepubliken und Nationalitäten oder wo beispielsweise die Landesgrenzen von Russland, Weißrussland oder der Ukraine verliefen. Die zahllosen Kriegsverbrechen und Verbrechen gegen die Menschlichkeit, an denen seine SS-Division Anteil hatte, spielen in Vopersals Aufzeichnungen – selbstverständlich – keine Rolle.

In der bisherigen Forschung[122] wird die landwirtschaftliche Nutzfläche der DVA-Güter und -Betriebe in den besetzten sowjetischen Gebieten recht unterschiedlich mit ca. 300 000 bis 600 000 ha angegeben. Der „jeweilige SS-Führer" habe, so Naasner, „seine fachlichen Weisungen von dem Leiter der landwirtschaftlichen Betriebe des SS-W.V.-Hauptamtes" erhalten: „Ende 1942 wurden auf diese Weise etwa 100 landwirtschaftliche Betriebe mit insgesamt etwa 600 000 ha bewirtschaftet."[123] Aus dem Nachlass von Wolfgang Vopersal geht hervor, dass „[d]ie Firmengruppe ‚Landwirtschaft und Forsten' [des WVHA] zahlreiche Bauern als Landwirtschaftsführer nach der Ukraine ab[stellte]. Sie erhielt vom Reichskommissar Ukraine zur treuhänderischen Verwaltung etwa 300 000 ha Land."[124] Auf welcher Basis diese Zahlen genau zustande kamen, ist heute nicht mehr nachzuvollziehen. Sowohl in der Literatur zum Thema als auch in den einschlägigen Dokumenten sind weder die Zahlenangaben, noch die Begrifflichkeiten immer korrekt oder eindeutig. Die hier erwähnte „Firmengruppe Landwirtschaft und Forsten" entspricht vermutlich weitgehend der DVA.

„Die SS war so auch rasch dabei, sich landwirtschaftliche Güter anzueignen. Das Rasse- und Siedlungs-Hauptamt und das [...] WVHA lagen hierbei im Wettstreit um den größeren Einfluß. Im Juli 1942 wurde dann Oswald Pohl [...] mit der Verwaltung der SS-Güter in Rußland, in der Ukraine und in Weißrußland betraut; und gegen Jahresende berichtete Hofmann,[125] daß das RuSHA insgesamt etwa 600 000 ha in dem Gebiet zwischen Ukraine und Ostsee bewirtschaftet'."[126]

122 Siehe Georg, Unternehmungen; Naasner, SS-Wirtschaft; Kaienburg, Wirtschaft.

123 Naasner, SS-Wirtschaft, S. 202.

124 BArch, Vopersal, unpag.

125 Otto Hofmann, der Chef des SS-Rasse- und Siedlungshauptamtes.

126 BArch, Vopersal, unpag.

Unstrittig ist, dass die DVA nicht nur für Versuchsgüter und ähnliche Einrichtungen, sondern zunehmend generell für Agrar-, Ernährungs- und Forstbetriebe in den besetzten Ostgebieten zuständig gemacht wurde: „Zum ständigen Vertreter in allen Fragen des landwirtschaftlichen Osteinsatzes ernannte der Chef des SS-WV.-Hauptamtes den Chef des Amtes W 5 [W V] im SS-W.V.-Hauptamt [...]."[127]

Viele konkrete Informationen zu den einzelnen Liegenschaften und den Formen ihrer Bewirtschaftung gibt es nicht. So ist im Einzelnen auch nicht klar, ob diese Güter stets von der DVA verwaltet wurden oder ob sie ihr nur, da von SS-Einheiten beschlagnahmt, als „zuständige" Stelle zugerechnet wurden.

Terror und Versorgung

Die meisten SS-Güter unter Treuhandschaft der DVA in Russland, der Ukraine und Weißrussland dienten unmittelbar der Versorgung der Waffen-SS und der im Aufbau befindlichen SS- und Polizeistrukturen in den eroberten Gebieten. So war es sicher auch beim SS-Gut „Stern", das im Bezirk Bobruisk gelegen war und „durch das Amt W V/SS-W.V.-Hauptamt bewirtschaftet" wurde.[128] Bobruisk war ein historisches Zentrum jüdischer Kultur. Der Anteil der jüdischen Bevölkerung an der Gesamtbevölkerung betrug, ähnlich wie in anderen weißrussischen Städten, zwischen 25 und 30 Prozent. Bereits kurz nach dem Überfall auf die Sowjetunion fand hier Anfang September 1941 eine der ersten Massenerschießungen statt: 20 000 jüdische Männer, Frauen und Kinder wurden ermordet. Es ist zu vermuten, dass das verantwortliche SS-Einsatzkommando 8 unter SS-Obersturmbannführer Otto Bradfisch vom SS-Gut „Stern" versorgt wurde. Im heutigen Bobruisk sind keine Überreste des SS-Gutes mehr vorhanden. Ähnliche Aufgaben wie das Gut „Stern" hatten wahrscheinlich noch weitere Einrichtungen wie etwa das Gut Droste oder die SS-Gärtnerei in der Nähe der weißrussischen Hauptstadt Minsk. In Minsk befand sich von Juli 1941 bis zum Oktober 1943 ein Ghetto für die jüdische Bevölkerung. Wenige Kilometer entfernt lag das Vernichtungslager Maly Trostinez, dem ebenfalls ein Gut angegliedert war.

Wie dem Nachlass von Vopersal zu entnehmen ist, dienten die Betriebe „einmal der Versorgung der SS-Truppenwirtschaftslager, insbesondere mit Frischgemüse, Obst und Butter, zum anderen aber der Ansiedlung von SS-Angehörigen. Sie waren im Bereich eines jeden HSSuP-Führers[129] in einer ‚SS-Gutsverwaltung'

127 Ebenda.

128 Ebenda.

129 HSSuP: Höherer SS- und Polizeiführer.

zusammengefaßt. 1943 wurden die Versorgungsbetriebe der SS im russischen Raum dem Amt W V/SS-W.V.-Hauptamt unmittelbar unterstellt. Bei jedem Höh. SS-u.Pol.Führer war ein Landwirtschaftsführer des Amtes W V zur Betreuung der Gütergruppen eingesetzt."[130]

Dass das Leben der auf den SS-Gütern zur Arbeit Zwangsverpflichteten der Haft in einem KZ durchaus nahekam, zeigen die Zustände auf dem ukrainischen SS-Gut Grzenda bei Lemberg. Dieses galt als ein Mustergut der SS.[131] Betrieben wurde es von dem Ehepaar Erna und Horst Petri. Horst Petri gehörte der SS seit 1933 an und wurde 1942 als Offizier der Waffen-SS Leiter des Gutes und Berater für 18 umliegende SS-Güter. Dort wurden sowjetische Arbeitskräfte brutal ausgebeutet sowie Jüdinnen und Juden, darunter Kinder, die aus den Transportzügen in die Vernichtungslager flohen, ermordet. 1961 ermittelten Strafverfolgungsbehörden der DDR den Fall. Federführend hierbei war die auf NS-Verbrechen spezialisierte Abteilung IX/11 des Ministeriums für Staatssicherheit, deren Erkenntnisse in eine Vorlage für das SED-Politbüro eingingen. Darin heißt es: „der Beschuldigte [errichtete] ein Terrorregime, indem er Morde und eine Vielzahl von Mißhandlungen und Quälereien selbst durchführte und organisierte. Er schickte ungefähr 30 in der Nähe des SS-Gutes ansässige Menschen in Kenntnis der damit verbundenen Folgen in ein Todeslager bei Lwow[132] [...]. Die zur Zwangsarbeit auf den SS-Gütern gepreßten Menschen wurden von ihm in vielen Fällen viehisch mißhandelt, vergewaltigt, bis zur Bewußtlosigkeit geschlagen und ohne Nahrung in den Gutsgebäuden gefangen gehalten. Besonders aktiv beteiligte sich der Beschuldigte an den Maßnahmen zur Ausrottung der jüdischen Bevölkerung. [...] Die ebenfalls inhaftierte Ehefrau des Beschuldigten unterstützte ihn bei der Durchführung seiner Verbrechen und beteiligte sich an den Mißhandlungen."[133]

1962 wurde Horst Petri zum Tode verurteilt und hingerichtet. Erna Petri erhielt eine lebenslängliche Freiheitsstrafe. Sie wurde unmittelbar nach der deutschen Wiedervereinigung vorfristig aus der Haft entlassen.

Allgemein waren solche Ermittlungen zu deutschen Verbrechen auf Gütern fernab der Zentren in der Nachkriegszeit schwierig und daher, insbesondere in der Bundesrepublik, selten. Verhältnisse wie auf Gut Grzenda dürften jedoch kein Einzelfall gewesen sein.

130 BArch, Vopersal, unpag.

131 Wendy Lower, Hitlers Helferinnen. Deutsche Frauen im Holocaust, München 2014, S. 34.

132 Lemberg.

133 BArch, SAPMO, DY30/42819, S. 163.

Orientierung auf den Osten

Die DVA-Besitzungen in den eroberten sowjetischen Gebieten waren, anders als im Reich oder im Generalgouvernement, in der Regel konventionell betriebene Versorgungsgüter. Inwieweit eine spätere Nutzung als Versuchsgüter angedacht war, lässt sich nicht rekonstruieren. Die große Anzahl der Güter und Ländereien sowie die von ihnen bestellten ausgedehnten landwirtschaftlichen Flächen, die unterschiedlichen geografischen und klimatischen Bedingungen, die Verschiedenartigkeit der Böden usw. hätten für vergleichende Forschungen und Versuche jedenfalls gute Voraussetzungen geboten.

Neben der in den Planungen dominanten Landwirtschaft spielte auch die Forstwirtschaft eine wichtige Rolle. Teil des WVHA-Imperiums wurden auch Gut und Forst Nawinki in Weißrussland ebenso wie die Forstwirtschaft Klezk, die 1939 in der Sowjetunion gegründet worden war. Grundbasis der Forstwirtschaft bildeten Baumschulen, Wälder und ein Park, die ursprünglich den Fürsten Radziwill, einem aus altem litauisch-weißrussischen Hochadel stammenden Adelsgeschlecht, gehört hatten und von ihnen sorgsam bewirtschaftet worden waren.

Otto Hofmann, der Chef des *SS-Rasse- und Siedlungshauptamtes*, das wie die DVA bei der Requirierung von Liegenschaften aktiv war und eng mit ihr zusammenarbeitete, schrieb nach einer Besichtigung erster SS-Güter: „Ich bin mehr denn je überzeugt, daß der Osten der Schutzstaffel gehört."[134] Hofmann spricht hier etwas aus, was auch bei Himmler in seinen Zukunftsplanungen stets mitschwang: die Schaffung eines eigenen Gebietes für die SS, das, ähnlich wie der Deutschordensstaat nach eigenen Gesetzen und mit eigenen Strukturen existieren sollte. Für ein solches Territorium bot sich die Ukraine an, nachdem größere Siedlungsstrukturen im Generalgouvernement wegen der schnellen Installierung einer deutschen Zivilverwaltung nicht möglich gewesen waren. Auch das ursprünglich von Himmler dafür angedachte Gebiet in Burgund kam aufgrund von Wirtschaftsinteressen nicht infrage. Ein burgundischer SS-Ordensstaat war auch deshalb kaum realisierbar, da dort gesellschaftlich gefestigte Strukturen bestanden, auf die auch die deutschen Besatzer bei der Ausbeutung und Verwaltung angewiesen waren. In Osteuropa indes beabsichtigte das NS-Regime die Zerstörung aller bestehenden Strukturen und einen „Neuaufbau" entsprechend eigener Interessen. Aus diesem Zusammenhang heraus ist auch erklärbar, warum die DVA ihre Aufgaben hauptsächlich im Osten sah und sich nur wenig für eine mögliche Expansion ins besetzte Westeuropa interessierte. Das Schriftgut im

134 BArch, Vopersal, N756–9, unpag.

Bundesarchiv, das über die Aktivitäten der DVA in West- und Südeuropa Aufschluss gibt, ist vergleichsweise überschaubar.

Trotz bestehender Widerstände verfolgte Himmler seine Pläne von einem SS-Ordensstaat weiter, allerdings klug genug, vieles vor einer breiteren Öffentlichkeit und selbst vor den NS-Gremien geheim zu halten. Um die Hegemonie der SS im eroberten Osteuropa perspektivisch zu sichern, plante er u. a., alle Deutschstämmigen, die dort möglicherweise von Konkurrenzorganisationen angesiedelt werden sollten oder sich selbst um eine Ansiedlung auf einem Bauernhof bewarben, genau den gleichen Auswahlkriterien wie anzusiedelnde SS-Männer zu unterwerfen. Am 20. November 1941 schrieb er an den Leiter seiner Dienststelle Reichskommissar für die Festigung deutschen Volkstums, Ulrich Greifelt: „Es wäre noch zu überlegen, ob wir nicht in die Rechtssetzung für alle vom Reich in Stadt und Land in vollwertige Existenzen angesiedelten Männer verlangen, daß sie einer Heiratsgenehmigung – so wie ein SS-Mann – unterliegen."[135]

Die Eroberung und Besiedelung von „Lebensraum" in Osteuropa war eine der grundlegenden Positionen der NS-Ideologie und des Selbstverständnisses der SS. So war es nur folgerichtig, dass, je näher die Realisierung dieser ideologischen Vorstellungen rückte, auch über praktische Voraussetzungen nachgedacht wurde. Auf welche Art sollte nach Besetzung, Eroberung und weitgehender Befriedung die Landwirtschaft organisiert, auf welche Art die Ernährung der deutschen Siedler:innen sichergestellt werden? Die Bedeutung der DVA für die Expansionspläne der SS nahm ab 1941 zu, da in den eroberten Gebieten das landwirtschaftliche Siedlungswesen bevorzugt und die urbane Infrastruktur eher eingeschränkt werden sollte.[136]

Heinz Brücher, Mitarbeiter des *Institutes für Pflanzengenetik* und von Himmler zum Leiter des „SS-Sammelkommandos" ernannt, schrieb in einem Bericht 1944: „Die Eroberung des Ostens hatte uns in den Besitz derjenigen Gebiete gebracht, die für die Ernährung des deutschen Volkes in der Zukunft von ausschlaggebender Bedeutung sein werden.

Die klimatischen Verhältnisse dieser Ostgebiete stellen jedoch an die Kulturpflanzen ganz besondere Anforderungen. Die extrem harten Winter, der kurze heisse Sommer und die Trockenheit der südlichen Gebiete verlangen eine ausserordentliche Widerstandsfähigkeit. Beim Anbau unserer an das atlantisch-feuchte Klima angepassten Kulturpflanzen in dem Kontinentalklima des Ostens und in den Steppen Südrusslands würde man ausserordentliche Fehlschläge erleiden."[137]

135 BArch, NS 19/1596, Bl. 1.

136 Karner/Gsell/Lesiak, Lannach, S. 71.

137 BArch, NS 19/2583, Bl. 3.

Nutzung sowjetischer Forschungen

Die Vorbereitungen für die Besiedelung der Ostgebiete ging einher mit Forschungen der DVA zu ertragreichen Pflanzensorten und dem zum Teil rauen Klima trotzenden Tierrassen. Hier knüpfte man an frühere Unternehmungen an, um sie nun einzubeziehen. 1938/39 hatte die SS eine Tibet-Expedition durchgeführt. Gerade im Tibet-Mythos, den auch Himmler pflegte, verbinden sich ideologische Positionen der SS mit durchaus praktisch verwertbaren naturwissenschaftlichen und landwirtschaftlichen Sammlungen und Erkenntnissen.[138]

Zwar beschäftigte sich der Anthropologe der Tibet-Expedition, SS-Hauptsturmführer Bruno Beger, mit dem Vermessen der Gesichtsproportionen der einheimischen Bevölkerung für die Suche nach den ideologisch postulierten Resten einer ur-arischen Population in der Abgeschiedenheit des Himalaja. Doch der Leiter der Expedition, der Zoologe Ernst Schäfer, dokumentierte akribisch die Tier- und Pflanzenwelt des Himalaja, legte Material- und Pflanzensammlungen an und ließ Tiere präparieren. Besonderes Interesse galt dem tibetanischen Blauschaf.[139] Schäfer war im Gegensatz zu vielen anderen SS-Forschern ein Experte und hatte sich mit der Schrift „Tiergeograpisch-ökologische Studie über das tibetische Hochland“ habilitiert.

Die von der SS mitgebrachten Pflanzenproben und Präparate fanden großes Interesse, auch wenn viele unsachgemäß gelagert und verschickt worden waren.[140] Himmler war in alle Entscheidungen über die Art der medialen Berichterstattung über die der Expedition zu verdankenden Befunde unmittelbar eingebunden.[141]

Möglicherweise in Erwartung eines schon baldigen Rückzugs forschte ein SS-Sammelkommando 1943 in den eroberten sowjetischen Gebieten Versuchsgüter und Forschungseinrichtungen aus. Im Anschreiben des Berichtes an Himmler betont Pohl, dass dies eine Aktivität des Amtes W V, also der DVA sei.

Erstaunlich ideologisch vorurteilsfrei beschäftigten sich die SS-Forscher mit den beeindruckenden Ergebnissen sowjetischer Wissenschaft und der praktischen Züchtungsbemühungen. Eine am Botanischen Institut in Sotschi tätige volksdeutsche Wissenschaftlerin holte man mit Ehemann und Kindern sogar ans Lannacher *Institut für Pflanzengenetik*. Die sowjetischen Forschungsstationen waren von Nikolai Iwanowitsch Wawilow maßgeblich initiiert und zeitweise geleitet worden. Im Bericht des SS-Sammelkommandos heißt es: „Die

138 NkM, Akte Schäfer, unpag.

139 Ebenda.

140 Ebenda.

141 Ebenda.

bolschewistisch-russische Regierung hatte in klarer Erkenntnis der Wichtigkeit der Pflanzenzüchtung ein umfassendes Netz von Pflanzenzuchtstationen über ganz Russland verteilt. Allein in dem uns seinerzeit zugänglichen Raum zwischen Minsk und Stalingrad befanden sich mehr als 200 Stationen. [...] Vor allem war es in Russland ein Genetiker, Vavilov, der [...] die russische Pflanzenzüchtung zu grossen Erfolgen und internationaler Anerkennung führte."[142]

Vorarbeiten in der Steiermark

Die Anregung zu der Expedition in sowjetische Forschungseinrichtungen kam von Heinz Brücher, der 1943 zum Leiter des Lannacher *Instituts für Pflanzengenetik* berufen wurde. Unterstützt wurde er hierbei von Ernst Schäfer und Oswald Pohl.[143] In Lannach etablierte die DVA – als Trägerin im juristischen Sinne – 1943 das *Institut für Pflanzengenetik.* Als wissenschaftlicher Träger fungierte das *Ahnenerbe.* Daneben betrieb die DVA das Gut Lannach.

Schloss und Gut erwarb am 9. November 1905 der Fabrikantensohn und Leutnant d. R. Franz Kandler im Auftrag seines Vaters Gustav Kandler; 1941 wurde er Mitglied der NSDAP. Kurz nach dem deutschen Einmarsch 1938 verpachtete Kandler sein Schloss an die „SS-Verfügungsgruppe". Nach verschiedenen anderen Nutzungen wurde das mittlerweile verwahrloste Schloss 1943 von der DVA übernommen. Hier fanden fortan Forschungen für die zukünftige effektive Bewirtschaftung von Liegenschaften in den besetzten Gebieten statt. „Die Rolle des Instituts für Pflanzengenetik innerhalb des Generalplans Ost war demnach wie folgt: die Entwicklung der notwendigen Getreidesorten, die der geplanten Agrargesellschaft in den ‚eingedeutschten' Gebieten des Ostens die Mittel in die Hand geben sollten, das gesamte Deutsche Reich mit Lebensmitteln zu versorgen."[144]

Besonderes Augenmerk galt den Züchtungen von robusten Pflanzensorten, besonders Weizen. Hierbei griff das Institut auf theoretische Untersuchungen und praktische Versuche der sowjetischen Wissenschaft zurück, die maßgeblich von Wawilow betrieben worden waren und deren Ergebnisse sich die SS-Sammelexpedition 1943 aneignete. Die SS erbeutete nicht nur Teile von Wawilows botanischem „Weltsortiment", sondern auch umfangreiche Fachliteratur. Der Hauptteil der einzigartigen Sammlung „Weltsortiment" war jedoch für die SS unerreichbar. Er befand sich im von der Wehrmacht eingeschlossenen Leningrad und überstand die Blockade.

142 BArch, NS 19/2583, Bl. 3 f.

143 Karner/Gsell/Lesiak, Lannach, S. 75.

144 Ebenda, S. 72.

Eine weitere Quelle waren die Sammlungen der SS-Tibetexpedition von 1938/39, die im *Sven-Hedin-Institut für Innerasienforschung* mit Sitz im Schloss Mittersill, ebenfalls ein Teil des *Ahnenerbes*, bereits ausgewertet wurden. Mit diesem Institut kooperierte Lannach ab seiner Gründung 1943. Doch die Forschungsarbeit des *Ahnenerbes* war wenig effektiv: „Aufgrund des pseudowissenschaftlichen Beigeschmacks und der strikten SS-Strukturen war das Ahnenerbe stets mit dem Problem des mangelnden Zuflusses an renommierten Wissenschaftlern konfrontiert, die diesen Verein zumeist keineswegs ernst nahmen. Praktisch keines der vom Ahnenerbe betriebenen naturwissenschaftlichen Projekte kam zu einem positiven Abschluss.“[145]

„Himmler [...] ging es darum“, erläutert Michael Kater, „im großen Existenzkampf des deutschen Volkes zur nationalen Autarkie beizutragen – speziell die Engpässe auf dem Gebiet der Landwirtschaft und Textilerzeugung zu überwinden. Wie bei dem ehemaligen Agrarexperten der NSDAP Himmler kreisten denn auch die Gedanken der naturwissenschaftlichen Abteilungsleiter unter Schäfer stets um Fragenkomplexe zur Gewinnung und Nutzung tierischer und pflanzlicher Grundstoffe.“[146]

Offenbar gab es trotz deutlicher Aufgabenüberschneidungen zwischen DVA und *Ahnenerbe*, zwischen Schäfer und Vogel keine Probleme. Erst 1944 wurden die Kompetenzen offiziell voneinander abgegrenzt, aber auch die Formen der Kooperationen festgelegt.[147] Vereinbart wurde, dass das Institut wissenschaftlich dem *Ahnenerbe*, aber in allen anderen Belangen der DVA unterstellt war. Diese Parallelstruktur äußerte sich auch im offiziellen Schriftverkehr: Für wissenschaftliche Korrespondenzen firmierte die Lannacher Einrichtung als „Institut für Pflanzengenetik“, ansonsten als „Deutsche Versuchsanstalt für Ernährung und Verpflegung G.m.b.H. Hof Lannach“. Die Aufteilung der finanziellen Absicherung hatte Oswald Pohl bereits 1943 wie folgt verfügt: Das *Ahnenerbe* hatte den Leiter, die wissenschaftlichen Mitarbeiter sowie alle Hilfs- und Bürokräfte anzustellen und zu vergüten. Die DVA stellte den Leiter des Lannacher Gutes und seine Mitarbeiter:innen sowie alle notwendigen Einrichtungsgegenstände, Materialien und Büroartikel. Die Kompetenzaufteilung wird durch die buchhalterischen Jahresabrechnungen der DVA belegt.[148]

Die DVA erhielt für ihre Planungen und praktischen Arbeiten in den besetzten Gebieten aus Lannach kaum Unterstützung. Ohnehin wurde dort weitgehend

145 Ebenda, S. 64.
146 Kater, Ahnenerbe, S. 215.
147 Karner/Gsell/Lesiak, Lannach, S. 80.
148 BArch, NS 3/459, Bl. 233.

konventionelle Landwirtschaft betrieben, da die Güter umgehend die SS-Strukturen versorgen mussten.

„Wehrbauern"

In der Steiermark wurde auch mit grundlegenden Planungen für die Infrastruktur der neuen deutschen Höfe und Güter in den besetzten Gebieten begonnen. Im Bretsteintal erwarb die DVA die Bergbauernhöfe Krahberger, Koini und Hauserbauer. 1940 wurde für deren Ankauf 100 000 Reichsmark ausgegeben.[149] Als Versuchsgüter dienten sie bis 1945 hauptsächlich dafür, die Vorstellung von Wehrbauernhöfen mit Inhalt zu füllen und landwirtschaftliche Methoden zu erproben. Es sollten Modelle entwickelt werden, welche landwirtschaftlichen, häuslichen und privaten Einrichtungen und Gegenstände ein solcher Bauernhof benötigt. Hier spielte häufig auch Ideologisches mit hinein. Die Form der Bauten, an architektonische Elemente von Almhütten angelehnt, sollte auch romantisierende Formen enthalten.[150] Zwar gab es wenig konkrete und verwendbare Ergebnisse bis Kriegsende, doch über das reine Planungsstadium war die DVA in Bretstein offenbar deutlich hinaus. In einem erst 2013 der Öffentlichkeit zugänglich gemachten privaten Fotoalbum eines SS-Mannes, der im KZ-Außenlager Bretstein tätig war, findet sich zu einem Foto die (wohl später erst von seiner Tochter hinzugefügte) handschriftliche Erläuterung: „Eine der Familie[n,] von der gedacht war, dass die Jungbauern in die Ukraine aussiedeln zum Aufbau eines arischen Wehrbauerntums."[151]

Im den Höfen benachbarten KZ-Außenlager Bretstein gab es Züchtungsversuche mit Schafen und Pferden (Haflinger) speziell für bergige Landschaften. 1941 wurde hierfür extra eine Herde von Pferden aus Südtirol nach Bretstein geholt, was nach Kriegsbeginn nur noch über die als kriegswichtig eingestufte DVA möglich war.[152] Es handelte sich durchaus um ein größeres Zuchtvorhaben, wurde doch allein für 77 000 Reichsmark dort ein Fohlenstall errichtet.[153] Die Abrechnungen der DVA zeigen, dass in Bretstein vergleichsweise umfangreiche

149 BArch, NS 3/1429, Bl. 113.

150 Vgl. Bertrand Perz, Das KZ-Außenlager Bretstein, in: Heimo Halbrainer/Michael Georg Schiestl (Hrsg.), „Adolfburg statt Judenburg". NS-Herrschaft, Verfolgung und Widerstand in der Region Aichfeld-Murboden, Graz 2011, S. 111–120.

151 Stephan Matyus, Auszeit vom KZ-Alltag. Das Bretstein-Album, in: Dokumentationsarchiv des österreichischen Widerstandes (Hrsg.), Täter. Österreichische Akteure im Nationalsozialismus, Wien 2014, S. 126.

152 Vgl. MGR/SBG, P-DVA/3–9.

153 BArch, NS 3/459, Bl. 220.

Aufbau des Außenlagers Bretstein, aus dem sog. Bretsteinalbum, 1941. Fotograf:in unbekannt. BMI/Fotoarchiv der KZ-Gedenkstätte Mauthausen.

Bauvorhaben realisiert wurden. Von allen großen Bauplanungen des Jahres 1942 wird Bretstein bei den Ausgaben mit 281 000 RM nur noch von Comthurey mit 426 000 RM übertroffen.[154] Aus den Akten geht allerdings nicht immer eindeutig hervor, ob und inwieweit das KZ-Außenlager infrastrukturell mit den Höfen verbunden war.

Auch in der Steiermark zeigte sich, dass die DVA für bestimmte Erwerbungen nur formal in Erscheinung trat, um die wahre Nutzung zu verschleiern. Als sich die NS-Führung im April 1941 während des deutschen Einmarsches in Jugoslawien in der benachbarten Steiermark aufhielt, wurde Himmler auf zwei große Jagdgüter im Autal und Pölsental aufmerksam. Himmler wollte sie als Erholungsgebiet für verdiente SS-Führer erwerben. Sein persönlicher Referent Dr. Rudolf Brandt schrieb im August 1942 an den SS-Beauftragten für das Forst- und Jagdwesen bezüglich des „Reviers Autal“, Himmler habe betont, „daß er sich den Abschuß der Murmeltiere insgesamt selbst vorbehält. Über das schwer jagdbare Wild behält er sich auch die Entscheidung vor. Er denkt sich den Abschuß als

154 BArch, NS 3/1429, Bl. 47.

Bretstein Familie, aus dem sog. Bretsteinalbum, ca. 1941/42. Fotograf:in unbekannt. BMI/Fotoarchiv der KZ-Gedenkstätte Mauthausen.

Belohnung für Frontsoldaten, die gern auf die Jagd gehen. Im übrigen bittet der Reichsführer SS den SS-Obergruppenführer Pohl, ihm Vorschläge für die Jäger zumachen, die dort schießen sollen."[155]

Alle anderen an dem Jagdgebiet Interessierten, wie der Industrielle Friedrich Flick, aber auch die steirische Landesbauernschaft, wurden von der SS mithilfe des steirischen Landesbauernführers ausgebootet. Letzterer profitierte später von einer befestigten Straße, die die SS durch KZ-Häftlinge ins Bretsteintal bauen ließ. Da die jüdische Erbin der Güter, Helena Hoffmann geb. Sonnenschein, bereits geflüchtet war und in der Schweiz lebte, mussten die Güter ordnungsgemäß mit Schweizer Franken gekauft werden. Die Devisen in Kriegszeiten zu

155 BArch, Vopersal, N756–46a, unpag.

besorgen, vermochte allein die DVA.[156] Um zu verschleiern, dass es sich beim Jagdgut Sonnenschein nicht um ein Versuchsgut, sondern eher um eine Freizeiteinrichtung handelte, wurden die Autal-Besitzungen fortan in den Berichten und Jahresabschlüssen der DVA zusammen mit den Liegenschaften bzw. dem KZ-Außenlager im Bretsteintal genannt[157] oder verschleiernd als „Steiermärkische Berghöfe“[158] zusammengefasst.

Die an römische, aber mehr noch an mittelalterliche Siedlungsformen angelehnte Vorstellung, die Ukraine ließe sich mit von deutschen Wehrbauern geführten Gütern bewirtschaften, die im Notfall auch mit der Waffe in der Hand gegen innere und äußere Feinde vorgingen, war unter den Bedingungen des 20. Jahrhunderts weltfremd. Trotzdem favorisierte Himmler diese Idee, was zur Entfremdung von seinem ehemaligen Hauptamtschef Walther Darré führte, der einer der ersten Berater der NS-Führung für landwirtschaftliche Fragen und bäuerliche Belange war. Darré, der mit seinen Schriften die „Blut-und-Boden-Ideologie“ zu einer der zentralen Positionen des Nationalsozialismus machte, stand zudem den Positionen des Generalplans Ost kritisch gegenüber, wenn er schrieb: „Wehe dem Volke, das z. B. seine Ernährungsgrundlage aus seinen Landesgrenzen hinaus verlagert und dadurch seine Nahrungsquellen leichtfertig dem Einfluß fremder Völker preisgibt.“[159]

Hegewald

Den ursprünglichen Aufgaben der DVA als wirkliche Versuchsanstalt kam in den besetzten Gebieten der Sowjetunion wohl lediglich das Gut Wertingen im ukrainischen SS-Siedlungsgebiet Hegewald nahe, unter äußerst kompetenter Leitung – und absolutem Stillschweigen. Hegewald war sowohl die Tarnbezeichnung für Himmlers vorgeschobenes Hauptquartier in der Ukraine, als auch für ein geplantes und zum größten Teil realisiertes deutsches Siedlungsbiet in der Nähe der Stadt Shitomir. Hegewald lag ca. 130 km entfernt vom „Werwolf“, dem vorgeschobenen Hauptquartier Hitlers bei Winniza.

Hegewald stellte neben Zamość den einzigen auch realisierten größeren Versuch der deutschen Siedlungspolitik dar. Es gab zahlreiche Verbindungen beider fast zeitgleich entstandener Siedlungsgebiete. So wurden die deutschen Neusiedler:innen in Hegewald mit Gegenständen und Kleidung aus Sammel-

156 Vgl. MGR/SBG, P-DVA/3–9.
157 Vgl. u. a. BArch, NS 3/722, Bl. 26.
158 BArch, NS 3/1427, Bl. 20.
159 Zit. n. Kater, Ahnenerbe, S. 39.

einrichtungen in Zamość versorgt. Diese stammten zum Teil von den in Auschwitz ermordeten Jüdinnen und Juden.[160]

In der sowjetischen Oblast Shitomir gab es bereits zahlreiche „deutsche“ Dörfer oder Dörfer mit einem größeren Anteil deutschstämmiger Bevölkerung. Diese waren im Rahmen mehrerer Auswanderungswellen in der Mitte des 19. Jahrhunderts entstanden. Nach der deutschen Eroberung stellte die Besatzungsverwaltung umgehend Listen der deutschstämmigen Bevölkerung auf, in denen auch die von Stalin nach Sibirien oder Kasachstan Deportierten vermerkt wurden. Es war geplant, diese soweit möglich im Laufe des Krieges wieder zurückzuholen.

Doch die Schaffung eines „deutschen“ Siedlungsgebietes mit funktionierender („deutscher“) Infrastruktur erwies sich schwieriger als erwartet. Die Kinder deutschstämmiger Bauern hatten wie alle anderen Kinder in der Ukraine nur eine vierjährige Schulpflicht durchlaufen und waren stets in Ukrainisch unterrichtet worden. Lediglich zu Hause wurde noch Deutsch gesprochen. Bei vielen Familien waren nur noch rudimentäre deutsche Sprachkenntnisse vorhanden. Deutsch schreiben konnte kaum noch jemand.[161] Ein noch größeres Problem war, dass die deutschstämmigen „Bauern“ in der Bewirtschaftung eines Bauernhofes meist keinerlei Erfahrungen mehr besaßen. Auf sie traf ebenfalls zu, was im Bericht des Hauptmanns Graf Yorck von Wartenburg über die dort beheimatete ukrainische Bevölkerung festgestellt wurde. „Selbst wer das Streben hätte, zu Wohlstand zu kommen, würde aus Mangel an Können mit einer Bauernwirtschaft nicht fertig werden. Die Landbevölkerung besteht heute nicht mehr aus ehemaligen Bauern, sondern aus unselbständigen Kleingärtnern, die in allem und jedem an Befehl gewöhnt sind. Würde man sie plötzlich zu Bauern machen, so würde selbst ein Beamtenapparat von dem Umfang des sowjetischen nicht ausreichen, um eine nennenswerte Ablieferung von Erzeugnissen aus ihnen herauszuholen.“[162]

Nach der Zerschlagung des Reichsverbandes für Biologisch-Dynamische Wirtschaftsweise 1941 wurden mehrere prominentere Mitglieder des Verbandes zeitweise inhaftiert. In Dresden verhaftete die Gestapo u. a. Carl Grund und Benno von Heynitz. Von Carl Grund, der seit 1928 Mitglied der Anthroposophischen Gesellschaft in Deutschland war, ist überliefert, dass er diese Verhaftung nicht ernst nahm und glaubte, bald wieder seiner Tätigkeit nachgehen zu können. In der Tat wurden die Anthroposophen in der Gestapo-Haft gut behandelt.

160 Siehe Ukrainisches Staatsarchiv Shitomir, Fond 1152/122, unpag.

161 Ebenda, Fond 1151/498, unpag.

162 BArch, NS 2/59, Bl. 30.

Sie durften in ihren Zellen sogar lesen und arbeiten.[163] Kurz darauf wurden sie auf Anweisung „höherer SS-Stellen“ wieder entlassen. Carl Grund wurde zu Stillschweigen verpflichtet. Er betrieb weiterhin biologisch-dynamische Landwirtschaft, wenn nun auch versteckt auf dem Gut Wertingen in der Ukraine. In der Akte des Personalamtes beim Reichsführer-SS heißt es mit Datum vom 5. Juni 1943: „Grund ist Dipl.-Landwirt und lange Jahre als landwirtschaftlicher Berater tätig gewesen. Er leitet innerhalb des Amtes W-5 [W V] eine Gütergruppe, der besondere Versuchsaufgaben des Reichsführers SS übertragen wurden. Die Gütergruppe liegt im Raum Russland-Süd. Grund muss als Leiter der Gruppe und als bedeutender Fachmann einen Führerdienstgrad haben.“[164]

Grund trug fortan eine SS-Uniform mit Achselstücken, auf denen ein „F“ (Fachkraft) stand.

Häufige Dienstreisen als Berater führten Grund in dieser Zeit nach Dachau und Comthurey. Immer wieder konnte er auch Abstecher zu seiner Familie machen, die weiterhin auf Gut Lohmen bei Dresden wohnte. Lohmen war ein heruntergekommenes Landgut, das Grund Anfang der 1930er-Jahre im Auftrag von Landesbehörden mithilfe der biologisch-dynamischen Wirtschaftsform reorganisiert und schließlich pachtreif entwickelt hatte.[165]

Geheimobjekt Gut Wertingen

Die offene Weiterführung einer wie auch immer gearteten und bezeichneten biologisch-dynamischen Landwirtschaft war nach dem Verbot 1941 offiziell nicht mehr möglich. Daher verfügte Himmler, dass „die zuständigen Leute [...] nur schweigend arbeiten und nicht über die naturgemässe Landbauweise an einigen Stellen so viel herumreden. [...] Unsere Herren Landwirte, die sich mit dieser Frage befassen, sollen als Bauern schweigend arbeiten und nicht wie städtische „Intellektbestien“ darüber reden, Verbindungen suchen, Besprechungen abhalten und ähnliches. Es würde sich kein Mensch um uns kümmern, wenn wir still und anständig und mit Erfolg unseren Boden bestellen.“[166]

Da Himmler an weiteren Versuchen interessiert war, schien es ihm am sichersten, dies in den nunmehr besetzten Gebieten der Sowjetunion zu tun. In einem Brief an den Geschäftsführer der DVA, Vogel, heißt es dazu im März 1942: „Zum Schluss meinte der Reichsführer-SS noch, dass er dem Bearbeiter für die natur-

163 Vgl. MGR/SBG, P-DVA/3–8, unpag.
164 MGR/SBG, P-DVA/3–8, unpag.
165 Vgl. MGR/SBG, P-DVA/3–8, unpag.
166 BArch, NS 19/3122, Bl. 38.

gemäße Landbauweise in Ihrem Amt Berlin als Dienstsitz verbieten würde. Als Dienstsitz sollte eines unserer Güter, möglichst im Osten, genommen werden."[167]

Seine Ämter- und Aufgabenhäufung brachte Himmler mitunter nicht nur mehr Einfluss, sondern auch größere strukturelle Probleme, da die Aufgabenstellungen und Planungen seiner verschiedenen Dienststellen miteinander kollidierten. So auch in Shitomir: Ursprünglich war das gesamte Gebiet als Siedlungsraum für Deutschstämmige aus den eroberten Gebieten vorgesehen. Zu diesem Zweck sollten die bestehenden Sowchosen und Kolchosen aufgeteilt werden. Das Staatsgut Wertingen steckte daher in einem doppelten Dilemma. Ihm drohte die Aufteilung, und Himmler konnte den eigentlichen Grund für eine Beibehaltung der Großwirtschaft schwerlich offenbaren: sie als Versuchsgut für die biologisch-dynamische, mittlerweile „naturgemäß" genannte Landwirtschaft erhalten zu wollen. Die Umsetzung der Siedlungsplanungen hätte eine weitere Ansiedlung Deutschstämmiger – und damit auch eine weitere Vertreibung der ortsansässigen ukrainischen Bevölkerung bedeutet. Besorgt um die Zukunft des Versuchsgutes wandte sich Vogel daher an Pohl, um eine Entscheidung durch Himmler zu erbitten.

„In W. sind von Dipl.-Landwirt Grund und seinen Mitarbeitern Meliorationsarbeiten, Hecken- und Baumpflanzungen bereits in größerem Umfang durchgeführt worden. Diese Arbeiten erfordern erklärlicherweise eine grössere Anzahl von Kräften. Wenn jetzt auf der einen Seite diese Kräfte durch die Ansiedlung Volksdeutscher entzogen werden, und auf der anderen Seite das ganze Land von W. nicht entsprechend den eigentlichen Plänen vergrössert, sondern zu Siedlungszwecken abgenommen werden soll, sind die bisher geleisteten Arbeiten umsonst durchgeführt, und darüber hinaus muss Grund mit seinen Mitarbeitern an anderer Stelle noch einmal von vorn anfangen. Dieser neue Anfang würde dann aber nicht im Raum Hegewald vor sich gehen können."[168]

In einem weiteren Brief an Himmlers Büroleiter Brandt weist Vogel nochmals auf die unterschiedliche Interessenlage der verschiedenen SS-Strukturen in Bezug auf das Versuchsgut hin: „Die Planungen der Landwirtschaftsgestaltung in Wertingen haben eine andere Richtung als die Planungen der Dienststelle des Sonderstabes Henschel. Das liegt in der Natur der Dinge."[169]

Zum Gut Wertingen sind nur wenige Dokumente überliefert. Dies mag zum einen an den Kriegswirren liegen. Zum anderen war die DVA nicht daran interessiert, dass allzu viel über ihre biologisch-dynamischen Aktivitäten in Wertingen

167 Ebenda.
168 BArch, NS 19/3122, Bl. 36.
169 Ebenda, Bl. 28.

bekannt wurde. Carl Grund selbst war es, „der immer wieder auf ein möglichst stilles und verschwiegenes Arbeiten“ gedrängt hatte.[170]

Sowohl im Zentralen Staatsarchiv der obersten Regierungs- und Verwaltungsorgane der Ukraine in Kiew als auch im Staatsarchiv der Region Shitomir lagern zahlreiche bis heute nicht oder kaum ausgewertete Akten aus der Zeit der deutschen Besatzung, die ein detaillierteres Bild über die Entwicklung dieses deutschen Siedlungsgebietes unter maßgeblichem Einfluss der SS geben. Viele einzelne Unternehmungen und wirtschaftliche Gegebenheiten sind dokumentiert. Und doch taucht das Gut Wertingen bis auf einige Flurbezeichnungen in den Unterlagen nie auf. Hinweise finden sich lediglich zwischen den Zeilen. So ist der örtlichen Zeitung zu entnehmen, dass im Rahmen eines Aufrufs an Jugendliche der deutschstämmigen Familien, die man im Hegewald angesiedelt hatte, sich zu Landwirten ausbilden zu lassen, ein Praktikum auf einem lokalen Gut angeboten wurde. Vermutlich handelt es sich um das Gut Wertingen, da es ansonsten laut der Unterlagen des Ministeriums für die besetzten Ostgebiete im Staatsarchiv Shitomir dort mittlerweile nur noch kleinere Gehöfte und bäuerliche Familienwirtschaften gab.[171]

Wertingen wird in den Akten meist als „Staatsgut“ bezeichnet. Das könnte darauf hinweisen, dass es sich um eine Sowchose und nicht, wie in anderen Akten oftmals vermerkt, um eine Kolchose handelt. Eine Sowchose war ein sowjetisches Staatsgut, eine Kolchose ein Betrieb aus kollektiviertem Bauernland. Da Wertingen durch die DVA bewirtschaftet wurde, ist es unwahrscheinlich, dass sich der Begriff „Staatsgut“ auf Besitzverhältnisse unter Besatzungsrecht bezieht. Offenbar handelte es sich bei Wertingen, ob nun Sowchose oder Kolchose, um eine originär sowjetische Einrichtung, die, wie alle anderen im eroberten Gebiet, ursprünglich aufgeteilt werden sollte, um deutschstämmige Siedler mit Land zu versorgen. Allerdings ließ die Bodenqualität im Gebiet Hegewald keine sehr auskömmlichen Erträge für Kleinbauern erwarten, da es nicht in der legendär fruchtbaren ukrainischen Schwarzerdezone liegt.

Offenbar waren die DVA-Verantwortlichen auf dem Gut wegen der geheimen Weiterführung der biologisch-dynamischen Landwirtschaft nicht daran interessiert, engere Kontakte zu den lokalen deutschen Behörden zu unterhalten. Hierbei konnte sich Carl Grund der Rückendeckung durch Himmler persönlich sicher sein. So lesen sich jedenfalls die Berichte, die Grund in seinen Feldpostbriefen an die Familie schrieb. Er bedauert, dass „die Zusammenarbeit mit der hiesigen Staatsgüterverwaltung nicht zu umgehen ist“.[172]

170 BArch, NS 19/3122, Bl. 36.

171 Ukrainisches Staatsarchiv Shitomir, Fond 1152/122, unpag.

172 MGR/SBG, P-DVA/3-8, unpag., Brief vom 6. 12. 1942.

Wie andernorts gab es auch in Hegewald Animositäten und Kompetenzüberschneidungen innerhalb der SS. So belegen die Briefe von Carl Grund die Richtigkeit der Vermutungen, die von Mitgliedern des Sonderstabs Henschel nach einem Besuch des Gutes Wertingen geäußert wurden:

„Der Beauftragte Herr Grund zeigte kein großes Interesse, mit uns zu sprechen, weil ich ihm in unserer ersten Besprechung gesagt hatte, daß sich in einem bäuerlichen Siedlungsgebiet alles der bäuerlichen Siedlung unterordnen müsse. Er stellte sich auf den Standpunkt, der Reichsführer solle die Entscheidung treffen. [...] Wir eröffneten den Herrn von der Gutsverwaltung unsere Ansichten [...] und fanden durchaus kein Verständnis. Um ihren Auftrag hüllten sie ein tiefes Geheimnis [...].

Das Gebaren der Leute, besonders ihre Geheimnistuerei und immer erneute Berufung auf die Entscheidung durch den Reichsführer, ließ mich vermuten, daß in Wertingen Versuche nach der biologisch dynamischen Wirtschaftsmethode durchgeführt wurden."[173]

Grunds abweisende Haltung rührt sicher aus dem Bemühen her, die Praktizierung der biologisch-dynamischen Landwirtschaft zu verschleiern. Möglich wäre auch eine Aversion gegen den Sonderstab Henschel, der für die Umsetzung der Himmlerschen Siedlungspolitik in Shitomir verantwortlich war. In Hegewald wurden 1942 ungefähr 10 000 Volksdeutsche, vor allem Wolhyniendeutsche, aus unweit entfernten besetzten Gebieten angesiedelt. Dafür waren zuvor ca. 15 000 Ukrainer:innen, teilweise auf äußerst brutale Weise, vertrieben worden. Dies meinte Carl Grund offenbar, als er am 21. November 1942 an seine Frau schrieb, „ist es sehr schwer, ein anständiger Mensch zu bleiben." Im Januar 1943 hoffte er für das beginnende Jahr, dass „wir es gut bestehen und ohne uns vor unseren Kindern schämen zu müssen."[174]

Offiziell unterstand Gut Wertingen dem Landwirt Alois Stockamp, der vordem als Betriebsberater für die biologisch-dynamische Wirtschaftsweise tätig gewesen war.[175] Stockamp wiederum stellte „einen seiner Betriebe, den er offiziell selbst bewirtschaftet, für die Aufbauarbeiten des Dipl.-Landwirts Grund zur Verfügung."[176] Dies ist insofern erwähnenswert, als Stockamp nicht Angehöriger der DVA war, sondern seine Tätigkeit als „Leiter der Staatsgüterverwaltung Shitomir" im Auftrag der Landbewirtschaftungsgesellschaft Ukraine m.b.H. ausübte, die Teil der Reichsgesellschaft für Landbewirtschaftung mbH (Reichsland)

173 BArch, R 49/764, Bl. 48 f.

174 MGR/SBG, P-DVA/3-8, unpag.

175 BArch, NS 19/3122, Bl. 35 f.

176 Ebenda, Bl. 36.

war. Diese GmbH war 1940 vom Reichsminister für Ernährung und Landwirtschaft mit dem Deutschen Reich als alleinigem Gesellschafter als Ostdeutsche Landbewirtschaftungsgesellschaft mbH (Ostland) gegründet worden. Wie in Wertingen die Zusammenarbeit zwischen Stockamp und Grund zustande kam, lässt sich heute nicht mehr klären. Auf alle Fälle war sie sehr eng. In Grunds Brief vom 21. November 1942 heißt es, „ich sitze gerade im Wohnzimmer von Alois Stockamp.“[177]

Für Grunds Beratertätigkeit für die DVA in der Ukraine waren seine Erfahrungen bei der Reorganisation des heruntergewirtschafteten Gutes Lohmen sicher hilfreich. Neben Grund und Stockamp gab es in Wertingen weitere Mitarbeiter aus Deutschland. „Es sind 2 Gärtner für meine Arbeit in Rußland eingetroffen“, schreibt Grund am 1. November 1942.[178]

Es ist heute nicht mehr genau zu rekonstruieren, warum Alois Stockamp für die Leitung der Gutsverwaltung in Shitomir ausgewählt wurde. Laut Unterlagen des Archivs der Anthroposophischen Gesellschaft am Goetheanum in Dornach (Schweiz) wurde er 1930 dort direkt Mitglied und nicht in einem deutschen Landesverband, doch war dies in jener Zeit nicht ungewöhnlich. Seine Mitgliedschaft war daher deutschen Behörden vielleicht nicht bekannt. Streng vertraulich zog die NSDAP-Gauleitung München im Januar 1943 Erkundigungen über den in Gstadt am Chiemsee wohnenden Gutsverwalter ein, weil er in den besetzten Ostgebieten eingesetzt werden sollte. Stockamp war kein Mitglied der NSDAP, geschweige denn der SS. Auch hatte er öffentlich keine „Einsatzbereitschaft für die Bewegung“ gezeigt. Zudem lebte Stockamp bis Mai 1940 bei Salzburg. Und so konnte die zuständige NSDAP-Dienststelle in Rosenheim nur melden: „Stockamp, Alois, geboren am 18. 9. 1900 [...] gehört seit 1940 der NSV an. Seine Frau ist Mitglied der NS-Frauenschaft. Stockamp ist am 25. 5. 40 von Salzburg zugezogen. In politischer sowie sozialer Hinsicht wurde während dieser Zeit über ihn nichts Nachteiliges bekannt.“[179]

Die Rückeroberung der ukrainischen Gebiete 1944 durch die Rote Armee beendete die Arbeiten auf dem Versuchsgut Wertingen. Nach seinem Einsatz in Shitomir war Stockkamp weiterhin im Auftrag der Reichsgesellschaft für Landbewirtschaftung tätig, zunächst kurzzeitig im besetzten Frankreich,[180] bevor er ab dem 1. November 1944 für kurze Zeit als Betriebsleiter von Gut Rittershausen

177 MGR/SBG, P-DVA/3-8, unpag.
178 Ebenda.
179 BArch, R 9361-II-985036, Bl. 396.
180 BArch, R 82/449, Bl. 32.

bei Graudenz eingesetzt wurde, ehe es von der Front überrollt wurde.[181] Über sein Leben ab 1945 ist nichts bekannt.

Carl Grund war nach seiner Rückkehr aus der Ukraine nach Deutschland in Dachau und später in Comthurey tätig. 1945 übergab er das Gut in landwirtschaftlich weiter nutzbarem Zustand der heranrückenden Roten Armee. Grund wollte sich an den Zerstörungsorgien der SS in den letzten Kriegsmonaten bewusst nicht beteiligen. Vor seiner Abreise aus Lohmen begründete er die unversehrte Übergabe von Comthurey gegenüber seiner Familie: „Auch die Russen werden Hunger haben."[182] Als SS-Offizier wurde Grund sofort verhaftet. Er starb wenig später an einer im Kriegsgefangenen-Sammellager Rüdersdorf bei Berlin grassierenden Seuche.

181 Ebenda, Bl. 43.
182 Ebenda.

6. Schlussbetrachtung

Obwohl die DVA eine übersichtliche Verwaltungsstruktur und keine besonders große Personalstärke besaß, war sie auf vielen Gebieten – fachlich wie geografisch – aktiv. Und dies – in ihrem Sinne und aus ihrer Perspektive – relativ erfolgreich. Von Anfang an erkennbar war das Bemühen, die DVA als Versuchsanstalt breit aufzustellen.

Himmler besaß als diplomierter Landwirt zu dieser Unterorganisation der SS einen besonderen Bezug. Aufgrund seiner prominenten Stellung in der Führung des NS-Staates befand er sich in der privilegierten Situation, auf fast alle Ressourcen in größtmöglichem Maße Zugriff zu haben. Nach Anfängen in Dachau und Ravensbrück eignete sich die DVA in den sechseinhalb Jahren ihres Bestehens immer mehr Güter, Betriebe und Liegenschaften in weiten Teilen des deutsch besetzten Europas an.

Die erstaunliche Vielfalt an Forschungs- und Versuchsthemen der DVA ist – so das Resümee – das Resultat von Himmlers Vorstellungen für eine kurz- und langfristige Neuordnung in Europa, die er im Verlauf seines politischen Aufstiegs und in Abgrenzung zu Konkurrenten wie den beiden Reichslandwirtschaftsministern Walther Darré und Herbert Backe immer wieder anpasste und weiterentwickelte. Mit der DVA plante und verwirklichte er prozesshaft seine eigene Idee für die Agrarstruktur eines deutschen Osteuropas. Sie bestand – zumindest für die Anfangsphase – aus einem Netzwerk bäuerlicher Großbetriebe, Komplexen mit landwirtschaftlicher Produktion, Verarbeitung und Forschung, die als Ausgangspunkt für eine neue deutsche Ostbesiedlung dienen sollten. Unter Einsatz von Zwangsarbeiter:innen sollten hier Nahrungsmittel erzeugt und von der Waffen-SS getestet werden. Himmlers bereits in der Gründungsphase des KZ Dachau erprobter Ansatz großhandwerklicher Betriebe war verbunden mit seiner Vorstellung einer alternativen Produktionsform, die zwischen Darrés Idee einer tradierten bäuerlichen Form und den Vorstellungen der Mehrzahl der NS-Agrar-Elite von einer industriellen Landwirtschaft liegen sollte.

In diesen Betriebskomplexen sollten wichtige zeitgenössische Fragestellungen der Landwirtschaft, wie z. B. die Düngung und Bodenverbesserung erforscht werden. Hierbei hoffte Himmler, entgegen der gängigen Überzeugung in der Agrarforschung beweisen zu können, dass es Alternativen zur chemischen Düngung gäbe.

Dass Himmlers Verbindung zur biodynamischen Wirtschaftsweise seiner vermeintlich esoterischen Ader geschuldet sei – wie in vielen Publikationen angenommen – wird im Rahmen dieser Studie nicht bestätigt.[1] Er interessierte sich für die „biologische" Seite dieser Wirtschaftsweise, das „Dynamische" lehnte er dagegen ab bzw. erachtete es als überflüssig. Diese Haltung teilte er nicht nur mit anderen Vertretern der NS-Elite, sondern auch mit einigen biodynamischen Landwirten selbst. So stellte einer der Pioniere der biodynamischen Wirtschaftsweise, Max Karl Schwarz, im Jahr 1934 fest, dass auch in anthroposophischen Kreisen – besonders in der Gegend um den Bodensee – das „dynamische" Moment vernachlässigt werde.[2]

Des Weiteren sah Himmler in der DVA eine Basis, mit deren Hilfe er seine Vorstellungen einer Ernährungsreform auf den Weg bringen würde. Für Zwangsarbeiter:innen sah er eine Verpflegung vor, die der römischer Soldaten oder ägyptischer Sklaven ähneln sollte.[3] Die Ernährung der SS und ihrer Familien war an seinem Ideal vermeintlich gesunder Lebensweise orientiert und fiel ebenfalls eher spartanisch aus: Obst, Gemüse, Nüsse, Mineralwasser, Fruchtsäfte, Haferflocken und Speiseöl, kein Fleisch, kein Alkohol. In den zukünftigen SS-Siedlungen sollten Kinder früh an diese Art der Ernährung gewöhnt werden.[4]

Das Netzwerk an DVA-Betriebskomplexen sollte ferner dazu dienen, künftige Siedler:innen zu schulen und mit dem erforderlichen Inventar auszustatten. Geplant war ein Zuchtprogramm für „bodenständige" Nutztiere und Kulturpflanzen, die jeweils an die lokalen Bedingungen angepasst, den Ostsiedler:innen helfen sollten, heimisch zu werden.

Obwohl die DVA mit ihren alternativen Schwerpunkten in der Forschungslandschaft höchstens als Nische wahr- und auch in den Reihen der SS-Wirtschaft kaum ernst genommen wurde, fanden einige Projekte durchaus Anerkennung in der Fachöffentlichkeit. Dazu zählten vor allem die Gewinnung von natürlichem Vitamin C und von Kautschuk aus Löwenzahnpflanzen, die Anbau- und Züchtungserfolge heimischer Kräuter, die biodynamischen Düngeversuche sowie die Herstellung von „deutschem" Tweed aus heimischer Wolle. Nicht unüblich für Forscher:innen des NS-Systems, publizierten Traute Friedrich, Ernst-Günther Schenck, Franz Lippert und Otto Stritzel ihre jeweiligen Forschungsergebnisse später in der Bundesrepublik unkommentiert. Versuche ehemaliger Häftlinge, die *Plantage* in Dachau nach 1945 weiter zu betreiben, scheiterten nach wenigen

1 Vgl. Vogt, Entstehung, S. 143.

2 GOE, D.02. Seifert 002, unpag., Schwarz an Seifert vom 6. 2. 1934, S. 2.

3 Vgl. BArch, NS 19/205, Bl. 38ff.

4 Vgl. Kaienburg, Wirtschaft, S. 1023 f.; Longerich, Himmler, S. 347.

Jahren aus wirtschaftlichen Gründen. Demgegenüber hielt sich das Wollprojekt von Otto Stritzel bis in die 1970er-Jahre. Die Kok-Saghys-Forschung wurde Anfang 2000 an der Universität Münster wieder aufgegriffen, und seit 2018 erprobt der Reifenhersteller Continental im vorpommerischen Anklam die Herstellung von Kautschuk aus Russischem Löwenzahn.

Der Arzt Dr. Karl Fahrenkamp, Himmlers erster und größter Günstling in der DVA, der ihm stets ein Wunder-Allheilmittel versprach und dessen Wissenschaftsverständnis Himmler besonders schätzte, gab – Ironie des Schicksals – nach Kriegsende in der Polizeidirektion Salzburg zu Protokoll, dass unter seinen Vorfahren Juden waren und dass er Verbindungen mit Anthroposophen und Freimaurern gepflegt habe.

Der euphorische Aufbruch der biodynamischen Bewegung war insbesondere in der Zeit zwischen 1934 und 1941 auch durch Vereinnahmungsprozesse geprägt. Teile des NS-Systems, u. a. die DVA, waren bemüht, sich die Errungenschaften der biologisch-dynamischen Wirtschaftsweise anzueignen. Die im Zusammenhang mit der DVA untersuchten Personen aus dem biodynamischen Milieu waren zur Kooperation bereit. Ob dies aus Überzeugung geschah oder um ihre Ideen oder ihr Leben zu retten, konnte im Rahmen dieser Studie nicht geklärt werden. Insbesondere ihr Vorstand Erhard Bartsch ging noch einen Schritt weiter. In Form von mehreren Denkschriften versuchte er, die NS-Eliten davon zu überzeugen, dass die biodynamische Wirtschaftsweise einen Beitrag zur „nationalen Erneuerung Deutschlands" leisten könne. Allerdings reichte er unter Austausch von nur wenigen Begriffen fast identische Vorschläge unmittelbar nach Kriegsende für Besiedlungspläne Nachkriegsdeutschlands im Sinne des „wahren Sozialismus" ein.

Mit der Dachauer *Plantage* – dem ersten Großanbaubetrieb für Heil- und Gewürzkräuter in Deutschland – etablierte die DVA ihr Betriebsmodell als zusammenhängenden Anbau-, Verarbeitungs- und Forschungskomplex. Hier sollte die bis dahin unerprobte Großproduktion von Kräutern hinsichtlich Anbau, Haltbarmachung und Vertrieb sowie ihrer medizinischen Wirkung praktiziert und erforscht werden. Während die SS die *Plantage* als vermeintlichen Erfolg feierte, fanden bereits zeitgenössische Wirtschaftsprüfer die angeblichen „schwarzen Zahlen" des Unternehmens unrealistisch. Denn diese basierten ausschließlich auf der Ausbeutung von KZ-Häftlingen und verkehrten sich, sofern reale Löhne veranschlagt würden, zu einem Verlustgeschäft. Dies wurde nach 1945 deutlich, als nach der Wiederaufnahme des Betriebes ehemalige Häftlinge und Zivilarbeiter im Jahr 1949 an den gestiegenen Lohnkosten scheiterten. Während der von Himmler geplante Großversuch zur Prüfung der biodynamischen Wirtschaftsweise in sämtlichen Versuchsbetrieben der DVA über erste Versuche kaum hinauskam, existierte im Forschungsinstitut der *Plantage* von spätestens 1941 an bis zum Ende der NS-Herrschaft eine kleine, für das SS-Personal des Lagers unzugängliche biodynamische Forschungsabteilung. Sie wurde von den Anthroposoph:innen Martha Künzel und Franz Lippert unter Heranziehung einiger Häftlinge geführt. Sowohl die überlieferten Versuchsaufbauten von Franz Lippert als auch die Berichte des katholischen Priesters und KZ-Häftlings Albert Riesterer belegen, dass hier entgegen Himmlers Anweisungen nicht allein das „biologische", sondern auch das „dynamische" Moment praktiziert und erprobt wurde.

Im Umfeld des KZ Ravensbrück stand die DVA vordergründig für eine Verquickung von betrieblichen und persönlichen Interessen. So wurden die Liegenschaften Comthurey und Brückentin als Versuchsgüter geführt und gleichzeitig von Oswald Pohl und Heinrich Himmler privat genutzt. Damit war die DVA wie das gesamte NS- bzw. SS-System von Verflechtungen und sich überschneidenden Interessen geprägt. Dabei zeigen die umfangreichen und im Einzelnen sehr verschiedenen Aktivitäten der DVA im Umfeld des KZ-Ravensbrück deutlich die Orientierung auf den Versuchscharakter der Organisation. Ein schriftlich fixiertes Konzept dafür gab es allerdings nie. Die Entscheidung über Versuche war kein Resultat eines Diskussionsprozesses wie in anderen, klassischen Forschungseinrichtungen, sondern oblag, wie in der SS üblich, den Anweisungen der Führung.

Die geplanten und dann realisierten Einrichtungen hatten Modellcharakter. Hier sollte ein Verbund repräsentativer „SS-Mustergüter" entstehen – nicht nur vorzeigbar im architektonischen Sinne, sondern auch durch den Zugriff auf die Arbeitskraft Tausender Häftlinge aufgrund der räumlichen und administrativen Nähe zum KZ Ravensbrück. Gleichzeitig waren diese Güter als eine Art Testlauf Teil eines größeren Planes, des Generalplans Ost, der letztendlich auf einen umfassenden Bevölkerungsaustausch in Osteuropa sowie die Ausbeutung und Ermordung der dort ansässigen Menschen zielte. In den Aktivitäten der DVA im Umfeld von Ravensbrück waren damit von Beginn jene Grundprinzipien angelegt, die diese Organisation bis an ihr Ende charakterisieren sollten.

Auf den Ravensbrücker Gütern nahm die DVA Versuche vor, die sich mit unterschiedlichen alternativen Modellen landwirtschaftlicher Erzeugung befassten. War es in Dachau die Großproduktion, so waren es um Ravensbrück Gutswesen, die in späteren Zeiten als Modelle für Mittelbauern bzw. gehobene Siedler:innen dienen sollten. Mit Hilfe biologisch-dynamischer Methoden wollte die DVA hier selbst ausprobieren, ob eine ertragreiche Bewirtschaftung auch auf schlechten Sandböden möglich war. Umso auffälliger ist, wie lückenhaft die DVA ihre Arbeit hier dokumentierte. Zwar waren die Ravensbrücker Versuchsgüter mit den beiden großen DVA-Standorten in Dachau und Auschwitz über bestimmte

Versuchsreihen und landwirtschaftliche Arbeiten verbunden, trotzdem ist ihre schriftliche Überlieferung kaum vorhanden oder erhalten. Hinzu kommt, dass auf den Gütern in Ravensbrück und Comthurey anders als in Dachau und Auschwitz keine Häftlinge als Fachkräfte oder Expert:innen arbeiten mussten. Auch unter den zivilen Angestellten und der SS befand sich so gut wie niemand mit ausgesprochenem Fachwissen in der biologisch-dynamischen Wirtschaftsweise.

In Auschwitz waren hingegen z. T. Fachfrauen gefragt, zumindest was die Erforschung von Kok-Saghys betraf. Diplomierte Chemiker:innen und Naturwissenschaftler:innen wurden aus Ravensbrück nach Auschwitz deportiert, um die Kok-Saghys-Forschung in der Pflanzenzuchtstation in Rajsko voranzubringen. In Bereichen wie der Geflügelzucht wurden Frauen in Ravensbrück extra „ausgebildet", um die Geflügelfarm in Harmense bei der Aufzucht von Gänsen, Enten u. a. Geflügel zu unterstützen. Die meisten Häftlinge arbeiteten jedoch in Bereichen, in denen weder Ausbildung noch spezielle Kenntnisse nötig waren und mussten die schweren landwirtschaftlichen Zwangsarbeiten für die Versorgung von SS, Militär und die übrige deutsche Bevölkerung mit völlig unzulänglicher Ausrüstung und Versorgung in schwerer Handarbeit erledigen. Von den groß angelegten Plänen, Auschwitz als Mustergut für die Neubesiedlung Osteuropas anzulegen und Versuche mit winterharten Getreidesorten und ungünstigem Klima widerstehenden Viehrassen durchzuführen sowie Jungbauern auszubilden, blieb im alltäglichen Betrieb kaum mehr als die Absicht bestehen. Angesichts der Kriegshandlungen stand v. a. die Produktionssteigerung im Vordergrund.

In der Steiermark, im Bretsteintal und im Autal, wurden Modelle für den „normalen" SS-Siedler und für zukünftige „Wehrbauern" in den z. T. infrastrukturell unterentwickelten Gebieten Osteuropas entwickelt und erprobt. Auch mit Züchtungen von robusten Pflanzensorten und Tierrassen für das raue Klima im Osten wurde hier zumindest begonnen. Das war in den historischen preußisch-deutschen Ostprovinzen und den ins Deutsche Reich „eingegliederten" polnischen und tschechischen Gebieten anders. Zwar waren viele Höfe strategisch als Stützpunkte für die Ansiedlung von sog. Wehrbauern erworben worden, doch wurden sie zunächst zum Teil als Versuchshöfe genutzt. Besonders jene Güter, auf denen Versuche zur Tiergesundheit durchgeführt werden sollten, erwiesen sich in der Bilanz als verheerend. Aber auch andere Versuche führten nicht zu den erwarteten Erfolgen. Im Vordergrund stand die Sicherung von Macht, Stützpunkten und Einflusssphären.

Die DVA als Organisation der SS spielte durchaus eine ernst zu nehmende Rolle bei der Unterwerfung und Ausbeutung Osteuropas und der Stabilisierung der Diktatur nach innen. Als organisatorischer Bestandteil von der im

Generalplan Ost vorgesehenen „Dezimierung“ der slawischen Bevölkerung der Sowjetunion um ca. 30 Millionen Menschen hatte die DVA ihren Anteil an den Verbrechen. Viele Projekte und Vorhaben blieben aus Kriegsgründen in den Anfängen oder in der Planungsphase stecken. Die Ermordung von Jüdinnen und Juden, die Vertreibung zahlreicher Ukrainer:innen aus dem SS-Siedlungsgebiet Hegewald und die Verschleppung „rassisch wertvoller Kinder“ galten nur als Beginn der „Umstrukturierungen“, denen der Vormarsch der Roten Armee ab Anfang 1943 ein Ende setzte.

Betrachtet man die drei großen Betriebe in der Nähe der Konzentrationslager Dachau, Ravensbrück und Auschwitz im Vergleich so wird deutlich, dass sie unterschiedliche Schwerpunkte aufwiesen und für die DVA verschiedene Funktionen erfüllten – von der erfolgreichen Heilkräuterproduktion in Dachau über Versuche zur Bodenverbesserung in Ravensbrück und Auschwitz hin zur Truppenversorgung in Auschwitz. Dementsprechend ungleich waren auch die Lebens- und Arbeitsbedingungen der Häftlinge. Im Allgemeinen waren sie auf den Versuchsgütern besser als in den Hauptlagern, nicht zuletzt aufgrund der Möglichkeit, sich etwas zu essen, wie Gemüse oder Geflügel, zu beschaffen. Mitunter waren auch die Unterbringung und die reguläre Versorgung besser. In der Regel verhielt sich das SS-Personal den Häftlingen gegenüber freundlicher als in den Hauptlagern. Dies war jedoch nicht nur abhängig vom Geschlecht der Häftlinge, sondern auch von ihren Arbeitsbereichen auf den Versuchsgütern und vom Häftlingsstatus. So setzte die SS in allen drei Standorten Zeug:innen Jehovas in privaten Haushalten ein, in Dachau und Ravensbrück auch für eigenverantwortliche Arbeiten und als Vorarbeiter:innen in Außenlagern, den abgelegenen Einzelhöfen. Sie galten als besonders vertrauenswürdig, weil ihnen das Lügen aus religiösen Gründen versagt war. In Dachau und Auschwitz arbeiteten Spezialist:innen unter den Häftlingen in gewissen Bereichen des Anbaus und der Forschung. Häftlingsstatus und Herkunft bestimmten in Ravensbrück und Comthurey über die Schwere der Arbeit und sorgten etwa dafür, dass v. a. politische oder als „asozial“ kategorisierte männliche Häftlinge und polnische weibliche Häftlinge die Versuchsgüter als Verschlechterung ihrer KZ-Haft erlebten. Die Standorte in Auschwitz und Ravensbrück verbindet, dass hier weibliche und männliche Häftlinge, teils zusammen, teils parallel arbeiteten. Anders als in den Konzentrationslagern waren sie weniger streng voneinander getrennt, konnten so in Kontakt miteinander kommen und z. B. Informationen weitergeben.

Große Unterschiede gab es in Bezug auf das Reden über die Zeit im KZ und die landwirtschaftlichen Versorgungs- und Versuchsarbeiten in der Nachkriegszeit. Das hat v. a. mit dem Entstehungskontext der Berichte bzw. der Form der Befragung und den unterschiedlichen Bedingungen in der DDR, der Bundesrepublik und in der Volksrepublik Polen zu tun. Während den ausgewerteten Berichten aus Auschwitz Befragungen von Mitarbeiter:innen der früh eingerichteten Gedenkstätte zugrunde liegen, handelt es sich beim größten Teil der Häftlingsberichte zur Dachauer *Plantage* um selbstbestimmte Beschreibungen von meist privilegierten Gefangenen. Ein Großteil der Aussagen zu den Ravensbrücker Versuchsgütern stammt zwar auch aus Befragungen, jedoch hauptsächlich von männlichen Zeugen, die gar nicht in der Landwirtschaft arbeiten mussten. Die ehemaligen weiblichen Häftlinge wurden entweder nicht befragt, oder ihre autobiografischen Berichte blieben im Hinblick auf ihre Zwangsarbeit für die DVA unbeachtet.

Anders als in der Wahrnehmung nach 1945 – und daher auch bei der Verfolgung der NS-Verbrechen – war die Landwirtschaft vollständig in das verbrecherische nationalsozialistische System integriert. Im Nürnberger Nachfolgeprozess gegen das WVHA im Allgemeinen und Oswald Pohl im Besonderen standen die Verbrechen im Umfeld des Raubes von Gold und Wertgegenständen bei der Ermordung von Jüdinnen und Juden in Auschwitz sowie das Prinzip der „Vernichtung durch Arbeit" in der Rüstungsindustrie im Mittelpunkt des öffentlichen und juristischen Interesses. Dabei wurden die DVA und ihre Versuchsgüter beispielsweise im Fall des Gutes Comthurey von Leumundszeug:innen, die Pohls Verteidigung aufrief, eher zu dessen Entlastung eingebracht.

Die Fragestellungen, Planungen und die Praxis der Deutschen Versuchsanstalt für Ernährung und Verpflegung GmbH, die in der vorliegenden Untersuchung betrachtet wurden, sind nicht nur historisch und keineswegs abgeschlossen. Unbestritten ist, dass in der DVA tatsächlich Bemühungen zu einer ökologischen Landwirtschaft und zum schonenden Umgang mit Ressourcen bzw. zur Erschließung alternativer Ressourcen zu verzeichnen waren. Die nach heutigen Maßstäben durchaus „grünen" Vorstellungen waren jedoch stets eingebunden in das „braune" System der nationalsozialistischen Eroberungs- und Vernichtungspolitik. Diese Gemengelage bietet bis heute Stoff für Diskussionen, was beispielsweise die Beiträge der 13. Europäischen Sommer-Universität der Gedenkstätte Ravensbrück dokumentieren.[5] Dabei sind es nicht nur die zeitgenössischen Grundlagen – von Siedlungsutopien über Esoterik bis hin zu Anthroposophie und zum „Heimatschutz" – an die auch die SS mit ihren landwirtschaftlichen

5 Vgl. Nicolas Drexel/Seraphina Wanda Rekowski/Isabelle Schmidt, Tagungsbericht. Hunger, Zwangsarbeit, Ernährungsforschung. Nationalsozialistische Agrarpolitik und das KZ-System. 13. Europäische Sommer-Universität Ravensbrück. 2. 9. 2018 – 7. 9. 2018 Fürstenberg/Havel, 16. 11. 2018, www.hsozkult.de/conferencereport/id/tagungsberichte-7941 [30. 8. 2020].

Projekten andocken konnte, die weiterhin (selbst)kritisch erforscht werden müssen. Mehr noch gibt es vielfältige und widersprüchliche Kontinuitäten in Fragen des Natur- und Umweltschutzes, die mit dem breit gefassten Begriff der ökologischen Landwirtschaft verbunden sind. Aktuell zeigt sich mit Blick auf beispielsweise rechts-esoterische Aussteiger:innen bzw. die rechte Übernahme von Strukturen des ländlichen Raums, dem Eintritt von rechtskonservativen und extrem rechten Aktivist:innen in die Fachverbände der ökologischen Landwirtschaft[6] und der verschwörungsideologischen Leugnung des Klimawandels bei gleichzeitig wachsendem Interesse am „Heimatschutz", wie dünn die Trennlinie zwischen „grün" und „braun" mitunter sein kann. Die historische Forschung und eine daraus folgende Reflexion und Überprüfung von lange unstrittigen Überzeugungen, angewandten Arbeitsweisen und Begründungen eigenen Handelns können helfen, diese Trennlinie schärfer zu ziehen und gleichzeitig die politische Ambivalenz der Ökologie im Blick zu behalten.

6 Verschiedene Verbände der ökologischen Landwirtschaft haben durch Satzungsänderungen versucht, auf das Problem zu reagieren und damit einen Ausschluss extrem rechter Mitglieder zu erleichtern, siehe etwa Bund ökologische Lebensmittelwirtschaft (BÖLW) e. V., Pressemitteilung. BÖLW-Resolution. Bio-Branche gegen Rechtsradikalismus, 15. 6. 2012, www.boelw.de/news/boelw-resolution-bio-branche-gegen-rechts radikalismus/ [30. 8. 2020]; Demeter e. V., Satzung; Bioland e. V., Satzung vom 26. 11. 2019. § 2.3, www.bioland.de/fileadmin/user_upload/Verband/Dokumente/Satzung_Leitbild_Jahresbericht/Bioland-Satzung_11.2019_WEB_verlinkt.pdf [30. 8. 2020]; Naturland. Verband für ökologischen Landbau e. V., Satzung vom Mai 2019. § 2.1, www.naturland.de/images/Naturland/Wer_wir_sind/Struktur/QMH_1_Satzung.pdf [30. 8. 2020]; Biokreis e. V. Verband für ökologischen Landbau und gesunde Ernährung, Satzung vom März 2019. § 2.6, www.biokreis.de/wp-content/uploads/2019/08/UEU_WWO_Satzung-Biokreis-eV_04-19.pdf [30. 8. 2020]. Im Oktober 2020 kündigte der Demeter e. V. gemeinsam mit der Anthroposophischen Gesellschaft eine Studie zur Rolle der biodynamischen Bewegung im Nationalsozialismus an, die bis 2024 vorliegen soll. www.demeter.de/sites/default/files/public/pdf/stellungnahme-rudolf-steiner-demeter-biodynamisch.pdf [28. 2. 2021].

Danksagung

Für die finanzielle Förderung des Projekts danken wir :
dem Bundesministerium für Ernährung und Landwirtschaft sowie dem Projektträger Bundesanstalt für Landwirtschaft und Ernährung, insbesondere Herrn Dr. Norbert Kowarsch, für die Betreuung.

Für die Bereitstellung von Materialien und Dokumenten danken wir:
Jürgen Becker,
Falk Bersch,
Rainer Horn,
Maren Meier sowie Kirsten und Detlef Lauer,
Matthias Mochner,
Gusta Olivier-Vonk,
Christian Pixis,
Familie Pohle,
Frank Schütze,
Verena Täuber,
Familie Ulsamer,
Heike Vollbaum,
Heilwig Weger,
Hartwig Wein,
Zeugen Jehovas, Archiv Zentraleuropa.

Für Zeitzeug:innengespräche danken wir:
Renate Peuker-Kiefl, Wolfratshausen (Deutschland),
R. und V. Vogel,
Heilwig Weger,
H. Z.

Für die wissenschaftliche und organisatorische Unterstützung danken wir:
den Mitarbeiter:innen der Gedenkstätte Ravensbrück und der Stiftung Brandenburgische Gedenkstätten, v. a. Insa Eschebach und Andrea Genest,
den Mitarbeiter:innen der Gedenkstätte Dachau,
den Mitarbeiter:innen der Gedenkstätte Auschwitz, v. a. Wojciech Płosa,

sowie:
Falk Bersch,
Judith Hoehne-Krawczyk, Oświęcim,
Sigrid und Wolfgang Jacobeit,
Andreas Kahrs,
Christoph Kopke,
Daniela Münkel,
Susanne zur Nieden,
Bertrand Perz, Wien
Reinhard Plewe,
Matthias Roth,
Dorothee Schmitz-Köster,
Johannes Staudenmaier,
Werner Troßbach sowie der studentischen Initiative Agrargeschichte im Fachbereich 11 – Ökologische Agrarwissenschaften der Universität Kassel,
Maarten-Jan Vos,
Eva-Maria Ulmer.

Für die Übersetzung danken wir:
Steffen Hänschen (aus dem Polnischen), Sebastian Fuchs (aus dem Niederländischen).

Editorische Anmerkung und Autor:innen

Die vorliegende Monografie dokumentiert die Ergebnisse eines zweijährigen Forschungsprojektes, das durch das Bundesministerium für Ernährung und Landwirtschaft finanziert und von der Stiftung Brandenburgische Gedenkstätten/ Gedenkstätte Ravensbrück unterstützt wurde.
Mitarbeiter:innen des Projektes waren:
Dr. Jens Ebert
Dr. Tanja Kinzel
Dipl.-Ing. Meggi Pieschel
Kristin Witte, M. A.

Die Publikation ist eine Gemeinschaftsarbeit, die einzelnen Kapitel verantworten:

Jens Ebert: Rolle der DVA bei Planung und Praxis der Besetzung sowjetischer Gebiete
Tanja Kinzel: Landwirtschaftliche Betriebe des KZ Auschwitz; DVA in den deutschen Ostprovinzen und den besetzten Gebieten Tschechiens und Polens
Meggi Pieschel: Forschungs- und Versuchskonzept der DVA; Dachauer *Plantage*
Kristin Witte: DVA-Versuchsgüter im Umfeld des KZ Ravensbrück

DR. JENS EBERT, Jahrgang 1959, hat 1981–1986 Germanistik und Geschichte an der Humboldt-Universität zu Berlin studiert. 1986–1989 absolvierte er ein Forschungsstudium der Literaturwissenschaft, Philosophie und Zeitgeschichte in Berlin und Moskau, das er mit der Promotion abschloss. Anschließend Lehrtätigkeit an Universitäten in Berlin, Rom und Nairobi. Seit 2001 arbeitet er als freischaffender Publizist und Buchautor. Seit 2008 ist er freier Mitarbeiter des Militärhistorischen Museums der Bundeswehr in Dresden. 2018/19 wissenschaftlicher Mitarbeiter der Gedenkstätte Ravensbrück. Seit 2021 leitet er die Friedrich-Wolf-Gedenkstätte in Lehnitz bei Oranienburg.
Veröffentlichungen u. a.: „Die Kommandeuse". Erna Dorn zwischen Nationalsozialismus und Kaltem Krieg, Berlin 1994, Feldpostbriefe aus Stalingrad. November 1942 bis Januar 1943, Göttingen 2003, Paul Humburg: „Friedensarbeit im Kriege". Über die Arbeit in Soldatenheimen im Osten 1915–1918, Bonn 2014, Nach Stalingrad. Walther von Seydlitz' Feldpostbriefe und Kriegsgefangenenpost

1939–1955, Göttingen 2018, Junge deutsche und sowjetische Soldaten in Stalingrad. Briefe, Dokumente und Darstellungen, Göttingen 2018.

DR. TANJA KINZEL, Dipl. Sozialwissenschaftlerin, Promotion in Geschichte am Osteuropa-Institut der Freien Universität Berlin. 2018/2019 wissenschaftliche Mitarbeiterin der Mahn- und Gedenkstätte Ravensbrück, Fürstenberg/Havel. Lehre, Forschung und politische Bildung in den Bereichen: Geschichte und Nachgeschichte des Nationalsozialismus, Erinnerungspolitik, jüdisches Leben, Erscheinungsformen und Geschichte des Antisemitismus, Familiengeschichten, Macht- und Geschlechterverhältnisse.
Veröffentlichungen u. a.: Im Fokus der Kamera. Fotografien aus dem Getto Lodz, Berlin 2021; Spuren des Widerstandes: Deportationsfotos von Henryk Ross aus dem Getto Lodz, in: Fotografien aus den Lagern des NS-Regimes. Beweissicherung und Ästhetische Praxis, hrsg. von Hildegard Frübis, Clara Oberle, Agnieszka Pufelska, Berlin 2019; Aus dem Alltag der Besatzung. Selbst- und Fremdrepräsentation in einem Album eines deutschen Postschutzbeamten aus dem Zweiten Weltkrieg, in: Orte und Akteure im System der NS-Zwangslager, hrsg. von Michael Becker, Dennis Bock, Henrike Illig, Berlin 2015.

DIPL.-ING. MEGGI PIESCHEL hat bis 1990 Landschaftsplanung studiert und war wissenschaftliche Mitarbeiterin an der TU-Berlin und der TH-Ostwestfalen-Lippe. Seit 2004 ist sie im Rahmen ihrer Arbeitsschwerpunkte Landschafts- und Agrargeschichte sowie antimodernistische Alternativbewegungen im ländlichen Raum des 20. Jahrhunderts freischaffend tätig (u. a.: Denkmal-Landschaft Peenemünde“, TU-Berlin 2002; „Einwanderungs- und Innovationsprozesse in agrargeprägten Abwanderungsregionen“, EU-REKULA, Berlin 2005; „Plattenblogger“, BMFSFJ-Aktionsprogramm gegen Rechtsextremismus, Fremdenfeindlichkeit und Antisemitismus“, Berlin 2007; „Urban agriculture Casablanca, Marokko“, BMBF/TU-Berlin 2008–2012). In Zusammenarbeit mit der Gedenkstätte Ravensbrück hat sie u. a. die Ausstellung und Publikation „Die Rosen in Ravensbrück“ (2013/2015) sowie eine Dokumentation über landwirtschaftliche Arbeiten im KZ-Ravensbrück erstellt (2016). Ihr aktueller Forschungsschwerpunkt ist die biologisch-dynamische Wirtschaftsweise im Nationalsozialismus.

KRISTIN WITTE, M. A. hat in Berlin und Seattle Gender Studies sowie Neuere/Neueste Geschichte und in Frankfurt (Oder) „Schutz Europäischer Kulturgüter“ studiert. Ihre Interessen- und Forschungsschwerpunkte sind Medizin- und Geschlechtergeschichte des 19. und 20. Jahrhunderts, Geschichte sozialer Bewegungen, zeithistorische Bauforschung sowie Erinnerungspolitik. Von 2015 bis

Ende 2019 arbeitete sie zunächst als wissenschaftliche Volontärin und anschließend als wissenschaftliche Mitarbeiterin in der Gedenkstätte Ravensbrück. Daneben hat sie 2019 zusammen mit dem „Institut für angewandte Geschichte e. V." den digitalen Rundgang „Unbekannte Orte. Ravensbrück" entwickelt. Seit März 2021 ist sie Mitarbeiterin des Museums Pankow in Berlin.
Veröffentlichungen u. a.: Der Schweine- und Pferdestall des Frauen-Konzentrationslagers Ravensbrück. Eine Bestandsaufnahme, in: Brandenburgische Denkmalpflege 6 (2020) 2, S. 73–82 (mit Magda-Lena Eppinger); Unangemessen und instabil. Die Konstruktion der Diagnose „Borderline-Persönlichkeitsstörung" als Zusammenspiel von Diskurs und Erfahrung, Münster 2015.

Abkürzungsverzeichnis

AAN	Archiwum Akt Nowych, Warschau
AMA	Alois Moser Archiv, Mondsee
APMAB	Archiv der Gedenkstätte Auschwitz, Oświęcim
AMS	Archiv Museum Stutthof, Sztutowo
APP	Staatsarchiv Poznań
BArch	Bundesarchiv, Standorte Berlin Lichterfelde, Freiburg i.Br., Ludwigsburg, Deutsche Dienststelle (ehem. WASt)
BLHA	Brandenburgisches Landeshauptarchiv
BStU	Der Bundesbeauftragte für die Unterlagen des Staatssicherheitsdienstes der ehemaligen Deutschen Demokratischen Republik
DaA	Archiv der KZ-Gedenkstätte Dachau
DFG	Deutsche Forschungsgemeinschaft
DRK	Deutsches Rotes Kreuz
DVA	Deutsche Versuchsanstalt für Ernährung und Verpflegung GmbH
Einfg.	Einfügung
FA Pixis	Familienarchiv Pixis, München-Laim
GuMS	Gedenkstätte und Museum Sachsenhausen
GOE	Anthroposophisches Archiv Goetheanum, Dornach
IfZ	Institut für Zeitgeschichte München
IPN	Institut für das Nationale Gedenken, Archiv, Warschau
ITS	Arolsen Archives, International Tracing Service, Bad Arolsen
JZA	Jehovas Zeugen, Archiv Zentraleuropa, Selters
KaB OHV	Katasterbehörde Oberhavel
KWG	Kaiser-Wilhelm-Gesellschaft zur Förderung der Wissenschaften
KWI	Kaiser-Wilhelm-Institut
LAB	Landesarchiv Berlin
LHAS	Landesarchiv Mecklenburg-Vorpommern, Schwerin
LPG	Landwirtschaftliche Produktionsgenossenschaft
LUND	Universitetsbiblioteket, Lunds universitet, Samling Lakocinski, Z.
MGR/SBG	Sammlungen (Archiv, Fotothek, Mediathek) der Gedenkstätte Ravensbrück
NIOD	Niederländisches Institut für Kriegs-, Holocaust- und Genozidstudien, Amsterdam

NkM	Archiv Naturkundemuseum Berlin
NL	Nachlass
NLA	Niedersächsisches Landesarchiv Aurich
NSDAP	Nationalsozialistische Deutsche Arbeiterpartei
O. A.	Autor:in nicht genannt
PA	Privatarchiv
RM	Reichsmark
SS	Schutzstaffel (n)
StABa	Staatliche Archive Bayerns: Staatsarchiv Coburg, Staatsarchiv Bamberg
UAH	Universitätsarchiv Heidelberg
Ü	Übersetzung
VEG	Volkseigenes Gut
VGPo	Verwaltungsgericht Potsdam
WVHA	SS-Wirtschafts-Verwaltungshauptamt Amt A Truppenverwaltung Amt B Truppenwirtschaft Amt C Bauwesen Amt D Konzentrationslagerwesen Amt W Wirtschaftsunternehmen: Amt I – Ausgrabungen und Steinbrüche Amt II – Baumaterialien Amt III – Nahrungsmittel Amt IV – Deutsche Ausrüstung Amt V – Land- und Forstwirtschaft, Fischerei Amt VI – Textil- und Lederverwertung Amt VII – Bücher und Bilder
ZfA	Zentrum für Antisemitismusforschung der TU Berlin, Archiv

Quellen- und Literaturverzeichnis

Quellenverzeichnis

Öffentliche Archive und Einrichtungen in Deutschland

Sammlungen (Archiv, Fotothek, Mediathek) der Gedenkstätte Ravensbrück (MGR/SBG)
Archiv der Gedenkstätte Sachsenhausen (GuMS)
Archiv der KZ-Gedenkstätte Dachau (DaA)
Archiv des Museums für Naturkunde Berlin (MfNk)
Archiv des Zentrums für Antisemitismusforschung der TU Berlin (ZfA)
Arolsen Archives, International Tracing Service (ITS)
Brandenburgisches Landeshauptarchiv (BLHA)
Bundesarchiv, Standorte Berlin Lichterfelde, Freiburg i. Br., Ludwigsburg, Deutsche Dienststelle (ehem. WASt) (BArch)
Der Bundesbeauftragte für die Unterlagen des Staatssicherheitsdienstes der ehemaligen Deutschen Demokratischen Republik (BStU)
Institut für Zeitgeschichte München (IfZ)
Katasterbehörde Oberhavel (KaB OHV)
Landesarchiv Berlin (LAB)
Landesarchiv Mecklenburg-Vorpommern (LHAS)
Niedersächsisches Landesarchiv (NLA)
Staatliche Archive Bayerns: Staatsarchiv Coburg, Staatsarchiv Bamberg (StABa)
Stadtarchiv Münchberg
Stadtarchiv Heppenheim
Stadtarchiv Stralsund
Universitätsarchiv Heidelberg (UAH)
Verwaltungsgericht Potsdam (VGPo)

Organisationsarchive

Anthroposophisches Archiv Goetheanum, Dornach (GOE)
Zeugen Jehovas, Archiv Zentraleuropa (JZA)

Archive in den Niederlanden, Polen, Schweden und der Ukraine

Archiv der Gedenkstätte Auschwitz, *Archiwum Państwowego Muzeum Auschwitz-Birkenau*, Oświęcim, Polen (APMAB)

Archiv Institut für Nationales Gedenken, *Instytut Pamięci Narodowej*, Polen (IPN)

Archiv Museum Stutthof, *Archiwum Muzeum Stutthof*, Polen (AMS)

Archiwum Akt Nowych, Warszawa, Polen (AAN)

Staatsarchiv Poznań, *Archiwum Państwowe*, Poznań, Polen

Zentrales Staatsarchiv der obersten Regierungs- und Verwaltungsorgane der Ukraine, Kiew, *Державної архівної служби України*

Ukrainisches Staatsarchiv Shitomir, *Державний Архів Житомирської Області*, Ukraine

Niederländisches Institut für Kriegs-, Holocaust- und Genozidstudien, *Instituut voor Oorlogs-, Holocaust- en Genocidestudies*, Amsterdam, Niederlande (NIOD)

Universitätsbibliothek Lund, Universitetsbiblioteket, Lunds universitet, Samling Lakocinski, Z., Schweden (LUND)

Private Nachlässe und unveröffentlichte Berichte

Familienarchiv Pixis, München-Laim (FA Pixis)

Privatarchiv Familie Weger (PA Weger)

Nachlass Carl Grund (R. Peukl-Kiefer)

Privatarchiv Falk Bersch (PA Bersch)

Alois Moser Archiv, Mondsee (Österreich) (AMA)

Zeitzeug:innengespräche

R. und V. Vogel – 19. 4. 2016, 13. 8. 2018

Heilwig Weger – 30. 5. 2018

R. Peukl-Kiefer – 5. 6. 2019

H. Z – 27. 2. 2018, 22. 8. 2018, 27. 11. 2018

M. M. – 6. 6. 2018

Literaturverzeichnis

O. A., Artur Plonka – Penzig O. L. Werbebroschüre der Spezialfabrik für Gewächshausbau und Frühbeetfensterfabrik, ca. 1938, https://polska-org.pl/7010235,Piensk,Wytwornia_szkla_szklarniowego_dawna.html [21. 6. 2020].

– Aufgliederung der Entnazifizierungseinstufungen in den westlichen Besatzungszonen (1949–1950), in: Volker Berghahn/Uta Poiger (Hrsg.), Die Besatzungszeit und die Entstehung zweier Staaten 1945–1961. Deutsche Geschichte in Dokumenten und Bildern. Bd. 8, http://germanhistorydocs.ghi-dc.org/sub_document.cfm?document_id=2304&language=german [31. 5. 2019].

– Dabelower Geschichte und Geschichten, S. 7, https://www.dedoer-dabelow.de/apps/download?f=dabelowshistorie_1.pdf [21. 6. 2020].

– Die Eigenversorgung des deutschen Volkes mit heimischen Heilpflanzen in Deutschland. Auszug aus einer Denkschrift, in: Die deutsche Heilpflanze 3 (1937) 12, S. 157.

– „Droge", bereitgestellt durch das Digitale Wörterbuch der deutschen Sprache, https://www.dwds.de/wb/Droge [25. 3. 2020].

– Heilkräuter aus deutscher Erde. 300 deutsche Heilpflanzen machen uns unabhängig von der Ausländischen Einfuhr, in: Die deutsche Heilpflanze 3 (1937) 12, S. 167.

– Kurzbiografie Gretl Stritzel, https://www.stroemungsmassage.de/gretl-stritzel/ [29. 4. 2020].

– Nie wieder solche Lager, in: Landes-Zeitung 4 (20. 9. 1949) 221, S. 6.

Ackermann, Josef, Heinrich Himmler als Ideologe, Göttingen/Zürich/Frankfurt a. M. 1970.

Aly, Götz/Heim, Susanne, Vordenker der Vernichtung. Auschwitz und die deutschen Pläne für eine neue europäische Ordnung, Frankfurt a. M. 2013.

August, Jochen, Einleitung, in: ders. (Hrsg.), „Sonderaktion Krakau". Die Verhaftung der Krakauer Wissenschaftler am 6. November 1939, Hamburg 1997, S. 7–85.

Baarda, Ted A. van (Hrsg.), Anthroposophie und die Rassismusvorwürfe. Der Bericht der niederländischen Untersuchungskommission „Anthroposophie und die Frage der Rassen", Frankfurt a. M. 1998.

Bäcker, K. O./Lucaß, Rudolf (Hrsg.), Der Kräutergarten. Ein Führer durch die spezielle Heilpflanzenkunde, Berlin 1940.

Bäcker, Otto, Die Aufarbeitung der Heilpflanzen nach neuestem Stand unter Berücksichtigung der biologischen Verfahren. Eine Grundlage zur praktischen Heilpflanzenkunde, erschienen als Fortsetzung in: Die deutsche

Heilpflanze 2–3 (1936/1937) 8, S. 102–105; 9, S. 124–126; 10, S. 130–133; 11, S. 145–148; 12, S. 158–159.

Bartsch, Erhard, Zurück zum Agrarstaat, in: Demeter. Monatsschrift für Biologisch-Dynamische Wirtschaftsweise 8 (1933) 9, S. 163–164.

Bartsch, Hellmut, Betrachtungen zu Rudolf Steiners Landwirtschaftlichem Impuls, Berlin 1982.

Bauminger, Arieh, The Righteous Among the Nations, Jerusalem 1990.

Beckmann, Jörgen, Pflanzenzüchtung in der biologisch-dynamischen Wirtschaftsweise. Entwicklungen im 20. Jahrhundert, Barsinghausen 2013.

Beddies, Thomas, Die Einbindung der Jungärzte in die Nationalsozialistische Gesundheitspolitik, in: Rainer Stommer (Hrsg.), Medizin im Dienste der Rassenideologie, Berlin 2008, S. 55–71.

Benz, Wolfgang/Distel, Barbara (Hrsg.), Der Ort des Terrors. Geschichte der nationalsozialistischen Konzentrationslager.

Bd. 1. Die Organisation des Terrors, München 2005.

Bd. 2. Frühe Lager. Dachau. Emslandlager, München 2005.

Bd. 4. Flossenbürg. Mauthausen. Ravensbrück, München 2006.

Bd. 5. Hinzert. Auschwitz. Neuengamme, München 2007.

Berendsen, Anne, Vrouwenkamp Ravensbrück, Utrecht 1946.

Bernard, Jean, Pfarrerblock 25487. Dachau 1941–42, Luxemburg 2004.

Beßmann, Alyn/Eschebach, Insa (Hrsg.), Das Frauen-Konzentrationslager Ravensbrück. Geschichte und Erinnerung. Ausstellungskatalog, Berlin 2013.

Biehl, Janet/Staudenmaier, Peter, Ecofascism. Lessons from the German Experience, Edinburgh/San Francisco 1995.

Bildungswerk Stanisław Hantz (Hrsg.), „Der Ausbau von Auschwitz als zentrale Zuchtstation hat erhebliche Fortschritte gemacht“. Infomappe zum „Interessengebiet“ des KZ Auschwitz, 2005.

Biokreis e. V. Verband für ökologischen Landbau und gesunde Ernährung, Satzung vom März 2019. § 2.6, https://www.biokreis.de/wp-content/uploads/2019/08/UEU_WWO_Satzung-Biokreis-eV_04-19.pdf [30. 8. 2020].

Bioland e. V., Satzung vom 26. 11. 2019. § 2.3, https://www.bioland.de/fileadmin/user_upload/Verband/Dokumente/Satzung_Leitbild_Jahresbericht/Bioland-Satzung_11.2019_WEB_verlinkt.pdf [30. 8. 2020].

Blaschke, Anette, Zwischen „Dorfgemeinschaft“ und „Volksgemeinschaft“. Landbevölkerung und ländliche Lebenswelten im Nationalsozialismus, Paderborn 2018.

Blavatsky, Helena P., The Secret Doctrine. The Synthesis of Science, Religion and Philosophy, London 1888.

Bleker, Johanna/Jachertz, Norbert, Medizin im Dritten Reich, Köln 1989.

Bock, Sabine, Herrschaftliche Wohnhäuser auf den Gütern und Domänen in Mecklenburg-Strelitz. Architektur und Geschichte 1. Katalog Alt Horst – Küssow, Schwerin 2008.

Borowski,Tadeusz, Bei uns in Auschwitz, München 2008.

Borth, Helmuth, Brückentin. Himmlers Liebesnest, in: ders., Schlösser, die am Wege liegen. Unterwegs zu 101 Guts- und Herrenhäusern in Mecklenburg-Strelitz, Friedland/Meckl. 2004, S. 33–37.

– Comthurey. Ein Gut für Himmlers graue Eminenz, in: ders., Schlösser, die am Wege liegen. Unterwegs zu 101 Guts- und Herrenhäusern in Mecklenburg-Strelitz, Friedland/Meckl. 2004, S. 60–70.

Bothe, Detlef, Neue Deutsche Heilkunde 1933–1945. Dargestellt anhand der Zeitschrift „Hippokrates" und der Entwicklung der volksheilkundlichen Laienbewegung, Husum 1991.

Bramwell, Anna, Blood and Soil. Richard Walther Darré and Hitler's Green Party, Abbotsbrook 1985.

Brandenburgisches Landesamt für Denkmalpflege, Gutachtliche Äußerung zum Denkmalwert. Ehem. Versuchsgut (unveröffentlicht), Berlin 1994.

Brandt, Heinz, Ein Traum, der nicht entführbar ist. Mein Weg zwischen Ost und West, Berlin 1967.

Brauckmann, Stefan, Die Artamanenbewegung in Mecklenburg, in: Zeitgeschichte regional. Mitteilungen aus Mecklenburg-Vorpommern 12 (2008) 2, S. 68–78.

Broszat, Martin (Hrsg.), Kommandant in Auschwitz. Autobiografische Aufzeichnungen des Rudolf Höß, München 1996 (zuerst 1963).

Brüggemeier, Franz-Josef/Cioc, Mark/Zeller, Thomas (Hrsg.), How Green Were the Nazis? Nature, Environment, and Nation in the Third Reich, Athens (OH) 2006.

Brüll, Ramon/Heisterkamp, Jens, Frankfurter Memorandum. Rudolf Steiner und das Thema Rassismus, 2008, https://info3-verlag.de/wp-content/uploads/2018/08/Frankfurter_Memorandum_Deutsch.pdf [5. 3. 2020].

Buddrus, Michael, Mecklenburg im Zweiten Weltkrieg. Die Tagungen des Gauleiters Friedrich Hildebrandt mit den NS-Führungsgremien des Gaues Mecklenburg 1939–1945. Eine Edition der Sitzungsprotokolle, Bremen 2009.

Büchenbacher, Hans, Erinnerungen 1933–1949. Zugleich eine Studie zur Geschichte der Anthroposophie im Nationalsozialismus, hrsg. v. Ansgar Martins, Frankfurt a. M. 2014.

Bund ökologische Lebensmittelwirtschaft (BÖLW) e. V., Pressemitteilung. BÖLW-Resolution. Bio-Branche gegen Rechtsradikalismus, 15. 6. 2012, https://www.boelw.de/news/boelw-resolution-bio-branche-gegen-rechtsradikalismus/ [30. 8. 2020].

Busch, Christophe/Hördler, Stefan/Pelt, Robert Jan van (Hrsg.), Das Höcker Album. Auschwitz durch die Linse der SS, Darmstadt 2016.

Caesar, Heino, Straße zum Himmel. Ein Bericht, Norderstedt 2009.

Cegłowska, Teresa, Strafkompanien im KL Auschwitz, in: Hefte von Auschwitz (1985) 17, S. 157–203.

Corni, Gustavo/Gies, Horst, Brot, Butter, Kanonen. Die Ernährungswirtschaft in Deutschland unter der Diktatur Hitlers, Berlin 1997.

Cüppers, Martin, Wegbereiter der Shoah. Die Waffen-SS, der Kommandostab Reichsführer-SS und die Judenvernichtung 1939–1945, Darmstadt 2005.

Czech, Danuta, Kalendarium der Ereignisse im KZ-Auschwitz-Birkenau 1939–1945, Hamburg 1989.

d'Alquen, Gunter (Hrsg.), SS erschließt Neuland. Wo in Deutschland der Pfeffer wächst, in: Das Schwarze Korps 4 (1938) 9, S. 4.

Dallin, Alexander, Deutsche Herrschaft in Rußland 1941–1945. Eine Studie über Besatzungspolitik, Düsseldorf 1958.

Delbo, Charlotte, Triologie. Auschwitz und danach, Frankfurt a. M. 1990.

Demeter e. V., Satzung vom 17. 4. 2019. § 2.3, https://www.demeter.de/sites/default/files/public/pdf/demeter_verband_satzung_biodynamisch.pdf [30. 8. 2020].

– /Biodynamic Federation – Demeter International e.V./Goetheanum – Sektion für Landwirtschaft, Gemeinsame Standortbestimmung, Oktober 2020, https://www.demeter.de/sites/default/files/public/pdf/stellungnahme-rudolf-steiner-demeter-biodynamisch.pdf [28. 2. 2021].

Der Forschungsdienst (Hrsg.), Forschung für Volk und Nahrungsfreiheit. Arbeitsbericht 1934 bis 1937 des Forschungsdienstes und Überblick über die im Reichsforschungsrat auf dem Gebiet der Landwirtschaft geleistete Arbeit, Neudamm 1938.

Dieckmann, Christoph, NS-Lebensraumideologie und deutsche Besatzungsrealität in Polen und der Sowjetunion, in: Peter Jahn/Florian Wieler/Daniel Ziemer (Hrsg.), Der deutsche Krieg um „Lebensraum im Osten" 1939–1945, Berlin 2017, S. 69–90.

Diedrich, Torsten/Ebert, Jens, Nach Stalingrad. Walther von Seydlitz' Feldpostbriefe und Kriegsgefangenenpost 1939–1955, Göttingen 2018.

Die Präparatekiste, Präparate, https://praeparatekiste.de/collections/praparate [5. 5. 2020].

Dietrich, Walter, Artam. Siedler – Siedlungen – Bauernhöfe. Versuch einer Dokumentation über die Siedlungsarbeit der Artamanen in den Jahren 1926–1945, Witzenhausen 1982.

Doeleke, Werner, Alfred Plötz (1860–1960). Sozialdarwinist und Gesellschaftsbiologe, Frankfurt a. M. 1975.

Dölling, Stefan, Schwarzes Wasser. Das Mineralwasserimperium der SS, in: Bezirksamt Steglitz-Zehlendorf (Hrsg.), Hitlers Schreibtischtäter. Das SS-Amt Unter den Eichen. Das SS-Wirtschafts-Verwaltungshauptamt Unter den Eichen 126–135. Begleitbroschüre zur Ausstellung des Kulturamtes Steglitz-Zehlendorf im Rahmen des Berliner Themenjahrs „Zerstörte Vielfalt", Berlin 2013, S. 40–46.

Dornheim, Andreas, Rasse, Raum und Autarkie. Sachverständigengutachten zur Rolle des Reichsministeriums für Ernährung und Landwirtschaft in der NS-Zeit. Erarbeitet für das Bundesministerium für Ernährung, Landwirtschaft und Verbraucherschutz, 2011, https://www.bmel.de/SharedDocs/Downloads/DE/_Ministerium/Geschichte/sachverstaendigenrat-zur-rolle-ns-zeit.pdf?__blob=publicationFile&v=3 [7. 10. 2020].

Drexel, Nicolas/Rekowski, Seraphina Wanda/Schmidt, Isabelle, Tagungsbericht. Hunger, Zwangsarbeit, Ernährungsforschung. Nationalsozialistische Agrarpolitik und das KZ-System. 13. Europäische Sommer-Universität Ravensbrück. 2. 9. 2018–7. 9. 2018 Fürstenberg/Havel, 16. 11. 2018, www.hsozkult.de/conferencereport/id/tagungsberichte-7941 [30. 8. 2020].

Eekman, Annette, Interview mit Loretta Walz am 4. 10. 1994. Transkript, https://www.videoarchiv-ravensbrueck.de/ [28. 6. 2020].

Eichmüller, Andreas, Die SS in der Bundesrepublik. Debatten und Diskurse über ehemalige SS-Angehörige 1949–1985, München 2018.

Endlich, Stefanie, Die äußere Gestalt des Terrors. Zu Städtebau und Architektur der Konzentrationslager, in: Wolfgang Benz/Barbara Distel (Hrsg.), Der Ort des Terrors. Geschichte der nationalsozialistischen Konzentrationslager. Bd. 1. Die Organisation des Terrors, München 2005, S. 210–229.

Esch, Michael G., „Gesunde Verhältnisse". Deutsche und polnische Bevölkerungspolitik in Ostmitteleuropa 1939–1950, Marburg 1998.

Eschebach, Insa, Museale Entwicklungen in ostdeutschen KZ-Gedenkstätten vor und nach dem Fall der Mauer, in: Museumsverband des Landes Brandenburg (Hrsg.), Entnazifizierte Zone? Zum Umgang mit der Zeit des Nationalsozialismus in ostdeutschen Stadt- und Regionalmuseen, Bielefeld 2015, S. 43–64.

– (Hrsg.), Das Frauen-Konzentrationslager Ravensbrück. Neue Beiträge zur Geschichte und Nachgeschichte, Berlin 2014.

– Zur Einleitung. Kontexte und Entwicklungen der Ravensbrück-Forschung, in: dies. (Hrsg.), Das Frauen-Konzentrationslager Ravensbrück. Neue Beiträge zur Geschichte und Nachgeschichte, Berlin 2014, S. 7–27.

– /Jacobeit, Sigrid/Lanwerd, Susanne (Hrsg.), Die Sprache des Gedenkens. Zur Geschichte der Gedenkstätte Ravensbrück 1945–1995, Berlin 1999.

Fahrenkamp, Karl, Vom Aufbau und Abbau des Lebendigen. Teil 3. Pflanzliche Herzgifte in ihrer Bedeutung für Mensch, Tier, Pflanze, Stuttgart 1943.

Fallada, Hans, Der Alpdruck, Reinbek b. Hamburg 1979.

Fibich, Peter/Wolschke-Bulmahn, Joachim, Werner Bauch. Landschaftsarchitekt in zwei politischen Systemen, in: Stadt und Grün. Das Gartenamt 55 (2006) 1, S. 20–24.

Forchtner, Bernhard (Hrsg.), The Far Right and the Environment. Politics, Discourse and Communication, Milton Park/New York 2020.

Fraenkel, Ernst, Doppelstaat. Recht und Justiz im „Dritten Reich", Frankfurt a. M. 1974.

Franke, Nils, Unerwünschte Umarmung, in: Ökologie & Landbau 14 (2019) 2, S. 46–48.

Fraunholz, Uwe, „Verwertung des Wertlosen". Biotechnologische Surrogate aus unkonventionellen Eiweißquellen im Nationalsozialismus, in: Dresdener Beiträge zur Geschichte der Technikwissenschaften (2008) 38, S. 95–116.

Freitag, Stefanie, Anschlussfähigkeit des Ökolandbaus für rechte Siedlungen gestern und heute. Erkenntnisse zur Sensibilisierung von Ökolandbau-Studierenden, Bachelorarbeit, Hochschule für nachhaltige Entwicklung Eberswalde, Fachbereich 2, 2019, https://www.nf-farn.de/system/files/documents/ba_freitag_final_0.pdf [25. 7. 2020].

Fritz Bauer Institut (Hrsg.), Tonbandmitschnitt 1. Frankfurter Auschwitz-Prozess, „Strafsache gegen Mulka u. a.", 4 Ks 2/63, Landgericht Frankfurt a. M., 23. Verhandlungstag, 5. 3. 1964, Vernehmung des Zeugen Joachim Caesar, https://www.auschwitz-prozess.de/zeugenaussagen/Caesar-Joachim/ [21. 3. 2021].

Frohn, Hans W./Schmoll, Friedemann, Natur und Staat. Staatlicher Naturschutz in Deutschland 1906–2006, Münster 2006.

Garbe, Detlef, Zwischen Widerstand und Martyrium. Die Zeugen Jehovas im „Dritten Reich". 4. Aufl., München 1999.

Gartenbauwirtschaft 56 (1939) 46.

GeoBasis-DE/M-V, Orthophotos von Feldberg (Meckl.), 1953, 1991, 2003, 2007, https://www.geoportal-mv.de/gaia/gaia.php [21. 6. 2020].

Georg, Enno, Die wirtschaftlichen Unternehmungen der SS, Stuttgart 1963.

Göbel, Mareike, Kautschuk aus Löwenzahn in der curricularen Innovation. Dissertation zur Erlangung des Grades eines Doktors der Pädagogik an der Naturwissenschaftlich-Technischen Fakultät der Universität Siegen, 2017.

Goldensohn, Leon, Oswald Pohl, in: ders., Die Nürnberger Interviews. Gespräche mit Angeklagten und Zeugen, hrsg. v. Robert Gellately, Düsseldorf/Zürich 2005, S. 396–418.

Goltz, General Graf Rüdiger von der, Meine Sendung in Finnland und im Baltikum, Leipzig 1920.

Goßler, Norbert, Rittergut Bug bei Weißdorf, in: Miscellanea curiensia. Beiträge zur Geschichte und Kultur Nordoberfrankens und angrenzender Regionen (2005) 5, S. 67–102.

Graf, Otto, Der derzeitige Stand der Abfallaufbereitung durch Kompostwürmer, in: Laufener Spezialbeiträge. Bayerische Akademie für Naturschutz und Landschaftspflege (1986) 7, S. 37–41.

Grand, Anselm, Turm A ohne Neuigkeit, Wien/Leipzig 1946.

Grosch, Helmut, Der Kieler Gynäkologe Carl Clauberg und die Bevölkerungspolitik des Nationalsozialismus, in: Eckhard Heesch (Hrsg.), Heilkunst in unheilvoller Zeit. Beiträge zur Geschichte der Medizin im Nationalsozialismus, Frankfurt a. M. 1993, S. 85–118.

Gust, Michael, Grenzenlose Gier. Oswald Pohl, Heinrich Himmler und Martin Bormann in Mecklenburg-Strelitz, Neubrandenburg 2006.

Gutschow, Nils, Ordnungswahn. Architekten planen im „eingedeutschten Osten" 1939–1945, Basel/Berlin 2001.

Hachtmann, Rüdiger, Elastisch, dynamisch und von katastrophaler Effizienz – zur Struktur der Neuen Staatlichkeit des Nationalsozialismus, in: Sven Reichardt/Wolfgang Seibel (Hrsg.), Der prekäre Staat, Frankfurt a. M./New York 2011, S. 29–74.

Hagel, Gertrud, Kritische Untersuchungen über die von Fahrenkamp angegebene Methode einer Wachstumsbeschleunigung und Ernteerhöhung durch Digitalis und verwandte Glycoside, in: Der Züchter (1951) 21, S. 138–142, https://link.springer.com/article/10.1007/BF00709569 [20. 1. 2020].

Hahn, Eugen, Aus Heideland werden blühende Obstanlagen. Ein Besuch bei Herrn Quast in Dodow, in: Blumen- und Pflanzenbau. Illustrierte Fachzeitschrift für den deutschen Gärtner 47 (1943) 20, S. 230–231.

Hammermann, Gabriele, Vergessen, verfallen, überbaut. Der Umgang mit dem ehemaligen „Kräutergarten" des KZ Dachau und Überlegungen für eine Neunutzung durch die KZ-Gedenkstätte, in: dies./Dirk Riedel (Hrsg.), Sanierung. Rekonstruktion. Neugestaltung. Zum Umgang mit historischen Gebäuden in Gedenkstätten, Göttingen 2014, S. 19–31.

Harmsen, Claus, Vergiss Jehova! Als Sträfling auf Gut Pabenschwandt/Salzburg, Ranshoven 2016.

Harten, Hans-Christian, Himmlers Lehrer. Die Weltanschauliche Schulung in der SS 1933–1945, Paderborn 2014.

Hartenstein, Michael, Neue Dorflandschaften. Nationalsozialistische Siedlungsplanung in den „eingegliederten Ostgebieten" 1939 bis 1944, Berlin 1998.

Hart-Moxon, Kitty, Wo die Hoffnung erfriert. Überlebende in Auschwitz, Leipzig 2001.

Harvard Law School Library Nuremberg Trials Project (Hrsg.), Affidavit concerning the sterilization experiments. Eidesstattliche Erklärung 19. 10. 1946, http://nuremberg.law.harvard.edu/documents/1743-affidavit-concerning-the-sterilization?q=no-440#p.1 [21. 6. 2020].

– (Hrsg.), Memorandum concerning Himmler's plans for chemical sterilization. Aktenvermerk 22. 6. 1942, http://nuremberg.law.harvard.edu/documents/550-memorandum-concerning-himmlers-plans?q=no-44#p.1 [21. 6. 2020].

– (Hrsg.), Transcript for NMT 1. Medical Case. HLSL Seq. No. 10269–10293, 26. 6. 1947, http://nuremberg.law.harvard.edu/transcripts/1-transcript-for-nmt-1-medical-case?seq=10269&q=medical+case+10120 [28. 6. 2020].

– (Hrsg.), Transcript for NMT 4. Pohl Case. HLSL Seq. No. 1507–1508, 20. 5. 1947, http://nuremberg.law.harvard.edu/transcripts/5-transcript-for-nmt-4-pohl-case?seq=1507&q=pohl+trial+1486 [28. 6. 2020].

– (Hrsg.), Transcript for NMT 4. Pohl Case. HLSL Seq. No. 1573–1574, 21. 5. 1947, http://nuremberg.law.harvard.edu/transcripts/5-transcript-for-nmt-4-pohl-case?seq=1573&q=pohl+trial+1552 [28. 6. 2020].

Haug, Alfred, Die Führerschule der deutschen Ärzteschaft in Alt-Rehse, in: Fridolf Kudlien (Hrsg.), Ärzte im Nationalsozialismus, Köln 1985, S. 122–130.

– Pläne für ein Gesundheitshaus der deutschen Ärzteschaft, in: Fridolf Kudlien (Hrsg.), Ärzte im Nationalsozialismus, Köln 1985, S. 145–152.

Heiber, Helmut (Hrsg.), Reichsführer! Briefe an und von Himmler, München 1970.

Heim, Susanne/Kaulen, Hildegard, Max-Planck-Institut für Pflanzenzüchtungsforschung Müncheberg – Köln, in: Peter Gruss/Reinhard Rürup (Hrsg.), Denkorte. Max-Planck-Gesellschaft und Kaiser-Wilhelm-Gesellschaft. Brüche und Kontinuitäten 1911–2011, Dresden 2010, S. 348–358.

– Naturkautschuk im Zweiten Weltkrieg. Boom und Scheitern eines Forschungsprojektes, in: Theresienstädter Studien und Dokumente (2004) 11, S. 261–305.

– Kalorien. Kautschuk. Karrieren. Pflanzenzüchtung und landwirtschaftliche Forschung in den Kaiser-Wilhelm-Instituten 1933–1945, Göttingen 2003.

– Lager Region Auschwitz, in: Walter Prigge (Hrsg.), Bauhaus. Brasilia. Auschwitz. Hiroshima. Weltkulturerbe des 20. Jahrhunderts. Modernität und Barbarei, Berlin 2003, S. 130–139.

– (Hrsg.), Autarkie und Ostexpansion. Pflanzenzucht und Agrarforschung im Nationalsozialismus, Göttingen 2002.

– „Die reine Luft der wissenschaftlichen Forschung“. Zum Selbstverständnis der Wissenschaftler der Kaiser-Wilhelm-Gesellschaft, Berlin 2002.

Heinemann, Isabel/Wagner, Patrick (Hrsg.), Wissenschaft, Planung, Vertreibung. Neuordnungskonzepte und Umsiedlungspolitik im 20. Jahrhundert, Stuttgart 2006.

Heinrich, Gudrun/Kaiser, Klaus-Dieter/Wiersbinski, Norbert (Hrsg.), Naturschutz und Rechtsradikalismus. Gegenwärtige Entwicklungen, Probleme, Abgrenzungen und Steuerungsmöglichkeiten, Bonn 2015.

Hendel, Joachim, Den Krieg ernähren. Kriegsgerichtete Agrar- und Ernährungspolitik in sechs NS-Gauen des „Innenreiches“ 1933 bis 1945, Hamburg 2015.

Hennies, Wolfram/Knauss, Jürgen, Landeskultur und Landwirtschaftsgeschichte von Brandenburg und Mecklenburg, in: Jürgen Knauss (Hrsg.), Landschaft – Bauer – Landwirtschaft. Sammelband zur Geschichte und Geographie von Bauerntum, Nutzpflanzen und Kulturlandschaft, Crimmitschau 2014, S. 47–73.

Herbert, Ulrich (Hrsg.), Europa und der „Reichseinsatz“. Ausländische Zivilarbeiter, Kriegsgefangene und KZ-Häftlinge in Deutschland 1938–1945, Essen 1991.

Hering, Rainer, Konstruierte Nation. Der Alldeutsche Verband 1890 bis 1939, Hamburg 2003.

Hertz-Eichenrode, Dieter, Zwischen Kontor und Gutshof. Berliner Unternehmer als Gutsbesitzer (1850–1914), in: Karl Heinrich Kaufhold/Bernd Sösemann (Hrsg.), Wirtschaft, Wissenschaft und Bildung in Preußen. Zur Wirtschafts- und Sozialgeschichte Preußens vom 18. bis zum 20. Jahrhundert, Stuttgart 1998, S. 213–229.

Hess, Sales, KZ Dachau. Eine Welt ohne Gott, Münsterschwarzach 1985.

Hesse, Hans/Harder, Jürgen, Und wenn ich lebenslang in einem KZ bleiben müßte… Die Zeuginnen Jehovas in den Frauenkonzentrationslagern Moringen, Lichtenburg und Ravensbrück, Essen 2001.

Hessisches Landesamt für Ernährung und Verpflegung, 125 Jahre Hessische Landwirtschaftliche Versuchsanstalt Kassel-Harleshausen. Landwirtschaft und Landesentwicklung, Kassel/Wiesbaden 1982.

Heynitz, Benno von, Meine Erinnerungen als Landwirt (1912–1962), Hannover 1978.

Hoba, Katharina, Das Gut Winkel – Spreenhagen in der Mark, in: Ilana Michaeli/Irmgard Klönne (Hrsg.), Gut Winkel – die schützende Insel. Hachschara 1933–1941, Berlin 2007, S. 249–274.

Höhne, Heinz, Der Orden unter dem Totenkopf. Die Geschichte der SS, Augsburg 1995.

Hördler, Stefan, Ordnung und Inferno. Das KZ-System im letzten Kriegsjahr, Göttingen 2015.

Hübener, Kristina/Rose, Wolfgang, Der brandenburgische NS-Gau. Eine Bestandsaufnahme, in: Jürgen John/Horst Möller/Thomas Schaarschmidt (Hrsg.), Die NS-Gaue. Regionale Mittelinstanzen im zentralistischen „Führerstaat", München 2007, S. 263–279.

Humburg, Paul, „Friedensarbeit im Kriege". Über die Arbeit in Soldatenheimen im Osten 1915–1918, hrsg. v. Jens Ebert/Martin Humburg, Bonn 2014.

Imhof, Thomas, Continental-Reifen mit Kautschuk aus Pusteblumen, 21. 2. 2014, https://www.autogefuehl.de/2014/02/21/continental-reifen-mit-kautschuk-aus-pusteblumen/ [12. 11. 2020].

Inhetveen, Heide, Biologisch-dynamische Pflanzenforschung im Dienste des Nationalsozialismus? Leben und Werk der Ökopionierin Martha Emma Künzel (1900–1957), in: Ira Spieker/dies. (Hrsg.), BodenKulturen. Interdisziplinäre Perspektiven, Leipzig 2021, S. 127–188.

Iwaszko, Tadeusz/Długoborski, Wacław/Piper, Franciszek, Auschwitz, 1940–1945. Studien zur Geschichte des Konzentrations- und Vernichtungslagers Auschwitz. Bd. 2. Die Häftlinge: Existenzbedingungen, Arbeit und Tod, Oświęcim 1999.

– Fluchten weiblicher Häftlinge aus dem KL Auschwitz, in: Hefte von Auschwitz (1990) 18, S. 147–188.

Jacobeit, Wolfgang/Kopke, Christoph, Die biologisch-dynamische Wirtschaftsweise im KZ. Die Güter der „Deutschen Versuchsanstalt für Ernährung und Verpflegung" der SS von 1939 bis 1949, Berlin 1999.

Kaienburg, Hermann, Die Wirtschaft der SS, Berlin 2003.

Kaiser, Helmut (Hrsg.), „Heute kam der Bote mit dem weißen Schein …". Tod und Leben von Lilly Toffler, Weimar/Buchenwald 1992.

Karner, Stefan/Gsell, Heide/Lesiak, Philipp, Schloss Lannach 1939–1949, Graz 2008.

Kater, Michael H., Das „Ahnenerbe" der SS 1935–1945, München 1997.

Kielar, Wieslaw, Anus Mundi. Fünf Jahre Auschwitz, Frankfurt a. M. 1982.

Klee, Ernst, „Euthanasie" im Dritten Reich. Die „Vernichtung lebensunwerten Lebens", Frankfurt a. M. 2010.

Klotz, Sabine, „Ich selbst hatte mich nie mit den parteipolitischen Tendenzen befasst". Fallstudien zu Entnazifizierung und Spruchkammerverfahren von Architekten in Bayern, in: Winfried Nerdinger/Inez Florschütz (Hrsg.), Architektur der Wunderkinder. Aufbruch und Verdrängung in Bayern 1945–1960, München 2005, S. 32–43.

Knapp, Gabriele, Widerstand und Resistenz, in: Insa Eschebach (Hrsg.), Das Frauen-Konzentrationslager Ravensbrück. Neue Beiträge zur Geschichte und Nachgeschichte, Berlin 2014, S. 219–234.

Koch, Peter-Ferdinand, Himmlers graue Eminenz. Oswald Pohl und das Wirtschaftsverwaltungshauptamt der SS, Hamburg 1988.

Kocwa, Eugenia, Flucht aus Ravensbrück, Berlin (Ost) 1973.

Koepf, Herbert/Plato, Bodo von, Die biologisch-dynamische Wirtschaftsweise im 20. Jahrhundert, Dornach 2001.

Köpp, Wolfgang, Martin Bormann. Hitlers brauner Schatten oder die Landschaft der Begierde, Neubrandenburg 2010.

Körner, Stefan/Nagel, Annemarie/Eisel, Ulrich, Naturschutzbegründungen, hrsg. v. Bundesamt für Naturschutz, Bonn 2003.

Kolisko, Eugen/Kolisko, Lili, Die Landwirtschaft der Zukunft, Bern 1957.

Kopke, Christoph, Kompost und Konzentrationslager. Alwin Seifert und die „Plantage“ im KZ Dachau, in: Annett Schulze/Thorsten Schäfer (Hrsg.), Zur Re-Biologisierung der Gesellschaft. Menschenfeindliche Konstruktionen im Ökologischen und im Sozialen, Aschaffenburg 2012, S. 185–207.

– Der Heilkräutergarten in der Führerschule, in: Reiner Stommer (Hrsg.), Medizin im Dienste der Rassenideologie. Die Führerschule der Deutschen Ärzteschaft in Alt-Rehse, Berlin 2008, S. 83–93.

– Gladiolen aus Dachau. Das Vitamin-C-Projekt der SS, in: Bulletin für Faschismus- und Weltkriegsforschung (2005) 25/26, S. 200–219.

– Der „Ernährungsinspekteur der Waffen-SS“. Zur Rolle des Mediziners Ernst-Günther Schenck im Nationalsozialismus, in: ders. (Hrsg.), Medizin und Verbrechen. Festschrift zum 60. Geburtstag von Walter Wuttke, Ulm 2001, S. 208–220.

Koprowska, Wanda, Tage des Grauens, in: Hefte von Auschwitz (1967) 10, S. 103–120.

Kratz, Doris/Kratz, Hans-Michael, Die Heilkunde in der Zeit der Weimarer Republik, Berlin 2004.

Kretzer, Anette, NS-Täterschaft und Geschlecht. Der erste britische Ravensbrück-Prozess 1946/47 in Hamburg, Berlin 2009.

Kröger, Marianne, Ravensbrück als Ort der Erfahrung. Leben und Werk der niederländischen Dichterin Sonja Prins, in: Dachauer Hefte 10 (1994), S. 50–68.

Kudlien, Fridolf (Hrsg.), Ärzte im Nationalsozialismus, Köln 1985.

Kümmel, Werner F., Die Ausschaltung rassisch und politisch mißliebiger Ärzte, in: Fridolf Kudlien (Hrsg.), Ärzte im Nationalsozialismus, Köln 1985, S. 56–81.

Kugler, Walter, Feindbild Steiner, Stuttgart 2001.

Kuhnke, Manfred, Feldberg am Tag des Sieges. Der 9. Mai 1945 – ein besonderer Tag im Leben des Hans Fallada, in: Hilmar Forberger/Jürgen Becker u. a. (Hrsg.), Feldberg. Geschichte und Geschichten, 2. Aufl., Friedland/Meckl. 2006, S. 117–120.

Leo, Annette, Ravensbrück–Stammlager, in: Wolfgang Benz/Barbara Distel (Hrsg.), Der Ort des Terrors. Geschichte der nationalsozialistischen Konzentrationslager. Bd. 4. Flossenbürg. Mauthausen. Ravensbrück, München 2006, S. 473–520.

Leszczycki, Stanisław, Zehn Monate in Dachau, in: Jochen August (Hrsg.), „Sonderaktion Krakau". Die Verhaftung der Krakauer Wissenschaftler 1939, Hamburg 1997, S. 243–253.

Lippert, Franz, Das Wichtigste in Kürze über Kräuter und Gewürze, Berlin 1943.

– Der Betriebskräutergarten, Berlin 1942.

Longerich, Peter, Heinrich Himmler. Biographie, München 2008.

Lower, Wendy, Hitlers Helferinnen. Deutsche Frauen im Holocaust, München 2014.

Lucaß, Rudolf, Die Heidelberger Pflanzenausstellung anläßlich der 550-Jahrfeier der Universität, in: Die Deutsche Heilpflanze 1–2 (1935/36) 12, S. 159.

Luxbacher, Günther, Roh- und Werkstoffe für die Autarkie. Textilforschung in der Kaiser-Wilhelm-Gesellschaft, in: Carola Sachse (Hrsg.), Ergebnisse. Vorabdrucke aus dem Forschungsprogramm „Geschichte der Kaiser-Wilhelm-Gesellschaft im Nationalsozialismus", 2004, https://www.mpiwg-berlin.mpg.de/KWG/Ergebnisse/Ergebnisse18.pdf [18. 2. 2020].

Madajczyk, Czesław, Vom Generalplan Ost zum Generalsiedlungsplan, München 1994.

– Die Okkupationspolitik Nazideutschlands in Polen 1939–1945, Berlin 1987.

Mai, Uwe, „Rasse und Raum". Agrarpolitik, Sozial- und Raumplanung im NS-Staat, Paderborn 2002.

Mangold, Ernst, Chronik des Instituts für Tierernährungslehre der Humboldt-Universität Berlin ehemals Tierphysiologischen Instituts der Landwirtschaftlichen Hochschule Berlin über die 30 Jahre von 1923–1953, Berlin 1954.

Martins, Ansgar, Steiners „Volksseelenzyklus" in kommentierter Neuauflage erschienen, 21. 3. 2017, https://waldorfblog.wordpress.com/2017/03/21/ga121/.

Materna, Ingo, Brandenburg als preußische Provinz in der Weimarer Republik (1918 bis 1933), in: ders./Wolfgang Ribbe (Hrsg.), Brandenburgische Geschichte, Berlin 1995, S. 561–618.

Matyus, Stephan, Auszeit vom KZ-Alltag. Das Bretstein-Album, in: Dokumentationsarchiv des österreichischen Widerstandes (Hrsg.), Täter. Österreichische Akteure im Nationalsozialismus, Wien 2014, S. 107–133.

Meducki, Stanisław, Agrarwissenschaftliche Forschungen in Polen während der deutschen Okkupation. Die Landwirtschaftliche Forschungsanstalt des Generalgouvernements in Puławy, in: Susanne Heim (Hrsg.), Autarkie und Ostexpansion. Pflanzenzucht und Agrarforschung im Nationalsozialismus, Göttingen 2002, S. 233–249.

Meyer, Angelika, Comthurey, in: Wolfgang Benz/Barbara Distel (Hrsg.), Der Ort des Terrors. Geschichte der nationalsozialistischen Konzentrationslager. Bd. 4. Flossenbürg. Mauthausen. Ravensbrück, München 2006, S. 535–538.

– Feldberg, in: ebenda, S. 543–545.

Möller, Horst/Bitterlich, Joachim/Corni, Gustavo/Kießling, Friedrich/Münkel, Daniela/Schlie, Ulrich (Hrsg.), Agrarpolitik im 20. Jahrhundert. Das Bundesministerium für Ernährung und Landwirtschaft und seine Vorgänger, Berlin/Boston 2020.

Mommsen, Hans, Entteufelung des Dritten Reiches?, in: Der Spiegel (1967) 11, S. 71–75.

Moors, Markus/Pfeiffer,Moritz (Hrsg.), Heinrich Himmlers Taschenkalender 1940, Paderborn 2013.

Müller, Rolf-Dieter, Hitlers Ostkrieg und die deutsche Siedlungspolitik. Die Zusammenarbeit von Wehrmacht, Wirtschaft und SS, Frankfurt a. M. 1991.

Münkel, Daniela, Der lange Abschied vom Agrarland. Agrarpolitik, Landwirtschaft und ländliche Gesellschaft zwischen Weimar und Bonn, Göttingen 2000.

– Nationalsozialistische Agrarpolitik und Bauernalltag, Frankfurt a. M./New York 1996.

Naasner, Walter, SS-Wirtschaft und SS-Verwaltung. „Das SS-Wirtschafts-Verwaltungshauptamt und die unter seiner Dienstaufsicht stehenden wirtschaftlichen Unternehmungen“ und weitere Dokumente, Düsseldorf 1998.

Naturland. Verband für ökologischen Landbau e. V., Satzung vom Mai 2019. § 2.1, https://www.naturland.de/images/Naturland/Wer_wir_sind/Struktur/QMH_1_Satzung.pdf [30. 8. 2020].

Neumann, Franz Leopold, Behemoth. Struktur und Praxis des Nationalsozialismus, Frankfurt a. M. 1977.

Niedermeyer, Sina/Witte, Kristin, Teekessel. Sowjetische Hinterlassenschaften auf dem historischen Areal des Frauen-KZ Ravensbrück, in: Ines Reich (Hrsg.), Vom Monument zur Erinnerung. 25 Jahre Stiftung Brandenburgische Gedenkstätten in 25 Objekten, Berlin 2017, S. 66–73.

Niemann, Mario, Mecklenburgischer Großgrundbesitz im Dritten Reich. Soziale Struktur, wirtschaftliche Stellung und politische Bedeutung, Köln/Weimar/Wien 2000.

Oberkrome, Willi, Agrarische Forschung im Kriegseinsatz. Strukturen, Programme, Praktiken 1915–1955. Vortrag bei der 13. Europäischen Sommer-Universität Ravensbrück „Hunger, Zwangsarbeit und Ernährungsforschung. Nationalsozialistische Agrarpolitik und das KZ-System", Fürstenberg/Havel, 2. 9. 2018.

– Ordnung und Autarkie. Die Geschichte der deutschen Landbauforschung, Agrarökonomie und ländliche Sozialwissenschaft im Spiegel von Forschungsdienst und DFG (1920–1970), Stuttgart 2009.

Orski, Przedsiębiorstwa SS i firmy prywatne – najemcy siły roboczej obozu koncentracyjnego Stutthof w latach 1939–1945, Gdańsk 2001.

Orth, Karin, Das System der nationalsozialistischen Konzentrationslager. Eine politische Organisationsgeschichte, Hamburg 1999.

Paetow, Verena, Der französische Ravensbrück-Prozess 1950 in Rastatt. Die Ahndung von Verbrechen im Frauen-Konzentrationslager, Diss. Technische Universität Berlin 2018.

Pelt, Robert Jan van/Dwork, Debórah, Auschwitz. Von 1270 bis heute, München 1998.

Perz, Bertrand, Das KZ-Außenlager Bretstein, in: Heimo Halbrainer/Michael Georg Schiestl (Hrsg.), „Adolfburg statt Judenburg". NS-Herrschaft, Verfolgung und Widerstand in der Region Aichfeld-Murboden, Graz 2011, S. 111–120.

Piper, Franciszek, Die Ausbeutung der Arbeit der Häftlinge, in: Tadeusz Iwaszko/Wacław Długoborski/ders. (Hrsg.), Auschwitz, 1940–1945. Studien zur Geschichte des Konzentrations- und Vernichtungslagers Auschwitz. Bd. 2. Die Häftlinge: Existenzbedingungen, Arbeit und Tod, Oświęcim 1999, S. 75–168.

– Arbeitseinsatz der Häftlinge aus dem KL Auschwitz, Oświęcim 1995.

Plewe, Reinhard/Köhler, Jan-Thomas, Baugeschichte Frauen-Konzentrationslager Ravensbrück, Berlin 2001.

Plonka GmbH, Selbstdarstellung des Unternehmens, http://www.plonka-gewaechshaeuser.de/index.php/kompetenz/tradition [21. 6. 2020].

Pomp, Rainer, Bauern und Grossgrundbesitzer auf ihrem Weg ins Dritte Reich. Der Brandenburgische Landbund 1919–1933, Berlin 2011.

Posmysz, Zofia, Die „Sängerin", in: Hefte von Auschwitz (1964) 8, S. 15–32.

Prins, Sonja, Weegschaal de aarde. Verzameld werk 1. Proza, Breda 2009.

Quast, Walter, Mehr Obst – mehr Bäume – mehr Unterlagen!, in: Blumen- und Pflanzenbau. Illustrierte Fachzeitschrift für den deutschen Gärtner 47 (1943) 20, S. 229.

Radisch, Iris, Der letzte Prophet. Rudolf Steiner ist der einzige deutsche Idealist, der den Praxistest überlebt hat, in: Die Zeit (2011) 8, https://www.zeit.de/2011/08/C-Waldorfschule-Steiner [7. 11. 2019].

Radkau, Joachim/Uekötter, Frank (Hrsg.), Naturschutz und Nationalsozialismus, Tagungsband, Frankfurt a. M., 2003.

Reichardt, Sven/Seibel, Wolfgang, Radikalität und Stabilität. Herrschen und Verwalten im Nationalsozialismus, in: dies. (Hrsg.), Der prekäre Staat. Herrschen und Verwalten im Nationalsozialismus, Frankfurt a. M. 2011, S. 7–27.

Reitsam, Charlotte, Das Konzept der bodenständigen Gartenkunst. Alwin Seiferts fachliche Hintergründe und Rezeption bis in die Nachkriegszeit. Frankfurt a. M. 2001.

Reitzenstein, Julien, Himmlers Forscher. Wehrwissenschaft und Medizinverbrechen im „Ahnenerbe“ der SS, Paderborn 2014.

Riesterer, Albert, Auf der Waage Gottes, Dachau 1970.

– Auf der Waage Gottes. Bericht des Priesters Albert Riesterer über seine Erlebnisse in der Gefangenschaft 1941 bis 1945, Dachau 1945.

Röpke, Andrea/Speit, Andreas, Völkische Landnahme. Alte Sippen, junge Siedler, rechte Ökos, Berlin 2019.

Rössler, Mechtild, „Wissenschaft und Lebensraum“. Geographische Ostforschung im Nationalsozialismus. Ein Beitrag zur Disziplingeschichte der Geographie, Berlin 1990.

– /Schleiermacher, Sabine (Hrsg.), Der „Generalplan Ost“. Hauptlinien der nationalsozialistischen Planungs- und Vernichtungspolitik, Berlin 1993.

Rohrer, Christian, Landesbauernführer. Bd. 1. Landesbauernführer im nationalsozialistischen Ostpreußen. Studien zu Erich Spickschen und zur Landesbauernschaft Ostpreußen, Göttingen 2017.

Rosga, Anna, Anastasia-Bewegung – ein (un-)politisches Siedlungskonzept? Qualitative Feldforschung zu den Hintergründen und gesellschaftspolitischen Einstellungen innerhalb der Anastasia-Bewegung, Bachelorarbeit, Universität Kassel, Fachbereich 11, 2018, https://www.nf-farn.de/system/files/documents/rosga_anastasia-bewegung.pdf [25. 7. 2020].

Rudolf, Hans Ulrich/Oswalt, Vladimir (Hrsg.), Haack TaschenAtlas Weltgeschichte, Gotha 2002.

Rudorff, Andrea, Babitz (Babice), in: Wolfgang Benz/Barbara Distel (Hrsg.), Der Ort des Terrors. Geschichte der nationalsozialistischen Konzentrationslager. Bd. 5. Hinzert. Auschwitz. Neuengamme, München 2007, S. 179–182.

– Birkenau (Brzezinka) (Wirtschaftshof), in: ebenda, S. 182–183.

– Budy (Wirtschaftshof), in: ebenda, S. 201–204.

– Harmense (Harmęże), in: ebenda, S. 247–251.

– Pławy, in: ebenda, S. 291–294.

– Rajsko, in: ebenda, S. 295–299.

Schalm, Sabine, Liebhof, in: Wolfgang Benz/Barbara Distel (Hrsg.), Der Ort des Terrors. Geschichte der nationalsozialistischen Konzentrationslager. Bd. 2. Frühe Lager. Dachau. Emslandlager, München 2005, S. 384–385.

– Überleben durch Arbeit? Außenkommandos und Außenlager des KZ Dachau 1933–1945, Berlin 2009.

Scheffer, Fritz, Methodik der Humusforschung, in: Der Forschungsdienst (Hrsg.), Forschung für Volk und Nahrungsfreiheit. Arbeitsbericht 1934 und 1937 des Forschungsdienstes und Überblick über die im Reichsforschungsrat auf dem Gebiet der Landwirtschaft geleistete Arbeit, Neudamm 1938, S. 108–111.

Schenck, Ernst Günther, Erhaltung leichtverderblicher Nahrungsmittel, Berlin 1942.

– Das Gesundungshaus Kempfenhausen. Heil- und Erziehungsstätte für Kranke, München 1938.

– /Lucaß, Rudolf/Wegener, Georg Gustav, Allgemeine Heilpflanzenkunde. Grundlagen einer rationellen Gewinnung, Verarbeitung, Anwendung und Erforschung der Heil- und Gewürzpflanzen, Dresden 1938.

– Heilpflanzenkunde im Nationalsozialismus. Stand, Entwicklung und Einordnung im Rahmen der Neuen Deutschen Heilkunde, Baden-Baden 2009.

Schilde, Kurt, Ernst Schrader. „... für die Nationalsozialisten ein rotes Tuch“, in: Willi Carl/Martin Gorholt/Sabine Hering (Hrsg.), Sozialdemokratie in Brandenburg (1868–1933). Lebenswege zwischen Aufbruch, Aufstieg und Abgrund, Bonn 2021, S. 205–222.

Schlichter, Alexander, Forschung im „Dritten Reich“ – Taraxacum kok-sagys. Ein Fallbeispiel. Diplomarbeit an der Carl von Ossietzky Universität Oldenburg, Studiengang Diplom-Biologie, 1999.

Schlick, Caroline/Friedrich, Christoph, Sehnsucht nach Heilpflanzen, in: Pharmazeutische Zeitung 152 (2007) 30, S. 56–58.

Schmidt, Bärbel, Geschichte und Symbolik der gestreiften KZ-Häftlingskleidung. Dissertation zur Erlangung des Grades eines Doktors der Geschichte an der Universität Oldenburg, 2000, http://oops.uni-oldenburg.de/407/ [15. 4 2020].

Schmitz-Köster, Dorothee, Kind L 364. Eine Lebensborn-Familiengeschichte, Berlin 2007.

Schnabel, Reimund, Die Frommen in der Hölle. Geistliche in Dachau, Berlin 1966.

Schulte, Jan Erik, Im Zentrum der Verbrechen. Das Verfahren gegen Oswald Pohl und weitere Angehörige des SS-Wirtschafts-Verwaltungshauptamtes, in: Kim C. Priemel/Alexa Stiller (Hrsg.), NMT. Die Nürnberger Militärtribunale zwischen Geschichte, Gerechtigkeit und Rechtschöpfung, Hamburg 2013, S. 67–99.

– Zwangsarbeit und Vernichtung. Das Wirtschaftsimperium der SS, Oswald Pohl und das SS-Wirtschafts-Verwaltungshauptamt 1933–1945, Paderborn 2001.

Schulz, Barbara, Fürstenberg/Havel. Konzentrationslager Ravensbrück und „Lager Uckermark". Neue Forschungen zu Topographie und Baugeschichte, in: Brandenburgische Denkmalpflege NF 2 (2016) 1, S. 40–72.

Schwartz, Johannes, „Weibliche Angelegenheiten". Handlungsräume von KZ-Aufseherinnen in Ravensbrück und Neubrandenburg, Hamburg 2018.

Schwartz-Bostunitsch, Gregor, „Doktor Steiner – ein Schwindler wie keiner". Ein Kapitel über Anthroposophie und die geistige Verwirrungsarbeit der „Falschen Propheten", München 1930.

Schweizerischer Demeter-Verband, Biodynamische Präparate. Kernstück des biodynamischen Landbaus, https://demeter.ch/praeparate/ [5. 5. 2020].

Seidl, Daniella, Zwischen Himmel und Hölle. Das Kommando Plantage des Konzentrationslagers Dachau, München 2008.

Sewig, Claudia, Der Mann, der die Tiere liebte. Bernhard Grzimek. Biografie, Bergisch Gladbach 2009.

Shelley, Lore (Hrsg.), Auschwitz – the Nazi Civilization. Twenty-three Women Prisoners' Accounts. Auschwitz Camp Administration and SS Enterprises and Workshops, Lanham (Md.) 1992.

– (Hrsg.), Schreiberinnen des Todes. Dokumentation: Lebenserinnerungen internierter jüdischer Frauen, die in der Verwaltung des Vernichtungslagers Auschwitz arbeiten mussten, Bielefeld 1992.

– (Hrsg.), Criminal Experiments on Human Beings in Auschwitz and War Research Laboratories. Twenty Women Prisoners' Accounts, San Francisco 1991.

Sigel, Robert, Heilkräuterkulturen im KZ. Die Plantage in Dachau, in: Dachauer Hefte (1988) 4, S. 164 –173.

Sprenger, Matthias, Landsknechte auf dem Weg ins Dritte Reich? Zu Genese und Wandel des Freikorpsmythos, Paderborn 2008.

Staudenmaier, Peter, Between Occultism and Nazism. Anthroposophy and the Politics of Race in the Fascist Era, Leiden/Boston 2014.

– Der Deutsche Geist am Scheideweg. Anthroposophen in Auseinandersetzung mit völkischer Bewegung und Nationalsozialismus, in: Uwe Puschner/Clemens Vollnhals (Hrsg.), Die völkisch-religiöse Bewegung im Nationalsozialismus. Eine Beziehungs- und Konfliktgeschichte, Göttingen 2012, S. 473–490.

Steinbacher, Sybille, Auschwitz. Geschichte und Nachgeschichte, München 2004.

– „Musterstadt" Auschwitz. Germanisierungspolitik und Judenmord in Ostoberschlesien, München 2000.

Steiner, Rudolf, Die tieferen Geheimnisse des Menschheitswerdens im Lichte der Evangelien. Zwölf Vorträge, gehalten in Berlin, Stuttgart, Zürich und München vom 11. Oktober bis 26. Dezember 1909, Dornach 1986, Gesamtausgabe (GA) 117, http://fvn-archiv.net/PDF/GA/GA117.pdf [18. 10. 2019].

Stöckhardt, Julius Adolph, Chemische Feldpredigten für deutsche Landwirthe, Leipzig 1851.

Stoff, Heiko, Vitaminisierung und Vitaminbestimmung. Ernährungsphysiologische Forschung im Nationalsozialismus, in: Dresdener Beiträge zur Geschichte der Technikwissenschaften (2008) 32, S. 59–93.

Stommer, Rainer (Hrsg.), Medizin im Dienste der Rassenideologie, Berlin 2008.

Strebel, Bernhard, Das KZ Ravensbrück. Geschichte eines Lagerkomplexes, Paderborn 2003.

Stritzel, Otto,Von Schafen und Hecken. Bug im Fichtelgebirge. Sonderdruck aus dem Bericht der naturwissenschaftlichen Gesellschaft, Bayreuth 1958/60, http://www.schaefereigeschichte.de/daten/SchafeundHecken.pdf [20. 2. 2020].

Strzelecka, Irena/Setkiewicz, Piotr, Bau, Ausbau und Entwicklung des KL Auschwitz und seiner Nebenlager, in: Aleksander Lasik/Wacław Długoborski/Franciszek Piper (Hrsg.), Auschwitz 1940–1945. Studien zur Geschichte des Konzentrations- und Vernichtungslagers Auschwitz. Bd. 1. Aufbau und Struktur des Lagers, Oświęcim 1999, S. 73–154.

Täuber, Verena, Die Geschichte einer bodenständigen Landschafrasse. Das Coburger Fuchsschaf, https://www.agfuchsschaf.de/das-fuchsschaf-1/historie/ [29. 4. 2020].

Teut, Anna, Architektur im Dritten Reich 1933–1945, Frankfurt a. M./Berlin 1967.

Thamer, Hans-Ulrich, Wirtschaft und Gesellschaft unterm Hakenkreuz, in: Bundeszentrale für politische Bildung (Hrsg.), Dossier Nationalsozialismus und Zweiter Weltkrieg, 6. 4. 2005, https://www.bpb.de/geschichte/nationalsozialismus/dossier-nationalsozialismus/39551/wirtschaft-und-gesellschaft?p=all [17. 11. 2019].

Tichauer, Eva, I was No. 20832 at Auschwitz, London 2000.

Trautmann, Ines, „Wo in Deutschland der Pfeffer wächst". Die Deutsche Versuchsanstalt für Ernährung und Verpflegung und der „Deutsche Pfeffer", in: Bezirksamt Steglitz-Zehlendorf (Hrsg.), Hitlers Schreibtischtäter. Das SS-Amt Unter den Eichen. Das SS-Wirtschafts-Verwaltungshauptamt Unter den Eichen 126–135. Begleitbroschüre zur Ausstellung des Kulturamtes Steglitz-Zehlendorf im Rahmen des Berliner Themenjahrs „Zerstörte Vielfalt", Berlin 2013, S. 47–51.

Treue, Wilhelm, Hitlers Denkschrift zum Vierjahresplan, in: Vierteljahrshefte für Zeitgeschichte 3 (1955) 2, S. 184–210.

Trittin, Jürgen, Naturschutz und Nationalsozialismus. Erblast für den Naturschutz im demokratischen Rechtsstaat?, in: Joachim Radkau/Frank Uekötter (Hrsg.), Naturschutz und Nationalsozialismus, Frankfurt a.M. 2003, S. 33–39.

Troost, Gerdy, Das Bauen im neuen Reich. 3. Aufl., Bayreuth 1941.

Tytarenko, Dmytro, NS-Propaganda im Militärverwaltungsgebiet der Ukraine. Ziele, Mittel und Wirkungen, in: Jahrbuch für Geschichte Osteuropas 66 (2018) 4, S. 620–650.

Uekötter, Frank, Deutschland in Grün. Eine zwiespältige Erfolgsgeschichte, Bonn 2015.

– Die Wahrheit ist auf dem Feld. Eine Wissensgeschichte der deutschen Landwirtschaft, Göttingen 2010.

– The Green and the Brown. A History of Conservation in Nazi Germany, Cambridge 2006.

– Anna Bramwells Provokation. Gab es „Hitler's Green Party"?, in: Joachim Radkau/ders. (Hrsg.), Naturschutz und Nationalsozialismus, Frankfurt a. M. 2003, S. 459–461.

Ulmer, Eva-Maria, Karl Fahrenkamp. Eine erste Annäherung, in: Mathias Schmidt/Dominik Gross/Jens Westemeier (Hrsg.), Die Ärzte der Nazi-Führer. Karrieren und Netzwerke, Berlin 2018, S. 129–148.

Umweltschutzverein Bürger und Umwelt, Gartentherapie. Theorie – Wissenschaft – Praxis, St. Pölten 2013.

Urbańczyk, Stanisław, In Sachsenhausen und in Dachau, in: Jochen August (Hrsg.), „Sonderaktion Krakau". Die Verhaftung der Krakauer Wissenschaftler 1939, Hamburg 1997, S. 212–236.

Vogt, Gunter, Entstehung und Entwicklung des ökologischen Landbaus im deutschsprachigen Raum, Bad Dürkheim 2000.

Vollbaum, Heike, Portrait der Bibelforscherin Martha Vollbaum – unter besonderer Berücksichtigung ihrer Erfahrungen im Konzentrationslager Ravensbrück. Versuch einer Rekonstruktion der Genese von Erfahrungsmodi und individuellen Sinnstrukturen mit Hilfe pädagogischer Biographieforschung. Teil II. Diplomarbeit an der Hochschule für Erziehungs-, Sprach- und Kulturwissenschaften Hildesheim, Studiengang Kulturpädagogik, 1985.

Wasser, Bruno, Himmlers Raumplanung im Osten. Der Generalplan Ost in Polen 1940–1944, Basel 1993.

Wegener, G., Heimische Kräuter können auch die Pfeffereinfuhr bedeutend einschränken, in: Die deutsche Heilpflanze 3 (1937) 4, S. 56.

– Heilpflanzenkunde, Absatzfrage und Volksheilbewegung, in: Die deutsche Heilpflanze 1–2 (1935/1936) 2, S. 18–19.

– Die Bedeutung des deutschen Heilpflanzenprojekts nach volksgesundheitlichen, wissenschaftlichen und wirtschaftlichen Gesichtspunkten, in: Volksgesundheitswacht (1935) 10, S. 3–6.
– Der planmäßige Anbau von Heilpflanzen. Eine biologische, wirtschaftliche und nationale Notwendigkeit, in: Volksgesundheitswacht (1934) 1, S. 9–11.

Wengenroth, Ulrich, Die Flucht in den Käfig. Wissenschafts- und Innovationskultur in Deutschland 1900–1960, in: Rüdiger von Bruch/Brigitte Kaderas (Hrsg.), Wissenschaften und Wissenschaftspolitik. Bestandsaufnahme zu Formationen, Brüchen und Kontinuitäten im Deutschland des 20. Jahrhunderts, Stuttgart 2002, S. 52–59.

Werner, Uwe, Anthroposophen in der Zeit des Nationalsozialismus (1933–1945), München 1999.

Wieland, Thomas, „Die politischen Aufgaben der deutschen Pflanzenzüchtung“. NS-Ideologie und Forschungsarbeiten der akademischen Pflanzenzüchter, in: Susanne Heim (Hrsg.), Autarkie und Ostexpansion. Pflanzenzucht und Agrarforschung im Nationalsozialismus, Göttingen 2002, S. 35–56.

Wrobel, Johannes, Hausham, in: Wolfgang Benz/Barbara Distel (Hrsg.), Der Ort des Terrors. Geschichte der nationalsozialistischen Konzentrationslager. Bd. 2. Frühe Lager. Dachau. Emslandlager, München 2005, S. 344–347.

Wuttke-Groneberg, Walter, Medizin im Nationalsozialismus. Ein Arbeitsbuch, Tübingen 1980.

Zámečník, Stanislav, Das war Dachau. Gesamtdarstellung der Geschichte des Konzentrationslagers Dachau 1933–1945, Frankfurt a. M. 2007.
– Die Aufzeichnungen von Karel Kašák. Zusammengestellt, kommentiert und mit Anmerkungen versehen von Stanislav Zámečník, in: Dachauer Hefte (1995) 11, S. 167–251.

Zander, Helmut, Anthroposophie in Deutschland. Theosophische Weltanschauung und gesellschaftliche Praxis 1884–1945. 2 Bde., Göttingen 2007.
– Anthroposophische Rassentheorie, in: Stephanie von Schnurbein/Justus H. Ulbricht (Hrsg.), Völkische Religion und Krisen der Moderne, Würzburg 2001, S. 292–341.
– Anthroposophie und Nationalsozialismus, in: Neue Zürcher Zeitung, 22. 7. 1999, S. 52, http://www.akdh.ch/ps/ps_46Zahnder.html [10. 11. 2019].

Zeller, Thomas, „Ganz Deutschland sein Garten“. Alwin Seifert und die Landschaft des Nationalsozialismus, in: Joachim Radkau/Frank Uekötter (Hrsg.), Naturschutz und Nationalsozialismus, Frankfurt a. M. 2003 (Geschichte des Natur- und Umweltschutzes, 1), S. 273–307.

Zięba, Anna, Die „Geflügelfarm Harmense“. Die Errichtung der Farm, in: Hefte von Auschwitz (1970) 11, S. 39–72.

– „Wirtschaftshof Babitz“. Nebenlager beim Gut Babice, in: Hefte von Auschwitz (1970) 11, S. 73–87.
– „Wirtschaftshof Budy“, in: Hefte von Auschwitz (1967) 10, S. 67–85.
– Das Nebenlager Rajsko, in: Hefte von Auschwitz (1966) 9, S. 75–108.

ZOBODAT (2019/07/12), Biografischer Datensatz Dr. Dr. h. c. phil. Emmerich Zederbauer, https://www.zobodat.at/personen.php?id= [15. 1. 2020].

Zons, Julia, Lachen im Lager. Humor, Ironie, Groteskes, in: Zeitschrift für Genozidforschung 8 (2007) 2, S. 83–95.

Zorn, Wilhelm, Der kleine Schafhalter. Kurze Anleitung zur Durchführung gemeinschaftlicher oder Kleinschafhaltungen und zur Züchtung, Ernährung und Haltung der Schafe für Schafzüchter, Schäfer, Bauern und Siedler, Berlin 1936.

Personenregister

Ortsregister